计算智能与交通运输工程应用

秦　勇　郭建媛　贾利民　编著
陈兰华　主审

中国铁道出版社有限公司

2022年·北　京

内 容 简 介

本书围绕计算智能理论方法展开，给出了人工智能算法在城市轨道交通、高速铁路、道路交通等交通运输工程中的应用和创新案例。内容包括神经网络、模糊计算、进化计算、群智能和决策树的基本知识以及计算智能最新的理论与技术研究成果。在模型算法部分引入交通运输行业的经典问题，如列车调整问题、交通流（客流）预测及组织优化问题、列车关键装备智能故障预测与健康管理等，并结合实际科研的需求与数据，展开建模和求解过程。

本书可供交通工程领域的相关科研人员、高校教师、研究生与本科生学习和参考。

图书在版编目（CIP）数据

计算智能与交通运输工程应用/秦勇，郭建媛，贾利民编著. —北京：中国铁道出版社有限公司，2022.9
ISBN 978-7-113-29396-3

Ⅰ. ①计… Ⅱ. ①秦… ②郭… ③贾… Ⅲ. ①人工神经网络-计算 ②交通运输-运输工程 Ⅳ. ①TP183 ②U

中国版本图书馆 CIP 数据核字(2022)第 115027 号

书　　名：计算智能与交通运输工程应用
作　　者：秦　勇　郭建媛　贾利民

责任编辑：安　琪　　**编辑部电话**：(010)63583273
编辑助理：李纯一
封面设计：刘　莎
责任校对：孙　玫
责任印制：高春晓

出版发行：中国铁道出版社有限公司(100054，北京市西城区右安门西街 8 号)
网　　址：http://www.tdpress.com
印　　刷：北京富资园科技发展有限公司
版　　次：2022 年 9 月第 1 版　2022 年 9 月第 1 次印刷
开　　本：787 mm×1 092 mm 1/16　**印张**：22.5　**字数**：539 千
书　　号：ISBN 978-7-113-29396-3
定　　价：78.00 元

前 言

交通运输系统是社会经济活动的大动脉，是兴国之要、强国之基。特别是随着国家《交通强国建设纲要》的发布，交通发展将由追求速度规模向更加注重质量效益转变，由依靠传统要素驱动向更加注重创新驱动转变，加快构建安全、便捷、高效、绿色、经济的现代化综合交通体系。《交通强国建设纲要》明确指出："推动大数据、互联网、人工智能、区块链、超级计算等新技术与交通行业深度融合。推进数据资源赋能交通发展，加速交通基础设施网、运输服务网、能源网与信息网络融合发展，构建泛在先进的交通信息基础设施。构建综合交通大数据中心体系，……"因此，人工智能等新兴计算技术将加速与交通系统的深度融合，极大程度地赋能和重塑先进智能交通系统的发展，推动交通新基建、自动驾驶、智能交通装备设施、出行即服务、交通管控大脑、交通主动安全保障等未来智能交通领域热点的发展和实现。

此外，2017 年，国务院印发《新一代人工智能发展规划》，要求实施全民智能教育项目，鼓励广大科技工作者投身人工智能的科普与推广，全面提高全社会对人工智能的整体认知和应用水平。2018 年，教育部印发《高等学校人工智能创新行动计划》，旨在提升高校人工智能领域科技创新、人才培养和服务国家需求的能力，聚焦并加强新一代人工智能基础理论和核心关键技术研究。在此时代大背景下，培养交通领域多层次复合型人才是大势所趋。本书聚焦交通行业需求，顺应交通发展潮流和未来方向，充分体现"人工智能 + 交通"的人才培养新模式。

本书内容源于北京交通大学交通运输学院研究生课程"计算智能"以及本科生课程"计算智能基础"的长期教学经验积累，并受到 2019 年教育部第一批产学合作协同育人项目支持。

本书围绕计算智能理论方法展开，理论紧密联系实际，给出其在城市轨道交通、高速铁路、道路交通等交通运输工程领域中的创新型应用案例，具有以下特色：

(1) 基础理论与前沿技术相结合

本书定位为交通运输工程相关专业基础算法通识教材，理论知识由浅入深，注重基础理论方法与前沿技术相结合，包括神经网络、模糊计算、进化计算、群智能和决策树的基本知识，并增加计算智能最新的理论与技术研究成果，为读者学习理论研究提供有力的参考。

(2)算法案例与行业问题相结合

本书中所给出的实例结合了交通工程背景的实际研究问题,在模型算法部分引入行业经典问题,如列车调整问题、交通流(客流)预测及组织优化问题、列车关键装备智能故障预测与健康管理等,并结合实际科研的需求与数据,展开建模和求解过程,使读者对计算智能基础算法在交通领域的理解、使用和扩展能够有的放矢。本书案例结合作者及教研团队多年积累的项目成果和工程实践经验,充分体现了人工智能与交通专业领域的交叉融合,是加快人工智能领域科技成果和资源向教育教学转化的一种新突破。

(3)基础实践与在线拓展相结合

本书提供了大量代码练习,实操性强,实例多采用 MATLAB 语言进行程序设计和运算,适合读者自学,有利于读者理解书中内容和设计程序,夯实读者的应用技能,用于工程实践。本书作者所在教研团队拓展在线课程"计算智能基础",会在"中国大学 MOOC"网站开课,课程有视频、课件、习题供读者免费学习和下载。

本书主要面向高等院校交通运输、安全科学与工程、控制科学与工程等相关专业研究生以及交通运输工程相关专业本科高年级学生作为教材使用,也可作为交通行业工程技术人员的参考用书。

本书的内容规划由秦勇、郭建媛、贾利民制订,秦勇牵头撰写第 1 ~ 3 章及第 7 章,郭建媛牵头撰写第 4 ~ 6 章,博士研究生孙璇、王雅观、薛宏娇,硕士研究生谢臻、杜佳敏、李杰、唐雨昕、张辉、张卓、卢伟康、李嘉纪参与了本书的资料收集与编写工作。感谢北京交通大学轨道交通控制与安全国家重点实验室魏秀琨在教材编撰过程中给出的内容审定和修改意见。感谢北京物资学院张媛、北京地铁运营有限公司寇淋淋、石家庄铁道大学吴云鹏、株洲中车时代电气股份有限公司付勇、北京市交通综合治理事务中心云婷、交通运输部科学研究院杨艳芳、南京理工大学张振宇、北京交通大学博士研究生王铭铭与曹志威对本书案例提供的支持和帮助。国家铁路局原副局长、教授级高工陈兰华对本书的内容和形式给出指导性建议,并对全书进行了最终审定,我们表示衷心的感谢。感谢北京交通大学轨道交通控制与安全国家重点实验室和交通运输学院的工作支持与资助。最后,特别感谢中国铁道出版社有限公司在本书出版过程中给予的全力支持。本书引用了部分国内外学者的相关论著以及交通运输运营管理资料,在此谨向有关学者及部门致以衷心感谢。

作者水平有限,书中难免存在一些遗漏和不足,恳请读者批评指正并提出意见与建议。

秦　勇

2022 年 7 月

目　录

第一章　绪　　论 ………………………………………………… 1

第一节　人工智能概述 ………………………………………………… 1
第二节　计算智能概述 ………………………………………………… 8
习　　题 ………………………………………………………………… 12

第二章　经典神经网络 ……………………………………………… 13

第一节　神经网络基础 ………………………………………………… 13
第二节　简单前馈神经网络 …………………………………………… 25
第三节　多层前馈神经网络 …………………………………………… 34
第四节　径向基神经网络 ……………………………………………… 51
第五节　其他神经网络 ………………………………………………… 59
习　　题 ………………………………………………………………… 73

第三章　先进神经网络 ……………………………………………… 74

第一节　支持向量机 …………………………………………………… 74
第二节　卷积神经网络 ………………………………………………… 87
第三节　循环神经网络 ………………………………………………… 101
第四节　深度学习框架 ………………………………………………… 116
习　　题 ………………………………………………………………… 118

第四章　模糊计算 …………………………………………………… 119

第一节　模糊理论的产生与应用 ……………………………………… 119
第二节　模糊集合及其基本运算 ……………………………………… 120
第三节　模糊关系 ……………………………………………………… 128
第四节　模糊聚类 ……………………………………………………… 130
第五节　模糊推理 ……………………………………………………… 137
第六节　模糊控制系统 ………………………………………………… 142
习　　题 ………………………………………………………………… 171

第五章　进化计算和群体智能 ……………………………………… 172

第一节　进化计算概述 ………………………………………………… 172

第二节　遗传算法概述 …… 173
第三节　基本遗传算法 …… 174
第四节　遗传算法 MATLAB 的实现 …… 181
第五节　遗传算法的应用案例 …… 183
第六节　群智能优化方法概述 …… 188
第七节　蚁群算法 …… 189
第八节　粒子群算法 …… 195
第九节　其他群智能算法 …… 201
习　　题 …… 203

第六章　决 策 树 …… 204

第一节　决策树的基本思想 …… 204
第二节　数据划分基础 …… 208
第三节　决策树的构建 …… 212
第四节　决策树剪枝 …… 217
第五节　集成学习与随机森林 …… 220
习　　题 …… 225

第七章　计算智能在交通运输系统中的应用 …… 226

第一节　城轨客流智能预测与调控组织 …… 226
第二节　城市道路流量与出行需求预测 …… 242
第三节　高速铁路列车运行智能调度指挥 …… 262
第四节　轨道交通系统风险不确定性评价 …… 270
第五节　列车关键装备智能故障预测与健康管理 …… 296
第六节　轨道交通监控视频图像智能分析与增强 …… 325

参考文献 …… 346

参考答案 …… 348

第一章 绪 论

人工智能(artificial intelligence,简称AI)这一概念诞生于1956年,在半个多世纪的发展历程中,由于受到硬件条件、计算速度、存储水平、算法优化、政府扶持等多方因素的影响,人工智能技术和应用发展经历了多次高潮和低谷。21世纪以来,以深度学习为代表的机器学习算法在机器视觉和语音识别等领域取得了极大的成功,识别准确性大幅提升,使人工智能再次受到学术界和产业界的广泛关注。在移动互联网、大数据、超级计算、传感网、脑科学等新理论、新技术以及经济社会发展强烈需求的共同驱动下,运算速度提升、计算成本降低、数据资源丰富多样、算法优化便捷智能,人工智能加速发展,呈现出深度学习、跨界融合、人机协同、群智开放、自主操控等新特征。

计算智能(computational intelligence,简称CI)是人工智能的重要组成部分,本书重点讨论与交通工程领域相结合的计算智能方法与典型应用。

第一节 人工智能概述

一、人工智能的定义

人工智能是一个含义广泛的术语,既可以作为一个专有计算机科学名词,又可以当作一个技术专有名词,还可以理解为一个学科,在其发展过程中,学者对此理解不同、观点多样,至今尚无统一的定义。综合权威的人工智能专家、机构的观点,本书给出以下几种定义供读者参考。

1956年,“人工智能”在美国达特茅斯学院的一个研讨会上诞生, Allen Newell、Herbert Simon、John McCarthy、Marvin Minsky 和 Arthur Samuel 等学者首次确定了“人工智能”的概念:让机器能像人那样认知、思考和学习,即用计算机模拟人的智能。

此外,一些权威著作也有对人工智能含义的探索。如:

人工智能经典著作《人工智能——一种现代的方法》中将已有的一些人工智能定义分为五类:像人一样思考的系统;拟人思维、像人一样行动的系统;拟人行为、理性地思考的系统;理性思维、理性地行动的系统;拟人理性行为。

《不列颠百科全书》认为,人工智能是数字计算机或者数字计算机控制的机器人在执行智能生物体才有的一些任务上的能力。

《人工智能标准化白皮书(2018版)》认为,人工智能是利用数字计算机或者数字计算机控制的机器模拟、延伸和扩展人的智能,感知环境、获取知识并使用知识获得最佳结果的理论、方法、技术及应用系统。

二、人工智能的发展简史及地位

1. 人工智能的发展简史

人工智能始于20世纪50年代，至今大致分为三个发展阶段。第一阶段（20世纪50～80年代），这一阶段人工智能刚诞生，基于抽象数学推理的可编程数字计算机已经出现，符号主义（symbolism）快速发展，但由于很多事物不能形式化表达，建立的模型存在一定的局限性。此外，随着计算任务的复杂性不断加大，人工智能发展一度遇到瓶颈。第二阶段（20世纪80～90年代末），在这一阶段，专家系统得到快速发展，数学模型有重大突破，但由于专家系统在知识获取、推理能力等方面的不足，以及开发成本高等原因，人工智能的发展又一次进入低谷期。第三阶段（21世纪初至今），随着大数据的积聚、理论算法的革新、计算能力的提升，人工智能在很多应用领域取得了突破性进展，迎来了又一个繁荣时期。

纵观人工智能在国际上的发展演进过程，在这三大阶段可将其发展历程按照阶段性特征和代表事件分为孕育萌芽期、形成期、消沉期、知识应用期、突破期、分立式发展期、高速发展期七大时期。实际上，本书这种划分方式也难保十分严谨，因很多事件会跨越多个历史时期，也有一些事件虽时间相隔甚远，却有千丝万缕的联系，不同时期的时间线也会有所重叠。人工智能具体的发展历程如图1-1所示。

（1）孕育萌芽期（1943—1956年）

一般意义上，公认的人工智能最早的研究工作是1943年。这一年，美国神经生理学家Warren McCulloch和数理逻辑学家Walter Pitts提出了第一个神经元的数学模型，开创了神经科学研究的新时代，也标志着连接主义学派形成。1946年，世界上第一台通用电子数字计算机ENIAC（electronic numerical integrator and calculator）诞生。1949年，加拿大心理学家Hebb提出了关于神经元连接强度的Hebb规则，Hebb学习规则为神经网络学习算法的研究奠定了基础。1950年，图灵发表《机器能思考吗?》，提出了著名的“图灵测试”，给智能的标准提供了明确的定义，判定机器人是否智能的标准形成。

（2）形成期（1956—1969年）

1956年夏，美国达特茅斯学院的John Mauchly、哈佛大学的Marvin Minsky、IBM公司的Lochester和贝尔实验室的Claude Shannon四人共同发起达特茅斯会议，邀请IBM公司的ArthurSamuel、麻省理工学院的Oliver Selfridge、卡内基梅隆大学的Herbert A Simon和Allen Newell等人共同学习和探讨用机器模拟智能的各种问题。Marvin Minsky构建的第一个神经元网络模拟器SNARC（stochastic neural-analog reinforcement computer）、John McCarthy的α-β搜索法及Simon和Newell的逻辑理论家程序（logic theorist）成为这次研讨会的三个亮点。经John McCarthy提议，决定使用“人工智能”一词来概括这个研究方向。这次具有历史意义的会议标志着人工智能这个学科的正式诞生。1957年，Frank Rosenblatt提出著名的感知机（perceptron）模型，该模型是第一个完整的人工神经网络。1968年，美国斯坦福大学教授Edward Feigenbaum主持开发出世界上第一个化学分析专家系统DENDRAL，开创以知识为基础的专家咨询系统研究领域。

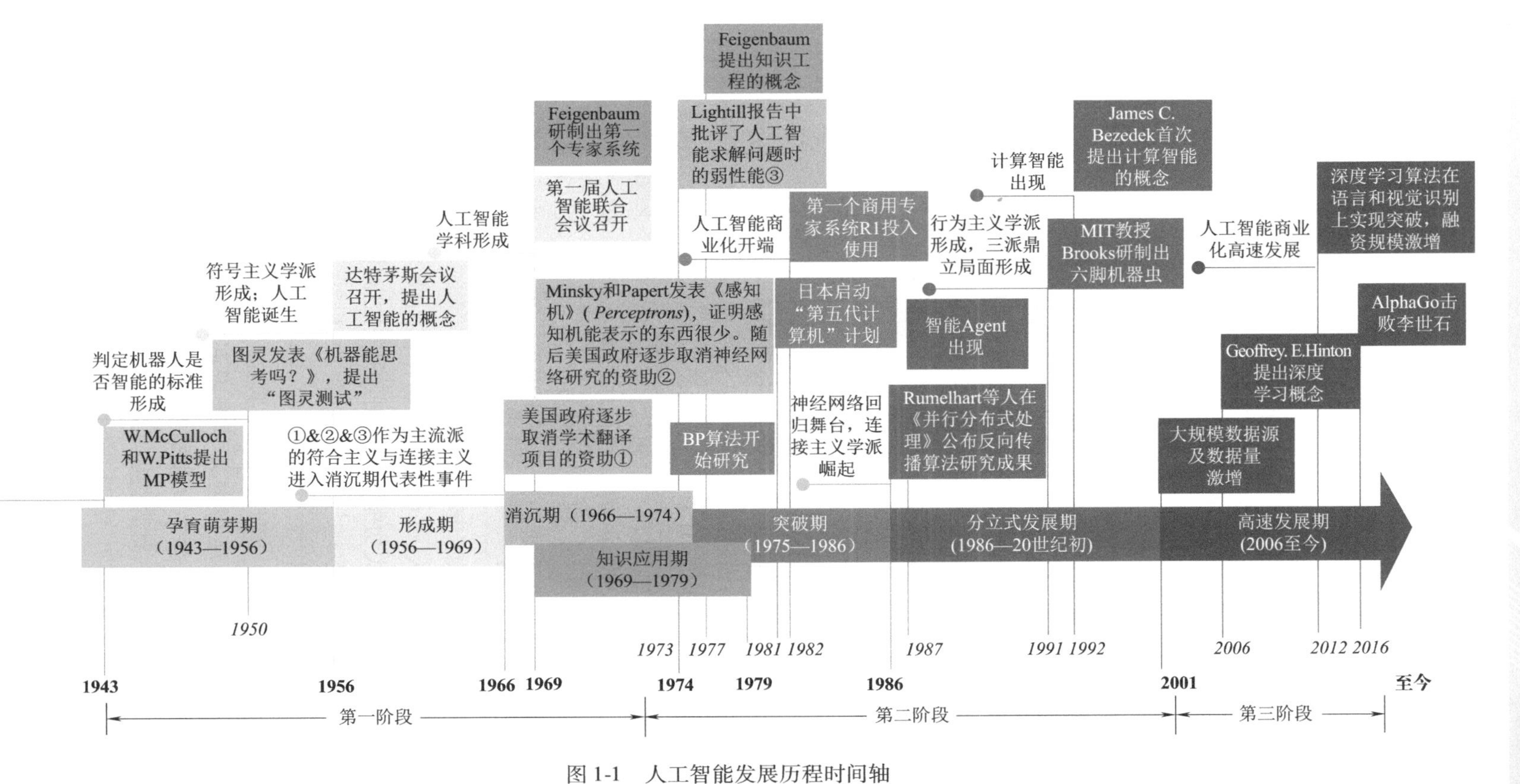

图 1-1 人工智能发展历程时间轴

注：粗体年份表示阶段划分起止点，未加粗斜体年份表示中间事件发生时间。

(3)消沉期(1966—1974年)

1966年,美国政府逐步取消学术翻译项目的资助。1969年,Minsky和Papert发表《感知机》(*Perceptrons*),该书对感知机进行了深入分析,并且从数学上证明了感知机功能的局限性,即只能解决一阶谓词逻辑问题,不能解决高阶谓词问题。同时,还发现有许多模式不能用单层人工神经网络训练,而多层人工神经网络是否可行还很值得怀疑。随后美国政府逐步取消神经网络研究的资助。1973年,有报告批评了人工智能求解问题时的性能不足问题。以上这些都是当时作为主流派的符合主义与连接主义进入消沉期代表性事件,人工智能的研究由此进入低潮时期。

(4)知识应用期(1969—1979年)

以Edward Feigenbaum为首的一批年轻科学家改变了人工智能研究的战略思想,开展了以知识为基础的专家咨询系统研究与应用。1972年,Shortliffe等人开发了医学诊断专家系统MYCIN。1977年,Edward Feigenbaum在第五届国际智能联合会议上提出"知识工程"的概念,人工智能的研究从以基于推理为主的模型转向以基于知识为主的模型。我国的吴文俊院士给出了一类平面几何问题的机械化证明理论,在计算机上证明了一大批平面几何定理。这些知识应用系统的研发成果也为后续的人工智能迎来第一次研究高潮打下坚实基础。

(5)突破期(1974—1986年)

1974年,Harvard大学的Paul Werbos首次提出反向传播(back propagation,简称BP)算法,随后学者们加大对BP算法的研究。1981年,日本启动了一项为期10年的研发计划——"第五代计算机"计划,用以研制运行Prolog语言的智能计算机。美国组建了微电子和计算机技术公司(MCC)作为保障国家竞争力的研究集团。在这两个国家的研究计划中,人工智能作为研究计划的一部分,包含芯片设计和人机接口两大内容的研究。英国恢复了对知识智能系统的经费支持。1982年,第一个商用专家系统R1投入使用,该程序帮助为新计算机系统配置订单,财务统计表明,到1896年为止,该系统为公司节省约4 000万美元的资金。这些事件说明人工智能在艰难的环境下实现第一次突破,为人工智能后续快速发展提供条件。

(6)分立式发展期(1986年—21世纪初)

随着专家系统应用的不断深入,专家系统自身存在的缺乏常识性知识、知识获取难、知识领域窄、推理能力弱、没有分布式功能、不能访问现存数据库、实用性差等问题逐步暴露,这促进人工智能结合其他技术的改进与发展。此阶段,机器学习、人工神经网络、智能机器人和行为主义等的研究趋向热烈和深入。1986年,David Rumelhart等人在《并行分布式处理》(*Parallel Distributed Processing*)公布反向传播算法研究成果,该成果在学界大受追捧。该事件标志着神经网络回归舞台,连接主义学派崛起。1991年,麻省理工学院的Rodney Brooks教授研制出六脚机器虫,行为主义学派形成,三派鼎立局面形成。1992年,James C Bezedek首次提出计算智能的概念,计算智能(CI)弥补了人工智能在数学理论和计算上的不足,更新和丰富了人工智能理论框架,使人工智能进入一个新的发展时期。1993年,美国斯坦福大学的Yoav Shoham教授提出面向Agent的程序设计(agent-oriented programming,简称AOP)。1997年,被誉为"世界上最聪明的人"的国际象棋大师Garry Kasparov经过6局对抗,败于IBM公司发明的拥有超强计算能力的超级电脑"深蓝"(Deep Blue),引起全球瞩目,这场博弈当时被称作“里程碑式的人机博弈”。

总结来看，进入20世纪90年代，计算机发展趋势为小型化、并行化、网络化、智能化。人工智能技术逐渐与数据库、多媒体等主流技术相结合，并融合在主流技术之中，旨在使计算机更聪明、更有效、与人更接近。

(7)高速发展期(2001年至今)

21世纪初，大规模数据源及与日俱增的数据量给一些学者带来新的研究思路，以云计算、物联网、大数据为代表的新一代信息技术与现代制造业等不断融合创新，人工智能所依赖的计算环境、计算资源、学习模型也发生重大变化，这也开启了大数据时代机器学习、深度学习引领的人工智能高速发展期。2006年，多伦多大学Geoffrey Hinton教授等人在前馈神经网络基础上提出深度学习概念，同年发表著作《深层置信网络的快速算法》，提出DBNS神经网络。2009年，美国国立卫生研究院提出的“人脑连接组计划”启动。2011年，以公司创始人Watson命名的Watson系统，在综艺节目*Jeopardy*上击败了所有参赛人获胜，赢得了100万美金的奖金。2012年，Geoffrey Hinton宣布在机器深度学习领域实现重大突破，模拟人类神经元的重要发明忆阻器，此时，高通的神经网络芯片也相继诞生，人工智能研究的软硬件条件都已基本具备。同时，深度学习算法在语言和视觉识别上实现突破，人工智能产业的融资规模激增，人工智能商业化进入高速发展阶段。2016年，谷歌公司DeepMind团队研发出的阿尔法围棋AlphaGo首次击败围棋职业九段选手、世界围棋冠军李世石，并以4:1总分获胜。2017年10月18日，DeepMind团队公布了最强版阿尔法围棋，代号AlphaGo Zero，以神经网络、深度学习、蒙特卡洛树搜索法等人工智能技术为依托的阿尔法围棋的实力有了实质性飞跃。阿尔法围棋的成功，在全球范围内点燃了人工智能的新一轮研究热潮，也为人工神经网络带去新的活力。

2. 人工智能的地位

人工智能作为一项引领未来的战略技术，已上升到国家战略地位。世界发达国家纷纷在新一轮国际竞争中争取掌握主导权，围绕人工智能出台规划和政策，对人工智能核心技术、顶尖人才、标准规范、教育支持、商业投资等方面进行部署，加快促进人工智能技术发展和产业落地应用。国际上，美国、日本、英国、欧盟、德国等国家或区域层面先后发布了相应的人工智能发展计划。例如，美国国家科学技术委员会(NSTC)在2016年就发布了《为人工智能的未来做好准备》(*Preparing for the Future of Artificial Intelligence*)和《国家人工智能研究与发展战略计划》(*National Artificial Intelligence Research and Development Strategic Plan*)两份重要报告；2019年以后，美国总统特朗普签署行政令《维护美国人工智能领导地位的行政命令》(*Executive Order on Maintaining American Leadership in Artificial Intelligence*)，启动了美国人工智能计划。英国政府自2016年以来围绕人工智能先后发布了《机器人与自动系统2020》《现代工业化战略》《发展英国人工智能产业》《机器人与人工智能：政府对委员会2016—2017年会议第五次报告回应》等。日本于2016年发布《日本下一代人工智能促进战略》；2017年召开“人工智能技术战略会议”确立发展“路线图”。2018年先后有12个国家和地区发布或加强了人工智能战略计划，另有11个国家正筹备制定人工智能国家战略；2019年欧洲委员会发布题为《人工智能：欧洲视角》(*Artificial Intelligence：A European Perspective*)的报告。此外，世界上主要的科技企业也在不断加大资金和人力投入，抢占人工智能发展制高点。

与国际上人工智能的发展情况相比,国内的人工智能研究不仅起步较晚,而且发展道路曲折坎坷,历经了质疑、批评的艰难发展历程。直到改革开放之后,中国的人工智能才逐渐走上发展之路。近年来我国也加大对人工智能的研究和投入,相继颁布了人工智能发展规划。2017 年,我国出台了《新一代人工智能发展规划》(国发〔2017〕35 号)、《促进新一代人工智能产业发展三年行动计划(2018—2020 年)》(工信部科〔2017〕315 号)等政策文件,推动人工智能技术研发和产业化发展。2019 年,《中国新一代人工智能科技产业发展报告(2019)》和《中国新一代人工智能科技产业区域竞争力评价指数(2019)》两份权威报告在第三届世界智能大会上发布,报告从全球形势、创新环境、科研突破、经济发展、社会应用、人才支撑、区域格局等视角对 2018 年中国人工智能发展总体情况进行了回顾,力图客观反映《新一代人工智能发展规划》启动实施以来的落实推进情况,揭示未来发展所面临的新形势和新挑战。目前,国内人工智能发展已具备一定的技术和产业基础,在芯片、数据、平台、应用等领域集聚了一批人工智能企业。例如,人工智能在金融、安防、客服等行业领域已实现应用,在特定任务中语义识别、语音识别、人脸识别、图像识别技术的精度和效率已远超人工。在国家战略的前瞻引领、需求的强力牵引下,我国人工智能产业化落地加快推进,在制造、家居、金融、交通、安防、医疗、物流等多个应用领域引发了重大变革,为新旧动能转换和国民经济高质量发展提供了有力支撑。

三、人工智能不同学派的发展

由于智能问题的复杂性和多样性,人们对人工智能本质有着不同理解和认识,形成了人工智能研究的多种不同途径。因此,基于多角度、多途径的研究视角,借鉴不同研究方法、学术观点和研究重点,进而形成受学界认可的符号主义(symbolism)、连接主义(connectionism)、行为主义(evolutionism)三种主流学派。当然,除此之外,统计主义(statisticsism)、知识工程(knowledge engineering)等学派也纷纷加入派对,呈现百家争鸣的景象。从目前研究形态来看,人工智能的研究形态正从早期的三派鼎立式递进到当下多学派取长补短、相互融合的模式。

1. 符号主义

符号主义又称为逻辑主义(logicism)、心理学派(psychlogism)或计算机学派(computerism),是一种主张用数理逻辑来研究人工智能,即用形式化的方法描述客观世界的方法。该学派以 John McCarthy 等为代表,长期以来,一直在人工智能中处于主导地位。

符号主义主要的理论基础是物理符号系统(即符号操作系统)假设和有限合理性原理。

符号主义学派认为人工智能源于数学逻辑。数学逻辑从 19 世纪末起就获得迅速发展,到 20 世纪 30 年代开始用于描述智能行为。计算机出现后,又在计算机上实现了逻辑演绎系统。在物理符号系统的假设下,该学派认为人类认知和思维基元是符号,而认知过程就是符号操作过程,即在符号表示上的一种运算。符号主义致力于用计算机的符号操作来模拟人的认知过程,其实质就是模拟人的大脑抽象逻辑思维,通过研究人类认知系统的功能机理,用某种符号来描述人类的认知过程,并把这种符号输入到能处理符号的计算机中,从而模拟人类的认知过程。此外,符号主义学派认为人工智能的核心问题是知识表示、知识推理和知识运用。1956 年,符号主义者首先采用“人工智能”这个术语,后来又发展了启发式算法-专家系统-知识工程理论与技术,并在 20 世纪 80 年代取得很大发展。尤其是专家系统的成功开发与应用,对人工智能走向工程应用具有特别重要的意义。

2. 连接主义

连接主义又称为仿生学派(bionicsism)或生理学派(physiologism),是一种基于神经网络及网络间的连接机制与学习算法的智能模拟方法。以 David Rumelhart、John Hopfield 等为代表,其原理主要为神经网络和神经网络间的连接机制和学习算法。

连接主义的理论基础以神经生理学和认知科学为主。

连接主义学派从人的大脑神经系统结构出发,认为神经元不仅是大脑神经系统的基本单元,而且是行为反应的基本单元。该学派把人的智能归结为人脑的高层活动的结果,强调智能活动是由大量简单的单元通过复杂的相互连接后并行运行的结果。他们研究非程序的、适应性的、类似大脑风格的信息处理的本质和能力,这种方法一般通过人工神经网络的“自学习”获得知识,再利用知识解决问题。这和符号主义持不同观点,认为思维基元是神经元,而不是符号处理过程,对物理符号系统假设持反对意见。他们认为任何思维和认知功能都不是少数神经元决定的,而是通过大量突触相互动态联系着的众多神经元协同作用来完成的。其中人工神经网络就是其典型代表性技术,且深刻地影响和启发当下热门的深度学习技术。

3. 行为主义

行为主义又称进化主义,或控制论(cybernetics)学派,是一种基于“感知-行动”的行为智能模拟方法。以 Rodney Brooks 为代表认为在现实世界中智能行为只能从系统与周围环境的交互过程中表现出来,提出智能取决于感知和行为,取决于对外界复杂环境的适应,而非表示和推理。行为主义的理论基础是控制论。

行为主义最早来源于 20 世纪初的一个心理学流派,认为行为是有机体用以适应环境变化的各种身体反应的组合,它的理论目标在于预见和控制行为。随后,Wiener 和 McCloe 等人提出控制论和自组织系统,钱学森等人提出工程控制论和生物控制论。控制论把神经系统的工作原理与信息理论、控制理论、逻辑以及计算机联系起来,影响了许多领域。早期的研究工作重点是模拟人在控制过程中的智能行为和作用,对自寻优、自适应、自校正、自镇定、自组织和自学习等控制论系统的研究,并进行“控制动物”的研制。到 20 世纪六七十年代,上述这些控制论系统的研究取得一定进展,并在 80 年代诞生了智能控制和智能机器人系统。

行为主义学派主要观点如下:首先,智能系统与环境进行交互,即从运行的环境中获取信息(感知),并通过自己的动作对环境施加影响;其次,指出智能取决于感知和行为,提出了智能行为的“感知-行为”模型,认为智能系统可以不需要知识、不需要表示、不需要推理,像人类智能一样可以逐步进化;再次,强调直觉和反馈的重要性,智能行为体现在系统与环境的交互之中,功能、结构和智能行为是不可分割的。

此外,还有统计主义学派、知识工程学派和分布式学派。统计主义学派以 Arthur Samuel 提出了机器学习为代表,将传统的制造智能演化为通过学习能力来获取智能。知识工程学派是以 Edward Feigenbaum 为代表的研究知识在人类智能中的作用和地位。分布式学派是以 Hewitt 为代表的研究智能系统中知识的分布行为。

然而,依靠符号主义、连接主义、行为主义这些主流流派的经典路线就能设计制造出强人工智能吗？其中一个主流看法是:即使有更高性能的计算平台和更大规模的大数据助力,也还只是量变,不是质变,人类对自身智能的认识还处在初级阶段,在人类真正理解智能机理之前,不可能制造出强人工智能。理解大脑产生智能的机理是脑科学的终极性问题,绝大多数脑科学专家都认为这是一个数百年乃至数千年甚至永远都解决不了的问题。

通向强人工智能还有一条“新”路线,这里称为“仿真主义”。这条新路线通过制造先进的大脑探测工具从结构上解析大脑,再利用工程技术手段构造出模仿大脑神经网络基元及结构的仿脑装置,最后通过环境刺激和交互训练仿真大脑实现类人智能。要按仿真主义的路线“仿脑”,就必须设计制造全新的软硬件系统,这就是“类脑计算机”,或者更准确地称为“仿脑机”。“仿脑机”是“仿真工程”的标志性成果,也是“仿脑工程”通向强人工智能之路的重要里程碑。简言之,“先结构,后功能”。虽然这项工程也十分困难,但是有可能在数十年内解决的工程技术问题,而不像“理解大脑”这个科学问题那样遥不可及。

人工智能的研究,已从符号主义的“一枝独秀”发展到多学派的“百花争艳”,他们沿着不同的途径和方法进行着深入的研究和探索,并取得长足发展。虽然各学派在人工智能的基本理论、研究方法和技术路线等方面有着不同的观点,而且在某些观点上有着激烈的论争,但良药苦口,多视角的研究会迸发更多创新思维。人工智能技术和任何其他的新技术一样,发展道路是曲折和艰辛的,需要人类付出巨大的努力且会有负面影响,但人类一定能够从人工智能技术中获得不可估量的价值。

第二节　计算智能概述

一、计算智能的发展简史与定义

1. 计算智能的发展简史

计算智能较人工智能出现晚了近半个世纪。20 世纪 90 年代以来,在智能信息处理研究的纵深发展过程中,人们特别关注到精确处理与非精确处理的双重性,强调符号物理机制与连接机制的综合,倾向于冲破“物理学式”框架的“进化论”新路,一门称为计算智能的新学科分支被概括地提了出来,并以更加明确的目标蓬勃发展。

1985 年,一份由加拿大国家研究委员会发表的季刊使用计算智能作为刊名,这是首次使用“计算智能”这个词语,但并未给出定义。1992 年,美国学者 James C Bezedek 在 *Approximate Reasoning* 上首次从计算智能系统角度给出计算智能的定义。1993 年,Bob Marks 在文章中讨论了人工智能和计算智能的区别并提出计算智能的三大基础研究领域:神经网络、进化计算、模糊系统,首次定义了计算智能的三大研究分支。1994 年,IEEE 在美国佛罗里达州的奥兰多市召开了首届国际计算智能大会(简称 WCCI'94),James C Bezedek 第一次将神经网络、进化计算和模糊系统这三个领域合并在一起,形成了“计算智能”这个统一的学科范畴。在此之后,WCCI 大会就成了 IEEE 的一个系列性学术会议,每 4 年举办一次。此外,IEEE 还出版了一些与计算智能有关的刊物。目前,计算智能的发展得到了国内外众多学术组织和研究机构的高度重视，并已成为人工智能一个重要的研究领域。

2. 计算智能的定义

从提出“计算智能”名词至今，对其概念仍无定论，有些学者亦称之为“智能算法”、“智能计算”或“软计算”。使用较多的是 James C Bezdek 给出的定义：当一个系统仅仅处理底层的数据，具有模式识别的功能，并且不使用人工智能意义中的知识，那么这个系统就是计算智能系统。其主要表现的特点：具有计算的适应性；具有计算误差的容忍度；接近人处理问题的速度；近似人的误差率。包含这四个特性，则它是计算智能的。

IEEE 计算智能协会给出计算智能的定义，即计算智能是基于生物学和语言学的计算范式的理论、设计、应用和发展。传统上 CI 的三大支柱是神经网络、模糊系统和进化计算。然而，随着时间的推移，许多受自然启发的计算范式已经进化。

从 James C Bezdek 对计算智能的定义和上述计算智能学科范畴的分析，可总结以下两点：第一，计算智能是借鉴仿生学的思想，基于生物神经系统的结构、进化和认知对自然智能进行模拟的；第二，计算智能是一种以模型（计算模型、数学模型）为基础，以分布、并行计算为特征的自然智能模拟方法。

在前面所提的权威著作及相关学者的总结上，本书作者对计算智能赋予以下含义：计算智能是利用现代计算工具和数值计算的理论方法，对自然世界或人类决策进行模拟，进而实现优化求解、信息处理、预测决策等，达到模拟、实现乃至反超人类智能结构和行为的计算方法。

事实上，计算智能和传统的人工智能只是智能的两个不同层次，各自都有自身的优势和局限性，相互之间只应该互补，而不能取代。目前国内外提出的计算智能一般是以人工神经网络为主导，在神经网络、模糊计算、进化计算基础上融合并延伸，产生出了群智能、决策树、支持向量机等新的理论与技术，实现了更高阶段的智能。大量实践证明，只有把计算智能和其他人工智能技术很好地结合，才能更好地模拟人类智能，才是智能科学技术发展的正确方向。

二、计算智能的研究内容

结合经典著作及学者专家的观点，在工业技术及社会经济发展驱动下，本书作者把计算智能的研究内容和方法定义为人工神经网络（包含经典神经网络和先进神经网络）、模糊计算、进化计算与群智能、决策树四大部分。计算智能研究的主要问题包括学习、自适应、自组织、优化、搜索、推理等。当然，随着技术的进步以及研究问题复杂程度的加深，这几种研究方法可混合交叉使用。

人工神经网络（artificial neural network，简称 ANN）。自 1943 年 Warren McCulloch 和 Walter Pitts 首次提出神经网络模型，人工神经网络的研究已有 70 多年的历史，人工神经网络模型及传播机制的设计和发展得益于对生物神经系统的借鉴和理解，迄今已产生多种不同类型的神经网络模型，可概括为经典神经网络和先进神经网络，并且已经在智能控制、模式识别、信号处理和机器人、图像处理、数据挖掘、不确定性多智能体系统等众多领域得到成功应用。其中，把支持向量机（support vector machine，简称 SVM）纳入先进神经网络的范畴。支持向量机是 20 世纪 90 年代中期发展起来的基于统计学习理论的机器学习方法，可以解决传统机器学习方法中的过学习、非线性和维数灾难、局部最优等问题。支持向量机通过寻求结构风险最小化(structural risk minimization,简称SRM)来提高学习机的泛化能力,从而在小样本条件下依旧获得良好的统计规律。支持向量机主要应用于统计分类以及回归分析中,诸如文本和图像分类、生物序列分析和数据挖掘、手写字符识别等。

模糊计算(fuzzy computation,简称FC)。1965年美国的控制论专家Lotfi Zadeh教授首次提出了模糊集合的概念,标志着模糊系统理论的诞生。模糊计算是一种对人类智能的逻辑模拟方法,它是通过对人类处理模糊现象的认知能力的认识,用模糊逻辑去模拟人类的智能行为。模糊理论主要包括模糊集合理论、模糊逻辑、模糊推理和模糊控制等方面的内容。根据模糊理论的不同分类,模糊理论有广泛的研究和适用性,主要包括模糊控制系统、模糊识别、模糊聚类和模糊评价。如智能家电的模糊控制,数字图像稳定器、汽车模糊自动化传感器、地铁模糊控制,图形模糊识别,模糊综合评价都是模糊理论应用的领域。

进化计算(evolutionary computation,简称EC)是一种对人类智能的演化模拟方法,它是一种模拟自然界生物进化过程与机制进行问题求解的自组织、自适应的随机搜索技术。自然界生物进化过程是进化计算的生物学基础,它以达尔文进化论的“物竞天择、适者生存”作为算法的进化规则,并结合孟德尔的遗传变异理论,主要包括遗传、变异和进化理论。应用领域主要是生产调度、规划,机器人、网络通信的路径规划,多参数优化设定,企业资源规划等;且能够与模糊逻辑、神经网络结合,解决它们的参数快速学习问题。群体智能(swarm intelligence,简称SI),又称群集智能、群智能。群体智能算法通过模拟实际生物群体中个体与个体之间的相互交流和合作,抽象和概括出一系列群集智能优化的算法模型,例如蚁群算法,粒子群算法,人工蜂群算法等。群体智能算法主要应用在决策优化、数据聚类、模式识别、信号处理、机器人控制等领域。群体智能也属于进化计算的范畴。

决策树(decision tree,简称DT)最早由Hunt等人于1966年提出,它属于经典的统计学习范畴,是一种监督学习算法,用于分类与回归。决策树构建了由一个根节点、多个内部节点和叶节点组成的树形结构。构建决策树的方法有ID3、C4.5和CART等,使用信息增益、信息增益率、基尼指数作为决策树构建过程中特征选取的依据。决策树方法适用范围广,对离散变量或连续变量均能获得较好的推理结果,能够很好地处理非线性关系,且易于解释,因此是归纳推理最广泛使用和实用的方法之一。目前决策树广泛应用于商业预测与决策、故障诊断等方面。

三、计算智能在交通运输工程领域的应用

交通运输是国民经济中基础性、先导性、战略性产业,是重要的服务性行业,是社会生产生活组织体系中不可或缺、不可替代的重要环节。世界各国都高度重视并不断推动交通运输业及其相关学科的发展。

一方面,随着城市化的发展和交通设施的快速建设和升级,交通行业信息化建设取得质的飞跃,摄像、红外、感应线圈等各种传感技术在交通领域被广泛应用。交通管控、行车调度、应急指挥、电子支付等一大批服务于各种交通运输方式的信息管理系统逐步建成和投入应用,带来了多样化、分布广的多源交通大数据。

另一方面,近年来在人工智能、物联网、大数据、云计算、算法理论的推动下,传统交通系统正面临着重构与再造,先进技术为交通工程应用带来新的活力。其中,人工智能中许多智能计算方法可以提供智能手段和解决方案,来解决传统方法无法管理或低效管理的复杂系

统问题，并被应用于交通管理与规划、车辆安全与辅助驾驶、出行信息诱导等交通领域，给人们的生产和生活带来诸多便利。

计算智能在道路、轨道等交通领域发挥了不可替代的优势作用，本书认为计算智能在交通领域的应用包括但不限于需求预测、状态监测、交通管控与运输优化、需求响应、智能城市移动等。

1. 需求预测

随着智能交通系统（intelligent transportation system，简称 ITS）的快速发展，越来越需要提出先进的交通信息预测方法，如道路交通流预测、轨道交通客流预测等，这些方法在各类交通系统发挥着重要作用。需求预测包括实时、短期和中长期预测，是基于各类传感器提取的历史数据和实时数据作为神经网络、决策树等计算智能算法输入，通过各类模型的运算得到预测结果。

2. 状态监测

交通状态监测包括装备、交通流、人流等交通要素的状态监测，比如，对列车装备的安全状态监测，可以为列车的健康管理和智能检修提供依据；道路交通流拥挤状态监测，为道路交通管控决策提供依据；轨道交通网络内对人群状态的有效监测可为制定拥堵下的客流疏导策略、列车调整提供强有力的保障和指导作用。神经网络、模糊评价都是常用的状态监测方法。

3. 交通管控与运输优化

在轨道交通和道路交通领域，神经网络模型可以有效地用于客流智能预测与调控组织、列车运行智能调度指挥和交通信号控制。交通管控属于控制决策的优化问题，进化计算与群智能、强化学习等都是解决这类问题的常用计算智能方法。

4. 需求响应

在共享交通模式和智能信息技术的基础之上，城市出现了全新的交通理念——出行即服务（mobilit as a service，简称 MaaS）。MaaS 将各种交通方式的出行服务进行整合，在 MaaS 系统下，出行者把出行视为一种服务，依据出行需求购买由不同运营商提供的出行服务，尽可能地做到门到门服务。MaaS 的关键宗旨是基于用户的出行需求，利用优化算法、信息融合等手段提供灵活的按需服务方案，使得公交车、网络巡游车或城市轨道交通列车在灵活的时间表和路线下运行并响应服务。例如，国内推出了一种先进、个性化、灵活的需求响应型公共交通服务——定制公交（customized bus，简称 CB）。

5. 智能城市移动

智能城市移动的未来愿景是实现基于实时信息的智能决策，以及基于基础设施有效信息进行网络优化，以求建设更高效、更安全、更健康的交通系统，实现智能互联、可持续、无缝、环保的交通移动出行网络。最近，在道路交通领域，国内外诸多国家研究自动驾驶汽车（autonomous vehicle，简称 AV），即能够在没有人类驾驶员支持和引导的情况下行驶的汽车，扩展到其他交通领域依然如此。自动驾驶汽车主要由两部分组成，分别是硬件和软件架构。硬件架构由执行器、传感器和计算机系统组成，而软件组件则涉及导航模块、定位算法和探测移动对象的感知。软件支持的挑战是如何使车辆能够巧妙地避开任何障碍物并安全地移动，这种能力离不开人工智能、模式识别算法、传感器和 3D 相机等新兴技术的支持。

习　　题

1. 人工智能共包含几大分支？每个分支的主要思想是什么？
2. 列举计算智能的主要研究内容和方法。
3. 列举计算智能的主要研究问题。
4. 列举五个及以上计算智能在交通工程中的应用情况。

第二章　经典神经网络

在神经生理学和神经解剖学领域,学者们证明了人的思维是由人脑完成。在计算科学领域,“神经网络”一般指人工神经网络。神经网络的概念源于像大脑这样的生物神经网络,其研究始于认为人类大脑以完全不同于传统数字计算机的方式进行计算。

人工神经网络的发展经历了三次高潮。第一次高潮是 20 世纪 40 ~ 60 年代。1943 年,心理学家 Warren McCulloch 和数理逻辑学家 Walter Pitts 根据生物神经元的功能和结构提出了一个将神经元看作二进制阈值元件的简单模型,即 McCulloch-Pitts 模型(简称 MP 模型),这被称为人工神经网络模型的原型。随后,1957 年,美国心理学家 Frank Rosenblatt 在第一届人工智能会议上,引入了感知机(perceptron)的概念,展示他构造的第一个人工神经网络模型,神经网络得到极大发展。第二次高潮期是 20 世纪 80 ~ 90 年代。1986 年,加拿大多伦多大学的 Geoffrey Hinton 与同事 David Rumelhart 和 Ronald Williams 发表了目前很著名的反向传播训练算法,解决了两层神经网络所需要的复杂计算量问题,同时克服了 Marvin Minsky 说过的神经网络无法解决异或问题,自此神经网络“重获生机”,迎来了第二次高潮。不过好景不长,伴随着反向传播算法中对数据量规模、过拟合、复杂计算量等问题的讨论,短短十年,神经网络再次跌入“谷底”。第三次高潮是从 2005 年左右开始出现深度学习(deep learning,简称 DL)延续至今。2006 年,Geoffery Hinton 等人在 *Science* 上发表文章提出:一种称为“深度置信网络”(deep belief network,简称 DBN)的神经网络模型可通过逐层预训练的方式有效完成模型训练过程。很快,更多的实验结果证实了这一发现,更重要的是除了证明神经网络训练的可行性外,实验结果还表明神经网络模型的预测能力相比其他传统机器学习算法可谓“鹤立鸡群”。接着,被冠以“深度学习”名称的神经网络开始大展拳脚。

实质上,自感知机模型提出以来,据统计到目前为止已有上百种神经网络问世,根据 HCC 公司及 IEEE 的调查统计,有十多种神经网络比较著名。本章从神经网络的定义、学习方式、结构、分类等方面进行概述,并着重介绍简单前馈神经网络、多层前馈神经网络、径向基神经网络等经典神经网络模型的网络架构、学习过程及部分应用情况。

第一节　神经网络基础

一、神经网络的定义

人工神经网络是模拟生物神经网络及其活动的一个数学模型,它由大量的处理单元(process element)通过适当的方式互联构成,是一个大规模的非线性自适应系统。它主要从两个方面进行模拟和近似:一种是从生理结构和实现机理方面进行模拟,涉及生物学、生理学、心理学、物理及化学等多种基础科学。由于生物神经网络的结构和机理相当复杂,现在距离完全认识它们还相差甚远。另一种是从功能上加以模拟,即尽量使人工神经网络具有生物神经网络的某些功能特性,如学习、识别、控制等功能。

首先给出一个经典的定义,按照 David Rumellhart、James McClelland、Geoffrey Hinton 等提出的并行分布处理系统(parallel distributed Processing,简称 PDP)模型,人工神经网络由以下 8 个方面的要素组成:一组处理单元、处理单元的激活状态、每个处理单元的输出函数、处理单元之间的联结模式、传递规则、把处理单元的输入及当前状态结合起来产生激活值的激活规则、通过经验修改联结强度的学习规则、系统运行的环境(样本集合)。

另外,芬兰赫尔辛基大学 Teuvo Kohonen 教授曾对人工神经网络给出以下定义:神经网络是由具有适应性的简单单元组成的广泛并行互连的网络,它的组织能够模拟生物神经系统对真实世界物体所作出的交互反应。

二、生物神经系统的启示

生物神经系统是人工神经网络的基础。人工神经网络是对人脑神经系统的简化、抽象和模拟,具有人脑功能的许多基本特征。为方便对神经网络的进一步讨论,下面先介绍生物神经元的结构、生物神经元的功能、生物神经元的性质和特点、大脑神经系统的联结机制。

1. 生物神经元的结构

生物神经元(简称神经元),也称神经细胞,是构成神经系统的基本单元。它由细胞体、树突和轴突三个主要部分组成,其基本结构如图 2-1 所示。

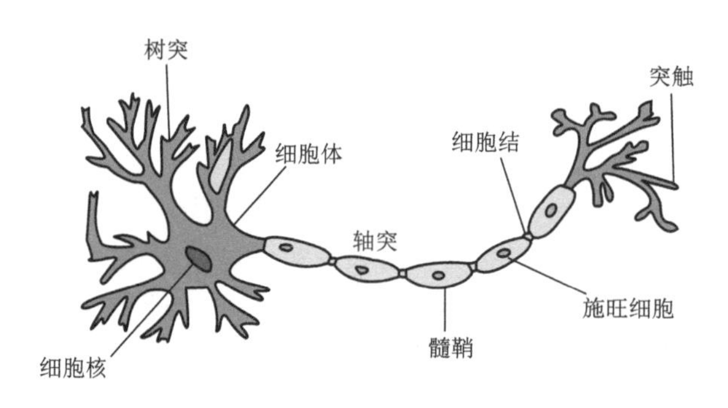

图 2-1　神经元的结构

(1)细胞体(cyton)。细胞体是由细胞核、细胞质和细胞膜等组成,其直径大约为 5 ~ 100 μm,大小不等。细胞体是神经元的主体,是神经元的新陈代谢中心,同时还负责接收并处理从其他神经元传递过来的信号。其内部是细胞核,外部是细胞膜,细胞膜的外面是许多向外延伸出的纤维。细胞膜内外有电位差,称为膜电位,膜外为正,膜内为负。

(2)树突(dendrite)。树突是指由细胞体向外延伸的除轴突以外的其他所有分支,其长度一般较短,但数量很多,它是神经元的输入端,用于接受从其他神经元的突触从四面八方传来的信号。

(3)轴突(axon)。轴突是由细胞体向外延伸出的所有纤维中最长的一条分支,用来向外传递神经元产生的输出电信号。每个神经元都有一条轴突,其最大长度可达 1 m 以上,其作用相当于神经元的输出电缆,它通过尾部分出的许多神经末梢以及梢端的突触向其他神经元输出神经冲动。在轴突的末端形成了许多很细的分支,这些分支叫神经末梢。

(4)突触(synaptic)。每一条神经末梢可以与其他神经元形成功能性接触,该接触部位称为突触。所谓功能性接触，是指非永久性的接触，这正是神经元之间传递信息的奥秘之处。

2. 生物神经元的功能

根据神经生理学的研究，神经元有 2 个主要功能：神经元的兴奋与抑制，神经元内神经冲动的传导。

(1) 神经元的兴奋与抑制

抑制状态是指神经元在没有产生冲动时的工作状态。

兴奋状态是指神经元产生冲动时的工作状态。

通常情况下，神经元膜电位约为 -70 mV，膜内为负，膜外为正，处于抑制状态。当神经元受到外部刺激时，其膜电位随之发生变化，即膜内电位上升、膜外电位下降，当膜内外的电位差大于阈值电位(约 40 mV)时，神经元产生冲动而进入兴奋状态。

这里说明一点，神经元每次冲动的持续时间大约 1 ms，在此期间即使刺激强度再增加也不会引起冲动强度的增加。神经元每次冲动结束后，都会重新回到抑制状态。如果神经元受到的刺激作用不能使细胞膜内外的电位差大于阈值电位，则神经元不会产生冲动，将仍处于抑制状态。

(2) 神经元内神经冲动的传导

神经冲动在神经元内的传导是一种电传导过程，神经冲动沿神经纤维传导的速度却在 3.2 ~ 320 km/s 之间，且其传导速度与纤维的粗细、髓鞘的有无有一定关系。一般来说，有髓鞘的纤维传导速度较快，而无髓鞘的纤维传导速度较慢。

3. 生物神经元的性质和特点

从生物控制论的观点来看，作为控制和信息处理基本单元的神经元，具有以下性质和特点。

(1) 时空整合性

神经元对于不同时间通过同一突触传入的信息，具有时间整合功能；对于同一时间通过不同突触传入的信息，具有空间整合功能。两种功能相互结合使生物神经元具有时空整合的输入信息处理功能。

(2) 动态极化性

在每一种神经元中，信息都是以预知的确定方向流动的，即从神经元的接收信息部分(细胞体、树突)传到轴突的起始部分，再传到轴突终端的突触，最后再传给另一神经元。尽管不同的神经元在形状及功能上都有明显的不同，但大多数神经元都是按这一方向进行信息流动的。

(3) 兴奋与抑制状态

神经元具有两种常规工作状态，即兴奋状态与抑制状态。所谓兴奋状态是指神经元对输入信息经整合后使细胞膜电位升高，且超过了动作电位的阈值，此时产生神经冲动并由轴突输出。抑制状态是指对输入信息整合后，细胞膜电位值低于动作电位的阈值，从而导致无神经冲动输出。

(4) 结构的可塑性

由于突触传递信息的特性是可变的，也就是它随着神经冲动传递方式的变化，传递作用强弱不同,形成了神经元之间连接的柔性,这种特性又称为神经元结构的可塑性。

(5)脉冲与电位信号的转换

突触界面具有脉冲与电位信号的转换功能。沿轴突传递的电脉冲是等幅的、离散的脉冲信号,而细胞膜电位变化为连续的电位信号,这两种信号是在突触接口进行变换的。

(6)突触延期和不应期

突触对信息的传递具有时延和不应期,在相邻的两次输入之间需要一定的时间间隔,在此期间,无激励、不传递信息,这称为不应期。

(7)学习、遗忘和疲劳

由于神经元结构的可塑性,突触的传递作用有增强、减弱和饱和的情况。所以,神经细胞也具有相应的学习、遗忘和疲劳效应(饱和效应)。

4. 大脑神经系统的联结机制

(1)大脑神经系统的联结规模

脑神经生理科学研究结果表明,大脑由 $10^{11} \sim 10^{12}$ 个神经元所组成,其中每个神经元有 $10^3 \sim 10^4$ 个突触,并且每个突触都可以与别的神经元的一个树突相连。大脑神经系统就是由这些巨量的生物神经元经广泛并行互连所形成的一个高度并行性、非常复杂的拓扑网络群体,用于实现记忆与思维。

(2)大脑神经系统的分布功能

大脑神经系统的记忆和处理功能是有机结合在一起的,每个神经元既具有存储功能,同时又具有处理能力。从结构上看,大脑神经系统又是一种分布式系统。人们通过对脑损坏病人所做的神经生理学研究,没有发现大脑中的哪一部分可以决定其余所有各部分的活动,也没有发现在大脑中存在有用于驱动和管理整个智能处理过程的任何中央控制部分,即人类大脑的各个部分是协同工作、相互影响的。在大脑中,不仅知识的存储是分散的,而且其控制和决策也是分散的。

三、人工神经元模型及常见激活函数

1. 人工神经网络基本要素

神经元是一个信息处理单元,是神经网络运行的基础。人工神经网络是由大量人工神经元(又称节点)经广泛互连而组成的,神经元与神经元之间通过突触的连接而相互作用,正是通过神经元及其突触连接的可变性,来模拟脑神经系统的结构和功能,使得系统具有像大脑一样的学习、记忆和认知等各种智能。人工神经网络与生物神经网络结构对比见表 2-1。

表 2-1 生物神经网络和人工神经网络结构对比

生物神经网络	人工神经网络
神经元	节点
神经元突触	连接权
接受一组输入信号并产生输出	激活函数
兴奋或抑制状态	阈值

作为神经网络基本单元的神经元,其结构有如下三个基本要素。

(1)连接权

连接权对应于生物神经元的突触,各个神经元之间的连接强度或权重由连接权的权值表示,权值为正(+)表示激活,为负(-)表示抑制。

(2)求和单元

求和单元(亦称加法器)用于求取各输入信号的加权和线性组合,可看作一个线性组合器。

(3)激活函数

激活函数(activation function),亦称传输函数、限制函数或非线性映射函数。它是一个表示输入或输出关系的函数,是神经元输入信号与输出信号之间的映射,起非线性映射的作用,言外之意可增加神经网络的表达能力,将神经元输出幅度限制在一定范围内,一般限制在(0,1)或(-1,1)之间。

2. 人工神经元模型

在神经科学中,生物神经元通常有一个阈值,当神经元所获得的输入信号累积效果超过了该阈值,神经元就被激活而处于兴奋状态;否则处于抑制状态。生物神经元经抽象后,可得到如图 2-2 所示的一种人工神经元模型。

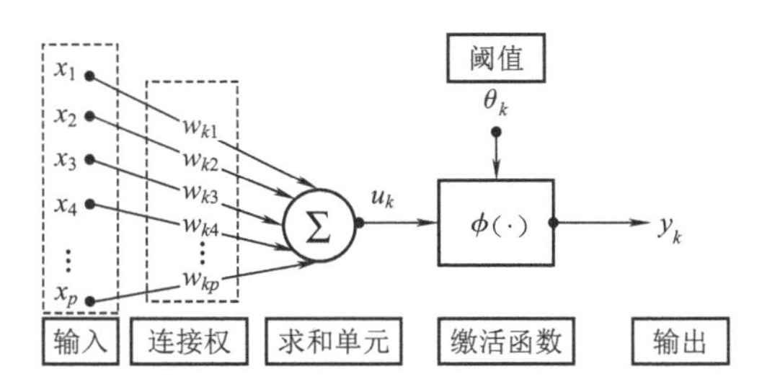

图 2-2　神经元模型图形表达

神经元模型的数学表达式为

$$u_k = \sum_{p=1}^{p} w_{kp} \cdot x_p, v_k = \text{net}_k = u_k - \theta_k, y_k = \varphi(v_k) \tag{2-1}$$

式中　$x_1, x_2, \cdots, x_p$ ——输入信号;

$w_{k1}, w_{k2}, \cdots, w_{kp}$ ——神经元 k 的权值;

θ_k ——阈值;

$\varphi(\cdot)$ ——激活函数;

u_k ——线性组合结果;

v_k, net_k ——神经元的输入加权和;

y_k ——神经元 k 的输出。

3. 常见激活函数

根据神经元解决问题的不同,激活函数有不同的定义,相应地也有不同的神经元模型。当今深度神经网络的学习取得了热门应用,激活函数类型也有至少十几种。一般来说,激活函数包含阈值型(threshold)函数、分段线性型函数、Sigmoid 型函数、子阈累积型函数、概率型函数几种常见类型。下面列举出几种常用的激活函数。

（1）阶跃函数(signum,简称 Sign)

阶跃函数属于阈值型函数，神经元没有内部状态，仅以输入参数的符号决定阶跃函数的返回值/输出值。返回值/输出值视具体情况而定，常定义为 $\{\pm 1\}$ 或 $\{0,1\}$，但也可以是一个随机变量。

以返回值为 $\{\pm 1\}$ 为例，其函数表达式见式(2-2)，其函数如图 2-3 所示。

$$y = \varphi(x) = \begin{cases} 1 & x \geqslant 0 \\ -1 & x < 0 \end{cases} \tag{2-2}$$

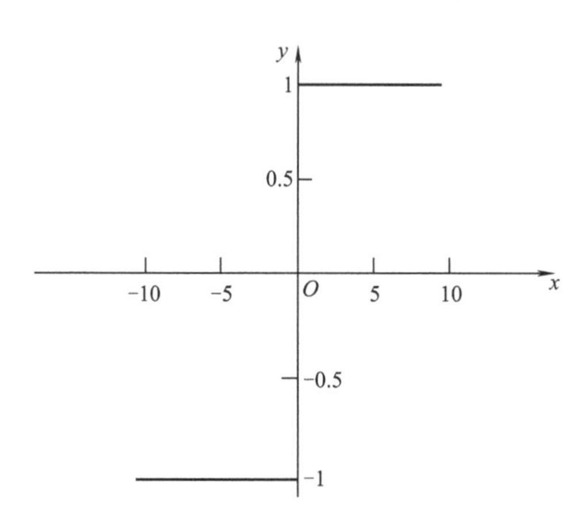

图 2-3　阶跃函数

在神经网络计算中，使用阶跃函数的神经元模型实际上就是 MP 模型，MP 模型将在第二章第二节的麦卡洛克-皮茨网络部分中进行阐述。阶跃函数具有不连续、不光滑等缺点，MP 模型的权值、输入和输出都是二值变量，又由于它的权值无法调节，因此现在很少有人单独使用。

（2）分段线性函数(piece-wise linear)

分段线性函数这种类型又称为伪线性，该神经元的输入/输出特性在一定区间内满足线性关系。

下面给出一个分段线性函数表达式的示例，其函数表达式见式(2-3)，其函数及导数如图 2-4 所示。

$$y = \varphi(x) = \begin{cases} 1 & x \geqslant 1 \\ \frac{1}{2}(1 + x) & -1 < x < 1 \\ -1 & x \leqslant -1 \end{cases} \tag{2-3}$$

（3）Sigmoid 型函数

Sigmoid 型函数也称 S 型函数，一种典型的函数是 Logistic 函数。在人工神经网络中，曾经最常用的激活函数是 Sigmoid 型函数。Sigmoid 型函数表达式为

$$y = \varphi(x) = \frac{1}{1 + e^{-ax}} \tag{2-4}$$

式中　a——可控制其斜率的参数。

$a=1$ 时 Sigmoid 型函数及导数如图 2-5 所示。

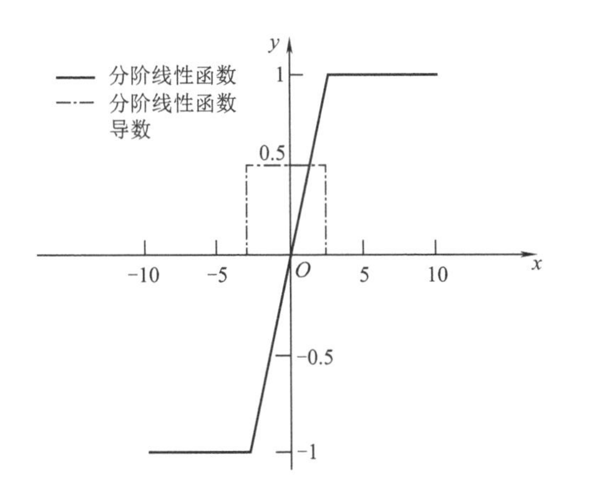

图 2-4　分段线性函数及导数

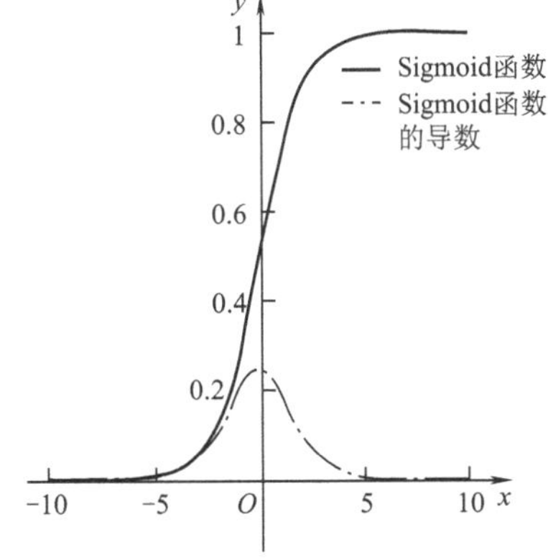

图 2-5　Sigmoid 型函数及导数

虽然 Sigmoid 型函数是严格单调递增的连续函数，可以将取值为$(-\infty,+\infty)$的数映射到$(0,1)$之间，且该函数的导数很容易求得，在线性和非线性之间表现出较好的平衡性，但该函数具有以下两个主要的缺点。首先，Sigmoid 型函数饱和区范围广，容易造成梯度消失。通过图 2-5 可以看到，当 $x>5$ 或 $x<-5$ 时，Sigmoid 型函数的导数 $\varphi'(x)$ 将接近 0，导致在误差反向传播时导数处于该区间的误差很难甚至无法传递到前层，权重 w_{ij} 的梯度将接近 0，使得梯度更新十分缓慢，即梯度消失，进而使整个网络无法训练。其次，Sigmoid 型函数不是关于原点中心对称的函数，其输出不是以 0 为均值，将不便于下层的计算。因此，根据 Sigmoid型函数的优缺点，实际应用中一般将 Sigmoid 型函数用于二分类神经网络的输出层，尽量不要在隐藏层使用。

(4) tanh 函数

激活函数 tanh 是在 Sigmoid 型函数基础上提出的，亦称为双曲正切 S 型函数(hyperbolic tangent function)或双极 S 型函数，其函数表达式为

$$y=\varphi(x)=\frac{2}{1+\mathrm{e}^{-ax}}-1 \tag{2-5}$$

以 $a=1$ 为例，函数表达式为

$$\tanh\left(\frac{1}{2}x\right)=\frac{1-\mathrm{e}^{-x}}{1+\mathrm{e}^{-x}} \tag{2-6}$$

$a=1$ 时，tanh 函数及导数如图 2-6 所示。

tanh 函数具有平滑性且保持单调性，在 0 附近很短一段区域内可看作线性的，该函数是将取值为$(-\infty,+\infty)$的数映射到$(-1,1)$之间，输出均值为 0。由于 tanh 函数均值为 0，因此弥补了 Sigmoid 型函数均值为 0.5 带来的下层计算复杂的缺点。但 tanh 函数同样存在梯度消失问题，当 x 很大或很小时，$\varphi'(x)$ 接近于 0，会导致梯度很小，权重更新非常缓慢。

(5) 其他激活函数

近年来，深度学习的蓬勃发展孕育了一批常用的激活函数，其中典型代表就是 ReLU 函数、LeakyReLU 函数、ELU 函数。

①ReLU 函数

Vinod Nair 和 Geoffrey Hinton 在 2010 年将修正线性单元(rectified linear unit,简称 ReLU)引入神经网络,该函数弥补了 Sigmoid 型函数以及 tanh 函数的梯度消失问题。其函数表达式见式(2-7),其函数及导数如图 2-7 所示。

$$y = \varphi(x) = \begin{cases} x & x \geq 0 \\ 0 & x < 0 \end{cases} \tag{2-7}$$

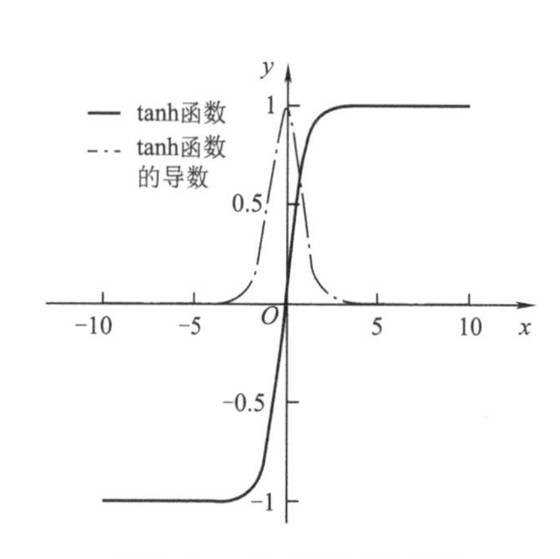

图 2-6　tanh 函数及导函数

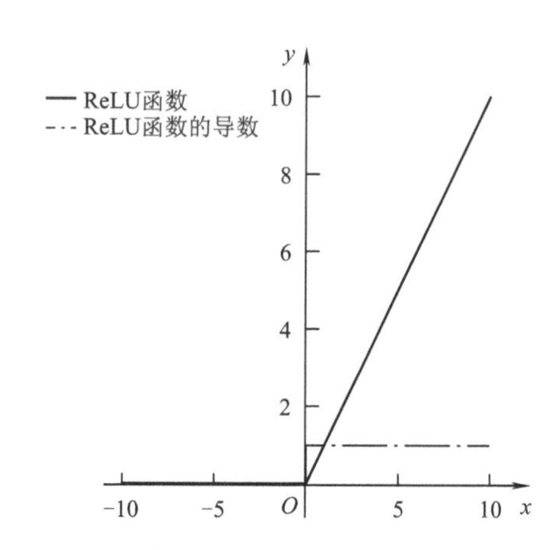

图 2-7　ReLU 函数及导数

与 Sigmoid 型函数以及 tanh 函数相比,ReLU 函数具有以下优点。首先,ReLU 函数的梯度在 $x \geq 0$ 时为 1,反之为 0,在输入为正数时不存在梯度消失问题。其次,计算复杂度小,Sigmoid 型函数及 tanh 函数需要计算指数函数,计算速度会比较慢,而 ReLU 函数只有线性关系,不管是前向传播还是反向传播,都比 Sigmoid 和 tanh 要快很多。同时,实验中还发现 ReLU 函数有助于随机梯度下降方法收敛,收敛速度约快 6 倍。实际上,ReLU 函数也有不可避免的缺点。首先,ReLU 函数强制的稀疏处理会减少模型的有效容量(即特征屏蔽太多,导致模型无法学习到有效特征)。其次,ReLU 函数还有一个缺点和 Sigmoid 型函数类似,当输入为负时,梯度为 0,会产生梯度消失问题。

②LeakyReLU 函数

为了克服 ReLU 函数在输入为负时的梯度消失问题,将 ReLU 函数中 $x < 0$ 的部分进行调整,给所有负值赋予一个非零斜率,并命名为 LeakyReLU 函数,该函数首次应用于声学模型。其函数表达式为

$$y = \varphi(x) = \begin{cases} x & x \geq 0 \\ ax & x < 0 \end{cases} \tag{2-8}$$

式中　a ——x 在$(-\infty,0)$区间内的固定参数,一般为 0.01 或 0.001 数量级的较小正数。

当 a 为 0.05 时,LeakyReLU 函数及导数如图 2-8 所示。

ReLU 函数实际上是 LeakyReLU 函数的一个特例,即 $a = 0$。不过由于 a 为超参数,合适的值较难设定且较为敏感,因此 LeakyReLU 函数在实际使用中的性能并不十分稳定。

③ELU 函数

2016 年,Djork-Arné Clevert 等人提出了指数化线性单元(exponential linear unit,简称 ELU),它是 ReLU 函数的一个改进型,相比于 ReLU 函数,在输入为负数的情况下该函数是

有一定的输出的,有着较高的噪声鲁棒性,同时能够使得神经元的平均激活均值趋近为 0。由于需要计算指数,也存在计算量较大的缺点。其函数表达式为

$$y = \varphi(x) = \begin{cases} x & x > 0 \\ a(e^x - 1) & x \leq 0 \end{cases} \tag{2-9}$$

式中　a——可调整的参数,控制着 ELU 负值部分在何时饱和。

a 为 0.5 时的 ELU 函数及导数,如图 2-9 所示。

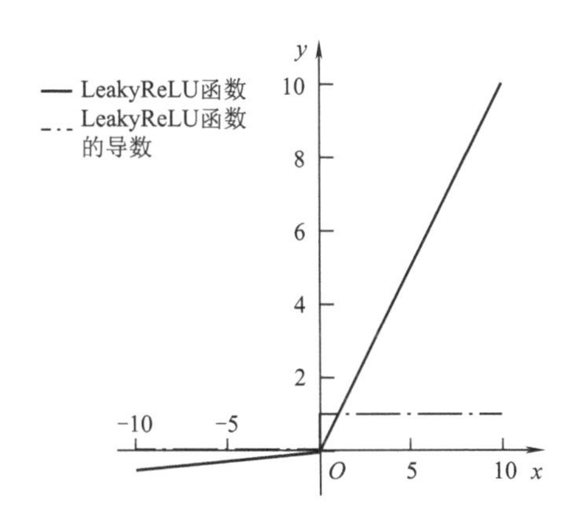

图 2-8　LeakyReLU 函数及导数

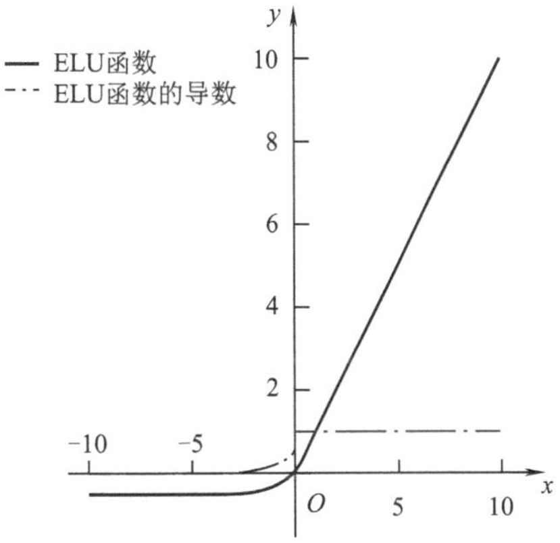

图 2-9　ELU 函数及导数

此外,还有 SReLU 函数、PReLU 函数、SELU 函数等激活函数,这些激活函数对深层神经网络模型有着功不可没的作用,这里就不一一介绍。几种常见激活函数见表 2-2。

表 2-2　常见激活函数总结

函数名	函数表达式	导函数
阶跃函数	$\varphi(x) = \begin{cases} 1 & x \geq 0 \\ -1 & x < 0 \end{cases}$	—
分段线性函数	$\varphi(x) = \begin{cases} T & x \geq c \\ kx + b & \lvert x \rvert < c \\ -T & x \leq -c \end{cases}$	$\varphi'(x) = \begin{cases} 0 & x \geq c \\ k & \lvert x \rvert < c \\ 0 & x \leq -c \end{cases}$
Sigmoid 型函数	$\varphi(x) = \dfrac{1}{1 + e^{-ax}}$	$\varphi'(x) = a\varphi(x)[1 - \varphi(x)]$
tanh 函数	$\varphi(x) = \dfrac{2}{1 + e^{-ax}} - 1$	$\varphi'(x) = \dfrac{a[1 - \varphi(x)^2]}{2}$
ReLU 函数	$\varphi(x) = \begin{cases} x & x \geq 0 \\ 0 & x < 0 \end{cases}$	$\varphi'(x) = \begin{cases} 1 & x \geq 0 \\ 0 & x < 0 \end{cases}$
LeakyReLU 函数	$\varphi(x) = \begin{cases} x & x \geq 0 \\ ax & x < 0 \end{cases}$	$\varphi'(x) = \begin{cases} 1 & x \geq 0 \\ a & x < 0 \end{cases}$
ELU 函数	$\varphi(x) = \begin{cases} x & x > 0 \\ a(e^x - 1) & x \leq 0 \end{cases}$	$\varphi'(x) = \begin{cases} 1 & x > 0 \\ \varphi(x) + a & x \leq 0 \end{cases}$

四、神经网络的学习方式

神经网络的工作过程主要分为两个阶段:第一阶段是学习期,此时各计算单元状态不变,各连接权上的权值可通过学习来修改;第二阶段是工作期,此时各连接权固定,计算单元变化,以达到某种稳定状态。

通过向环境学习获取知识并改进自身性能是神经网络的一个重要特点,在一般情况下,性能的改善是按某种预定的度量调节自身参数(如权值)随时间逐步达到的,按环境所供信息量的多少把学习方式分为以下三种:有监督学习、无监督学习、强化学习。

1. 有监督学习

有监督学习(supervised learning,简称 SL)亦称有教师学习,这种学习方式需要外界存在一个"教师",可对一组给定输入提供应有的输出结果(正确答案),这组已标记的输入-输出数据即为有限训练样本集。然后通过某种学习策略或方法建立一个模型,实现对新数据或实例的标记(分类)或映射。学习系统可根据目标输出与实际输出之间的差值(误差信号)来调节系统参数,如图 2-10 所示。

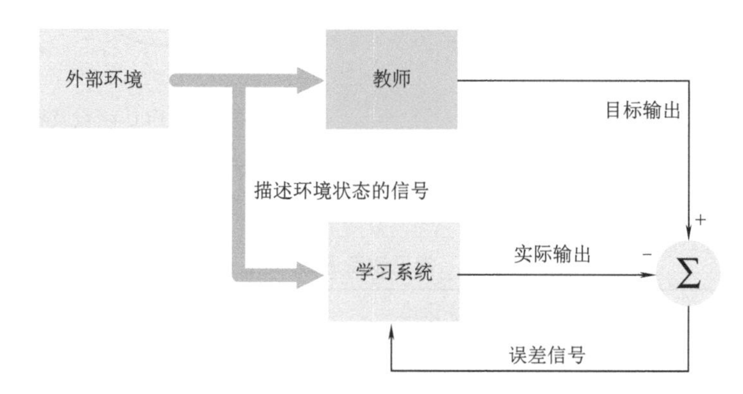

图 2-10　有监督学习框架

在有监督学习当中,学习规则由一组描述网络行为的训练集给出:$\{x_1,t_1\},\{x_2,t_2\},\cdots,\{x_N,t_N\}$。其中,$x_i$ 为网络的输入,t_i 为相应的目标输出。当输入作用到网络时,网络的实际输出与目标输出相比较,然后根据学习规则调整网络的权值和阈值,从而使网络的实际输出越来越接近于目标输出。

最典型的有监督学习算法包括回归和分类。有监督学习要求训练样本的分类标签已知,分类标签精确度越高,样本越具有代表性,学习模型的准确度越高。目前,有监督学习在自然语言处理、信息检索、文本挖掘、手写体辨识、垃圾邮件侦测等领域获得了广泛应用。

2. 无监督学习

无监督学习(unsupervised learning,简称 UL)时不存在外部教师,学习系统完全按照环境所提供的无标记的有限数据,利用数据描述隐藏在未标记数据中的结构或规律,或许是某些统计规律或分布特征,来调节自身参数或结构以表示外部输入的某种固有特性,这实际上是一种自组织过程,有时也称为自组织学习(self - organized learning)。其结构学习框如图 2-11所示。

图 2-11　无监督学习框架

在无监督学习当中，仅仅根据网络的输入调整网络的权值和阈值，它没有目标输出。大多数这种类型的算法都是要完成某种聚类操作，学会将输入模式分为有限的几种类型。

最典型的非监督学习算法包括单类密度估计、单类数据降维、聚类等。无监督学习不需要训练样本和人工标注数据，便于压缩数据存储、减少计算量、提升算法速度，还可以避免正、负样本偏移引起的分类错误问题。主要用于经济预测、异常检测、数据挖掘、图像处理、模式识别等领域，例如组织大型计算机集群、社交网络分析、市场分割、天文数据分析等。

3. 强化学习

强化学习（reinforcement learning，简称 RL）亦称再励学习，这种学习介于上述两种情况之间，是学习系统从环境到行为映射的学习，以使强化信号函数值最大。外部环境对系统输出结果只给出评价（奖或罚）而不是给出正确答案，由于外部环境提供的信息很少，强化学习系统必须靠自身的经历进行学习，通过强化那些受奖励的动作来改善自身性能，如图 2-12 所示。

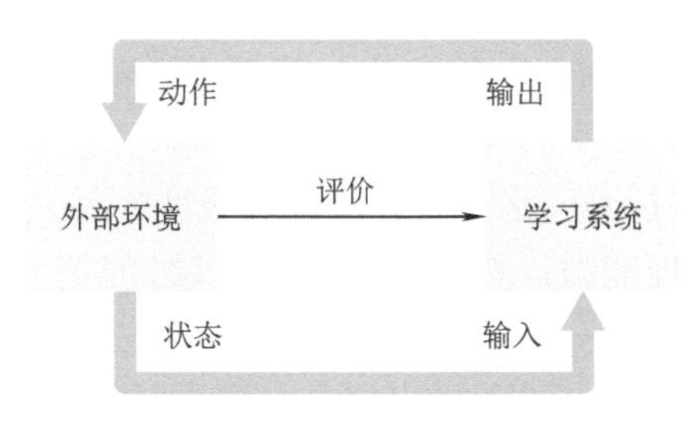

图 2-12　强化学习框架

强化学习的目标是学习从环境状态到行为的映射，使得智能体选择的行为能够获得环境最大的奖赏，使得外部环境对学习系统在某种意义下的评价为最佳。实际上，强化学习与有监督的学习类似，只是它不像有监督的学习一样为每一个输入提供相应的目标输出，而是仅仅给出一个级别（或评分）。这个级别（或评分）是对网络在某些输入序列上的性能测度。强化学习最适合控制系统应用领域，已在机器人控制、无人驾驶、下棋博弈、工业控制等领域获得成功应用。

五、神经网络的结构和分类

人工神经网络可以看成是以人工神经元为节点，用有向加权弧连接起来的有向图。构建神经网络神经元的方式与用于训练网络的学习算法密切相关。在此有向图中，人工神经元就是对生物神经元的模拟，而有向加权弧则是轴突 - 突触 - 树突对的模拟。有向弧的权值表示相互连接的两个人工神经元间相互作用的强弱。

对于神经网络的体系结构，神经网络按照层的形式组织，本书仅按连接方式进行结构的描述。这里定义几种基础概念。

(1)输入层:接收源节点的原始数据输入,分发给隐含层,不参与计算。其相应的神经节点称为输入单元。

(2)隐含层:神经网络中无论从网络输入端抑或输出端都不能直接看到,是以一种特殊的方式搭建输入层与输出层之间的关系,负责所需的计算及输出结果给输出层。其相应的神经节点称为隐藏单元。

(3)输出层:输出网络计算结果。其相应的神经节点称为输出单元。

需要注意的是,在定义神经网络层数时一般不把输入层计算在内,而是把隐含层称为神经网络的第一层,输出层称为神经网络的第二层(若只有一个隐含层)。若有两个隐含层,则第一个隐含层称为神经网络的第一层,第二个隐含层称为神经网络的第二层,而输出层称为神经网络的第三层。如果有多个隐含层,依次类推。在 MATLAB 神经网络工具箱中的定义也类似。

人工神经网络根据连接方式主要分为两类,即前馈型神经网络和反馈型神经网络。

1. 前馈型神经网络

前馈型神经网络(或前向型神经网络)是整个神经网络体系中最常见的一种网络。其网络中各个神经元接受前一级的输入,并输出到下一级,网络中没有反馈。节点中分为两类,即输入单元和计算单元,每一计算单元可有任意一个输入,但只有一个输出(它可耦合到任意多个其他节点作为输入)。通常前馈网络可分为不同的层,第 i 层的输入只与第 $i-1$ 层输出相连,输入和输出节点与外界相连,它们是一种强有力的学习系统,其结构简单而易于编程。

从系统的观点看,前馈型神经网络是一种静态非线性映射,通过简单非线性处理的复合映射可获得复杂的非线性处理能力。按照是否含隐含层,前馈型神经网络又分为单层前馈神经网络和多层前馈神经网络。

单层前馈神经网络指仅含输入层和输出层且计算节点神经元仅存在于输出层,不含隐含层的前馈神经网络,如图 2-13 所示。

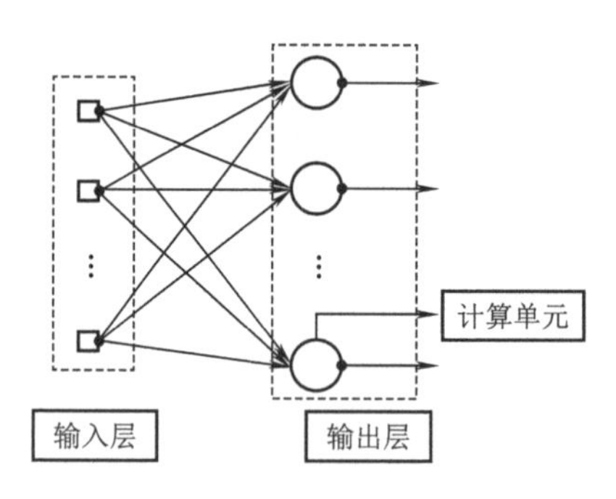

图 2-13　无隐含层的多输入多输出单层前馈神经网络

前馈神经网络除拥有输入、输出层外,还含有一层或多层隐含层的网络称为多层前馈神经网络,如图 2-14 所示,该网络是一个多输入多输出的双隐含层前馈神经网络。

2. 反馈型神经网络

反馈型神经网络又称递归网络,或回归网络。反馈神经网络这种网络结构在输入和输出之间存在一种反馈回路作为输入层的一个输入,其特点是处理单元之间除前馈连接外还有反馈连接的情况。输入信号决定反馈系统的初始状态,然后系统经过一系列状态转移后,逐渐收敛于平衡状态。这样的平衡状态就是反馈网络经计算后输出的结果。在这种网络中,每个神经元同时将自身的输出信号作为输入信号反馈给其他神经元,它需要工作一段时间才能达到稳定。由此可见,稳定性是反馈网络中最重要的问题之一。

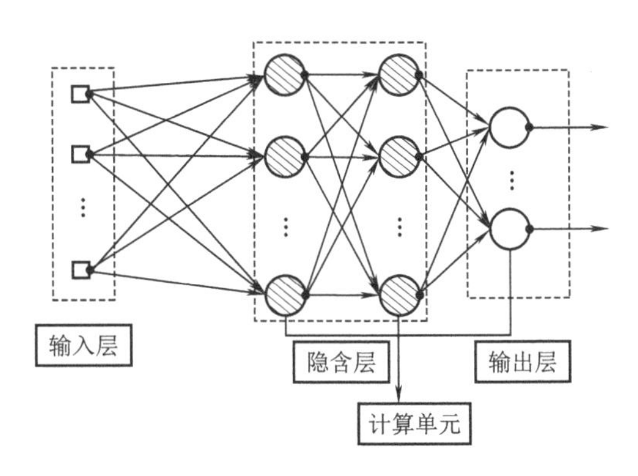

图 2-14　双隐含层的多输入多输出三层前馈神经网络

网络中是否有反馈回路,这是反馈神经网络与前馈神经网络最大的区别。与前馈型网络相比,反馈神经网络结构更复杂,具有很强的联想记忆和优化计算能力。根据网络结构的特点 ,将它们分为两类:全反馈网络结构和部分反馈网络结构。

全反馈网络的突出代表就是由美国加州理工学院的 John Hopfield 教授在 1982 年提出的 Hopfield 网络,这是一种单层反馈神经网络。网络结构如图 2-15 所示。

单层全连接反馈神经网络中所有节点都是计算单元,同时也可接受输入,并向外界输出,可画成一个无向图,如图 2-15(a)所示,其中每个连接弧都是双向的,也可画成如图 2-15(b)所示的形式。若总单元数为 n ,则每一个节点有 $n-1$ 个输入和 1 个输出。

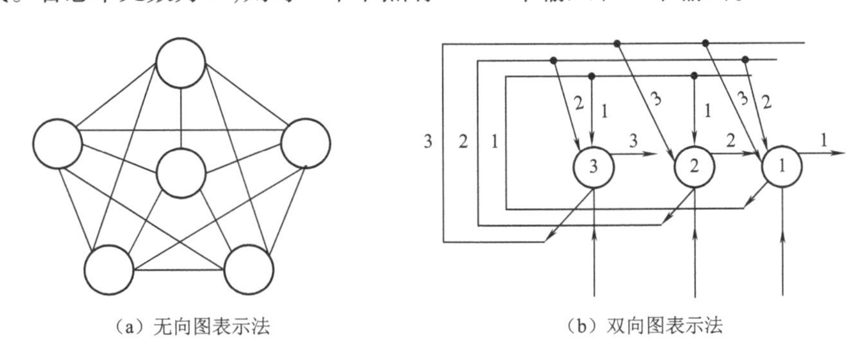

(a) 无向图表示法　　(b) 双向图表示法

图 2-15　单层全连接反馈神经网络

第二节　简单前馈神经网络

在众多神经网络模型中,最简单的就是单层前馈神经网络。麦卡洛克-皮茨网络,即 MP 模型,最初是由美国心理学家 Warren McCulloch 和数学家 Walter Pitts 在 1943 年共同提出。从结构上说,单层感知机就是多个 MP 模型的累叠,最主要的差别在于感知机引入了学习概念,这也是为什么把感知机称为最初的神经网络模型,本节主要介绍单层感知机模型。在介绍感知机之前,首先简要介绍一下 MP 模型。

一、麦卡洛克-皮茨网络

麦卡洛克-皮茨网络由固定的结构和权组成,它的权分为兴奋型突触权和抑制型突触权两类,如抑制型突触权被激活,则神经元被抑制,输出为零。兴奋型突触权能否激活,则要看它的累加值是否大于一个阈值,大于该阈值神经元即兴奋。MP 模型的结构如图 2-16 所示。

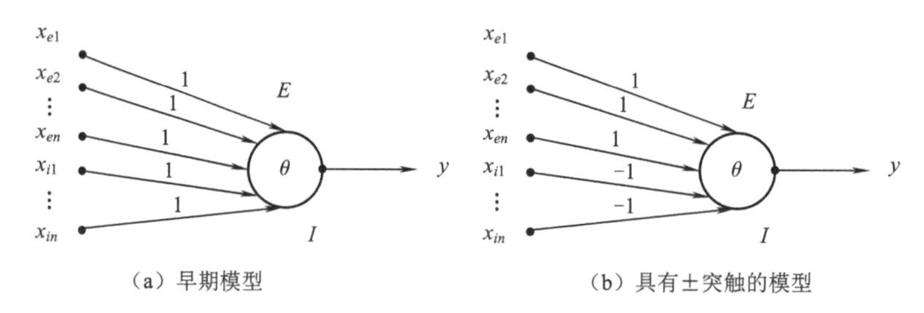

图 2-16　MP 模型中单个神经元

在图 2-16(a)中,模型权值均为 1,可以用来完成一些逻辑性关系。变换关系 E、I 为

$$E = \sum_{j=1}^{n} x_{ej} \tag{2-10}$$

$$I = \sum_{k=1}^{n} x_{ik} \tag{2-11}$$

式中　$x_{ej}(j = 1,2,\cdots,n)$ ——兴奋型突触的输入;

$x_{ik}(k = 1,2,\cdots,n)$ ——抑制型突触的输入。

则输入与输出的转换关系为

$$y = \begin{cases} 1 & I = 0 \quad E \geqslant \theta \\ 0 & I = 0 \quad E < \theta \\ 0 & I > 0 \end{cases} \tag{2-12}$$

如果兴奋与抑制突触用权重 ±1 表示,兴奋为 1,抑制为 −1,而总的作用用加权实现,如图 2-16(b)所示,则有

$$y = \begin{cases} 1 & E - I \geqslant \theta \\ 0 & E - I < \theta \end{cases} \tag{2-13}$$

利用 MP 模型表示的与、或、非逻辑关系式如图 2-17 所示。

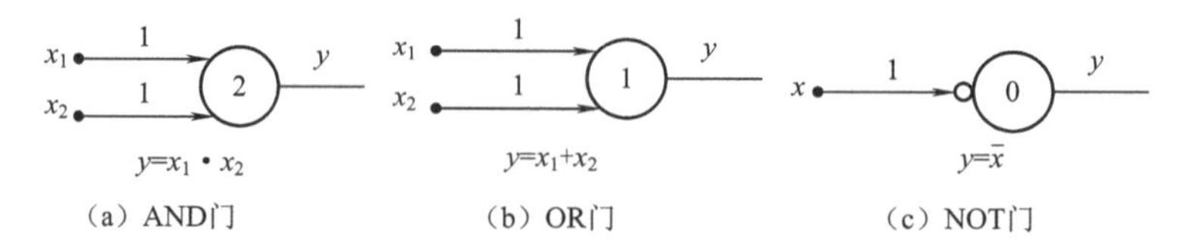

图 2-17　用 MP 模型实现的布尔逻辑

图 2-17(a)中,只有在 x_1 和 x_2 均为 1 的情况下,AND 门输出为 1;图 2-17(b)中, x_1 和 x_2

只要其中一个为 1 则被激活;图 2-17(c)中, x 输入为 1 时,NOT 门输出为 0。

MP 模型的权值、输入和输出都是二值变量,这同由逻辑门组成的逻辑关系式的实现区别不大。MP 模型的局限性在于它的权值无法调节,因而现在很少有人单独使用。为了解决这个问题,在非线性神经元 MP 模型的基础上,感知机较 MP 模型又进一步,它的输入可以是非离散量,它的权不仅是非离散量,而且可以通过调整学习而得到。由于感知机的权值可以通过学习调整而得到,因此它被认为是最早提出的一种神经网络模型。

二、感知机模型

感知机模型是一种基于监督学习的、用于二元分类的由线性阈值单元(linear threshold unit)组成的网络模型,其输出类别可取 -1 或 1(0 或 1 亦可)二值。在这种模型中,外部输入通过各输入端点分配给下一层的各节点,下一层就是中间层,中间层可以是一层也可是多层,最后通过输出层节点得到输出模式。在这类前馈网络中没有层内连接,也没有隔层的前馈连接。每一节点只能连接到下一层的所有节点。

根据网络中含有的计算节点的层数,感知机可分为单层感知机和多层感知机。如果在输入层和输出层单元之间加入一层或多层处理单元,即可构成多层感知机,因而多层感知机由输入层、隐含层、输出层组成。然而,对于含有隐含层的多层感知机当时没有可行的训练方法,所以初期研究的感知机为一层感知机或称为单层感知机,即通常所说的感知机。虽然简单感知机有其局限性,但人们对它做了深入研究,有关它的理论仍是研究其他网络模型的前提。

1. 感知机分类

单层感知机是一种只具有一层可计算节点的前馈神经网络,包含一个线性累加器、二元阈值激活函数和一个偏置项。单层感知机的任务就是在 N 维空间中寻找一个平面,让其对外部输入进行分类,让这个平面可以正好将实例划分为正负两类,并且一定可以在有限的迭代次数中收敛。感知机是神经网络与支持向量机的基础。典型的单层感知机模型如图 2-18 所示。

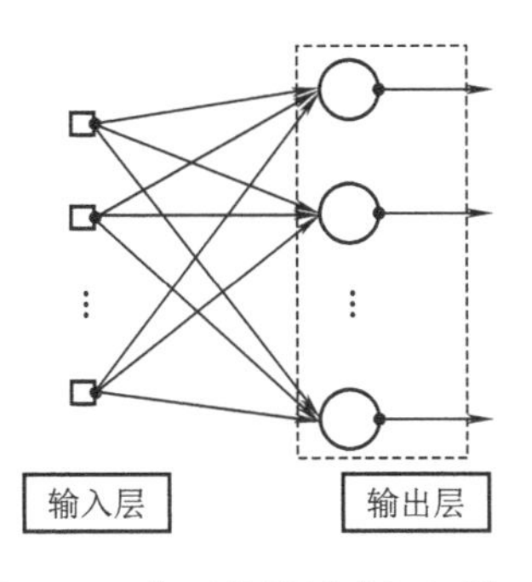

图 2-18　典型的单层感知机模型

多层感知机(multi-layer perception)又称 MLP 模型,是一种趋向结构的人工神经网络,映射一组输入向量到一组输出向量。为了解决单层感知机模型无法实现对线性不可分数据识别分类问题,要增加网络层数来增强网络分类能力,因此,在输入层和输出层中间增加隐含层,形成多层感知机 MLP 模型。MLP 可以被看作是一个有向图,由多个节点层组成,每一层全连接到下一层，最终由输入层、隐含层、输出层构成。其隐含层的作用相当于特征检测器，提取输入模式中包含的有效特征信息，使输出单元所处理的模式是线性可分的。但需注意，实质上感知机模型只在输出层神经元进行激活函数处理，因此学习能力非常有限。如图 2-19所示，该神经网络为两层感知机结构（包括输入层、一个隐含层和一个输出层），有两层连接权，其中输入层和隐含层单元间的连接权值是随机设定的固定值，不可调节；输出层与隐含层单元间的连接权值可调。

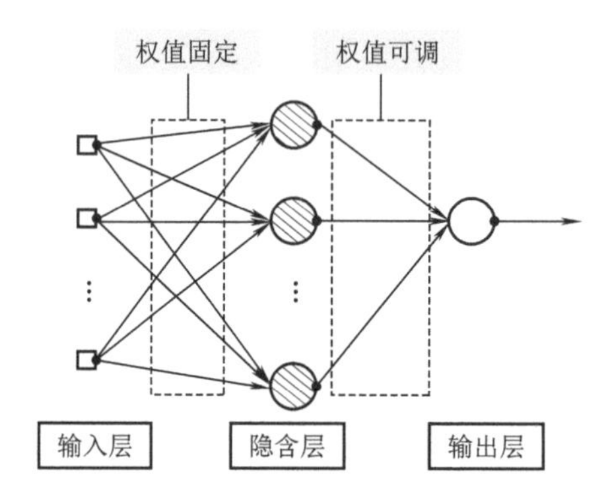

图 2-19　典型的多层感知机模型

感知机可以对输入的样本特征向量进行模式分类。单层感知机能够用来模拟逻辑函数，例如逻辑非 NOT、逻辑或非 NOR、逻辑或 OR、逻辑与 AND 和逻辑与非 NAND 等，但是不能用来模拟逻辑异或 XOR。多层感知机在某些样本点上可以对函数进行逼近。一种被称为反向传播算法（back-propagation algorithm）的监督学习方法常被用来训练 MLP 模型。

在介绍感知机的学习过程之前先介绍下线性可分性、超平面的概念以及感知机收敛性定理。

2. 两个基本概念

（1）超平面（Hyperplane）：在数学中，超平面是 n 维欧氏空间中余维度等于 1 的线性子空间，也就是必须是 $n-1$ 维度。这是平面中的直线、空间中的平面之推广。设 F 为域（可考虑 $F = R^n$），n 维空间 F^n 中的超平面是由方程 $\sum w_n \cdot x_n + b = 0$ 定义的子集，其中，$w_i \in R^n$ 是不全为零的常数。

（2）线性可分性：给定一个数据集 $T = \{(x_1,t_1),(x_2,t_2),\cdots,(x_N,t_N)\}$，其中，$x_i \in R^n$，$t_i \in \{1,-1\}(i = 1,2,\cdots,N)$，若存在某个超平面 H 能将数据集的正负实例完全划分到超平面两侧，对 $t_i = 1$ 的实例 i，有 $w x_i + b > 0$；对 $t_i = -1$ 的实例 i，有 $wx_i + b < 0$。则数据集 T 称为线性可分数据集；否则称数据集 T 为线性不可分。

例如，两维输入 x_1，x_2，其分界线为 $n-1$ 维（2 − 1 = 1）直线，则超平面为

$$w_1x_1 + w_2x_2 + b = 0, b = -\theta \tag{2-14}$$

根据式（2-14）可知，当且仅当 $w_1x_1 + w_2x_2 \geqslant \theta$ 时，$y=1$，此时把输入模式划分为“1”类，目标输出为 1 的两个输入向量用实心方块“■”表示；当且仅当 $w_1x_1 + w_2x_2 < \theta$ 时，$y = -1$，此时把输入模式划分为“2”类，目标输出为 − 1 的两个输入向量用实心圆形“●”表示。其对

应的线性分割如图 2-20 所示。

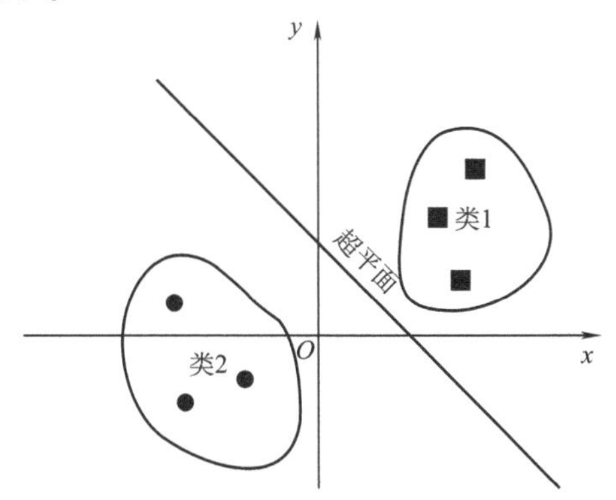

图 2-20 二分类判别问题中线性分割

3. 感知机收敛性定理

Frank Rosenblatt 已证明，如果两类模式是线性可分的(指存在一个超平面将它们分开)，则算法一定收敛。这里给出感知机收敛性定理，因篇幅有限就不予证明。

定理 1.1 如果样本输入函数是线性可分的，那么感知机学习算法经过有限次迭代后可收敛到正确的权值或权向量。

定理 1.2 假定隐含层单元可以根据需要自由设置，那么用双隐含层感知机可以实现任意的二值逻辑函数。

三、感知机的学习过程

对于具有 m 个输入、1 个输出神经元的单层感知机网络，该网络有 $m+1$ 维输入向量，通过一组权值 $w_{ij}(i=1,2,\cdots,l;\ j=1,2,\cdots,m)$ 与 L 个神经元组成，如图 2-21 所示。

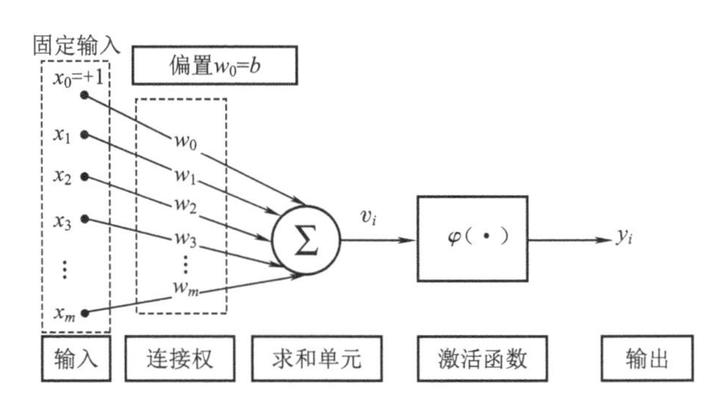

图 2-21 感知机模型

经过 k 次迭代，第 i 个输出神经元的输入为

$$\text{net}_i = v_i = \sum_{j=1}^{m} w_{ij}x_j - \theta_i \quad i=1,2,\cdots,l;\ j=1,2,\cdots,m \tag{2-15}$$

第 i 个神经元模型的输出为

$$y_i = \varphi(\text{net}_i) \quad i=1,2,\cdots,l \tag{2-16}$$

式中 $(x_1,x_2,\cdots,x_m \mid x_j \in R^n)$——外部输入；

$w_{ij} \in R^n$——连接权重；

$b_i \in R^n$——偏置项，$b_i = -\theta_i$；

$\varphi(\cdot)$——激活函数。

最终，求得感知机模型为 $y_i^k = \text{sign}\left(\sum_{j=1}^{m} w_{ij}x_j - \theta_i\right)$，感知机能够将输入向量分为两个区域。

感知机的学习是典型的有教师学习，可以通过样本训练达到学习的目的。感知机的学习（亦称训练）条件有两个：训练集和学习/训练规则。

（1）训练集：感知机的训练集就是由若干个输入输出模式对构成的一个数据集 $T = \{(x_1,t_1),(x_2,t_2),\cdots,(x_N,t_N)\}$，所谓输入输出模式对是指一个输入模式及其期望输出模式所组成的向量对。Frank Rosenblatt 已证明，如果两类模式是线性可分的，则算法一定收敛。

（2）学习/训练规则：感知机的学习/训练规则是指修改神经网络的权值和偏置值的方法和过程（这种过程亦称为训练算法），其目的是使得误差函数最小化，最终使训练得到的网络完成某些工作。

感知机对权值向量的学习算法是基于迭代的思想，通常采用误差修正学习规则。它是一个有教师的学习过程，其基本思想是利用某个神经单元的期望输出与实际的输出之间的差来调整该神经单元与上一层中相应神经单元的连接权值，最终减小这种偏差。该算法无需求导数，因此比较简单，又具有收敛速度快和精度高的优点。

若输出值取 $y_i = \begin{cases} 1 & \text{类别1} \\ -1 & \text{类别2} \end{cases}$ 进行二值分类，期望输出与实际输出之差为

$$e_i^p = t_i^p - y_i^p(k) = \begin{cases} 2 & t_i^p = 1, y_i^p(k) = -1 \\ 0 & t_i^p = y_i^p(k) \\ -2 & t_i^p = -1, y_i^p(k) = 1 \end{cases} \tag{2-17}$$

也就是说，神经单元之间连接权的变化正比于输出单元期望输出与实际输出之差。由此可见，权值变化量与输入状态 x_j 和输出误差 e_i^p 有关。实质上，假如训练集线性可分，误差函数只需考虑误分类点之和，若都分类正确，则误差函数为0。则式(2-17)可简化，统一为数据集期望输出 t_i^p 的 n 倍，用数学公式表示为

$$e_i^p \to n \cdot t_i^p \to t_i^p \tag{2-18}$$

详细来说，设有 N 个训练样本，在感知机训练期间，不断用训练集中的每个模式对训练网络。当给定某一个样本 p 的输入输出模式对时，感知机输出单元会产生一个实际输出向量，用期望输出与实际输出之差来修正网络连接权值。

简单感知机输出层的任意神经元 i 的连接权值 w_{ij} 和阈值 θ_i 修正公式为

$$\Delta w_{ij} = \eta \cdot (t_i^p - y_i^p) \cdot x_j^p = \eta \cdot e_i^p \cdot x_j^p \quad i = 1,2,\cdots,l; j = 1,2,\cdots,m \tag{2-19}$$

$$\Delta b = -\Delta\theta_i = -\eta \cdot (t_i^p - y_i^p) \cdot 1 = -\eta e_i^p \quad i = 1,2,\cdots,l \tag{2-20}$$

即，当出现误分类点时，采用如下更新策略

$$w_{ij}^{\text{old}} + \eta t_i^p x_j \to w_{ij}^{\text{new}} \tag{2-21}$$

$$b_i^{\text{old}} - \eta t_i^p \to b_i^{\text{new}} \tag{2-22}$$

式中　t_i^p ——在样本 p 作用下的第 i 个神经元的期望输出；

y_i^p ——在样本 p 作用下的第 i 个神经元的实际输出；

e_i^p ——在样本 p 作用下的第 i 个神经元的误差；

η ——学习速率(learning rate)($0 < \eta \leqslant 1$)，用于控制权值调整速度。

学习速率 η 较大时，学习过程加速，网络收敛较快；但 η 太大时，学习过程变得不稳定，且误差会加大，因此学习速率的取值也很关键。

1. 感知机学习算法步骤

实质上，感知机学习过程是误分类驱动下最小化误差的过程，具体采用梯度下降法(gradient descent)。感知机网络学习算法的计算步骤如下：

(1)初始化：选取初始值 w_0 和 b_0 ；

(2)提供训练集：给出顺序赋值的输入向量 $x_1, x_2, \cdots, x_n$ 和期望的输出向量(训练集) $t_1, t_2, \cdots, t_n$ ；

(3)计算实际输出：按式(2-16)计算输出层各神经元的输出；

(4)判断实际输出 $y_i^p(k)$ 与期望输出 t_i^p 结果是否一致，当 $t_i^p \neq y_i^p(k)$ ，即实例点被误分类时，则按式(2-21)和式(2-22)调整输出层的加权系数 w_{ij} 和阈值 b_i ，使分离超平面向该误分类点的一侧移动，直至误分类点被正确分类；

(5)返回计算步骤(3)，直到误差满足要求为止。

2. XOR 问题分析

利用简单感知机对“与”、“或”和“异或”问题进行分类，逻辑“与”、“或”和“异或”的真值见表 2-3。

表 2-3　逻辑“与”、“或”和“异或”的真值

x_1	x_2	y		
		AND	OR	XOR
0	0	0	0	0
0	1	0	1	1
1	0	0	1	1
1	1	1	1	0

对于逻辑“与”和逻辑“或”可将输入模式按照其输出分成两类，输出为 0 的属于“0”类，用空心圆圈“○”表示；输出为 1 的属于“1”类，用实心圆形“●”表示，如图 2-22(a)和图 2-22(b)所示。输入模式可以用一条决策直线划分为两类，即逻辑“与”和逻辑“或”是线性可分的。所以简单感知机可以解决逻辑“与”和逻辑“或”的问题。

对于逻辑“异或”现仍然将输入模式按照其输出分成两类，即这四个输入模式分布在二维空间中，如图 2-22(c)所示。但无法用一条决策直线把这四个输入模式分成两类，即逻辑“异或”是线性不可分的。所以简单感知机无法解决逻辑“异或”问题。感知机模式只能对线性输入模式进行分类，这是它的主要功能局限。

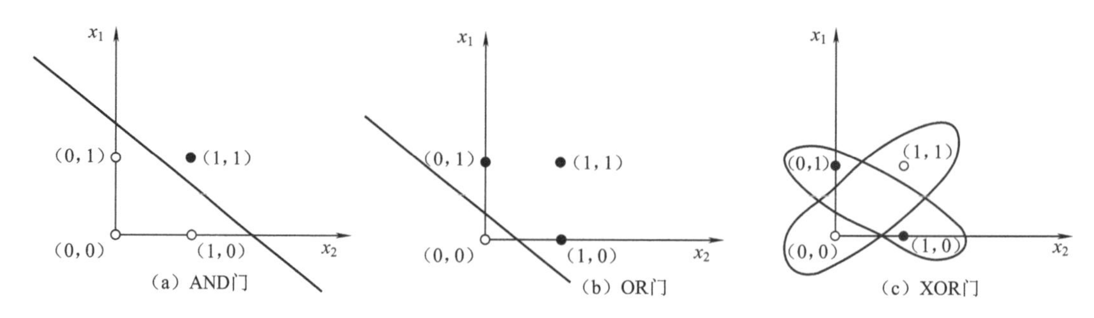

图 2-22 AND、OR 和 XOR 输入模式的空间分布

感知机为解决逻辑“异或”问题,可以设计一个多层的网络,即含有输入层、隐含层和输出层的结构。可以证明,只要隐含层单元数足够多,用多层感知机网络可实现任何模型分类。

四、自适应线性神经网络

对于简单前馈神经网络,除了感知机模型外,还有自适应线性神经网络,它是一种简单的神经元网络,可以由一个或多个线性神经元构成。1962 年由美国斯坦福大学教授 Berhard Widrow 提出的自适应线性元件网络(adaptive linear element,简称 Adaline)是线性神经网络最早的典型代表,它是一个由输入层和输出层构成的单层前馈型网络。

线性神经网络在结构上与感知机神经网络非常相似,不同之处在于其每个神经元的激活函数为线性函数,即 Purelin 函数($y = x$)。因此自适应线性神经网络的输出可以取任意值,而感知机神经网络的输出只能是(1,0)或(1,-1)。

线性神经网络的学习也是典型的有监督学习,学习规则采用 Widrow-Hoff 学习规则,即最小均方差算法(least mean square,简称 LMS),这种学习规则的基本思想是寻找网络的权值和阈值,使得各个神经元的输出均方误差最小。它的实质是利用梯度下降法,权值沿误差函数的负梯度方向改变。Widrow-Hoff 学习规则的权值变化量正比于网络的输出误差及网络的输入矢量。自适应线性神经网络的学习算法比感知机网络的学习算法的收敛速度和精度都有较大的提高。

自适应线性神经网络主要用于函数逼近、信号预测、系统辨识、模式识别和控制等领域。本小节对自适应线性神经网络的学习过程、算法步骤进行简要介绍。

1. 线性神经网络的学习过程

在训练网络的学习阶段,线性神经网络的学习过程也是不断用训练集中的每个输入输出模式对训练网络,当给定某一训练模式时,输出单元会产生一个实际输出向量,用期望输出与实际输出之差来修正网络连接权值。

假设有 N 个训练样本,随机选择样本 p 的输入输出模式对 (x^p, t^p) 对网络进行训练,输出层的第 i 个神经元在样本 p 作用下的输入为

$$\text{net}_i^p = \sum_{j=1}^{m} w_{ij}x_j - \theta_i \quad i = 1,2,\cdots,l; j = 1,2,\cdots,m \tag{2-23}$$

式中 θ_i ——输出层神经元 i 的阈值;

m ——输入层 j 的节点数,即输入的个数。

输出层第 i 个神经元的输出为

$$y_i^p = \varphi(\mathrm{net}_i^p) \quad i = 1,2,\cdots,l \tag{2-24}$$

式中 $\varphi(\cdot)$ ——线性激活函数。它将网络的输入直接输出,因此有

$$y_i^p = \mathrm{net}_i^p = \sum_{j=1}^{M} w_{ij}x_j^p - \theta_i \quad i = 1,2,\cdots,l \tag{2-25}$$

假设目标函数为二次型误差函数,对于每一样本 p 的输入模式对有

$$J_p = \frac{1}{2}\sum_{i=1}^{L}(t_i^p - y_i^p)^2 = \frac{1}{2}\sum_{i=1}^{L}e_i^2 \tag{2-26}$$

则系统对所有 N 个训练样本的总误差函数为

$$J = \sum_{p=1}^{N}J_p = \frac{1}{2}\sum_{p=1}^{N}\sum_{i=1}^{L}(t_i^p - y_i^p)^2 = \frac{1}{2}\sum_{p=1}^{N}\sum_{i=1}^{L}e_i^2 \tag{2-27}$$

式中 N ——模式样本对数;

L ——网络输出节点数;

t_i^p ——在样本 p 作用下的第 i 个神经元的期望输出;

y_i^p ——在样本 p 作用下的第 i 个神经元的实际输出。

2. 权值和阈值修正过程

根据梯度下降法,对 w_{ij} 和 θ_i 求偏导,可得输出层的任意神经元 i 的加权系数修正公式为

$$\Delta w_{ij} = -\eta\frac{\partial J_p}{\partial w_{ij}} \quad i = 1,2,\cdots,l;j = 1,2,\cdots,m \tag{2-28}$$

学习速率 η 随着输入样本 x^p 自适应地调整。

因为

$$\frac{\partial J_p}{\partial w_{ij}} = \frac{\partial J_p}{\partial \mathrm{net}_i^p}\cdot\frac{\partial \mathrm{net}_i^p}{\partial w_{ij}} = \frac{\partial J_p}{\partial \mathrm{net}_i^p}\cdot x_j^p \tag{2-29}$$

定义

$$\delta_i^p = -\frac{\partial J_p}{\partial \mathrm{net}_i^p} = -\frac{\partial J_p}{\partial y_i^p}\cdot\frac{\partial y_i^p}{\partial \mathrm{net}_i^p} = (t_i^p - y_i^p)\cdot\varphi'(\mathrm{net}_i^p) = e_i\cdot\varphi'(\mathrm{net}_i^p) \tag{2-30}$$

则

$$\Delta w_{ij} = \eta\cdot\delta_i^p\cdot x_j^p \tag{2-31}$$

由于激活函数 $\varphi(\cdot)$ 为线性函数,故 $\varphi'(\mathrm{net}_i^p) = 1$ 。

因此

$$\frac{\partial J_p}{\partial w_{ij}} = -e_i\cdot x_j^p \tag{2-32}$$

可得输出层的任意神经元 i 的加权系数修正公式为

$$\Delta w_{ij} = \eta\cdot(t_i^p - y_i^p)\cdot x_j^p = \eta\cdot e_i\cdot x_j^p \tag{2-33}$$

同理,阈值 θ_i 的修正公式为

$$\Delta\theta_i = \eta(t_i - y_i) = \eta e_i \tag{2-34}$$

式(2-33)和式(2-34)构成了最小均方误差算法或 Widrow - Hoff 学习算法,它实际上也是 δ 学习规则的一种特例。

线性神经网络学习算法的计算步骤如下：

(1)初始化：置所有的加权系数为随机数；

(2)提供训练集：给出顺序赋值的输入向量 $x_1, x_2, \cdots, x_M$ 和期望的输出向量 $t_1, t_2, \cdots, t_L$；

(3)计算实际输出：按式(2-24)和式(2-25)计算输出层各神经元的输出；

(4)按式(2-26)或式(2-27)计算期望值与实际输出的误差；

(5)按式(2-33)和式(2-34)调整输出层的加权系数 w_{ij} 和阈值 θ_i；

(6)返回计算步骤(3)，直到误差满足要求为止。

第三节　多层前馈神经网络

前文中已经分析了多层感知机的基本特征，即网络中每个神经元的模型包括一个可微分的非线性激活函数；网络包含一个或多个隐含层；突触权重决定了网络结构的连通性。然而这些特征也带来了一些困惑，导致需要考虑分布式非线性的存在和网络的高连通性使得多层感知机的理论分析难以进行的问题；以及隐藏神经元的使用使得学习过程更难以可视化的问题。为了克服简单感知机和 MLP 模型算法实际的局限性，增加层数以改进性能，反向传播算法于 1986 年由以 David Rumelhart 和 McCelland 为首的科学家小组提出。反向传播网络(back - propagation network)实际上是一种按 BP 算法训练的多层前馈网络，实质是一种利用链式规则的梯度下降法来有效训练含有隐含层的多层前馈网络。BP 网络是目前应用最广泛的神经网络模型之一，是多层前馈神经网络典型代表。

本节主要介绍关于 BP 算法的功能、原理、学习过程和应用案例等内容。

一、BP 神经网络的网络结构及基本原理

BP 算法的基础是由 Kelley 和 Arthur Earl Bryson 在控制理论的背景下推导出来的，他们使用了动态规划的原理。1962 年，Stuart Dreyfus 发表了一个仅基于链式法则的更简单的推导。1969 年，Arthur Earl Bryson 和 Yu - Chi Ho 就提出了多层网络反向学习算法，并将其描述为一种多级动态系统优化方法。1970 年，Seppo Linnainmaa 就在计算机上实现了反向传播。1974 年，Paul Werbos 在他的博士论文中对其进行了深入的分析，他是第一个在美国提出将其用于神经网络的人。由于当时人工智能的发展处于消沉期，反向传播神经网络并没有很好地发展起来。直到 1986 年，基于 David Rumelhart、Geoffrey Hinton、Ronald Williams 和 James McClelland 在《并行分布式处理》的研究成果，反向传播才获得了认可。

1. BP 网络结构

BP 网络包含输入层、隐含层和输出层，将一层节点的输出传送到另一层时，通过调整连接权系数 w_{ij} 来达到增强或削弱这些输出的作用。除了输入层的节点外，隐含层和输出层节点的净输入是前一层节点输出的加权和。每个节点的激活程度由它的输入信号、激活函数和节点的偏置(或阈值)来决定。但对于输入层输入模式送到输入层节点上，这一层节点的输出即等于其输入。

注意，这种网络没有反馈存在，实际运行仍是单向的，所以不能将其看成是一个非线性动力学系统，而只是一种非线性映射关系。

具有隐含层 BP 网络的结构如图 2-23 所示，图中设有 M 个输入节点 x_1 ，x_2 ，…，x_M ，L 个输出节点 y_1 ，y_2 ，…，y_L ，网络的隐含层共有 q 个神经元。

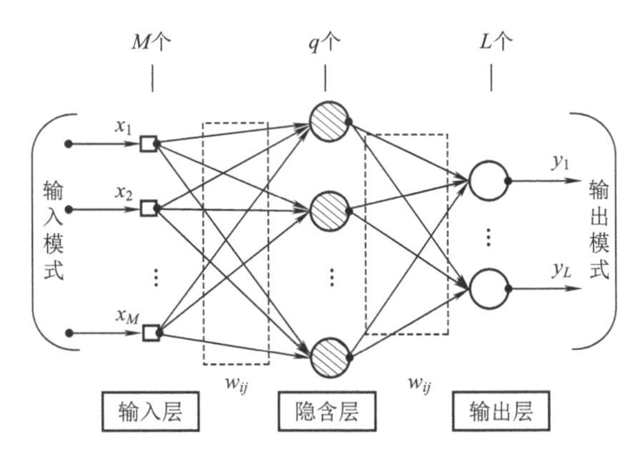

图 2-23　BP 网络结构

2. BP 网络的特点

任何监督学习算法的目标都是找到一个能将一组输入映射到正确输出的最佳函数。反向传播的动机是训练一个多层神经网络，使其能够学习适当的内部表示，从而允许它学习输入到输出的任意映射，无须事前揭示描述这种映射关系的数学方程。

BP 网络结构与多层感知机结构相比，二者是类似的，但差异也是显著的。首先，多层感知机结构中只有一层权值可调，其他各层权值是固定的、不可学习的；BP 网络的每一层连接权值都可通过学习来调节。其次，感知机结构中的处理单元为线性输入输出关系；而 BP 网络的基本处理单元（输入层除外）为非线性的输入输出关系。

二、BP 神经网络的学习过程

1. BP 算法的学习阶段

BP 算法的主要思想是使用梯度下降系统地解决了多层网络中隐含单元连接权的学习问题。它的学习规则，通过反向传播来不断调整网络的权值和阈值，使网络的实际输出值与期望输出值的误差均方值为最小。这种映射是高度非线性的。其主要特点是其迭代、递归和高效的计算权值更新的方法，以便在网络中得到改进，直到能够执行所训练的任务为止。

多层网络运行 BP 学习算法时，实际上包含了正向和反向传播两个阶段。

（1）工作信号正向传播（forward phase）。在前向阶段，网络的突触权重是固定的，输入信号通过网络逐层传播，每一层神经元的状态只影响下一层神经元的状态，直到它到达输出。因此，在这个阶段，变化局限于网络中神经元的激活电位和输出。

（2）误差信号反向传播（backward phase）。在后向阶段，通过将网络的输出与期望的输出进行比较来产生误差信号，如果在输出层不能得到期望输出，则反向传播。所得到的误差信号再次通过网络逐层传播，将误差信号沿原来的连接通道返回。在第二阶段，对网络的突触权重进行连续调整，通过修改各层神经元的权值，使误差信号最小。

图 2-24 显示了 BP 学习过程的信号传播。

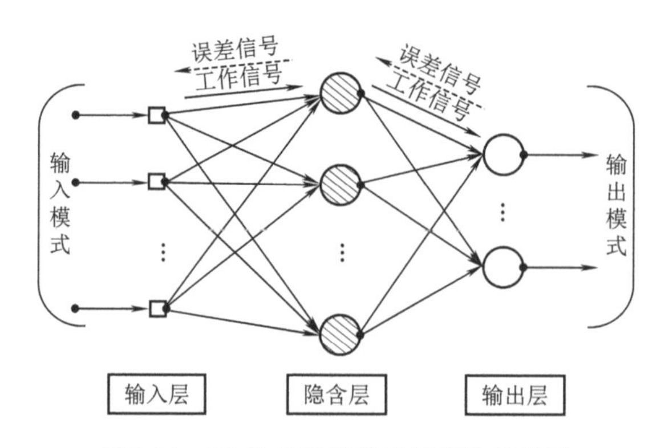

图 2-24　BP 神经网络学习过程信号传播

2. BP 神经网络的前馈计算

存在 P 个样本，给定一个数据集 $D = \{[X_1(x_1,\cdots,x_n),T_1(c_1,\cdots,c_q)],[X_2(x_1,\cdots,x_n),T_2(c_1,\cdots,c_q)],\cdots,[X_p(x_1,\cdots,x_n),T_p(c_1,\cdots,c_q)]\}$，其中，$x_h^p \in X \in R^n$，$c_j^p \in T \in R^q$（$h=1,2,\cdots,n$；$j=1,2,\cdots,q$）。为了便于讨论，图 2-25 给出了一个包含 n 个输入神经元、q 个输出神经元、p 个隐含神经元的双层前馈神经网络结构，输出层可看成是从 n 维欧氏空间到 q 维欧氏空间的映射。其中，输入层第 h 个神经元与隐含层第 i 个神经元之间的权重用 v_{hi} 表示，隐含层第 i 个神经元与输出层的第 j 个神经元之间的权重用 w_{ij} 表示。隐含层的第 i 个神经元的阈值用 θ_i 表示，输出层的第 j 个神经元的阈值用 γ_j 表示。

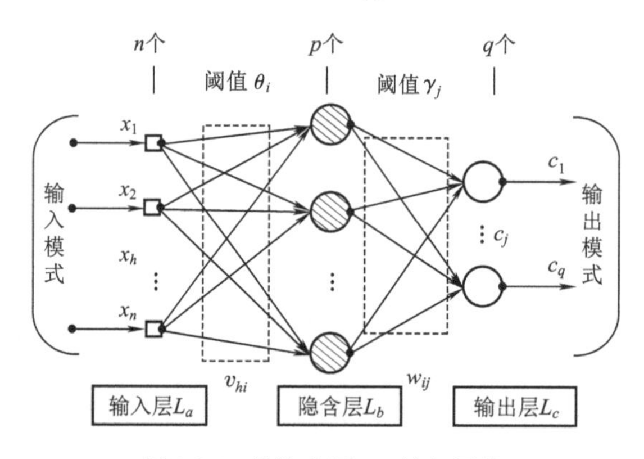

图 2-25　单隐含层 BP 神经网络

在训练网络的学习阶段，先假定用某一个样本 p 的输入输出模式对 (X_h^p, T_h^p)（$p = 1,2,\cdots,P$），对网络进行训练。

则输入层的第 h 个神经元的输入 net_h^p 和输出 o_h 分别为

$$\text{net}_h^p = U_h^0 \cdot X_h^p, o_h^p = \varphi(\text{net}_h^p) \quad h = 1,2,\cdots,n \tag{2-35}$$

式中　U_h^0 ——输入层第 h 个神经元的初始权重；

X_h^p ——一个样本 p 的作用下的输入值；

$\varphi(\cdot)$ ——输入层到隐含层的激活函数，这里假设激活函数都使用 Sigmoid 型函数。

则隐含层的第 i 个神经元在样本 p 作用下的输入 net_i^p 为

$$\text{net}_i^p = \sum_{h=1}^{n} v_{hi} o_h^p - \theta_i \quad i = 1,2,\cdots,p \tag{2-36}$$

则隐含层的第 i 个神经元在样本 p 作用下的输出为

$$o_i^p = \varphi(\text{net}_i^p) \quad i = 1,2,\cdots,p \tag{2-37}$$

隐含层激活函数 $\varphi(\text{net}_i^p)$ 的微分函数为

$$\varphi'(\text{net}_i^p) = \varphi(\text{net}_i^p)[1 - \varphi(\text{net}_i^p)] = o_i^p(1 - o_i^p) \quad i = 1,2,\cdots,p \tag{2-38}$$

隐含层第 i 个神经元的输出将通过权系数向前传播到输出层第 j 个神经元作为它的输入之一，而输出层第 j 个神经元的总输入为

$$\text{net}_j^p = \sum_{i=1}^{p} w_{ij} o_i^p - \gamma_j \quad j = 1,2,\cdots,q \tag{2-39}$$

对于给定的训练集 $T = \{(x_1,t_1),(x_2,t_2),\cdots,(x_n,t_n)\}$，输出层第 j 个神经元的实际输出为

$$o_j^p = \varphi(\text{net}_j^p) \quad j = 1,2,\cdots,q \tag{2-40}$$

同理，输出层激活函数 $\varphi(\text{net}_j^p)$ 的微分函数为

$$\varphi'(\text{net}_j^p) = \varphi(\text{net}_j^p)[1 - \varphi(\text{net}_j^p)] = o_j^p(1 - o_j^p) \quad j = 1,2,\cdots,q \tag{2-41}$$

若其输出与给定模式对 (X_h^p, T_h^p) 的期望输出 T_h^p 不一致，则将其误差信号从输出端反向传播回来，并在传播过程中对加权系数不断修正，使在输出层神经元上得到所需要的期望精度值为止。对样本 p 完成网络权系数的调整后，再对另一样本模式对进行类似学习，直到完成 n 个样本的训练学习为止。

3. BP 网络加权系数的调整规则

实质上，BP 网络加权系数的调整规则同线性神经网络类似，都是利用梯度下降法的思想。

对于每一样本 p 的输入模式对的均方误差为

$$J_p = \frac{1}{2}\sum_{j=1}^{q} (t_j^p - o_j^p)^2 \tag{2-42}$$

则系统对所有 P 个训练样本的总误差函数为

$$J = \sum_{h=1}^{n} J_p = \frac{1}{2}\sum_{h=1}^{n}\sum_{j=1}^{q} (t_j^p - o_j^p)^2 \tag{2-43}$$

式中　p——模式样本对数；

q——网络输出节点数；

t_j^p——样本 p 的期望输出；

o_j^p——样本 p 的实际输出。

权值系数应按 J_p 函数梯度变化的反方向调整，使网络逐渐收敛。设置隐含层至输出层权值的学习速率为 $\alpha(0 < \alpha < 1)$，输入层至隐含层权值的学习速率为 $\beta(0 < \beta < 1)$。

根据梯度下降法，可得输出层每个神经元权系数的修正公式为

$$\begin{aligned}\Delta w_{ij} &= -\alpha\frac{\partial J_p}{\partial w_{ij}} = -\alpha\cdot\frac{\partial J_p}{\partial\,\text{net}_j^p}\cdot\frac{\partial\,\text{net}_j^p}{\partial w_{ij}} \\ &= -\alpha\cdot\frac{\partial J_p}{\partial\,\text{net}_j^p}\cdot\frac{\partial}{\partial w_{ij}}\left(\sum_{i=1}^{p} w_{ij} o_i^p - \gamma_j\right) = -\alpha\cdot\frac{\partial J_p}{\partial\,\text{net}_j^p}\cdot o_i^p\end{aligned} \tag{2-44}$$

定义输出层 L_c 的实际输出值与期望输出值误差计算为

$$\delta_j^p = -\frac{\partial J_p}{\partial \mathrm{net}_j^p} = -\frac{\partial J_p}{\partial o_j^p} \cdot \frac{\partial o_j^p}{\partial \mathrm{net}_j^p} = (t_j^p - o_j^p) \cdot \varphi'(\mathrm{net}_j^p) = o_j^p(1 - o_j^p)(t_j^p - o_j^p) \tag{2-45}$$

因此，根据式(2-44)和式(2-45)，输出层的任意神经元 k 的加权系数修正公式为

$$\Delta w_{ij} = \alpha \cdot \delta_j^p \cdot o_i^p = \alpha o_j^p(1 - o_j^p)(t_j^p - o_j^p) o_i^p \tag{2-46}$$

式中 o_j^p ——输出节点 j 在样本 p 作用时的实际输出；

o_i^p ——隐含节点 i 在样本 p 作用时的输出；

t_j^p ——样本 p 的期望输出。

4. 隐含层权系数的调整

根据梯度下降法，可得隐含层每个神经元权系数的修正公式为

$$\begin{aligned}\Delta v_{hi} &= -\beta \frac{\partial J_p}{\partial v_{hi}} = -\beta \cdot \frac{\partial J_p}{\partial net_i^p} \cdot \frac{\partial \mathrm{net}_i^p}{\partial v_{hi}} \\ &= -\beta \cdot \frac{\partial J_p}{\partial \mathrm{net}_i^p} \cdot \frac{\partial}{\partial v_{hi}}\left(\sum_{h=1}^{n} v_{hi} o_h^p - \theta_i\right) = -\beta \cdot \frac{\partial J_p}{\partial \mathrm{net}_i^p} \cdot o_h^p \end{aligned} \tag{2-47}$$

定义隐含层的一般化学习误差为

$$\delta_i^p = -\frac{\partial J_p}{\partial \mathrm{net}_i^p} = -\frac{\partial J_p}{\partial o_i^p} \cdot \frac{\partial o_i^p}{\partial \mathrm{net}_i^p} = -\frac{\partial J_p}{\partial o_i^p} \cdot \varphi'(\mathrm{net}_i^p) = -\frac{\partial J_p}{\partial o_i^p} \cdot o_i^p(1 - o_i^p) \tag{2-48}$$

由于隐含层一个单元输出的改变会影响与该单元相连接的所有输出单元的输入，即

$$\begin{aligned}-\frac{\partial J_p}{\partial o_i^p} &= -\sum_{j=1}^{q}\left(\frac{\partial J_p}{\partial \mathrm{net}_j^p} \cdot \frac{\partial \mathrm{net}_j^p}{\partial o_i^p}\right) = -\sum_{j=1}^{q}\left[\frac{\partial J_p}{\partial \mathrm{net}_j^p} \cdot \frac{\partial}{\partial o_i^p}\left(\sum_{i=1}^{p} w_{ij} o_i^p - \gamma_j\right)\right] \\ &= \sum_{j=1}^{q}\left(-\frac{\partial J_p}{\partial \mathrm{net}_j^p}\right) \cdot w_{ij} = \sum_{j=1}^{q} \delta_j^p w_{ij}\end{aligned} \tag{2-49}$$

因此，最终隐含层的一般化学习误差表示为

$$\delta_i^p = o_i^p(1 - o_i^p) \cdot \sum_{j=1}^{q} \delta_j^p w_{ij} \tag{2-50}$$

隐含层的任意神经元 i 的加权系数修正公式为

$$\Delta v_{hi} = \beta \cdot \delta_i^p \cdot o_h^p = \beta o_h^p o_i^p (1 - o_i^p) \cdot \sum_{j=1}^{q} \delta_j^p W_{ij} \tag{2-51}$$

式中 o_i^p ——隐含节点 i 在样本 p 作用时的输出；

o_h^p ——输入节点 h 在样本 p 作用时的输出。

5. BP 算法学习方式

BP 网络的学习可采用三种方式，即在线学习、离线学习、小样本批处理学习。根据计算目标函数的梯度时使用数据量的多少，权衡参数更新精度和更新过程中所需时间两个方面的差异而选择不同的学习方式。下面对三种学习方式进行简要介绍。

(1)在线学习有时也称为随机方法，是对训练集内每个模式对逐一更新网络权值的一种学习方式，对于给定的某一个样本 p，根据误差要求调整网络的加权系数使其满足要求，直到所有样本作用下的误差都满足要求为止。在线学习实际上是把单个样本模式对传输给网络。该方式易于操作，虽不是每次迭代得到的损失函数都向着全局最优方向，但最终的结果

往往是在全局最优解附近,且具有学习过程中占用存储单元较少、有效应对数据环境不稳定的优点,适用于大规模训练样本情况。总之,尽管在线学习存在一些缺点,但其在解决模式分类问题时依然很流行。因此,使用在线学习时一般使学习因子足够小,以保证用训练集内每个模式训练一次后,权值的总体变化充分接近于最快速下降。

根据式(2-48)~式(2-51),可表示第 $k \to k+1$ 次迭代时在线学习方式的输出层、隐含层加权系数增量公式为

$$w_{ij}(k+1) = w_{ij}(k) + \Delta w_{ij} = w_{ij}(k) + \alpha\delta_j^p o_i^p \tag{2-52}$$

$$v_{hi}(k+1) = v_{hi}(k) + \Delta v_{hi} = v_{hi}(k) + \beta\delta_i^p o_h^p \tag{2-53}$$

(2)离线学习也称为批处理学习,是指用训练集内所有模式对依次训练网络,累加各权值修正量并统一修正网络权值的一种学习方式。该方式并行操作,具有学习速度较快、保证权值变化沿最快速下降方向、保证最终求解的是全局最优解的优点,但对于大规模样本问题效率低下。离线学习方法很适合解决非线性回归问题。具体实际应用中,当训练模式很多时,可以将整个训练模式分成若干组,采用分组批处理学习方式。批处理修正可保证其总误差 J 向减少的方向变化,在样本多的时候,它比分别处理时的收敛速度快。

根据式(2-48)~式(2-51),可表示第 $k \to k+1$ 次迭代时离线学习方式的输出层、隐含层加权系数增量公式为

$$w_{ij}(k+1) = w_{ij}(k) + \Delta w_{ij} = w_{ij}(k) + \alpha \cdot \sum_{h=1}^{n} \delta_j^p \cdot o_i^p \tag{2-54}$$

$$v_{hi}(k+1) = v_{hi}(k) + \Delta v_{hi} = v_{hi}(k) + \beta \cdot \sum_{h=1}^{n} \delta_i^p \cdot o_h^p \tag{2-55}$$

(3)小样本批处理学习。该学习方式结合了上述两种方法的优点,在每次更新时使用小批量样本训练,可以减少参数更新的方差,得到更加稳定的收敛结果,并且能高效地求解每个小批量数据的梯度。通常,小批量数据量的大小在 50 到 256 之间,也可以根据不同的应用有所变化。

BP 神经网络样本输入信号正向传播和误差反向传播的过程,就是在不断地调整权值和阈值的过程,可以使网络以任意精度逼近任意非线性函数,也就是随着循环调整次数的增加,其输出层的误差值 d_j 在不断地减小,直至趋近于零,这是总的趋势。但在训练过程中不排除出现 d_j 增大的现象,特别是前几次调整。这与学习率 α 和 β 的取值有关,如果值取得过大就会出现振荡现象。

6. BP 网络学习算法的计算步骤

总结来看,BP 网络学习算法的计算步骤如下:

(1)初始化:设置所有的加权系数为随机数;

(2)提供训练集:采用在线学习或离线学习的方式输送训练样本;

(3)计算实际输出:按式(2-35)~式(2-40)计算隐含层、输出层各神经元的输出;

(4)按式(2-45)和式(2-50)计算期望值与实际输出的误差;

(5)按式(2-52)或式(2-54)调整输出层的加权系数 w_{ij};

(6)按式(2-53)或式(2-55)调整隐含层的加权系数 v_{hi};

(7)返回计算步骤(3),直到误差满足要求为止。

综上所述,总结出 BP 神经网络学习算法各参数及计算公式见表 2-4。

表 2-4 参数计算公式

	输入层 L_a	隐含层 L_b	输出层 L_c
迭代次数	$k=1,2,\cdots,z$	$k=1,2,\cdots,z$	$k=1,2,\cdots,z$
神经元	$h=1,2,\cdots,n$	$i=1,2,\cdots,p$	$j=1,2,\cdots,q$
初始权重矩阵	$\boldsymbol{U}^0$	$\boldsymbol{V}^0$	$\boldsymbol{W}^0$
初始阈值矩阵	0	$\boldsymbol{\theta}_i{}^0$	$\boldsymbol{\gamma}_j{}^0$
P 个样本对	$(X_h^p,T_h^p)(p=1,2,\cdots,P)$		
输入值	$\mathrm{net}_h^p=U_h^0\cdot X_h^p$	$\mathrm{net}_i^p=\sum_{h=1}^{n}v_{hi}o_h^p-\theta_i$	$\mathrm{net}_j^p=\sum_{i=1}^{p}w_{ij}o_i^p-\gamma_j$
输出值	$o_h^p=\varphi(\mathrm{net}_h^p)$	$o_i^p=\varphi(\mathrm{net}_i^p)$	$o_j^p=\varphi(\mathrm{net}_j^p)$
学习率	—	$\beta(0<\beta<1)$	$\alpha(0<\alpha<1)$
一般化误差	—	$\delta_i^p=o_i^p(1-o_i^p)\cdot\sum_{j=1}^{q}\delta_j^pW_{ij}$	$\delta_j^p=o_j^p(1-o_j^p)(t_j^p-o_j^p)$
阈值调整	—	—	—
权值调整	—	$\Delta v_{hi}=\beta\cdot\delta_i^p\cdot o_h^p$	$\Delta w_{ij}=\alpha\cdot\delta_j^p\cdot o_i^p$
权重系数增量(在线学习)	—	$v_{hi}(k+1)=v_{hi}(k)+\beta\delta_i^po_h^p$	$w_{ij}(k+1)=w_{ij}(k)+\alpha\delta_j^po_i^p$
权重系数增量(离线学习)	—	$v_{hi}(k+1)=v_{hi}(k)+\beta\sum_{h=1}^{n}e_ia_h$	$w_{ij}(k+1)=w_{ij}(k)+\alpha\cdot\sum_{h=1}^{n}\delta_j^p\cdot o_i^p$

例 2-1 XOR 问题计算 已知神经网络具有单个隐含层,其中包含 2 个神经单元和一个输出单元,即具有两个输入 x_1,x_2 和一个输出 y,样本个数为 $N=4$,输入样本为 $X=\{(0,1),(1,0),(1,1),(0,0)\}$,输入层到隐含层、隐含层到输出层的激活函数为 Sigmoid 型函数 $\mathrm{sigmoid}(x)=\dfrac{1}{1+\mathrm{e}^{-x}}$。BP 神经网络结构如图 2-26 所示,自由选取学习方式说明 BP 神经网络学习算法的基本计算过程。

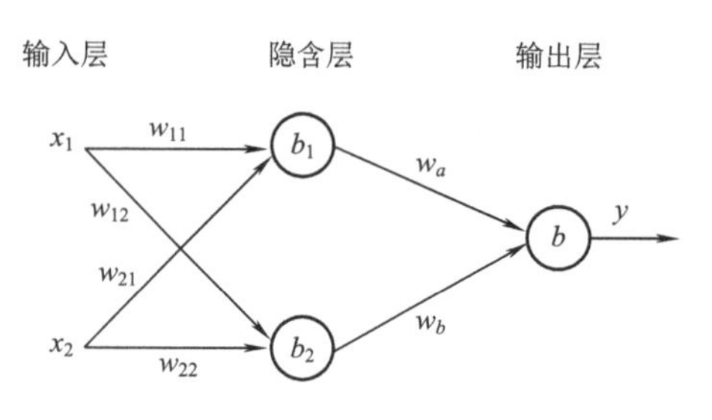

图 2-26 神经网络结构

解 以在线学习方式进行,选取样本 $X=\{(0,1),(1,0)\}$,样本目标 $T=\{1,1\}$,说明 BP 神经网络学习算法的基本计算过程。

(1)第一次在线训练

①网络初始化

随机生成输入层到隐含层的权重矩阵 $\boldsymbol{W}_1^0=\begin{bmatrix} w_{11}^0 & w_{12}^0 \\ w_{21}^0 & w_{22}^0 \end{bmatrix}=\begin{bmatrix} 0.6 & 0.7 \\ 0.7 & 0.4 \end{bmatrix}$;

隐含层到输出层的权重矩阵 $\boldsymbol{W}_2^0=[w_a^0 \quad w_b^o]=[0.6 \quad 0.7]$;

隐含层各神经元的阈值为 $\boldsymbol{\theta}^0=[\theta_1^0 \quad \theta_2^0]^{\mathrm{T}}=[0.2 \quad 0.3]^{\mathrm{T}}$;

输出层神经元的阈值为 $\boldsymbol{\gamma}^0=0.4$。

②提供训练样本

在线训练样本 $\{(0,1),1 \mid (x_1,x_2),y\}$。

③样本正向输入,进行向前计算

隐含层神经单元 b_1 的加权输入为 $\sum_{i=1}^{2} w_{i1}^0 x_i=0.6\times 0+0.7\times 1=0.7$;

隐含层神经单元 b_2 的加权输入为 $\sum_{i=1}^{2} w_{i2}^0 x_i=0.7\times 0+0.4\times 1=0.4$;

隐含层神经单元 b_1 的输出值为 $b_1=\dfrac{1}{1+\mathrm{e}^{-(0.7-0.2)}}=0.622\ 5$;

隐含层神经单元 b_2 的输出值为 $b_2=\dfrac{1}{1+\mathrm{e}^{-(0.4-0.3)}}=0.525\ 0$;

则隐含层输出 $\boldsymbol{B}_1=[0.622\ 5 \quad 0.525\ 0]^{\mathrm{T}}$;

输出层神经单元 b 的加权输入为 $\boldsymbol{W}_2^0\boldsymbol{B}_1=[\mathrm{w}_a^0 \quad \mathrm{w}_b^o][0.622\ 5 \quad 0.525\ 0]^{\mathrm{T}}=0.741\ 0$;

则输出层神经单元实际输出为 $c=\dfrac{1}{1+\mathrm{e}^{-(0.741\ 0-0.4)}}=0.584\ 4$。

④ 误差计算

输出层误差 $d^0=c\times(1-c)(c^k-c)=0.584\ 4\times(1-0.584\ 4)\times(1-0.584\ 4)=0.100\ 9$。

⑤ 反向传播计算

隐含层神经单元误差 $E^0=[e_1^0\ e_2^0]=[b_1\times(1-b_1)\times d^0w_a^0 b_2\times(1-b_2)\times d^0 w_b^0]=[0.014\ 2 \quad 0.017\ 6]$;

调整权重:假定学习率 $\alpha=0.9,\beta=0.9$;

隐含层到输出层权重调整值 $\Delta\boldsymbol{W}_2^0=[\Delta w_a^0 \quad \Delta w_b^0]=\alpha d^0\cdot\boldsymbol{B}_1=[0.056\ 5 \quad 0.047\ 7]^{\mathrm{T}}$;

则隐含层到输出层的权重矩阵 $\boldsymbol{W}_2^1=[w_a^1 \quad w_b^1]=[0.656\ 5 \quad 0.747\ 7]$;

输入层到隐含层的权重调节值 $\Delta\boldsymbol{W}_1^0=\begin{bmatrix} \Delta w_{11}^0 & \Delta w_{12}^0 \\ \Delta w_{21}^0 & \Delta w_{22}^0 \end{bmatrix}=\beta(\boldsymbol{E}^0)^{\mathrm{T}}X=\begin{bmatrix} 0 & 0.012\ 8 \\ 0 & 0.015\ 8 \end{bmatrix}$;

输入层到隐含层的权重矩阵 $\boldsymbol{W}_1^1=\begin{bmatrix} w_{11}^1 & w_{12}^1 \\ w_{21}^1 & w_{22}^1 \end{bmatrix}=\begin{bmatrix} 0.6 & 0.712\ 8 \\ 0.7 & 0.415\ 8 \end{bmatrix}$;

输出层阈值调节 $\Delta\boldsymbol{\gamma}^0=\alpha d^0=0.9\times 0.100\ 9=0.090\ 81$;

隐含层阈值调节 $\Delta\boldsymbol{\theta}^0=\beta\boldsymbol{E}^0=[0.012\ 8 \quad 0.015\ 8]$;

则隐含层阈值 $\boldsymbol{\theta}^1=[\theta_1^1 \quad \theta_2^1]^{\mathrm{T}}=[0.212\ 8 \quad 0.315\ 8]^{\mathrm{T}}$;

输出层阈值 $\gamma^1 = 0.49081$ 。

(2)第二次在线训练

①网络初始化

此次训练神经网络基本参数：

输入层到隐含层的权重矩阵 $\boldsymbol{W}_1^1 = \begin{bmatrix} w_{11}^1 & w_{12}^1 \\ w_{21}^1 & w_{22}^1 \end{bmatrix} = \begin{bmatrix} 0.6 & 0.7128 \\ 0.7 & 0.4158 \end{bmatrix}$，隐含层到输出层的权重矩阵 $\boldsymbol{W}_2^1 = [w_a^1 \quad w_b^1] = [0.6565 \quad 0.7477]$ ；

隐含层各神经元的阈值为 $\boldsymbol{\theta}^1 = [\theta_1^1 \quad \theta_2^1]^{\mathrm{T}} = [0.2128 \quad 0.3158]^{\mathrm{T}}$ ；

输出层神经元的阈值为 $\gamma^1 = 0.49081$ 。

②提供训练样本

在线训练样本 $\{(1,0),1 \mid (x_1,x_2),y\}$ 。

③第二次样本正向输入，进行向前计算

隐含层神经单元 b_1 的加权输入为 $\sum_{i=1}^{2} w_{i1}^0 x_i = 0.6 \times 1 + 0.7128 \times 0 = 0.6$ ；

隐含层神经单元 b_2 的加权输入为 $\sum_{i=1}^{2} w_{i2}^0 x_i = 0.7 \times 1 + 0.4158 \times 0 = 0.7$ ；

隐含层神经单元 b_1 的值为 $b_1 = \dfrac{1}{1 + \mathrm{e}^{-(0.6-0.2128)}} = 0.5956$ ；

隐含层神经单元 b_2 的值为 $b_2 = \dfrac{1}{1 + \mathrm{e}^{-(0.7-0.3158)}} = 0.5949$ ；

隐含层输出 $\boldsymbol{B}_2 = [0.5956, 0.5949]^{\mathrm{T}}$

输出层神经单元 b 的加权输入为 $\boldsymbol{W}_2^1 \boldsymbol{B}_2 = [w_a^1 \quad w_b^1][0.5956 \quad 0.5949]^{\mathrm{T}} = 0.8358$ ；

则输出层神经单元实际输出为 $c = \dfrac{1}{1 + \mathrm{e}^{-(0.8358-0.49081)}} = 0.5854$ 。

三、BP 神经网络学习算法的使用

1. BP 神经网络学习算法的优缺点

在人工神经网络的应用中，绝大部分的神经网络模型采用了 BP 网络及在其基础上的发展形式，结合前面章节的讨论，BP 网络之所以流行，主要由于 BP 网络存在以下优点：只要有足够多的隐层和隐节点，BP 网络可以逼近任意的非线性映射关系。BP 神经网络的学习算法属于全局逼近的方法，对学习/训练过程中没有遇到的输入也能产生合理的输出，因而它具有较好的泛化能力。

尽管如此，BP 神经网络仍具有一些局限性，主要体现在以下三个方面：梯度算法进行稳定学习要求的学习速率较小，所以通常学习过程的收敛速度较慢；训练过程可能陷于局部最小；难以确定隐层和隐节点的个数。从原理上，只要有足够多的隐层和隐节点，即可实现复杂的映射关系，但是如何根据特定的问题来具体确定网络的结构尚无很好的方法，仍需要凭借经验和试凑。

2. BP 算法使用时的注意事项

在使用 BP 算法时，有一些参数的设置非常影响算法的效果或收敛速度，现总结三个常见的注意事项。

(1)学习速率的选择。对于现行网络,学习速率选择得太大,会容易导致学习不稳定;反之,学习速率选择得太小,则可能导致无法容忍的过长的训练时间。在学习初始阶段选得大些可使学习速度加快;但当临近最佳点时,必须相当小,否则加权系数将产生反复振荡而不能收敛。

(2)Sigmoid 型函数值的设置。在第一节中分析过 Sigmoid 型函数的特点,在反向传播时,权重 w_{ij} 的梯度将接近 0。若实际问题给予网络的输入量数值较大,需做归一化处理,网络的输出也要进行相应处理。另一方面,由于输出层各神经元的理想输出值只能接近于 1 或 0,而不能达到 1 或 0,在设置各训练样本的期望输出分量 t_k^p 时以设置为 0.9 或 0.1 较为适宜。对于具体问题,需经调试而定,且需经验的积累。

(3)连接权值 U^0 、V^0 和 W^0 初值的设置。如将所有初值设置为相等值,则所有隐含层加权系数的调整量相同,从而使这些加权系数总相等,不利于训练网络的功能。因此,各连接权值的初值设置为随机数为宜。

四、BP 神经网络学习算法的改进

在 BP 神经网络中,系统的学习过程一般是由学习/训练算法所主导。BP 神经网络中的学习过程可等价为最小化损失函数的问题,该损失函数一般是由训练误差和正则项组成。误差项会衡量神经网络拟合数据集的好坏,也就是拟合数据所产生的误差。正则项主要是通过给特征权重增加罚项而有效地控制模型过拟合问题。针对上述问题,许多学者对 BP 网络的学习算法进行了广泛研究,提出了许多改进的算法,下面介绍几种典型的改进方法。传统的 BP 算法改进主要有两类,一类是启发式算法,如附加动量法、自适应算法等,另一类是数值优化算法,如牛顿法、共轭梯度法等。

1. 启发式算法

(1)动量梯度下降法

BP 神经网络在线学习过程中在修正 $\boldsymbol{w}$ 时,只是按 k 时刻的负梯度方式进行修正,而没有考虑之前时刻的梯度方向,从而常常使学习过程发生振荡,收敛缓慢。动量梯度下降法(gradient descent with momentum)实质上是在标准 BP 神经网络在线学习方式基础上的改进方法。为了提高网络的训练速度,该方法在权值的调整公式增加一动量项,其核心思想是在梯度下降搜索时,若当前梯度下降与前一个梯度下降的方向相同,则加速搜索,反之则降速搜索。包含动量项的权值调整向量表达式为

$$\boldsymbol{w}(k+1) = \boldsymbol{w}(k) - \eta[(1-\alpha)\nabla\boldsymbol{J}(k) + \alpha\nabla\boldsymbol{J}(k-1)] \tag{2-56}$$

$$\nabla\boldsymbol{J}(k) = \frac{\partial\boldsymbol{J}}{\partial\boldsymbol{w}(k)} \tag{2-57}$$

式中　$\boldsymbol{w}(k)$——既可表示第 k 次迭代的连接权重,也可表示连接权向量;

$\nabla\boldsymbol{J}(k)$——k 次迭代的梯度值;

$\nabla\boldsymbol{J}(k-1)$——$k-1$ 次迭代的梯度值;

η——学习率,$\eta>0$;

α——动量项因子,$0\leqslant\alpha<1$,一般取 0.95。

该方法所加入的动量项实质上相当于阻尼项,它减小了学习过程的振荡趋势,改善了收

敛性,这是目前应用比较广泛的一种改进算法。

(2)自适应学习率梯度下降法

在网络训练时,学习率 η 也称步长,η 选得太小,收敛太慢,η 选得太大,有可能修正过头,导致振荡甚至发散。为解决这一问题,在训练过程中引入自动调整学习速率的方法,即自适应学习率法。学习率自适应调整有多种方法,通常调整学习速率的准则是检查权值的修正值是否真正降低了误差函数。若是说明所选取的 η 值小了,可对其增加一个量;否则说明产生了过调,那么就应该减小 η 的值。表达式为

$$\boldsymbol{w}(k+1)=\boldsymbol{w}(k)-\eta(k)\nabla\boldsymbol{J}(k) \tag{2-58}$$

$$\eta(k)=2^{\lambda}\eta(k-1) \tag{2-59}$$

$$\lambda=\operatorname{sgn}[\nabla\boldsymbol{J}(k)\cdot\nabla\boldsymbol{J}(k-1)] \tag{2-60}$$

式中,$\nabla\boldsymbol{J}(k)$ 计算同式(2-57)。

式(2-58)~式(2-60)说明,与采用附加动量法时的判断条件类似,当连续两次迭代其梯度方向相同时,表明下降太慢,这时可使步长加倍;当连续两次迭代其梯度方向相反时,表明下降过头,这时可使步长减半。需要引入动量项时,上述算法可修正改为

$$\boldsymbol{w}(k+1)=\boldsymbol{w}(k)-\eta(k)[(1-\eta)\nabla\boldsymbol{J}(k)+\eta\nabla\boldsymbol{J}(k-1)] \tag{2-61}$$

式中,$\eta(k)$ 与 λ 求解方式同式(2-59)和式(2-60)。

此方法可以保证网络稳定学习,使其误差继续下降,提高学习速率,并使其以更大的学习速率进行学习。在使用该算法时,由于步长在迭代过程中自适应进行调整,因此对于不同的连接权系数实际采用了不同的学习速率,一旦学习速率调得过大而不能保证误差继续减小,即应该减小学习速率,也就是说误差函数 $\boldsymbol{J}$ 在超曲面的不同方向上按照各自比较合理的步长向极小点逼近,直到其学习过程稳定为止。

2. 数值优化算法

标准的 BP 学习算法所采用的是梯度下降法,实质属于一阶梯度法,因而收敛较慢。基于牛顿法(Newton method)的基本思想,实质上采用二阶梯度法,利用二次近似多项式的极值点求出二阶收敛的目标函数极小值的优化算法,则可以大大改善收敛性。牛顿法迭代公式为

$$\boldsymbol{w}(k+1)=\boldsymbol{w}(k)-\eta\boldsymbol{G}^{-1}(k)\nabla\boldsymbol{J}(k) \tag{2-62}$$

$$\nabla^2\boldsymbol{J}(k)=\frac{\partial^2\boldsymbol{J}}{\partial\boldsymbol{w}^2(k)} \tag{2-63}$$

$$\boldsymbol{G}^{-1}(k)=[\nabla^2\boldsymbol{J}(k)]^{-1} \tag{2-64}$$

式中 $\nabla\boldsymbol{J}(k)$——第 k 次迭代的梯度值,计算同式(2-57);

$\nabla^2\boldsymbol{J}(k)$——第 k 次迭代的二阶导数;

$\boldsymbol{G}^{-1}(k)$——海森矩阵(Hessian matrix)的逆;

η——学习速率,$0<\eta\leqslant 1$。

虽然牛顿法具有比较好的收敛性,但初始点的选取困难,甚至无法实施,且它需要计算 $\boldsymbol{J}$ 对 $\boldsymbol{w}$ 的二阶导数,这个计算量是很大的。所以一般不直接采用此种方法,而常常采用拟牛顿法(quasi-Newton method)或共轭梯度法(conjugate gradient),它们具有如二阶梯度法收敛较快的优点,而又无须直接计算二阶梯度。

(1)拟牛顿法

拟牛顿法,也称变尺度法,因牛顿法中海森矩阵的逆矩阵 $\boldsymbol{G}^{-1}(k)$ 计算过于复杂而诞生,

实质上用正定矩阵 $\boldsymbol{H}(k)$ 替代 $\boldsymbol{G}^{-1}(k)$，从而降低运算的复杂度。拟牛顿法的公式可表示为

$$\boldsymbol{w}(k+1)=\boldsymbol{w}(k)-\eta\boldsymbol{H}(k)\nabla\boldsymbol{J}(k) \tag{2-65}$$

$$D(k)=-\boldsymbol{H}(k)\nabla\boldsymbol{J}(k) \tag{2-66}$$

$$\boldsymbol{w}(k+1)=\boldsymbol{w}(k)+\eta\boldsymbol{D}(k) \tag{2-67}$$

式中　$\boldsymbol{H}(k)$——第 k 次迭代的正定矩阵；

$\nabla\boldsymbol{J}(k)$——第 k 次迭代的梯度值，计算同式(2-57)。

常用的拟牛顿法有 DFP(davidon – fletcher – powell)方法、BFGS(broyden – fletcher – goldfarb – shanno)方法等。

定义

$$\Delta\boldsymbol{g}(k)=\nabla\boldsymbol{J}(k+1)-\nabla\boldsymbol{J}(k) \tag{2-68}$$

$$\Delta\boldsymbol{w}(k)=\boldsymbol{w}(k+1)-\boldsymbol{w}(k) \tag{2-69}$$

则拟牛顿方程或拟牛顿条件为

$$\boldsymbol{H}(k+1)\Delta\boldsymbol{g}(k)=\Delta\boldsymbol{w}(k) \tag{2-70}$$

DFP 方法的校正公式见式(2-71)。

$$\boldsymbol{H}(k+1)-\boldsymbol{H}(k)=\frac{\Delta\boldsymbol{w}(k)\Delta\boldsymbol{w}^{\mathrm{T}}(k)}{\Delta\boldsymbol{w}^{\mathrm{T}}(k)\Delta\boldsymbol{g}(k)}-\frac{\boldsymbol{H}(k)\Delta\boldsymbol{g}(k)\Delta\boldsymbol{g}^{\mathrm{T}}(k)\boldsymbol{H}(k)}{\Delta\boldsymbol{g}^{\mathrm{T}}(k)\boldsymbol{H}(k)\Delta\boldsymbol{g}(k)} \tag{2-71}$$

(2)共轭梯度法

共轭梯度法(conjugate gradient)是介于梯度下降法与牛顿法之间的一个方法，它仅需利用一阶导数信息，但克服了梯度下降法收敛慢、振荡的缺点，又避免了牛顿法需要存储和计算海森矩阵求逆计算量大的缺点。其优点是所需存储量小，具有步收敛性，稳定性高，而且不需要任何外来参数。

共轭梯度法第一轮迭代($k=1$)时首先选取一个负梯度方向，令

$$\boldsymbol{d}(0)=-\nabla\boldsymbol{J}(0) \tag{2-72}$$

沿该方向的搜索

$$\boldsymbol{w}(k+1)=\boldsymbol{w}(k)-\eta\nabla\boldsymbol{J}(k) \tag{2-73}$$

利用共轭方向作为新一轮的搜索方向，在当前负梯度方向上加上上一次搜索方向，即

$$\boldsymbol{d}(k)=-\nabla\boldsymbol{J}(k)+\beta(k-1)\boldsymbol{d}(k-1) \tag{2-74}$$

式中　$\beta(k-1)$——第 $k-1$ 次迭代的调整方向因子。

根据 $\beta(k-1)$ 计算方法的不同，衍生出很多共轭梯度法的求算方法，如 Fletcher-Reeves 法、Polak-Ribiere 法等，下面给出 Fletcher-Reeves 方法中 $\beta(k-1)$ 的计算公式，具体推导过程省略。

$$\beta(k-1)=\begin{cases}0 & k=1\\ \dfrac{\|\nabla\boldsymbol{J}(k)\|^2}{\|\nabla\boldsymbol{J}(k-1)\|^2} & k>1\end{cases} \tag{2-75}$$

(3)其他优化方法

levenberg-marquardt 算法是针对误差平方和函数的特定方法，这使它在训练神经网络中测量这种误差时非常快。但该算法也有不能应用于诸如均方根误差或交叉熵误差函数的缺点。此外，它与正则项不兼容。最后，对于非常大的数据集和神经网络，求雅可比矩阵(Jacobi matrix)会变得非常困难，计算量和所占内存也变得非常大。因此，当数据集或神经网络非

常大时,不推荐使用 Levenberg-Marquardt 算法。

BP 神经网络改进学习算法的优化路径对比如图 2-27 所示。

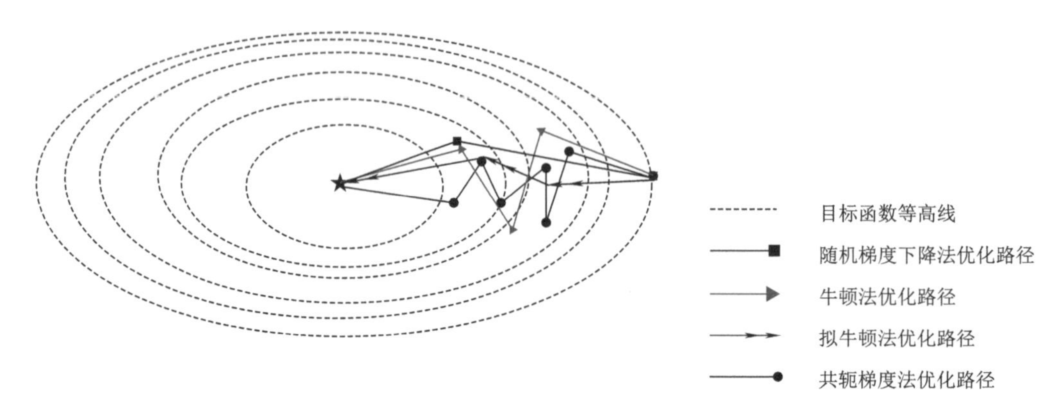

图 2-27　BP 神经网络改进学习算法的优化路径对比

五、应用案例

1. 问题描述

目前,城市轨道交通系统以其快速、准时和绿色的特点,在大城市的公共交通中扮演着重要角色。客流波动是时刻表优化、列车调度和客流控制等运营过程中的关键因素。因此,获取城市轨道交通系统客流信息是提高城市轨道交通运行效率的必要手段。客流量变化是随时间变化的产物,基于神经网络的进出站点客流时间序列预测就是通过所建立的模型将历史的时间序列数据加权映射到未来时间段上显示客流量的波动情况。本节使用北京市某轨道交通站点的进站客流量数据,该数据集包含了 16 个工作日早晨 6 时 45 分至晚上 10 时每 15 min 的城市轨道交通进站客流量数据,每天 61 个数据点,共计 976 条数据。现要求利用 BP 神经网络建立一个客流量预测模型,能够实现用 $t, t+1, t+2$ 三天的历史数据预测第 $t+3$ 天同一时刻的进站客流量的功能,并对模型性能进行评价。

2. 问题分析

根据问题描述,建立一个 BP 神经网络预测模型及性能评价主要包含以下步骤。

(1)构造数据集

每天数据点的数量为 61 个,利用前三天的数据点构造样本输入、第四天的数据点构造样本输出,此处的样本点 p 代表一组样本数据,该数据集可表示为 $P = \{p \in (X_{p(t)}, Y_{p(t)}), (t = 1,2,\cdots,T, T = 13)\}$。

其中,输入输出可表示为

$$X_P = \{[x_t^m, x_{t+1}^m, x_{t+2}^m] \quad m = 1,2,\cdots,M, M = 61; t = 1,2,\cdots,T, T = 13\} \tag{2-76}$$

$$Y_P = \{y_p = x_{t+3}^m \quad m = 1,2,\cdots,M, M = 61; t = 1,2,\cdots,T, T = 13\} \tag{2-77}$$

因此,数据集整体含义可理解为 $t, t+1, t+2$ 三天的历史数据预测第 $t+3$ 天同一时刻的进站客流量。

(2)划分训练集和测试集

训练集用于建立模型并学习模型参数,测试集用来对所建立模型的算法性能进行评价。

一般来说,传统的机器学习中的普遍做法是使用70%及30%左右的比例来随机划分出训练集和测试集。由于数据量较少,本案例设置前10组数据集为训练集,后3组数据集为测试集。

(3)数据归一化处理

数据归一化处理是神经网络预测模型对数据常用的处理手段。由于客流数据一天内不同时间点的波动值能达1 000以上,需要把客流数据处理成[0,1]之间的数,用于消除数据间数量级的差异化。常用的数据归一化方法有最大最小化法、平均数方差法等,本案例采用最大最小化法对样本进行归一化处理,其公式为

$$P_{\text{norm}} = \frac{p - p_{\min}}{p_{\max} - p_{\min}} \tag{2-78}$$

式中 P_{norm}——实际输入数值;

$p, p_{\max}, p_{\min}$——取值来源于数据集样本。

(4)创建并训练BP神经网络预测模型

创建神经网络前需明确模型参数,即输入变量个数与维数、隐含层个数、输出变量个数与维数。本书中建立双隐含层的三层BP神经网络,网络结构建立后,设置相应模型训练参数,便可对建立的模型进行训练。

(5)仿真测试

将测试集的输入变量输送至训练好的BP神经网络预测模型,模型的输出对应预测结果。建立训练模型后每一组样本的实际预测输出值为$\widehat{y} = \{\widehat{y}_1, \widehat{y}_2, \cdots, \widehat{y}_m, \cdots, \widehat{y}_M\}$$(m = 1,2,\cdots, M, M = 61)$。

(6)数据反归一化处理

对实际预测值进行反归一化,其公式为

$$\widehat{y} = \widehat{y}_{\text{norm}}(y_{\max} - y_{\min}) + y_{\min} \tag{2-79}$$

式中 $\widehat{y}$——反归一化后最终预测客流量;

$\widehat{y}_{\text{norm}}$——实际预测输出值;

$y_{\max}, y_{\min}$——取值来源于样本$y = \{y_1, y_2, \cdots, y_m, \cdots, y_M\}$$(m = 1,2,\cdots,M,M = 61)$的真实数值。

(7)模型性能评价

利用测试集样本,通过计算真实输出与预测输出之间的误差值及相应指标,评价模型的泛化能力和鲁棒性。评价预测结果的指标有很多种,例如绝对误差(absolute error,简称AE)、相对误差(relative error,简称RE)、均方误差(mean square error,简称MSE)、均方根误差(root mean square Error,简称RMSE)、平均绝对误差(mean absolute error,简称MAE)、平均绝对百分比误差(mean absolute percentage Error,简称MAPE)、决定系数(又称可决系数、拟合优度,R-Squared,简称R^2)等。每个指标都有不同的侧重点,比如,AE和RE是可以直观可视化真实值与预测值的偏离情况;MAE和RMSE是衡量真实值与预测值偏离程度的绝对大小;MAPE衡量偏离程度的相对大小(即百分率)。相对来说,MAE和MAPE不容易受极端值的影响;而MSE/RMSE采用误差的平方,会放大预测误差,对于离群数据更敏感,MAE/RMSE需要结合真实值的量纲才能判断差异。相对其他指标,R^2主要用来衡量模型的拟合程度(模型质量好坏),其他主要是衡量模型预测的准确性。很难单独用哪一个指标来说明

模型的好坏,可综合使用多种指标进行评价预测效果。本案例主要采用 AE、RE、MAPE、RMSE 和 R^2 五个指标进行性能评价,见式(2-80)~式(2-83)

①绝对误差

$$\Delta = e_{\text{absolute}} = y_m - \widehat{y}_m \tag{2-80}$$

②相对误差

$$e_{\text{relative}} = \frac{\Delta}{y_m} \times 100\% \quad m = 1,2,\cdots,M, M = 61 \tag{2-81}$$

③平均绝对百分比误差

$$\text{MAPE} = \frac{100\%}{M}\sum_{m=1}^{M}\left|\frac{\Delta}{y_m}\right| \quad m = 1,2,\cdots,M, M = 61 \tag{2-82}$$

④平均绝对误差

$$\text{MAE} = \frac{1}{M}\sum_{m=1}^{M}\left|y_m - \widehat{y}_m\right| \quad m = 1,2,\cdots,M, M = 61 \tag{2-83}$$

⑤均方误差

$$\text{MSE} = \frac{1}{M}\sum_{m=1}^{M}(y_m - \widehat{y}_m)^2 \quad m = 1,2,\cdots,M, M = 61 \tag{2-84}$$

⑥均方根误差

$$\text{RMSE} = \sqrt{\frac{1}{M}\sum_{m=1}^{M}(y_m - \widehat{y}_m)^2} \quad m = 1,2,\cdots,M, M = 61 \tag{2-85}$$

⑦决定系数

$$R^2 = 1 - \frac{\sum_{m=1}^{M}(y_m - \widehat{y}_m)^2}{\sum_{m=1}^{M}(y_m - \overline{y_m})^2} \tag{2-86}$$

式中 $\widehat{y}$——每一组样本模型输出结果,$\widehat{y} = \{\widehat{y}_1, \widehat{y}_2, \cdots \widehat{y}_m, \cdots, \widehat{y}_M\}$ $m = 1,2,\cdots,M, M = 61$;

y——每一组样本实际输出结果,$y = \{y_1, y_2, \cdots y_m, \cdots, y_M\}$ $m = 1,2,\cdots,M, M = 61$;

$\overline{y_m}$——每一组样本的平均值。

3. 算法 MATLAB 实现

本案例采用 MATLAB 自带的 newff 函数对所建立的 BP 神经网络进行参数设置,其形式为 Net = newff($\boldsymbol{P}$,$\boldsymbol{T}$,S,TF,BTF,BLF,PF),一般设置前六个参数。其中,$\boldsymbol{P}$ 为 $\boldsymbol{R} \times \boldsymbol{Q}$ 的输入矩阵,$\boldsymbol{T}$ 为目标数据矩阵,S 为隐含层节点,TF 为节点激活函数,BTF 为训练函数(例如,梯度下降训练函数为 traingd),BLF 为网络学习函数。

本案例中需要利用前 3 天客流量预测当前客流量,因此输入变量和输出变量分别为 3 维变量和 1 维变量。隐含层节点数和层数的选择对 BP 神经网络性能影响十分明显,根据经验公式或"试错"法去确定比较合适的数目。本案例中,隐含层设置为双隐含层,每层包含 5 个节点,其他字段采用默认参数。迭代次数设置为 100;学习速率设置为 0.001;目标精度设置为 0.001。

采用 MATLAB 中的 train 函数对所建立的 BP 神经网络进行训练,其形式为[net,tr] = train(NET,X,T,Pi,Ai),一般设置前三个参数。其中,NET 为网络结构及设置参数,X 为输入数据,T为目标数据。

按照上文所述神经网络建模步骤建立一个三输入单输出 BP 神经网络客流预测模型。神经网络工具箱显示所建立模型的网络结构如图 2-28 所示。

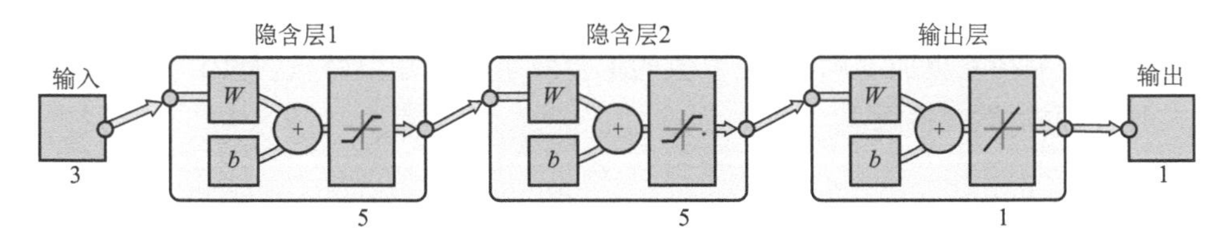

图 2-28　程序运行后显示的 BP 网络结构

4. 结果分析

BP 神经网络具有较好的拟合能力,但结果相对 RBF 网络来说不够稳定。由于客流在时空上具有复杂多变非线性的特点,因此,在数据量不足的情况下利用 BP 神经网络进行客流预测可能存在波动。

在前文所设定的网络参数条件下,该 BP 神经网络模型训练时间相对稳定,保持 3 s 左右;平均经过 5 次迭代后满足误差小于 0.001。

下面以某次运行结果中两组测试样本为例进行数据分析,预测精度用 1-MAPE 进行衡量,平均精度保持在 85% 左右,预测精度结果如图 2-29 所示。分析可得,一方面每天高峰阶段(第 8 和 45 时间点位左右)和低峰阶段(第 4 时间点位之前、第 55 时间点位之后)预测精度差一些,这和训练过程中高峰客流量、低峰客流量数据点相对平稳时期的数据点较少有关系。另一方面,测试样本 1 的预测精度(86.439 3%)要好于测试样本 2 的精度(82.084 5%),这一点可从原始数据找到答案,因为测试样本 2 的特征数据在高、低峰时段的客流量略低于其他工作日,使得预测结果有偏差。

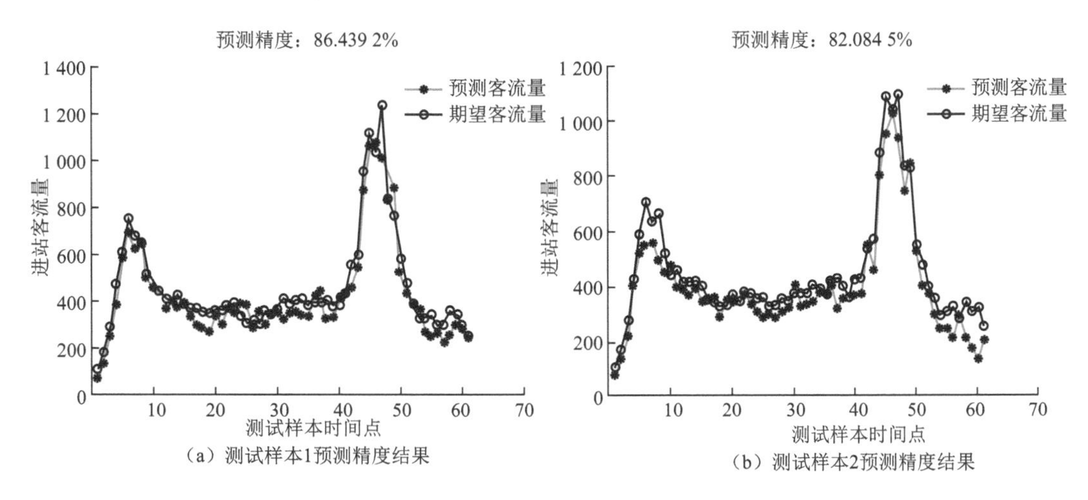

(a) 测试样本1预测精度结果

(b) 测试样本2预测精度结果

图 2-29　BP 神经网络测试样本预测精度结果对比

以上特征可以从图 2-30(a)~图 2-30(d)中 AE 和 RE 直观地看出,虽然预测值有所振荡,但基本满足需求。从 AE 的结果看,样本 1 的预测结果相对平稳,偏差大的点是由于样本 1 中在高峰时段的数据点与特征值差别较大,但样本 2 中在高低峰时期的结果都不太理想,从而加大了预测误差。从 RE 值来看，样本 1 中只在第一个低峰时期预测不够准确，而样本 2 中第一个和最后一个峰值时期都存在预测误差偏大的情况。此外，一般来说 R^2 用作线性模型的拟合，也可以用于拟合效果的评估，R^2 越接近 1 越好。每组测试数据的 R^2 值都大于0.9，但从图 2-30(e)、图 2-30(f) 中可以看出测试样本预测的总体客流量集中在 350 ~ 550 之间，这段数值下的预测结果更加准确，其他数值的拟合效果并不是很好，这是因为当数据分布方差比较大时，该值依然会接近 1。

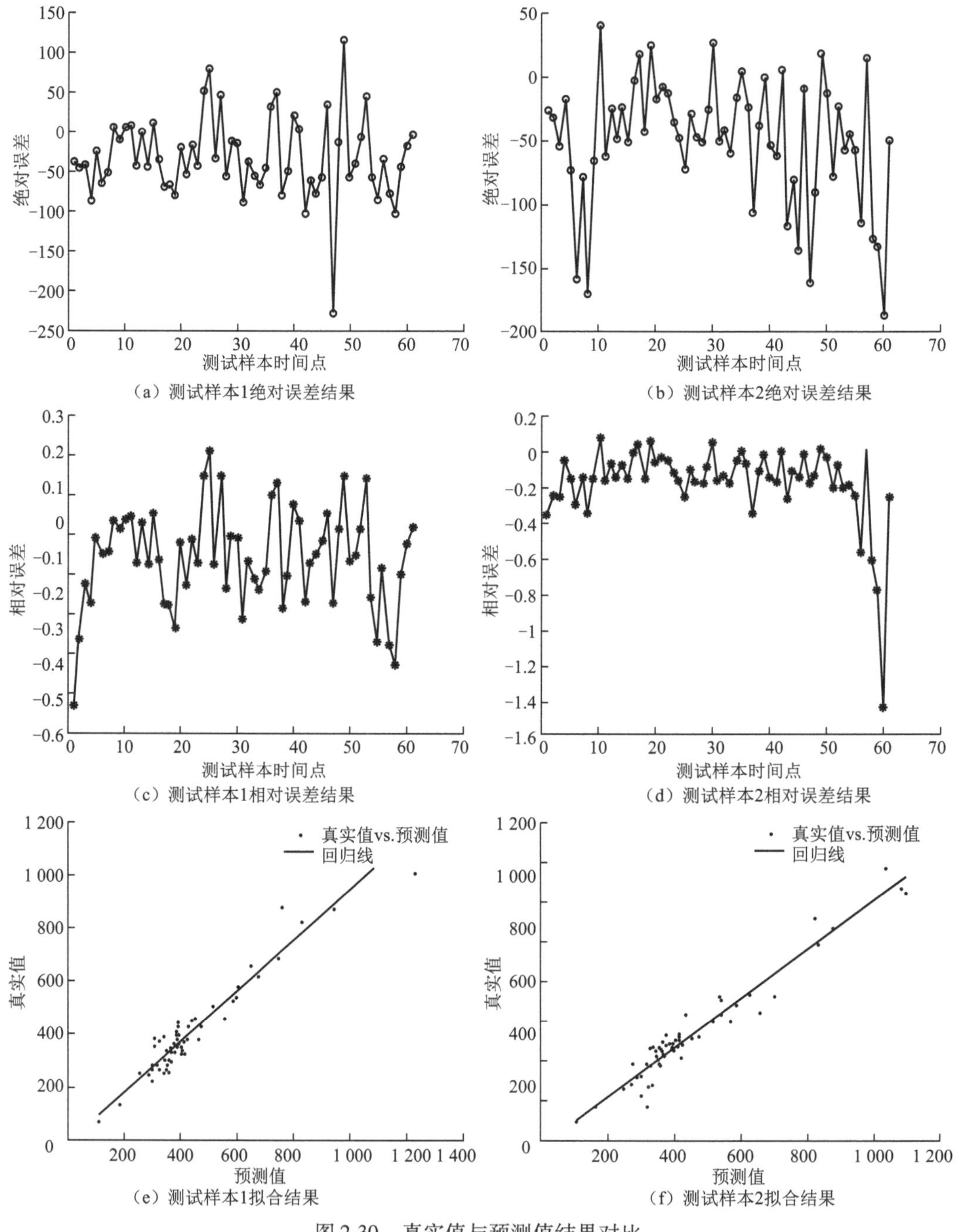

(a) 测试样本1绝对误差结果　(b) 测试样本2绝对误差结果

(c) 测试样本1相对误差结果　(d) 测试样本2相对误差结果

(e) 测试样本1拟合结果　(f) 测试样本2拟合结果

图 2-30　真实值与预测值结果对比

另外，对比了在参数设置一致的情况下，BP 神经网络每次预测结果都有些差异，因此 BP 神经网络预测的方法相对不够稳定，在样本不够充分的情况下误差波动偏大，要反复调参和多次运行进行实验，从而也说明了 BP 神经网络的拟合能力的局限性。

第四节　径向基神经网络

从第二章第三节可以看出，BP 神经网络用于函数逼近时，权值的调节采用梯度下降法，这种调节权值的方法有收敛速度慢、存在局部极小值等这种不可避免的局限性。在此基础上，1985 年，Powell 提出了径向基函数（radial basis function，简称 RBF）方法处理多维插值问题。1988 年，David S Broomhead 和 Lowe 首先将 RBF 应用于神经网络设计，从而构成了 RBF 神经网络。1989 年，Jackson 证明了 RBF 神经网络能以任意精度逼近任一连续函数，无论在逼近能力、分类能力和学习速度等方面均优于 BP 神经网络。RBF 神经网络比 BP 神经网络需要更多的神经元，但已证明当有很多的训练向量时，这种网络能有很理想的效果。

RBF 神经网络的基本思想是利用 RBF 这一隐单元的“基”构造隐含层空间，隐含层负责对输入矢量变换。当 RBF 的中心点确定以后，则映射关系便形成。由此可见，RBF 神经网络是一种局部逼近网络，从总体上看，网络由输入到输出的映射是非线性的，而网络输出对可调参数而言却又是线性的，这样网络的权就可由线性方程组直接解出或用 LMS 方法计算，从而大大加快学习速度并避免局部极小问题。

RBF 神经网络结构简单、易于学习且能够逼近任何非线性函数，因此被广泛应用于非线性预测与控制、模式识别等领域。本节主要介绍关于核函数、径向基函数、RBF 神经网络的结构功能、学习过程和应用案例等内容。

一、径向基函数

在介绍 RBF 神经网络的网络结构及基本原理之前，先对径向基函数做简要介绍。径向基函数是一个沿径向对称的、取值仅依赖于离原点或某一点距离的标量函数，即任意一点 x 到某一中心 x_c 的距离满足 $\Phi(x, x_c) = \|\boldsymbol{x} - \boldsymbol{c}\|$（$\boldsymbol{c}$ 为中心点）特性的函数都叫作径向基函数，记作 $\Phi(\cdot)$。标准的径向基函数 $\Phi(\cdot)$ 通常定义为空间中两点之间欧氏距离的单调函数，也称为欧式径向基函数。

最常用的径向基函数是高斯核函数，其公式为

$$\Phi(x) = a\mathrm{e}^{-\frac{(x-c)^2}{2\sigma^2}} \tag{2-87}$$

式中　a——高斯曲线的峰值；

c——核函数中心；

σ——标准差（也称高斯均方根宽值），它控制着函数形状的宽度，即径向作用范围。

通过高斯核函数的公式可以看出，其作用往往是局部的，即 $\boldsymbol{x}$ 和 $\boldsymbol{c}$ 相差很小，则函数值趋近于 a；当 $\boldsymbol{x}$ 远离 $\boldsymbol{c}$ 时函数取值很小。高斯核函数能够将数据映射到无限维空间，在无限维空间中，数据都是线性可分的。

一般来讲，径向基函数是比较方便使用的核函数，但是核函数不一定要选择径向基这一类函数。有大量径向基函数满足 Micchelli 定理，常用的几种径向基函数如下。

高斯函数(Gaussian)为

$$\Phi(x) = \exp\left(-\frac{x^2}{2\sigma^2}\right) \tag{2-88}$$

反常 S 型函数(reflected sigmoidal)为

$$\Phi(x) = \frac{1}{1+\exp\left(-\frac{x^2}{2\sigma^2}\right)} \tag{2-89}$$

多二次函数(multiquadrics)为

$$\Phi(x) = (\sigma^2 + x^2)^{\frac{1}{2}} \tag{2-90}$$

逆多二次函数(inverse multiquadrics)为

$$\Phi(x) = \frac{1}{(\sigma^2 + x^2)^{\frac{1}{2}}} \tag{2-91}$$

二、RBF 神经网络的网络结构及基本原理

RBF 神经网络的结构与多层前向神经网络类似,但它是具有确定层数的网络结构的单隐层双层前向神经网络,即包含输入层、隐含层和输出层。假设存在 N 个样本,有 M 个输入节点 $x_1,x_2,\cdots,x_M$,L 个输出节点 $y_1,y_2,\cdots,y_L$,q 个隐含节点($q > M$)。给定一个数据集 $D = \{(X_1(x_1,\cdots,x_M),T_1(y_1,\cdots,y_L)),\ (X_2(x_1,\cdots,x_M),T_2(y_1,\cdots,y_L)),\cdots,\ (X_p(x_1,\cdots,x_M),T_p(y_1,\cdots,y_L))\}$,其中,$x_j^p \in X \in R^M, y_k^p \in T \in R^L (j = 1,2,\cdots,M;k = 1,2,\cdots,L;p = 1,2,\cdots,N)$ 。输出层可看成是从 M 维欧氏空间到 L 维欧氏空间的映射。图 2-31 清晰地展示了 RBF 神经网络结构。其中:

(1)输入层由信号源节点构成,仅起到数据信息的传递作用,对输入信息不做任何变换。隐含层节点的数量视需要而定。

(2)隐含层神经元基函数是径向基函数,起对输入信息进行空间非线性映射的作用。也就是说,当输入信号靠近该函数的中央范围时,隐含层节点将产生局部辐射作用,由此可见,RBF 神经网络具有局部逼近能力。

(3)输出层对输入模式做出响应。输出层神经元的激活函数为线性函数,对隐含层神经元输出的信息进行线性加权后输出,作为整个神经网络的输出结果。

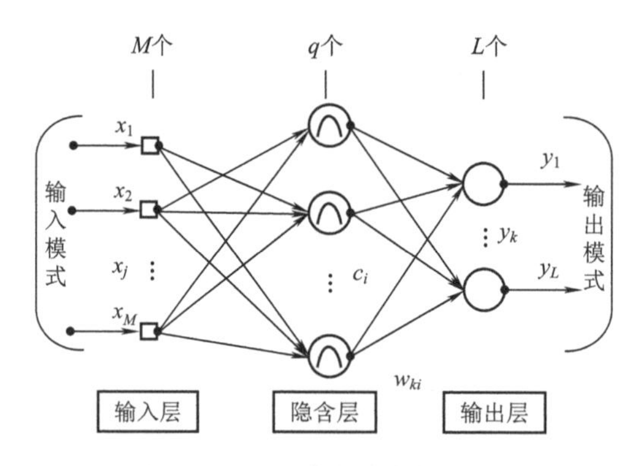

图 2-31 RBF 神经网络结构示意

RBF 神经网络的输入层到隐含层实现非线性映射，将矢量输入数据不通过权连接直接从低维模式变换到高维空间内，使得在低维空间内的线性不可分问题转化为高维空间内线性可分问题；隐含层空间到输出空间的映射是线性的，即网络的输出是隐单元输出的线性加权和，此处的权即为网络可调的参数。

在数学上，RBF 神经网络的结构合理性可由 Cover 定理得到证明，即将矢量输入数据不通过权连接直接从低维模式变换到高维空间内，使得在低维空间内的线性不可分问题转化为高维空间内线性可分问题。虽然有各种各样的径向基函数，在 RBF 神经网络中隐含层最常用的激活函数是高斯函数。高斯函数表示形式简单且解析性好，任意阶导数存在，因而便于进行理论分析。另外，特别说明，在本书中只讨论隐含层采用高斯函数作为径向基函数使用的情况。这就是 RBF 网络隐含层神经元较多的原因，隐含层空间的维数和网络性能有着直接的关系，即隐含层空间维数越高，网络的逼近精度越高，但带来的负面后果是网络复杂度随之提高。

下面，本书将讨论 RBF 网络的两层映射关系。

1. 输入层到隐含层的非线性映射

RBF 神经网络激活函数以输入向量与基函数中心向量之间的距离 $\| \boldsymbol{x} - \boldsymbol{c}_i \|$ 为自变量。虽然有各种各样的径向基函数，在 RBF 神经网络的输入层到隐含层实现 $\boldsymbol{x} \to u_i$ 的非线性映射时最常用的激活函数是高斯函数。

输入向量与基函数中心向量之间的欧氏距离表示为

$$d(\boldsymbol{x},\boldsymbol{c}_i) = \| \boldsymbol{x} - \boldsymbol{c}_i \| = \sqrt{\sum_{j=1}^{M} (\boldsymbol{x} - \boldsymbol{c}_i)^2} \quad j = 1,2,\cdots,M; i = 1,2,\cdots,q \tag{2-92}$$

当激活函数采用高斯函数时，偏置项可表示为

$$b_{ij} = \frac{1}{\sqrt{2}\sigma_i} \quad j = 1,2,\cdots,M; i = 1,2,\cdots,q \tag{2-93}$$

令 $g = d(\boldsymbol{x},\boldsymbol{c}_i) b_{ij}$，RBF 网络隐含层第 i 个节点的输出为

$$u_i = \mathrm{e}^{-g^2} = \exp\left\{ - \frac{\sum_{j=1}^{M} (\boldsymbol{x} - \boldsymbol{c}_i)^2}{2\sigma_i^2} \right\} \quad i = 1,2,\cdots,q \tag{2-94}$$

即

$$u_i = \exp\left\{ - \frac{(\boldsymbol{x} - \boldsymbol{c}_i)^{\mathrm{T}} (\boldsymbol{x} - \boldsymbol{c}_i)}{2\sigma_i^2} \right\} \quad i = 1,2,\cdots,q \tag{2-95}$$

式中　u_i ——第 i 个隐节点的输出；

σ_i ——第 i 个隐节点的标准差；

q ——隐层节点个数；

$\boldsymbol{x}$——输入样本，$\boldsymbol{x} = [x_1 \quad x_2 \quad \cdots \quad x_M]^{\mathrm{T}}$；

$\boldsymbol{c}_i$ ——第 i 个隐节点高斯函数的中心向量，此向量是一个与输入样本 x 维数相同的列向量，即 $\boldsymbol{c}_i = [c_{i1} \quad c_{i2} \quad \cdots \quad c_{iM}]^{\mathrm{T}}$。

由式(2-90)可知，节点输出 u_i 的范围在 0 和 1 之间，且输入样本愈靠近节点的中心，输出值愈大。当距离中心点距离过远时输出趋近于 0；当 $\boldsymbol{x} = \boldsymbol{c}_i$ 时，$u_i = 1$。这体现了径向基

函数的局部逼近特性。高斯函数如图 2-32 和图 2-33 所示。

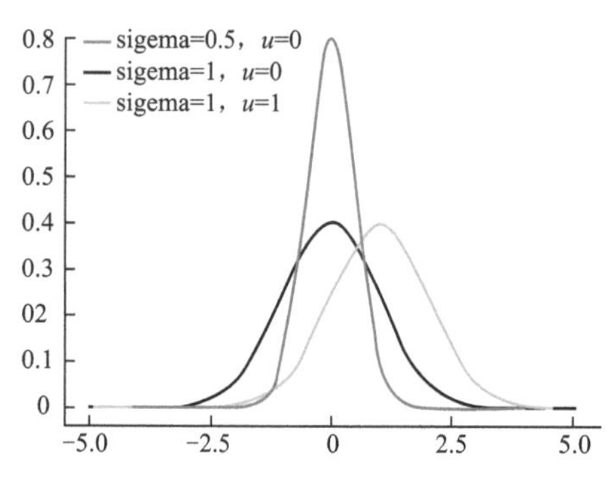

图 2-32　不同参数值的平面高斯函数

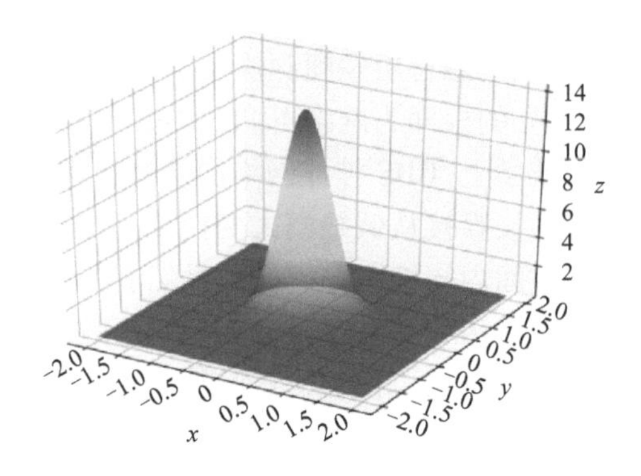

图 2-33　三维高斯函数

2. 隐含层到输出层的线性映射

RBF 网络的隐含层到输出层实现 $u_i \rightarrow y_k$ 的线性映射，即

$$y_k = \sum_{i=1}^{q} w_{ki} u_i - \theta_k \quad k = 1,2,\cdots,L \tag{2-96}$$

式中　u_i ——第 i 个隐层节点的输出；

y_k ——第 k 个输出层节点的输出；

w_{ki} ——隐含层到输出层的加权系数；

θ_k ——隐含层的阈值；

q ——隐含层节点数。

三、RBF 神经网络的学习过程

RBF 神经网络学习算法需要训练求得三个参数：径向基函数的中心向量 $\boldsymbol{c}_i$ 、标准差 $\boldsymbol{\sigma}_i$ 以及隐含层到输出层的权值 w_{ki} 。与 MLP 神经网络和 BP 神经网络经常使用梯度下降算法训练网络模型不同，RBF 神经网络可以有多种训练方式。

通过训练样本集来获得满足监督要求的网络中心和其他权重参数，利用梯度下降法训练 RBF 神经网络也是可以的，该过程在第二章第二节和第三节中有着详细的描述。但由于径向基函数的局部特性及权值和偏置项运作机制的原因，误差曲面上会有很多不满意的局部极小解，造成冗余。因此，完全基于梯度下降法往往很难对 RBF 神经网络进行良好的训练。而常用的方法是中心参数(或其初始值)从给定的训练样本集里按照某种方法直接选取，或是采用聚类的方法确定。这种学习过程可划分为两个阶段。第一阶段是无监督学习阶段，根据所有的输入样本决定隐含层各节点的径向基函数的中心向量 $\boldsymbol{c}_i$ 和标准差 $\boldsymbol{\sigma}_i$ 。第二阶段是有监督学习阶段，在隐含层的参数确定后，根据线性最小二乘法原则，求出隐含层和输出层的权值 w_{ki} 。

1. 学习方法分类

根据 RBF 神经网络隐含层基函数中心选取方法的不同，分为以下三类训练方法。

(1)网格分布法

这是最简单的一种两阶段学习方法，将隐含层的基中心遍布整个输入空间，选择一个常数偏置项让基函数有所重叠，但在许多实际应用中并不会用到整个输入空间，例如，有 1 个输入变量，定义 10 个基函数的网格均匀分布在输入变量的范围内；当变为 2 个输入变量时，就需要定义 $10^2=100$ 个基函数，因此该方法会造成基函数的大量浪费。第二阶段主要是有监督学习阶段，当隐含层的权值和偏置项确定后，利用线性最小二乘法对输出层权值进行求解。

(2)自组织学习法

RBF 神经网络的中心可以变化，主要采用无监督的聚类方法来选择 RBF 的中心，并通过自组织学习确定其位置。输出层的线性权重则通过有监督学习来确定。这种方法是对神经网络资源的再分配，通过迭代使 RBF 的隐含层神经元中心位于输入空间重要的区域。第二阶段主要是有监督学习阶段，和网格分布法第二阶段方法类似。

(3)随机选取法

在训练样本集中随机地选取输入样本的子集作为中心固定下来。一旦中心固定下来，隐含层神经元的输出便是已知的，这样的神经网络的连接权就可以通过求解线性方程组来确定。适用于样本数据的分布简单且具有明显特征差别的情况。同样地，当隐含层的权值和偏置项确定后，利用线性最小二乘法对输出层权值进行求解。

(4)正交最小二乘法

正交最小二乘法(Orthogoal Least Square)的思想基于一种子集选择的通用方法，用于构造线性回归模型。该方法通常先使用训练样本集中全部输入向量作为可能的基中心，所有隐含层神经元上的回归因子构成回归向量。神经网络的输出实际上是隐含层神经元某种响应参数(回归因子)和隐含层至输出层间连接权重的线性组合。学习过程主要是回归向量正交化的过程。

2. 学习过程概述

自组织学习法应用广泛，在该方法中，RBF 神经网络的学习过程分为两个阶段。实际上，有很多方法可以在无监督阶段使用以确定隐含层的参数。本书以典型的 K-means 聚类算法作为无监督学习阶段方法，LMS 算法作为有监督学习阶段的方法。

(1)目标函数

在训练网络的有监督学习阶段中，先假定用某一个样本 p 的输入输出模式对 $(X^p, T^p)(p=1,2,\cdots,N)$，对网络进行训练。则系统对所有 p 个训练样本的总误差函数为

$$J=\sum_{p=1}^{N}J_p=\frac{1}{2}\sum_{p=1}^{N}\sum_{k=1}^{L}(t_k^p-y_k^p)^2=\frac{1}{2}\sum_{p=1}^{N}\sum_{k=1}^{L}\mathrm{e}_k^2 \tag{2-97}$$

式中　N——模式样本对数；

L——网络输出节点数；

t_k^p——在样本 p 作用下的输出层第 k 个神经元的期望输出；

y_k^p——在样本 p 作用下的输出层第 k 个神经元的实际输出。

(2)无监督学习阶段

该阶段主要思想是根据经验或用聚类方法对所有样本的输入进行划分，求得各隐含层节点 RBF 的中心向量 c_i 和标准差 σ_i。

从训练样本中挑选 k 个样本数据作为 $\mu_i, i=1,2,\cdots,I$。随机输入训练样本 X_k，并计算它与哪个中心距离最近，其他样本分配到与其最近的类的 μ_i 中，然后重新计算各类训练样本

数据的平均值作为 RBF 的中心。

K-means 聚类算法的核心思想是通过迭代把数据对象划分到不同的簇中，以求目标函数最小化，从而使生成的簇尽可能地紧凑和独立，聚类过程如图 2-34 所示。利用 K-means 聚类算法调整中心向量，此算法将训练样本集中的输入向量分为若干簇，在每个数据簇内找出一个径向基函数中心向量，使得该簇内各样本向量距该簇中心的距离最小。其输入为期望得到的簇的数目 k，以 n 个对象为数据，输出为使得平方误差准则函数最小化的 k 个簇。

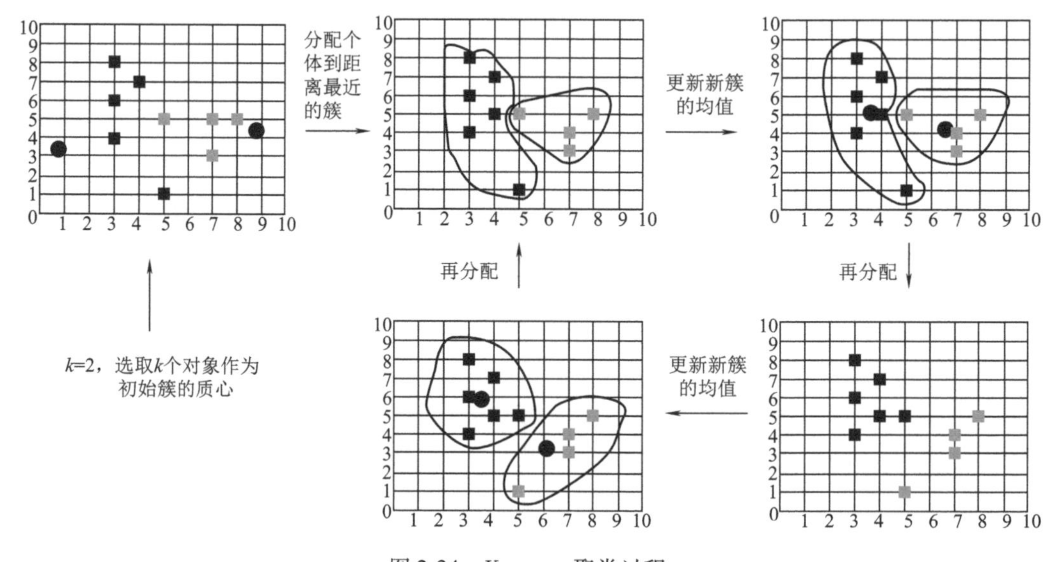

图 2-34　K-means 聚类过程

该阶段的基本步骤如下：

①网络初始化。随机选取 k 个对象作为初始的 k 个簇的聚类中心 $\boldsymbol{c}_i(i=1,2,\cdots,h)$。

②将输入的训练样本集合按最近邻规则分组。将其余对象 $\boldsymbol{x}_p$ 根据其与各个簇质心 $\boldsymbol{c}_i$ 的距离，将 $\boldsymbol{x}_p$ 分配到输入样本的各个最近的聚类集合 $\vartheta_p(p=1,2,\cdots,P)$ 中。

③重新调整聚类中心。计算各个聚类集合 ϑ_p 中训练样本的平均值，即新的聚类中心 $\boldsymbol{c}_i$，如果新的聚类中心不再发生变化，也就是说直到目标函数最小化为止，则所得到的即为 RBF 神经网络最终的基函数中心，否则返回步骤②，进入下一轮的中心求解。

网络的输出可表示为

$$y_j=\sum_{i=1}^{h}w_{ij}\exp\left(-\frac{1}{2\sigma^2}\|\boldsymbol{x}_p-\boldsymbol{c}_i\|^2\right)\quad j=1,2,\cdots,n \tag{2-98}$$

设 d 是样本的期望输出值，基函数的方差为

$$\sigma=\frac{1}{P}\sum_{j}^{m}\|\boldsymbol{d}_j-\boldsymbol{y}_j\boldsymbol{c}_i\|^2 \tag{2-99}$$

当 RBF 神经网络的基函数为高斯函数时，方差为

$$\sigma_i=\frac{c_{\max}}{\sqrt{2h}}\quad i=1,2,\cdots,h \tag{2-100}$$

式中　$c_{\max}$——所选取中心之中的最大距离。

(3)有监督学习阶段

该阶段的任务是求解隐含层到输出层的权值 w_{ki}。

当 $\boldsymbol{c}_i$ 确定以后,训练由隐含层至输出层之间的权值,由上述推导过程可知,它是一个线性方程组,则求权值就成为线性优化问题。因此,问题有唯一确定的解,不存在 BP 网络中所遇到的局部极小值问题,肯定能获得全局最小点。类似于线性网络,RBF 网络的隐含层至输出层之间的连接权值 $w_{ki}(k=1,2,\cdots,L;i=1,2,\cdots,q)$学习算法为

$$w_{ki}(k+1)=w_{ki}(k)+\eta(t_k-y_k)u_i(x)/\boldsymbol{u}^{\mathrm{T}}\boldsymbol{u} \tag{2-101}$$

式中 $u_i(x)$——高斯函数,$\boldsymbol{u}=[u_1(x)\quad u_2(x)\quad\cdots\quad u_q(x)]^{\mathrm{T}}$;

η——学习速率,可以证明当 $0<\eta<2$ 时可保证该迭代学习算法的收敛性,而实际上通常只取 $0<\eta<1$;

t_k,y_k——分别表示第 k 个输出分量的期望值和实际值。

四、应用案例

1. 问题描述

与本章第三节讲解 BP 神经网络中应用案例的研究问题相同,依然使用北京市城市轨道交通某站点的进站客流量数据,该数据集包含了 16 个工作日早晨 6:45 至晚上 22:00 每 15 min的进站客流量数据,每天 61 个数据点,共计 976 条数据。本节要求采用 RBF 神经网络建立一个客流量预测模型,能够实现用 $t,t+1,t+2$ 三天的历史数据预测第 $t+3$ 天同一时刻的进站客流量的功能,并对模型性能进行评价。

2. 问题分析

与第二章第三节中的应用案例用 BP 神经网络建立一个客流量预测模型并评价的流程一致,包含构造数据集、划分训练集和测试集、数据归一化处理、创建并训练 RBF 神经网络预测模型、仿真测试、数据反归一化处理、模型性能评价七个步骤,其具体公式及分析见第三节中的应用案例所述。

3. 算法 MATLAB 实现

在 MATLAB 中有几种快速创建 RBF 神经网络的方式,常用的为 newrbe( )、newrb( )等,总结见表 2-5。

表 2-5 RBF 神经网络工具箱创建函数

函数名	功 能
newrb( )	新建一个 RBF 神经网络
newrbe( )	新建一个严格(RBF 神经网络的神经元的个数与输入值的个数相等)的 RBF 神经网络
newgrnn( )	新建一个广义回归 RBF 神经网络
newpnn( )	新建一个概率 RBF 神经网络
radbas( )	RBF 函数

newrbe( )形式为 net = newrbe(P,T,S),其中,P 为输入变量;T 为输出变量;S 为扩展速度,扩展速度 S 越大,函数的拟合就越平滑,默认值为 1。newrb( )其形式为[net,tr] = newrb(P,T,goal,S,MN,DF),其中,P、T、S 含义同 newrbe( );goal 为目标函数,默认为 MSE,值为

0;MN 为神经元的最大数目,默认是 Q;DF 是两次显示之间所添加的神经元数目,默认值为 25;net 是返回网络;tr 是返回值,指训练记录。newrbe( )中 RBF 神经元数等于输入样本数量,可一次性得到一个零误差网络,创建速度非常快,参数不改变的情况下,每次训练结果都相同,因此需要不断改变 S 调参。newrb 创建网络时,一开始是没有 RBF 神经元,先从输入数据中最大误差的那个样本开始增加一个 RBF 神经元,然后重新设计网络线性层来逐步减小误差,直到使得误差达到规定的误差性能或神经元数量达到上限时为止,速度会比较慢。因此本案例中采用 MATLAB 的 newrbe( )方式进行实验。

4. 结果分析

在前文所设定的网络参数条件下,对 newrbe( )的扩展速度 S 进行 5、10、15、20、25、30 多次设置,各项指标如图 2-35 所示。综合各项指标,选择 $S = 25$ 作为扩展速度。

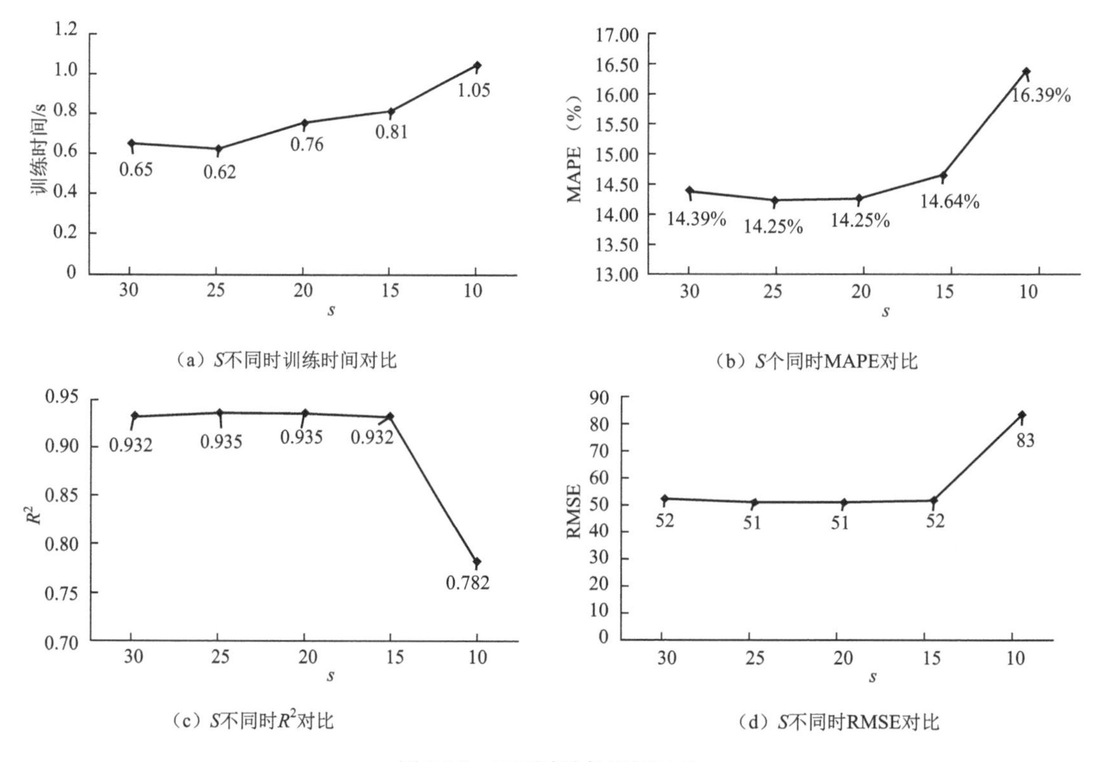

图 2-35　S 不同时各指标对比

多次实验结果表明, RBF 神经网络预测模型性能更胜一筹,主要表现有以下两点:首先,RBF 神经网络的训练时间非常短,平均 1 s 以内,比 BP 神经网络模型快。这一点主要由于 RBF 不需要通过反向传播计算模型参数,只有最后一个线性层有可以训练的参数,因此速度非常快。其次,用 newrbe( )训练的模型比 BP 神经网络模型更加稳定,当 $30 \geqslant S \geqslant 15$ 时,平均精度保持在 86% 以上。从图 2-36 可以看出,相同测试数据集下,与第三节 BP 神经网络预测模型预测结果相比,RBF 神经网络模型的预测精度稍好。

综合上述,传统的 BP 神经网络充分利用了多层前馈网络的结构优势,在正反向传播过程中每一层的计算都是并行的,但由于 BP 神经网络的固有特性,容易陷入局部极小,且隐层节点数目的确定依赖于经验和试凑,很难得到最优网络。而 RBF 神经网络利用了差值法,对于每个输入值只需少部分节点及权值改变,学习速度会比 BP 神经网络提高很多,容易适应新数据,有良好的泛化能力,且其隐层节点的数目也在训练过程中确定,其收敛性也较 BP 网络易于保证,因此可以得到更好的结果。

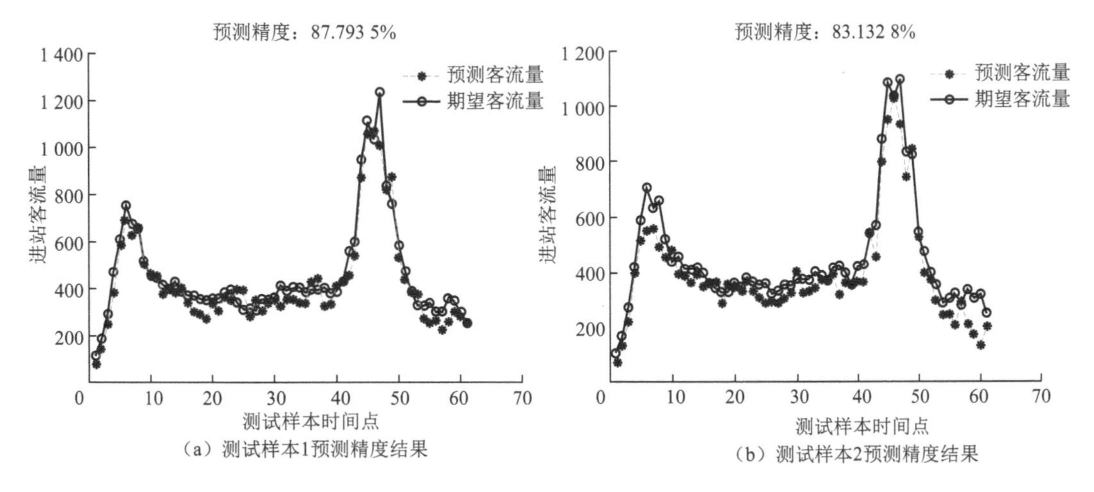

（a）测试样本1预测精度结果　（b）测试样本2预测精度结果

图 2-36　RBF 神经网络测试样本预测精度结果对比

第五节　其他神经网络

一、自组织神经网络

与第二章第三节中阐述的 BP 神经网络采用有监督学习方式不同,自组织神经网络采用无监督学习方式,类似于人的大脑能够通过对客观事物的观察与比较,分析其特征,并对具有共同特征的事物进行正确归类,无须提供教师信号,就可对外界未知环境(或样本空间)进行学习或模拟,并对自身的网络结构进行适当调整。与 BP 神经网络相比,这种自组织自适应的学习能力进一步提高模式识别、分类方面的应用水平。本节主要介绍 1981 年芬兰学者 Teuvo Korhonen 提出的一个较完整、分类性能良好的自组织特征映射(self organization feature map,简称 SOM 或 SOFM)网络,又称 Kohonen 网络,SOM 神经网络的自组织功能是通过竞争学习(competitive learning)实现的,因此,SOM 神经网络又可称为自组织竞争神经网络。其他自组织网络模型如自适应共振理论(adaptive resonance theory ,简称 ART)模型、对偶传播神经网络(counter propagation networks,简称 CPN)模型等不再介绍。下面从 SOM 神经网络的生物学基础、竞争学习原理、SOM 神经网络的学习过程进行介绍。

1. SOM 神经网络的生物学基础

生物学研究的事实表明,在人脑的感觉通道上,神经元的组织原理是有序排列。因此当人脑通过感官接受外界的特定时空信息时,大脑皮层的特定区域表现出兴奋,而且类似的外界信息在对应区域是连续映像的。例如,生物视网膜中有许多特定的细胞对特定的图形比较敏感,当视网膜中有若干个接收单元同时受特定模式刺激时,就使大脑皮层中的特定神经元开始兴奋,输入模式接近,与之对应的兴奋神经元也相近。又如,在听觉通道上,神经元在结构排列上与声音频率的关系十分密切,对于某个频率,特定的神经元具有最大的响应,位置邻近的神经元具有相近的频率特征,而远离的神经元具有的频率特征差别也较大。而Teuvo Kohonen认为,一个神经网络接受外界输入模式时,将会分为不同的对应区域,各区域对输入模式具有不同的响应特征,在SOM神经网络中,神经元的有序排列以及对外界信息的连续映像是有序进行的。开始当外界输入不同的样本时,SOM神经网络中哪个位置的神经元兴奋是随机的,但训练之后SOM神经网络的竞争层会形成神经元的有序排列,最终表现为:功能相近的神经元非常靠近,功能不同的神经元离得较远,而且这个过程是自动完成的。因此,自组织神经网络就是模拟上述生物神经系统功能的人工神经网络,对于某一图形或某一频率的特定兴奋过程是自组织特征映射网中竞争机制的生物学基础。

2. 竞争学习原理

无监督学习只向网络提供一些学习样本,没有期望输出。竞争学习是指同一层神经元层次上的各个神经相互之间进行竞争,竞争层总是趋向于响应它所代表的某个特殊的样本模式,胜利的神经元修改与其相连的连接权值,网络根据输入样本进行自组织,并将其划分到相应的模式类别中,这样,输出神经元就变成检测不同模式的检测器。

(1)SOM网络结构及网络特征

SOM神经网络的网络结构属于层次型网络,都具有输入层与竞争层,最简单的网络结构具有一个输入层和一个竞争层。输入层负责接受外界信息并将输入模式向竞争层传递,竞争层负责对该模式进行"分析比较",找出规律以正确归类。网络拓扑结构形式常见有一维线阵、二维平面阵和三维栅格阵。一维线阵网络实现将任意维输入模式在输出层映射成一维离散图形,二维线阵网络实现将任意维输入模式在输出层映射成二维离散图形。其结构如图2-37和图2-38所示。

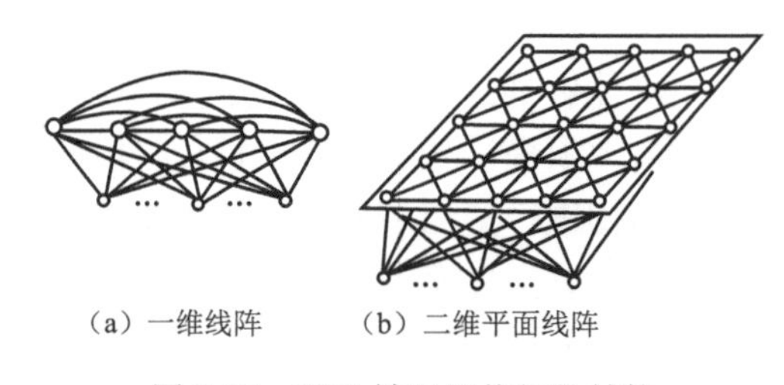

图2-37　SOM神经网络拓扑结构

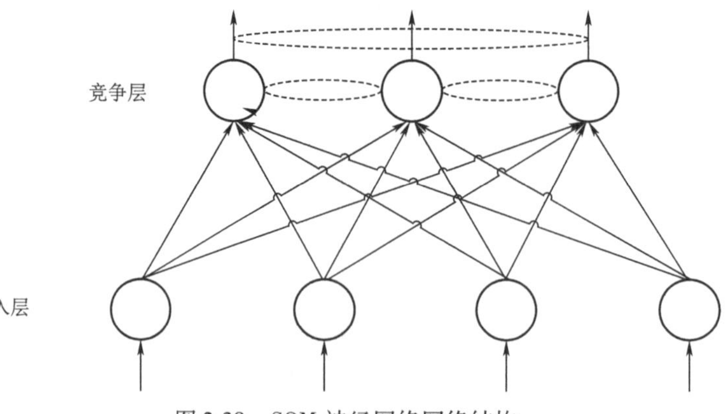

图2-38　SOM神经网络网络结构

(2)相似性度量

无监督的分类称为聚类,聚类的目的是将相似的模式样本划归一类,而将不相似的分离开,其结果实现了模式样本的类内相似性和类间分离性,即网络通过极小化同一模式类别里面的样本之间的距离,极大化不同模式类间的距离来寻找模式类别。对于一组输入模式,根据它们之间的相似程度分为若干类,因此相似性是输入模式的聚类依据。

估算不同样本之间的相似性有很多种度量方法,欧氏距离、闵可夫斯基距离、马氏距离、曼哈顿距离、夹角余弦、向量内积、切比雪夫距离、汉明距离、杰卡德距离、相关距离、信息熵等,本节介绍四种经典的度量方式:欧氏距离法、闵可夫斯基距离法、马氏距离法、夹角余弦法。不同的相似测量会导致形成不同的聚类结果。

①欧式距离法

欧氏距离(Euclidean distance)是最易于理解的一种距离计算方法,源自欧氏空间中两点间的距离公式[式(2-102)],如图2-39所示。

$$\| \boldsymbol{X} - \boldsymbol{X}_i \| = \sqrt{(\boldsymbol{X} - \boldsymbol{X}_i)^{\mathrm{T}}(\boldsymbol{X} - \boldsymbol{X}_i)} \tag{2-102}$$

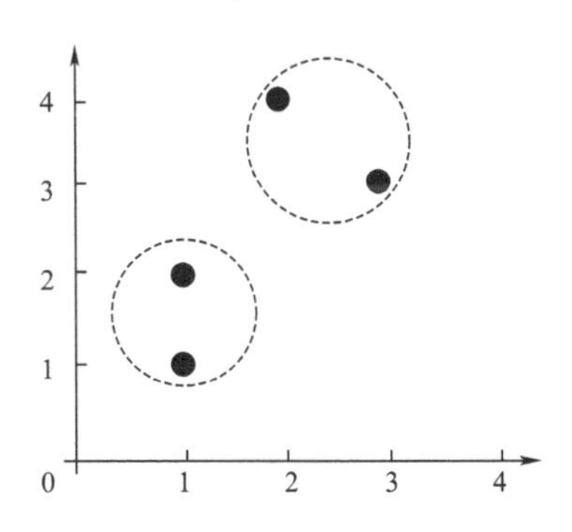

图2-39　以欧式距离法聚类

二维平面上两点 $a(x_1, y_1)$ 与 $b(x_2, y_2)$ 间的欧氏距离为

$$d_{12} = \sqrt{(x_1 - x_2)^2 + (y_1 - y_2)^2} \tag{2-103}$$

可见,两个模式向量的欧式距离越小,两个向量越接近,则两个模式越相似。如果对同一类各个模式向量间的欧式距离作出规定,不允许超过某一最大值 T,则最大欧式距离 T 就成为一种聚类判据。同类模式的向量距离小于 T,两类模式的向量距离大于 T。但欧式距离将样本的不同属性之间的差别同等对待,这一点有时不能满足实际要求。

②闵可夫斯基距离法

闵可夫斯基距离(Minkowski distance)是衡量数值点之间距离的一种非常常见的方法,是欧氏空间中的另一种测度,被看作是欧氏距离的一种推广。假设数值点 P 和 Q 坐标为 $P = (x_1, x_2, \cdots, x_n) \in R^n, Q = (y_1, y_2, \cdots, y_n) \in R^n$

那么,闵可夫斯基距离定义为

$$\left(\sum_{i=1}^{n} \left| x_i - y_i \right|^P \right)^{\frac{1}{P}} \tag{2-104}$$

该距离最常用的 P 是2和1,前者是欧式距离,后者是曼哈顿距离(Manhattan distance)。当 P 趋近于无穷大时,闵可夫斯基距离转化成切比雪夫距离(Chebyshev distance),表达式为

$$\lim_{P\to\infty}\left(\sum_{i=1}^{n}|x_i-y_i|^P\right)^{\frac{1}{P}}=\max_{i=1}^{n}|x_i-y_i| \tag{2-105}$$

假设在曼哈顿街区乘坐出租车从 P 点到 Q 点，白色表示高楼大厦，灰色表示街道，如图 2-40所示。斜线表示欧氏距离，其他三条折线表示了曼哈顿距离，这三条折线的长度是相等的。

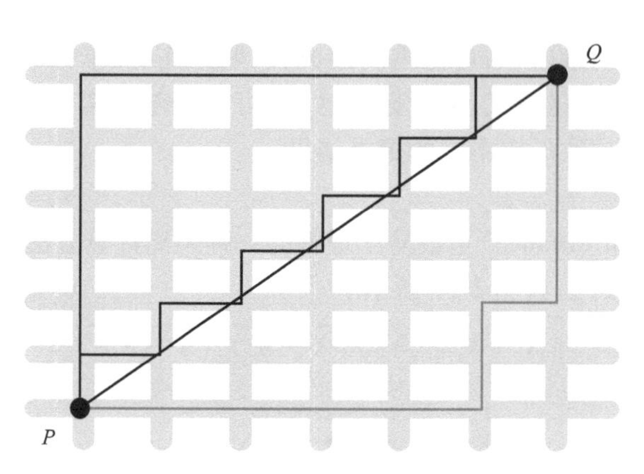

图 2-40　曼哈顿街区

闵可夫斯基距离比较直观，但它也有一定局限性，如果 x 方向的幅值远远大于 y 方向的值，这个距离公式就会过度放大 x 维度的作用。所以，可以用 z-transform 方法对数据进行处理，即

$$(x_1,y_1)\rightarrow\left(\frac{x_1-\mu_x}{\sigma_x},\frac{y_1-\mu_y}{\sigma_y}\right) \tag{2-106}$$

式中　μ ——该维度上的均值；

σ ——该维度上的标准差。

可以看出，闵可夫斯基距离处理时需要假设数据各个维度不相关，在此情况下利用数据分布的统计特性计算出不同距离。如果各维度数据相关，需要用马氏距离处理。

③马氏距离法

马氏距离（Mahalanobis distance）是由马哈拉诺比斯提出的表示数据的协方差距离，它与量纲无关，排除变量之间相关性的干扰，是一种有效的计算两个未知样本集的相似度方法。

有 M 个样本向量 $\boldsymbol{X}_1\sim\boldsymbol{X}_m$，协方差矩阵记为 $\boldsymbol{S}$，均值记为向量 $\boldsymbol{\mu}$，则其中样本向量 $\boldsymbol{X}$ 到 $\boldsymbol{\mu}$ 的马氏距离表示为

$$D(\boldsymbol{X})=\sqrt{(\boldsymbol{X}-\boldsymbol{\mu})^{\mathrm{T}}\boldsymbol{S}^{-1}(\boldsymbol{X}-\boldsymbol{\mu})} \tag{2-107}$$

而其中向量 X_i 与 X_j 之间的马氏距离定义为

$$D(\boldsymbol{X}_i,\boldsymbol{X}_j)=\sqrt{(\boldsymbol{X}_i-\boldsymbol{X}_j)^{\mathrm{T}}\boldsymbol{S}^{-1}(\boldsymbol{X}_i-\boldsymbol{X}_j)} \tag{2-108}$$

若协方差矩阵是单位矩阵（各个样本向量之间独立同分布），则公式为欧氏距离，即

$$D(\boldsymbol{X}_i,\boldsymbol{X}_j)=\sqrt{(\boldsymbol{X}_i-\boldsymbol{X}_j)^{\mathrm{T}}(\boldsymbol{X}_i-\boldsymbol{X}_j)} \tag{2-109}$$

④夹角余弦法

几何中夹角余弦可用来衡量两个向量方向的差异，机器学习中借用这一概念来衡量样

本向量之间的差异,表示为

$$\cos\psi = \frac{X^{\mathrm{T}}X_i}{\|X\| \ \|X_i\|} \tag{2-110}$$

两个模式向量越接近,其夹角越小,余弦越大,当两个模式方向完全相同时,其夹角为0,余弦为1,如图2-41所示。

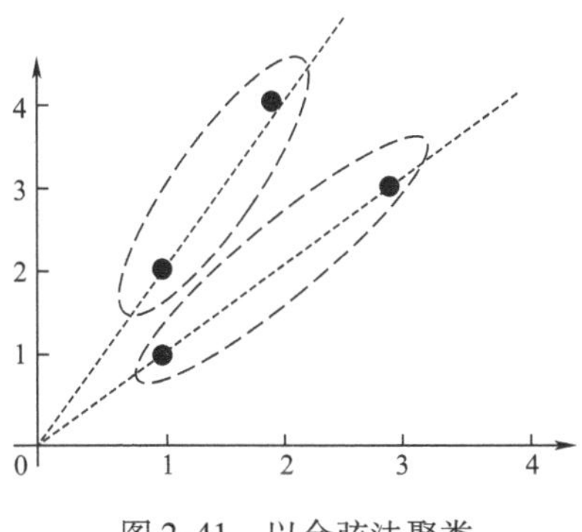

图2-41　以余弦法聚类

如果对同一类内各个模式向量间的夹角作出规定,不允许超过某一最大夹角 ψ_T ,则最大夹角 ψ_T 就成为一种聚类判据。同类模式的向量夹角小于 ψ_T ,两类模式的向量夹角大于 ψ_T 。余弦法适合模式向量长度相同或模式特征只与向量方向相关的相似性测量。

在二维空间中向量 $\boldsymbol{A}(x_1,y_1)$ 与向量 $\boldsymbol{B}(x_2,y_2)$ 的夹角余弦公式为

$$\cos\theta = \frac{x_1x_2 + y_1y_2}{\sqrt{x_1^2 + y_1^2}\ \sqrt{x_2^2 + y_2^2}} \tag{2-111}$$

(3)侧抑制与竞争学习规则

在人眼的视网膜、脊髓和海马中存在一种"侧抑制"现象,即当一个神经细胞兴奋后会对其周围的神经细胞产生抑制作用。这种"侧抑制"使神经细胞之间呈现出竞争,开始时可能多个细胞同时兴奋,但一个兴奋程度越强的神经细胞对周围神经细胞的抑制作用也越强,其结果使其周围神经细胞兴奋度减弱,从而该神经细胞是这次竞争的"胜者",而其他神经细胞在竞争中失败。最强的抑制作用是竞争获胜者"唯我独兴",不允许其他神经元兴奋,这种典型学习规则称为"胜者为王"(winner-take-all),该算法可分为3个步骤。

①向量归一化

首先将当前输入模式向量 $\boldsymbol{X}(i = 1,2,\cdots,n)$ 和自组织网络中的竞争层中各神经元对应的权向量 $\boldsymbol{W}(j = 1,2,\cdots,m)$ 全部进行归一化处理,得到 $\boldsymbol{X}$ 和 $\boldsymbol{W}(j = 1,2,\cdots,m)$ 。

②寻找获胜神经元

当网络得到一个输入模式向量 $\boldsymbol{X}$ 时,竞争层的所有神经元对应的权向量 $\boldsymbol{W}(j = 1,2,\cdots,m)$ 均与 $\boldsymbol{X}$ 进行相似性比较,对于某个神经元 j 的所有连接权之和为1,即

$$\sum_j w_{ij} = 1 \tag{2-112}$$

显然, $0 \leqslant w_{ij} \leqslant 1$,其中, $w_{ij} \subseteq \boldsymbol{W}$,为输入层神经元 i 到竞争层神经元 j 之间的连接权值。

将与 $\boldsymbol{X}$ 最相似的权向量判为竞争获胜神经元,其权向量记为 $\boldsymbol{W}_{j^*}$ 。利用欧氏距离对 $\boldsymbol{W}$

和 $\boldsymbol{X}$ 测量相似性，即

$$\|\boldsymbol{X}-\boldsymbol{W}_{j^*}\| = \min_{j\in\{1,2,\cdots,m\}}\left\{\|\boldsymbol{X}-\boldsymbol{W}_j\|\right\} \tag{2-113}$$

将式(2-113)展开并利用单位向量的特点，可得

$$\begin{aligned}\|\boldsymbol{X}-\boldsymbol{W}_{j^*}\| &= \sqrt{(\boldsymbol{X}-\boldsymbol{W}_{j^*})^{\mathrm{T}}(\boldsymbol{X}-\boldsymbol{W}_{j^*})} \\ &= \sqrt{\boldsymbol{X}^{\mathrm{T}}\boldsymbol{X}-2\boldsymbol{W}_{j^*}^{\mathrm{T}}\boldsymbol{X}+\boldsymbol{W}_{j^*}^{\mathrm{T}}\boldsymbol{W}_{j^*}^{\mathrm{T}}} = \sqrt{2(1-\boldsymbol{W}_{j^*}^{\mathrm{T}}\boldsymbol{X})}\end{aligned} \tag{2-114}$$

从式(2-114)可以看出，欲使两单位向量的欧式距离最小，需要使两向量的点积最大。即

$$\boldsymbol{W}_{j^*}^{\mathrm{T}}\boldsymbol{X} = \max_{j\in\{1,2,\cdots,m\}}(\boldsymbol{W}_j^{\mathrm{T}}\boldsymbol{X}) \tag{2-115}$$

于是按式(2-113)求最小欧式距离的问题就转化为按式(2-114)和式(2-115)求最大点积的问题，而权向量与输入向量的点积正是竞争层神经元的净输入。

③网络输出与权值调整

胜者为王竞争学习算法规定，获胜神经元输出为1，其余输出为零，即

$$o_j(t+1) = \begin{cases}1 & j=j^* \\ 0 & j\neq j^*\end{cases} \tag{2-116}$$

当 $j\neq j^*$ 时，对应神经元的权值得不到调整，其实质是“胜者”对它们进行了强侧抑制，不允许它们兴奋。

应当指出，归一化的权向量经过调整后得到的新向量不再是单位向量，因此需要对调整后的向量重新归一化。步骤③完成后回到步骤①继续训练，直到学习速率 α 衰减到0。

对这种竞争学习算法进行的模式分类，有时依赖于初始的权值以及输入样本的次序。

(4)SOM 神经网络的权值调整域

SOM 网采用的学习算法称为 Kohonen 算法，是在胜者为王算法基础上加以改进而成的，其主要区别在于调整权向量与侧抑制的方式不同。

在胜者为王算法中，只有竞争获胜神经元才能调整权向量，其他任何神经元都无权调整，因获胜神经元对周围所有神经元的抑制是“封杀”式的。而 SOM 网的获胜神经元对其邻近神经元的影响是由近及远，由兴奋逐渐转变为抑制，因此其学习算法中不仅获胜神经元本身要调整权向量，它周围的神经元在其影响下也要不同程度地调整权向量。这种调整可用三种函数表示，三种函数沿中心轴旋转后，可形成形状似帽子的空间曲面，按顺序分别称为墨西哥帽函数、大礼帽函数和厨师帽函数，如图 2-42 所示。

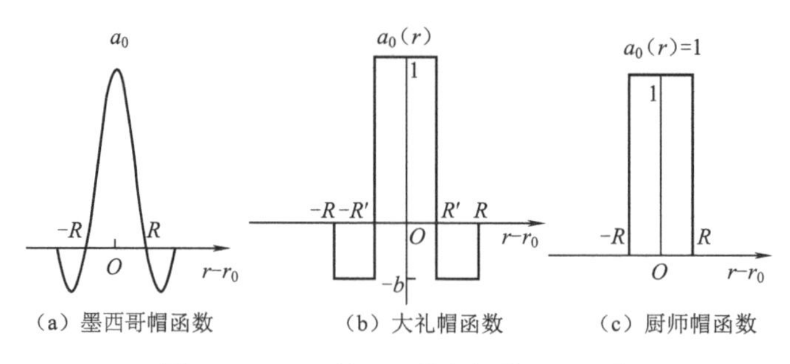

图 2-42　SOM 神经网络的权值调整函数

墨西哥帽函数的表达式为

$$a_1(r) = a_1 e^{-(r-r_0)^2/\alpha_1} \tag{2-117}$$

$$a_2(r) = -a_2 e^{-(r-r_0)^2/\alpha_2} \tag{2-118}$$

$$a_0(r) = a_1(r) + a_2(r) = a_1 e^{-(r-r_0)^2/\alpha_1} - a_2 e^{-(r-r_0)^2/\alpha_2} \tag{2-119}$$

函数要求 $a_1 > a_2, \alpha_1 < \alpha_2$。横轴为 $r - r_0$，在 R' 处 $a_1(r) = a_2(r)$，$a_0(r) = 0$，在 R 处 $a_0(r)$ 趋于0。

墨西哥帽函数表明获胜节点有最大的权值调整量，邻近的节点有稍小的调整量，离获胜节点距离越大，权的调整量越小，直到某一距离时，权值调整量为零。当距离再远一些时，权值调整量略负，更远时又回到零。墨西哥帽函数表现出的特点与生物系统的十分相似，但其计算上的复杂性影响了网络训练的收敛性。因此在 SOM 网的应用中常使用与墨西哥函数类似的简化函数，如大礼帽函数和进一步简化的厨师帽函数。

大礼帽函数的表达式为

$$a_0(r) = \begin{cases} 1 & |r - r_0| \leqslant R' \\ -b & R' < |r - r_0| \leqslant R \\ 0 & |r - r_0| > R \end{cases} \tag{2-120}$$

厨师帽函数的表达式为

$$a_0(r) = \begin{cases} 1 & |r - r_0| \leqslant R \\ 0 & |r - r_0| > R \end{cases} \tag{2-121}$$

以获胜神经元为中心设定一个邻域半径，该半径圈定的范围称为优胜邻域。在 SOM 网学习算法中，优胜邻域内的所有神经元均按其离开获胜神经元的距离远近不同程度地调整权值。优胜邻域开始定得很大，但其大小随着训练次数的增加不断收缩，最终收缩到半径为零。

(5)SOM 网络的运行原理

SOM 网的运行分训练和工作两个阶段。

在训练阶段，随机输入训练集中的样本，对某个特定的输入模式，输出层会有某个节点产生最大响应而获胜。在训练开始阶段，输出层哪个位置的节点将对哪类输入模式产生最大响应是不确定的。当输入模式的类别改变时，二维平面的获胜节点也会改变。获胜节点周围的节点因侧向相互兴奋作用也产生较大响应。于是获胜节点及其优胜邻域内的所有节点所连接的权向量均向输入向量的方向作程度不同的调整，调整力度依邻域内各节点距获胜节点的远近而逐渐衰减。网络通过自组织方式，用大量训练样本调整网络的权值，最后使输出层各节点成为对特定模式类敏感的神经细胞，对应的内星权向量成为各输入模式类的中心向量。并且当两个模式类的特征接近时，代表这两类的节点在位置上也接近。从而在输出层形成能够反映样本模式类分布情况的有序特征图。

(6)SOM 网络的学习算法

对应于上述运行原理，SOM 网采用的学习算法称为 Kohonen 算法，按以下步骤进行。

①初始化

对输出层各权向量赋小随机数并进行归一化处理，得到 $\boldsymbol{W}_j(j = 1,2,\cdots,m)$；建立初始

优胜邻域 N_{j*}；学习率 η 赋初始值。

②接受输入

从训练集中随机选取一个输入模式并进行归一化处理，得到 $\boldsymbol{X}^p$，$p \in \{1,2,\cdots,P\}$。

③寻找获胜节点

计算 $\boldsymbol{X}^p$ 与 $\boldsymbol{W}_j$ 的点积，$j = 1,2,\cdots,m$，从中选出点积最大的获胜节点 j^*；如果输入模式未经归一化，应按式(2-109)计算欧式距离，从中找出距离最小的获胜节点。

④定义优胜邻域 $N_{j^*}(t)$

以 j^* 为中心确定 t 时刻的权值调整域，一般初始邻域 $N_{j^*}(0)$ 较大，训练过程中 $N_{j*}(t)$ 随训练时间逐渐收缩。

⑤调整权值

对优胜邻域内的所有节点调整权值

$$w_{ij}(t+1) = w_{ij}(t) + \eta(t,N)[x_i^p - w_{ij}(t)] \tag{2-122}$$

式中　$\eta(t,N)$——训练时间和邻域内第 j 个神经元与获胜神经元 j^* 之间的拓扑距离的函数，该函数一般有以下规律：$t\uparrow \rightarrow \eta\downarrow$，$N\uparrow \rightarrow \eta\downarrow$。

很多函数都能满足以上规律，例如可构造如下函数

$$\eta(t,N) = \eta(t)\mathrm{e}^{-N} \tag{2-123}$$

式中　$\eta(t)$——采用 t 的单调下降函数，如图 2-43 所示给出几种可用的类型。这种随时间单调下降的函数也称为退火函数。

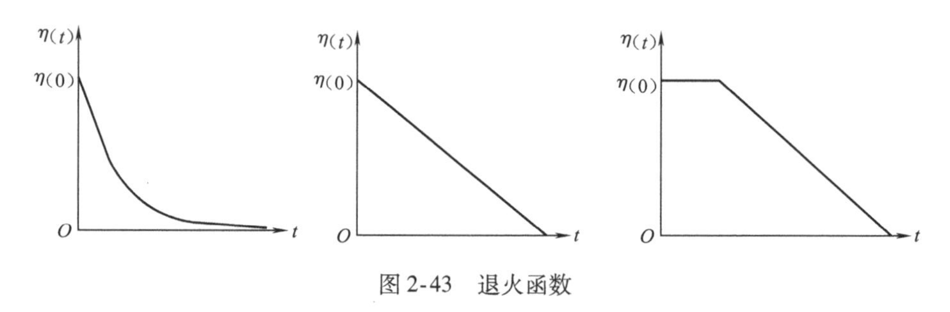

图 2-43　退火函数

⑥结束检查

SOM 网的训练不存在类似 BP 网中的输出误差概念，训练何时结束是以学习速率 $\eta(t)$ 是否衰减到零或某个预定的训练次数为条件，不满足结束条件则回到步骤②。

Kohonen 学习算法的程序流程如图 2-44 所示。

总之，SOM 神经网络有两个主要的功能特点，一是保序映射，即能将输入空间的样本模式类有序地映射在输出层上；二是数据压缩，即将高维空间的样本在保持拓扑结构不变的条件下投影到低维空间；三是特征抽取，从特征抽取的角度看高维空间样本向低维空间的映射，SOM 网的输出层相当于低维特征空间。在这些方面，SOM 神经网络具有明显的优势。SOM 提出得比较早，其思想启发于人脑的"无师自通"，主要用于无监督学习，是自组织网络中的经典算法，也给后来很多无监督学习算法以启迪。

二、反馈神经网络

反馈神经网络又称自联想记忆网络，是指允许采用反馈联结方式所形成的神经网络。所谓反馈联结方式是指一个神经元的输出可以被反馈至同层或前层的神经元，其输出不仅

与当前输入和网络权值有关，还和网络之前输入有关。其目的是设计一个网络，储存一组平衡点，使得当给网络一组初始值时，网络通过自行运行而最终收敛到这个设计的平衡点上。Hopfield 网络可分为离散 Hopfield 网络(discrete hopfield neural network，简称 DHNN)和连续 Hopfield 网络(continues hopfield neural network，简称 CHNN)，两者在拓扑结构上是一致的，但使用的激活函数不同。本书重点讲解 DHNN。

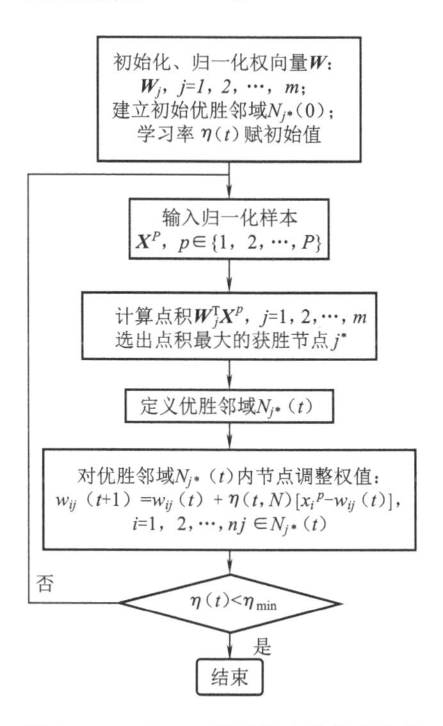

图 2-44　Kohonen 学习算法的程序流程

1. DHNN 的网络结构与输入输出

离散 Hopfield 网络是在非线性动力学的基础上由若干基本神经元构成的一种单层全互联网络，其任意神经元之间均有连接，并且是一种对称连接结构。一个典型的 DHNN 网络结构如图 2-45 所示。

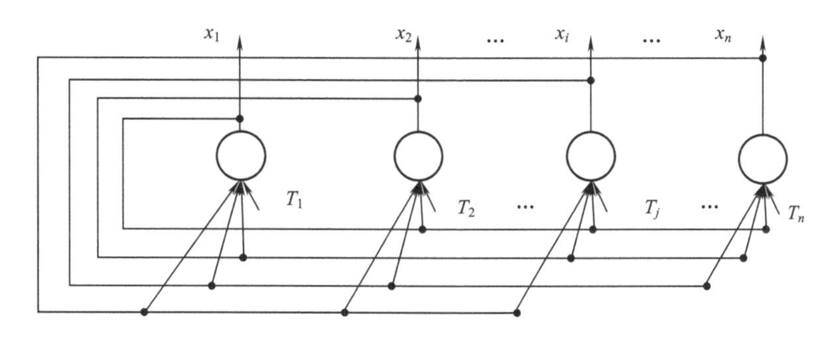

图 2-45　典型的 DHNN 网络结构

这是单层全反馈网络，共 n 个神经元。任何一神经元的输出 x_i 均通过连接权 w_{ij}，反馈至所有神经元 x_j 作为输入。通过连接权接收所有其他神经元输出反馈信息，让任一神经元的输出都能受所有神经元输出的控制，使各神经元的输出相互制约。神经元均设有一个阈值 θ_j，DHNN 可简记为 $N(W,\theta)$。

Hopfidld 网络的输入层不做任何计算，直接将输入信号分布传送给输出层每一个神经元。DHNN 中的每个神经元都有相同的功能，反馈网络的输入是网络的状态初始值，表示为 $\boldsymbol{X}(0)=[x_1(0)\ x_2(0)\ \cdots\ x_n(0)]^{\mathrm{T}}$。

DHNN 稳定的充分条件：如果 DHNN 的权系数矩阵 $\boldsymbol{W}$ 是一个对称矩阵，并且对角线元素为 0，则这个网络是稳定的。即在权系数矩阵 $\boldsymbol{W}$ 中，假设任意神经元 i 和 j 之间的连接权值为 w_{ij}，由于神经元之间为对称连接，且神经元自身无连接，一般有 $w_{ii}=0$，$w_{ij}=w_{ji}$，即

$$w_{ij}=\begin{cases}w_{ji} & 若\ i\neq j\\ 0 & 若\ i=j\end{cases} \tag{2-124}$$

DHNN 是一个离散时间系统，每个神经元只有 0 和 1（或 -1 和 1）两种状态，所有神经元状态的集合就构成反馈网络的状态。其输出表示为状态 x_j，可表示为 $\boldsymbol{X}=[x_1\ x_2\ \cdots\ x_n]^{\mathrm{T}}$。

输入可表示为

$$\mathrm{net}_j=\sum_{\substack{i=1\\ i\neq j}}^{n} w_{ij}y_i(t)-\theta_j \quad j=1,2,\cdots,n \tag{2-125}$$

DHNN 的激活函数常采用符号函数，若用 $y_j(t)$ 表示时刻 t 输出层神经元 j 的状态，则该神经元在时刻 $t+1$ 的状态可表示为

$$y_j(t+1)=\mathrm{sgn}(\mathrm{net}_j)=\begin{cases}1 & \mathrm{net}_j\geqslant 0\\ 0(或\ -1) & \mathrm{net}_j<0\end{cases} \quad j=1,2,\cdots,n \tag{2-126}$$

式中 $\mathrm{sgn}(\cdot)$——符号函数；

θ_j——神经元 j 的阈值。

反馈网络在外界输入激发下，从初始状态进入动态演变过程，其间网络中每个神经元的状态在不断变化，且遵循 $x_i(t+1)=y_i(t)$。反馈网络稳定时，每个神经元的状态都不再改变，此时的稳定状态就是网络的输出。

2. DHNN 的工作方式

DHNN 的工作方式有两种，一种是异步工作方式，这是一种串行方式。网络运行时，每次只有一个神经元 i 按式(2-126)进行状态的调整计算，其他神经元的状态均保持不变，即

$$x_j(t+1)=\begin{cases}\mathrm{sgn}[\mathrm{net}_j(t)] & j=i\\ x_j(t) & j\neq i\end{cases} \tag{2-127}$$

神经元状态的调整次序可以按某种规定的次序进行，也可以随机选定。

另一种是同步工作方式，即是一种并行方式。网络运行时，所有神经元同时调整状态，即

$$x_j(t+1)=\mathrm{sgn}[\mathrm{net}_j(t)] \quad j=1,2,\cdots,n \tag{2-128}$$

3. DHNN 的稳定性与吸引子

(1)网络的稳定性

DHNN 运行时，当向该网络施加一个起原始推动作用的初始输入模式 $X(0)$ 后，网络便将其输出反馈回来作为下次的输入。经若干次循环（迭代）之后，在网络结构满足一定条件

的前提下，网络最终将会稳定在某一预先设定的稳定点。

设 $\boldsymbol{X}(0)$ 为网络的初始激活向量，它仅在初始瞬间 $t=0$ 时作用于 DHNN，起原始推动作用。$\boldsymbol{X}(0)$ 移去之后，网络处于自激状态，即由反馈回来的向量 $\boldsymbol{X}(1)$ 作为下一次的输入。

DHNN 实质上是一个离散的非线性动力学系统，能存储若干个预先设置的稳定点（稳定状态），其动态特性有稳定性、有限环状态和混沌状态等。这里主要介绍这三种状态。

①网络从初态 $\boldsymbol{X}(0)$ 开始，若能经有限次递归后，其状态不再发生变化，即 $\boldsymbol{X}(t+1)=\boldsymbol{X}(t)$，则称该网络是稳定的，如图 2-46 所示。如果网络是稳定的，它可以从任一初态收敛到一个稳态。利用 Hopfield 网的稳态可实现联想记忆功能。

②若网络是不稳定的，由于 DHNN 每个节点的状态只有 1 和 0（或 -1）两种情况，网络不可能出现无限发散的情况，而只可能出现限幅的自持振荡，这种网络称为有限环网络，如图 2-47 所示。

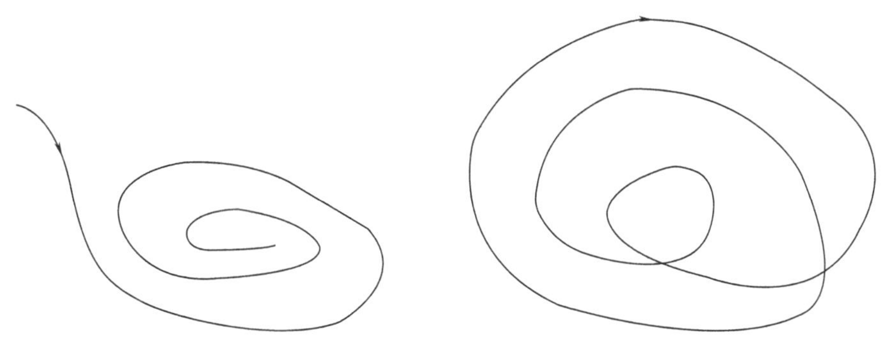

图 2-46　稳定状态　　　　图 2-47　有限环网络

③如果网络状态的轨迹在某个确定的范围内变迁，但既不重复也不停止，状态变化为无穷多个，轨迹也不发散到无穷远，这种现象称为混沌，也是完全无序、不整齐的混乱状态，如图 2-48 所示。对于 DHNN，由于网络的状态是有限的，因此不可能出现浑浊现象。

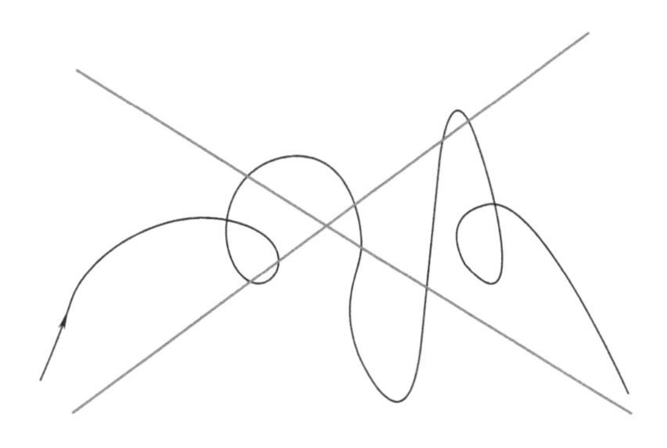

图 2-48　混沌状态

（2）吸引子与吸引域

吸引子：网络达到稳定时的状态 $\boldsymbol{X}$，称为网络的吸引子（平衡点）。如果把吸引子视为问题的解，那么从初始状态朝吸引子演变的过程便是求解计算的过程。若把需记忆的样本信息存储于网络不同的吸引子，当输入含有部分记忆信息的样本时，网络的演变过程便是从部分信息寻找全部信息，即联想回忆的过程。

吸引域：能使网络稳定在同一吸引子的所有初态的集合，称该吸引子的吸引域。具有尽可能大的吸引域，以增强联想功能。

若 $\boldsymbol{X}^a$ 是吸引子，对于异步方式，若存在一个调整次序，使网络可以从状态 $\boldsymbol{X}$ 演变到 $\boldsymbol{X}^a$，则称 $\boldsymbol{X}$ 弱吸引到 $\boldsymbol{X}^a$；若对于任意调整次序，网络都可以从状态 $\boldsymbol{X}$ 演变到 $\boldsymbol{X}^a$，则称 $\boldsymbol{X}$ 强吸引到 $\boldsymbol{X}^a$。

若对某些 $\boldsymbol{X}$，有 $\boldsymbol{X}$ 弱吸引到吸引子 $\boldsymbol{X}^a$，则称这些 $\boldsymbol{X}$ 的集合为 $\boldsymbol{X}^a$ 的弱吸引域；若对某些 $\boldsymbol{X}$，有 $\boldsymbol{X}$ 强吸引到吸引子 $\boldsymbol{X}^a$，则称这些 $\boldsymbol{X}$ 的集合为 $\boldsymbol{X}^a$ 的强吸引域。

4. Hopfield 网络的能量函数

Hopfield 网络的学习过程实际上是一个从网络初始状态向其稳定状态过渡的过程。而网络的稳定性又是通过能量函数来描述的，利用网络的能量函数可实现优化求解功能。网络的能量函数在网络状态变化时，能自动趋向能量的极小点。若把一个目标函数以网络能量函数的形式表达出来，当能量函数趋于最小时，对应的网络状态是问题的最优解。网络的初态就是对应问题的初始解，网络从初态向稳态的收敛过程其实就是优化计算的过程，这种寻优搜索是在网络演变过程中自动完成的。Hopfield 网络的能量函数定义为

$$E = -\left(\frac{1}{2}\sum_{i=1}^{n}\sum_{\substack{j=1\\j\neq i}}^{n} w_{ij}v_iv_j + \sum_{i=1}^{n}\theta_iv_i\right) \tag{2-129}$$

式中　n——网络中的神经元个数；

w_{ij}——神经元 i 和神经元 j 之间的连接权值，且有 $w_{ij} = w_{ji}$；

v_i，v_j——分别是神经元 i 和神经元 j 的输出；

θ_i——神经元 i 的阈值。

可以证明，对 Hopfield 网络，无论其神经元的状态由 0 变为 1，还是由 1 变为 0，始终有其网络能量的变化：$\Delta E < 0$。

如果假设某一时刻网络中仅有神经元 k 的输出发生了变化，而其他神经元的输出没有变化，则可把上述能量函数分作三部分来讨论。其中，第一部分是 $i = 1,\cdots,k-1$；第二部分是 $i = k$；第三部分是 $i = k+1,\cdots,n$。

即网络能量函数可写为

$$E = E_1 + E_2 + E_3 + E_4 + E_5 \tag{2-130}$$

其中

$$E_1 = -\left(\frac{1}{2}\sum_{i=1}^{k-1}\sum_{\substack{j=1\\j\neq i\\j\neq k}}^{n} w_{ij}v_iv_j + \sum_{i=1}^{k-1}\theta_iv_i\right) \tag{2-131}$$

式中　$i = 1,\cdots,k-1$，$j \neq k$，这部分能量与 k 的输出无关。

$$E_2 = -\frac{1}{2}\sum_{i=1}^{k-1} w_{ik}v_iv_k \tag{2-132}$$

式中　$i = 1,\cdots,k-1$，$j = k$，这部分能量与 k 的输出有关。

$$E_3 = -\left(\frac{1}{2}\sum_{\substack{j=1\\j\neq k}}^{n} w_{kj}v_kv_j + \theta_kv_k\right) \tag{2-133}$$

式中　$i = k, j \neq k$，这部分能量与 k 的输出有关。

$$E_4 = -\left(\frac{1}{2}\sum_{i=k+1}^{n}\sum_{\substack{j=1\\ j\neq i\\ j\neq k}}^{n} w_{ij}v_iv_j + \sum_{i=k+1}^{n}\theta_iv_i\right) \tag{2-134}$$

式中　$i = k+1,\cdots,n, j \neq k$，这部分能量与 k 的输出无关。

$$E_5 = -\frac{1}{2}\sum_{i=k+1}^{n} w_{ik}v_iv_k \tag{2-135}$$

式中　$i = k+1,\cdots,n, j = k$，这部分能量与 k 的输出有关。

因此，网络能量函数可化简为

$$E = E_2 + E_3 + E_5 \tag{2-136}$$

又由于

$$E_2 + E_5 = -\frac{1}{2}\sum_{\substack{i=1\\ i\neq k}}^{n} w_{ik}v_iv_k \tag{2-137}$$

再根据连接权值的对称性，即 $w_{ij} = w_{ji}$，有

$$-\frac{1}{2}\sum_{\substack{i=1\\ i\neq k}}^{n} w_{ik}v_iv_k = -\frac{1}{2}\sum_{\substack{i=1\\ i\neq k}}^{n} w_{ki}v_kv_i = -\frac{1}{2}\sum_{\substack{j=1\\ j\neq k}}^{n} w_{kj}v_kv_j \tag{2-138}$$

因此，网络能量函数可进一步化简为

$$E = E_2 + E_3 + E_5 = -\left(\sum_{\substack{j=1\\ j\neq k}}^{n} w_{kj}v_kv_j + \theta_kv_j\right) \tag{2-139}$$

即可以引起网络能量变化的部分为式(2-139)两部分。

为了更清晰地描述网络能量的变化，引入时间概念。假设 t 表示当前时刻，$t+1$ 表示下一时刻，时刻 t 和 $t+1$ 的网络能量分别为 $E(t)$ 和 $E(t+1)$，神经元 i 和神经元 j 在时刻 t 和 $t+1$ 的输出分别为 $v_i(t)$、$v_j(t)$ 和 $v_i(t+1)$、$v_j(t+1)$。由时刻 t 到 $t+1$ 网络能量的变化为

$$\Delta E = E(t+1) - E(t) \tag{2-140}$$

当网络中仅有神经元 k 的输出发生变化，且变化前后分别为 t 和 $t+1$，则有

$$\Delta E_k = E_k(t+1) - E_k(t) = -\left(\sum_{\substack{j=1\\ j\neq k}}^{n} w_{kj}v_k(t+1)v_j + \theta_kv_k(t+1)\right) + \sum_{\substack{j=1\\ j\neq k}}^{n} w_{kj}v_k(t)v_j + \theta_kv_k(t) \tag{2-141}$$

为说明神经元的状态无论是由 0 变为 1，还是由 1 变为 0，始终都有 $\Delta E < 0$，下面分两种情况讨论。

①当神经元 k 的输出 v_k 由 0 变 1 时，有

$$\begin{aligned}\Delta E_k &= -\left(\sum_{\substack{j=1\\ j\neq k}}^{n} w_{kj}v_k(t+1)v_j + \theta_kv_k(t+1)\right) + \sum_{\substack{j=1\\ j\neq k}}^{n} w_{kj}v_k(t)v_j + \theta_kv_k(t)\\ &= -\sum_{\substack{j=1\\ j\neq k}}^{n} w_{kj}v_j - \theta_k + 0 = -\left(\sum_{\substack{j=1\\ j\neq k}}^{n} w_{kj}v_j + \theta_k\right)\end{aligned} \tag{2-142}$$

由于此时神经元 k 的输出为1,即

$$\sum_{\substack{j=1\\j\neq k}}^{n} w_{kj}v_j + \theta_k > 0 \tag{2-143}$$

因此, $\Delta E_k < 0$ 。

②当神经元 k 的输出 v_k 由1变0时,有

$$\begin{aligned}\Delta E_k &= -\sum_{\substack{j=1\\j\neq k}}^{n} w_{kj}v_k(t+1)v_j - \theta_k v_k(t+1) + \sum_{\substack{j=1\\j\neq k}}^{n} w_{kj}v_k(t)v_j + \theta_k v_k(t)\\ &= 0 + \left(\sum_{\substack{j=1\\j\neq k}}^{n} w_{kj}v_j + \theta_k\right) = \sum_{\substack{j=1\\j\neq k}}^{n} w_{kj}v_j + \theta_k\end{aligned} \tag{2-144}$$

由于此时神经元 k 的输出为0,即

$$\sum_{\substack{j=1\\j\neq k}}^{n} w_{kj}v_j + \theta_k < 0 \tag{2-145}$$

因此, $\Delta E_k < 0$ 。

可见,无论神经元 k 的状态由0变为1时,还是由1变为0时,都总有 $\Delta E_k < 0$ 。由于神经元 k 是网络中的任一神经元,因此它具有一般性,即对网络中的任意神经元都有 $\Delta E < 0$ 。说明离散Hopfield网络在运行中,其能量函数总是在不断降低的,最终将趋于稳定状态。

DHNN一个重要功能是可以用于联想记忆,即联想存储器,这是人类的智能特点之一。要实现联想记忆,DHNN必须具有两个基本条件:网络能收敛到稳定的平衡状态,并以其作为样本的记忆信息;具有回忆能力,能够从某一残缺的信息回忆起所属的完整的记忆信息。

DHNN实现联想记忆过程分为两个阶段:

①学习记忆阶段:设计者通过某一设计方法确定一组合适的权值,是DHNN记忆期望的稳定平衡点。

②联想回忆阶段:DHNN的工作过程。

记忆是分布式的,而联想是动态的。

对于DHNN,由于网络状态是有限的,不可能出现混沌状态。

DHNN网络能收敛到稳定的平衡状态,并以其作为样本的记忆信息,然后能够从某一残缺的信息回忆起所属的完整的记忆信息来共同实现联想记忆。但也具有不可避免的局限,如:DHNN记忆容量有限,有一些伪稳定点的联想与记忆;DHNN平衡稳定点不可以任意设置,也没有一个通用的方式来事先知道平衡稳定点等。

Hopfield神经网络早期应用包括按内容寻址存储器、模数转换及优化组合计算等。具有代表意义的是1985年Hopfield和Tank用Hopfield网络求解 $N=30$ 的TSP问题,从而创建了神经网络优化的新途径。除此之外,Hopfield神经网络在人工智能之机器学习、联想记忆、模式识别、优化计算、光学设备的并行实现等方面有着广泛应用。

习　题

1. 用反向传播算法进行参数学习时,可以把权重和偏置项初始化为相同的数值吗?

2. BP 神经网络中影响精度的因素有哪些?

3. 已知两条样本($x_1=0.4$, $x_2=0.5$, $y=0.6$)和($x_1=0.7$, $x_2=0.8$, $y=0.8$), $w_{11}=0.3$, $w_{12}=0.2$, $w_{21}=0.6$, $w_{22}=0.1$, $w_a=0.1$, $w_b=0.9$,阈值为0,激活函数为 $g(\text{net})=\text{net}$,计算 BP 神经网络(图 2-49)输出与误差,并分别计算:

(1)隐层输出结果

样本 1 隐层 2 个输出,样本 2 隐层 2 个输出。

(2)输出层输出结果

样本 1 输出层 1 个输出,样本 2 输出层 1 个输出。

(3)两个样本总的二次型误差

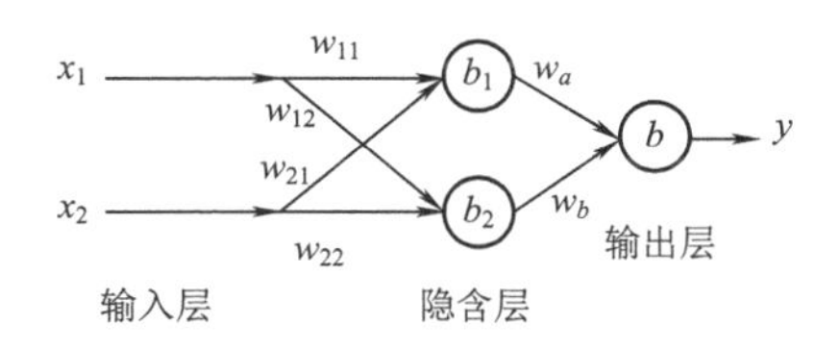

图 2-49　BP 神经网络示意

4. 简述径向基神经网络无教师学习的作用与常用方法。

5. 样本集 $[X\quad Y]=[(x_1,x_2)\quad y]$ 包含以下四个样本点: $[(0\quad 0)^{\mathrm{T}}\quad 1]$、$[(0\quad 1)^{\mathrm{T}}\quad 0]$、$[(1\quad 0)^{\mathrm{T}}\quad 1]$、$[(1\quad 1)^{\mathrm{T}}\quad 0]$,借鉴径向基函数的线性可分思想,假设存在两个高斯核函数定义如下: $\varphi_1(x)=\mathrm{e}^{-\|x-c_1\|^2}$, $\boldsymbol{c}_1=[1\quad 1]^{\mathrm{T}}$, $\varphi_2(x)=\mathrm{e}^{-\|x-c_2\|^2}$, $\boldsymbol{c}_2=[0\quad 0]^{\mathrm{T}}$,建立一个模式分类器使得在输入样本下产生二值输出,并做出示意图。

第三章　先进神经网络

神经网络(neural network,简称 NN)与支持向量机(support vector machines,简称 SVM)是统计学习的代表方法。可以认为神经网络与支持向量机都源自 1958 年 Frank Rosenblatt 发明的线性分类模型——感知机。

神经网络与支持向量机一直处于“竞争”关系。1986 年,David Rummelhart 与 James McClelland 发明了神经网络的 BP 算法,BP 算法的提出及推广有着里程碑的历史意义。而受限于当时数据获取的瓶颈,神经网络只能在中小规模数据上训练,因此过拟合(overfitting)极大困扰着神经网络型算法。同时,神经网络算法的不可解释性令它俨然成为一个“黑盒”。另外加上当时硬件性能不足而带来的巨大计算代价使人们对神经网络望而却步,此时神经网络跌入“谷底”。然而, 1992 年,支持向量机因其数学优美且可解释性强逐渐变成历史舞台上的“主角”。尽管当时许多人抛弃神经网络转行做了其他方向,但如 Geoffery Hinton,Yoshua Bengio 和 Yann LeCun 等学者仍在神经网络领域默默耕耘。

随着软件算法和硬件性能的不断优化,直到 2006 年,Geoffery Hinton 等人提出了“深度置信网络”(deep belief network,简称 DBN)。接着,被冠以“深度学习”(deep learning,简称 DL)名称的神经网络终于可以大展拳脚。首先于 2011 年在语音识别领域大放异彩,其后在 2012 年计算机视觉“圣杯”ImageNet 竞赛上强势夺冠。深度学习也增强了强化学习这一领域的研究,Richard Sutton 牵头让谷歌 DeepMind 开发的系统取得了多次棋类比赛的胜利。2014 年,Ian Goodfellow 发表了一篇关于生成式对抗网络的文章,成为该领域近期多个研究的焦点。这就是大家比较熟悉的深度学习时代,有效数据的急剧扩增、高性能计算硬件的实现及训练方法的大幅完善,三者作用最终促成了神经网络的“复兴”。

本章讲述支持向量机的基本思想、最小二乘支持向量机、支持向量回归及其应用案例,并介绍了卷积神经网络、循环神经网络的网络架构、学习过程、经典模型,以及一些常用的深度学习框架。

第一节　支持向量机

支持向量机是 20 世纪 90 年代中期发展起来的基于统计学习理论的一种机器学习方法,通过寻求结构风险最小化(structural risk minimization,简称 SRM)来提高学习机的泛化能力,实现经验风险和置信范围的最小化,从而达到在统计样本量较少的情况下,亦能获得良好统计规律的目标。支持向量机的诞生基于严格的理论基础,在解决传统机器学习方法中的过学习、非线性和维数灾难、局部最优等问题上独具优势。1993 年,Vladimir Vapnik 完整地提出了基于统计学习理论的支持向量机学习算法;1997 年,Vladimir Vapnik 等详细介绍了基于支持向量机方法的回归估计方法(support vector regression,简称 SVR)和信号处理方法。

支持向量机是一种分类方法,所谓支持向量机,顾名思义,分为两个部分了解:一,什么是支持向量，简单来说，就是支持或支撑平面上把两类类别划分开来的超平面上的向量点（下文将具体解释）；二，这里的“机（machine，机器）”便是一个算法。在机器学习领域，常把一些算法看作是一个机器，如分类机（也叫作分类器），而支持向量机本身便是一种监督式学习的方法。

支持向量机算法广泛应用于统计分类以及回归分析中，诸如文本分类、图像分类、生物序列分析和生物数据挖掘、手写字符识别等领域。

一、支持向量机的基本思想

1. 最大间隔分类器

（1）硬间隔最大化

假设给定一组数据集 $D=\{(\boldsymbol{x}_i,y_i),i=1,2,\cdots,n,\boldsymbol{x}_i\in R^n\}$ ，$y_i\in\{-1,+1\}$，其中 n 为样本数，$\boldsymbol{x}_i$ 为第 i 个样本的输入数据，y_i 是对应 $\boldsymbol{x}_i$ 的实际输出。定义分类函数为

$$f(\boldsymbol{x})=\boldsymbol{\omega}^{\mathrm{T}}\boldsymbol{x}+b \tag{3-1}$$

规定 $\boldsymbol{\omega}^{\mathrm{T}}\boldsymbol{x}+b=0$ 为超平面，假设超平面能将数据集样本正确分类，即对于$(\boldsymbol{x}_i,y_i)\in D$，若 $y_i=-1$，则有 $\boldsymbol{\omega}^{\mathrm{T}}\boldsymbol{x}_i+b<0$；若 $y_i=+1$，则有 $\boldsymbol{\omega}^{\mathrm{T}}\boldsymbol{x}_i+b>0$，如图 3-1 所示。式中 $\boldsymbol{\omega}$ 为法向量（超平面的法线方向），b 为截距。

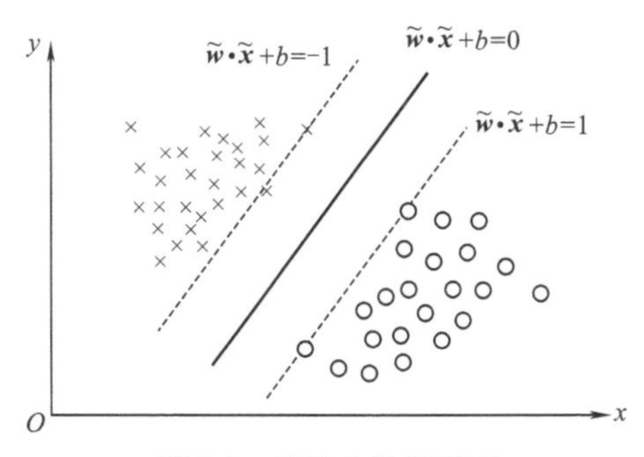

图 3-1　线性分类超平面

只要能对各个训练样本的间隔为正时的 $\boldsymbol{\omega}$ 和 b 进行学习，即 $y_i(\boldsymbol{\omega}^{\mathrm{T}}\boldsymbol{x}+b)>0$ ，就可以利用这个模型对所有的训练样本进行正确分类。对于线性分类，其约束可以简化为 $y_i(\boldsymbol{\omega}^{\mathrm{T}}\boldsymbol{x}+b)\geqslant 1$ 。则任意样本 $\boldsymbol{x}$ 到超平面的距离为

$$\gamma=\frac{y_i(\boldsymbol{\omega}^{\mathrm{T}}\boldsymbol{x}+b)}{\|\boldsymbol{\omega}\|} \tag{3-2}$$

式中　$\|\boldsymbol{\omega}\|$——$\boldsymbol{\omega}$ 的 2 范数。

对一个样本进行分类，它的间隔越大，分类正确的可能性越大。对于一个包含 n 个样本的数据集，它的间隔为 n 个样本的间隔中的最小值，即

$$\min_{i=1,\cdots,n}\gamma=\min\left\{\frac{y_i(\boldsymbol{\omega}^{\mathrm{T}}\boldsymbol{x}_i+b)}{\|\boldsymbol{\omega}\|}\right\}=\frac{1}{\|\boldsymbol{\omega}\|} \tag{3-3}$$

为了使得分类的把握尽量大，希望所选择的超平面能够最大化这个间隔值。也就是说，假设给定的数据集可以被一个超平面 $\boldsymbol{\omega}^{\mathrm{T}}\boldsymbol{x}+b=0$ 完全正确分开，且离超平面最近的向量与超平面之间的距离（硬间隔）最大，则该平面称为最优分类超平面或最大间隔超平面，其所对

应的分类器称为最大间隔分类器。

因此,最大间隔分类器的目标可以定义为

$$\begin{aligned}&\max_{\gamma,\boldsymbol{\omega},b}\frac{1}{\|\boldsymbol{\omega}\|}\\&\text{s.t.}\quad y_i(\boldsymbol{\omega}^{\mathrm{T}}\boldsymbol{x}_i+b)\geqslant 1\quad i=1,2,\cdots,n\end{aligned}\tag{3-4}$$

为简化计算,将式(3-4)等效为最小化间隔倒数的平方,即将其转化为一个二次规划问题,即

$$\begin{aligned}&\min\frac{1}{2}\|\boldsymbol{\omega}\|^2\\&\text{s.t.}\quad y_i(\boldsymbol{\omega}^{\mathrm{T}}\boldsymbol{x}_i+b)\geqslant 1\quad i=1,\cdots,n\end{aligned}\tag{3-5}$$

(2)软间隔最大化

以上最大间隔分类器的目标要求训练样本是线性可分的,然而在实际应用中得到的往往是非线性数据,此时任何超平面都存在分类错误。为解决此问题,考虑引入松弛变量 ξ 来处理离群点,放松约束条件为 $y_i(\boldsymbol{\omega}^{\mathrm{T}}\boldsymbol{x}_i+b)\geqslant 1-\xi_i$,其中 $\xi_i\geqslant 0$, $i=1,\cdots,n$ 。此时的间隔为"软间隔",如图 3-2 所示,其中标距离的为支持向量。

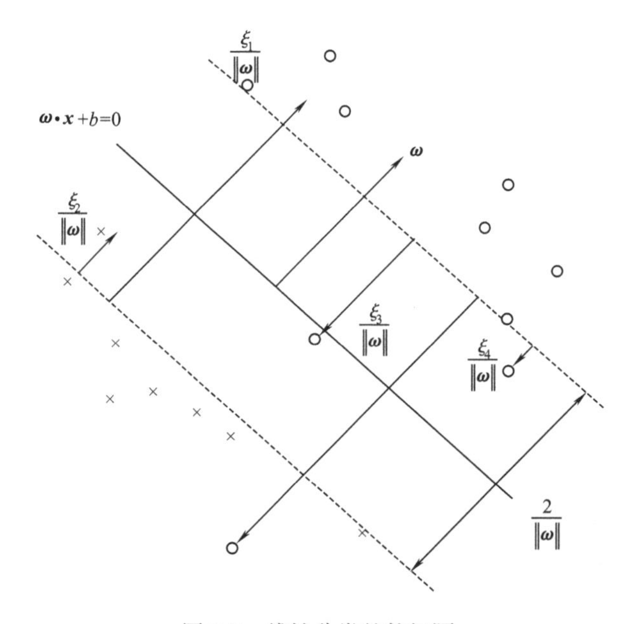

图 3-2　线性分类的软间隔

同时,引入惩罚参数 C 来调整 ξ 的权重,即允许部分样本出错,但希望出错的样本越少越好。从而控制目标函数既能寻找到间隔最大的超平面,也能保证数据点的偏差最小,此时目标函数和约束条件变成

$$\begin{aligned}&\min\frac{1}{2}\|\boldsymbol{\omega}\|^2+C\sum_{i=1}^{n}\xi_i\\&\text{s.t.}\quad\begin{cases}y_i(\boldsymbol{\omega}^{\mathrm{T}}\boldsymbol{x}_i+b)\geqslant 1-\xi_i & i=1,\cdots,n\\ \xi_i\geqslant 0 & i=1,\cdots,n\end{cases}\end{aligned}\tag{3-6}$$

显然，当分类错误时，$\xi_i > 0$。因此，$\sum_{i=1}^{n}\xi_i$ 是分类错误向量的上界。惩罚参数 C 越大，$\sum_{i=1}^{n}\xi_i$ 越接近于0，此时的支持向量机越接近于硬间隔支持向量机。在接下来的章节中，我们讨论的均为软间隔支持向量机。

2. 支持向量分类的最优化问题求解

支持向量机的目标函数是一个标准的二次规划（quadratic programming，简称 QP）问题，考虑解决二次规划问题的经典算法，引入拉格朗日（Lagrange）函数并转化为目标函数的对偶问题，即

$$\max L(\boldsymbol{\omega},b,\xi,\boldsymbol{\alpha},\boldsymbol{\beta}) = \frac{1}{2}\|\boldsymbol{\omega}\|^2 + C\sum_{i=1}^{n}\xi_i - \sum_{i=1}^{n}\alpha_i(y_i(\boldsymbol{\omega}^{\mathrm{T}}\boldsymbol{x}_i + b) - 1 + \xi_i) - \sum_{i=1}^{n}\beta_i\xi_i \tag{3-7}$$

$$\text{s.t.}\quad \alpha_i \geqslant 0,\beta_i \geqslant 0 \quad i = 1,\cdots,n$$

式中　α_i，β_i——拉格朗日乘子。

对以上多元函数极值问题的求解，最常用的思路便是对所有自变量求偏导数，再进行消元来获得目标函数的极值。

对 $\boldsymbol{\omega}$、b 和 ξ 求偏导，可得

$$\begin{cases}\dfrac{\partial L}{\partial \boldsymbol{\omega}} = 0 \Rightarrow \boldsymbol{\omega} = \sum_{i=1}^{n}\alpha_i y_i \boldsymbol{x}_i \\ \dfrac{\partial L}{\partial b} = 0 \Rightarrow \sum_{i=1}^{n}\alpha_i y_i = 0 \qquad i = 1,\cdots,n \\ \dfrac{\partial L}{\partial \xi_i} = 0 \Rightarrow C - \alpha_i - \beta_i = 0\end{cases} \tag{3-8}$$

将 $\boldsymbol{\omega} = \sum_{i=1}^{n}\alpha_i y_i \boldsymbol{x}_i$ 和 $C - \alpha_i - \beta_i = 0$ 代入式(3-7)，则拉格朗日对偶问题可以转化为仅对 $\boldsymbol{\alpha}$ 的求解，即

$$\max_{\boldsymbol{\alpha}} \sum_{i=1}^{n}\alpha_i - \frac{1}{2}\sum_{i,j=1}^{n}\alpha_i\alpha_j y_i y_j \boldsymbol{x}_i^{\mathrm{T}}\boldsymbol{x}_j$$

$$\text{s.t.}\quad \begin{cases}\alpha_i \geqslant 0 \qquad i = 1,2,\cdots,n \\ \sum_{i=1}^{n}\alpha_i y_i = 0 \quad i = 1,2,\cdots,n\end{cases} \tag{3-9}$$

求得此对偶问题的解 $\hat{\boldsymbol{\alpha}} = [\hat{\alpha}_1\ \hat{\alpha}_2 \cdots \hat{\alpha}_n]^{\mathrm{T}}$ 后，便可得到支持向量分类的解 $\hat{\boldsymbol{\omega}} = \sum_{i=1}^{n}\hat{\alpha}_i y_i \boldsymbol{x}_i$，然后找出支持向量，即选择 $\hat{\boldsymbol{\alpha}}$ 的一个分量 $\hat{\alpha}_j$，满足 $\hat{\alpha}_j > 0$，其对应的样本为 $(\boldsymbol{x}_j, y_j)$，通过 $y_j(\hat{\boldsymbol{\omega}}\boldsymbol{x}_j + \hat{b}) = 1$ 来计算出对应的 $\hat{b}$，表示为

$$\hat{b} = y_j - \sum_{i=1}^{n}\hat{\alpha}_i y_i \boldsymbol{x}_i^{\mathrm{T}}\boldsymbol{x}_j \tag{3-10}$$

由此得到支持向量机为

$$f(x) = \boldsymbol{\omega}^{\mathrm{T}}\boldsymbol{x} + b = \sum_{i=1}^{n}\alpha_i y_i \boldsymbol{x}_i^{\mathrm{T}}\boldsymbol{x} + b \tag{3-11}$$

式(3-9)的解为对偶问题的解,而只有满足对偶解的最优条件——KKT(karush-kuhn-tucker)条件,才能满足强对偶性,才能通过求解此对偶问题来获得原始问题的解。

由原始问题和对偶问题的KKT条件,可知上述过程需满足

$$\begin{cases}\alpha_i \geqslant 0, \beta_i \geqslant 0 \\ y_i(\boldsymbol{\omega}^{\mathrm{T}}\boldsymbol{x}_i + b) + \xi_i - 1 \geqslant 0 \\ \alpha_i[y_i(\boldsymbol{\omega}^{\mathrm{T}}\boldsymbol{x}_i + b) + \xi_i - 1] = 0 \\ \xi_i \geqslant 0, \beta_i\xi_i = 0\end{cases} \tag{3-12}$$

于是对任意样本,总有 $\alpha_i = 0$ 或 $y_i(\boldsymbol{\omega}^{\mathrm{T}}\boldsymbol{x}_i + b) = 1 - \xi_i$ 。

若 $\alpha_i = 0$,根据式(3-11),那么该样本不会对 $f(x)$ 有任何影响,即该样本已被正确分类或落在自己类别的间隔边界上。

若 $0 < \alpha_i < C$,则 $y_i(\boldsymbol{\omega}^{\mathrm{T}}\boldsymbol{x}_i + b) = 1 - \xi_i$,由式(3-8)可知 $\beta_i > 0$,进而 $\xi_i = 0$,那么该样本落在自己类别的间隔边界上,其对应的样本 x_i 称为支持向量(support vector,简称SV);

若 $\alpha_i = C$,则 $\beta_i = 0$,此时若 $\xi_i < 1$,那么样本落在超平面与自己类别的间隔边界之间;若 $\xi_i = 1$,则样本落在超平面上;若 $\xi_i > 1$,那么样本就被错误分类。

由以上分析可知,支持向量机的最终模型仅取决于所有的支持向量,即使引入了松弛变量 ξ ,也仍能保持稀疏性。

3. 核函数(Kernel)

在线性可分支持向量机的最优化问题中,训练样本 $\{\boldsymbol{x}_i\}_{i=1}^{n}$ 只存在于其内积的形式中,即

$$\boldsymbol{x}_i^{\mathrm{T}}\boldsymbol{x}_j = \langle \boldsymbol{x}_i, \boldsymbol{x}_j \rangle \tag{3-13}$$

类似地,在线性不可分支持向量机的最优化问题中,定义非线性变换 ψ ,便可将非线性数据集映射到高维空间中进行线性分类,从而降低计算的复杂度。如图3-3所示为在二维空间内线性不可分的"双月"模型,但通过核函数映射到三维空间上,该问题变为线性可分的。

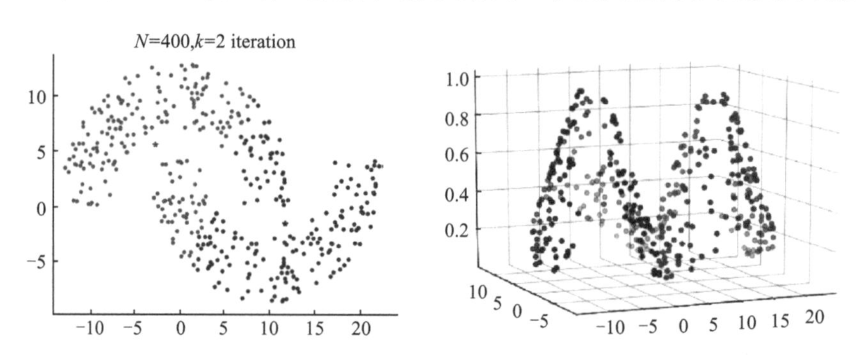

图3-3 二维不可分到三维可分的"双月"模型

则特征空间中的训练样本 $\{\boldsymbol{x}_i\}_{i=1}^{n}$ 只存在内积形式为

$$\langle \psi(\boldsymbol{x}_i), \psi(\boldsymbol{x}_j) \rangle \tag{3-14}$$

定义核函数 $K(\cdot,\cdot)$ 来表示特征空间中的内积

$$\langle \psi(\boldsymbol{x}), \psi(\boldsymbol{x}') \rangle = K(\boldsymbol{x}, \boldsymbol{x}') \tag{3-15}$$

这就意味着,如果核函数的值与特征空间的维数无关且相互独立的话,则训练支持向量

机的计算成本就完全不依赖于特征空间的维数了。像这样的核函数有很多,常见的有:

多项式核(polynomial kernel)

$$K(\boldsymbol{x}_1,\boldsymbol{x}_2)=(\langle\boldsymbol{x}_1,\boldsymbol{x}_2\rangle+R)^d \tag{3-16}$$

高斯核(Gaussian kernel)

$$K(\boldsymbol{x}_1,\boldsymbol{x}_2)=\exp\left\{-\frac{\|\boldsymbol{x}_1-\boldsymbol{x}_2\|^2}{2\sigma^2}\right\} \tag{3-17}$$

线性核(linear kernel)

$$K(\boldsymbol{x}_1,\boldsymbol{x}_2)=\langle\boldsymbol{x}_1,\boldsymbol{x}_2\rangle \tag{3-18}$$

拉普拉斯核(Laplacian kernel)

$$K(\boldsymbol{x}_1,\boldsymbol{x}_2)=\exp\left\{-\frac{\|\boldsymbol{x}_1-\boldsymbol{x}_2\|}{\sigma}\right\} \tag{3-19}$$

Sigmoid 核(Sigmoid kernel)

$$K(\boldsymbol{x}_1,\boldsymbol{x}_2)=\tanh(\beta\langle\boldsymbol{x}_1,\boldsymbol{x}_2\rangle+\theta) \tag{3-20}$$

式中　$\beta>0$, $\theta<0$ 。

通过引入核函数,式(3-9)对 α 的求解可以转化为

$$\max_{\boldsymbol{\alpha}}\sum_{i=1}^{n}\alpha_i-\frac{1}{2}\sum_{i,j=1}^{n}\alpha_i\alpha_jy_iy_jK(\boldsymbol{x}_i,\boldsymbol{x}_j)$$
$$\text{s.t.}\begin{cases}0\leqslant\alpha_i\leqslant C, & i=1,2,\cdots,n\\ \sum_{i=1}^{n}\alpha_iy_i=0 & i=1,2,\cdots,n\end{cases} \tag{3-21}$$

对此二次规划问题的解可以使用一些标准的优化软件来获得,从而由对偶解 $\hat{\alpha}$ 得到原始解 $\hat{\omega}$ 。由此,就实现了线性不可分样本映射到高维空间进行线性分类。

4.序列最小最优化算法

求解对偶变量 $\boldsymbol{\alpha}$ 的值最常用的是序列最小最优化算法(sequential minimal optimization,简称 SMO),该算法于 1998 年被提出,在线性支持向量机和稀疏样本的情形下有卓越的优化性能,可以快速求解 SVM 的二次规划问题。

简要介绍 SMO 的求解思路,可分为两步:

(1)采用启发式方法选择一组 α_i 和 α_j (不满足 KKT 条件);

(2)对选择的 α_i 和 α_j (保持其他所有的 $\alpha_k(k\neq i,j)$ 不变)进行优化,即构造一个二次规划问题(子问题),该子问题关于 α_i 和 α_j 的解应更接近于原始二次规划问题的解,采用解析方法求解子问题。

具体来说,仅考虑 α_i 和 α_j 时,约束 $\sum_{i=1}^{n}\alpha_iy_i=0$ 可改写为

$$\alpha_iy_i+\alpha_jy_j=c \quad \alpha_i\geqslant 0,\alpha_j\geqslant 0 \tag{3-22}$$

式中　$c=-\sum_{k\neq i,j}\alpha_ky_k$,是使 $\sum_{i=1}^{n}\alpha_iy_i=0$ 成立的常数。

将式(3-22)代入式(3-9)消去 α_j ,则目标函数变为仅含 α_i 的单变量二次规划问题,仅有的约束为 $\alpha_i\geqslant 0$,该问题可以具有闭式解,可以直接高效地计算出更新后的 α_i 和 α_j 。

反复执行上述两步直到所有拉格朗日乘子满足 KKT 条件或参数的更新量小于设定值。通过 SMO,将原始问题不断分解为子问题,不断更新 α_i 和 α_j ,再重新计算 b ,当更新完所有的 α_i 、y 和 b 时,即可求出 $\boldsymbol{\alpha}$,该思路极大地提高了整个算法的计算速度。

根据求出的 $\boldsymbol{\alpha}$,代入 L 可得 $\boldsymbol{\omega}$ 和 b ,由此得到分类函数 $f(x)$,即分类超平面。这个平面既能处理高维非线性样本,也能容忍一定的误差。

二、最小二乘支持向量机

1. 标准 SVM 的改进

尽管标准的 SVM 能够适应非线性、高维数、小样本的样本数据,较好地解决过学习、局部极小点等问题,但其也存在一些诸如学习复杂度高、大规模数据样本时二次规划问题求解复杂等问题。1999 年,Suykens 提出了最小二乘支持向量机(least squares support vector machine,简称 LSSVM)算法,将 SVM 的训练转化为线性方程组的求解,大大提高了 SVM 的计算速度。

最小二乘法是求解平方和形式的目标函数最优解的基本方法,是求解超定方程和处理最优化问题的方便、有效、实用的工具。LSSVM 是将 SVM 和最小二乘法结合,利用最小二乘法求解 SVM 中将非线性数据映射到高维特征空间的最优超平面方程,以提取数据中蕴涵的信息完成非线性数据的分类。

LSSVM 和 SVM 的最大区别在于 LSSVM 把原始问题的不等式约束变为等式约束,且将误差平方和损失函数作为训练集的经验损失,从而将 SVM 中的二次规划问题转化为线性方程组,极大地方便了拉格朗日乘子 $\boldsymbol{\alpha}$ 的求解,在保证精度的前提下大幅降低了计算复杂性。

根据式(3-6)可知,对于 SVM 的目标函数,其约束条件是不等式约束,而 LSSVM 将原问题变为等式约束,并在目标函数中加入误差变量 e_i 的正则化项(误差平方和)来改进 SVM 的目标函数,即

$$
\begin{aligned}
&\min \frac{1}{2}\|\boldsymbol{\omega}\|^2+\frac{1}{2}\gamma\sum_{i=1}^{n}e_i^2 \\
&\text{s.t.}\quad y_i[\boldsymbol{\omega}^{\mathrm{T}}\varphi(\boldsymbol{x}_i)+b]=1-e_i \quad i=1,\cdots,n
\end{aligned}
\tag{3-23}
$$

式中 γ ——正则化参数,和 SVM 中惩罚参数 C 的意义相似,表示误差变量的权重,用于平衡寻找最优超平面和偏差量最小的关系;

e_i ——误差变量,和 SVM 中松弛变量 ξ 含义相似,用于容忍部分离群点;

$\varphi(\boldsymbol{x})$ ——核空间映射函数。

2. 原理推导

和 SVM 的推导类似,首先构造拉格朗日函数,把原始问题转化为对单一参数 $\boldsymbol{\alpha}$ 的极大值求解,表示为

$$
L(\boldsymbol{\omega},b,\boldsymbol{e},\boldsymbol{\alpha})=\frac{1}{2}\|\boldsymbol{\omega}\|^2+\frac{1}{2}\gamma\sum_{i=1}^{n}e_i^2-\sum_{l=1}^{N}\alpha_i\{y_i[\boldsymbol{\omega}^{\mathrm{T}}\varphi(\boldsymbol{x}_i)+b]-1+e_i\} \tag{3-24}
$$

然后由 KKT 条件,分别对 $\boldsymbol{\omega}$、b 、e_i 和 α_i 求偏导等于零,即

$$
\begin{cases}
\dfrac{\partial L}{\partial \boldsymbol{\omega}} = 0 \Rightarrow \boldsymbol{\omega} = \sum_{i=1}^{n} \alpha_i y_i \varphi(\boldsymbol{x}_i) \\
\dfrac{\partial L}{\partial b} = 0 \Rightarrow \sum_{i=1}^{n} \alpha_i y_i = 0 \\
\dfrac{\partial L}{\partial e_i} = 0 \Rightarrow \alpha_i = \gamma e_i \\
\dfrac{\partial L}{\partial \alpha_i} = 0 \Rightarrow y_i [\boldsymbol{\omega}^{\mathrm{T}} \varphi(\boldsymbol{x}_i) + b] - 1 + e_i = 0
\end{cases}
\quad i = 1, \cdots, n \tag{3-25}
$$

将式(3-25)代入 $L(\boldsymbol{\omega}, b, \boldsymbol{e}, \boldsymbol{\alpha})$，消元去掉 $\boldsymbol{\omega}$ 和 e_i，可得

$$
\begin{bmatrix} I & 0 & 0 & -\boldsymbol{Z}^{\mathrm{T}} \\ 0 & 0 & 0 & -\boldsymbol{y}^{\mathrm{T}} \\ 0 & 0 & \gamma I & -\boldsymbol{I} \\ \boldsymbol{Z} & \boldsymbol{y} & I & 0 \end{bmatrix} \begin{bmatrix} \boldsymbol{w} \\ b \\ \boldsymbol{e} \\ \boldsymbol{\alpha} \end{bmatrix} = \begin{bmatrix} 0 \\ 0 \\ 0 \\ I_n \end{bmatrix} \tag{3-26}
$$

写成矩阵形式，也就是关于 $\boldsymbol{\alpha}$ 和 b 的线性方程组为

$$
\begin{bmatrix} 0 & \boldsymbol{y}^{\mathrm{T}} \\ \boldsymbol{y} & \boldsymbol{Z}\boldsymbol{Z}^{\mathrm{T}} + \gamma^{-1} I \end{bmatrix} \begin{bmatrix} b \\ \boldsymbol{\alpha} \end{bmatrix} = \begin{bmatrix} 0 \\ \boldsymbol{I}_n \end{bmatrix} \tag{3-27}
$$

其中

$$
\begin{cases}
\boldsymbol{Z} = [\varphi(x_1) y_1 \ \varphi(x_2) y_2 \cdots \varphi(x_n) y_n]^{\mathrm{T}} \\
\boldsymbol{y} = [y_1 \ y_2 \cdots y_n]^{\mathrm{T}} \\
\boldsymbol{I}_n = [1 \ 1 \cdots 1]^{\mathrm{T}}_{1\times n} \\
\boldsymbol{e} = [e_1 \ e_2 \cdots e_n]^{\mathrm{T}} \\
\boldsymbol{\alpha} = [\alpha_1 \ \alpha_2 \cdots \alpha_n]^{\mathrm{T}}
\end{cases} \tag{3-28}
$$

由此将二次规划问题转化为线性方程组。其中非线性函数的回归的 $\boldsymbol{Z}\boldsymbol{Z}^{\mathrm{T}}$ 内积运算可用满足 Mercer 定理（每个半正定对称函数都是一个核函数）的核函数 $K(\boldsymbol{x}_i, \boldsymbol{x}_j)$ 替代，令

$$
\Omega = \boldsymbol{Z}\boldsymbol{Z}^{\mathrm{T}} \tag{3-29}
$$

有

$$
\Omega_{ij} = y_i y_j \varphi(\boldsymbol{x}_i)^{\mathrm{T}} \varphi(\boldsymbol{x}_j) = y_i y_j K(\boldsymbol{x}_i, \boldsymbol{x}_j) \tag{3-30}
$$

经计算线性方程组式(3-27)可以得到解 $\boldsymbol{\alpha}$，那么

$$
b = y_i \left(1 - \frac{\alpha_i}{\gamma}\right) - \sum_{j=1}^{l} y_i \alpha_i K(\boldsymbol{x}_i, \boldsymbol{x}_j) \tag{3-31}
$$

则 LSSVM 的分类决策函数为

$$
f(\boldsymbol{x}) = \operatorname{sgn}\left[\sum_{i=1}^{n} \alpha_i y_i K(\boldsymbol{x}_i, \boldsymbol{x}) + b\right] \tag{3-32}
$$

一般情况下，LSSVM 中的核函数多选用高斯径向基函数。

当然，最小二乘支持向量机也可用于回归，其内容不在这里赘述。

三、支持向量回归

支持向量机作为经典二分类问题的机器学习算法，“支持向量”概念的引入为后来的研

究奠定了中心思想。支持向量回归就是其在函数拟合回归领域的应用,也是支持向量机的一大重要分支。

SVR 回归与 SVM 分类的最大区别在于,SVR 的样本点最终只有一类,SVM 所寻求的超平面是使两类或多类样本点分开的最大间隔超平面,而 SVR 寻求的是使所有的样本点离超平面总偏差最小的超平面,也就是说,SVM 是要最大化离超平面最近的样本点与超平面间的"距离",SVR 则是要最小化离超平面最远的样本点与超平面间的"距离",如图 3-4 所示。

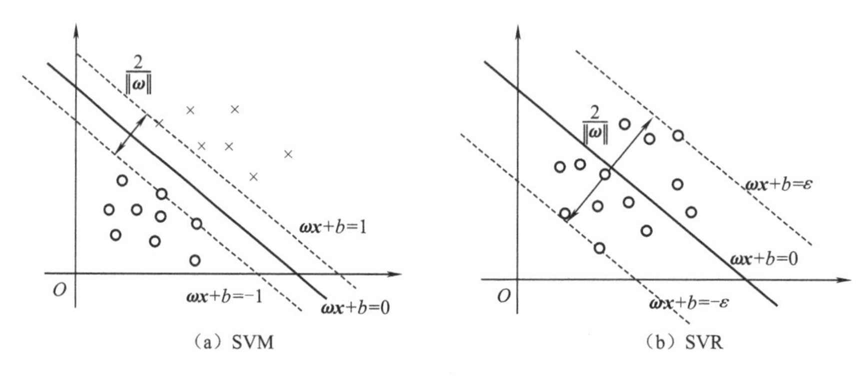

图 3-4　SVM 和 SVR 的区别

支持向量回归在支持向量机的基础上,通过引入 ε 不敏感损失函数,来容忍高维空间中线性决策函数的边界误差,从而实现线性回归。若将高维空间中的一条曲线作为拟合的决策函数,则 ε 不敏感损失函数的结果即为包括该曲线和训练点的" ε 管道"(图 3-5),在所有的样本点中,对管道位置起决定性作用的只有分布在"管道壁"上的样本点,这些训练样本便是"支持向量"。

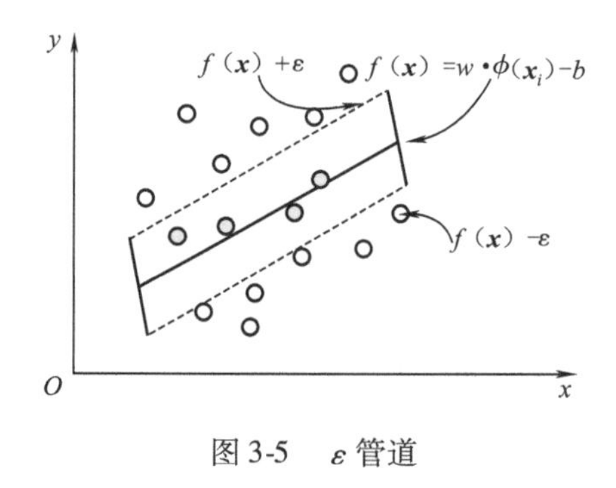

图 3-5　ε 管道

1. ε 不敏感损失函数

在实函数集中估计样本的未知分布 F ,用来描述估计过程精度的就是损失函数(loss function)。

支持向量回归的主要思想是给定一组数据集 $(\boldsymbol{x}_i, y_i)$, $i = 1,2,\cdots,n$, $\boldsymbol{x}_i \in R^n$, $y_i \in R$,期望训练出一个回归模型,使得 $f(\boldsymbol{x})$ 和 y 尽可能接近,模型的待定参数依然是 $\boldsymbol{\omega}$ 和 b 。

假设可以容忍 $f(\boldsymbol{x})$ 和 y 之间最多有 ε 的偏差,即仅当 $f(\boldsymbol{x})$ 和 y 之间偏差绝对值大于 ε 时才计算损失。那么此时的损失计算就遵循 ε 不敏感损失函数。ε 不敏感损失函数是 Vladimir Vapnik 提出的一种损失函数,它在建立支持向量机方法中起了关键作用,其形式为

$$L[y,f(\boldsymbol{x},\boldsymbol{\alpha})] = \begin{cases} 0 & |y-f(\boldsymbol{x},\boldsymbol{\alpha})| \leqslant \varepsilon \\ |y-f(\boldsymbol{x},\boldsymbol{\alpha})|-\varepsilon & 其他 \end{cases} \tag{3-33}$$

函数如图 3-6 所示。

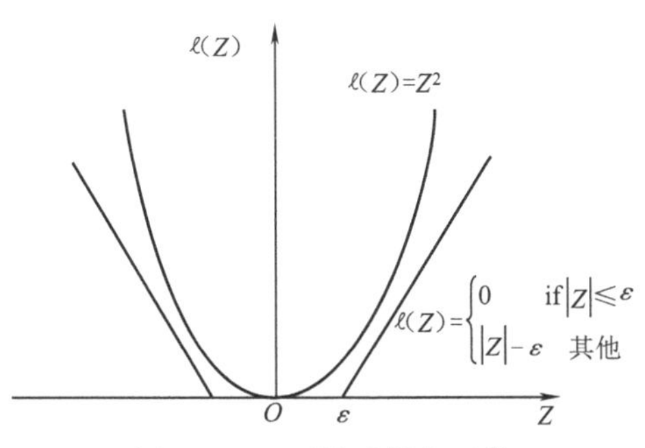

图 3-6　ε 不敏感损失函数

当 $\varepsilon=0$ 时,函数变为绝对损失函数。

ε 不敏感损失函数有两个优势:一方面具有很好的鲁棒性;另一方面,用它来作为损失函数求解支持向量可以得到很好的稀疏解,使这种函数具有很好的应用价值。这种采用 ε 不敏感损失函数的回归支持向量机叫作 ε 支持向量回归(ε -support vector regression,简称 ε -SVR)。

2. 基本原理

SVR 和基本 SVM 的推理过程类似,由于引入 ε 不敏感损失函数,所求的最优目标转化为

$$\min_{\boldsymbol{\omega},b,\xi,\xi^*} \frac{1}{2}\|\boldsymbol{\omega}\|^2 + C\sum_{i=1}^{n}(\xi_i+\xi_i^*)$$
$$\text{s.t.}\quad \begin{cases} (\boldsymbol{\omega}^{\mathrm{T}}\boldsymbol{x}_i+b)-y_i \leqslant \varepsilon+\xi_i \\ y_i-(\boldsymbol{\omega}^{\mathrm{T}}\boldsymbol{x}_i+b) \leqslant \varepsilon+\xi_i^* & i=1,\cdots,n \\ \xi_i,\xi_i^* \geqslant 0 \end{cases} \tag{3-34}$$

式中　ξ_i , ξ_i^* ——松弛因子,误差不存在时, ξ_i 和 ξ_i^* 均取零;当划分出现误差时, ξ_i 和 ξ_i^* 均大于 0。

同理,将 Lagrange 函数引入目标函数,表示为

$$L(\boldsymbol{\omega},b,\xi,\xi^*,\boldsymbol{\alpha},\boldsymbol{\alpha}^*,\gamma,\gamma^*) = \frac{1}{2}\|\boldsymbol{\omega}\|^2 + C\sum_{i=1}^{n}(\xi_i+\xi_i^*) - \sum_{i=1}^{n}\alpha_i[\xi_i+\varepsilon+y_i-f(\boldsymbol{x}_i)]$$
$$-\sum_{i=1}^{n}\alpha_i^*[\xi_i^*+\varepsilon-y_i+f(\boldsymbol{x}_i)] - \sum_{i=1}^{n}(\xi_i\gamma_i+\xi_i^*\gamma_i^*) \tag{3-35}$$

式中　$\alpha_i \geqslant 0$, $\alpha_i^* \geqslant 0$, $\gamma_i \geqslant 0$, $\gamma_i^* \geqslant 0$ 。它们均为拉格朗日乘子, $i=1,\cdots,n$ 。

接下来求函数 L 对 $\boldsymbol{\omega}$, b , ξ_i , ξ_i^* 的最小化,即偏导得

$$\begin{cases} \dfrac{\partial L}{\partial \boldsymbol{\omega}} = 0 \Rightarrow \boldsymbol{\omega} = \sum_{i=1}^{n}(\alpha_i-\alpha_i^*)\boldsymbol{x}_i \\ \dfrac{\partial L}{\partial b} = 0 \Rightarrow \sum_{i=1}^{n}(\alpha_i-\alpha_i^*) = 0 \\ \dfrac{\partial L}{\partial \xi_i^{(*)}} = 0 \Rightarrow C-\alpha_i^{(*)}-\gamma_i^{(*)} = 0 \end{cases} \tag{3-36}$$

将式(3-36)带入 L,消去 $\boldsymbol{\omega}$, b, ξ_i, ξ_i^*,同时满足两个约束,并引入核函数 K,则最终的优化目标为

$$\begin{aligned}&\max -\frac{1}{2}\sum_{i,j=1}^{n}(\alpha_i^*-\alpha_i)(\alpha_j^*-\alpha_j)K(\boldsymbol{x}_i,\boldsymbol{x}_j)-\varepsilon\sum_{i=1}^{n}(\alpha_i^*+\alpha_i)+\sum_{i=1}^{n}y_i(\alpha_i^*-\alpha_i)\\&\text{s.t.}\quad \sum_{i=1}^{n}(\alpha_i-\alpha_i^*)=0\quad \alpha_i,\alpha_i^*\in[0,C]\quad i=1,\cdots,n\end{aligned}\tag{3-37}$$

以上过程需满足 KKT 条件,即

$$\begin{cases}\alpha_i[f(\boldsymbol{x}_i)-y_i-\xi_i-\varepsilon]=0\\\alpha_i^*[y_i-f(\boldsymbol{x}_i)-\xi_i^*-\varepsilon]=0\\\alpha_i\alpha_i^*=0,\xi_i\xi_i^*=0\\(C-\alpha_i)\xi_i=0,(C-\alpha_i^*)\xi_i^*=0\end{cases}\tag{3-38}$$

求解出 $\boldsymbol{\alpha}$ 和 $\boldsymbol{\alpha}^*$ 的值,那么,仅当样本不落在 ε 管道内,其对应的 $\boldsymbol{\alpha}$ 和 $\boldsymbol{\alpha}^*$ 才能取到非零值。也就是说,能使 $\boldsymbol{\alpha}-\boldsymbol{\alpha}^*$ 不为零的样本即为 SVR 的支持向量,它们均落在 ε 管道之外,其中落在 ε 管道上的样本点为标准支持向量。显然,SVR 的支持向量仅是训练样本的一部分,目标函数的解仍具有稀疏性。

由 KKT 条件可以看出,对每个标准支持向量都有 $(C-\alpha_i)\xi_i=0$ 且 $\alpha_i[f(\boldsymbol{x}_i)-y_i-\xi_i-\varepsilon]=0$。于是在得到 α_i 后,若 $0<\alpha_i^*<C(\alpha_i=0)$,则必有 $\xi_i=0$,则 $f(\boldsymbol{x}_i)-y_i-\varepsilon=0$,进而

$$b=y_i-\sum_{j=1}^{l}(\alpha_j-\alpha_j^*)K(\boldsymbol{x}_j,\boldsymbol{x}_i)+\varepsilon\tag{3-39}$$

同理,对于满足 $0<\alpha_i^*<C(\alpha_i=0)$ 的支持向量,有 $y_i-f(\boldsymbol{x}_i)-\varepsilon=0$,则

$$b=y_i-\sum_{j=1}^{l}(\alpha_j-\alpha_j^*)K(\boldsymbol{x}_j,\boldsymbol{x}_i)-\varepsilon\tag{3-40}$$

通常为使模型的鲁棒性更强,对所有标准支持向量,先分别计算 b 的值,然后求平均值,即

$$b=\frac{1}{N}\left\{\sum_{0<\alpha_i<C}\left[y_i-\sum_{j=1}^{l}(\alpha_j-\alpha_j^*)K(\boldsymbol{x}_j,\boldsymbol{x}_i)+\varepsilon\right]+\sum_{0<\alpha_i^*<C}\left[y_i-\sum_{j=1}^{l}(\alpha_j-\alpha_j^*)K(\boldsymbol{x}_j,\boldsymbol{x}_i)-\varepsilon\right]\right\}\tag{3-41}$$

最终,得到的线性拟合函数为

$$f(\boldsymbol{x})=\sum_{i=1}^{n}(\alpha_i-\alpha_i^*)K(\boldsymbol{x}_i,\boldsymbol{x})+b\tag{3-42}$$

由此,能够拟合非线性样本的支持向量回归算法就形成了。

四、SVM 工具箱

目前,LIBSVM 是应用最广的、可以快速有效地实现 SVM 模式识别与回归的软件包,由台湾大学林智仁教授等开发设计。该软件包的文件不但可在 Windows 系列系统上编译和执行,其源代码也具备二次开发性。该软件包提供了很多默认的参数,并且可以直接修改参数值。另外,包含了交叉检验(Cross Validation)算法,可以用于解决 C- SVM、v -SVM 等支持向量机模型和 ε -SVR、v -SVR 等支持向量回归模型的相关问题。

LIBSVM 已拥有 Java、C、C#、Python、MATLAB、R 等数十种语言的版本。此外，基于 Python 开发的机器学习模块 Scikit-Learn 提供预封装的 SVM 工具，其设计也是参考了 LIBSVM。

五、参数分析

建立支持向量机和支持向量回归模型都需要选择参数，当对样本没有先验知识时，高斯核函数是首选，因为通过高斯核函数的公式（式(3-17)）可以看出，如果 x_1 和 x_2 相差很小，则 K 趋近于 1，相反如果相差很大，则 K 趋近于 0。因此高斯核函数能够将数据映射到无限维空间，在无限维空间中，数据都是线性可分的。

此时 SVM 的参数为两个：惩罚系数 C，高斯核函数参数 σ。对采用高斯核函数的 ε-SVR 来说，参数还包括不敏感参数 ε。

惩罚系数 C 为对误差的容忍度，是平衡样本的错分类误差和算法的复杂度间的关键参数。C 越大，对错分结果的惩罚度越大，越容易出现过拟合；C 越小，说明对误差的容忍越小，越容易欠拟合；C 过大或过小，模型的泛化能力都有所降低。C 的选取通常依据具体问题，主要由数据中“离群点”的数量决定，根据经验，C 一般可以选择为 0.000 1 到 10 000。

高斯核函数参数 σ 的不同使得高斯核具有相当高的灵活性，其范围为 $(0,1)$。为了计算方便，将 σ 用 gamma 函数表示：$g = \sigma^2/2$。g 的物理意义是高斯核的幅宽，它决定了非线性数据映射到高维空间后的分布，影响着对应高斯核的不同支持向量的作用范围，继而影响着模型的泛化能力。g 越小意味着 σ 越大，支持向量越少，输入变量的高次特征的权重会快速地衰减，此时的高维空间就近似于一个低维的子空间（数值上）；g 越大意味着 σ 越小，支持向量越多，有可能带来严重的过拟合问题。另外，模型训练与预测的速度由支持向量的个数决定。在 σ 从零到无穷的过程中，使用高斯核的 SVM 的学习推广能力的变化为：低→高→低，分界线则经历了一个从复杂到简单的曲线平滑过程。

不敏感参数 ε 在支持向量回归中用来控制管道的宽度，即通过调整支持向量的个数，从而控制拟合精度，保证解的稀疏性，解决过拟合问题，以表征模型的泛化能力。ε 通常位于 0 到 1 之间，且根据相关研究，SVM 预测能力的大小几乎不受参数 ε 局部变化的影响，训练误差随着 ε 的增大基本保持不变。

不论是用于模式识别还是回归拟合，当前国际上还没有规定统一的标准来选取支持向量机的核函数及其参数，通常可采用交叉检验法选择参数，或者依靠经验或多次实验对比，进行大范围搜寻参数。因此，可以结合计算智能优化算法（如群智能算法等）进行支持向量机的参数寻优。

六、应用案例——基于 SVR 的客流预测模型

1. 问题描述

短时客流预测作为获取城市轨道交通路网客流信息的手段，其预测结果的精度直接影响着轨道交通运营计划、客运组织方案等的制定和调整。本案例应用支持向量回归的方法构建短时客流预测模型，使用一种改进的粒子群算法进行参数选取。模型以日期类型和所处时刻作为输入，可以提前预测未来一周的每 15 min 客流。

本案例采用 LIBSVM 工具箱，其来源详见本节第四部分。

2. 建模方法

由前文中式(3-42)得到线性拟合函数,形成用来拟合非线性样本的基于支持向量回归的预测模型,采用高斯核作为核函数,此时影响SVR模型的参数有三个:惩罚系数 C ,高斯核函数参数 σ ,以及不敏感参数 ε 。ε 取常用值0.1,采用一种改进粒子群算法——收敛多种群粒子群算法(IPSO)搜寻 C 和 σ 的最优值,寻优思路为:在计算时将全部粒子群分成多个相邻子群(允许部分粒子重叠),每个粒子调整位置时,依据的是所在子群内的历史最优。

基于地铁进站客流的周期性,根据具有相同日期类型的客流变化规律进行预测,该基于支持向量回归的地铁进站客流短时预测模型的框架如图3-7所示。

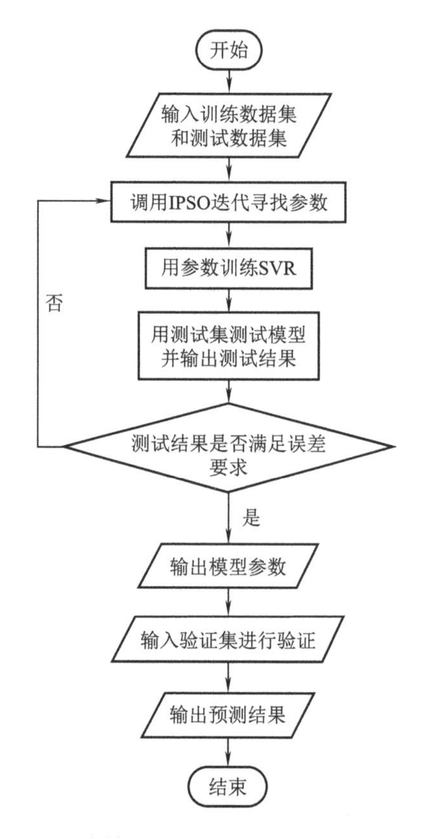

图3-7　基于支持向量回归的进站客流短时预测模型

3. 结果分析

本案例采用数据来自某地铁车站客流统计数据,统计以15 min为间隔。选取9月1日至10月31日两个月的工作日和周末(除去小长假)客流进行训练,11月1日至11月7日一周的客流用来测试,形成一组实验数据。采取一组实验数据作为寻参时的训练样本,另外选取一组作为寻参时的测试样本,最后使用一组实验数据进行验证。

预测结果的评价指标采用MAPE和RMSE。二者的计算公式分别为

$$\text{MAPE} = \frac{1}{n}\sum_{i=1}^{n}\left|\frac{y_i - y_i'}{y_i}\right| \times 100\% \tag{3-43}$$

$$RMSE = \sqrt{\frac{\sum_{i=1}^{n}(y_i' - y_i)^2}{n}} \tag{3-44}$$

式中　y_i ——真实值；

y_i' ——预测值；

n ——样本量。

IPSO 寻参过程中适应度评价采取的是 MAPE。以模型为例，随着迭代次数的增加，适应度的变化曲线如图 3-8 所示。

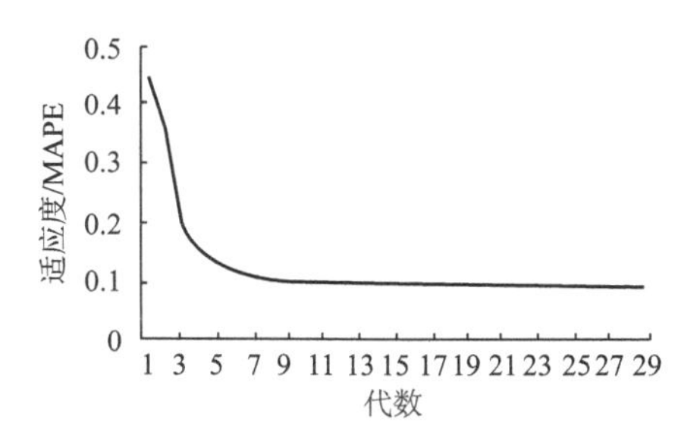

图 3-8　粒子群算法的适应度变化曲线

由图 3-8 可见，随着迭代次数的增加，每一代粒子群的最佳适应度，即 MAPE 逐渐减小，在 23 代后基本保持稳定，到达全局最优，由此该站工作日和周末全天短时客流预测模型的最优参数 g =0.238 618 200 946 494，C =550.202 438 810 541。

模型预测结果与真实值对比如图 3-9 所示，该模型建模样本测试集的 MAPE =9.31%，RMSE =34.87。说明模型参数选取合理，模型预测结果稳定。

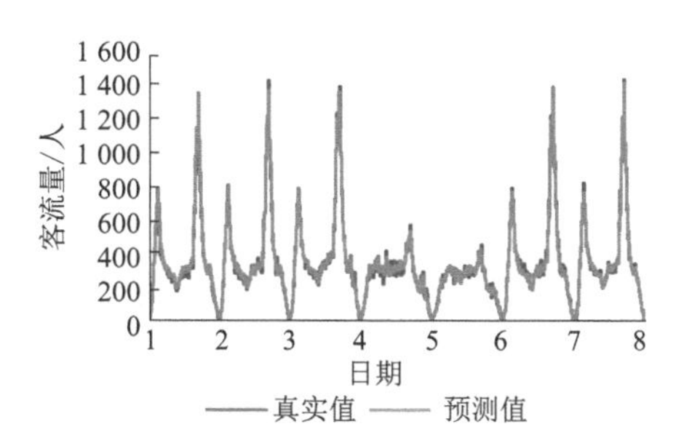

图 3-9　模型部分预测结果

第二节　卷积神经网络

卷积神经网络(convolutional neural network，简称 CNN)是一种前馈神经网络，专门用来处理具有类似网格结构数据的神经网络，例如一维时间序列数据和二维图像数据。全连接前馈网络在处理图像问题上表现为权重矩阵参数过多、训练效率低、没有提取自然图像中局部不变的特征(如图像识别任务中的尺度缩放、平移、旋转操作)、网络层数限制。受生物学感受野机制启发，CNN 中添加卷积操作这种特殊的数学运算，这是一种至少在网络某一层中使用的能代替矩阵乘法运算的操作,在结构上形成具有局部连接、权重共享、基于下采样等特性的前馈神经网络结构。CNN 的第一部分由卷积层和池化层组成,后一部分主要是全连接层。卷积层从特征中检测局部连接,池化层将相似特征合并为一个特征。这些特性使得 CNN 一定程度上执行平移、缩放和旋转等一些操作时具有局部不变性特征,并且参数相比全连接前馈神经网络要少很多,易于训练。CNN 以其强大的非线性表现力和识别能力,在图像、视频、语音和音频的处理上取得了突破性进展。本节首先讲述 CNN 的卷积运算,然后介绍 CNN 的基本网络架构、学习过程以及常见 CNN 模型。

一、卷积运算

卷积(convolution)是泛函分析数学中对两个实变函数的一种重要运算,在信号或图像处理中,经常使用一维或二维卷积。下面对一维卷积和多维卷积的运算进行简要介绍。

1. 一维卷积

一维卷积经常用在信号处理中。

在卷积网络的术语中,卷积的第一个参数通常叫作输入(input);第二个参数叫作卷积核函数(convolution kernel function)或滤波器(filter),可简称卷积核。假设卷积核为 $k(k=1,2,\cdots,K)$,输入序列为 $x_1,x_2,\cdots,x_{t-k+1}$,一般情况下卷积核的总长度 K 远小于信号序列 x 的长度,其卷积定义为

$$y_t = \boldsymbol{w} * \boldsymbol{x} \tag{3-45}$$

式中 $*$——卷积运算符;

$\boldsymbol{w}$——卷积核函数;

$\boldsymbol{x}$——输入序列。

该卷积运算公式为

$$y_t = \sum_{k=1}^{K} w_k x_{t-k+1} \tag{3-46}$$

式中 x_{t-k+1}——输入;

w_k——卷积核。

以卷积核 $(w_1,w_2,w_3)=(1/3,1/3,1/2)$ 为例,则 t 时刻信号 y_t 的卷积运算为

$$y_t = \sum_{k=1}^{3} x_{t-k+1} w_k = \frac{1}{3}x_t + \frac{1}{3}x_{t-1} + \frac{1}{2}x_{t-2} \tag{3-47}$$

2. 多维卷积

在涉及实际应用中,输入通常是多维数组数据,而卷积核通常是由学习算法优化得到的多维数组参数,这些多维数组称为张量(tensor),是矢量概念的推广。因为在输入与卷积核中的每一个元素都必须明确地分开存储。这意味着在实际操作中,可通过对有限个数组元素求和来实现在多个维度上的卷积运算。

定义 $\boldsymbol{X} \in \mathbf{R}^{M\times N}$ 作为输入,$\boldsymbol{W} \in \mathbf{R}^{U\times V}$ 作为二维卷积核,则卷积定义为

$$Y = \boldsymbol{W} * \boldsymbol{X} \tag{3-48}$$

该卷积运算公式为

$$y_{ij} = \sum_{u=1}^{U} \sum_{v=1}^{V} w_{uv} x_{i-u+1,j-v+1} \tag{3-49}$$

在图像处理中，可以看出卷积运算是一种局部操作，通过一定大小的卷积核作用于局部图像区域，计算获得图像的局部特征信息。因此，卷积可以作为特征提取的有效方法，一幅图像在经过卷积运算后输出的结果可称为特征映射，也叫特征图（feature map，简称FM）。

以一张二维图像（图3-10）为例，假设输入图像（输入数据）为5×5矩阵，其对应的卷积核为一个3×3的矩阵。同时，假定卷积操作时每做一次卷积，卷积核移动一个像素位置，即卷积步长为1，卷积核按照步长大小在输入图像上从左至右自上而下依次将卷积操作进行下去。最终输出3×3大小的卷积特征，同时该结果将作为下一层操作的输入。

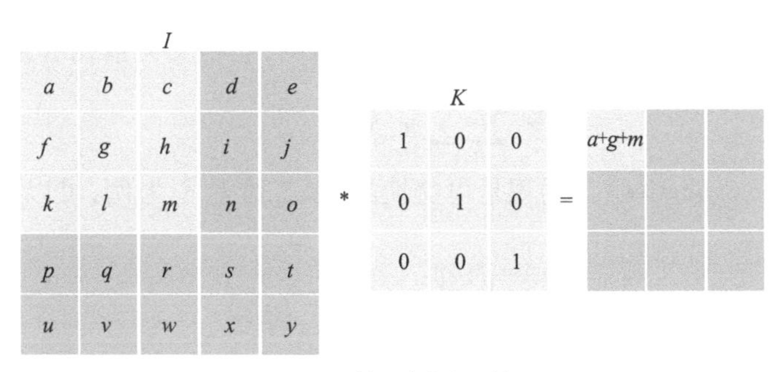

（a）第一次卷积运算

（b）第二次卷积运算

（c）第九次卷积运算

图3-10　二维卷积运算示例

推广到三维场景下，这里首先定义输入的符号为 $\boldsymbol{X}^l \in \mathbf{R}^{M^l \times N^l \times D^l}$，表示第 l 层的输入，其中用三元组 (i^l, j^l, d^l) 表示该张量对应的第 l 层第 i 行、j 列、d 维位置的元素。定义该层的卷积核为 $\boldsymbol{W}^l \in \mathbf{R}^{U \times V \times D^l}$。三维输入时卷积运算实际是将二维卷积扩展到了对应位置的所有维度上（即 D^l）。该卷积运算公式为

$$y_{ij,d} = \sum_{u=1}^{U} \sum_{v=1}^{V} \sum_{d^l=1}^{D^l} w_{uv,d^l} x_{i-u+1,j-v+1,d^l} \tag{3-50}$$

3. 相关性质

(1)互相关性(cross - correlation)。在卷积运算中,需要进行卷积核翻转(flip)。翻转指从两个维度(从上到下、从左到右)旋转 180°,用以衡量两个序列相关性的函数。在神经网络中使用卷积是为了进行特征提取,卷积核是否进行翻转和其特征提取的能力无关。特别是当卷积核是可学习的参数时,卷积和互相关操作是可以转化的,也就是说卷积和互相关在能力上是等价的。因此,为了方便起见,用互相关来代替卷积。事实上,很多深度学习工具中都用互相关运算来代替了卷积运算。以二维卷积为例,互相关关系表示为

$$y_{ij} = \sum_{u=1}^{U} \sum_{v=1}^{V} w_{uv} x_{i+u-1,j+v-1} \tag{3-51}$$

(2)可交换性(commutative)。卷积是可交换的,以二维卷积为例,可以把式(3-51)等价地表示为

$$y_{ij} = \sum_{u=1}^{U} \sum_{v=1}^{V} x_{uv} w_{i-u+1,j-v+1} \tag{3-52}$$

二、CNN 的网络结构

一个典型的 CNN 核心架构一般由卷积层、池化层和全连接层构成,其中,卷积层和池化层为 CNN 所特有,其他的还有输入层和输出层。因 CNN 最经典的应用是图像处理领域,本章节中都以二维图像结构数据介绍 CNN 相关网络结构和计算。一般性网络结构表达如图 3-11所示。

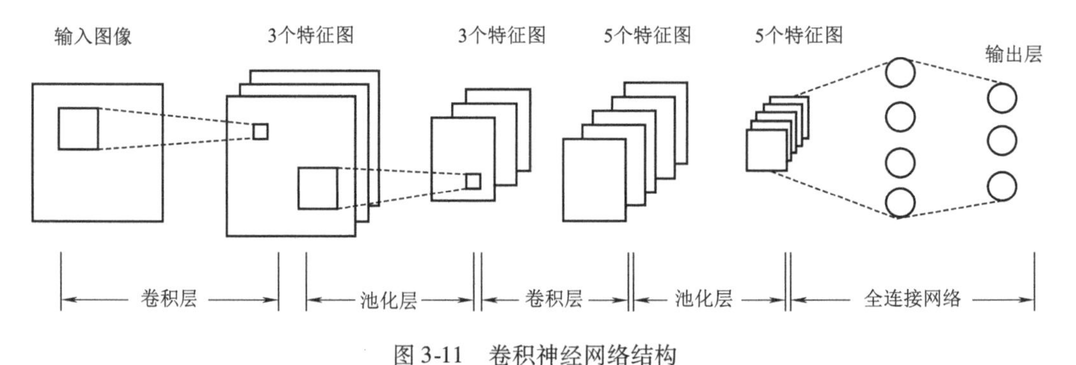

图 3-11　卷积神经网络结构

1. 输入层(input layer)

CNN 的输入层可以处理一维或多维数据,如客流量数据、语音数据、图像数据。由于 CNN 在计算机视觉领域应用较广,因此许多研究在介绍其结构时预先假设了三维输入数据,即平面上的二维像素点和 RGB 三色通道。与其他神经网络算法类似,由于使用梯度下降法进行学习,CNN 的输入特征需要进行标准化处理。输入特征的标准化有利于提升 CNN 的学习效率和表现。卷积神经网络在模糊图像上的评测方法如图 3-12 所示。

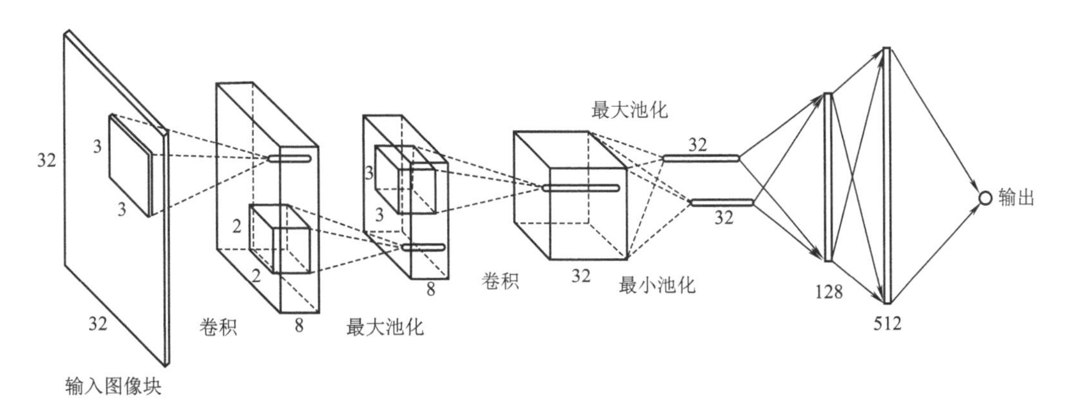

图 3-12　卷积神经网络在模糊图像上的评测方法

2. 卷积层(convolutional layer)

卷积层(简称 Conv)是卷积神经网络的核心所在,其本质是信息过滤操作,相当于滤波器或特征提取层,即通过一定大小的卷积核,进行局部感知和权值共享,获取输入数据不同成分的特征信息。这里补充卷积层两个非常重要的特性。

(1)局部连接。全连接层和卷积层对比如图 3-13 所示。在卷积层(假设是第 l 层)中的每一个神经元都只和下一层(第 $l-1$ 层)中某个局部窗口内的神经元相连,构成一个局部连接网络(图 3-13(b)),卷积层和下一层之间的连接数大大减少,由原来的 $M_l \times M_{l-1}$ 个连接变为 $M_l \times K$ 个连接,K 为卷积核大小。

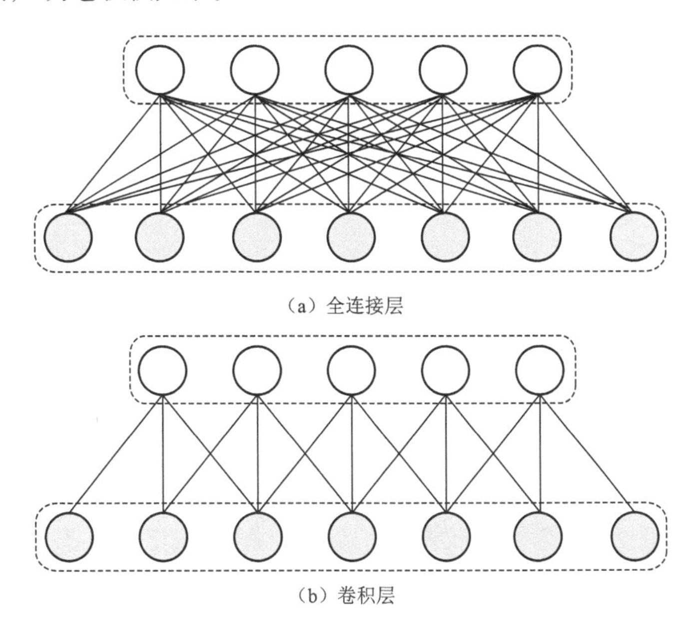

(a) 全连接层

(b) 卷积层

图 3-13　全连接层和卷积层对比

(2)权重共享。作为参数的卷积核 $\boldsymbol{w}^{(l)}$ 对于第 l 层的所有神经元都相同,图 3-13(b)中,所有同颜色连接上的权重相同。权重共享可以理解为一个卷积核只捕捉输入数据中的一种特定的局部特征。因此,如果要提取多种特征就需要使用多个不同的卷积核。

由于局部连接和权重共享,卷积层的参数只有一个 K 维的权重 $\boldsymbol{w}^{(l)}$ 和 1 维的偏置 $b^{(l)}$,共 $K+1$ 个参数。参数个数和神经元的数量无关。此外,第 l 层的神经元个数不是任意选择的,而是满足 $M_l = M_{l-1} - K + 1$。

卷积层参数包括卷积核大小(filter size)、卷积步长(stride)和填充(padding),三者共同决定了卷积层输出特征图的尺寸,是卷积神经网络的超参数,合适的超参数设置会对模型性能带来提升。每个卷积核具有长、宽、深三个维度,卷积核的长、宽都是人为指定的,卷积核大小是指长×宽,常用的尺寸为 3×3、5×5 等,卷积核越大,可提取的输入特征越复杂。卷积步长是指卷积核在滑动时的时间间隔。填充是在特征图通过卷积核之前人为增大其尺寸以抵消计算中尺寸收缩影响的方法,在输入向量边缘进行补充值操作,在图像处理中有利于图像边缘部分的特征提取。常见的填充方法为按零填充(zero padding)和重复边界值填充(replication padding),本章节只以零填充为例介绍,若无特别说明,则默认步长为 1,无零填充。

以二维卷积为例,如图 3-14 所示为卷积核尺寸变为 3×3 后的第一步卷积运算示例。

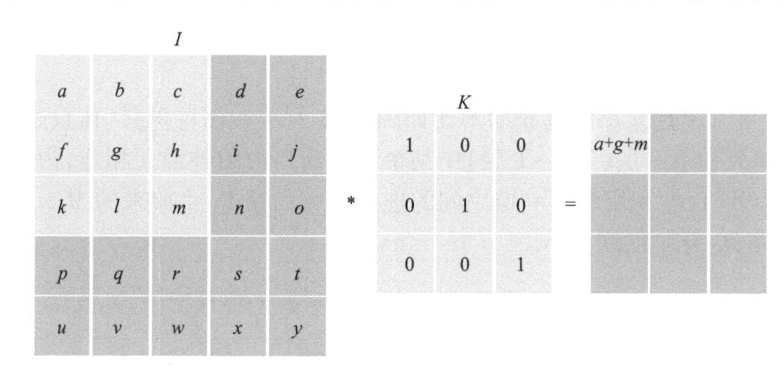

图 3-14　改变卷积核尺寸

以二维卷积为例,如图 3-15 所示为把图 3-14 中步长由 1 变为 2 后的第 2 步卷积运算示例。

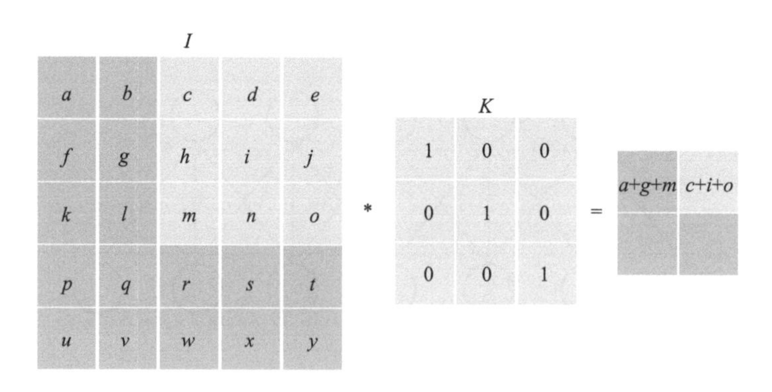

图 3-15　改变卷积步长

图 3-15 中,当步长设置为 2 的时候,卷积输出就变成 2×2 了。这说明输入大小、步幅和卷积后的特征映射大小是有关系的。

事实上,假设卷积层的输入神经元个数为 M,卷积核大小的宽度为 W,步长为 S,在输入

两端各填补 P 个0,它们满足的关系为

$$F = (I - W + 2P)/S + 1 \tag{3-53}$$

式中 F——卷积后特征映射的宽度或高度;

I——输入的宽度或高度;

W——卷积核的宽度或高度;

P——原始输入周围补充0的圈数;

S——卷积步长。

例如,以图3-15中二维图像来说,I 的宽度是5,K 的宽度是3,周围不补0则 P 为0,步长为2,代入式(3-54)中计算,特征映射后的宽度为 $(5-3+0)/2+1=2$,同理,特征映射后的高度也为2。

3. 池化层(pooling layer)

池化层主要实现下采样或降采样功能,用于压缩数据和参数的量,以减小过拟合。一般而言,池化层会周期性地插入卷积层之间,形成"卷积-激活-池化"基本处理单元,在卷积层进行特征提取后,输出的特征图会被传递至池化层进行特征选择,通过去掉特征映射中不重要的样本,进一步减少参数数量并提高了局部不变性,数据维度也已下降至可用"全连接"网络处理,最后输出的结果更为可控。

池化层包含预设定的池化函数,其功能是将特征图中单个点的结果替换为其相邻区域的特征图统计量。常用的池化方法有最大池化(max-pooling)、加和平均池化(mean-pooling)、Lp池化(Lp pooling)、混合池化(mixed pooling)、随机池化(stochastic pooling)、谱池化(spectral pooling)等方法。最常用的是最大池化,它通过取一定矩形区域内的最大值,对数据进行降采样。但目前的趋势是使用更小的卷积核(1×1或3×3)和层数更深(大于50)的网络,卷积的操作(步长等)越来越灵活,池化作用越来越小。

4. 全连接层(fully-connected layer)

全连接层与传统神经网络神经元的连接方式相同,两层网络之间的所有神经元都有权重连接,通常设置在卷积神经网络的尾部,并只向其他全连接层传递信号。CNN中的全连接层等价于传统前馈神经网络中的隐含层。特征图在全连接层中会失去三维结构,被展开为向量并通过激励函数传递至下一层。

5. 输出层

CNN中输出层的前端通常是全连接层,因此其结构和工作原理与传统前馈神经网络中的输出层相同,不同领域需要的输出不同。例如,对于图像分类问题,输出层使用逻辑函数或归一化指数函数(softmax function)输出分类标签。在物体识别(object detection)问题中,输出层可设计为输出物体的中心坐标、大小和分类。在图像语义分割中,输出层直接输出每个像素的分类结果。

三、CNN的学习过程

CNN的学习过程由正向前馈计算过程和误差项反向计算过程所组成。正向前馈计算过程是指从输入层到输出层的信息传播过程,该过程的基本操作包括从输入层或池化层到卷积层的卷积操作,从卷积层到池化层的池化操作,以及全连接层的操作三种,因全连接层的

操作和前馈神经网络一致,这里只介绍卷积输出和池化输出的计算。反向传播过程是指CNN训练过程中的误差项反向传播过程和参数反向调整过程。在卷积网络中,参数为卷积核中权重以及偏置项。和全连接前馈网络类似,卷积网络也可以通过误差反向传播算法来进行参数学习。下面对此部分进行介绍。

1. CNN的前馈计算

(1)卷积层输出值的计算

为了更清楚地描述卷积层中的计算过程,给出以下定义:

①输入特征 $\boldsymbol{X}^l \in \mathbf{R}^{M^l \times N^l \times D^l}$ 为三维张量,可认为第 l 层输入特征的高度为 M^l ,宽度为 N^l,深度为 D^l 。如果是灰度图像,就是有一个特征映射(feature map),输入层的深度 $D^l=1$;彩色图像,分别有RGB三个颜色通道的特征映射,输入层的深度 $D^l=3$。一般工程实践中,常采用批处理的方式,因此网络 l 层的输入 $\boldsymbol{X}$ 亦可看作一个四维张量,即 $\boldsymbol{X}^l \in \mathbf{R}^{M^l \times N^l \times D^l \times N}$,其中,N 表示批处理的样本数。

②卷积核 $\boldsymbol{W}^l \in \mathbf{R}^{M \times N \times D^l}$ 为三维张量,可认为长度为 M ,M 宽度为 N ,深度为 D^l 。有时候,卷积核也可认为是一个四维张量,即表示为 $\boldsymbol{W}^l \in \mathbf{R}^{M \times N \times D^l \times P}$ 。其中,P 表示卷积核个数,也表示输出的特征图个数。

③激活函数 $f(\cdot)$ 为非线性激活函数对上一层的输出进行非线性映射处理,一般用ReLU函数。

④输出特征映射 $\boldsymbol{Y}^{l(p)} \in \mathbf{R}^{M'l \times N'l \times P}$ 为三维向量,可认为第 l 层的输出特征映射的高度为 M^l ,宽度为 N^l ,深度为 P 。

首先定义 $\mathrm{net}^{l(p)}$ 为在第 l 层所对应第 p 个特征映射的卷积层的加权净输入,$\boldsymbol{Y}^{l(p)}$ 是第 l 层输出特征映射。式(3-54)和式(3-55)定义了卷积层的输入输出。

$$\mathrm{net}^{l(p)} = \boldsymbol{W} \cdot \boldsymbol{X} + b^{l(p)} = \sum_{d^l=1}^{D^l} \boldsymbol{W}^{l(p,d^l)} \cdot \boldsymbol{X}^{d^{l-1}} + b^{l(p)} \tag{3-54}$$

$$\boldsymbol{Y}^{l(p)} = f(\mathrm{net}^p) \tag{3-55}$$

式中 $\boldsymbol{X}^{d^l}$——一个输入特征,是一个切片矩阵,$\boldsymbol{X}^{d^l} \in \mathbf{R}^{M^l \times N^l}$;

$\boldsymbol{W}^{l(p,d^l)}$——一个二维卷积核,也是一个切片矩阵,$\boldsymbol{W}^{l(p,d^l)} \in \mathbf{R}^{U \times V}$;

$f(\cdot)$——激活函数;

$b^{l(p)}$——偏置项。

此外,参数个数的计算和卷积核中的超参数有关系,假设输入特征为 $\boldsymbol{X}^l \in \mathbf{R}^{M^l \times N^l \times D^l}$,输出特征映射为 $\boldsymbol{Y}^{l(p)} \in \mathbf{R}^{M'^l \times N'^l \times P}$,每一个输出特征映射对应 D 个卷积核及一个偏置项,卷积核大小为 $U \times V$,则参数总个数为 $P \times [D \times (U \times V) + 1]$ 。

(2)池化层输出值的计算

同卷积层操作步骤不同,池化层仅具有下采样或降采样功能,不包含需要学习的参数。但与卷积层类似,使用时仅需指定池化核、池化方式核步长。其中,核大小为 $K \times K$,例如一个典型的池化层是将每个特征映射划分为 2×2 大小的不重叠区域,过大的采样区域会急剧减少神经元的数量,也会造成过多的信息损失;池化方式如最大池化等;池化步长为 $S \times S$。如图3-16所示,一个池化层中输入切面矩阵的大小为 4×4,池化层输出特征映射大小为 2×2,核大小为 2×2,是经最大池化操作后得到的。

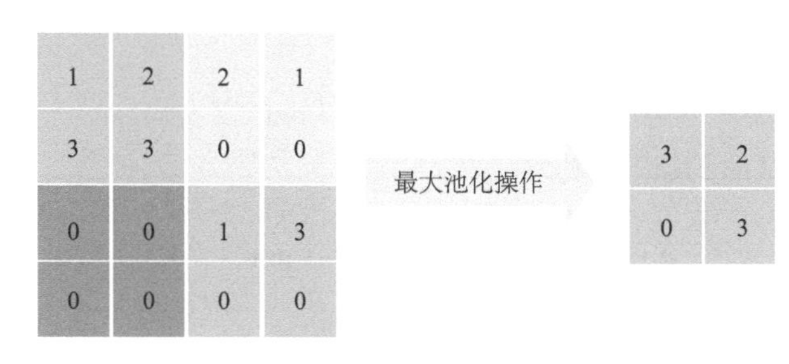

图 3-16　池化操作示例

2. 误差项反向传播计算

和全连接神经网络相比,由于涉及局部连接、池化等操作,这影响第二步误差项的具体计算方法,而权值共享影响了第三步权重梯度的计算方法,因此 CNN 的训练要复杂一些。但训练原理依然是利用链式求导计算损失函数对每个权重的偏导数(梯度),然后根据梯度下降公式更新权重。同前馈神经网络一样,CNN 也依赖最小化损失函数来学习模型参数。训练算法依然是反向传播算法。下面对卷积层和池化层的误差反传进行介绍,因全连接层误差反传过程同全连接神经网络,故对此不再介绍。

(1)卷积层的训练

①卷积层误差项的反向传递

对于卷积层,输入输出表示为

$$a_{i,j}^{l-1(p)} = f^{l-1}(\text{net}_{i,j}^{l-1(p)}) \tag{3-56}$$

$$\text{net}^{l(p)} = \boldsymbol{W}^{l} * a^{l-1(p)} + b^{l(p)} \tag{3-57}$$

式中　$a_{i,j}^{l-1}$ ——第 $l-1$ 层第 p 个特征映射第 i 行第 j 列神经元的输出;

$\text{net}_{i,j}^{l-1(p)}$ ——第 p 个特征映射的 $l-1$ 层神经元的加权输入;

$f^{l-1}(\cdot)$ ——第 $l-1$ 层的激活函数;

$\boldsymbol{W}^{l}$ ——第 l 层权重数组;

$b^{l(p)}$ ——l 层第 p 个卷积核的偏置项。

假设步长为 1,输入的深度为 1,卷积核个数为 1,根据链式法则

$$\delta_{i,j}^{l-1(p)} = \frac{\partial E_d}{\partial \text{net}_{i,j}^{l-1}} = \frac{\partial E_d}{\partial a_{i,j}^{l-1}} \frac{\partial a_{i,j}^{l-1}}{\partial \text{net}_{i,j}^{l-1}} \tag{3-58}$$

式中　$\delta_{i,j}^{l-1(p)}$ ——第 $l-1$ 层第 i 行第 j 列的误差项;

E_d ——目标函数。

根据卷积的互相关性,结合式(3-51),则第一项可表示为

$$\frac{\partial E_d}{\partial a_{i,j}^{l}} = \delta^{l} * \boldsymbol{W}^{l} = \sum_{u=1}^{U} \sum_{v=1}^{V} w_{uv} \delta_{i+u-1,j+v-1}^{l} \tag{3-59}$$

第二项可表示为

$$\frac{\partial a_{i,j}^{l-1}}{\partial \text{net}_{i,j}^{l-1}} = f'(\text{net}_{i,j}^{l-1(p)}) \tag{3-60}$$

因此推出卷积层的误差项为

$$\delta_{i,j}^{l-1(p)} = \frac{\partial E_d}{\partial \text{net}_{i,j}^{l-1}} = \sum_{u=1}^{U} \sum_{v=1}^{V} w_{uv} \delta_{i+u-1,j+v-1}^{l} f'(\text{net}_{i,j}^{l-1(p)}) \tag{3-61}$$

可化简为

$$\delta^{l-1(p)} = \delta^{l(p)} * W^{l} \cdot f'(\text{net}_{i,j}^{l-1(p)}) \tag{3-62}$$

当采用多个卷积核时,其误差项为

$$\delta^{l-1(p)} = \sum_{d^l=1}^{D} \delta_d^l * W_d^l \cdot f'(\text{net}^{l-1(p)}) \tag{3-63}$$

②卷积层卷积核权重梯度的计算

由于卷积层权值共享,因此,每一个权重对第 p 个输出特征映射 $\text{net}^{l(p)}$ 有关。E_d 是关于 $\text{net}^{l(p)}$ 的函数, $\text{net}^{l(p)}$ 是关于 $w_{u,v}^{l}$ 的函数,因此,根据全导数法则,以 $w_{1,1}$ 为例有

$$\frac{\partial E_d}{\partial w_{1,1}} = \sum_i \sum_j \frac{\partial E_d}{\partial \text{net}_{i,j}^l} \frac{\partial \text{net}_{i,j}^l}{\partial w_{1,1}} \tag{3-64}$$

将式(3-61)代入,根据卷积的互相关性得

$$\frac{\partial E_d}{\partial w_{u,v}^l} = \sum_{u=1}^{U} \sum_{v=1}^{V} \delta_{i,j}^l a_{i+u-1,j+v-1}^{l-1} \tag{3-65}$$

偏置项的梯度计算很容易推导,这里不再给出推导过程,其计算公式为

$$\frac{\partial E_d}{\partial b^{l(p)}} = \sum_{i=1}^{M'} \sum_{j=1}^{N'} \delta_{i,j}^l \tag{3-66}$$

获得了所有梯度之后,根据梯度下降算法来更新每个权重。

(2)池化层的训练

在 CNN 的训练过程中,池化层需要做的仅仅是将误差项传递到上一层,而没有梯度的计算。当第 l 层为池化层时,因为池化层是下采样操作,l 层的每个神经元的误差项 δ 对应于第 $l-1$ 层的相应特征映射的一个区域。l 层的第 p 个特征映射中的每个神经元都有一条边和 l 层的第 p 个特征映射中的一个神经元相连。

根据链式法则,有

$$\delta^{l-1(p)} = \frac{\partial E_d}{\partial \text{net}^{l-1(p)}} = \frac{\partial E_d}{\partial a_{i,j}^{l-1}} \frac{\partial a_{i,j}^{l-1}}{\partial \text{net}^{l-1(p)}} = f'(\text{net}^{l-1(p)}) \odot \text{upsample}(\delta^{l(p)}) \tag{3-67}$$

式中　upsample——上采样函数(up sampling),与池化层中使用的下采样操作相反。

最大池化下一层的误差项 $\delta^{l-1(p)}$ 会传递到上一层对应划分区块中的最大值所对应的神经元,而该区域中其他神经元误差项的值都为 0。对于平均池化,下一层的误差项 $\delta^{l-1(p)}$ 会被平均分配到上一层对应划分区块中的所有神经元。upsample 函数实质上完成了池化误差矩阵放大与误差重新分配的功能。

四、CNN 经典模型

1. LeNet-5

LeNet-5 是 Yann LeCun 等学者在 1998 年提出的 CNN 算法,属于 CNN 的开山之作,利用神经网络抽取的特征替代人类手工特征,用来处理手写字符的识别问题,为后续神经网络在图像领域的发展奠定了基础。其中提出的池化结构,在后续的 CNN 相关网络中普遍使用。

LeNet-5 的网络结构如图 3-17 所示，其结构一共有 7 层，输入图像大小为 32 ×32 = 1 024，输出对应 10 个类别得分。

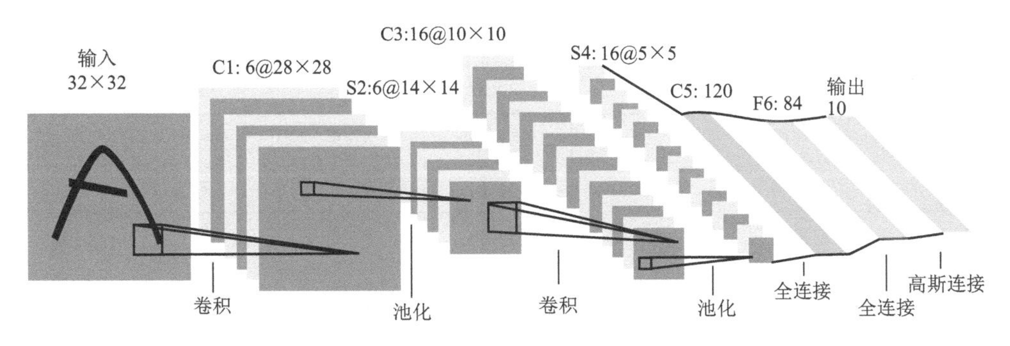

图 3-17　LeNet-5 网络结构

具体结构如下：

(1)第一层：卷积层，名称 C1，使用 6 个 5 ×5 大小的卷积核，对应 6 个大小为 28 ×28 的特征图 FM，则神经元的数量共为 6 ×28 ×28 =4 704 个。每个 FM 对应一个共享权重矩阵和一个误差项，因此需要训练的参数是(5 ×5 +1) ×6 =156 个，产生的连接数为 156 ×28 ×28 =122 304 个。

(2)第二层：池化层，名称 S2。因为它是对 C1 进行下采样，因此特征图 FM 数量跟 C1 相同为 6 个。使用平均池化方式，用一个 2 ×2 核大小进行步长为 2 ×2 的非重叠采样，把前一层特征图 FM 的宽和高缩减到一半，则 S2 层的神经元个数为 14 ×14 ×6 =1 176 个。因此，需要训练的参数是(1 +1) ×6 =12 个，产生的连接数为(2 ×2 +1) ×1 176 =5 880 个。

(3)第三层：卷积层，名称 C3。本层共使用 60 个 5 ×5 大小的卷积核，得到 16 个 10 ×10 大小的特征图 FM，则神经元的数量共为 16 ×10 ×10 =1 600 个。需注意的是，为了减少训练参数数量，降低神经网络对对称性的依赖，每个 FM 只跟 S2 层的若干个 FM 有连接，不是全连接。因此，需要训练的参数是(60 ×5 ×5) +16 =1 516 个，产生的连接数为 10 ×10 ×1 516 =151 600个。

(4)第四层：池化层，名称 S4，跟 S2 同理，采用平均池化方式，使用一个 2 ×2 核大小进行步长为 2 ×2 的非重叠采样，得到 16 个 5 ×5 大小的特征图 FM，则 S4 的神经元个数为 16 ×5 ×5 =400 个。因此，需要训练的参数是(1 +1) ×16 =32 个，产生的连接数为(2 ×2 +1) ×400 =2 000 个。

(5)第五层：卷积层，名称是 C5。上一层 S4 中每一个特征图 FM 使用 120 个 5 ×5 大小的卷积核，共 16 组，对应 120 个 1 ×1 大小的特征图 FM，则对应 C5 神经元个数为 120 ×1 ×1 =120 个。C5 是特殊的卷积层，类似全连接层。因此，需要训练的参数是(16 ×5 ×5 +1) ×120 =48 120 个，产生的连接数也是 48 120 个。

(6)第六层：全连接层，名称是 F6。有 84 个神经元。需要训练的参数为(120 +1) ×84 =10 164 个。从 C1 到 F6，神经元的激活函数都是 tanh 函数。

(7)第七层：输出层。本层是由 10 个径向基函数构成的 RBF 层，共 10 个神经元。需要训练的参数为(84 +1) ×10 =850 个。

具体参数说明见表3-1。

表3-1　参数说明

层		特征图	大小	核大小	步长	激活函数
输入层	图片	1	32 × 32	—	—	—
1	卷积层	6	28 × 28	5 × 5	1	tanh
2	池化层	6	14 × 14	2 × 2	2	tanh
3	卷积层	16	10 × 10	5 × 5	1	tanh
4	池化层	16	5 × 5	2 × 2	2	tanh
5	卷积层	120	1 × 1	5 × 5	1	tanh
6	全连接层	—	84	—	—	tanh
输出层	RBF 层	—	10	—	—	softmax

2. Alex-Net

Alex-Net 由加拿大多伦多大学的 Alex Krizhevsky、Ilya Sutskever(Geoffrey Hinton 的两位博士生)和 Geoffrey Hinton 提出,Alex-Net 首次将 CNN 应用于计算机视觉领域的海量图像数据集 ImageNet(该数据集共计 1 000 类图像,图像总数约 128 多万张),自此便引发了深度学习,特别是 CNN 在计算机视觉中“井喷”式的研究。在 Alex-Net 中首次实现通过借助 GPU 从而将原本需数周甚至数月的网络训练过程大大缩短至五到六天,且奠定了一些基本研究思路,如 ReLU 函数、局部响应规范化操作、使用 Dropout 防止过拟合,还有数据增广和随机失活技术等,这些训练技巧不仅保证了模型性能,更重要的是为后续深度卷积神经网络(deep convolutional neural network,简称 DCNN)的构建提供了范本。Alex-Net 网络结构如图 3-18所示。

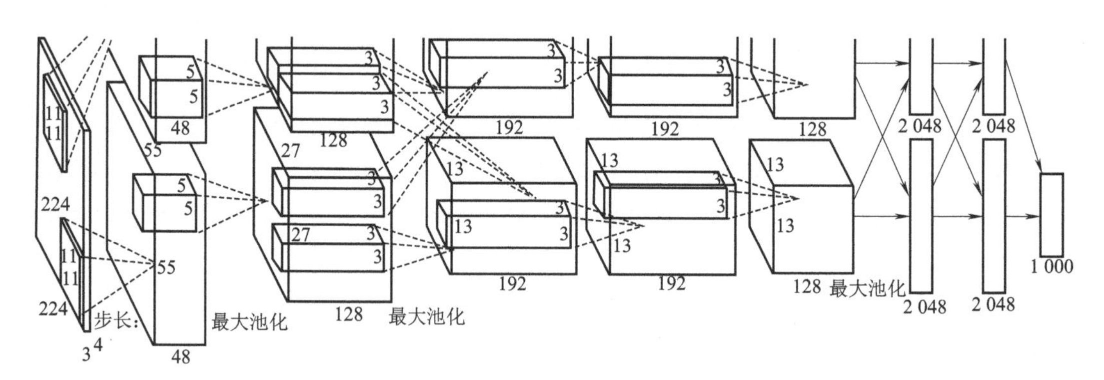

图 3-18　Alex-Net 网络结构

Alex-Net 网络结构在整体上类似于 LeNet,都是先卷积后全连接,但在细节上有很大不同,Alex-Net 更为复杂。其结构一共有 11 层,包括 5 个卷积层、3 个池化层和 3 个全连接层。输入图像尺寸为 224 × 224 × 3,输出为 1 000 个类别的条件概率,该网络中的卷积核使用四维张量来描述。具体结构如下:

(1)第一层:卷积层,名称 C1。使用 2 个大小为 $11 \times 11 \times 3 \times 48$ 的卷积核,步长 $S=4$,零填充 $P=3$,对应 2 个大小为 $55 \times 55 \times 48$ 的特征图 FM。

(2)第二层:池化层,名称 S1。使用最大池化方式,用一个 3×3 核大小进行步长为 2×2 的下采样操作,得到 2 个大小为 $27 \times 27 \times 48$ 的特征图 FM。

(3)第三层:卷积层,名称 C2。使用 2 个大小为 $5 \times 5 \times 48 \times 128$ 的卷积核,步长 $S=1$,零填充 $P=2$,得到 2 个大小为 $27 \times 27 \times 128$ 的特征图 FM。

(4)第四层:池化层,名称 S2,使用最大池化方式,用一个 3×3 核大小进行步长为 2×2 的下采样操作,得到 2 个大小为 $13 \times 13 \times 128$ 的特征图 FM。

(5)第五层:卷积层,名称 C3,为两个路径的融合。使用一个大小为 $3 \times 3 \times 256 \times 384$ 的卷积核,步长 $S=1$,零填充 $P=1$,得到 2 个大小为 $13 \times 13 \times 192$ 的特征图 FM。

(6)第六层:卷积层,名称 C4,使用 2 个大小为 $3 \times 3 \times 192 \times 192$ 的卷积核,步长 $S=1$,零填充 $P=1$,得到 2 个大小为 $13 \times 13 \times 192$ 的特征图 FM。

(7)第七层:卷积层,名称 C5,使用 2 个大小为 $3 \times 3 \times 192 \times 128$ 的卷积核,步长 $S=1$,零填充 $P=1$,得到 2 个大小为 $13 \times 13 \times 128$ 的特征图 FM。

(8)第八层:池化层,名称 S3,使用最大池化方式,用一个 3×3 核大小进行步长为 2×2 的下采样操作,得到 2 个大小为 $6 \times 6 \times 128$ 的特征图 FM。

(9)三个全连接层,名称 F1。神经元数量分别为 4 096、4 096 和 1 000。其中最后一层使用 Softmax 函数的输出层。

3. VGG-Nets

VGG-Nets 由英国牛津大学著名研究组 VGG(visual geometry group)提出,该小组隶属于 1985 年成立的 Robotics Research Group,该研究组研究范围包括了机器学习到移动机器人。该网络模型是 2014 年 ImageNet 竞赛定位任务第一名和分类任务第二名中的基础网络。虽然 VGG-Nets 相比 Alex-Net 层数多了不少,但其结构却简单不少,整个网络都使用了同样大小的卷积核尺寸(3×3)和最大池化尺寸(2×2),证明了几个小滤波器(3×3)卷积层的组合比一个大滤波器(5×5 或 7×7)卷积层好,并且验证了通过不断加深网络结构可以提升性能。相比 Alex-Net,VGG-Nets 中普遍使用了小卷积核以及"保持输入大小"等技巧,为的是在增加 CNN 深度(即卷积神经网络复杂度)时确保各层输入大小随深度增加而不减小。

由于 VGG-Nets 具备良好的泛化性能,其在 ImageNet 数据集上的预训练模型被广泛应用于除最常用的特征抽取(feature extractor)外的诸多问题,如物体候选框(object proposal)生成、细粒度图像定位与检索(fine-grained object localization and image retrieval)、图像协同定位(co-localization)等,算法流程如图 3-19 所示。

4. ResNet

深度残差网络是由 He 等提出,在 ILSVRC2015 和 COCO2015 竞赛的检测、定位和分割任务中斩获第一的 CNN 网络结构,基于深度残差网络发表的论文更是获得了计算机视觉与模式识别领域国际顶级会议 CVPR2016 的最佳论文奖。由于残差网络很好地解决了卷积神经网络深度增加带来的梯度消失等问题,它的模型准确度和精度远超传统神经网络模型,残差网络模型的出现不仅备受学界业界瞩目,同时也拓宽了 CNN 研究的道路。

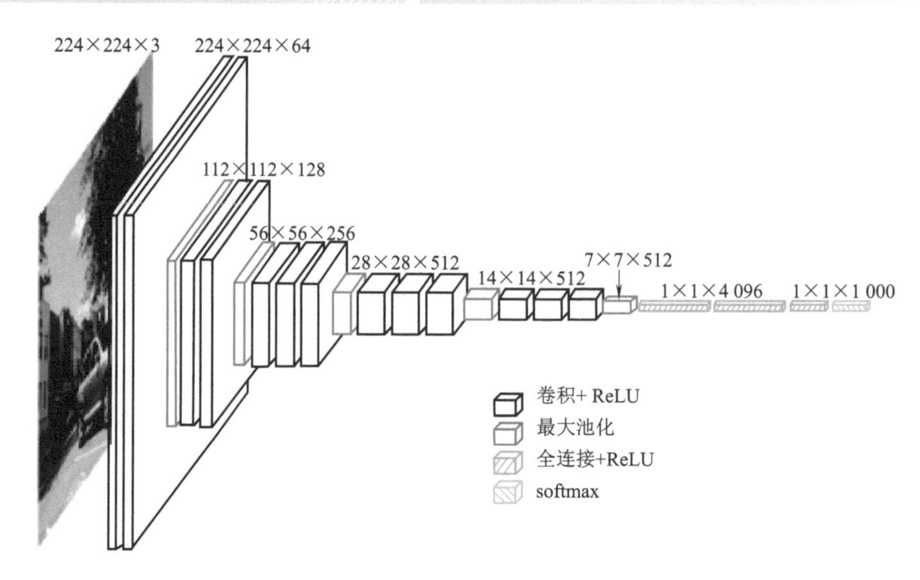

图 3-19 VGG-Nets 算法流程

假设需要学习的目标函数为 $F(x,w_i)$，则残差学习模块包含两部分，其一是残差函数 $F(x,w_i)-x_i$，其二是输入的恒等函数 x_i，如式(3-68)所示。

$$F(x,w_i) = \underline{x_i} + \underline{F(x,w_i) - x_i} \tag{3-68}$$

经过一个简单整合（对应元素的相加）后，再经过一个非线性的变换 ReLU 激活函数，从而形成整个残差学习模块。

最终，更新迭代公式为

$$x_{i+1} = F(x,w_i) + x_i \tag{3-69}$$

式中 x_i ——模型的输入；

x_{i+1} ——更新后的输入；

$F(x,w_i)$ ——计算出的残差值。

由多个残差模块堆叠而成的卷积神经网络结构称作“残差网络”。将残差网络与传统的 VGG 网络模型对比可以发现，若无近路连接，残差网络实际上就是更深的 VGG 网络，只不过残差网络以全局平均池化层（global average pooling layer）替代了 VGG 网络结构中的全连接层，一方面使得参数大大减少，另一方面减少了过拟合风险。残差网络架构如图 3-20 所示。

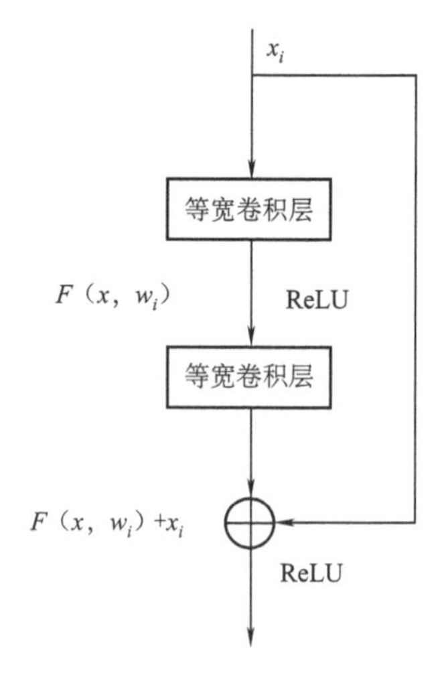

图 3-20 残差网络架构

如图 3-21 所示为两种不同形式的残差模块。图 3-21(a)为常规残差模块，由两个 3×3 卷积堆叠而成，但是随着网络深度的进一步增加，这种残差函数效果不太明显。图 3-21(b)为“瓶颈残差模块”，依次由 1×1、3×3 和 1×1 的卷积层构成，这里 1×1 卷积能够起降维或者升维的作用，从而令 3×3 的卷积作用域以相对较低维度输入，从而达到提高计算效率的目的。在非常深的网络中，“瓶颈残差模块”可大量减少计算代价。

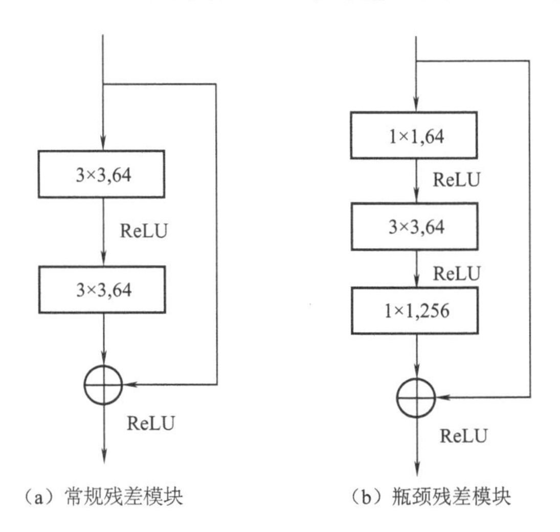

图 3-21　残差模块示例

第三节　循环神经网络

循环神经网络最早出现于20世纪80年代，但由于早期对其研究深度有限，所以应用并不广泛。近年来由于神经网络结构的进步以及GPU对于深度学习计算效率的突破，RNN的优势和作用也逐渐显示出来。在前述章节中用大量篇幅介绍有关前馈神经网络和CNN的知识及应用，但前馈神经网络的输入和输出维数都是固定的，当处理变长的序列数据时，即前面的输入和后面的输入有关联时，前馈神经网络无法处理时间动态行为，需要用循环或递归的方式处理长度可变的输入。因此，一种基于前馈神经网络的可处理时间序列变化的模型应运而生。1982年由John Hopfield提出包含外部记忆的Hopfield神经网络（hopfield neural networks，简称Hopfield NN）；1989年Alexander Waibel等人为了解决语音识别中传统方法隐马尔可夫模型无法适应语音信号中的动态时域变化问题，提出时延神经网络（time-delay neural networks，简称TDNN）；1990年，Jeffrey Elman提出了第一个全连接的循环神经网络Elman网络，后来也称之为简单循环网络（simple recurrent network，简称SRN）。RNN是一种具有"记忆"能力的神经网络，通过隐含层节点周期性的连接，组成一个有向环，以此捕捉序列化数据中动态信息的神经网络。1997年，Sepp Hochreiter和Jürgen Schmidhuber等人为解决长程依赖问题创造出著名的长短期记忆网络（long short term memory networks，简称LSTM）。实际上，RNN还衍生出两种扩展网络，一种是递归神经网络（recursive neural network），这种结构在面对按照树/图结构处理信息时更有效；另一种是由marco gori等（2005）提出、Franco Scarselli（2009）充实理论基础的图神经网络（graph neural network，简称GNN），这种算法特别适合处理大量图结构数据。

随着更加有效的RNN网络结构被不断提出，RNN可挖掘数据中的时序信息以及语义信息，其深度表达能力被充分利用，并在交通速度预测、交通流量预测等方面实现突破，解决了传统机器学习算法依赖人工特征提取烦琐费时、不可联想记忆的问题。本书中使用的循环神经网络一词指"recurrent neural network"，不再介绍递归神经网络，因近两年图神经网络在交通预测领域大放异彩，对其进行简要介绍。

一、RNN的网络结构及基本原理

循环神经网络最先在自然语言处理领域兴起,如RNN应用在语言模型上,比方说,当给定一句话前面的词组或词句部分,预测接下来最有可能的一个词是什么时,孤立地理解这句话的每个词是不够的,需要处理这些词连接起来的整个序列。RNN通过进行深度学习和记忆数据前后的顺序特征达到自反馈的作用,能够处理任意长度的时序数据。下面对RNN网络结构、基本特点和作用进行简要介绍。

1. RNN网络结构

RNN主要由输入层、隐含层和输出层组成。从网络结构上,输出层是一个全连接层,也就是输出层每个节点都和隐藏层的每个节点相连;隐含层是一个循环网络,也就是说隐含层神经元之间的节点是有连接的,当前隐含层的输入不仅包括输入层的输出,还包括上一时刻隐含层状态的输出。因此,RNN会记忆之前的信息,并利用之前状态的信息影响后面节点的输出。在RNN网络中构成当前时刻的隐含层状态,简称隐含态或隐态(hidden state或state)。假设输入序列为 $\boldsymbol{X} = (x_1, x_t, \cdots, x_T)$,如图3-22所示为RNN基本网络结构,其中,$\boldsymbol{X}$是网络的输入向量;$\boldsymbol{S}$是隐含层的输出向量,表示隐含层的状态向量,它是网络的记忆单元;$\boldsymbol{Y}$是输出层的输出向量;$\boldsymbol{U}$是输入层到隐含层的权重矩阵;$\boldsymbol{V}$是隐含层到输出层的权重矩阵;$\boldsymbol{W}$为上一次隐含层的状态向量作为当前输入的一部分时的权重矩阵。

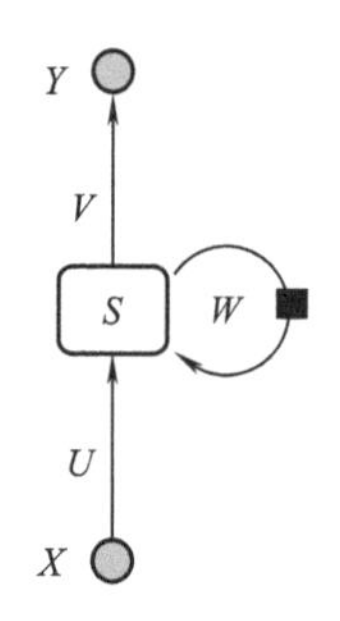

图3-22　RNN网络结构

利用传统的有向无环计算图将RNN的循环结构展开为一个个串联展开图,如图3-23所示,可以更加直观地认识其结构特点。

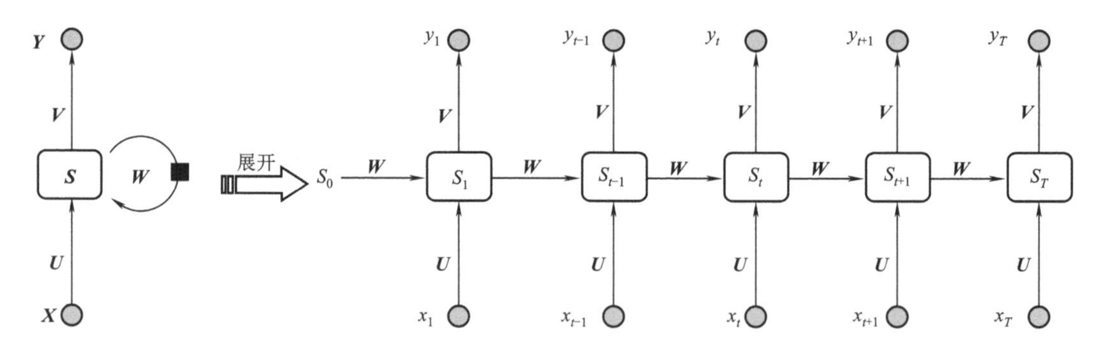

图3-23　RNN网络结构表示方法

2. 网络结构类型

总结来看，与前馈神经网络一对一结构不同，根据输入变量的数量 N_X 与输出变量 N_Y 的数量是否相等，RNN 可以分为五种网络结构类型：①"一对一"结构（one-to-one structure），其中 $N_X = N_Y$，例如图片解析（image analysis）问题，其结构见图 3-24（a）。②"多对多"结构（many-to-many structure），当 $N_X = N_Y$ 时，有命名实体识别（named entity recognition）问题等，其结构见图 3-24（b）。③"多对多"结构，当 $N_X \neq N_Y$ 时，有机器翻译（machine translation）问题等，其结构见图 3-24（c）。④"一对多"结构（one-to-many structure），其中 $N_X \neq N_Y$，例如音乐生成（music generation）问题，其结构见图 3-24（d）。⑤"多对一"结构（many-to-one structure），其中 $N_X \neq N_Y$，例如情感分类（sentiment classification），其结构见图 3-24（e）。

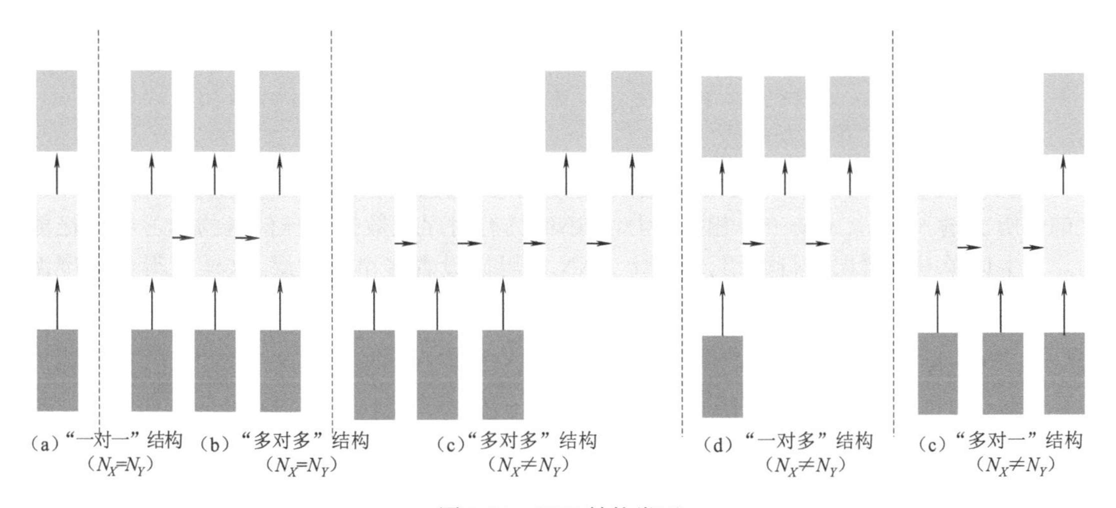

图 3-24　RNN 结构类型

3. RNN 基本原理

根据 RNN 的通用近似定理，如果一个完全连接的 RNN 有足够数量的 sigmoid 型隐含神经元，它可以以任意的准确率去近似任何一个非线性动力系统。考虑动态系统的经典表示形式，假设 RNN 隐态输出值为 $s^{(t)}$，$t=3$，$s^{(0)}=0$，则满足

$$s^{(t)} = f(s^{(t-1)}, x_t) \tag{3-70}$$

式中　$s^{(t)}$——t 时刻需要考虑 $t-1$ 时刻的状态，其展开项为 $s^{(3)} = f(s^{(2)}, x_3) = f[f(s^{(1)}, x_2), x_3] = f\{f[f(s^{(0)}, x_1), x_2], x_3\}$。

因此，式(3-70)是循环计算的。

在 t 时刻接收到输入向量 $\boldsymbol{X}$ 后，输出值是 y_t，输出层的输出为

$$y_t = g(\boldsymbol{V}s^{(t)} + c) \tag{3-71}$$

式中　$\boldsymbol{V}$——隐含层到输出层的权重矩阵；

$s^{(t)}$——在 t 时刻状态向量 s 的输出值；

$g(\cdot)$——输出层的激活函数；

c——偏置项。

隐含层的状态输出计算公式为

$$s^{(t)}=f(\boldsymbol{U}x_t+\boldsymbol{W}s^{(t-1)}+b) \tag{3-72}$$

式中 $\boldsymbol{U}$——输入层到隐含层的权重矩阵；

$\boldsymbol{W}$——上一时刻隐态 $s^{(t-1)}$ 作为当前部分输入时的权重矩阵；

$s^{(t-1)}$——在 $t-1$ 时刻状态向量 s 的输出值；

$f(\cdot)$——隐含层的激活函数；

b——偏置项。

从式(3-72)可看出，循环层和全连接层的区别就是循环层多了一个权重矩阵 $\boldsymbol{W}$。由矩阵运算规则，将式(3-72)反复迭代入式(3-71)，可得输出

$$\begin{aligned}
y_t &= g(Vs^{(t)}+c)\\
&= \boldsymbol{V}\cdot g[f(\boldsymbol{U}x_t+\boldsymbol{W}s^{(t-1)}+b)+c]\\
&= \boldsymbol{V}\cdot g\{f[\boldsymbol{U}x_t+\boldsymbol{W}f(Ux_{t-1}+\boldsymbol{W}s^{(t-2)}+b)]+c\}\\
&= \boldsymbol{V}\cdot g(f\{\boldsymbol{U}x_t+\boldsymbol{W}f[Ux_{t-1}+\boldsymbol{W}f(Ux_{t-2}+\boldsymbol{W}s^{(t-3)}+b)]\}+c)\\
&= \cdots
\end{aligned} \tag{3-73}$$

由式(3-73)可知，RNN 当前输出向量 y_t，不仅受当前输入向量 x_t 的影响，还与当前时刻之前的历次输入 x_{t-1}，x_{t-2}……相关，因此，RNN 具有对序列数据特征信息的学习和记忆能力。以上以单一隐含层进行介绍，实质上 RNN 也可以设置多个隐含层，这样就得到深度循环神经网络。

二、RNN 的学习过程

神经网络结构确定之后，需要对神经元之间连接的权值进行训练。RNN 也是采用有监督学习的训练方式，即通过网络输出值与真实值的偏差对权重参数进行调整更新，使二者的偏差逐渐变小。权重更新一般选择梯度下降优化算法。

1. 目标函数

假设给定一个训练样本 $p=\{(x_1,y_1),(x_2,y_2),\cdots,(x_t,y_t),\cdots,(x_T,y_T)\}$，其中输入序列为 $x_{1:T}=(x_1,x_2,\cdots x_t,\cdots,x_T)$，期望输出序列为 $y_{1:T}=(y_1,y_2,\cdots y_t,\cdots,y_T)$，即在每个时刻 t，都有一个给定信息（即标签信息）y_t，实际输出序列定义为 $\widehat{y}_{1:T}=(\widehat{y}_1,\widehat{y}_2,\cdots\widehat{y}_t,\cdots,\widehat{y}_T)$。定义 RNN 在时刻 t 的误差函数为 $E_t=L(y_t,\widehat{y}_t)$，即为目标函数，假设为平方损失函数，则整个序列的误差项为

$$E=\sum_{t=1}^{T}E_t=\sum_{t=1}^{T}(y_t-\widehat{y}_t)^2 \tag{3-74}$$

以权重 $\boldsymbol{W}$ 为例，整个序列的损失函数 E 关于参数 $\boldsymbol{W}$ 矩阵的参数梯度是每个时刻误差项对 $\boldsymbol{W}$ 的偏导数之和，可表示为

$$\frac{\partial E}{\partial \boldsymbol{W}}=\sum_{t=1}^{T}\frac{\partial E_t}{\partial \boldsymbol{W}} \tag{3-75}$$

根据式(3-73)可知，RNN 中 $f(\cdot)$ 是一个循环调用函数，因此其计算参数梯度的方式和前馈神经网络不太相同。

结合式(3-70)～式(3-75)，RNN 计算参数包括矩阵 $\boldsymbol{U}$、$\boldsymbol{W}$ 和 $\boldsymbol{V}$，偏置项 b 和 c，其中，$\boldsymbol{U}$、$\boldsymbol{W}$ 为共享参数；以及以 t 为索引的节点输入向量 x_t、隐态向量 $s^{(t)}$、输出向量 y_t 和误差项 E_t。这里仅详细介绍循环网络相关的参数学习算法。

2. 随时间反向传播算法计算步骤

关于RNN的参数学习有三种学习算法，最经典的是可以通过随时间进行反向传播（backpropagation through time，简称BPTT）算法训练，其主要思想类似前馈神经网络的BP算法，还有通过前向传播的方式来计算梯度的实时循环学习（real-time recurrent learning，简称RTRL）算法，及扩展卡尔曼滤波（extended kalman filtering，简称EKF）算法。在RNN中，一般网络输出维度远低于输入维度，BPTT算法的计算量会更小。因训练RNN时最常使用BPTT算法，因此，本节仅重点介绍BPTT算法。BPTT算法的基本原理和BP算法是一样的，包含四个步骤：

①前馈计算每个隐含层神经元的隐态输出值；

②反向计算每个隐含层神经元的误差项值；

③计算每个权重的梯度；

④利用梯度下降算法更新权重。

以随机梯度下降法更新权重为例，下面详细推导RNN的前馈计算和权重梯度计算过程。

（1）RNN的前馈计算

假设输入向量$\boldsymbol{X}$的维度是T，隐含层输出向量$\boldsymbol{S}$的维度是n，则矩阵$\boldsymbol{U}$的维度是$n\times T$，矩阵$\boldsymbol{W}$的维度是$n\times n$，根据式(3-73)进行前馈计算，为了更加直观，这里给出矩阵展开式为

$$\begin{bmatrix} s_1^{(t)} \\ s_2^{(t)} \\ \vdots \\ s_j^t \\ \vdots \\ s_n^{(t)} \end{bmatrix} = f\left(\begin{bmatrix} u_{11}u_{12}\cdots u_{1T} \\ u_{21}u_{22}\cdots u_{2T} \\ \vdots \\ u_{ij} \\ \vdots \\ u_{n1}u_{n2}\cdots u_{nT} \end{bmatrix} \begin{bmatrix} x_1 \\ x_2 \\ \vdots \\ x_T \end{bmatrix} + \begin{bmatrix} w_{11}w_{12}\cdots w_{1n} \\ w_{21}w_{22}\cdots w_{2n} \\ \vdots \\ w_{ij} \\ \vdots \\ w_{n1}w_{n2}\cdots w_{nn} \end{bmatrix} \begin{bmatrix} s_1^{(t-1)} \\ s_2^{(t-1)} \\ \vdots \\ s_n^{(t-1)} \end{bmatrix} \right) + b \tag{3-76}$$

式中　s_j^t——向量$\boldsymbol{s}$的第j个元素在t时刻的值；

u_{ij}——输入层第i个神经元到隐含层第j个神经元的权重；

w_{ij}——隐含层第$t-1$时刻的第i个神经元到隐含层第t个时刻的第j个神经元的权重；

b——偏置项。

如图3-25所示为前馈计算过程。矩形框表示激活函数；圈代表逐点操作，比如向量相加、向量相乘；黑线箭头线表示从一个节点传输到另一个节点；黄线代表分发线，将相同内容分发到不同的位置；虚线框内为隐态的计算过程表示。

（2）误差项反向传播计算

BPTT算法将循环层每一层中第t时刻的误差项沿两个方向传播，一个方向是将RNN看作一个随时间线（多时刻）传递到初始时刻的展开式多层前馈网络，其中每一个t时刻对应所展开的每一层直到初始时刻，这部分只和权重矩阵$\boldsymbol{W}$有关。另一个是将误差项反向传播到上一层网络，和时间无关，与普通的全连接层一样，只和权重矩阵$\boldsymbol{U}$有关。下面给出了误差项沿时间线反向传播计算过程以及误差项反向传播到上一层网络的过程。

①误差项沿时间线反向传播计算

首先定义net^t为参数$\boldsymbol{W}$在第l层t时刻第j个神经元的加权净输入，表示为

$$\text{net}^t = \boldsymbol{U}x_t + \boldsymbol{W}s^{(t-1)} + b \tag{3-77}$$

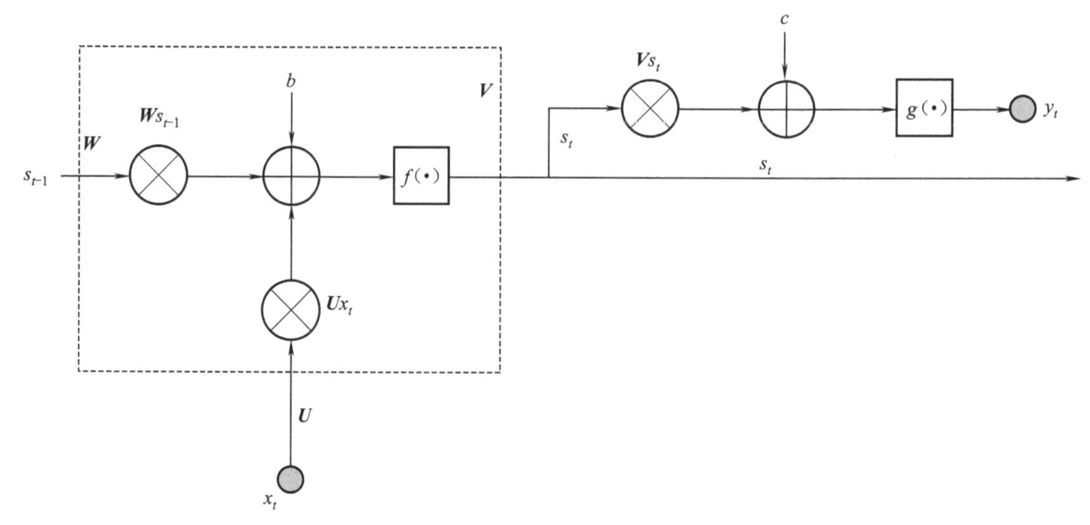

图 3-25　$t-1$ 时刻至 t 时刻前向传播示意

结合式(3-72)和式(3-77)可知

$$s^{(t-1)} = f(\text{net}^{t-1}) \tag{3-78}$$

因此,由链式法则可知

$$\frac{\partial \text{net}^t}{\partial \text{net}^{t-1}} = \frac{\partial \text{net}^t}{\partial s^{(t-1)}} \cdot \frac{\partial s^{(t-1)}}{\partial \text{net}^{t-1}} \tag{3-79}$$

其中

$$\frac{\partial \text{net}^t}{\partial s^{(t-1)}} = \begin{bmatrix} \frac{\partial \text{net}_1^t}{\partial s_1^{(t-1)}} & \frac{\partial \text{net}_1^t}{\partial s_2^{(t-1)}} & \cdots & \frac{\partial \text{net}_1^t}{\partial s_n^{(t-1)}} \\ \frac{\partial \text{net}_2^t}{\partial s_1^{(t-1)}} & \frac{\partial \text{net}_2^t}{\partial s_2^{(t-1)}} & \cdots & \frac{\partial \text{net}_2^t}{\partial s_n^{(t-1)}} \\ \vdots & \vdots & & \vdots \\ \frac{\partial \text{net}_n^t}{\partial s_1^{(t-1)}} & \frac{\partial \text{net}_n^t}{\partial s_2^{(t-1)}} & \cdots & \frac{\partial \text{net}_n^t}{\partial s_n^{(t-1)}} \end{bmatrix} = \begin{bmatrix} w_{11} & w_{12} & \cdots & w_{1n} \\ w_{21} & w_{22} & \cdots & w_{2n} \\ \vdots & \vdots & w_{ij} & \vdots \\ w_{n1} & w_{n2} & \cdots & w_{nn} \end{bmatrix} = \boldsymbol{W} \tag{3-80}$$

式中　w_{ij}——隐含层第 $t-1$ 时刻的第 i 个神经元到隐含层第 t 个时刻的第 j 个神经元的权重。

$$\frac{\partial s^{(t-1)}}{\partial \text{net}^{t-1}} = \begin{bmatrix} \frac{\partial s_1^{(t-1)}}{\partial \text{net}_1^{t-1}} & \frac{\partial s_1^{(t-1)}}{\partial \text{net}_2^{t-1}} & \cdots & \frac{\partial s_1^{(t-1)}}{\partial \text{net}_n^{t-1}} \\ \frac{\partial s_2^{(t-1)}}{\partial \text{net}_1^{t-1}} & \frac{\partial s_2^{(t-1)}}{\partial \text{net}_2^{t-1}} & \cdots & \frac{\partial s_2^{(t-1)}}{\partial \text{net}_n^{t-1}} \\ \vdots & \vdots & & \vdots \\ \frac{\partial s_n^{(t-1)}}{\partial \text{net}_1^{t-1}} & \frac{\partial s_n^{(t-1)}}{\partial \text{net}_2^{t-1}} & \cdots & \frac{\partial s_n^{(t-1)}}{\partial \text{net}_n^{t-1}} \end{bmatrix} = \begin{bmatrix} f'(\text{net}_1^{t-1}) & 0 & \cdots & 0 \\ 0 & f'(\text{net}_2^{t-1}) & \cdots & 0 \\ \vdots & \vdots & & \vdots \\ 0 & 0 & \cdots & f'(\text{net}_n^{t-1}) \end{bmatrix} \tag{3-81}$$

$$= \text{diag}[f'(\text{net}^{t-1})]$$

式中　$f'(\cdot)$ ——激活函数$f(\cdot)$的一阶偏导数；

　　$\text{diag}[\boldsymbol{a}]$——向量$\boldsymbol{a}$的对角矩阵。

可以看出，$\frac{\partial \text{net}^t}{\partial s^{(t-1)}}$和$\frac{\partial s^{(t-1)}}{\partial \text{net}^{t-1}}$均为 Jacobian 矩阵。

因此，合并式(3-80)和式(3-81)，式(3-79)转化为

$$\frac{\partial \text{net}^t}{\partial \text{net}^{t-1}} = \boldsymbol{W}\text{diag}[f'(\text{net}^{t-1})] = \begin{bmatrix} w_{11}f'(\text{net}_1^{t-1}) & 0 & \cdots & 0 \\ 0 & w_{22}f'(\text{net}_2^{t-1}) & \cdots & 0 \\ \vdots & \vdots & & \vdots \\ 0 & 0 & \cdots & w_{nn}f'(\text{net}_n^{t-1}) \end{bmatrix} \tag{3-82}$$

假设$1 \leqslant k < t \leqslant T$，定义第1层从$t$时刻到任意$k$时刻的误差项，其数学表达式为

$$\begin{aligned} \delta_k^T &= [\delta_i^{T\to k}] = \frac{\partial E}{\partial \text{net}^k} \\ &= \frac{\partial E}{\partial \text{net}^t} \cdot \frac{\partial \text{net}^t}{\partial \text{net}^k} \\ &= \frac{\partial E}{\partial \text{net}^t} \cdot \frac{\partial \text{net}^t}{\partial \text{net}^{t-1}} \cdot \frac{\partial \text{net}^{t-1}}{\partial \text{net}^{t-2}} \cdot \cdots \cdot \frac{\partial \text{net}^{k+1}}{\partial \text{net}^k} \\ &= \delta_t^T \cdot \boldsymbol{W}\text{diag}[f'(\text{net}^{t-1})] \cdot \boldsymbol{W}\text{diag}[f'(\text{net}^{t-2})] \cdot \cdots \cdot \boldsymbol{W}\text{diag}[f'(\text{net}^k)] \\ &= \delta_t^T \prod_{k=1}^{t-1} \boldsymbol{W}\text{diag}[f'(\text{net}^k)] \end{aligned} \tag{3-83}$$

因此，式(3-77)~式(3-83)就是将误差项沿时间线反向传播算法的推导过程。如图3-26所示为误差项随时间线反向传播过程。

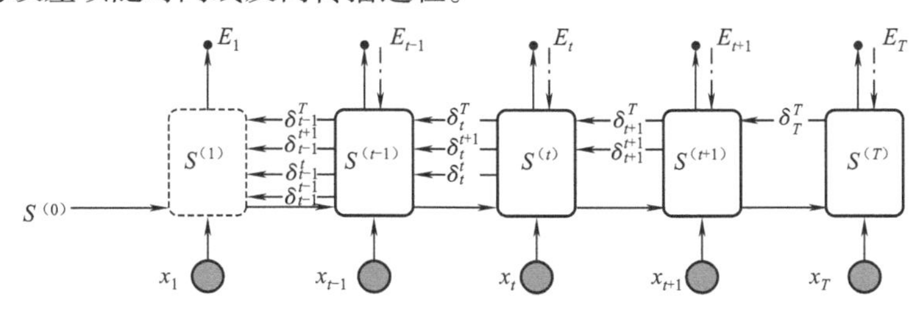

图3-26　误差项随时间线反向传播过程示意

②误差项反向传播到上一层计算

循环层将误差项反传至上一层网络，与全连接层计算方法一致，前面讲BP神经网络时已经详细推导，在此仅概述其过程。计算任意k时刻第l层反传至第$l-1$层的误差，可表示为

$$(\text{net}^k)^l = \boldsymbol{U}a_k^{l-1} + \boldsymbol{W}s^{(k-1)} + b \tag{3-84}$$

$$a_k^{l-1} = f^{l-1}[(\text{net}^k)^{l-1}] \tag{3-85}$$

式中　$(\text{net}^k)^l$ ——循环层中第l层k时刻的输入；

　　a_k^{l-1} ——第$l-1$层的输出；

　　$f^{l-1}(\cdot)$ ——第$l-1$层的激活函数。

同样的，经推导可得

$$\frac{\partial(\text{net}^k)^l}{\partial(\text{net}^k)^{l-1}} = \frac{\partial(\text{net}^k)^l}{\partial a_k^{l-1}} \cdot \frac{\partial a_k^{l-1}}{\partial(\text{net}^k)^{l-1}} = \boldsymbol{U}\text{diag}[f^{l-1}{}'((\text{net}^k)^{l-1})] \tag{3-86}$$

则第 $l-1$ 层误差项为

$$(\delta_k^T)^{l-1} = \frac{\partial E}{\partial(\mathrm{net}^k)^{l-1}} = \frac{\partial E}{\partial(\mathrm{net}^k)^{l}} \cdot \frac{\partial(\mathrm{net}^k)^{l}}{\partial(\mathrm{net}^k)^{l-1}}$$
$$= (\delta_k^T)^{l}\boldsymbol{U}\mathrm{diag}[f^{l-1}{}'((\mathrm{net}^k)^{l-1})] \tag{3-87}$$

③权重矩阵 $\boldsymbol{W}$、$\boldsymbol{U}$、$\boldsymbol{V}$ 参数梯度计算

根据式(3-77),可知式(3-75)中 $\frac{\partial E}{\partial \boldsymbol{W}}$ 只与 $s^{(k-1)}$ 和 $\boldsymbol{W}$ 有关,与 $\boldsymbol{U}x_t$ 和偏置项 b 无关,更新参数 $\boldsymbol{W}$ 需遵循

$$\boldsymbol{W} = \boldsymbol{W} + \eta \cdot \frac{\partial E}{\partial W} \tag{3-88}$$

式中　E——表示输出值与真实值的偏差的误差函数;

$\frac{\partial E}{\partial W}$——隐含层第 t 时刻误差项对参数矩阵 $\boldsymbol{W}$ 的偏导数。

对于矩阵 $\boldsymbol{W}$ 中的每一个元素 w_{ij} 有

$$w_{ij}^{t} = w_{ij}^{t-1} + \eta \cdot \frac{\partial E_t}{\partial w_{ij}} \tag{3-89}$$

式中　w_{ij}——隐含层第 $t-1$ 时刻的第 i 个神经元到隐含层第 t 时刻的第 j 个神经元的权重;

$\frac{\partial E_t}{\partial w_{ij}}$——$w_{ij}$ 的梯度;

η——学习速率。

初始阶段,w_{ij} 和 η 会设定值,故求出权重 w_{ij} 的偏导数 $\frac{\partial E_t}{\partial w_{ij}}$ 是训练的关键。根据式(3-77)对 $\boldsymbol{W}$ 求导,根据导数乘法运算法则 $(uv)' = u'v + uv'$ 可知

$$\frac{\partial \mathrm{net}^t}{\partial \boldsymbol{W}} = \frac{\partial \boldsymbol{W}}{\partial \boldsymbol{W}} s^{(t-1)} + \boldsymbol{W}\frac{\partial s^{(t-1)}}{\partial \boldsymbol{W}} \tag{3-90}$$

由链式法则可知

$$\frac{\partial E}{\partial \boldsymbol{W}} = \frac{\partial E}{\partial \mathrm{net}^t} \cdot \frac{\partial \mathrm{net}^t}{\partial \boldsymbol{W}} \tag{3-91}$$

将式(3-83)和式(3-90)代入式(3-91)中,可得

$$\frac{\partial E}{\partial \boldsymbol{W}} = \delta_t^T \frac{\partial \boldsymbol{W}}{\partial \boldsymbol{W}} s^{(t-1)} + \delta_t^T \boldsymbol{W}\frac{\partial s^{(t-1)}}{\partial \boldsymbol{W}} \tag{3-92}$$

其中,$\frac{\partial \boldsymbol{W}}{\partial \boldsymbol{W}}$ 计算见式(3-93);以 $\frac{\partial w_{12}}{\partial \boldsymbol{W}}$ 举例,计算见式(3-94)。

$$\frac{\partial \boldsymbol{W}}{\partial \boldsymbol{W}} = \begin{bmatrix} \frac{\partial w_{11}}{\partial \boldsymbol{W}} & \frac{\partial w_{12}}{\partial \boldsymbol{W}} & \cdots & \frac{\partial w_{1n}}{\partial \boldsymbol{W}} \\ \frac{\partial w_{21}}{\partial \boldsymbol{W}} & \frac{\partial w_{22}}{\partial \boldsymbol{W}} & \cdots & \frac{\partial w_{2n}}{\partial \boldsymbol{W}} \\ \vdots & \vdots & & \vdots \\ \frac{\partial w_{n1}}{\partial \boldsymbol{W}} & \frac{\partial w_{n2}}{\partial \boldsymbol{W}} & \cdots & \frac{\partial w_{nn}}{\partial \boldsymbol{W}} \end{bmatrix} \tag{3-93}$$

$$\frac{\partial w_{12}}{\partial \boldsymbol{W}}=\begin{bmatrix}\frac{\partial w_{11}}{\partial w_{11}} & \frac{\partial w_{11}}{\partial w_{12}} & \cdots & \frac{\partial w_{11}}{\partial w_{1n}}\\ \frac{\partial w_{11}}{\partial w_{21}} & \frac{\partial w_{11}}{\partial w_{22}} & \cdots & \frac{\partial w_{11}}{\partial w_{2n}}\\ \vdots & \vdots & & \vdots\\ \frac{\partial w_{11}}{\partial w_{n1}} & \frac{\partial w_{11}}{\partial w_{n2}} & \cdots & \frac{\partial w_{11}}{\partial w_{nn}}\end{bmatrix}=\begin{bmatrix}0 & 1 & \cdots & 0\\ 0 & 0 & \cdots & 0\\ \vdots & \vdots & & \vdots\\ 0 & 0 & \cdots & 0\end{bmatrix} \tag{3-94}$$

根据张量与向量相乘运算法则,式(3-92)中第一项可展开表示为

$$\delta_t^T\frac{\partial \boldsymbol{W}}{\partial \boldsymbol{W}}s^{(t-1)}=\delta_t^T\frac{\partial \boldsymbol{W}}{\partial \boldsymbol{W}}\cdot\begin{bmatrix}s_1^{(t-1)}\\ s_2^{(t-1)}\\ \vdots\\ s_n^{(t-1)}\end{bmatrix}$$

$$=[\delta_1^{T\to t}|_{j=1},\cdots,\delta_i^{T\to t}|_{j=j},\cdots,\delta_n^{T\to t}|_{j=n}]\cdot\begin{bmatrix}[s_1^{(t-1)}]|_{i=1} & \cdots & [s_j^{(t-1)}]|_{i=1} & \cdots & [s_n^{(t-1)}]|_{i=1}\\ \vdots & & \vdots & & \vdots\\ [s_1^{(t-1)}]|_{i=i} & \cdots & [s_j^{(t-1)}]|_{i=i} & \cdots & [s_n^{(t-1)}]|_{i=i}\\ \vdots & & \vdots & & \vdots\\ [s_1^{(t-1)}]|_{i=n} & \cdots & [s_j^{(t-1)}]|_{i=n} & \cdots & [s_n^{(t-1)}]|_{i=n}\end{bmatrix}$$

$$=\begin{bmatrix}\delta_1^{T\to t}s_1^{(t-1)} & \cdots & \delta_1^{T\to t}s_j^{(t-1)} & \cdots & \delta_1^{T\to t}s_n^{(t-1)}\\ \vdots & & \vdots & & \vdots\\ \delta_i^{T\to t}s_1^{(t-1)} & \cdots & \delta_i^{T\to t}s_j^{(t-1)} & \cdots & \delta_i^{T\to t}s_n^{(t-1)}\\ \vdots & & \vdots & & \vdots\\ \delta_n^{T\to t}s_1^{(t-1)} & \cdots & \delta_n^{T\to t}s_j^{(t-1)} & \cdots & \delta_n^{T\to t}s_n^{(t-1)}\end{bmatrix} \tag{3-95}$$

式中 $\delta_i^{T\to t}|_{j=j}(i,j=1,2,\cdots,n)$——$t$ 时刻误差项向量第 i 行的值;

$[s_j^{(t-1)}]|_{i=i}(i,j=1,2,\cdots,n)$——$t-1$ 时刻隐态 s 向量第 j 列的输出值。

式(3-95)简写为

$$\frac{\partial E_t}{\partial w_{ij}}=\delta_i^{T\to t}s_j^{(t-1)} \tag{3-96}$$

因此

$$\frac{\partial E_t}{\partial \boldsymbol{W}}=\sum_{k=1}^{t}\delta_k^t s^{(k-1)} \tag{3-97}$$

将式(3-80)代入式(3-92)中第二项可得

$$\delta_t^T\boldsymbol{W}\frac{\partial s^{(t-1)}}{\partial \boldsymbol{W}}=\delta_t^T\cdot\frac{\partial \mathrm{net}^t}{\partial s^{(t-1)}}\cdot\frac{\partial s^{(t-1)}}{\partial \boldsymbol{W}} \tag{3-98}$$

由链式法则式(3-97)转化为

$$\delta_t^T\boldsymbol{W}\frac{\partial s^{(t-1)}}{\partial \boldsymbol{W}}=\delta_t^T\cdot\frac{\partial \mathrm{net}^t}{\partial s^{(t-1)}}\cdot\frac{\partial s^{(t-1)}}{\partial \mathrm{net}^{t-1}}\cdot\frac{\partial \mathrm{net}^{t-1}}{\partial \boldsymbol{W}} \tag{3-99}$$

将式(3-79)代入式(3-98)转化为

$$\delta_t^T \boldsymbol{W} \frac{\partial s^{(t-1)}}{\partial \boldsymbol{W}} = \delta_t^T \cdot \frac{\partial \text{net}^t}{\partial \text{net}^{t-1}} \cdot \frac{\partial \text{net}^{t-1}}{\partial \boldsymbol{W}} \tag{3-100}$$

由式(3-83)知 $\delta_{t-1}^T = \delta_t^T \cdot \frac{\partial \text{net}^t}{\partial \text{net}^{t-1}}$,则式(3-99)最终转化为

$$\delta_t^T \boldsymbol{W} \frac{\partial s^{(t-1)}}{\partial \boldsymbol{W}} = \delta_{t-1}^T \frac{\partial \text{ net}_{t-1}}{\partial \boldsymbol{W}} \tag{3-101}$$

由式(3-91)~式(3-101)可推导出整个序列的误差项为

$$\begin{aligned}
\frac{\partial E}{\partial \boldsymbol{W}} &= \frac{\partial E}{\partial \text{net}^t} \cdot \frac{\partial \text{net}^t}{\partial \boldsymbol{W}} = \delta_t^T \frac{\partial W}{\partial \boldsymbol{W}} s^{(t-1)} + \delta_t^T W \frac{\partial s^{(t-1)}}{\partial \boldsymbol{W}} \\
&= \frac{\partial E_t}{\partial \boldsymbol{W}} + \delta_{t-1}^T \frac{\partial \text{ net}_{t-1}}{\partial \boldsymbol{W}} = \frac{\partial E_t}{\partial \boldsymbol{W}} + \frac{\partial E_{t-1}}{\partial \boldsymbol{W}} + \delta_{t-2}^T \frac{\partial \text{ net}_{t-2}}{\partial \boldsymbol{W}} \\
&= \frac{\partial E_t}{\partial \boldsymbol{W}} + \frac{\partial E_{t-1}}{\partial \boldsymbol{W}} + \cdots + \frac{\partial E_1}{\partial \boldsymbol{W}} = \sum_{t=1}^{T} \sum_{k=1}^{t} \delta_k^t s^{(k-1)}
\end{aligned} \tag{3-102}$$

因此,从公式推导可以看出展开的多层隐含层网络中所有层参数共享,因此参数 $\boldsymbol{W}$ 的真实梯度是所有展开层的参数梯度之和。

同理可得,矩阵 $\boldsymbol{U}$ 的参数梯度为

$$\frac{\partial E}{\partial \boldsymbol{U}} = \sum_{t=1}^{T} \sum_{k=1}^{t} \delta_t^T x_k \tag{3-103}$$

另外,权重矩阵 $\boldsymbol{V}$ 的参数梯度比较简单,这里不再推导,直接给出结论。

$$\frac{\partial E}{\partial \boldsymbol{V}} = \sum_{t=1}^{T} \frac{\partial E_t}{\partial y_t} \frac{\partial y_t}{\partial \boldsymbol{V}} = \sum_{t=1}^{T} \frac{\partial E_t}{\partial y_t} s^{(t)} \tag{3-104}$$

三、RNN 相关模型

理论上 RNN 可以支持任意长度的序列,然而在实际训练过程中,如果序列过长,一方面会导致优化时出现梯度消失问题(vanishing gradient problem)或梯度爆炸问题(gradient exploding problem),很难建立长距离依赖关系,因此只能学习到短期的依赖关系,即出现长程依赖问题(long term dependencies problem);另一方面,展开后的前馈神经网络会占用过大的内存。为了解决梯度消失或梯度爆炸问题,在实际操作中,可采用调参优化法和模型优化法两种形式。对于前者,需要丰富的人工调参经验,尽可能选取合适的参数,例如尽可能使用非饱和的激活函数,或规定一个最大长度,当序列长度超过规定长度之后会对序列进行截断,但人工调参法限制了模型的扩展应用。后者主要是改进模型或优化方法,更能从本质上解决该问题。

为了改善 RNN 的长程依赖问题,一些学者很好地引入门控机制来控制信息传递,有选择地加入新信息并遗忘之前累积的信息。本节主要介绍两种基于门控的循环神经网络:长短期记忆网络(long short term memory Networks,简称 LSTM)和门控循环单元网络(gated recurrent unit,简称 GRU)。除此之外,近年来随着计算机硬件及算力大增,可以增加 RNN 的深度从而增强其解决问题的能力。这里介绍一种常见模型为双向循环神经网络(bidirectional recurrent neural network,简称 BRNN)。另外,近年来,研究人员对深度学习方法在图数据上的扩展越来越感兴趣,借鉴了卷积网络、循环网络和深度自动编码器的思想,定义和设计

了用于处理图数据的神经网络结构,GNN 大放异彩,本节对 GNN 进行简要介绍。

1. 长短期记忆网络

1997 年,Sepp Hochreiter 和 Jürgen Schmidhuber 等人对 RNN 的结构进行了改造,对于混有噪声的复杂长序列数据仍然可以利用到时间间隔在 1 000 以上单位步长的信息,创造出长短期记忆网络,因此能够高效地解决一些之前无法解决的问题。自其诞生以来,LSTM 在模式识别、时序预测等诸多实际任务中效果显著,成为目前使用广泛的模型之一。

LSTM 与 RNN 相比,主要对循环单元网络结构进行改进,包含单元状态表示及门控机制流程两个方面,下面对这两方面分别介绍。

(1)单元状态

LSTM 增加了单元状态(cell state) $c^{(t)}$ 表示长期记忆信息的传递,其中包含候选单元状态 $c^{(t)}$ 的更新。理论上,在序列处理过程中,单元状态 $c^{(t)}$ 能一直携带着相关信息。因此,在较早时间步中获得的信息也能传输到较后时间步的单元中,这样能增加长期记忆的影响。

(2)门控机制

门(gate)是一种可选择让信息通过的方式,在网络训练过程中,可通过单元状态上的门结构的开闭功能,来添加或移除信息。每一个神经元有三个门,即遗忘门 $f^{(t)}$ 、输入门 $i^{(t)}$ 和输出 $o^{(t)}$ 。这些门结构,尤其是遗忘门,使得 LSTM 在处理与时序数据相关的问题时变得十分有效,下面对其进行一一介绍。

①遗忘门 $f^{(t)}$ 。遗忘门是 LSTM 单元的关键组成部分,当输入新的数据信息时,决定 LSTM 从上一时刻的单元状态 $c^{(t-1)}$ 中保留或移除什么信息,并以某种方式避免梯度随时间反向传播时引发的梯度消失和梯度爆炸问题。该门读取上一隐态 $s^{(t-1)}$ 和输入 x_t ,通过激活函数 $\sigma_g(\cdot)$ 将其映射到 0 到 1 之间,该数值再与上一时刻的单元状态 $c^{(t-1)}$ 相乘决定该移除什么信息。

②输入门 $i^{(t)}$ 。输入门确定有多少输入信息 x_t 被保留在单元状态 $c^{(t)}$ 中。输入门包括两部分,第一部分是由激活函数 $\sigma_g(\cdot)$ 将信息映射到 0 到 1 之间,用来控制候选单元状态 $c^{(t)}$ 的输入程度;若门值为“1”,则输入门开放接受输入层的信息,反之则输入门 $i^{(t)}$ 关闭不接受信息。第二部分通过一个 $\tanh(\cdot)$ 函数产生当前时刻的候选单元状态 $c^{(t)}$,由输入门 $i^{(t)}$ 决定添加到单元状态 $c^{(t)}$ 中的程度。

③输出门 $o^{(t)}$ 。输出门控制有多少信息通过当前单元状态 $c^{(t)}$ 输出给外部状态 $s^{(t)}$ 。包括两部分操作:第一部分由激活函数 $\sigma_g(\cdot)$ 将信息映射到 0 到 1 之间的控制信号,当门值为“1”则传出当前神经元的输出状态,反之门值为“0”则不传递;第二部分将最终产生的输出信息与控制信号相乘,得到最终的输出值。输出门控制当前单元状态 $c^{(t)}$ 对当前输出隐态 $s^{(t)}$ 的影响,即单元中的哪一部分会在时间步 t 输出。

如图 3-27 所示为 LSTM 网络的循环单元结构,其计算过程可概括为以下四个步骤:

①首先利用上一时刻的隐含状态 $s^{(t-1)}$ 和当前时刻的输入 x_t ,计算出遗忘门 $f^{(t)}$ 、输入门 $i^{(t)}$ 、输出门 $o^{(t)}$ 及候选单元状态 $\widetilde{c^{(t)}}$;

②结合遗忘门 $f^{(t)}$ 和输入门 $i^{(t)}$ 来更新单元状态 $c^{(t)}$;

③结合输出门 $o^{(t)}$,将过滤好的信息传递到下一时刻隐态 $s^{(t)}$ 中。

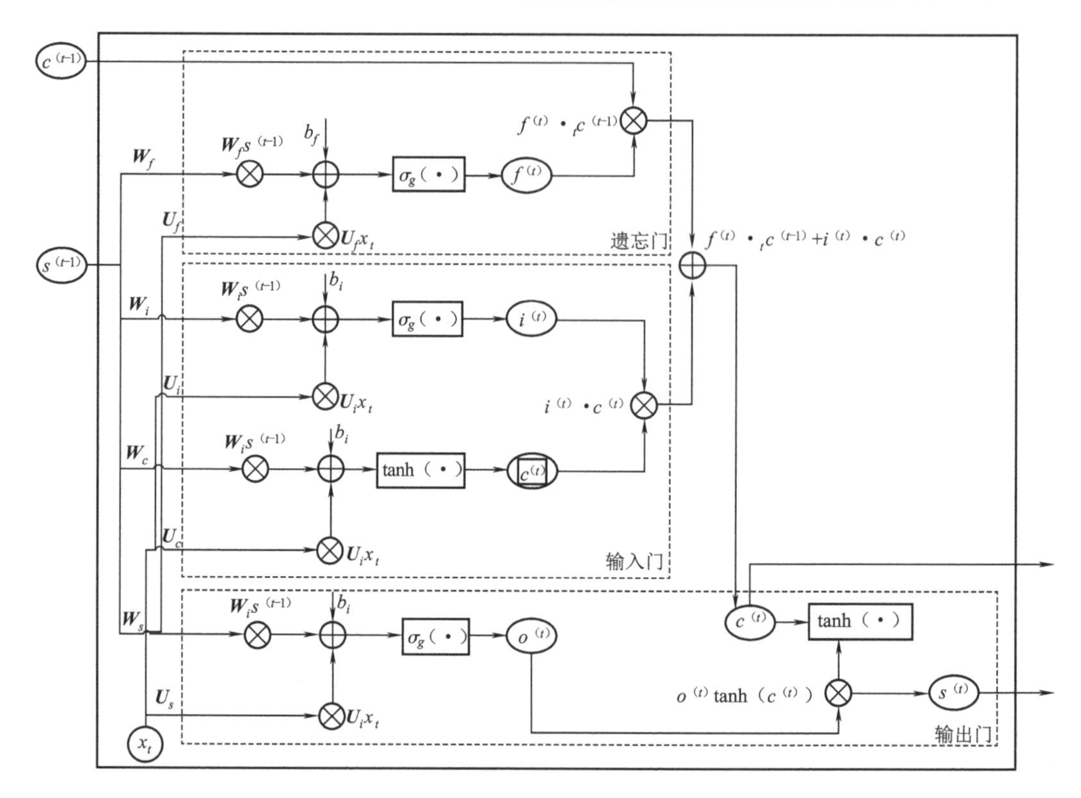

图 3-27　LSTM 循环单元网络结构

④将包含长期信息的单元状态 $c^{(t)}$ 传递到下一时刻，也将当前时刻的隐态输出 $s^{(t)}$ 作为近期信息传递到下一时刻。

通过 LSTM 循环单元结构和门控机制，整个网络可以建立较长距离的时序依赖关系，较好地解决梯度消失或梯度爆炸的问题。

(3)计算机制

LSTM 网络中的“门”一般取值在(0,1)之间，由一个 Sigmoid 型激活函数和一个点乘法运算组成，表示对信息控制过滤的过程，即以一定比例让信息传递到下一个状态。在 t 时刻，遗忘门 $f^{(t)}$ 、输入门 $i^{(t)}$ 、输出门 $o^{(t)}$ 、单元状态 $c^{(t)}$ 、隐态 $s^{(t)}$ 输出的计算公式为

$$f^{(t)} = \sigma_g(\boldsymbol{U}_f x_t + \boldsymbol{W}_f s^{(t-1)} + b_f) \tag{3-105}$$

$$i^{(t)} = \sigma_g(\boldsymbol{U}_i x_t + \boldsymbol{W}_i s^{(t-1)} + b_i) \tag{3-106}$$

$$\widetilde{c^{(t)}} = \tanh(\boldsymbol{U}_c x_t + \boldsymbol{W}_c s^{(t-1)} + b_c) \tag{3-107}$$

$$o^{(t)} = \sigma_g(\boldsymbol{U}_o x_t + \boldsymbol{W}_o s^{(t-1)} + b_o) \tag{3-108}$$

式中　$\boldsymbol{W}_f$, $\boldsymbol{W}_i$, $\boldsymbol{W}_c$, $\boldsymbol{W}_o$ ——上一时刻隐态 $s^{(t-1)}$ 到三个门及候选单元状态 $\widetilde{c^{(t)}}$ 的权重矩阵；

$\boldsymbol{U}_f$, $\boldsymbol{U}_i$, $\boldsymbol{U}_c$, $\boldsymbol{U}_o$ ——上一时刻输入 x_t 到三个门及候选单元状态 $\widetilde{c^{(t)}}$ 的权重矩阵；

b_f , b_i , b_c , b_o ——四个偏置项；

$\sigma_g(\cdot)$ ——门的激活函数，一般情况下是 Sigmoid 型函数，范围为[0,1]；

$\tanh(\cdot)$ ——双曲正切函数,范围为[-1,1]。

基于式(3-105)~式(3-108)的结果,在每一个迭代时刻 t,神经元的单元状态 $c^{(t)}$ 和输出隐态 $s^{(t)}$ 的计算公式为

$$c^{(t)} = f_t c^{(t-1)} + i_t \widetilde{c^{(t)}} \tag{3-109}$$

$$s^{(t)} = o^{(t)} \cdot \tanh(c^{(t)}) \tag{3-110}$$

2. 门控循环单元网络

门控循环单元网络是一种比 LSTM 网络更加简单的 RNN,GRU 网络结构中不引入单元状态 $c^{(t)}$,而仅引入两个门结构,即更新门 $u^{(t)}$ 和重置门 $r^{(t)}$。与 LSTM 相比,GRU 更加简洁,直接用更新门来控制输入信息与剔除信息之间的平衡关系,它的张量操作较少,因此训练它比 LSTM 更快一点。

(1)门控机制

下面简述 GRU 的门控机制。GRU 循环单元网络结构示意图如图 3-28 所示。

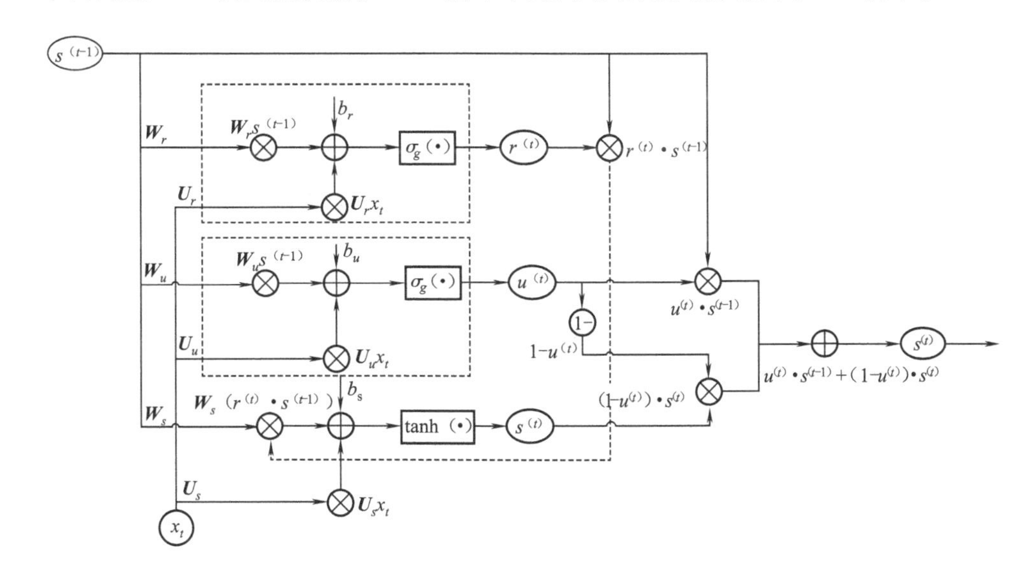

图 3-28　GRU 循环单元网络结构

①更新门 $u^{(t)}$。更新门类似于 LSTM 里的遗忘门和输入门,直接使用隐态 $s^{(t)}$ 来传输信息,控制当前状态在不经过非线性变换的情况下从历史状态中保留多少信息,以及从候选隐态 $\widetilde{s^{(t)}}$ 中接受多少新信息,更新门的值越大说明前一时刻的状态信息接受越多。

②重置门 $r^{(t)}$。重置门用于决定丢弃先前信息的程度,控制前一状态有多少信息被写入到当前候选隐态 $\widetilde{s^{(t)}}$ 中,重置门的值越小说明忽略得越多。

(2)计算机制

GRU 网络中,在 t 时刻,更新门 $u^{(t)}$、重置门 $r^{(t)}$、隐态 $s^{(t)}$、候选隐态 $s^{(t)}$ 输出的计算公式为

$$u^{(t)} = \sigma_g(\boldsymbol{U}_u x_t + \boldsymbol{W}_u s^{(t-1)} + b_u) \tag{3-111}$$

$$r^{(t)} = \sigma_g(\boldsymbol{U}_r x_t + \boldsymbol{W}_r s^{(t-1)} + b_r) \tag{3-112}$$

$$\widetilde{s^{(t)}} = \tanh[\boldsymbol{U}_s x_t + \boldsymbol{W}_s(r^{(t)} \cdot s^{(t-1)}) + b_s] \quad (3\text{-}113)$$

式中　$\boldsymbol{U}_u$，$\boldsymbol{U}_r$，$\boldsymbol{U}_s$——上一时刻输入 x_t 到更新门 $u^{(t)}$、重置门 $r^{(t)}$ 及候选隐态 $\widetilde{s^{(t)}}$ 的权重矩阵；

$\boldsymbol{W}_u$，$\boldsymbol{W}_r$，$\boldsymbol{W}_s$——上一时刻隐态 $s^{(t-1)}$ 到更新门、重置门及候选隐态 $\widetilde{s^{(t)}}$ 的权重矩阵；

b_u，b_r，b_s——三个偏置项；

$\sigma_g(\cdot)$——门的激活函数，一般情况下是 Sigmoid 型函数，范围为[0,1]；

$\tanh(\cdot)$——双曲正切函数，范围为[-1,1]。

基于式(3-111)～式(3-113)的结果，在每一个迭代时刻 t，神经元的输出隐态 $s^{(t)}$ 的计算公式为

$$s^{(t)} = u^{(t)} \cdot s^{(t-1)} + (1 - u^{(t)}) \cdot \widetilde{s^{(t)}} \quad (3\text{-}114)$$

3. 双向循环神经网络

在有些问题中，当前时刻的输出不仅和历史状态有关，还可能和未来状态有关，两者共同预测才能得到较为准确的结果。例如，一个完整的句子"他说，寻梦是他的好朋友"中，判断"寻梦"是否是人名，如果只从前面两个词无法得知"寻梦"是否是人名，因为在有的句子，例如"他说，寻梦是毕生的追求"中，"寻梦"就不是人名，若同时借助后面的信息就很好判断。因此，在这种情况下，就需要网络不仅能学习当前时刻之前的历史数据信息，还要能学习当前时刻以后的数据信息，这就需要用到 BRNN。

BRNN 的基本思想是每一个训练序列向前和向后分别是两个 RNN 序列模型，也就是说将正向 RNN 与反向 RNN 结合到一起，两者共用一个输入层和输出层，但沿着相反的方向进行训练。这个结构提供给输出层输入序列中每一个点的完整的历史和未来的上下文信息，保证每一个神经元能获得较完整的时序信息。如图 3-29 所示为 BRNN 的结构展开图，其中，六个权值在每一个时间步被重复利用，分别对应：正向和反向输入层至隐含层的权重矩阵分别为 $\boldsymbol{U}_1$ 和 $\boldsymbol{U}_2$，单一方向上隐含层到隐含层之间的权重矩阵分别为 $\boldsymbol{W}_1$ 和 $\boldsymbol{W}_2$，正向和反向上隐含层至输出层的权重矩阵分别为 $\boldsymbol{V}_1$ 和 $\boldsymbol{V}_2$。值得注意的是，每一个输出都是综合考虑两个方向获得的结果，输出方向相反的两个隐含层之间不存在信息流动，这保证了展开图是非循环的。

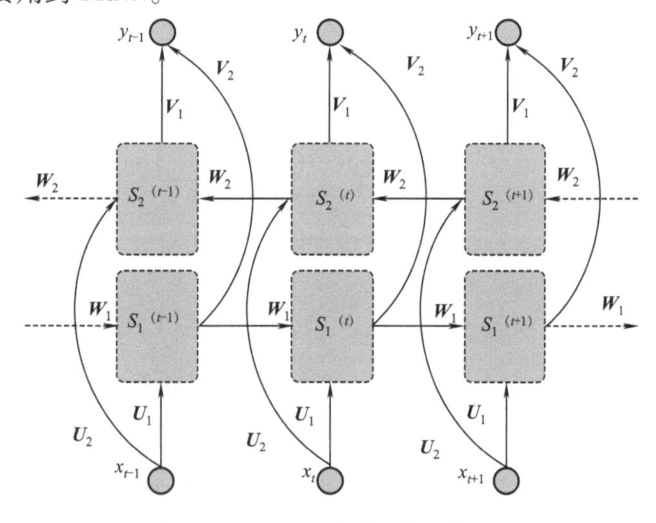

图 3-29　BRNN 网络结构展开

对于 BRNN 的隐含层，前向计算跟单向的 RNN 一样，除了输入序列对于两个隐含层是相反方向的，输出层直到两个隐含层处理完所有的全部输入序列才更新；BRNN 的误差后向

推算与 RNN 相似,但首先计算输出层误差项,然后返回给两个不同方向的隐含层。

4. 图神经网络

图神经网络的表示法最早由 Marco Gori 等(2005)提出,由 Franco Scarselli 等(2009)进一步阐述,这些早期的研究理论基础是不动点理论,即通过迭代的方式,利用循环神经结构传播邻域信息,直到达到一个稳定的不动点,来学习目标节点的表示,其中,每个节点都用一组神经元来表示。但是,CNN 仅能够处理排列整齐的矩阵,当面对很多非欧几里得结构时就显得力不从心,如交通网络、社交网络等,因为在这种结构下 CNN 难以保持平移不变性,也就是说由于图中每个点连接的边都可能不同,使用同一尺寸卷积核是无法进行卷积运算的,因此图神经网络被提出,它使用点和边搭建相应拓扑网络,以提取邻居节点的空间特征。后来,受 CNN 在计算机视觉领域大获成功的启发,很多方法致力于重新定义卷积算子,这些方法都属于图卷积网络。GCN 是对 CNN 中卷积运算的拓展,通过聚合自身与邻居的特征来对自身特征进行更新,这一更新是基于全图的,因此可以获得距离目标节点较远节点的特征,但是这种学习方式,每次训练都需要对全图进行处理,因此灵活性较差,每增加或减少一个节点,与之相关的节点都会受到影响。近年来,除了 GCN 外,还出现了许多新的 GNN,例如图注意力网络(graph attention networks,简称 GAN)、图生成网络(graph generative network,简称 GGN)和图采样算法(graph sample and aggregate,简称 GraphSAGE)。GAN 为节点之间的边给予了权重,权重是不满足对称性的,这为处理有向图提供了可能,但 GAN 的缺点在于仅能提取与目标节点直接相连的邻居节点的特征,而无法获得更远距离节点的特征。GraphSAGE 克服了 GCN 的缺点,它改变了学习的方式,从学习结果改变为学习一种表示方法,也就是说学习目标节点的特征聚合的过程,但是这种方法计算量较大,导致模型在时间上表现较差。

本节主要讲授 GNN 的基本思想。根据图论,给定一张图,其图结构由若干个节点(node)和连接节点的边(edge)构成,每个节点和节点之间的边都有自己的特征(feature),可以由实向量表示。这里定义:图结构表示为 $G(N,E)$,其中 N 表示点的集合, E 表示边的集合;$\mathrm{Nne}[n]$ 表示节点 n 的邻接节点集合;$\mathrm{Eco}[n]$ 表示与节点 n 关联的边集合,其中, $e_{(n_1,n_2)}$ 表示节点 n_1 和 n_2 之间边的属性集合; x_n 表示节点 n 的属性集合; $s_n^{(t)}$ 代表节点的隐态,即状态表征函数。GNN 的学习目标就是获得每个节点的隐含状态 $s_n^{(t)}$,第 t 时刻每个节点都可以收到来自相邻节点的消息,则隐态表示 $s_n^{(t)}$ 由该节点的特征 x_n 、该节点连接边的特征 $e_{\mathrm{Eco}[n]}$ 、该节点的邻居节点表示 $s_{\mathrm{Eco}[n]}^{(t-1)}$ 和它邻居节点的特征 $x_{\mathrm{Nne}[n]}$ 计算得到,则隐态更新函数可表示为

$$s_n^{(t)} = f(x_n, e_{\mathrm{Eco}[n]}, s_{\mathrm{Eco}[n]^{(t-1)}}, x_{\mathrm{Nne}[n]}) \tag{3-115}$$

式中　$f(\cdot)$ ——局部变换函数,是一个全局共享函数,描述了节点 n 和其邻域的依赖性。

图结构中每个节点不断地利用当前时刻邻居节点的隐态信息作为部分输入来生成下一时刻中心节点的隐状,直到每个节点的隐态变化幅度很小,整个图结构信息流动趋于平稳为止。状态更新公式仅描述了如何获取每个节点的隐态,此外,类似于 RNN,还需要一个函数描述最后输出,因此,在整个图更新 T 次后,可以通过一个输出函数表示整个网络,表达式为

$$o_n^{(t)} = g(x_n, s_n^{(t)}) \tag{3-116}$$

式中　$g(\cdot)$ ——局部输出函数,也是一个全局共享函数,刻画了输出值的生成过程。

这里举例说明,假设图结构为有三个节点的无向图,在展开图网络中,共三个节点,如图 3-30所示,节点 1 和节点 2 均与节点 3 相连,每一层都对应一个时刻,用 $1,2,\cdots,T$ 表示。两个时刻之间的连线与图结构密切相关。

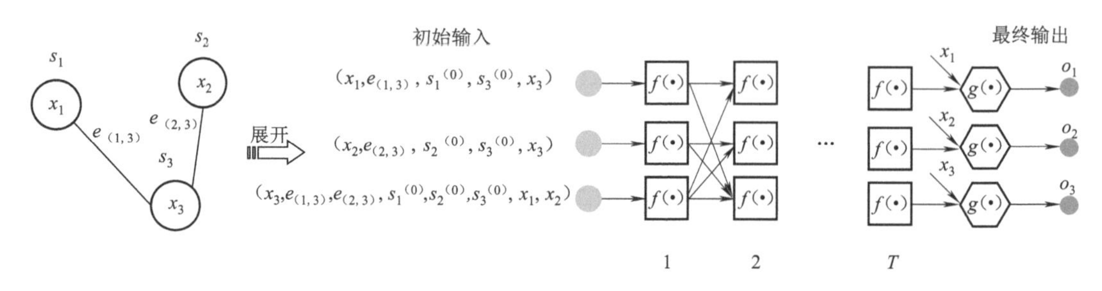

图 3-30　GNN 数据传输

根据式(3-118)可知输入层每个节点的输入形式,例如以节点 3 为例,其初始输入为 $(x_3, e_{(1,3)}, e_{(2,3)}, s_1^{(0)}, s_2^{(0)}, s_3^{(0)}, x_1, x_2)$,含义为:$x_3$ 表示节点 3 的特征,x_1 、x_2 表示与节点 3 相邻节点的特征,$e_{(1,3)}$ 、$e_{(2,3)}$ 表示与节点 3 相连接的边的特征,$s_3^{(0)}$ 表示节点 3 初始状态表示,$s_1^{(0)}$ 、$s_2^{(0)}$ 表示与节点 3 相邻节点的状态表示。在不同时间节点时,比如在 $t=2$ 时刻,因为节点 3 与节点 1、2 相邻,节点 3 的状态接受来自节点 1 和 2 的上一时刻的隐含状态。随着时间推移,各个节点不断接受来自相邻节点上一时刻的隐含状态,并经过局部变换函数 $f(\cdot)$ 进行映射。直到 T 时刻,各个节点的隐含状态不再发生明显变化,各个节点状态收敛,每个节点后面接一个局部输出函数 $g(\cdot)$ 得到该节点的输出值。对于不同的图,达到收敛的时刻可能不同。

第四节　深度学习框架

追根溯源,深度学习的思维范式实际上是人工神经网络,通过样本模式的输入来给定网络的稳定状态,经过学习求得突触权重值;当用于优化计算时,以目标函数和约束条件建立系统的能量函数,确定突触权重值,网络演化到稳定状态,即是优化问题的解。经过几十年的发展,与其他性能优异的机器学习算法相比,深度学习现在是最有效的工具之一。深度学习主要出发点为模拟人脑神经系统的深层结构和人脑认知过程的逐层抽象、逐次迭代机制,基于深层网络模型、面向低层数据对象、采用逐层抽象机制、最终形成高层概念的机器学习方式。目前,深度学习的研究和应用领域十分广泛。现已有一些源于初始 ANN 的深度学习方法,包括深度置信网络(deep belief nets,简称 DBN)、生成对抗网络(generative adversarial network,简称 GAN)、受限玻尔兹曼机(restricted boltzmann machine,简称 RBM)、卷积神经网络 CNN、长短期记忆网络 LSTM 等。

1. TensorFlow 在 Google Brain 团队支持下,已经成为最大的活跃社区。它支持在多 GPU 上运行深度学习模型,为高效的数据流水线提供使用程序,并具有用于模型检查、可视化、序列化的配套模块。TensorFlow 近年对生态系统进行了大量的扩充,将 TensorFlow 的触角延伸到更多领域:支持 Keras 高级 API 封装,提高了开发效率;构建模型集,构建完善的常用模型库,方便数据科学家使用;发布 TensorFlow Hub,为再训练和迁移学习提供常用模型算法,共享多种精度预先训练好的模型；通过 TensorFlow. js 占据浏览器端深度学习生态，成为 TensorFlow 当前一个重要的发展方向。

2. PyTorch 于 2016 年 10 月发布，是一款专注于直接处理数组表达式的低级 API，前身是 Torch。Facebook 人工智能研究院对 PyTorch 提供了强力支持。PyTorch 支持动态计算图，为更具数学倾向的用户提供了更低层次的方法和更多的灵活性，目前许多新发表的论文都采用 PyTorch 作为实验工具，成为学术研究的首选解决方案。

3. MXNet 是亚马逊主导的深度学习平台，性能优良，目前是 Apache 孵化器项目。MXNet 可以在任何硬件上运行（包括手机），支持多种编程语言，如 Python、R、Julia、C++、Scala、MATLAB、Javascript 等。为了减低学习和使用的难度，MXNet 推出了 Gluon 高级 API 封装。

4. PaddlePaddle 是百度旗下深度学习开源平台，Paddle（parallel distributed deep learning）表示并行分布式深度学习。其前身是百度于 2013 年自主研发的深度学习平台，且一直供百度内部工程师研发使用。PaddlePaddle 是一个功能相对全面、易于使用的深度学习框架，一些算法封装良好，仅仅需要使用现成的算法（VGG、ResNet、LSTM、GRU 等），直接执行命令，替换数据进行训练。PaddlePaddle 的设计和 Caffe 类似，按照功能来构造整个框架，二次开发要从 C++底层写起，因此适用于使用成熟稳定模型处理新数据的情况。它的分布式部署做得很好，支持 Kubernetes 的部署。

5. Scikit-learn 主要由 Python 编写，构建于现有的 NumPy（基础 n 维数组包）、SciPy（科学计算基础包）、matplotlib（全面的 2D/3D 画图）、IPython（加强的交互解释器）、Sympy（symbolic mathematics）、Pandas（数据结构和分析）之上，做了易用性的封装。Scikit-learn 提供一系列特征工程能力：降维（dimensionality reduction）、特征提取（feature extraction）、特征筛选（feature selection）能力等，同时对分类、回归、聚类、交叉验证、流型计算等机器学习算法和模型提供了标准实现。作为简单且高效的数据挖掘、数据分析的工具，被广泛应用在机器学习领域。

6. 高级 API。为降低 AI 技术的使用难度、吸引更多的开发者，需要将主流框架封装成高级 API，也称为 AI 前端框架。在设计上，此类高级 API 的实现方式、风格都很类似，支持不同领域的差异性。

（1）Keras 是一个极简的、高度模块化的神经网络库，采用 Python 开发，能够运行在 TensorFlow 和 Theano 任一平台，可以在此平台上完成深度学习的快速开发。

（2）Gluon 是微软联合亚马逊推出的开源深度学习库，是以易用性为主的可以同时支持静态图和动态图的 AI 平台，在灵活性和速度上都有优势，弥补了 MXNet 难于使用的短板。

（3）Sonnet 是被谷歌收购的 deepmind 团队开源、支持数据科学家基于 TensorFlow 搭建的复杂神经网络。

（4）TensorLayer 来自英国帝国理工大学以华裔为主要核心人员的开源项目。从实用角度出发，TensorLayer 封装了基于 TensorFlow 的常规神经网络各部分实际功能需求（神经网络层、损失函数、数据预处理、迭代函数、实用函数、自然语言处理、强化学习、文件、可视化、激活函数、预训练模型、分布式），获得了 2017 ACM Multimedia 年度最佳开源软件奖。

习　　题

1. 简述 SVM 与 SVR 的区别。

2. 给定 7×7×3 输入，如图 3-31 所示，经过两个 3×3×3 的卷积核，如图 3-32 和图 3-33 所示，步长设置为 2，进行卷积计算，求解最后的特征图输出 3×3×2。

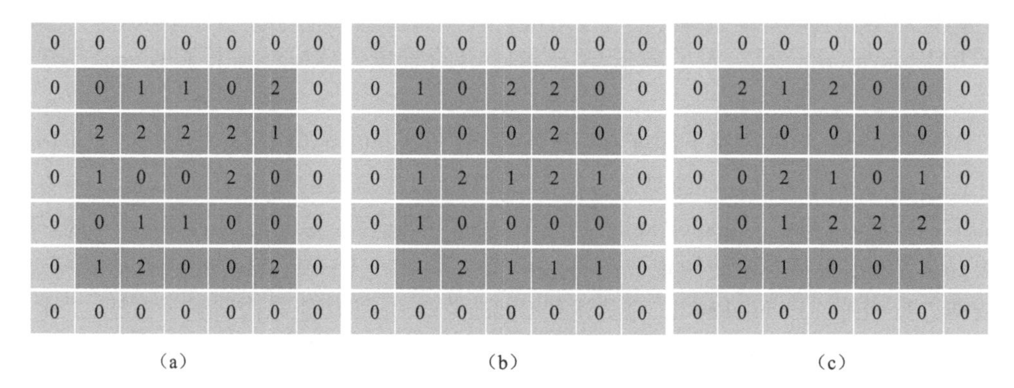

0	0	0	0	0	0	0
0	0	1	1	0	2	0
0	2	2	2	2	1	0
0	1	0	0	2	0	0
0	0	1	1	0	0	0
0	1	2	0	0	2	0
0	0	0	0	0	0	0

（a）

0	0	0	0	0	0	0
0	1	0	2	2	0	0
0	0	0	0	2	0	0
0	1	2	1	2	1	0
0	1	0	0	0	0	0
0	1	2	1	1	1	0
0	0	0	0	0	0	0

（b）

0	0	0	0	0	0	0
0	2	1	2	0	0	0
0	1	0	0	1	0	0
0	0	2	1	0	1	0
0	0	1	2	2	2	0
0	2	1	0	0	1	0
0	0	0	0	0	0	0

（c）

图 3-31　7×7×3 输入

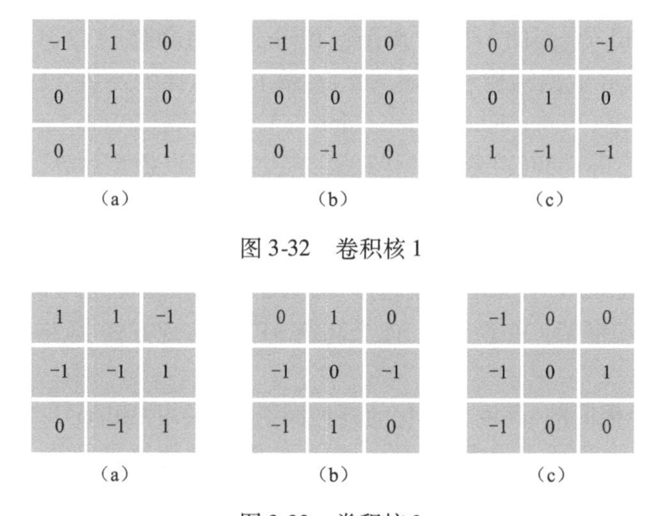

-1	1	0
0	1	0
0	1	1

（a）

-1	-1	0
0	0	0
0	-1	0

（b）

0	0	-1
0	1	0
1	-1	-1

（c）

图 3-32　卷积核 1

1	1	-1
-1	-1	1
0	-1	1

（a）

0	1	0
-1	0	-1
-1	1	0

（b）

-1	0	0
-1	0	1
-1	0	0

（c）

图 3-33　卷积核 2

3. 简要说明卷积神经网络的结构特征。

4. LSTM 与 GRU 模型有什么区别？

5. 试选择一种深度学习框架或工具，设计一种神经网络结构，实现二分类功能。

第四章　模糊计算

模糊理论在数学基础上发展而起，在应用方面呈现出巨大的生命力，渗透到智能控制、数据统计、管理评估等各个领域。本章从模糊理论的产生与应用开始讲述，给出模糊集合及其基本运算、模糊关系与合成运算、模糊聚类、模糊推理的基本理论与方法；讲述模糊控制的基本原理、关键步骤，并给出模糊控制系统的算例、MATLAB 程序举例以及自适应神经模糊推理系统的 MATLAB 实现。

第一节　模糊理论的产生与应用

模糊理论(fuzzy logic)是在美国加州大学伯克利分校电气工程系的 Lotfi Zadeh(扎德)教授于 1965 年创立的模糊集合理论的数学基础上发展起来的。Lotfi Zadeh 教授在 1965 年发表论文，首次提出表达事物模糊性的重要概念——隶属函数，从而突破了 19 世纪末康托尔的经典集合理论，奠定模糊理论的基础。

1969 年，Peter Marinos 发表模糊逻辑的研究报告，1973 年，Lotfi Zadeh 发表模糊推理的研究报告，从此，模糊理论成了一个热门的课题。1974 年，英国的 Mamdani 首次用模糊逻辑和模糊推理实现了世界上第一个实验性的蒸汽机控制，并取得了比传统的直接数字控制算法更好的效果，从而宣告模糊控制的诞生。1980 年，丹麦的 Holmblad 和 Ostergard 在水泥窑炉采用模糊控制并取得了成功，这是第一个商业化的有实际意义的模糊控制器。1980 年，Michio Sugeno 开创了模糊理论在日本的首次应用——控制一家富士电子水净化工厂。之后他又开始研究模糊机器人，这种机器人能够根据呼唤命令来自动控制汽车的停放。20 世纪 80 年代初，来自于日立公司的 Yasunobu 和 Miyamoto 开始给仙台地铁开发模糊控制系统，1987 年仙台地铁模糊系统投入运行，创造了当时世界上最先进的地铁系统。IEEE 于 1993 年创办了模糊系统会刊 IEEE Transactions on Fuzzy Systems。

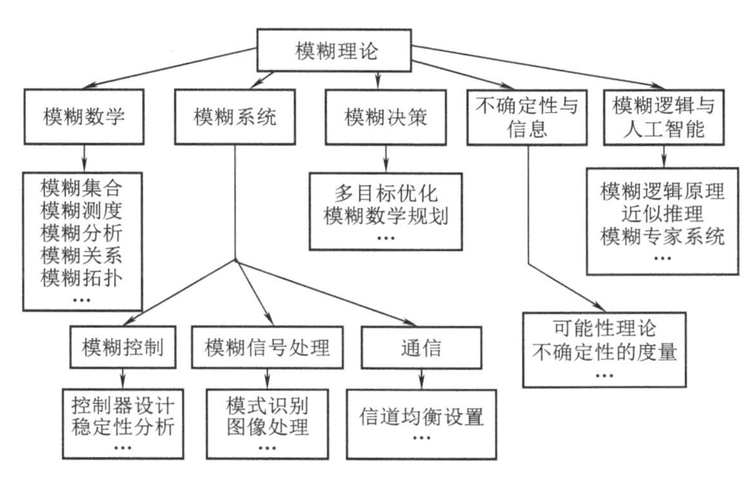

图 4-1　模糊理论的分支

根据模糊理论的不同分类，模糊理论有广泛的研究和适用性，主要包括模糊控制系统、模糊识别、模糊聚类和模糊评价。如智能家电的模糊控制、数字图像稳定器、汽车模糊自动化传感器、地铁模糊控制、图形模糊识别、模糊综合评价都是模糊理论应用的领域。

理论研究和应用模糊理论的分支如图 4-1 所示。

第二节　模糊集合及其基本运算

一、模糊理论的数学基础

1. 基本概念

(1) 论域

当讨论某个概念的外延或考虑某个问题的议题时，总会圈定一个讨论的范围，这个范围称为论域，常用大写字母 U、V、X、Y 表示。

(2) 元素

论域中的每个对象称为元素，常用小写字母 a、b、x、y 等符号表示。

(3) 集合

在某一论域中，具有某种特定属性的对象的全体称为该论域中的一个集合，常用大写 A、B、C 或 X、Y、Z 等表示。

(4) 元素与集合间的相互关系常用符号

$a \in A$ 表示元素 a 属于集合 A；

$a \notin A$ 表示元素 a 不属于集合 A；

$\forall a \in A$ 表示集合 A 中的任意一个元素 a；

$\exists a \in A$ 表示集合 A 中存在元素 a。

(5) 几种特殊的集合

全集：包含论域中的全部元素的集合，记为 U；空集：不包含任何元素的集合，记为 Φ；A 是 B 的一个子集，记作 $B \supseteq A$，或 $A \subseteq B$；集合的幂集，是由集合的所有子集构成的集族。

2. 普通集合的表示方法

(1) 列举法

例如，“小于 10 的正奇数的集合”记为 $\{1,3,5,7,9\}$。

(2) 定义法

例如，$X = \{x | x \in U, x$ 是 3 的整数倍$\}$。

(3) 特征函数法

例如，$F_A(x) = \begin{cases} 1 & x \in A \\ 0 & x \notin A \end{cases}$。

3. 集合的直积

由两个集合 X 和 Y 各自的元素 $x \in X$，$y \in Y$ 构成的序偶 (x,y) 的集合，称为集合和的直积，记作 $X \times Y$，表示为

$$X \times Y = \begin{bmatrix} x_1 \\ \vdots \\ x_n \end{bmatrix} [y_1 \quad \cdots \quad y_m] = \begin{bmatrix} x_1y_1 & x_1y_2 & \cdots & x_1y_m \\ x_2y_1 & x_2y_2 & \cdots & x_2y_m \\ \vdots & \vdots & & \vdots \\ x_ny_1 & x_ny_2 & \cdots & x_ny_m \end{bmatrix} \tag{4-1}$$

4. 映射

定义:设 X 、Y 是两个非空集合,如果存在一个法则 f ,使得对 X 中每个元素 x ,在 Y 中有唯一确定的元素 y 与之对应,则称 f 为从 X 到 Y 的映射,记作

$$f:X \rightarrow Y$$

$y = f(x)$,其中 y 称为元素 x (在映射 f 下)的像,而元素 x 称为元素 y (在映射 f 下)的一个原像。

f 的定义域: X ;

f 的值域: $f(X) = \{f(x) \mid x \in X\} \subseteq Y$ 。

二、模糊集合的概念与表示

1. 模糊集合的定义

给定论域 U , U 到[0,1]闭区间的任一映射 μ_A 为

$$\mu_A:U \rightarrow [0,1]$$

确定 U 的一个模糊集合 A , μ_A 称为模糊集合 A 的隶属函数,它反映了模糊集合中的元素属于该集合的程度。若 U 中的元素用 x 表示,则 $\mu_A(x)$ 称为 x 属于 A 的隶属度。$\mu_A(x)$ 的取值范围为闭区间[0,1],若 $\mu_A(x)$ 接近1,表示 x 属于 A 的程度高, $\mu_A(x)$ 接近0,表示 x 属于 A 的程度低。

(1)论域为有限离散集的模糊集合表示方法

当论域 U 为有限集 $\{x_1,x_2,\cdots,x_n\}$ 时,通常有以下三种方式。

①扎德(Zadeh)表示方法

将论域中的元素 x_i 与其隶属度 $\mu_A(x)$ 按式(4-2)表示 A ,则

$$A = \frac{\mu_A(x_1)}{x_1} + \frac{\mu_A(x_2)}{x_2} + \cdots + \frac{\mu_A(x_n)}{x_n} \tag{4-2}$$

式中 $\dfrac{\mu_A(x_i)}{x_i}$ ——论域中的元素 x_i 属于集合 A 的程度;

"+"——模糊集合在论域 U 上的整体。

在 Zadeh 表示法中,隶属度为零的项可不写入。

②序偶表示法

将论域中的元素 x_i 与其隶属度 $\mu_A(x_i)$ 构成序偶来表示 A ,则

$$A = \{(x_1,\mu_A(x_1)),(x_2,\mu_A(x_2)),\cdots,(x_N,\mu_A(x_N)) \mid x \in U\} \tag{4-3}$$

在序偶表示法中,隶属度为零的项可省略。

③向量表示法

将论域中元素 x_i 的隶属度 $\mu_A(x_i)$ 构成向量来表示 A ,则

$$\boldsymbol{A} = [\mu_A(x_1)\ \mu_A(x_2)\ \cdots\ \mu_A(x_N)] \tag{4-4}$$

在向量表示法中，隶属度为零的项不能省略。

例 4-1 对于地铁某一车门处候车“人数多”这个模糊集合 A，其论域为 $U=\{0,1,2,\cdots,10\}$，设各元素的隶属函数依次为 $\{0,0,0.1,0.1,0.3,0.5,0.8,0.8,0.9,1,1\}$。

解 模糊集合 A 可表示为

$$A=\frac{0}{0}+\frac{0}{1}+\frac{0.1}{2}+\frac{0.1}{3}+\frac{0.3}{4}+\frac{0.5}{5}+\frac{0.8}{6}+\frac{0.8}{7}+\frac{0.9}{8}+\frac{1}{9}+\frac{1}{10}$$

$$=\frac{0.1}{2}+\frac{0.1}{3}+\frac{0.3}{4}+\frac{0.5}{5}+\frac{0.8}{6}+\frac{0.8}{7}+\frac{0.9}{8}+\frac{1}{9}+\frac{1}{10}$$

或

$$A=\{(0,0),(1,0),(2,0.1),(3,0.1),(4,0.3),(5,0.5),(6,0.8),(7,0.8),(8,0.9),(9,1),(10,1)\}$$

$$=\{(2,0.1),(3,0.1),(4,0.3),(5,0.5),(6,0.8),(7,0.8),(8,0.9),(9,1),(10,1)\}$$

或

$$\boldsymbol{A}=[0\ 0\ 0.1\ 0.1\ 0.3\ 0.5\ 0.8\ 0.8\ 0.9\ 1\ 1]$$

（2）论域为有限连续域的模糊集合表示方法

当论域 U 为有限连续域时，Zadeh 表示法为

$$A=\int_U \frac{\mu_A(x)}{x} \tag{4-5}$$

式中 $\frac{\mu_A(x)}{x}$——论域中的元素 x 属于集合 A 的程度；

$\int$——模糊集合 A 在论域 U 上的元素 x 与其隶属度 $\mu_A(x)$ 对应关系的一个整体。

同样在有限连续域表示法中，隶属度为零的部分可不写入。

例 4-2 若以排队时长（min）为论域，并设 $U=[0,10]$，设 S 表示模糊集合“排队时间短”，L 表示模糊集合“排队时间长”。已知“排队时间短”和“排队时间长”的隶属函数分别为

$$\mu_S(x)=\begin{cases}1-\dfrac{x^2}{64} & 0\leqslant x\leqslant 8\\ 0 & 8<x\leqslant 10\end{cases}$$

$$\mu_L(x)=\begin{cases}0 & 0\leqslant x\leqslant 2\\ \dfrac{(x-2)^2}{64} & 2<x\leqslant 10\end{cases}$$

其隶属度函数曲线如图 4-2 所示。

解 因为论域是连续的，因而“排队时间短”和“排队时间长”的模糊集合 S 和 L 分别为

$$S=\left\{\left(x,1-\frac{x^2}{64}\right)\middle|0\leqslant x\leqslant 8\right\}+\{(x,0)\mid 8<x\leqslant 10\}$$

$$L=\{(x,0)\mid 0\leqslant x\leqslant 2\}+\left\{\left(x,\frac{(x-2)^2}{64}\right)\middle|2<x\leqslant 10\right\}$$

或 $S=\int_{0\leqslant x\leqslant 8}\dfrac{1-\frac{x^2}{64}}{x}+\int_{8<x\leqslant 10}\dfrac{0}{x}$，$L=\int_{0\leqslant x\leqslant 2}\dfrac{0}{x}+\int_{2<x\leqslant 10}\dfrac{\frac{(x-2)^2}{64}}{x}$

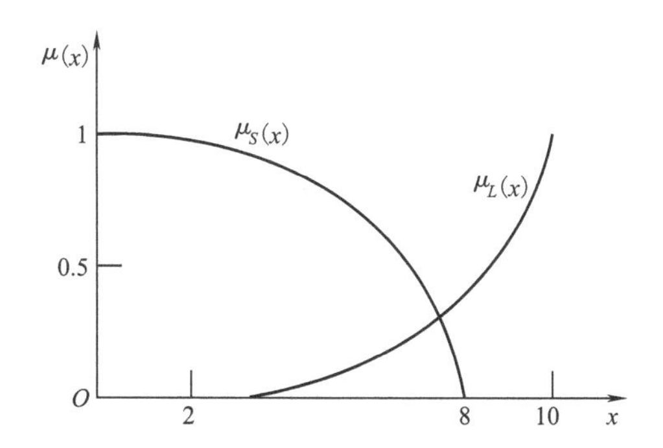

图 4-2　“排队时间短”和“排队时间长”的隶属度函数

2. 常用的隶属度函数

隶属函数是对模糊概念的定量描述,正确地确定隶属函数,是运用模糊集合理论解决实际问题的基础。隶属函数的确定一般是根据经验或统计进行确定,也可由专家、权威给出。以实数域 **R** 为论域时,称隶属函数为模糊分布。常见的模糊分布如下。

(1)正态型

正态型是最主要也是最常见的一种分布,其分布曲线如图 4-3 所示。

$$A(x;a,b) = e^{-\left(\frac{x-a}{b}\right)^2} \quad b > 0 \tag{4-6}$$

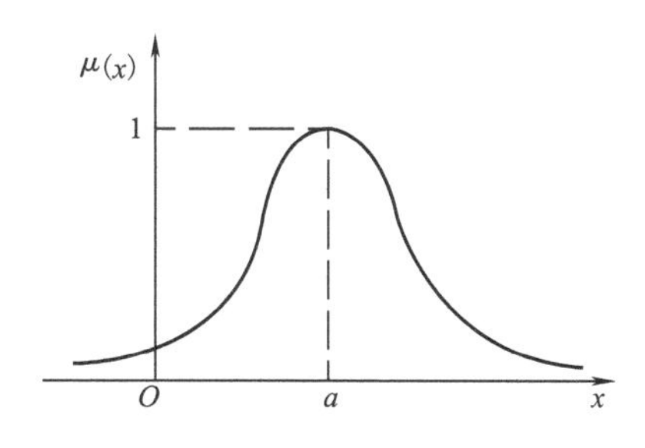

图 4-3　正态型分布曲线

(2)半梯形与梯形

①右半梯形

$$A(x;a,b) = \begin{cases} 1 & x \leqslant a \\ \dfrac{b-x}{b-a} & a < x \leqslant b \\ 0 & b < x \end{cases} \tag{4-7}$$

②左半梯形

$$A(x;a,b) = \begin{cases} 0 & x \leqslant a \\ \dfrac{x-a}{b-a} & a < x \leqslant b \\ 1 & b < x \end{cases} \tag{4-8}$$

式中　a,b ——参数,且 $b > a$,其分布曲线如图 4-4 所示。

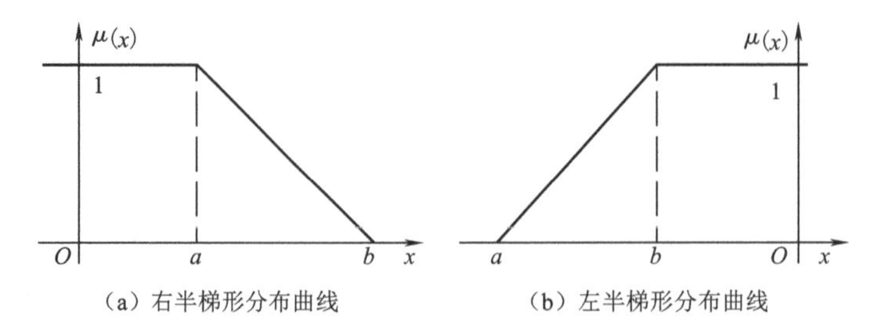

图 4-4　半梯形分布曲线

(3)梯形

$$A(x;a,c,d)=\begin{cases}0 & x\leqslant a\\ \dfrac{x-b}{b-a} & a<x\leqslant b\\ 1 & b<x\leqslant c\\ \dfrac{d-x}{d-c} & c<x\leqslant d\\ 0 & d<x\end{cases} \tag{4-9}$$

式中　a,b,c,d——参数,且 $a<b<c<d$,其分布曲线如图 4-5 所示。

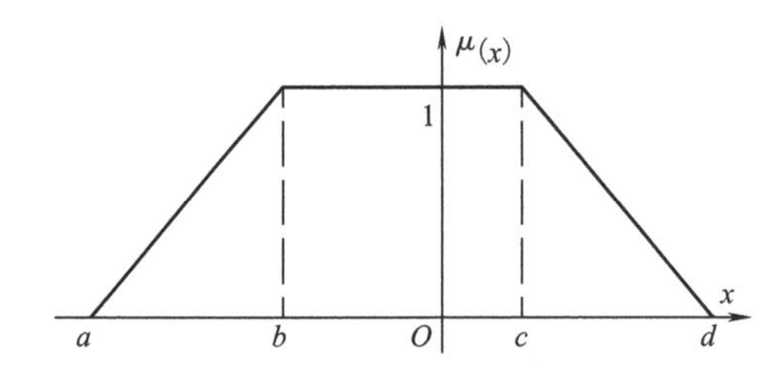

图 4-5　梯形分布曲线

(4)k 次抛物型

$$A(x;a,b,k)=\begin{cases}1 & x\leqslant a\\ \left(\dfrac{b-x}{b-a}\right)^k & a<x\leqslant b\\ 0 & b<x\end{cases} \tag{4-10}$$

式中　a,b,k——参数,且 $k>0$,其分布曲线如图 4-6 所示。

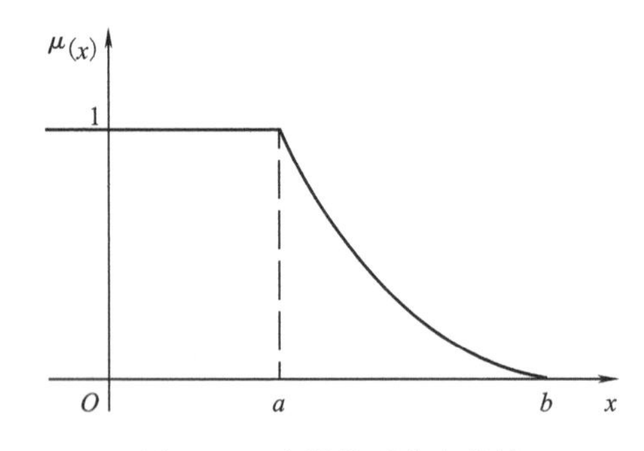

图 4-6　k 次抛物型分布曲线

(5)柯西(Cauchy)型

$$A(x;a,\alpha,\beta)=\begin{cases}1 & x\leqslant a\\ \dfrac{1}{1+\alpha(x-a)^{\beta}} & a<x\end{cases} \tag{4-11}$$

式中　a,α,β——参数,且 $\alpha,\beta>0$,其分布曲线如图 4-7 所示。

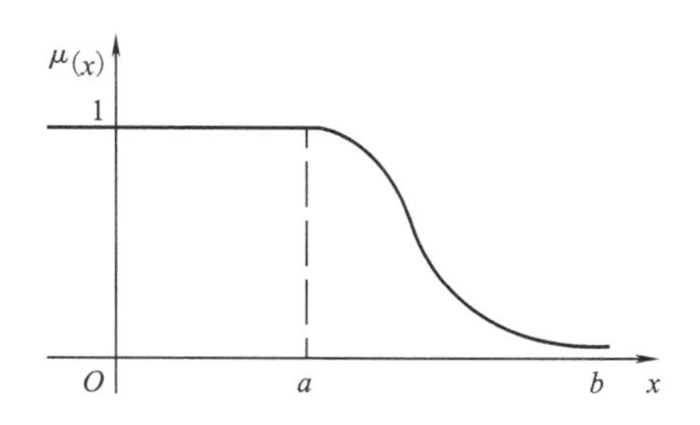

图 4-7　柯西(Cauchy)型分布曲线

(6)S 型

$$A(x;a,b,c)=\begin{cases}0 & x\leqslant a\\ 2\left(\dfrac{x-a}{c-a}\right)^2 & a<x\leqslant b\\ 1-2\left(\dfrac{x-a}{c-a}\right)^2 & b<x\leqslant c\\ 1 & x>c\end{cases} \tag{4-12}$$

式中　a,b,c——参数,且 $a<c$, $b=\dfrac{a+c}{2}$,其分布曲线如图 4-8 所示。

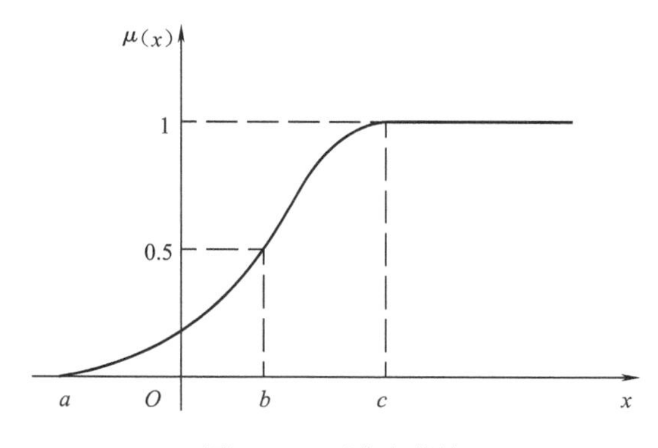

图 4-8　S 型分布曲线

其他还有三角形函数、钟形函数等,在此不一一列举。

3. 隶属度函数的确定方法

在模糊数学的许多应用中,可以经过实践效果的检验与调整获得更正确的隶属函数。例如开始只能建立一个近似的隶属函数,然后通过"学习"逐步修改和完善。

常用的隶属度函数的确定方法包括:模糊统计方法、指派方法、二元对比排序法等。

(1)模糊统计方法

模糊统计方法对所描述的对象进行抽样调查,以论域作为横坐标,隶属的频率作为纵坐标,进行描点绘制图形,获得隶属度函数。

(2)指派方法

指派方法根据问题的性质,套用现成的某些形式的模糊分布,根据调查数据拟合分布中的参数,以确定隶属度函数。

(3)二元对比排序法

有些模糊集合,很难直接给出隶属度函数,可以通过两两比较,确定论域中元素对应的隶属度的排序,再用数学加工得到隶属度函数。

(4)遵守的基本原则

在构建隶属度函数时需要遵循几个必要的基本准则:

①表示隶属度函数的模糊集合必须是凸模糊集合,从最大的隶属度点出发向两边延伸时,其隶属度函数的值必须是单调递减的,而不许有波浪性。

②变量所取隶属度函数通常是对称和平衡的。

③隶属度函数要符合人们的语义顺序,避免不恰当的重叠。

三、模糊集合的运算

1. 模糊集合的基本运算

(1)模糊集合的相等

若有两个模糊集合 A 和 B ,对于所有的 $x \in U$,均有 $\mu_A(x) = \mu_B(x)$,则称模糊集合 A 等于模糊集合 B ,记作 $A = B$ 。

(2)模糊集合的包含关系

若有两个模糊集合 A 和 B ,对于所有的 $x \in U$,均有 $\mu_A(x) \leqslant \mu_B(x)$,则称模糊集合 A 包含于模糊集合 B ,或 A 是 B 的子集,记作 $A \subseteq B$ 。

(3)模糊空集

若对于所有的 $x \in U$,均有 $\mu_A(x) = 0$,则称模糊集合 A 为空集,记作 $A = \Phi$ 。

(4)模糊集合的并集

若有三个模糊集合 A 、B 和 C ,对于所有的 $x \in U$,均有

$$\mu_C(x) = \mu_A(x) \vee \mu_B(x) = \max\{\mu_A(x), \mu_B(x)\}$$

或

$$\mu_C(x) = \mu_A(x) \vee \mu_B(x) = \mu_A(x) + \mu_B(x) - \mu_A(x) \cdot \mu_B(x)$$

则称模糊集合 C 为 A 与 B 的并集,记作 $C = A \cup B$ 。

(5)模糊集合的交集

若有三个模糊集合 A 、B 和 C ,对于所有的 $x \in U$,均有

$$\mu_C(x) = \mu_A(x) \wedge \mu_B(x) = \min\{\mu_A(x), \mu_B(x)\}$$

或

$$\mu_C(x) = \mu_A(x) \wedge \mu_B(x) = \mu_A(x) \cdot \mu_B(x)$$

则称模糊集合 C 为 A 与 B 的交集,记作 $C = A \cap B$ 。

(6)模糊集合的补集(求余)

若有两个模糊集合 A 和 B，对于所有的 $x \in U$，均有 $\mu_B(x) = 1 - \mu_A(x)$，则称 B 为 A 的补集，记作 $B = A^C$。

(7)模糊集合的运算规律

在以上运算定义的基础上，模糊运算满足经典集合论的交换律、结合律、分配律、吸收律、同一律、复原律、对偶律等基本运算性质。

幂等律：$A \cup A = A$，$A \cap A = A$

交换律：$A \cup B = B \cup A$，$A \cap B = B \cap A$

结合律：$A \cup (B \cup C) = (A \cup B) \cup C$，$A \cap (B \cap C) = (A \cap B) \cap C$

分配率：$(A \cup B) \cap C = (A \cap C) \cup (B \cap C)$

$(A \cap B) \cup C = (A \cup C) \cap (B \cup C)$

吸收率：$(A \cup B) \cap A = A$，$(A \cap B) \cup A = A$

复原率：$(A^C)^C = A$

对偶率：$(A \cup B)^C = A^C \cap B^C$，$(A \cap B)^C = A^C \cup B^C$

0－1 律：$A \cup U = U$，$A \cup \Phi = A$，$A \cap U = A$，$A \cap \Phi = \Phi$

但是不满足补余律：$A \cup A^C \neq U$，$A \cap A^C \neq \Phi$

例如，模糊集合 $A = \{0.2, 0.7\}$，$A^C = \{0.8, 0.3\}$，则 $A \cap A^C = \{0.2 \wedge 0.8, 0.7 \wedge 0.3\} = \{0.2, 0.3\} \neq \Phi$。

典型的，当模糊集合 $A = \{0.5, 0.5\}$，则 $A^C = \{1 - 0.5, 1 - 0.5\} = \{0.5, 0.5\}$。这表明在模糊集合中存在其补集等于自己的集合。这在普通集合中是不可思议的，但却正好反映了实际工作中“亦此亦彼”的现象。模糊集合的这一特点，在模糊信息处理中具有重要意义，使得模糊信息处理的结果更符合实际。

2. 模糊集合的直积

若有两个模糊集合 A 和 B，其论域分别为 X 和 Y，则定义在积空间 $X \times Y$ 模糊集合 $A \times B$ 是模糊集合 A 和 B 的直积，即 $A \times B = \{(a,b) \mid a \in A, b \in B\}$。

上述定义表明，在集合 A 中取一元素 a，又在集合 B 中取一元素 b，按照先 A 后 B 的顺序构成了 (a,b)“序偶”，所有的序偶 (a,b) 构成的集合，称为集合 A 到 B 的直积，隶属度函数为

$$\mu_{A\times B}(x,y) = \min\{\mu_A(x), \mu_B(x)\} \text{ 或 } \mu_{A\times B}(x,y) = \mu_A(x) \cdot \mu_B(y)$$

直积又称为笛卡尔积或叉积。两个模糊集合直积的概念可以很容易推广到多个模糊集合的直积。

3. 模糊集合的截集

定义：设 X 是论域，$A \in F(X)$，$\lambda \in [0,1]$，$A_\lambda = \{x \mid A(x) \geqslant \lambda\}$ 称为 A 的 λ 截集；$A_{\underset{\bullet}{\lambda}} = \{x \mid A(x) > \lambda\}$ 称为 A 的 λ 强截集(也可称为 α 截集)。

例 4-3 求模糊集合 $A = \frac{0.3}{u_1} + \frac{0.8}{u_2} + \frac{0.1}{u_3} + \frac{1}{u_4} + \frac{0.5}{u_5}$ 的 λ 截集。

解 取 λ 分别为 1，0.8，0.5，0.3，0.1，于是有

$A_1 = \{u_4\}$，$A_{0.8} = \{u_2, u_4\}$，$A_{0.5} = \{u_2, u_4, u_5\}$

$A_{0.3} = \{u_1, u_2, u_4, u_5\}$，$A_{0.1} = \{u_1, u_2, u_3, u_4, u_5\}$

第三节 模糊关系

一、模糊关系的定义

1. 经典集合的二元关系

如果对集合中的元素之间搭配加以某种限制，则满足此限制的所有序偶(x,y)构成的集合是直积中的一个子集。

定义：设X和Y是两个非空集合，集合X和Y的直积$X \times Y$的一个子集R称为X到Y的一个二元关系，简称关系。

关系$\boldsymbol{R}$可用关系矩阵来表示。关系矩阵的第i行第j列上的元素按如下定义

$$r_{ij} = \begin{cases} 1 & 若(x,y) \in R \\ 0 & 若(x,y) \notin R \end{cases} \quad i = 1,2,\cdots,n;j = 1,2,\cdots,m \tag{4-13}$$

2. 模糊关系

设X、Y是两个非空集合，则在直积$X \times Y = \{(x,y) | x \in X, y \in Y\}$中一个模糊集合$\boldsymbol{R}$称为从$X$到$Y$的一个模糊关系，记为$\boldsymbol{R}_{X \times Y}$。

设X为家庭中的儿子和女儿，Y为家庭中的父亲和母亲，对于“子女与父母长得相似”的模糊关系可以用以下模糊矩阵$\boldsymbol{R}$表示。

$$\boldsymbol{R} = \begin{matrix} \\ 子 \\ 女 \end{matrix} \begin{matrix} 父 \quad\ 母 \\ \begin{bmatrix} 0.5 & 0.5 \\ 0.3 & 0.8 \end{bmatrix} \end{matrix}$$

模糊关系$\boldsymbol{R}_{X \times Y}$使用隶属函数$\mu_R(x,y)$表示了$X$中的元素$x$与$Y$中的元素$y$具有关系$\boldsymbol{R}_{X \times Y}$的程度。

以上定义的模糊关系又称二元模糊关系，当$X = Y$时，称为X上的模糊关系。

当论域为n个集合的直积时，$X_1 \times X_2 \times \cdots \times X_n = \{(x_1,x_2,\cdots,x_n) | x_i \in X_i, i = 1,2,\cdots,n\}$，它所对应的为$n$元模糊关系$\boldsymbol{R}_{X_1 \times X_2 \times \cdots \times X_n}$。

当论域$X = \{x_1,x_2,\cdots,x_n\}$，$Y = \{y_1,y_2,\cdots,y_m\}$为有限集合时，定义在$X \times Y$上的模糊关系$\boldsymbol{R}_{X \times Y}$可用如下的$n \times m$阶矩阵来表示。

$$\boldsymbol{R} = \begin{bmatrix} \mu_R(x_1,y_1) & \mu_R(x_1,y_2) & \cdots & \mu_R(x_1,y_m) \\ \mu_R(x_2,y_1) & \mu_R(x_2,y_2) & \cdots & \mu_R(x_2,y_m) \\ \vdots & \vdots & & \vdots \\ \mu_R(x_n,y_1) & \mu_R(x_n,y_2) & \cdots & \mu_R(x_n,y_m) \end{bmatrix} \tag{4-14}$$

这样的矩阵称为模糊矩阵。模糊矩阵$\boldsymbol{R}$中元素$\mu_R(x_i,y_j)$表示论域X中第i个元素x_i与论域Y中的第j个元素y_j对于模糊关系$\boldsymbol{R}_{X \times Y}$的隶属程度，因此它们均在$[0,1]$中取值。

由于模糊关系是定义在直积空间上的模糊集合，所以它也遵从一般模糊集合的运算规则。

设$\boldsymbol{R}$是X上的模糊关系，即$\boldsymbol{R} \in F(X \times X)$，则

①$\boldsymbol{R}$是自反的$\Leftrightarrow I \subseteq \boldsymbol{R}$。即当$x = y$时，$I(x,y) = 1$；当$x \neq y$时，$I(x,y) = 0$。

②$\boldsymbol{R}$是对称的$\Leftrightarrow \boldsymbol{R}^{\mathrm{T}} = \boldsymbol{R}$。

③$\boldsymbol{R}$ 是传递的 $\Leftrightarrow \boldsymbol{R}^2 \subseteq \boldsymbol{R}$。

若 $\boldsymbol{R}$ 是 X 上的自反、对称的模糊关系，则称 $\boldsymbol{R}$ 是 X 上的模糊相似关系。

若 $\boldsymbol{R}$ 是 X 上的自反、对称、传递的模糊关系，则称 $\boldsymbol{R}$ 是 X 上的模糊等价关系。

二、模糊关系的合成

设 X、Y、Z 是论域，$\boldsymbol{R}_{X\times Y}$ 是 X 到 Y 的一个模糊关系，$\boldsymbol{S}_{Y\times Z}$ 是 Y 到 Z 的一个模糊关系，则 $\boldsymbol{R}_{X\times Y}$ 到 $\boldsymbol{S}_{Y\times Z}$ 的合成 $\boldsymbol{T}_{X\times Z}$ 也是一个模糊关系，记为

$$\boldsymbol{T}_{X\times Z} = \boldsymbol{R}_{X\times Y} \circ \boldsymbol{S}_{\mathrm{Y\times Z}} \tag{4-15}$$

它可以为最大-最小合成或最大-积合成，即

$$\mu_{R\circ S}(x,z) = \bigvee_{y\in Y}(\mu_R(x,y) \wedge \mu_S(y,x)) \tag{4-16}$$

$$\mu_{R\circ S}(x,z) = \bigvee_{y\in Y}(\mu_R(x,y) \cdot \mu_S(y,x)) \tag{4-17}$$

其中，最大-最小合成最为常用。以后如无特别说明均指此合成。

当论域 X、Y、Z 为有限时，模糊关系的合成可用模糊矩阵来表示。设 $\boldsymbol{R}_{X\times Y}$、$\boldsymbol{S}_{Y\times Z}$ 和 $\boldsymbol{T}_{X\times Z}$ 三个模糊关系对应的模糊矩阵分别为

$$\boldsymbol{R} = (r_{ij})_{n\times m}, \boldsymbol{S} = (s_{jk})_{m\times l}, \boldsymbol{T} = (t_{ik})_{n\times l} \tag{4-18}$$

则 $t_{ik} = \bigvee_{j=1}^{m}(r_{ij} \wedge s_{jk})$ 或 $t_{ik} = \bigvee_{j=1}^{m}(r_{ij} \cdot s_{jk})$。

即用模糊矩阵的合成 $\boldsymbol{T}=\boldsymbol{R}\circ\boldsymbol{S}$ 来表示模糊关系的合成 $\boldsymbol{T}_{X\times Z} = \boldsymbol{R}_{X\times Y} \circ \boldsymbol{S}_{Y\times Z}$。

例 4-4　已知子女与父母相似关系的模糊矩阵 $\boldsymbol{R}$ 和父母与祖父母相似关系的模糊矩阵 $\boldsymbol{S}$ 分别如下，求子女与祖父母的相似关系模糊矩阵。

$$\boldsymbol{R} = \begin{array}{c} \\ 子 \\ 女 \end{array}\!\!\begin{array}{c} 父\quad\;\; 母 \\ \begin{bmatrix} 0.5 & 0.5 \\ 0.3 & 0.8 \end{bmatrix} \end{array}, \quad \boldsymbol{S} = \begin{array}{c} \\ 父 \\ 母 \end{array}\!\!\begin{array}{c} 祖父\quad 祖母 \\ \begin{bmatrix} 0.1 & 0.5 \\ 0.1 & 0.2 \end{bmatrix} \end{array}$$

解　这是一个典型的模糊关系合成的问题。按最大-最小合成规则有

$$\begin{aligned} \boldsymbol{T} = \boldsymbol{R}\circ\boldsymbol{S} &= \begin{bmatrix} 0.5 & 0.5 \\ 0.3 & 0.8 \end{bmatrix} \circ \begin{bmatrix} 0.1 & 0.5 \\ 0.1 & 0.2 \end{bmatrix} \\ &= \begin{bmatrix} (0.5 \wedge 0.1) \vee (0.5 \wedge 0.1) & (0.5 \wedge 0.5) \vee (0.5 \wedge 0.2) \\ (0.3 \wedge 0.1) \vee (0.8 \wedge 0.1) & (0.3 \wedge 0.5) \vee (0.8 \wedge 0.2) \end{bmatrix} \\ &= \begin{bmatrix} 0.1 \vee 0.1 & 0.5 \vee 0.2 \\ 0.1 \vee 0.1 & 0.3 \vee 0.2 \end{bmatrix} = \begin{array}{c} \\ 子 \\ 女 \end{array}\!\!\begin{array}{c} 祖父\quad 祖母 \\ \begin{bmatrix} 0.1 & 0.5 \\ 0.1 & 0.3 \end{bmatrix} \end{array} \end{aligned}$$

使用 MATLAB 编写模糊关系中的合成运算如下：

```
function ab = hecheng(a,b);
m = size(a,1);
n = size(b,2);
for i =1:m
for j =1:n
ab(i,j) = max(min([a(i,:);b(:,j)']));
end
end
```

第四节　模糊聚类

“聚类分析”是指用数学的方法研究和处理给定对象的分类，也称为对所研究的事物按一定标准进行分类的数学方法，它是多元统计“物以类聚”的一种分类方法，人类要认识世界就必须区别不同的事物并认识事物间的相似性。

一、基于传递闭包的模糊聚类

1. 模糊关系的传递闭包

设 $\boldsymbol{R}$ 是 X 上的模糊关系，即 $\boldsymbol{R} \in F(X \times X)$ 。如果 $\boldsymbol{R}(x,x)=1, \forall x \in X$ ，称 $\boldsymbol{R}$ 是自反的。如果 $\boldsymbol{R}(x,y)=\boldsymbol{R}(y,x)$ ，$\forall x,y \in X$ ，称 $\boldsymbol{R}$ 是对称的。

若 $\boldsymbol{R}$ 是 X 上的自反、对称的模糊关系，则称 $\boldsymbol{R}$ 是 X 上的模糊相似关系。

设 $\boldsymbol{R} \in F(X \times X)$ ，如果对任意 $\lambda \in [0,1]$ 及任意 $x,y,z \in X$ 成立：$\boldsymbol{R}(x,y) \geqslant \lambda$，$\boldsymbol{R}(y,z) \geqslant \lambda \Rightarrow \boldsymbol{R}(x,z) \geqslant \lambda$，则称 $\boldsymbol{R}$ 是传递的。

若 $\boldsymbol{R}$ 是 X 上的自反、对称、传递的模糊关系，则称 $\boldsymbol{R}$ 是 X 上的模糊等价关系。

论域 X 上的经典等价关系可以导出 X 的一个分类。论域 X 上的一个模糊等价关系 $\boldsymbol{R}$ 对应一族经典等价关系 $\{\boldsymbol{R}_\lambda \mid \lambda \in [0,1]\}$，这说明模糊等价关系给出 X 的一个分类的系列。这样，在实际应用问题中可以选择“某个水平”上的分类结果，这就是模糊聚类分析的理论基础。

实际问题中建立的模糊关系常常不是等价关系而是相似关系，这就需要将模糊相似关系改造为模糊等价关系，传递闭包正是这样一种工具。

例 4-5　设 $|X|=5$，$\boldsymbol{R}$ 是 X 上的模糊关系，$\boldsymbol{R}$ 可表示为如下的 5×5 模糊矩阵。求 $\boldsymbol{R}$ 的传递闭包。

$$\boldsymbol{R}=\begin{bmatrix} 1 & 0.1 & 0.8 & 0.5 & 0.3 \\ 0.1 & 1 & 0.1 & 0.2 & 0.4 \\ 0.8 & 0.1 & 1 & 0.3 & 0.1 \\ 0.5 & 0.2 & 0.3 & 1 & 0.6 \\ 0.3 & 0.4 & 0.1 & 0.6 & 1 \end{bmatrix} \quad \boldsymbol{R}^2=\begin{bmatrix} 1 & 0.3 & 0.8 & 0.5 & 0.5 \\ 0.3 & 1 & 0.2 & 0.4 & 0.4 \\ 0.8 & 0.2 & 1 & 0.5 & 0.3 \\ 0.5 & 0.4 & 0.5 & 1 & 0.6 \\ 0.5 & 0.4 & 0.3 & 0.6 & 1 \end{bmatrix}$$

$$\boldsymbol{R}^4=\begin{bmatrix} 1 & 0.4 & 0.8 & 0.5 & 0.5 \\ 0.4 & 1 & 0.4 & 0.4 & 0.4 \\ 0.8 & 0.4 & 1 & 0.5 & 0.3 \\ 0.5 & 0.4 & 0.5 & 1 & 0.6 \\ 0.5 & 0.4 & 0.3 & 0.6 & 1 \end{bmatrix} \quad \boldsymbol{R}^8=\begin{bmatrix} 1 & 0.4 & 0.8 & 0.5 & 0.5 \\ 0.4 & 1 & 0.4 & 0.4 & 0.4 \\ 0.8 & 0.4 & 1 & 0.5 & 0.3 \\ 0.5 & 0.4 & 0.5 & 1 & 0.6 \\ 0.5 & 0.4 & 0.3 & 0.6 & 1 \end{bmatrix}$$

容易看出 $\boldsymbol{R}$ 是自反的对称模糊关系（即模糊相似关系）。计算 $\boldsymbol{R}^2$ ，$\boldsymbol{R}^4$ ，$\boldsymbol{R}^8$ ，$\boldsymbol{R}^8=\boldsymbol{R}^4$ 。$\boldsymbol{R}^4=\boldsymbol{R}^4$ ，所以 $\boldsymbol{R}$ 的传递闭包 $t(\boldsymbol{R})=\boldsymbol{R}^4$ 。

2. 模糊聚类分析的一般步骤

基于模糊关系的聚类分析的一般步骤：

(1)数据规格化;

(2)构造模糊相似矩阵;

(3)模糊分类。

上述第(3)步又有不同的算法,以下先介绍利用模糊传递闭包进行模糊分类的方法。

设被分类对象的集合为 $X=\{x_1,x_2,\cdots,x_n\}$,每一个对象有 m 个特性指标(反映对象特征的主要指标),即 x_i 可由 m 维特性指标向量表示为

$$\boldsymbol{x}_i=[x_{i1}\ x_{i2}\ \cdots\ x_{im}]\quad i=1,2,\cdots,n \tag{4-19}$$

式中　x_{ij}——第 i 个对象的第 j 个特性指标。

则 n 个对象的所有特性指标构成一个矩阵,记作 $\boldsymbol{X}^*=(x_{ij})_{n\times m}$,称 $\boldsymbol{X}^*$ 为 X 特性指标矩阵。

$$\boldsymbol{X}^*=\begin{bmatrix} x_{11} & x_{12} & \cdots & x_{1m} \\ x_{21} & x_{22} & \cdots & x_{2m} \\ \vdots & \vdots & & \vdots \\ x_{n1} & x_{n2} & \cdots & x_{nm} \end{bmatrix}$$

3. 数据标准化

由于 m 个特性指标的量纲和数量级不一定相同,故在运算过程中可能突出某数量级特别大的特性指标对分类的作用,而降低甚至排除了某些数量级很小的特性指标的作用。数据规格化使每一个指标值统一于某种共同的数值特性范围。

均值方差规格化方法:对特性指标矩阵 $\boldsymbol{X}^*$ 的第 j 列,计算均值和方差,然后作变换

$$x'_{ij}=\frac{x_{ij}-\bar{\boldsymbol{x}}_j}{\sigma_j}\quad i=1,2,\cdots,n;j=1,2,\cdots,m \tag{4-20}$$

式中　$\bar{\boldsymbol{x}}_j=\frac{1}{n}\sum_{i=1}^{n}x_{ij}$;

$\sigma_j^2=\frac{1}{n}\sum_{i=1}^{n}(x_{ij}-\bar{\boldsymbol{x}}_j)^2$。

标准差规格化方法:对特性指标矩阵 $\boldsymbol{X}^*$ 的第 j 列,计算标准差 σ_j,然后作变换 $x'_{ij}=\frac{x_{ij}}{\sigma_j}(i=1,2,\cdots,n,j=1,2,\cdots,m)$。

均值规格化方法:对特性指标矩阵 $\boldsymbol{X}^*$ 的第 j 列,计算平均值 $\bar{\boldsymbol{x}}_j$,然后作变换 $x'_{ij}=\frac{x_{ij}}{\bar{\boldsymbol{x}}_j}(i=1,2,\cdots,n,j=1,2,\cdots,m)$。

最大值规格化方法:对特性指标矩阵 $\boldsymbol{X}^*$ 的第 j 列,计算最大值 $M_j=\max\{x_{1j},x_{2j},\cdots,x_{nj}\}(j=1,2,\cdots,m)$。然后作变换 $x'_{ij}=\frac{x_{ij}}{M_j}(i=1,2,\cdots,n,j=1,2,\cdots,m)$。

4. 建立模糊相似矩阵

聚类是按某种标准来鉴别 X 中元素间的接近程度,把彼此接近的对象归为一类。为此,用[0,1]中的数 r_{ij} 表示 X 中的元素 $\boldsymbol{x}_i$ 与 $\boldsymbol{x}_j$ 的接近或相似程度。经典聚类分析中的相似系数以及模糊集之间的贴近度,都可作为相似程度(相似系数)。

设数据 $\boldsymbol{x}_{ij}(i=1,2,\cdots,n,j=1,2,\cdots,m)$ 均已规格化，$\boldsymbol{x}_i=[x_{i1}\ x_{i2}\ \cdots\ x_{im}]$ 与 $\boldsymbol{x}_j=[x_{j1}\ x_{j2}\ \cdots\ x_{jm}]$ 的相似程度记为 $r_{ij}\in[0,1]$，对象之间的模糊相似矩阵 $\boldsymbol{R}=(r_{ij})_{n\times n}$。对于相似程度（相似系数）的确定，有多种方法，常用的如下。

(1)数量积法

$$r_{ij}=\begin{cases}1 & i=j\\ \dfrac{1}{M}\boldsymbol{x}_i\boldsymbol{x}_j & i\neq j\end{cases} \tag{4-21}$$

$$\boldsymbol{x}_i\boldsymbol{x}_j=\sum_{k=1}^{m}x_{ik}x_{jk} \tag{4-22}$$

式中　M——适当选择的参数，$M>0$，满足 $M\geqslant\max\{\boldsymbol{x}_i\cdot\boldsymbol{x}_j\,|\,i\neq j\}$；

$\boldsymbol{x}_i\boldsymbol{x}_j$——$\boldsymbol{x}_i$ 与 $\boldsymbol{x}_j$ 的数量积。

(2)夹角余弦法

$$r_{ij}=\frac{|\boldsymbol{x}_i\boldsymbol{x}_j|}{\|\boldsymbol{x}_i\|\ \|\boldsymbol{x}_j\|}\quad \|\boldsymbol{x}_j\|=\left(\sum_{k=1}^{m}x_{ik}^2\right)^{\frac{1}{2}}\quad i=1,2,\cdots,n \tag{4-23}$$

(3)相关系数法

$$r_{ij}=\frac{\sum_{k=1}^{m}|x_{ik}-\bar{\boldsymbol{x}}_i|\,|x_{jk}-\bar{\boldsymbol{x}}_j|}{\sqrt{\sum_{k=1}^{m}(x_{ik}-\bar{\boldsymbol{x}}_i)^2}\cdot\sqrt{\sum_{k=1}^{m}(x_{jk}-\bar{\boldsymbol{x}}_j)^2}} \tag{4-24}$$

式中　$\bar{\boldsymbol{x}}_i=\dfrac{1}{m}\sum_{k=1}^{m}x_{ik}$；

$\bar{\boldsymbol{x}}_j=\dfrac{1}{m}\sum_{k=1}^{m}x_{jk}$。

(4)贴近度法

当对象 x_i 的特性指标向量 $\boldsymbol{x}_i=[x_{i1}\ x_{i2}\ \cdots\ x_{im}]$ 为模糊向量，即 $x_{ik}\in[0,1](i=1,2,\cdots,n,k=1,2,\cdots,m)$ 时，$\boldsymbol{x}_i$ 与 $\boldsymbol{x}_j$ 的相似程度 r_{ij} 可看作模糊子集 $\boldsymbol{x}_i$ 与 $\boldsymbol{x}_j$ 的贴近度。在应用中，常见的确定方法有：最大最小法、算术平均最小法、几何平均最小法，r_{ij}表示为

$$r_{ij}=\frac{\sum_{k=1}^{m}(x_{ik}\wedge x_{jk})}{\sum_{k=1}^{m}(x_{ik}\vee x_{jk})} \tag{4-25}$$

$$r_{ij}=\frac{\sum_{k=1}^{m}(x_{ik}\wedge x_{jk})}{\frac{1}{2}\sum_{k=1}^{m}(x_{ik}+x_{jk})} \tag{4-26}$$

$$r_{ij}=\frac{\sum_{k=1}^{m}(x_{ik}\wedge x_{jk})}{\sum_{k=1}^{m}\sqrt{x_{ik}x_{jk}}} \tag{4-27}$$

(5)距离法

利用对象 $\boldsymbol{x}_i$ 与 $\boldsymbol{x}_j$ 的距离也可以确定它们的相似程度 r_{ij}，这是因为 $\mathrm{d}(\boldsymbol{x}_i,\boldsymbol{x}_j)$ 越大，r_{ij} 就越小。一般地，取 $r_{ij}=1-c(\mathrm{d}(\boldsymbol{x}_i,\boldsymbol{x}_j))^{\alpha}$，其中 c 和 α 是两个适当选取的正数，使 $r_{ij}\in[0,1]$。在实际应用中，常采用如下的距离来确定 r_{ij}。

①切比雪夫距离法(Chebyshev)

$$\mathrm{d}(\boldsymbol{x}_i,\boldsymbol{x}_j)=\max_{1\leqslant k\leqslant m}|x_{ik}-x_{jk}| \tag{4-28}$$

②海明距离法(Hamming)

$$\mathrm{d}(\boldsymbol{x}_i,\boldsymbol{x}_j)=\sum_{k=1}^{m}|x_{ik}-x_{jk}| \tag{4-29}$$

③欧几里得距离法(Euclid)

$$\mathrm{d}(\boldsymbol{x}_i,\boldsymbol{x}_j)=\left(\sum_{k=1}^{m}(x_{ik}-x_{jk})^2\right)^{\frac{1}{2}} \tag{4-30}$$

④闵可夫斯基(Minkowski)

$$\mathrm{d}(\boldsymbol{x}_i,\boldsymbol{x}_j)=\left(\sum_{k=1}^{m}(x_{ik}-x_{jk})^p\right)^{\frac{1}{p}} \tag{4-31}$$

(6)绝对值倒数法

$$r_{ij}=\begin{cases}1 & i=j\\ \dfrac{c}{\sum\limits_{k=1}^{m}|x_{ik}-x_{jk}|} & i\neq j\end{cases} \tag{4-32}$$

式中　c——适当选取的正数，使 $r_{ij}\in[0,1]$。

(7)主观评定法

在一些实际问题中，被分类对象的特性指标是定性指标，即特性指标难以用定量数值来表达。这时，可请专家和有实际经验的人员用评分的办法来主观评定被分类对象间的相似程度。

5. 聚类

由于由上述各种方法构造出的对象与对象之间的模糊关系矩阵 $\boldsymbol{R}=(r_{ij})_{n\times n}$，一般说来只是一个模糊相似矩阵，而不一定具有传递性。因此，要从 $\boldsymbol{R}$ 出发构造一个新的模糊等价矩阵，然后以此模糊等价矩阵作为基础，进行动态聚类。如上所述，模糊相似矩阵 $\boldsymbol{R}$ 的传递闭包 $t(\boldsymbol{R})$ 就是一个模糊等价矩阵，以 $t(\boldsymbol{R})$ 为基础而进行分类的聚类方法称为模糊传递闭包法。

具体步骤如下：

(1)利用平方自合成方法求出模糊相似矩阵 $\boldsymbol{R}$ 的传递闭包 $t(\boldsymbol{R})$。

(2)适当选取置信水平值 $\lambda\in[0,1]$，求出 $t(\boldsymbol{R})$ 的 λ 截矩阵 $t(\boldsymbol{R})_\lambda$，它是 X 上的一个等价关系矩阵。然后按 $t(\boldsymbol{R})_\lambda$ 进行分类，所得到的分类就是在 λ 水平上的等价分类。

设 $t(R)=(r'_{ij})_{n\times n}$，$t(R)_\lambda=(r'_{ij}(\lambda))_{n\times n}$，则 $r'_{ij}(\lambda)=\begin{cases}1 & r'_{ij}\geqslant\lambda\\0 & r'_{ij}<\lambda\end{cases}$。

对于 $\boldsymbol{x}_i,\boldsymbol{x}_j\in X$，若 $r'_{ij}(\lambda)=1$，则在 λ 水平上将对象 $\boldsymbol{x}_i$ 和对象 $\boldsymbol{x}_j$ 归为同一类。

(3)画动态聚类图。为了能直观地看到被分类对象之间的相关程度,通常将 $t(R)$ 中所有互不相同的元素按从大到小的顺序编排,即 $1=\lambda_1>\lambda_2>\cdots$, 得到按 $t(R)_\lambda$ 进行的一系列分类。将这一系列分类画在同一个图上,即得动态聚类图。

例 4-6 考虑某个生态环境部门对该地区 5 个环境区域 $X=\{\boldsymbol{x}_1,\boldsymbol{x}_2,\boldsymbol{x}_3,\boldsymbol{x}_4,\boldsymbol{x}_5\}$ 按污染情况进行分类。设每个区域包含空气、水分、土壤、作物 4 个要素。

环境区域的污染情况由污染物在 4 个要素中的含量超标程度来衡量。设这 5 个环境区域的污染数据为 $\boldsymbol{x}_1=[80\quad 10\quad 6\quad 2]$, $\boldsymbol{x}_2=[50\quad 1\quad 6\quad 4]$, $\boldsymbol{x}_3=[90\quad 6\quad 4\quad 6]$, $\boldsymbol{x}_4=[40\quad 5\quad 7\quad 3]$, $\boldsymbol{x}_5=[10\quad 1\quad 2\quad 4]$。试用模糊传递闭包法对 X 进行分类。

解 由题设知特性指标矩阵为

$$\boldsymbol{X}^*=\begin{bmatrix}80 & 10 & 6 & 2\\50 & 1 & 6 & 4\\90 & 6 & 4 & 6\\40 & 5 & 7 & 3\\10 & 1 & 2 & 4\end{bmatrix}$$

①数据规格化。采用最大值规格化,作变换 $x'_{ij}=\dfrac{x_{ij}}{M_j}(i=1,2,\cdots,5,j=1,2,\cdots,4)$。可将 $\boldsymbol{X}^*$ 规格化为

$$\boldsymbol{X}_0=\begin{bmatrix}0.89 & 1 & 0.86 & 0.33\\0.56 & 0.10 & 0.86 & 0.67\\1 & 0.60 & 0.57 & 1\\0.44 & 0.50 & 1 & 0.50\\0.11 & 0.10 & 0.29 & 0.67\end{bmatrix}$$

②构造模糊相似矩阵。采用最大-最小法来构造模糊相似矩阵 $\boldsymbol{R}=(r_{ij})_{5\times 5}$,这里

$$r_{ij}=\frac{\sum_{k=1}^{4}(x_{ik}\wedge x_{jk})}{\sum_{k=1}^{4}(x_{ik}\vee x_{jk})}$$

$$\boldsymbol{R}=\begin{bmatrix}1 & 0.54 & 0.62 & 0.63 & 0.24\\0.54 & 1 & 0.55 & 0.70 & 0.53\\0.62 & 0.55 & 1 & 0.56 & 0.37\\0.63 & 0.70 & 0.56 & 1 & 0.38\\0.24 & 0.53 & 0.37 & 0.38 & 1\end{bmatrix}$$

③利用平方自合成方法求传递闭包 $t(\boldsymbol{R})$。依次计算 $\boldsymbol{R}^2$, $\boldsymbol{R}^4$, $\boldsymbol{R}^8$,由于 $\boldsymbol{R}^8=\boldsymbol{R}^4$,所以 $t(\boldsymbol{R})=\boldsymbol{R}^4$。

$$\boldsymbol{R}^2=\begin{bmatrix}1 & 0.63 & 0.62 & 0.63 & 0.53\\0.63 & 1 & 0.56 & 0.70 & 0.53\\0.62 & 0.56 & 1 & 0.62 & 0.53\\0.63 & 0.70 & 0.62 & 1 & 0.53\\0.53 & 0.53 & 0.53 & 0.53 & 1\end{bmatrix},\boldsymbol{R}^4=\begin{bmatrix}1 & 0.63 & 0.62 & 0.63 & 0.53\\0.63 & 1 & 0.62 & 0.70 & 0.53\\0.62 & 0.62 & 1 & 0.62 & 0.53\\0.63 & 0.70 & 0.62 & 1 & 0.53\\0.53 & 0.53 & 0.53 & 0.53 & 1\end{bmatrix}$$

④选取适当的置信水平值 $\lambda \in [0,1]$，按 λ 截矩阵 $t(\boldsymbol{R})_\lambda$ 进行动态聚类。把 $t(\boldsymbol{R})$ 中的元素从大到小的顺序编排，即 $1>0.70>0.63>0.62>0.53$。依次取 $\lambda=1,0.70,0.63,0.62,0.53$，得

$$t(\boldsymbol{R})_1=\begin{bmatrix}1&0&0&0&0\\0&1&0&0&0\\0&0&1&0&0\\0&0&0&1&0\\0&0&0&0&1\end{bmatrix}$$
时，X 被分类成 5 类：$\{\boldsymbol{x}_1\},\{\boldsymbol{x}_2\},\{\boldsymbol{x}_3\},\{\boldsymbol{x}_4\},\{\boldsymbol{x}_5\}$。

$$t(\boldsymbol{R})_{0.70}=\begin{bmatrix}1&0&0&0&0\\0&1&0&1&0\\0&0&1&0&0\\0&1&0&1&0\\0&0&0&0&1\end{bmatrix}$$
时，X 被分类成 4 类：$\{\boldsymbol{x}_1\},\{\boldsymbol{x}_2,\boldsymbol{x}_4\},\{\boldsymbol{x}_3\},\{\boldsymbol{x}_5\}$。

$$t(\boldsymbol{R})_{0.63}=\begin{bmatrix}1&1&0&1&0\\1&1&0&1&0\\0&0&1&0&0\\1&1&0&1&0\\0&0&0&0&1\end{bmatrix}$$
时，X 被分类成 3 类：$\{\boldsymbol{x}_1,\boldsymbol{x}_2,\boldsymbol{x}_4\},\{\boldsymbol{x}_3\},\{\boldsymbol{x}_5\}$。

$$t(\boldsymbol{R})_{0.62}=\begin{bmatrix}1&1&1&1&0\\1&1&1&1&0\\1&1&1&1&0\\1&1&1&1&0\\0&0&0&0&1\end{bmatrix}$$
时，X 被分类成 2 类：$\{\boldsymbol{x}_1,\boldsymbol{x}_2,\boldsymbol{x}_3,\boldsymbol{x}_4\},\{\boldsymbol{x}_5\}$。

$$t(\boldsymbol{R})_{0.53}=\begin{bmatrix}1&1&1&1&1\\1&1&1&1&1\\1&1&1&1&1\\1&1&1&1&1\\1&1&1&1&1\end{bmatrix}$$
时，X 被分类成 1 类：$\{\boldsymbol{x}_1,\boldsymbol{x}_2,\boldsymbol{x}_3,\boldsymbol{x}_4,\boldsymbol{x}_5\}$。

动态聚类如图 4-9 所示。

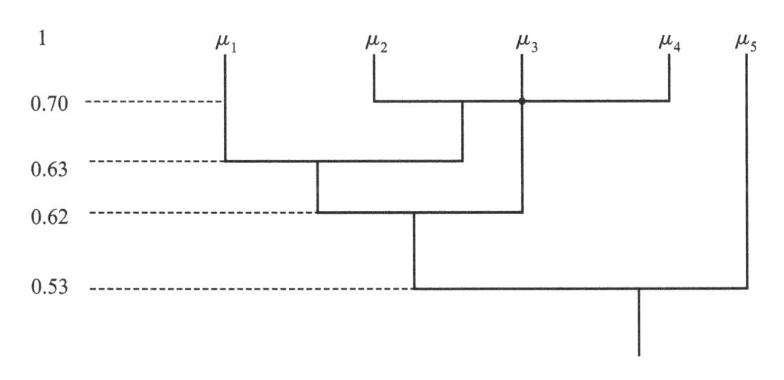

图 4-9 动态聚类

二、模糊 C-means 聚类算法

模糊 C-means 聚类算法(fuzzy c-means algorithm,简称 FCMA)是一种基于模糊理论的聚类方法,它的聚类过程与 k-均值聚类算法类似,但相比于 k-均值聚类算法的硬聚类,模糊 C-means 聚类算法可以给出更加灵活的聚类结果。

k-均值聚类算法是通过将样本集预先划分为 K 类,并随机选择 K 个对象作为聚类中心,以样本间的距离作为相似程度的评价指标,以每个类中样本的均值作为聚类中心,通过不断对聚类中心进行更新,获得最小的距离平方和(SSE),表示为

$$\mathrm{SSE} = \sum_{j=1}^{K} \sum_{x \in c_j} \| \boldsymbol{x} - \boldsymbol{c}_j \|^2 \tag{4-33}$$

式中　$\boldsymbol{c}_j$ ——第 j 类的聚类中心。

k-均值聚类算法的具体聚类过程如下:

(1)选择 K 个点作为初始聚类中心;

(2)计算样本到聚类中心的距离,并将其指派到最近的聚类中心,形成 K 个类;

(3)求每个类中所有样本的均值,作为新的聚类中心;

(4)重复上述步骤,直到聚类中心不再发生变化。

k-均值聚类算法是一类经典的硬聚类算法,它认为样本集中的每一个数据点都是完全属于某一类别的,具有非此即彼的性质,但是在很多情况下,样本很难归类为一个明确的类,为了解决这一问题,提出了描述样本类属不确定性的模糊 c-均值聚类算法。

模糊 c-均值聚类算法是软聚类方法,它赋予每个样本对每个聚类中心的一个权值,表明该样本属于这一类的程度,通过不断更新隶属度和聚类中心,达到目标函数 SSE 最小化,表示为

$$\mathrm{SSE} = \sum_{j=1}^{K} \sum_{i=1}^{N} u_{ij}^{m} \| \boldsymbol{x}_i - \boldsymbol{c}_j \|^2 \quad 1 \leqslant m < \infty \tag{4-34}$$

式中　K ——聚类的个数;

N ——样本的个数;

m ——隶属度的加权指数;

i ——样本标号;

j ——类标号;

$\boldsymbol{c}_j$ ——第 j 类的聚类中心;

u_{ij} ——样本 x_i 属于 j 类的隶属度。

其具体计算步骤如下:

(1)用值在 0,1 间的随机数初始化隶属矩阵 $\boldsymbol{U}^{(0)}$,并且满足约束条件:对于单个样本 $\boldsymbol{x}_i$,它对于每个类的隶属度之和为 1;

(2)根据隶属度矩阵 $\boldsymbol{U}^{(t)}$ 更新聚类中心 $C^{(t)} = \{\boldsymbol{c}_j\}$:

$$\boldsymbol{c}_j = \frac{\sum_{i=1}^{N} u_{ij}^{m} \boldsymbol{x}_i}{\sum_{i=1}^{N} u_{ij}^{m}} \tag{4-35}$$

(3)根据聚类中心 $C^{(t)}$ 更新隶属度矩阵 $\boldsymbol{U}^{(t+1)}$ ：

$$u_{ij} = \frac{1}{\sum_{k=1}^{K} \left(\frac{\| \boldsymbol{x}_i - \boldsymbol{c}_j \|}{\| \boldsymbol{x}_i - \boldsymbol{c}_k \|} \right)^{\frac{2}{m-1}}} \tag{4-36}$$

(4)是否达到结束条件(聚类中心不发生变化,或误差低于某指定值,或 u_{ij} 变化小于某指定值),没有达到则重复步骤(2)和(3)。

第五节　模糊推理

一、模糊语言

一个语言变量可由以下的五元体来表征

$$(x, T(x), U, G, M)$$

其中,x 是语言变量的名称;$T(x)$是语言变量值的集合;U 是 x 的论域;G 是语法规则,用于产生语言变量 x 的名称;M 是语义规则,用于产生模糊集合的隶属度函数。

例如,以控制系统的“误差”为语言变量 x,论域取 $U = [-5,5]$。“误差”语言变量的原子单词有“大、中、小、零”,再考虑误差有正负的情况,$T(x)$可表示为

$T(x) = T$(误差) = {负大,负中,负小,零,正小,正中,正大}

以误差为论域的模糊语言五元体的示意图如图 4-10 所示。

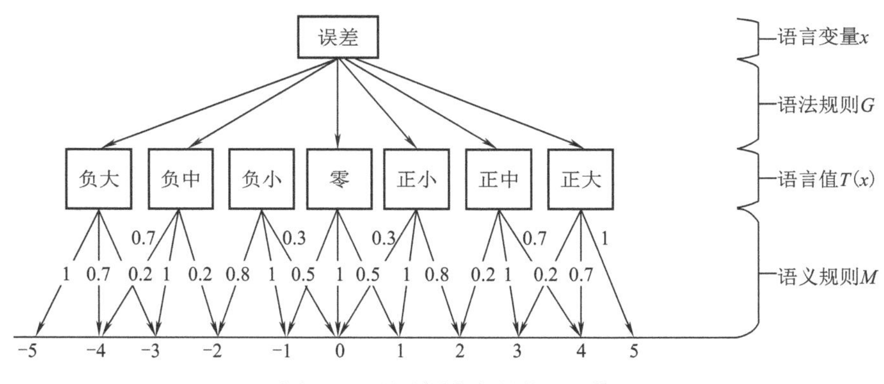

图 4-10　误差语言变量的五元体

如上所述,每个模糊语言相当于一个模糊集合,在模糊语言前面加上“极”“非常”“相当”“比较”“略”“稍微”“非”等语气算子后,将改变该模糊语言的含义,相应地隶属度函数也要改变。例如,设原来的模糊语言为 A ,其隶属度函数为 μ_A ,则通常有

$$\mu_{极A} = \mu_A^4, \mu_{非常A} = \mu_A^2, \mu_{相当A} = \mu_A^{1.25}, \mu_{比较A} = \mu_A^{0.75}$$

$$\mu_{略A} = \mu_A^{0.5}, \mu_{稍微A} = \mu_A^{0.25}, \mu_{非}^{A} = 1 - \mu_A$$

二、模糊蕴含关系

在模糊逻辑中,模糊逻辑规则实质上是模糊蕴含关系。在模糊逻辑推理中有很多定义模糊蕴含的方法,最常用的一类模糊蕴含关系是广义的肯定式推理方式:

前提:如果 x 是 A ,则 y 是 B ;

输入:如果 x 是 A' ;

结论：y 是 B' 。

其中，A ，A' ，B ，B' 均为模糊语言。对于模糊前提"如果 x 是 A ，则 y 是 B "，它表示了模糊语言 A 与 B 之间的模糊蕴含关系，记为 $A \rightarrow B$ 。

在普通的形式逻辑中，$A \rightarrow B$ 有严格的定义。但在模糊逻辑中，$A \rightarrow B$ 不是普通逻辑的简单推广，有许多定义的方法。但在模糊逻辑控制中，常用的模糊蕴含关系的运算方法有以下几种，其中前两种最常用。

①模糊蕴含最小运算(Mamdani)

$$R_c = A \rightarrow B = A \times B = \int_{X \times Y} \mu_A(x) \wedge \mu_B(y)/(x,y) \tag{4-37}$$

②模糊蕴含算术运算(Zadeh)

$$R_a = A \rightarrow B = (\bar{A} \times Y) \oplus (X \times B) = \int_{X \times Y} 1 \wedge [1 - \mu_A(x) + \mu_B(y)]/(x,y) \tag{4-38}$$

③模糊蕴含的最大最小运算(Zadeh)

$$R_m = A \rightarrow B = (A \times B) \cup (\bar{A} \times Y) = \int_{X \times Y} [\mu_A(x) \wedge \mu_B(y)] \vee [1 - \mu_A(x)]/(x,y) \tag{4-39}$$

例 4-7 以 $A = [1 \quad 0.8 \quad 0.7 \quad 0.4 \quad 0.1]$ ，$B = [1 \quad 0.7 \quad 0.3 \quad 0]$ 为例，采用模糊蕴含最小运算，可以获得 A ，B 之间的模糊关系 $A \rightarrow B$ 。

$$R_c = A \rightarrow B = A \times B = \int_{X \times Y} \mu_A(x) \wedge \mu_B(y)/(x,y)$$

$$= \begin{bmatrix} 1.0 \wedge 1.0 & 1.0 \wedge 0.7 & 1.0 \wedge 0.3 & 1.0 \wedge 0 \\ 0.8 \wedge 1.0 & 0.8 \wedge 0.7 & 0.8 \wedge 0.3 & 0.8 \wedge 0 \\ 0.7 \wedge 1.0 & 0.7 \wedge 0.7 & 0.7 \wedge 0.3 & 0.7 \wedge 0 \\ 0.4 \wedge 1.0 & 0.4 \wedge 0.7 & 0.4 \wedge 0.3 & 0.4 \wedge 0 \\ 0.1 \wedge 1.0 & 0.1 \wedge 0.7 & 0.1 \wedge 0.3 & 0.1 \wedge 0 \end{bmatrix}$$

$$= \begin{bmatrix} 1.0 & 0.7 & 0.3 & 0 \\ 0.8 & 0.7 & 0.3 & 0 \\ 0.7 & 0.7 & 0.3 & 0 \\ 0.4 & 0.4 & 0.3 & 0 \\ 0.1 & 0.1 & 0.1 & 0 \end{bmatrix}$$

利用 MATLAB 语言可对变量的模糊蕴含关系进行计算，其代码如图 4-11 所示，当输入 a 和 b 之后，即可获得 a,b 间的模糊蕴含关系 R_c。

```
输入:a,b
过程:
function Rc = zhiji(a,b);
m = size(a,2);
n = size(b,2);
for i = 1:m
for j = 1:n
Rc(i,j) = min(a(i),b(j));
end
end
输出:Rc
```

图 4-11　基于 MATLAB 语言的模糊蕴含关系计算

基于 MATLAB 计算获得的结果如图 4-12 所示。

```
Rc =

    1.000 0    0.700 0    0.300 0         0
    0.800 0    0.700 0    0.300 0         0
    0.700 0    0.700 0    0.300 0         0
    0.400 0    0.400 0    0.300 0         0
    0.100 0    0.100 0    0.100 0         0
```

图 4-12　模糊蕴含关系计算结果

三、模糊逻辑推理

1. 简单模糊条件语句

对于上面介绍的广义肯定式推理，结论 B' 是根据模糊集合 A' 和模糊蕴含关系 $A \to B$ 的合成推出来的，因此可得模糊推理关系为

$$B' = A' \circ (A \to B) = A' \circ R \tag{4-40}$$

式中　R ——模糊蕴含关系；

$\circ$ ——合成运算符。

它们可采用以上所列举的任何一种运算方法。

例 4-8　假设已知输入 $A = [0\quad 0.1\quad 0.4\quad 0.5\quad 0.9]$ 和对应的输出 $B = [0\quad 0\quad 0.2\quad 0.5\quad 1.0]$，那么输入为 $A' = [1.0\quad 0.9\quad 0.6\quad 0.5\quad 0.1]$ 时，可以根据 A，B 之间的模糊关系 $A \to B$ 进行模糊推理，获得推理结果 B'。

$$B' = A' \circ (A \to B) = A' \circ R$$

$$= A' \circ \begin{bmatrix} 0 \wedge 0 & 0 \wedge 0 & 0 \wedge 0.2 & 0 \wedge 0.5 & 0 \wedge 1.0 \\ 0.1 \wedge 0 & 0.1 \wedge 0 & 0.1 \wedge 0.2 & 0.1 \wedge 0.5 & 0.1 \wedge 1.0 \\ 0.4 \wedge 0 & 0.4 \wedge 0 & 0.4 \wedge 0.2 & 0.4 \wedge 0.5 & 0.4 \wedge 1.0 \\ 0.5 \wedge 0 & 0.5 \wedge 0 & 0.5 \wedge 0.2 & 0.5 \wedge 0.5 & 0.5 \wedge 1.0 \\ 0.9 \wedge 0 & 0.9 \wedge 0 & 0.9 \wedge 0.2 & 0.9 \wedge 0.5 & 0.9 \wedge 1.0 \end{bmatrix}$$

$$= [1.0\quad 0.9\quad 0.6\quad 0.5\quad 0.1] \circ \begin{bmatrix} 0 & 0 & 0 & 0 & 0 \\ 0 & 0 & 0.1 & 0.1 & 0.1 \\ 0 & 0 & 0.2 & 0.4 & 0.4 \\ 0 & 0 & 0.2 & 0.5 & 0.5 \\ 0 & 0 & 0.2 & 0.5 & 0.9 \end{bmatrix}$$

$$= [0\quad 0\quad 0.2\quad 0.5\quad 0.5]$$

可以使用 MATLAB 语言实现这一模糊推理过程，如图 4-13 所示。

```
输入:a,b,x
过程:
function y = tuili(a,b,x)
y = hecheng(x,zhiji(a,b))
end
输出:y
```

图 4-13　基于 MATLAB 语言的模糊推理计算过程

在图4-13中tuili函数的参数分别输入 A , B , A' ,使用MATLAB程序进行模糊推理计算,可得到结果如图4-14所示。

y =

0　　0　　0.200 0　　0.500 0　　0.500 0

图4-14　模糊推理计算结果

2. 使用"and"连接的模糊条件语句

在模糊逻辑控制中,常常使用如下的广义肯定式推理方式:

前提:如果 x 是 A and y 是 B ,则 z 是 C ;

输入:如果 x 是 A' and y 是 B' ;

结论: z 是 C' 。

与前面不同的是,这里的模糊条件的输入和前提部分是将模糊命题用"and"连接起来的。一般情况下可以有多个"and"将多个模糊命题连接在一起。

模糊前提" x 是 A and y 是 B "可以看成是直积空间 $X \times Y$ 上的模糊集合,并记为 $A \times B$,其隶属度函数为

$$\mu_{A\times B}(x,y) = \min\{\mu_A(x),\mu_B(x)\} \text{ 或者 } \mu_{A\times B}(x,y) = \mu_A(x) \cdot \mu_B(y)$$

这时的模糊蕴含关系可记为 $A \times B \to C$,其具体运算方法一般采用以下关系

$$R = A \times B \to C = \overrightarrow{A \times B} \times C = \int_{X\times Y\times Z} \mu_A(x) \wedge \mu_B(y) \wedge \mu_C(z)/(x,y,z)$$

式中　$\overrightarrow{A \times B}$——对 $A \times B$ 的拉伸。

结论" z 是 C' "可根据如下的模糊推理关系得到

$$C' = (A' \times B') \circ (A \times B \to C) = \overrightarrow{A' \times B'} \circ R \tag{4-41}$$

式中　R——模糊蕴含关系;

$\overrightarrow{A' \times B'}$——对 $A' \times B'$ 的拉伸。

它们可采用以上列举的任何一种运算方法。

例4-9　假设已知多重模糊条件 $A = [1 \quad 0.4 \quad 0.2]$, $B = [0.1 \quad 0.6 \quad 1.0]$,及对应的结果 $C = [0.3 \quad 0.7 \quad 1.0]$,那么输入条件为 $A' = [0.3 \quad 0.5 \quad 0.7]$ 和 $B' = [0.4 \quad 0.5 \quad 0.9]$ 时,可以根据模糊条件 A 、B 与 C 之间的模糊蕴含关系 $A \times B \to C$ 进行模糊推理,获得推理结果 C' 。

$$C' = (A' \times B') \circ (A \times B \to C) = \overrightarrow{A' \times B'} \circ (\overrightarrow{A \times B} \times C)$$

其中 $(\overrightarrow{A \times B} \times C) = \overrightarrow{\begin{bmatrix} 0.1 & 0.6 & 1 \\ 0.1 & 0.4 & 0.4 \\ 0.1 & 0.2 & 0.2 \end{bmatrix}} \times C$

$$= [0.1 \quad 0.6 \quad 1 \quad 0.1 \quad 0.4 \quad 0.4 \quad 0.1 \quad 0.2 \quad 0.2] \times [0.3 \quad 0.7 \quad 1.0]$$

$$\overrightarrow{A' \times B'} = \overrightarrow{\begin{bmatrix} 0.3 & 0.3 & 0.3 \\ 0.4 & 0.5 & 0.5 \\ 0.4 & 0.5 & 0.7 \end{bmatrix}} = [0.3 \quad 0.3 \quad 0.3 \quad 0.4 \quad 0.5 \quad 0.5 \quad 0.4 \quad 0.5 \quad 0.7]$$

可得，$C' = \overrightarrow{A' \times B'} \circ (\overrightarrow{A \times B} \times C)$

$$= [0.3\quad 0.3\quad 0.3\quad 0.4\quad 0.5\quad 0.5\quad 0.4\quad 0.5\quad 0.7] \circ \begin{bmatrix} 0.1 & 0.1 & 0.1 \\ 0.3 & 0.6 & 0.6 \\ 0.3 & 0.7 & 1.0 \\ 0.1 & 0.1 & 0.1 \\ 0.3 & 0.4 & 0.4 \\ 0.3 & 0.4 & 0.4 \\ 0.1 & 0.1 & 0.1 \\ 0.2 & 0.2 & 0.2 \\ 0.2 & 0.2 & 0.2 \end{bmatrix} = [0.3\quad 0.4\quad 0.4]$$

使用 MATLAB 语言也可以实现多重模糊条件模糊推理过程，如图 4-15 所示。

```
输入:a,b,c,x,y
过程:
function z = tuilis(a,b,c,x,y)
z = hecheng(lashen(zhiji(x,y)),zhijis(a,b,c));
end
输出:z
```

(a)多重模糊条件模糊推理计算过程

```
输入:a,b,c
过程:
function d = zhijis(a,b,c)
Rc = zhiji(a,b);
ac = lashen(Rc);
d = zhiji(ac,c);
输出:d
```

(b)多重模糊条件下的模糊蕴含关系计算过程

```
输入:Rc
过程:
function ac  =  lashen(Rc)
n = size(Rc,1) * size(Rc,2);
ac = reshape(Rc',1,n);
end
输出:ac
```

(c)多重模糊条件模糊推理计算中按行拉伸运算过程

图 4-15　基于 MATLAB 语言的多重模糊条件模糊推理计算过程

输入变量 $a = [1\quad 0.4\quad 0.2]$，$b = [0.1\quad 0.6\quad 1.0]$，$c = [0.3\quad 0.7\quad 1.0]$，$x = [0.3\quad 0.5\quad 0.7]$，$y = [0.4\quad 0.5\quad 0.9]$，使用 MATLAB 程序进行模糊推理计算，可得到结果如图 4-16 所示。

```
z =

    0.300 0    0.400 0    0.400 0
```

图 4-16　多重模糊条件模糊推理计算结果

3. 使用“also”连接的模糊条件语句

在模糊逻辑控制中，也常常给出如下一系列的模糊控制规则：

前提 1：如果 x 是 A_1 and y 是 B_1，则 z 是 C_1；

also 前提 2：如果 x 是 A_2 and y 是 B_2，则 z 是 C_2；

…

also 前提 n:如果 x 是 A_n and y 是 B_n ,则 z 是 C_n ;

输入:如果 x 是 A' and y 是 B' ;

输出: z 是 C' 。

假设第 i 条规则“如果 x 是 A_i and y 是 B_i ,则 z 是 C_i ”的模糊蕴含关系 R_i 定义为

$$R_i = (A_i \text{ and } B_i) \to C_i$$

其中“ A_i and B_i ”是定义在 $X \times Y$ 上的模糊集合 $A_i \times B_i$, $R_i = (A_i \text{ and } B_i) \to C_i$ 是定义在 $X \times Y \times Z$ 上的模糊蕴含关系。

则所有 n 条模糊控制规则的总模糊蕴含关系为(取连接词“also”为求并运算)

$$R = \bigcup_{i=1}^{n} R_i$$

输出模糊量 z (用模糊集合 C' 表示)为

$$C' = (A' \times B') \circ R \tag{4-42}$$

第六节　模糊控制系统

一、模糊控制的基本原理

模糊控制的基本原理如图 4-17 所示。

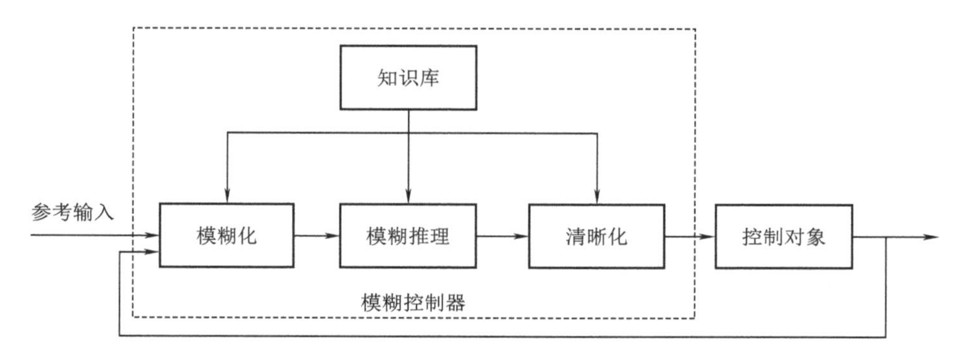

图 4-17　模糊控制的基本原理

(1)模糊化:将输入的精确量转换成模糊量。

(2)知识库:包含了具体应用领域中的知识和要求的控制目标。它通常由数据库和模糊控制规则库两部分组成。

(3)模糊推理:基于模糊逻辑中的蕴含关系及推理规则来进行。

(4)清晰化:将模糊推理得到的控制量(模糊量)变换为实际用于控制的清晰量。

二、模糊化运算

输入量变换、输入和输出空间的模糊分割、模糊化运算是将输入空间的观测量映射为输入论域上的模糊集合。

对这些输入量进行处理以变成模糊控制器要求的输入量。例如,常见的情况是计算 $e = r - y$ 和 $e' = \mathrm{d}e/\mathrm{d}t$,其中 r 表示参考输入, y 表示系统输出, e 表示误差。将上述已经处理过的输入量进行尺度变换,使其变换到各自的论域范围,将已经变换到论域范围的输入量进

行模糊处理，用相应的模糊集合来表示。

1. 输入量变换

对于实际的输入量，第一步首先需要进行尺度变换，将其变换到要求的论域范围。量化可以是均匀的，也可以是非均匀的。均匀量化和非均匀量化的情况见表 4-1 和表 4-2。

表 4-1　均匀量化

量化等级	-5	-4	-3	-2	-1	0	1	2	3	4	5
变化范围	≤-4.5	(-4.5, -3.5]	(-3.5, -2.5]	(-2.5, -1.5]	(-1.5, -0.5]	(-0.5, 0.5]	(0.5, 1.5]	(1.5, 2.5]	(2.5, 3.5]	(3.5, 4.5]	>4.5

表 4-2　非均匀量化

量化等级	-5	-4	-3	-2	-1	0	1	2	3	4	5
变化范围	≤-1.6	(-1.6, -0.8]	(-0.8, -0.4]	(-0.4, -0.2]	(-0.2, -0.1]	(-0.1, 0.1]	(0.1, 0.2]	(0.2, 0.4]	(0.4, 0.8]	(0.8, 1.6]	>1.6

2. 输入和输出空间的模糊分割

模糊分割是要确定对于每个语言变量取值的模糊语言名称的个数，模糊分割的个数决定了模糊控制精细化的程度。

如图 4-18 所示的论域为 $x \in [-5,5]$，且模糊分割是完全对称的。这里假设尺度变换时已经做了预处理而变换成这样的标准情况。一般情况，模糊语言名称也可为非对称和非均匀的分布。

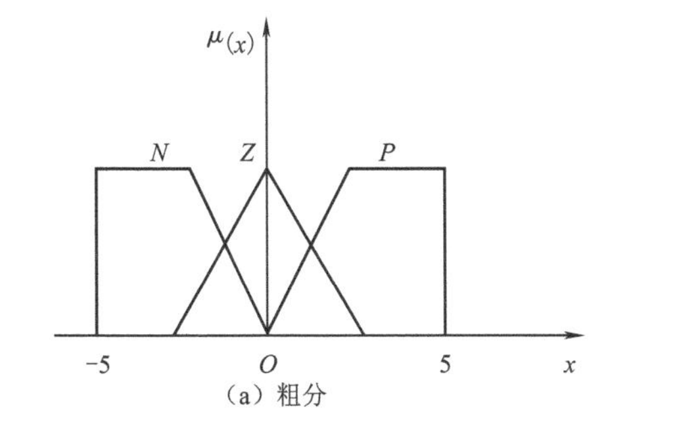

(a) 粗分

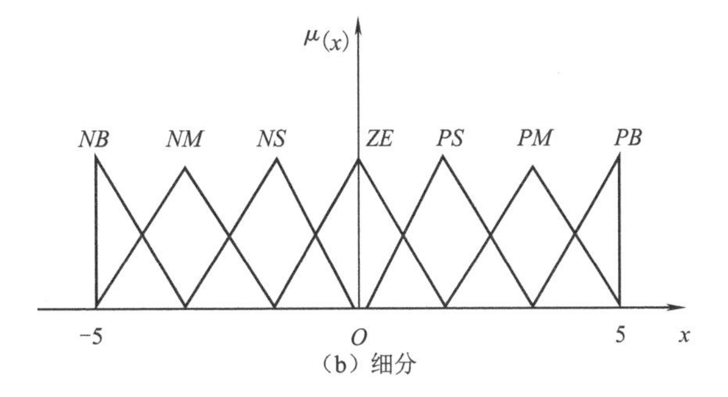

(b) 细分

图 4-18　模糊分割的图形表示模糊集合的隶属度函数

根据论域为离散和连续的不同情况，隶属度函数的描述也有如下两种方法。

(1) 数值描述方法

对于论域为离散，且元素个数为有限时，模糊集合的隶属度函数可以用向量或者表格的形式来表示，示例见表 4-3。

表 4-3　隶属度函数数值描述

量化等级	-5	-4	-3	-2	-1	0	1	2	3	4	5
NB	1.0	0.7	0.3	0.0	0.0	0.0	0.0	0.0	0.0	0.0	0.0
NM	0.3	1.0	0.7	0.3	0.0	0.0	0.0	0.0	0.0	0.0	0.0

续上表

量化等级	-5	-4	-3	-2	-1	0	1	2	3	4	5
NS	0.0	0.3	0.7	1.0	0.7	0.3	0.0	0.0	0.0	0.0	0.0
ZE	0.0	0.0	0.0	0.3	0.7	1.0	0.7	0.3	0.0	0.0	0.0
PS	0.0	0.0	0.0	0.0	0.0	0.3	0.7	1.0	0.7	0.3	0.0
PM	0.0	0.0	0.0	0.0	0.0	0.0	0.0	0.3	0.7	1.0	0.3
PB	0.0	0.0	0.0	0.0	0.0	0.0	0.0	0.0	0.3	0.7	1.0

其中，$NS=\frac{0.3}{-4}+\frac{0.7}{-3}+\frac{1}{-2}+\frac{0.7}{-1}+\frac{0.3}{0}$。

(2)函数描述方法

对于论域为连续的情况，隶属度常用函数的形式来描述，最常见的有高斯函数、三角形函数、梯形函数等。高斯隶属度函数的解析式为

$$\mu_A(x)=e^{-\frac{(x-x_0)^2}{2\sigma^2}} \tag{4-43}$$

式中 x_0——隶属度函数的中心值；

σ^2——方差。

高斯隶属度函数的分布图如图 4-19 所示。

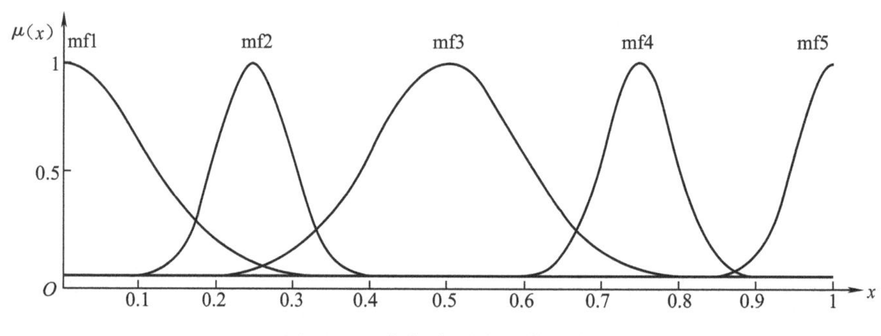

图 4-19 高斯隶属度函数分布

如果输入量数据 x_0 是准确的，则通常将其模糊化为单点模糊集合。设该模糊集合用 A 表示，则有

$$\mu_A(x)=\begin{cases}1 & (x=x_0)\\0 & (x\neq x_0)\end{cases} \tag{4-44}$$

其隶属度函数如图 4-20 所示。

这种模糊化方法只是形式上将清晰量转变成了模糊量，而实质上它表示的仍是准确量。在模糊控制中，当测量数据确切时，采用这样的模糊化方法是十分自然和合理的。

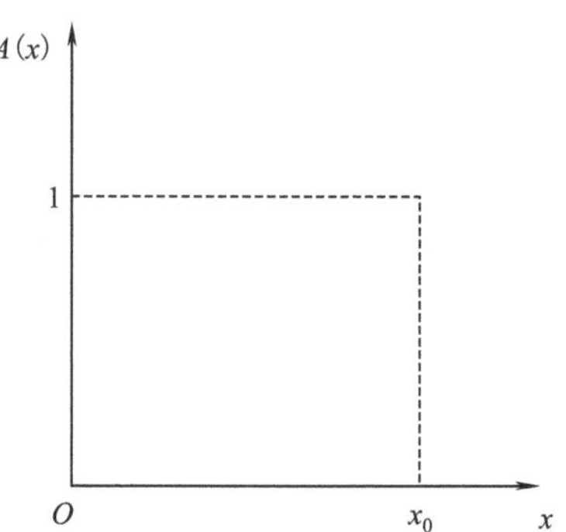

图 4-20 单点模糊集合隶属度函数

三、清晰化

通过模糊推理得到的结果是模糊量，而对于实际的控
制则必须为清晰量，因此需要将模糊量转换成清晰量，这就是清晰化计算所要完成的任务。清晰化计算通常有以下几种方法。

1. 平均最大隶属度法（mom）

若输出量模糊集合 C' 的隶属度函数只有一个峰值，则取隶属度函数最大值对应的元素值为清晰值，即

$$\mu_{C'}(z_0) \geqslant \mu_{C'}(z) \quad z \in Z \tag{4-45}$$

式中　z_0 ——清晰值

若输出量的隶属度函数有多个极值，则取这些极值的对应元素的平均值为清晰值。

例 4-10　已知输出量 z_1 模糊集合为

$$C_1' = \frac{0.4}{1} + \frac{0.7}{2} + \frac{0.3}{3} + \frac{1.0}{4} + \frac{0.2}{5} + \frac{0.4}{6} + \frac{0.9}{7} + \frac{0.2}{8}$$

z_2 的模糊集合为

$$C_2' = \frac{0.1}{-4} + \frac{0.2}{-3} + \frac{0.4}{-2} + \frac{0.8}{-1} + \frac{0.9}{0} + \frac{1.0}{1} + \frac{1.0}{2} + \frac{0.2}{3} + \frac{0.7}{4}$$

求相应的清晰量 z_{10} 和 z_{20} 。

解　根据最大隶属度法，求得

$$z_{10} = \mathrm{d}f(z_1) = 4$$

$$z_{20} = \mathrm{d}f(z_2) = \frac{1+2}{2} = 1.5$$

2. 加权平均法（面积重心法 centroid）

加权平均法是取 z 的加权平均值作为 z 的清晰值。

对于离散论域，其计算方法为

$$z_0 = \frac{\sum_{i=1}^{n} z_i \mu_{c'}(z_i)}{\sum_{i=1}^{n} \mu_{c'}(z_i)} \tag{4-46}$$

对于连续论域，其计算方法为

$$z_0 = \mathrm{d}f(z) = \frac{\int_a^b z\mu_{c'}(z)\,\mathrm{d}z}{\int_a^b \mu_{c'}(z)\,\mathrm{d}z} \tag{4-47}$$

例 4-11　已知输出量 z_1 模糊集合为

$$C_1' = \frac{0.7}{1} + \frac{0.4}{2} + \frac{0.6}{3} + \frac{0.2}{4} + \frac{0.8}{5} + \frac{1.0}{6} + \frac{0.5}{7} + \frac{0.3}{8}$$

z_2 的模糊集合为

$$C_2' = \int_{0 \leqslant x \leqslant 10} \frac{1 - \frac{x}{10}}{x}$$

用加权平均法计算清晰值 z_{10} 和 z_{20}。

解 $$z_{10}=\frac{0.7\times1+0.4\times2+0.6\times3+0.2\times4+0.8\times5+1.0\times6+0.5\times7+0.3\times8}{0.7+0.4+0.6+0.2+0.8+1.0+0.5+0.3}\approx4.44$$

$$z_{20}=\frac{\int_{0\leqslant x\leqslant10}x\left(1-\frac{x}{10}\right)\mathrm{d}x}{\int_{0\leqslant x\leqslant10}1-\frac{x}{10}\mathrm{d}x}\approx\frac{16.67}{5}\approx3.33$$

3. 其他方法

最大隶属度取最小值方法(som):取模糊集合中具有最大隶属度的所有点中最小的一个作为去模糊化的结果。

最大隶属度取最大值方法(lom):取模糊集合中具有最大隶属度的所有点中最大的一个作为去模糊化的结果。

中位数法(median):位数法是取 $C'(z)$ 的中位数作为 z 的清晰量。

四、模糊控制系统算例

1. 离散型模糊控制

例 4-12 以站台和站厅安检口排队人数的模糊控制为例,设某一地铁站在早高峰期间实施进站客流控制,即根据站台和站厅安检口排队人数控制每分钟进站乘客数量,当排队人数超过安全限制时,减少进站乘客数量;当排队人数未超过安全限制时,保持或增加进站乘客数量。因此设计一个模糊控制器,通过控制进站乘客数量将站台和站厅安检口排队人数稳定在安全限制以下。

按照日常的操作经验,可以得到基本的控制规则:“若排队人数超过安全限制,则减少进站乘客数量,超过越多,进站乘客数量越少”;“若排队人数低于安全限制,则保持或增加进站乘客数量,排队人数越少,进站乘客数量越多”。

根据上述经验,按下列步骤设计模糊控制器。

(1)确定观测量和控制量

定义站台排队安全限制为 hx_0,实际排队长度为 hx,选择长度差为

$$\mathrm{EX}=\Delta hx=hx_0-hx$$

定义站厅安检口排队安全限制为 hy_0,实际排队长度为 hy,选择长度差为

$$\mathrm{EY}=\Delta hy=hy_0-hy$$

将实际排队长度对于理想排队长度的偏差 EX 和 EY 作为观测量。

(2)输入量和输出量的模糊化

将偏差 EX 和 EY 分为七个模糊集:负大(NB)、负中(NM)、负小(NS)、零(ZE)、正小(PS)、正中(PM)、正大(PB)。

根据偏差 EX 和 EY 的变化范围分为十三个等级:{-6,-5,-4,-3,-2,-1,0,1,2,3,4,5,6}。

得到站台排队长度偏差 EX 模糊表见表 4-4。

表 4-4　站台排队长度偏差 EX 模糊集

隶属度		变化等级												
		-6	-5	-4	-3	-2	-1	0	1	2	3	4	5	6
模糊集	NB	1.0	0.8	0.7	0.4	0.1	0.0	0.0	0.0	0.0	0.0	0.0	0.0	0.0
	NM	0.2	0.7	1.0	0.7	0.3	0.0	0.0	0.0	0.0	0.0	0.0	0.0	0.0
	NS	0.0	0.1	0.3	0.7	1.0	0.7	0.2	0.0	0.0	0.0	0.0	0.0	0.0
	ZE	0.0	0.0	0.0	0.0	0.1	0.6	1.0	0.6	0.1	0.0	0.0	0.0	0.0
	PS	0.0	0.0	0.0	0.0	0.0	0.0	0.2	0.7	1.0	0.7	0.3	0.1	0.0
	PM	0.0	0.0	0.0	0.0	0.0	0.0	0.0	0.0	0.2	0.7	1.0	0.7	0.3
	PB	0.0	0.0	0.0	0.0	0.0	0.0	0.0	0.0	0.1	0.4	0.7	0.8	1.0

得到站厅安检口排队长度偏差 EY 模糊表见表 4-5。

表 4-5　站厅安检口排队长度偏差 EY 模糊集

隶属度		变化等级												
		-6	-5	-4	-3	-2	-1	0	1	2	3	4	5	6
模糊集	NB	1.0	0.7	0.3	0.0	0.0	0.0	0.0	0.0	0.0	0.0	0.0	0.0	0.0
	NM	0.3	0.7	1.0	0.7	0.3	0.0	0.0	0.0	0.0	0.0	0.0	0.0	0.0
	NS	0.0	0.0	0.3	0.7	1.0	0.7	0.3	0.0	0.0	0.0	0.0	0.0	0.0
	ZE	0.0	0.0	0.0	0.0	0.3	0.7	1.0	0.7	0.3	0.0	0.0	0.0	0.0
	PS	0.0	0.0	0.0	0.0	0.0	0.0	0.3	0.7	1.0	0.7	0.3	0.0	0.0
	PM	0.0	0.0	0.0	0.0	0.0	0.0	0.0	0.0	0.3	0.7	1.0	0.7	0.3
	PB	0.0	0.0	0.0	0.0	0.0	0.0	0.0	0.0	0.0	0.0	0.3	0.7	1.0

控制量 u 为调节控制进站乘客的数量,对应论域为七个等级:{0,2,4,6,8,10,12}。将其分为三个模糊集:少量放行(S)、适量放行(M)、大量放行(B)。得到控制量模糊划分表见表 4-6。

表 4-6　控制量模糊划分

隶属度		论域						
		0	2	4	6	8	10	12
模糊集	S	1	0.5	0	0	0	0	0
	M	0	0	0.5	1	0.5	0	0
	B	0	0	0	0	0.5	0.5	1

(3)模糊规则的描述

根据日常的经验,设计模糊规则见表4-7。

表4-7　模糊规则

隶属度		EX						
		NB	NM	NS	ZE	PS	PM	PB
EY	NB	S	S	S	S	S	S	S
	NM	S	S	S	S	S	S	S
	NS	S	S	M	M	M	M	M
	ZE	S	M	M	M	M	B	B
	PS	S	M	M	M	B	B	B
	PM	M	M	M	B	B	B	B
	PB	M	B	B	B	B	B	B

(4)求模糊关系

表4-7中共包含49条规则,由于x的模糊分割数为7,y的模糊分割数为7,所以包含了最大可能的规则数。一般情况下规则数可以少于49,这时表4-7中相应栏内可以为空。表4-7中所表示的规则依次为

R1:如果x是NB and y是NB,则z是S;

R2:如果x是NB and y是NM,则z是S;

…

R49:如果x是PB and y是PB,则z是B。

设已知输入为x_0和y_0,模糊化运算采用单点模糊集合,则相应的输入量模糊集合A'和B'分别为

$$\mu_{A'}(x)=\begin{cases}1 & x=x_0\\ 0 & x\neq x_0\end{cases},\quad \mu_{B'}(y)=\begin{cases}1 & y=y_0\\ 0 & y\neq y_0\end{cases}$$

根据前面介绍的模糊推理方法及性质,可求得输出量的模糊集合C'为(假设and用求交法,also用求并法,合成用最大-最小法,模糊蕴含用求交法)

$$C'=(A'\times B')\circ R=(A'\times B')\circ\bigcup_{i=1}^{49}R_i=\bigcup_{i=1}^{49}(A'\times B')\circ[(A_i\times B_i)\rightarrow C_i]=\bigcup_{i=1}^{49}C'_i$$

$$C'=\bigcup_{i=1}^{49}(A'\times B')\circ[(A_i\times B_i)\rightarrow C_i]=\bigcup_{i=1}^{49}[A'\circ(A_i\rightarrow C_i)]\cap[B'\circ(B_i\rightarrow C_i)]$$
$$=\bigcup_{i=1}^{49}C'_{iA}\cap C'_{iB}=\bigcup_{i=1}^{49}C'_i$$

(5)模糊决策

下面以$x_0=-6,y_0=-6$为例进行计算,此时有

$$A'=[1.0\quad 0\quad\cdots\quad 0]_{1\times 13},B'=[1.0\quad 0\quad\cdots\quad 0]_{1\times 13}$$

$$C'_1=(A'\times B')\circ((A_{\mathrm{NB}}\times B_{\mathrm{NB}})\rightarrow C_S)=[1.0\quad 0.5\quad 0\quad 0\quad 0\quad 0\quad 0]$$

按同样的方法依次求出$C'_2,C'_3,C'_4,\cdots,C'_{49}$,最终求得

$$C' = \bigcup_{i=1}^{49} C_i' = [1.0 \quad 0.5 \quad 0 \quad 0 \quad 0 \quad 0 \quad 0]$$

(6)控制量的清晰化计算

对所求得的输出量模糊集合进行清晰化计算(用加权平均法)

$$z_0' = \mathrm{d}f(z) = \frac{1 \times 0 + 0.5 \times 2}{1 + 0.5} \approx 0.67$$

按照同样的步骤,可以计算出当 x_0 , y_0 为其他组合时的输出量 z_0 。最后可列出供实际查询的控制表,如图 4-21 所示。其中,“列”代表输入量 EX 的 13 个变化等级,“行”代表输入量 EY 的 13 个变化等级,输出结果 z 为不同输入量 EX 和 EY 对应的输出量。

$z =$

0.670 0	0.830 0	0.670 0	0.830 0	0.670 0	0.830 0	0.670 0	0.830 0	0.670 0	0.830 0	0.670 0	0.830 0	0.670 0
0.770 0	0.830 0	1.750 0	1.870 0	1.750 0	1.870 0	1.750 0	1.870 0	1.750 0	1.870 0	1.750 0	1.870 0	1.750 0
0.670 0	0.830 0	2.670 0	3.050 0	2.670 0	3.050 0	2.670 0	3.050 0	2.670 0	3.050 0	2.670 0	3.050 0	2.670 0
0.830 0	0.830 0	3.050 0	3.860 0	3.860 0	3.860 0	3.860 0	3.860 0	3.860 0	3.860 0	3.860 0	3.860 0	3.860 0
1.560 0	1.870 0	2.670 0	3.860 0	4.850 0	4.700 0	4.850 0	4.700 0	5.290 0	5.200 0	5.290 0	5.200 0	5.290 0
3.050 0	3.790 0	3.790 0	3.860 0	4.700 0	6.000 0	6.000 0	6.000 0	7.300 0	8.000 0	8.000 0	8.000 0	8.000 0
2.670 0	3.860 0	4.850 0	5.050 0	5.170 0	6.000 0	6.830 0	6.950 0	7.150 0	8.140 0	9.230 0	9.240 0	9.580 0
3.050 0	3.860 0	4.700 0	6.000 0	6.000 0	6.000 0	7.300 0	8.140 0	8.210 0	8.210 0	8.870 0	10.240 0	10.240 0
3.310 0	4.320 0	5.290 0	6.530 0	6.830 0	6.950 0	7.150 0	8.140 0	9.230 0	9.680 0	10.000 0	10.240 0	10.500 0
5.090 0	5.410 0	6.320 0	7.600 0	7.600 0	8.140 0	8.140 0	8.140 0	8.870 0	10.240 0	10.240 0	10.240 0	10.240 0
6.000 0	6.910 0	6.840 0	8.140 0	7.940 0	8.140 0	9.230 0	8.870 0	9.230 0	10.240 0	10.500 0	10.240 0	10.500 0
6.770 0	7.680 0	7.810 0	8.140 0	8.270 0	8.140 0	9.000 0	9.680 0	9.800 0	10.240 0	10.330 0	10.240 0	10.330 0
7.150 0	8.140 0	9.230 0	8.870 0	9.230 0	8.870 0	9.230 0	10.240 0	10.500 0	10.240 0	10.500 0	10.240 0	10.500 0

图 4-21 模糊控制量查询表

2. 连续型模糊控制

例 4-13 在例 4-12 的基础上进行修改以实现连续论域的模糊控制,即将模糊控制量由站台和站厅安检口处排队人数改为站台和站厅安检口处乘客密度,输出量为站外乘客进站需等候的时长,根据站台乘客密度 x 和站厅安检口乘客密度 y ,选定进站控制下站外乘客进站需等候的时长 t (单位为 min),乘客密度定义为乘客数量/m^2。

(1)确定观测量和控制量

这里观测量为站台和站厅安检口处乘客密度 x 和 y ,控制量为站外乘客进站需等候的时长 t 。

(2)输入量和输出量的模糊化

定义 x 和 y 的论域均为[0,4],将密度分为三个模糊子集:密度低(SD)、密度中(MD)和密度大(LD),以 x 为例,其隶属函数为

$$\mathrm{SD}(x) = (2 - x)/2 \quad 0 \leqslant x \leqslant 2$$

$$\mathrm{MD}(x) = \begin{cases} x/2 & 0 \leqslant x \leqslant 2 \\ (4 - x)/2 & 2 < x \leqslant 4 \end{cases}$$

$$\mathrm{LD}(x) = (x - 2)/2 \quad 2 < x \leqslant 4$$

输入变量 x 的隶属度函数如图 4-22 所示。

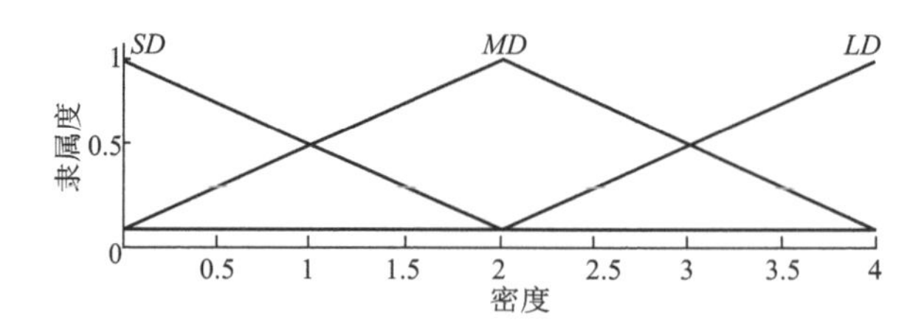

图 4-22 输入变量 x 的隶属度函数

输出量 t 的论域为[0,20],模糊子集:短(S)、中等(M)、长(L),隶属函数为

$$S(t)=\begin{cases}t/3 & 0\leqslant t\leqslant 3\\(8-t)/5 & 3<t\leqslant 8\end{cases}$$

$$M(t)=\begin{cases}(t-3)/5 & 3\leqslant t\leqslant 8\\(13-t)/5 & 8<t\leqslant 13\end{cases}$$

$$L(t)=\begin{cases}(t-8)/5 & 8\leqslant t\leqslant 13\\(20-t)/7 & 13<t\leqslant 20\end{cases}$$

输出变量 t 的隶属度函数如图 4-23 所示。

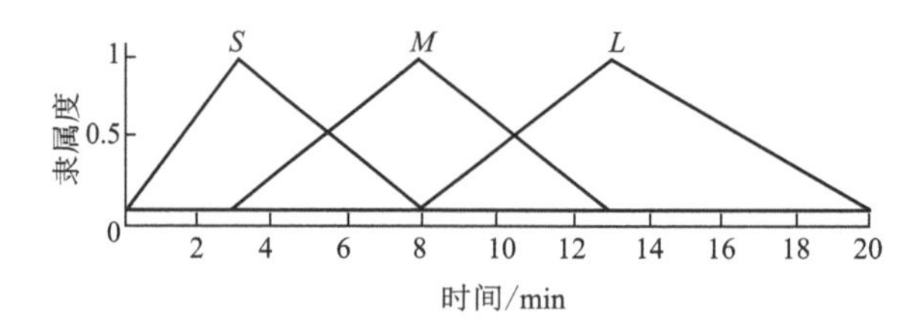

图 4-23 输出变量 t 的隶属度函数

(3)建立模糊规则

站台密度越大,站厅安检口密度越大,乘客进站需等候的时间就越长;站台密度适中,站厅安检口密度适中,乘客进站需等候的时间就适中;站台密度越小,站厅安检口密度越小,乘客进站需等候的时间就越短。模糊规则见表 4-8。

表 4-8 模糊规则

	SD	MD	LD
SD	S—1	M—4	L—7
MD	S—2	M—5	L—8
LD	M—3	L—6	L—9

(4)建立模糊关系并进行模糊决策

已知某时刻测得的清晰输入量为 $x=3$, $y=3$,求解这时乘客需等待多长时间才能进入车站。

首先要考虑会激活哪些规则。对于 x, x 属于 MD 和 LD 的程度 >0; 对于 y, y 属于 MD 和 LD 的程度 >0。因此规则 5、6、8、9 会被激活。

$C' = C'_5 \cup C'_6 \cup C'_8 \cup C'_9$

$C'_5(t) = (\mathrm{MD}(3) \wedge \mathrm{MD}(3)) \circ R_5(t) = 0.5 \wedge M(t) = (0.5M)(t)$

$C'_6(t) = (\mathrm{LD}(3) \wedge \mathrm{MD}(3)) \circ R_6(t) = 0.5 \wedge L(t) = (0.5L)(t)$

$C'_8(t) = (\mathrm{MD}(3) \wedge \mathrm{LD}(3)) \circ R_8(t) = 0.5 \wedge L(t) = (0.5L)(t)$

$C'_9(t) = (\mathrm{LD}(3) \wedge \mathrm{LD}(3)) \circ R_9(t) = 0.5 \wedge L(t) = (0.5L)(t)$

(5)控制量的清晰化计算

绘制出 C'的折线图,如图 4-24 所示。

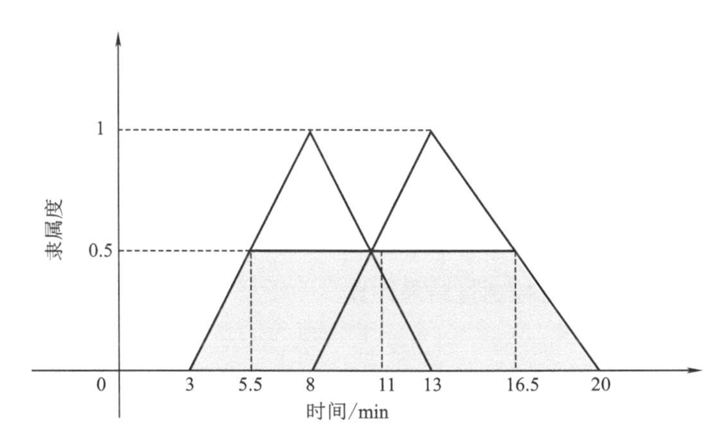

图 4-24　推理所得模糊集合 C'示意

接下来利用最大隶属度平均值法获得控制量的清晰值。首先在图 4-23 中找到最大隶属度及其对应的控制量的范围,可以发现,最大隶属度为 0.5,对应的范围是[5.5,16.5],根据最大隶属度所属范围计算其平均值作为控制量的输出。

$$t = \frac{t_1 + t_2}{2} = \frac{5.5 + 16.5}{2} = 11$$

五、模糊控制系统的 MATLAB 程序举例

1. 基于 MATLAB 语言的离散型模糊推理系统

针对离散型模糊控制例题例 4-12,在 MATLAB 软件中进行编程实现,问题描述与例 4-12 相同,为了便于读者阅读,此处重新给出。

以站台和站厅安检口排队人数的模糊控制为例,设某一地铁站在早高峰期间实施进站客流控制,即根据站台和站厅安检口排队人数控制每分钟进站乘客数量,当排队人数超过安全限制时,减少进站乘客数量;当排队人数未超过安全限制时,保持或增加进站乘客数量。因此设计一个模糊控制器,通过控制进站乘客数量将站台和站厅安检口排队人数稳定在安全限制以下。

(1)清空环境变量

运行程序前,需清空工作空间(workspace)中变量及命令窗口(command window)中的命令。

```
%  % 清空环境变量
clc   % 清除命令窗口的内容,对工作环境中的全部变量无任何影响
clear % 清除工作空间的所有变量
```

(2)导入数据

首先根据例4-12中数据获得模糊化的输入量 X 和 Y,站台排队长度偏差EX和站厅安检口排队长度偏差EY,输出量 Z,进站乘客的数量,以及模糊规则 R,获得的模糊化数据分别存储于“fuzzycontrol. excel”文件的不同工作表中,并赋值给程序中的变量。具体程序如下:

```
%% 导入数据
A=xlsread('fuzzycontrol.xlsx','x');% 加载x变量的模糊集合给矩阵A
B=xlsread('fuzzycontrol.xlsx','y');% 加载y变量的模糊集合给矩阵B
C=xlsread('fuzzycontrol.xlsx','z');% 加载z变量的模糊集合给矩阵C
R=xlsread('fuzzycontrol.xlsx','r');% 加载推理规则给矩阵R
n=13; % 输入量变化范围分为13个等级
U=0:2:12; % 控制量变化范围为以2为步长的7个等级
X=eye(n);% 加载x0对应的一系列数值给X,X是13×13的单位矩阵
Y=X;% 加载y0对应的一系列数值给Y
Z=zeros(n); % 获得一个13×13的零矩阵Z
```

(3)根据模糊控制规则进行控制量结果计算

```
%% 循环输入,计算模糊控制量
for i=1:n
    for j=1:n
      Z(i,j)=roundn(Defuzzy(com(X(i,:),Y(j,:),A,B,C,R),U), -2);% 计算结果存储在矩
阵Z中
    end
end
% 根据输入x0和y0,以及模糊推理规则进行模糊推理结果计算
function ci = com( x,y,A,B,C,R)
m=size(A,1);
n=size(B,1);
for i=1:m
    for j=1:n
        k=R(i,j);
        U((i-1)* m+j,:)=tuili1s(A(i,:),B(j,:),C(k,:),x,y);
    end
end
ci=max(U);
% 采用加权平均法进行清晰化计算
function c = Defuzzy( A,U )
  c=sum(A.* U)/sum(A);
% 四舍五入取整
Z(i,j)=roundn()
```

最后,获得控制表输出结果,如图4-25所示。

计算结果为一个13×13的矩阵,其中“列”代表输入量EX的13个变化等级,“行”代表输入量EY的13个变化等级,输出结果 z 为不同输入量EX和EY对应的输出量。

```
z =

0.670 0  0.830 0  0.670 0  0.830 0  0.670 0  0.830 0  0.670 0  0.830 0  0.670 0  0.830 0  0.670 0  0.830 0  0.670 0
0.770 0  0.830 0  1.750 0  1.870 0  1.750 0  1.870 0  1.750 0  1.870 0  1.750 0  1.870 0  1.750 0  1.870 0  1.750 0
0.670 0  0.830 0  2.670 0  3.050 0  2.670 0  3.050 0  2.670 0  3.050 0  2.670 0  3.050 0  2.670 0  3.050 0  2.670 0
0.830 0  0.830 0  3.050 0  3.860 0  3.860 0  3.860 0  3.860 0  3.860 0  3.860 0  3.860 0  3.860 0  3.860 0  3.860 0
1.560 0  1.870 0  2.670 0  3.860 0  4.850 0  4.700 0  4.850 0  4.700 0  5.290 0  5.200 0  5.290 0  5.200 0  5.290 0
3.050 0  3.790 0  3.790 0  3.860 0  4.700 0  6.000 0  6.000 0  6.000 0  7.300 0  8.000 0  8.000 0  8.000 0  8.000 0
2.670 0  3.860 0  4.850 0  5.050 0  5.170 0  6.000 0  6.830 0  6.950 0  7.150 0  8.140 0  9.230 0  9.240 0  9.580 0
3.050 0  3.860 0  4.700 0  6.000 0  6.000 0  6.000 0  7.300 0  8.140 0  8.210 0  8.210 0  8.870 0  10.240 0 10.240 0
3.310 0  4.320 0  5.290 0  6.530 0  6.830 0  6.950 0  7.150 0  8.140 0  9.230 0  9.680 0  10.000 0 10.240 0 10.500 0
5.090 0  5.410 0  6.320 0  7.600 0  7.600 0  8.140 0  8.140 0  8.140 0  8.870 0  10.240 0 10.240 0 10.240 0 10.240 0
6.000 0  6.910 0  6.840 0  8.140 0  7.940 0  8.140 0  9.230 0  8.870 0  9.230 0  10.240 0 10.500 0 10.240 0 10.500 0
6.770 0  7.680 0  7.810 0  8.140 0  8.270 0  8.140 0  9.000 0  9.680 0  9.800 0  10.240 0 10.330 0 10.240 0 10.330 0
7.150 0  8.140 0  9.230 0  8.870 0  9.230 0  8.870 0  9.230 0  10.240 0 10.500 0 10.240 0 10.500 0 10.240 0 10.500 0
```

图 4-25　基于 MATLAB 计算获得的模糊控制结果

2. 基于 MATLAB 语言的连续型模糊推理系统

对于连续论域的模糊推理系统，可以利用 MATLAB 中模糊逻辑工具箱，这里使用模糊逻辑工具箱中的命令行工作方式构建推理模型。

（1）模糊逻辑工具箱命令行主要函数介绍

①newfis：创建一个新的模糊系统

```
a = newfis('fisName')
```

②addvar：增加模糊语言变量

```
a = addvar(a,'varType','varName',varBounds)
```

varType——模糊变量类别，有 input 和 output 两类

varName——模糊变量名称

varBounds——模糊变量边界

③addmf：增加模糊语言名称，即模糊集合

```
a = addmf(a,'varType',varIndex,'mfName','mfType',mfParams)
```

varType——模糊变量类别，有 input 和 output 两类

varIndex——每增加模糊变量，都会按顺序分配一个 index

mfName——模糊变量的 index 对应的名称

mfType——隶属度函数（Membership Functions），可以是 trimf、trapmf、Gaussmf 等，也可以是自定义的函数

mfParams——指定隶属度函数的参数向量

④addrule：增加控制规则

```
a = addrule(a,ruleList)
```

ruleList——以向量形式表示的模糊规则，当有多条模糊规则时即形成一个矩阵。矩阵行数表示需要添加的规则数目，列数为输入变量 + 输出变量 + 2

假设模糊推理系统中有 n 个输入变量，m 个输出变量，则 ruleList 向量的列数为 $n+m+2$。其中前 n 列表示输入变量的编号；$n+1$ 至 $n+m$ 列为输出变量的编号；$n+m+1$ 列表示该行规则的权重，权重值在 0 ~ 1 之间；$n+m+2$ 列表示模糊规则下输入变量之间的关系，一

般用0和1表示,其中1表示and关系,0表示or关系。

⑤setfis:设置,更改模糊推理系统的属性

```
a=setfis(a,'fispropname','newPropValue')
fispropname-需要被设置或更改的属性名称
newPropValue-该属性的新值
```

⑥evalfis:输出结果,即进行模糊推理

```
output=evalfis(input,fismat)
input-输入数据
fismat-已建立的模糊推理矩阵
```

假设输入数据input为一个 $m \times n$ 的矩阵,每一行是输入向量,n 为输入向量的变量数。输出结果output则是 $m \times k$ 矩阵,每一行是输出向量,列数 k 为输出变量数。

⑦gensurf:输出结果,即进行模糊推理

```
gensurf(a)
```

使用前两个输入和第一个输出来生成给定模糊推理系统(a)的输出曲面。

(2)模糊逻辑工具箱命令行主要函数介绍

根据连续型模糊控制例题(例4-13),构建连续模糊控制的MATLAB程序。

```
clc;
clear;
a= newfis('PassCon'); % 创建一个名为PassCon的模糊控制对象
% 定义输入变量
a= addvar(a,'input','zhantai ',[0,4]);% 定义一个输入变量,站台密度
a= addmf(a,'input',1,'SD','trimf',[-2 0 2]);% 定义一个隶属度函数,密度较低
a= addmf(a,'input',1,'MD','trimf',[0 2 4]);% 定义一个隶属度函数,密度适中
a= addmf(a,'input',1,'LD','trimf',[2 4 6]);% 定义一个隶属度函数,密度较高
a= addvar(a,'input','zhanting ',[0,4]);% 定义一个输入变量,站厅安检口密度
a= addmf(a,'input',2,'NG','trimf',[-2 0 2]);% 定义一个隶属度函数,密度较低
a= addmf(a,'input',2,'MG','trimf',[0 2 4]);% 定义一个隶属度函数,密度适中
a= addmf(a,'input',2,'LG','trimf',[2 4 6]);% 定义一个隶属度函数,密度较高
% 定义输出变量
a= addvar(a,'output','time ',[0,20]);% 定义一个输出变量,等候进站时长
a= addmf(a,'output',1,'S','trimf',[0 3 8]);% 定义一个隶属度函数,时间短
a= addmf(a,'output',1,'M','trimf',[3 8 13]);% 定义一个隶属度函数,时间适中
a= addmf(a,'output',1,'L','trimf',[8 13 20]);% 定义一个隶属度函数,时间长
% 根据模糊对应关系列出模糊规则表
rulelist =[1 1 1 1 1;1 2 2 1 1;1 3 3 1 1
       2 1 1 1 1;2 2 2 1 1;2 3 3 1 1;
3 1 2 1 1 ;3 2 3 1 1 ;3 3 3 1 1];
% 增加控制规则
a=addrule(a,rulelist);
% 修改清晰化方式(DefuzzMethod)为平均最大隶属度法(mom)
a=setfis(a,'DefuzzMethod','mom');
% 绘图
```

```
figure(1)
subplot(3,1,1)
plotmf(a,'input',1)% 绘制输入变量 1 的隶属度函数
title('输入变量 x 的隶属度函数')
subplot(3,1,2)
plotmf(a,'input',2)% 绘制输入变量 2 的隶属度函数
title('输入变量 y 的隶属度函数')
subplot(3,1,3)
plotmf(a,'output',1)% 绘制输出变量的隶属度函数
title('输出变量的隶属度函数')
figure(2)
gensurf(a)% 绘制输入函数与输出函数的映射曲线
title('输入输出的函数映射曲线')
```

(3)获得结果(图 4-26)

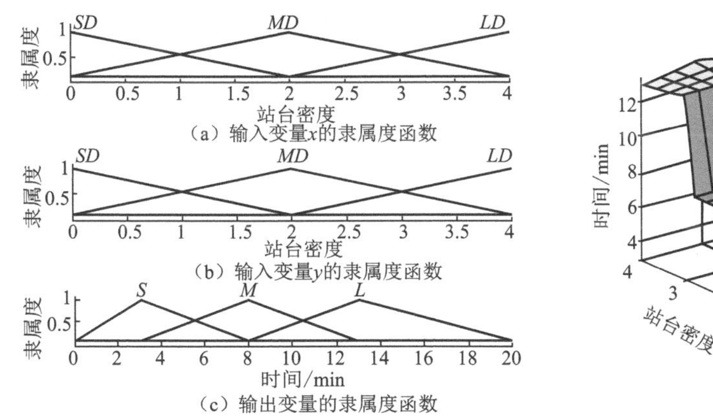

(a) 输入变量x的隶属度函数

(b) 输入变量y的隶属度函数

(c) 输出变量的隶属度函数

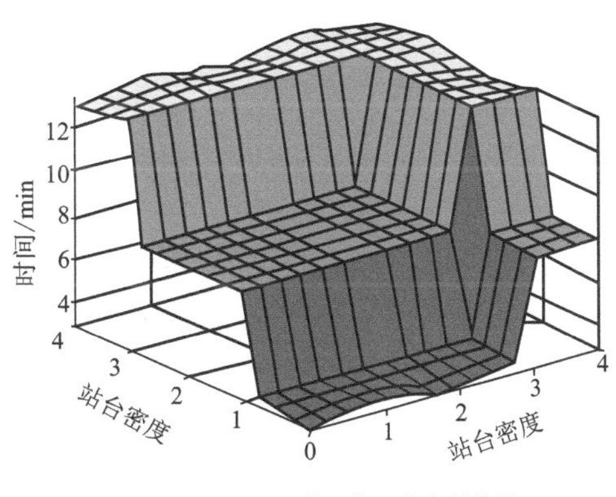

(d) 输入输出的函数映射曲线

图 4-26　基于 MATLAB 仿真的输入值、输出值的隶属度函数及函数映射曲线

3. 基于图形界面的模糊推理系统

MATLAB 的模糊逻辑工具箱中也提供了一种使用方便、易于理解的图形界面工具——图形交互工具(graphical user interface,简称 GUI)。图形交互工具箱提供了四类图形化工具:模糊推理系统编辑器 Fuzzy、模糊规则编辑器 Ruleedit、模糊规则观察器 Ruleview、模糊推理输入输出曲面视图 Surfview。这里利用模糊推理系统编辑器 Fuzzy 设计和显示模糊推理系统。具体步骤如下。

(1)第一步:进入模糊推理系统编辑器界面

在 MATLAB 命令窗口(command window)内输入“fuzzy”命令,即会弹出模糊推理系统编辑器界面,如图 4-27 所示。

(2)第二步:修改和添加输入输出变量

选中“input1”(选中后窗口边框变红),在“Current Variable”下,修改“Name”为 t。

如果有多个输入变量,则在 Edit 菜单中,选择 Add variable...→Input,再一次修改输入变量名称。

输入变量修改完成后,按照同样方法修改输出变量名称,如图 4-28 所示。

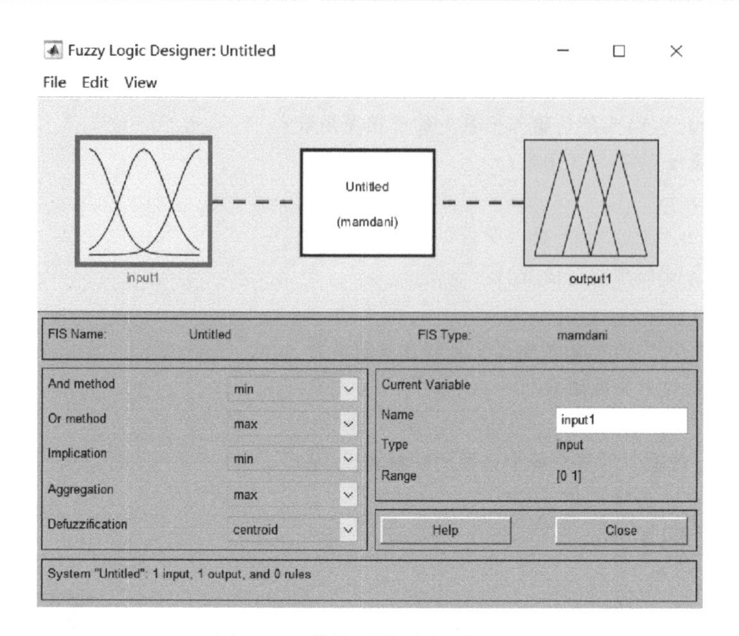

图 4-27 模糊系统编辑器界面

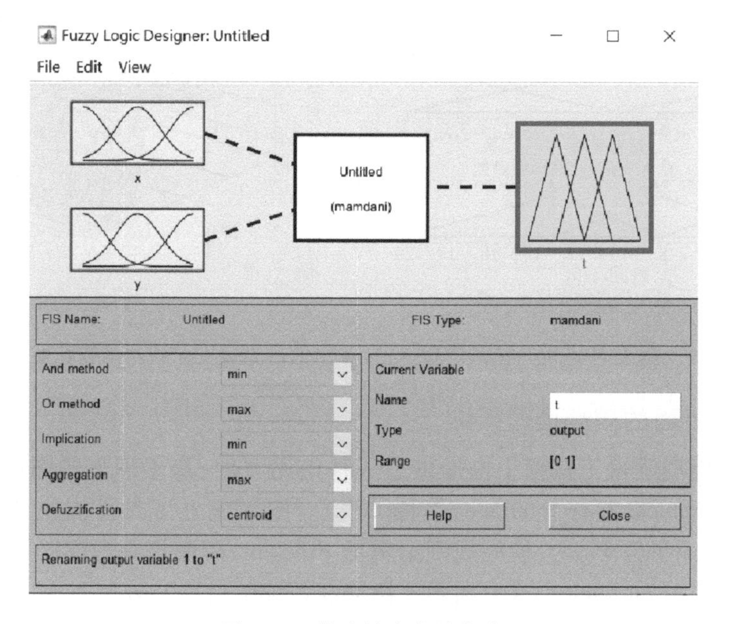

图 4-28 修改输出变量名称

(3)第三步:定义输入、输出变量的模糊子集

双击 x 对应的模框,编写输入变量 x 的论域、名称、参数,如图 4-29 所示。

按照同样方法修改输入变量 y 的论域、名称、参数,如图 4-30 所示。

(4)第四步:修改输出变量隶属度函数

选中 t→选中函数曲线,按 Del 键删除→选中 Edit→Add MFs…,增加 3 个三角形隶属度函数,如图 4-31 所示。

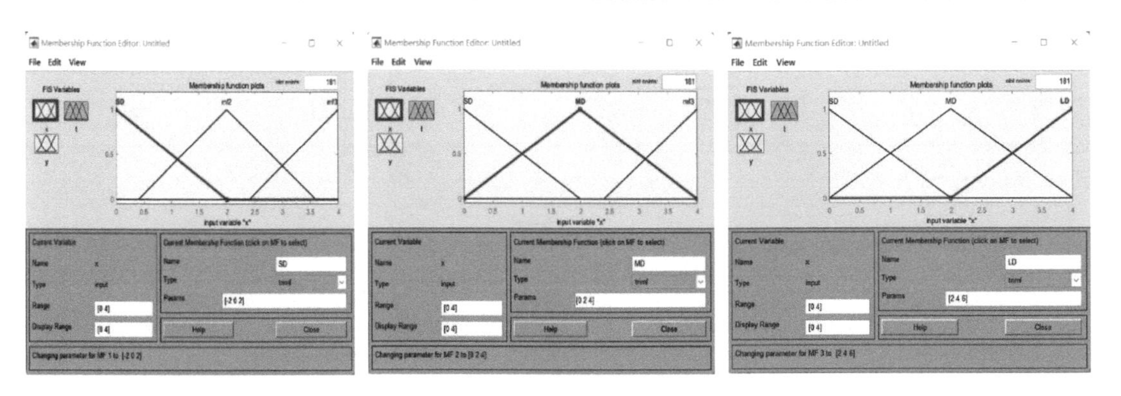

图 4-29　修改输入变量 x

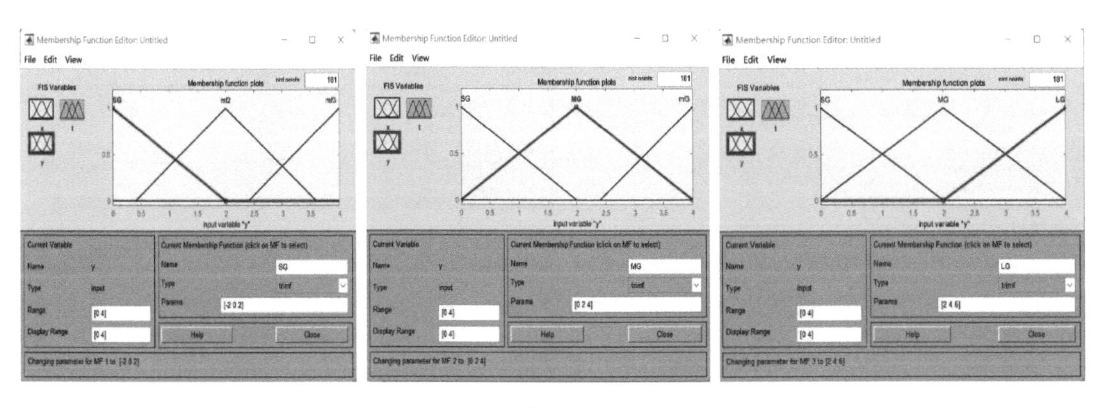

图 4-30　修改输入变量 y

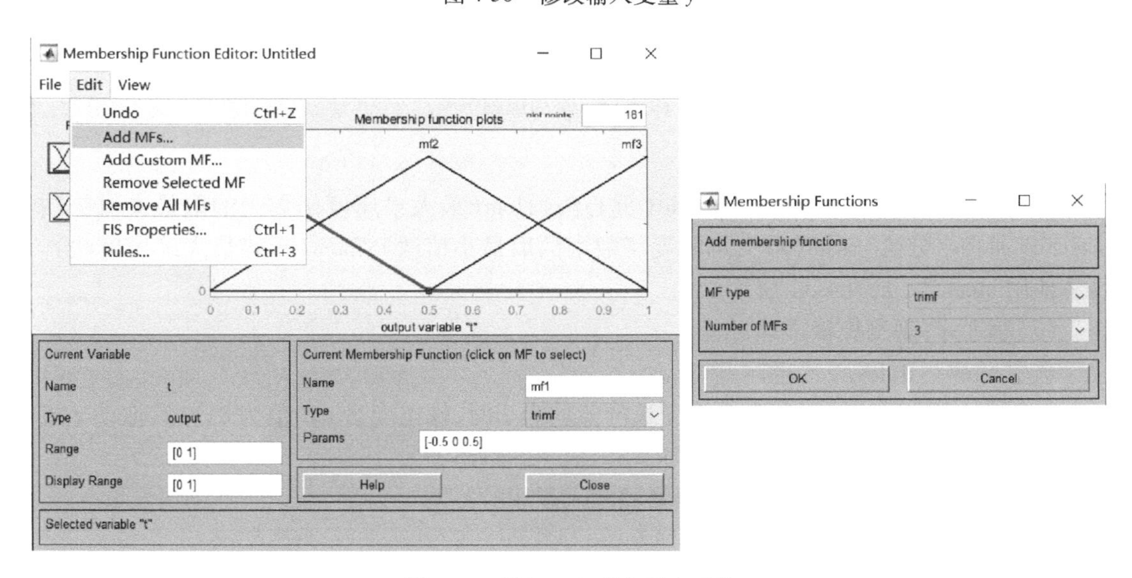

图 4-31　增加三角形隶属度函数

按照与修改输入变量同样的方法修改输出变量 t 的论域、名称、参数，如图 4-32 所示。

(5)第五步：编写模糊控制规则

选中 Edit→Rules…，添加 9 条规则，如图 4-33 所示。

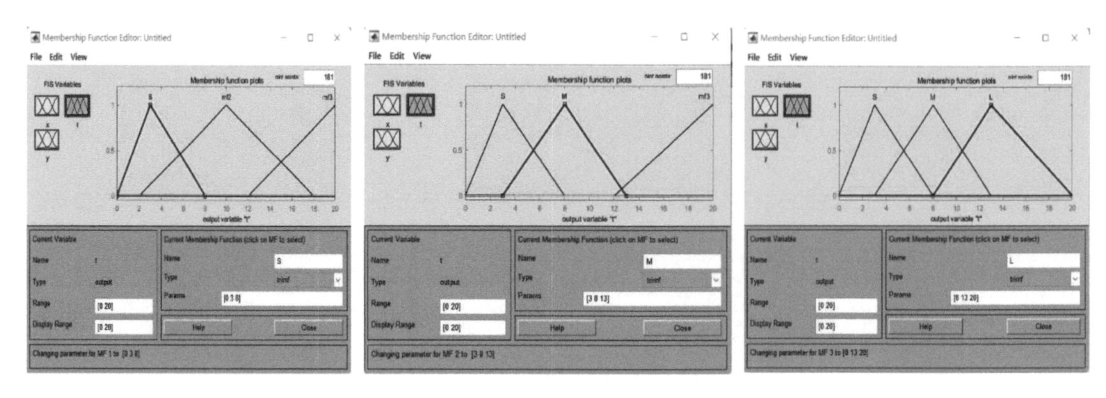

图 4-32　修改输出变量 t

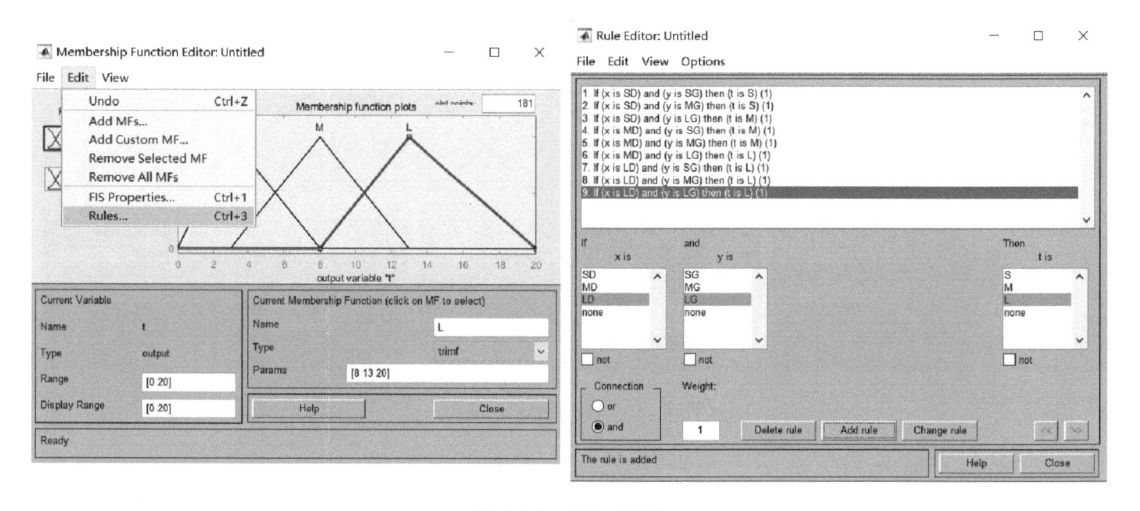

图 4-33　添加规则

(6)第六步:修改清晰化方法

清晰化方法包括以下几类:centroid(重心法);lom(最大隶属度函数中的取最大值法);bisector(面积平分法);som(最大隶属度函数中的取最小值法);mom(平均最大隶属度法)。这里使用 mom 法,如图 4-34 所示。

(7)第七步:观测模糊推理过程

选中 View→Rules...,如图 4-35 所示。

x 或 y 对应的竖线表示两个输入变量的值均为 2 时,输出变量 t 的值为 8,左右拖动 x 或 y 上的竖线即可修改输入值,并获得当前输入值下的输出 t。

(8)第八步:观测整个论域上输出量和输入量间的关系

选中 View→Surface...,如图 4-36 所示。

注意,当将鼠标放置在图内,按住鼠标左键,移动鼠标可得到不同角度的视图,如图 4-37 所示。

(9)第九步:保存构建的模糊控制系统

选中 File→Export→To File...,命名为 transport,如图 4-38 所示。

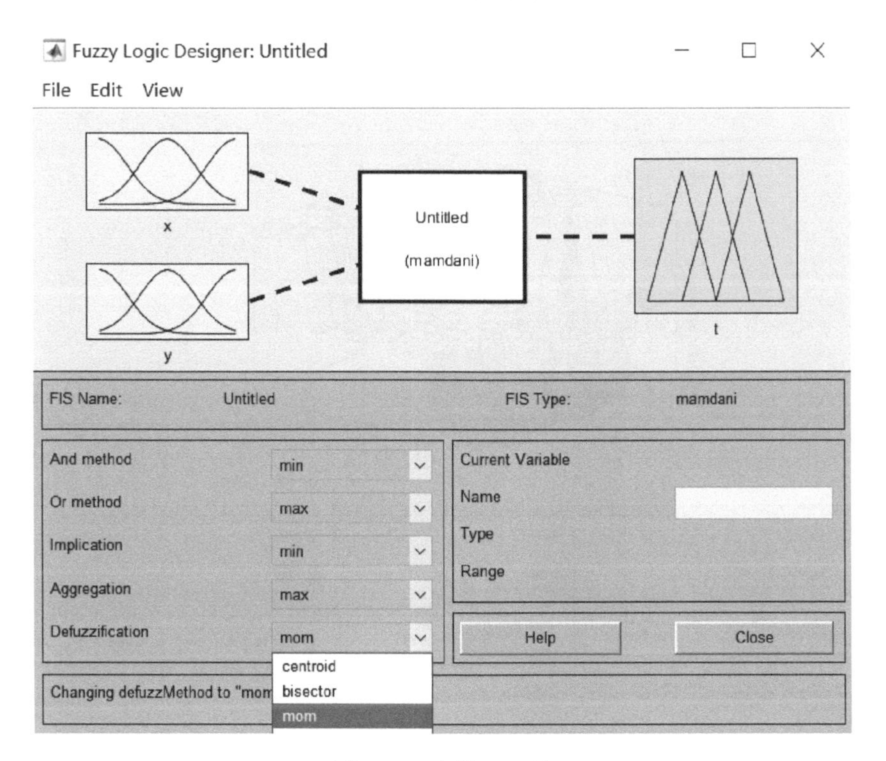

图 4-34　选择 mom 法

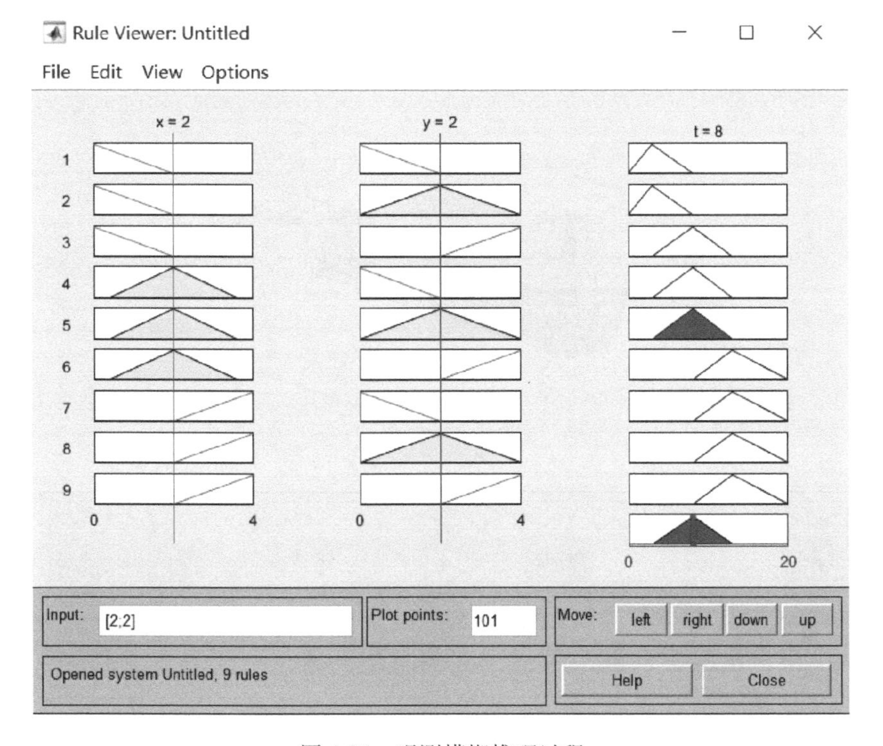

图 4-35　观测模糊推理过程

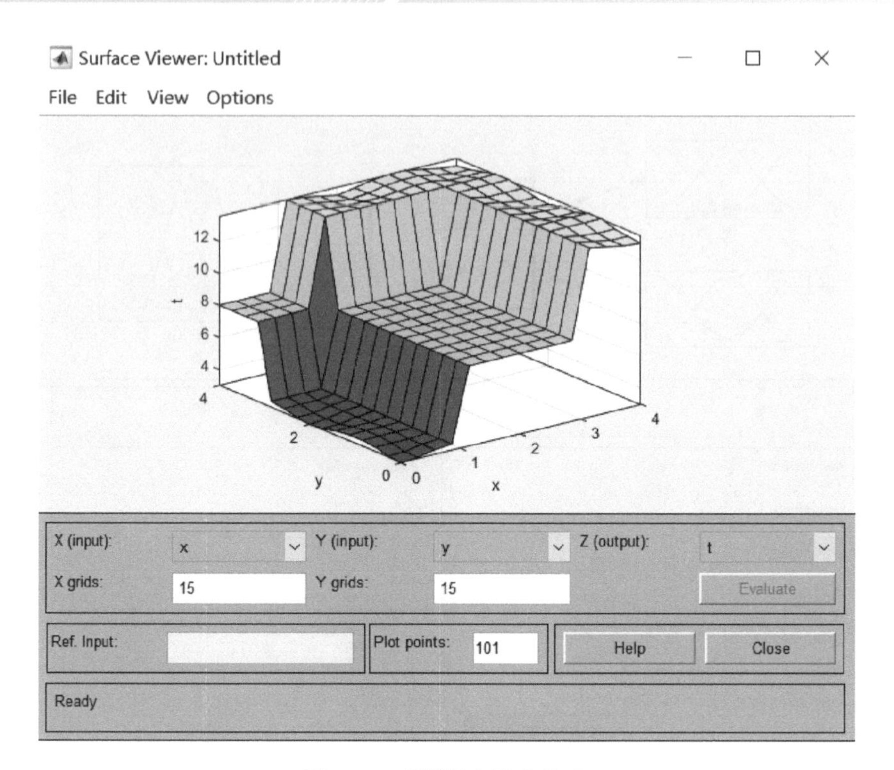

图 4-36　观测输入输出关系

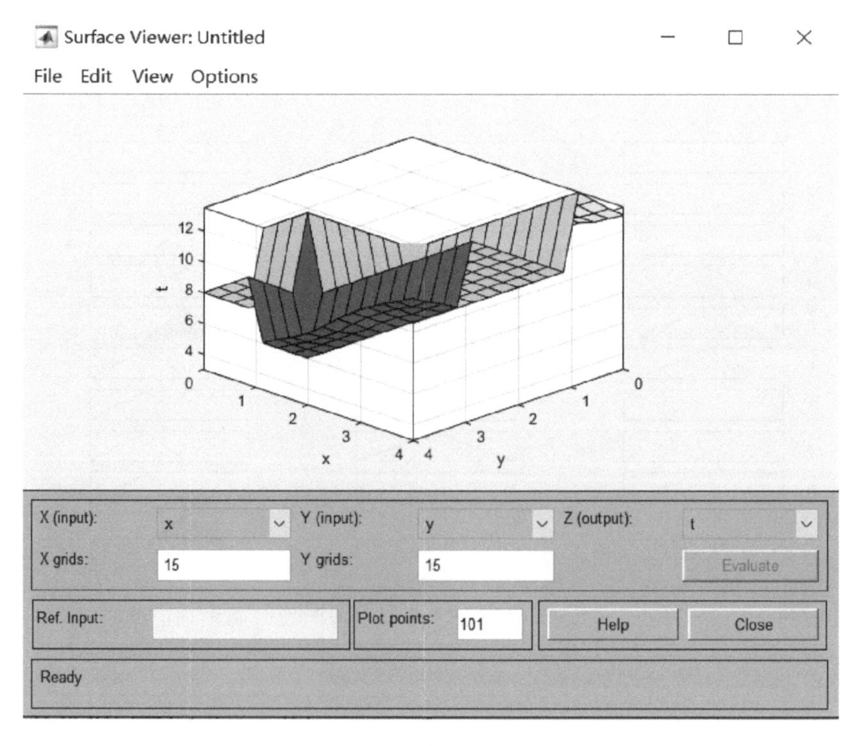

图 4-37　不同角度视图

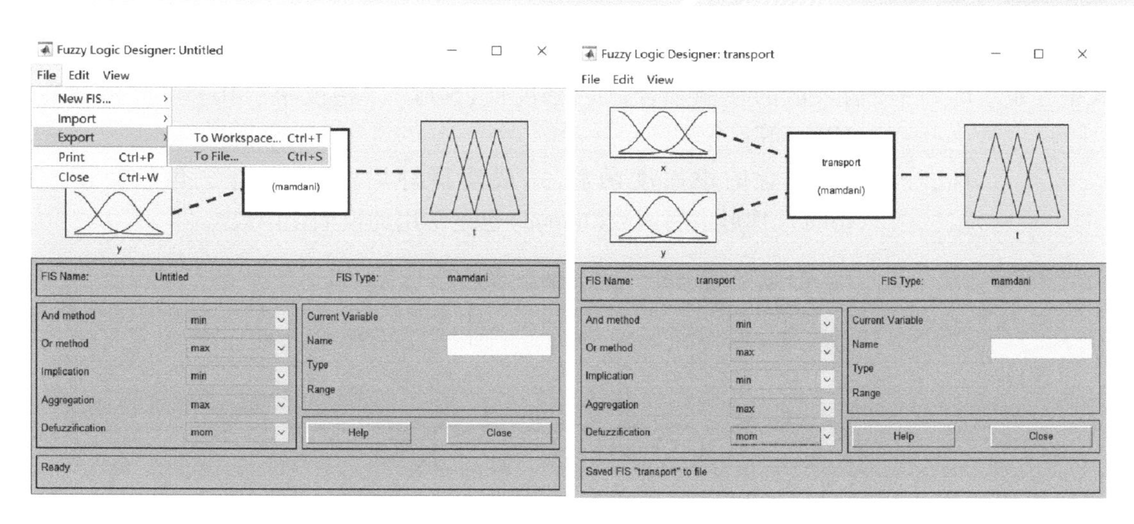

图 4-38　保存

六、自适应神经模糊推理系统

在构建模糊控制器时,隶属度函数、模糊规则的设计是其中重要的部分,很多时候它们是建立在经验知识基础上的,具有很大的主观性,也缺乏应对不断变化的适应性。为了克服这一缺点,提出了神经模糊系统,将神经网络与模糊系统相结合,利用神经网络较强的自学习和自适应能力,使模糊系统能够通过不断学习来修改和完善隶属度函数和模糊规则。

自适应神经模糊推理系统是学者 Jang Roger 于 1993 年首次提出。自适应神经模糊推理系统(ANFIS)模型主要由两部分组成,分别是自适应网络(AN)和模糊推理系统(FIS),其中模糊推理系统(FIS)前面已经详细介绍过,自适应网络通常设计为一个多层前馈神经网络,这个网络由多个神经元和有向链组成一种单向多层结构,神经元可以接受前一层神经元的信号,并产生输出到下一层。

一个经典神经模糊系统通常包括一个输入层、多个隐藏层和一个输出层共 5 层结构,其中的输入层、输出层用于实现模糊系统输入、输出的模糊化,隐藏层用于表示模糊系统的隶属度和模糊规则。神经网络通过为模糊系统实现输入的模糊化并赋予其权值,利用其强大的学习能力对权值不断进行修正,以提高模糊推理准确性。目前模糊神经网络技术已经获得广泛的应用,主要集中在模糊回归、模糊控制、模糊专家系统、模糊矩阵方程、模糊建模和模糊模式识别等领域。

1. 典型的 ANFIS 结构

典型 ANFIS 的结构如图 4-39 所示。

图 4-39 中,X 和 Y 是模糊神经网络的输入值,ω 为模糊神经网络的权值,f 为推理系统的输出。自适应神经模糊推理系统的训练过程包括以下几个步骤。

(1)第一层:输入值的选择和模糊化

这是建立模糊规则的第一步,利用隶属度函数(menbership functions,MFs)对输入值 X,Y 进行模糊化操作,得到一个[0,1]的隶属度(menbership grade),即

$$O_{1,i} = \mu_{Ai}(x) \quad i = 1,2$$

$$O_{1,i} = \mu_{B(i-2)}(y) \quad i = 3,4 \tag{4-48}$$

式中 A_i，B_{i-2}——输入值的模糊集合，如“密度低(SD)”、“密度中(MD)”和“密度高(HD)”等；

$O_{1,i}$——模糊集合的隶属度函数，一般选择钟形函数，此外三角隶属函数(trimf)、梯形隶属函数(trapmf)也是常用的模糊化函数。

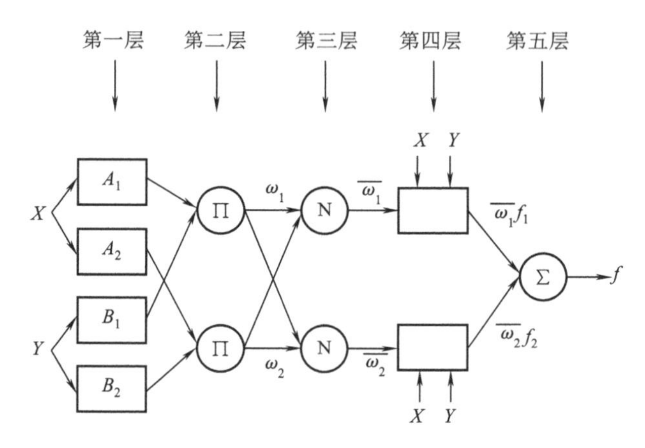

图 4-39 典型 ANFIS 的结构

钟形函数表示式为

$$\mu_{Ai}(x) = \frac{1}{1 + \left[\left(\frac{x - c_i}{a_i}\right)^2\right]^{b_i}} \tag{4-49}$$

式中 a_i, b_i, c_i——钟形隶属度函数 $\mu_{Ai}(x)$ 的参数，称为前向参数。

(2)第二层:计算模糊规则激励强度

这一层用于计算每个规则的触发强度(firing strength)，其计算方法为将输入值的隶属度相乘，输出结果表示该条规则的可信度，即

$$O_{2,i} = w_i = \mu_{Ai}(x)\mu_{Bi}(y) \quad i = 1,2 \tag{4-50}$$

(3)第三层:规则强度归一化

将第二层得到的每条规则的触发强度进行归一化，归一化后的值表示该条规则在规则库中的触发比重，也就是在模糊推理过程中会使用这条规则的概率，即

$$O_{3,i} = \overline{w}_i f_i = \frac{w_i}{w_1 + w_2} \quad i = 1,2 \tag{4-51}$$

(4)第四层:计算该层每个节点的输出

第四层的节点均为自适应节点其计算结果一般通过输入特征的线性组合获得，即

$$O_{4,i} = \overline{w}_i f_i = \overline{w}_i(p_i x + q_i y + r_i) \quad i = 1,2 \tag{4-52}$$

式中 $\overline{w}_i$——第三层输出结果；

p_i, q_i, r_i——计算过程使用参数，称为后向参数。

(5)第五层:计算模型的总输出

该层仅有一个固定节点，通过对每条规则的结果进行加权平均实现结果的去模糊化并得到最后的总输出，即

$$O_{5,i} = \sum_i \overline{w}_i f_i = \frac{\sum_i w_i f_i}{\sum_i w_i} \quad i = 1,2 \tag{4-53}$$

在获得模糊推理的总输出后，就可以利用神经网络，如 BP 算法，通过实现误差的反向传播，来调整系统中的前向参数和后向参数，实现神经模糊推理系统的自适应过程。

2. ANFIS 模型的 MATLAB 仿真过程

由于 ANFIS 相比于其他神经模糊系统，更加便捷，使用更加广泛，因此收入了 MATLAB 的模糊逻辑工具箱，MATLAB 中 ANFIS 模型的构建方法具体设计步骤如下。

（1）进入模糊推理系统编辑器界面。

在 MATLAB 命令窗口（command window）内输入“fuzzy”命令，弹出模糊推理系统编辑器界面，如图 4-40 所示。

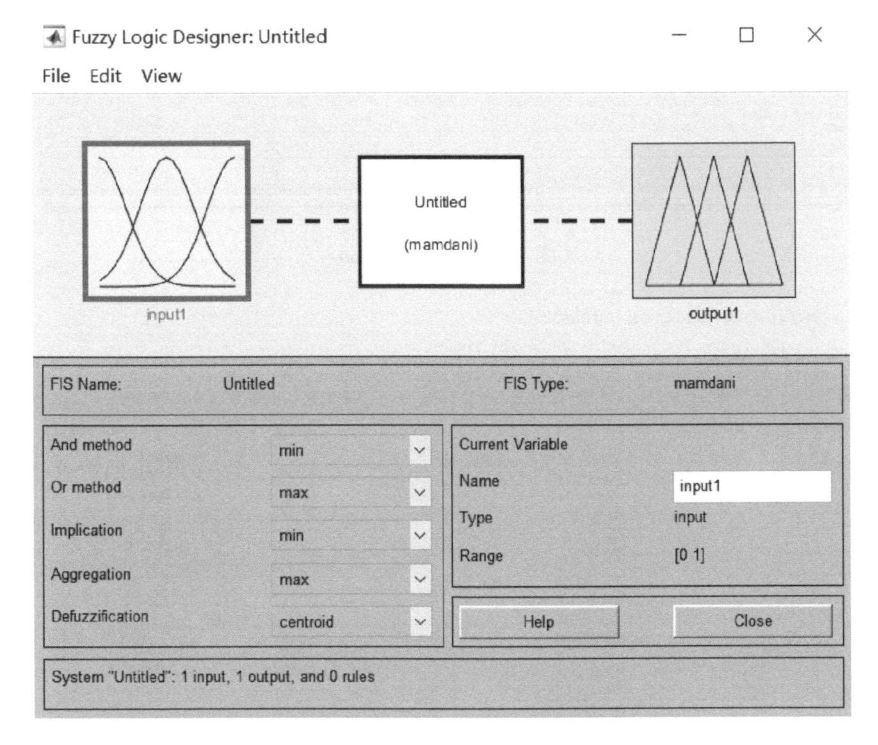

图 4-40　模糊推理系统编辑器界面

（2）选择 File→New FIS…→Sugeno，如图 4-41 所示。

（3）选择 Edit→Anfis…，如图 4-42 所示。

（4）载入数据。

在编辑器界面，选择“File”并点击“Load Data”，实验数据在 MATLAB 安装目录的 toolbox\fuzzy\fuzdemos 文件夹下，选择 fuzex1trnData. dat，如图 4-43 所示。

（5）在编辑器界面，选择“Checking”并点击“Load Data”，选择 fuzex1chkData. dat。

（6）在编辑器界面，选择“Grid partition”（网格分割），如图 4-44 所示。

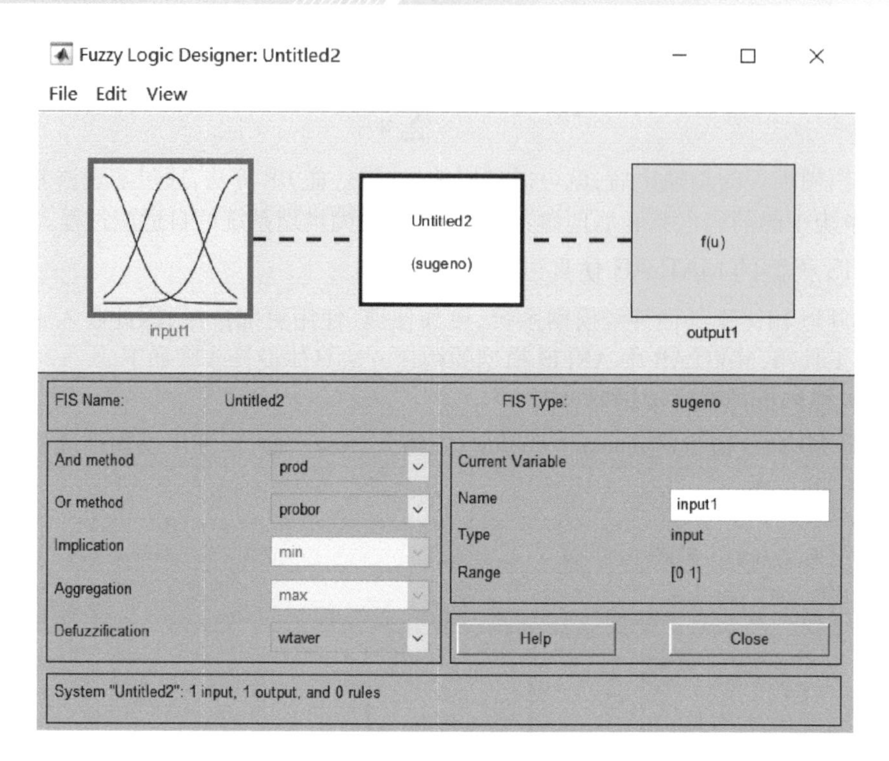

图 4-41 选择 Sugeno

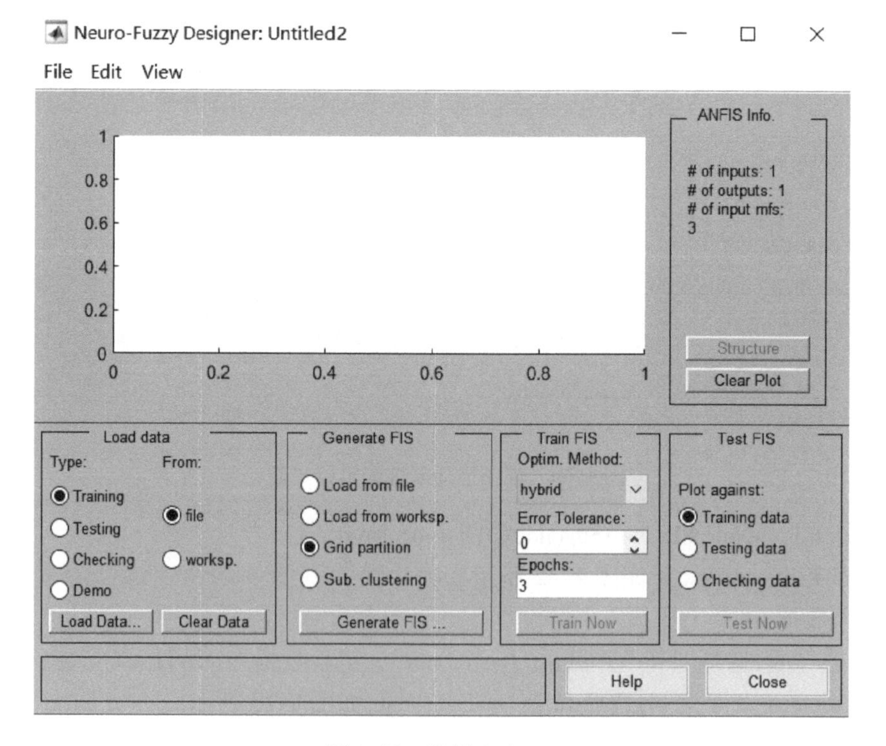

图 4-42 选择 Anfis…

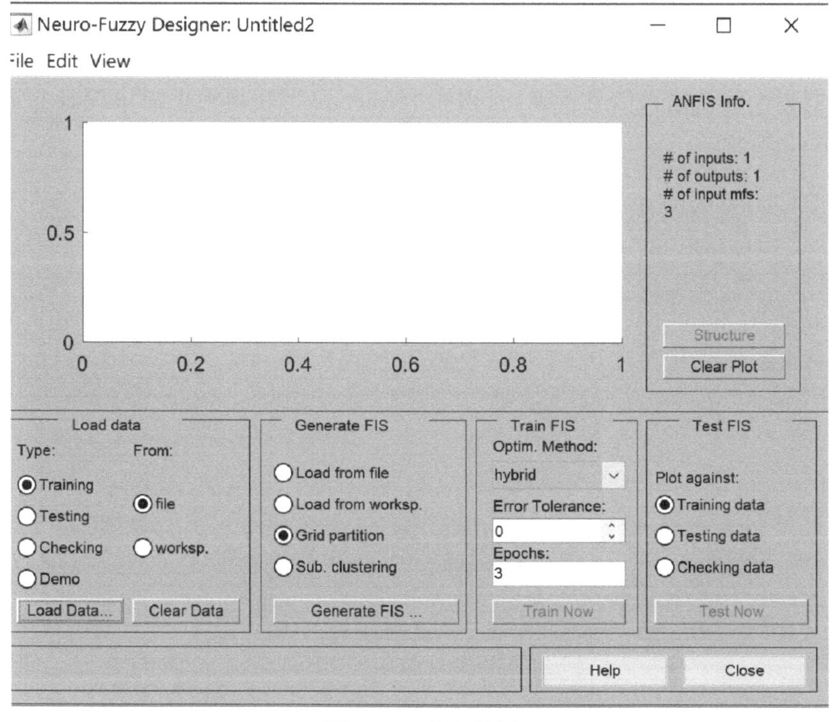

图 4-43　载入数据

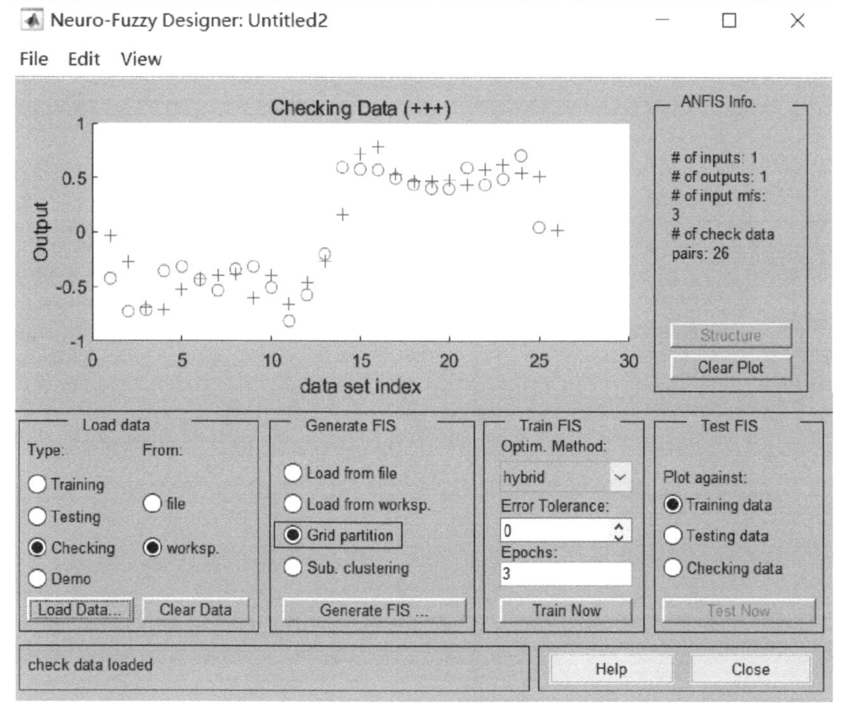

图 4-44　网格分割

(7)生成初始 FIS。

在编辑器界面,点击“Generate FIS...”。

在弹出的窗口中，“Number of MFs”填入 5；“MF Type”选择 gbellmf；“OUTPUT Type”选择 linear。最后点击 OK，关闭该窗口。

在编辑器界面确认输入信息正确后，点击“Structure”，获得根据需求设计完成的 ANFIS 模型，如图 4-45 所示。

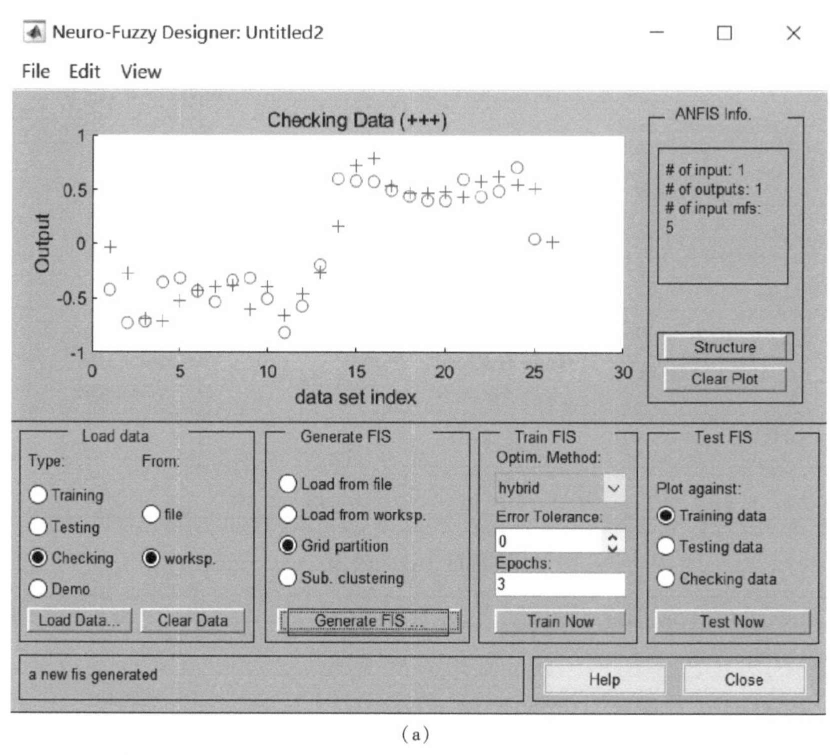

(a)

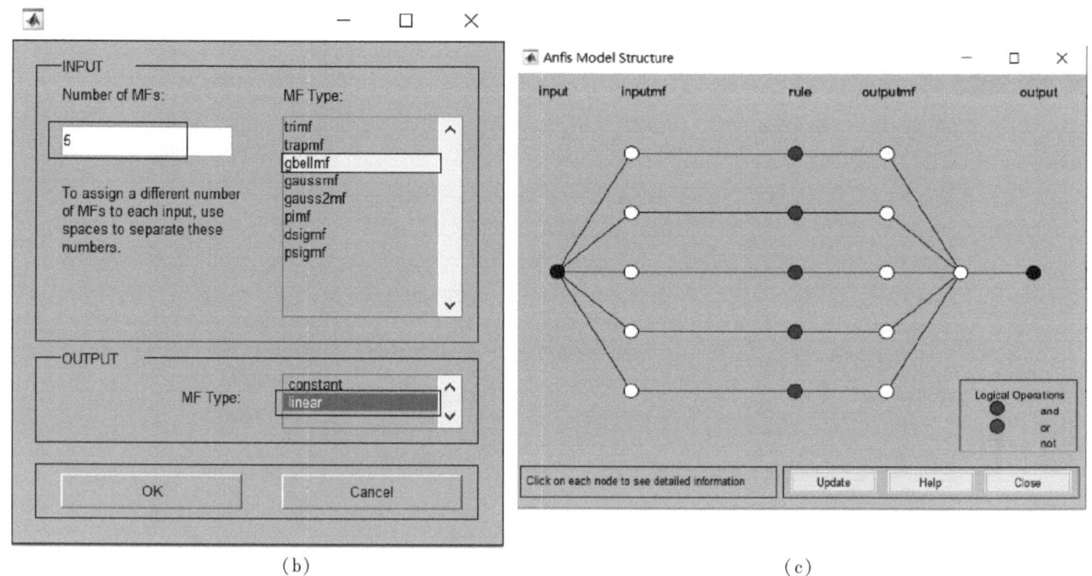

(b) (c)

图 4-45 生成初始 FIS

(8)改变 input 1 为 x;output 1 为 u。

双击 x 对应的模框,根据需要编辑模糊子集的隶属度函数,如图 4-46 所示。

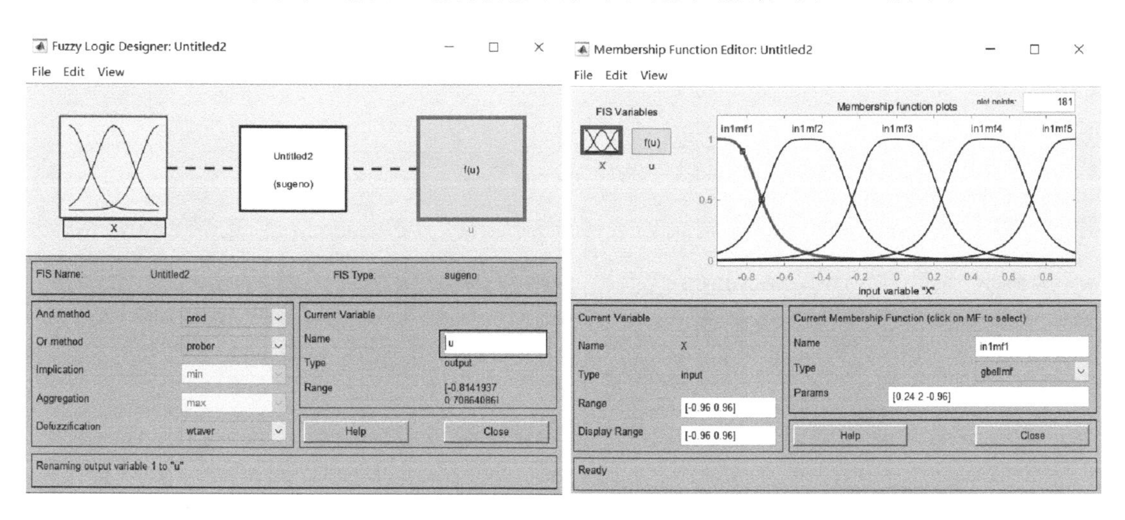

图 4-46　编辑隶属度函数

点击 View→Rules…和 View→Surface…,查看 output 和 rules,如图 4-47 所示。

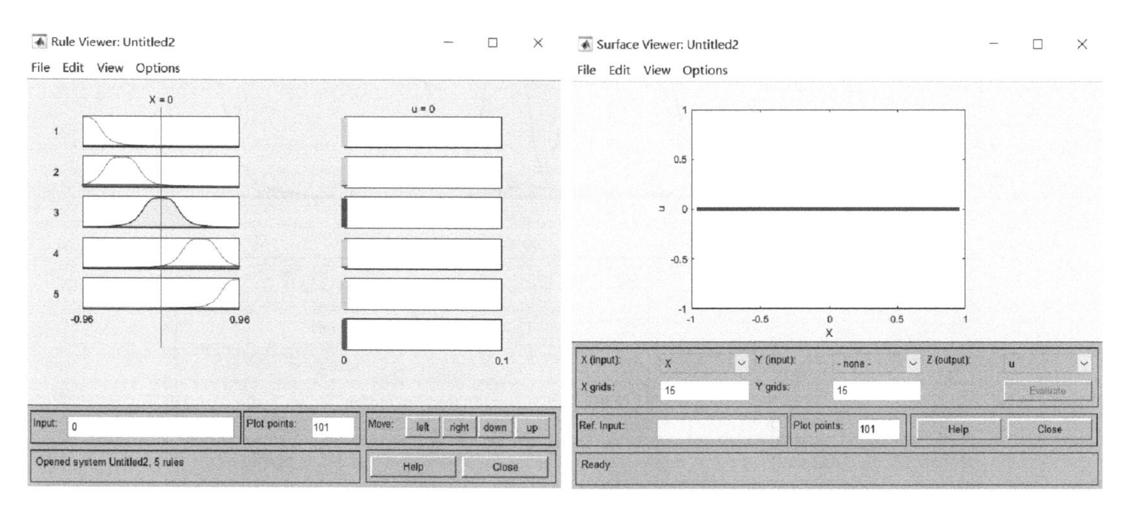

图 4-47　查看 output 和 rules 1

(9)训练 FIS。

修改训练代数为 50,并点击 Train Now,如图 4-48 所示。

训练后的输入量和模糊子集分布图,如图 4-49 所示。

点击 View→Rules…和 View→Surface…,查看 output 和 rules,如图 4-50 所示。

参考上述步骤,可通过增加变量建立多输入系统。

点击 Edit→Add Variable…→Input,建立多输入—单输出的 FIS;构建格式如图 4-51 所示的.dat 文件或文本文件(制表符分割),分别构建训练样本文件和测试样本文件,将文本文件载入 MATLAB 的工作空间。

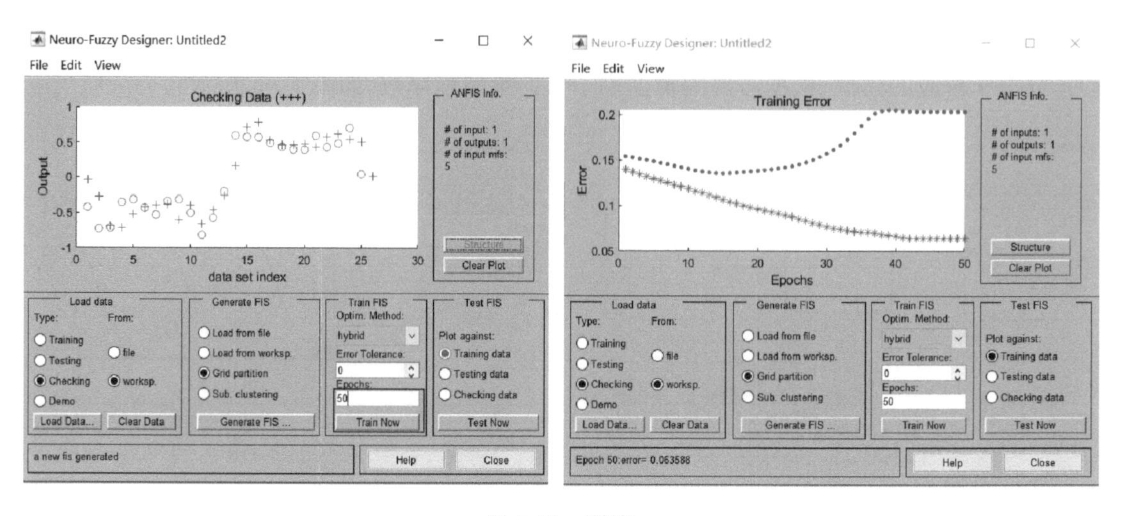

图 4-48　训练

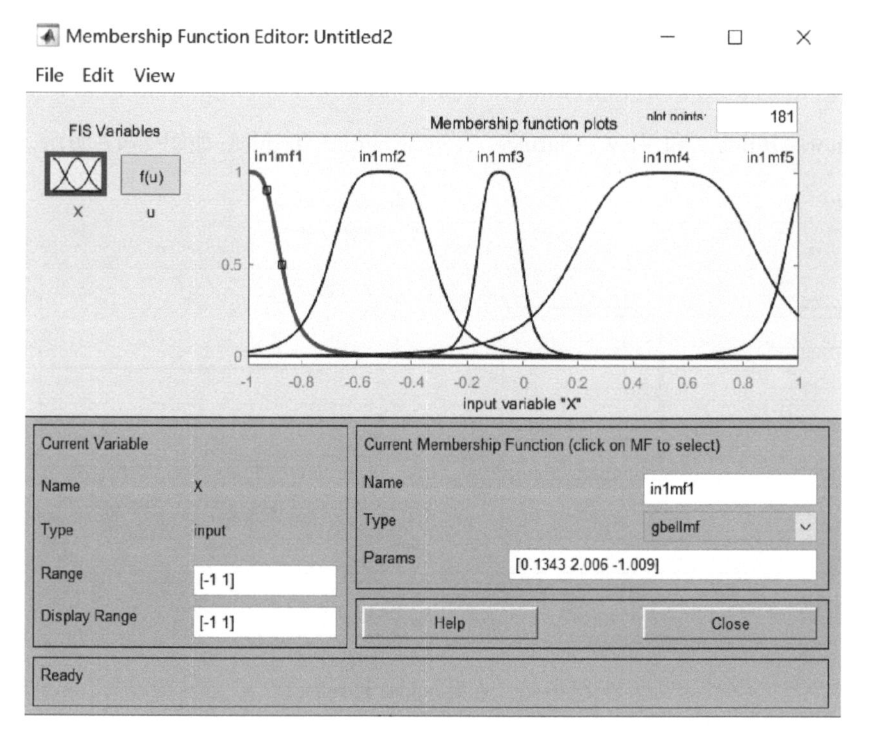

图 4-49　训练后的结果

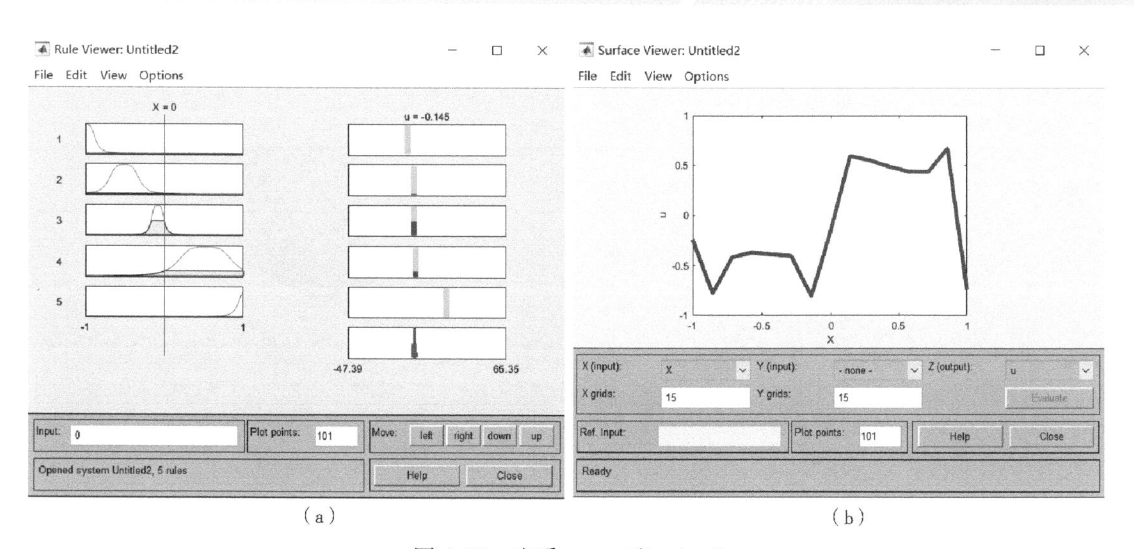

（a）　　　　（b）

图 4-50　查看 output 和 rules 2

-6	-6	-5.35
-5	-6	-5
-2	-6	-4
-1	-6	-4
0	-6	-3.59
1	-6	-2.92
2	-6	-1.81
3	-6	-1
4	-6	-0.58
-6	-3	-5.24

图 4-51　文本文件

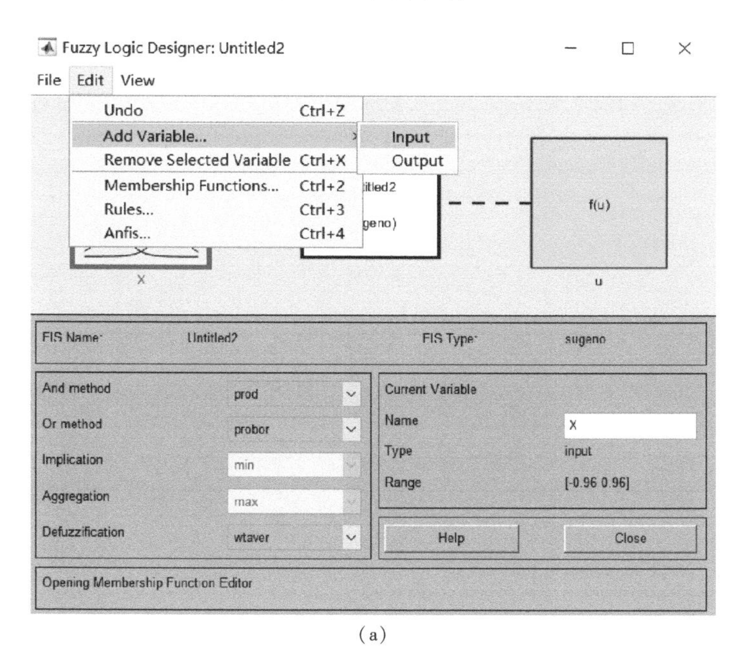

（a）

图　4-52

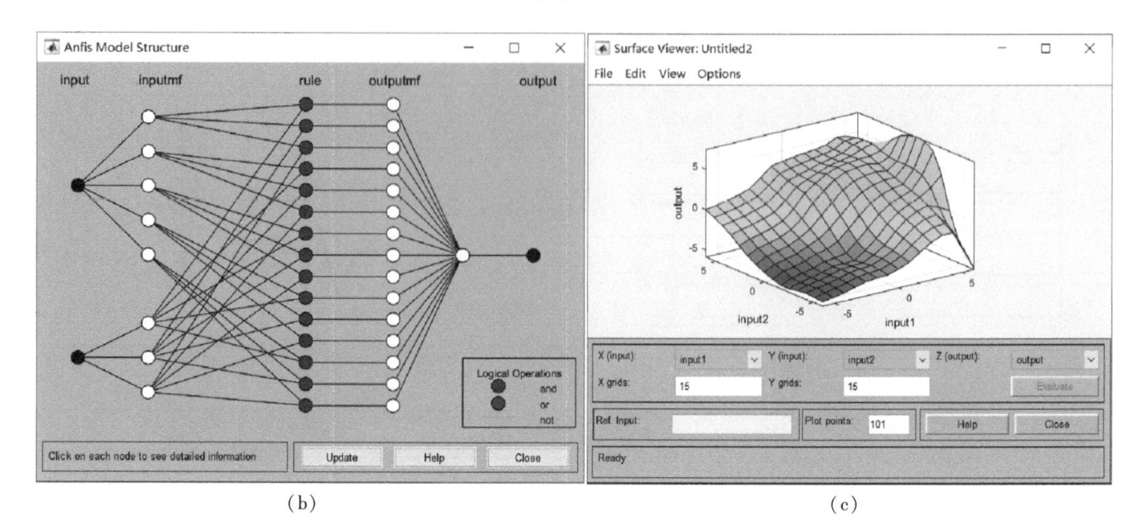

（b）　　　　　　　　（c）

图 4-52　建立多输入系统

习　题

1. $A=\frac{0.5}{u_1}+\frac{0.9}{u_2}+\frac{1}{u_3}+\frac{0.8}{u_4}+\frac{0.3}{u_5}$，$\lambda$ 分别为0.8和0.4，求 λ 截集。

2. 根据模糊集合 $Y=\int_{0\leqslant x\leqslant 5}\frac{0.5+0.1x}{x}+\int_{5<x\leqslant 10}\frac{1}{x}$，画隶属函数曲线。

3. 已知模糊集合 $A=\frac{0.5}{u_1}+\frac{0.6}{u_2}+\frac{1}{u_3}+\frac{0.7}{u_4}+\frac{0.3}{u_5}$，$B=\frac{0.1}{u_1}+\frac{0.9}{u_2}+\frac{0.5}{u_3}+\frac{0.3}{u_4}+\frac{0.1}{u_5}$，求 A 和 B 的交集、并集，以及模糊集合 A 的补集。

4. 已知模糊集合 $A=\frac{0.5}{x_1}+\frac{0.6}{x_2}+\frac{1}{x_3}+\frac{0.7}{x_4}+\frac{0.3}{x_5}$，$B=\frac{0.1}{y_1}+\frac{0.9}{y_2}+\frac{0.5}{y_3}+\frac{0.3}{y_4}$，求 A 和 B 的直积。

5. 求子女与祖父母的相似关系模糊矩阵（按最大-最小合成规则）。

$$\boldsymbol{R}=\begin{matrix} & \text{父} & \text{母} \\ \text{子} & 0.8 & 0.4 \\ \text{女} & 0.4 & 0.7 \end{matrix} \qquad \boldsymbol{R}=\begin{matrix} & \text{祖父} & \text{祖母} \\ \text{父} & 0.3 & 0.6 \\ \text{母} & 0.1 & 0.3 \end{matrix}$$

6. $C_1'=\frac{0}{1}+\frac{0.5}{2}+\frac{0.7}{3}+\frac{0.8}{4}+\frac{0.5}{5}+\frac{0}{6}$，使用加权平均法求清晰量。

7. 使用 MATLAB 实现模糊控制系统。

第五章　进化计算和群体智能

进化计算和群智能是模拟自然生物界的智能启发式算法，解决了很多经典的科学复杂问题、及各领域的实际工程问题。经过半个多世纪的不断发展，提出了很多经典算法。本章将围绕遗传算法、粒子群算法、蚁群算法等展开，给出各算法的基本概念与思路、简单算例，以及使用 MATLAB 实现的案例。

第一节　进化计算概述

进化计算是一种模拟自然界生物进化过程与机制进行问题求解的自组织、自适应的随机搜索技术。自然界生物进化过程是进化计算的生物学基础，它以达尔文进化论的“物竞天择、适者生存”作为算法的进化规则，并结合孟德尔的遗传理论，它主要包括遗传（heredity）、变异（mutation）和进化（evolution）理论。

一、遗传理论

遗传是指父代（或亲代）利用遗传基因将自身的基因信息传递给下一代（或子代），使子代能够继承其父代的特征或性状的这种生命现象。

在自然界，构成生物基本结构与功能的单位是细胞（cell）。细胞中含有一种包含着所有遗传信息的复杂而又微小的丝状化合物，人们称其为染色体（chromosome）。在染色体中，遗传信息由基因所组成，基因决定着生物的性状，是遗传的基本单位。染色体的形状是一种双螺旋结构，构成染色体的主要物质叫作脱氧核糖核酸（DNA），每个基因都在 DNA 长链中占有一定的位置。一个细胞中的所有染色体所携带的遗传信息的全体称为一个基因组。

二、变异理论

变异是指子代和父代之间产生差异的现象。变异是一种随机、不可逆现象，是生物多样性的基础。引起变异的主要原因：杂交，是指有性生殖生物在繁殖下一代时两个同源染色体之间的交配重组；复制差错，是指在细胞复制过程中因 DNA 上某些基因结构的随机改变而产生出新的染色体。

三、进化论

进化是指在生物延续生存过程中，逐渐适应其生存环境，使得其品质不断得到改良的一种生命现象。遗传和变异是生物进化的两种基本现象，优胜劣汰、适者生存是生物进化的基本规律。

根据达尔文的自然选择学说，在生物进化中，一种基因有可能发生变异而产生出另一种新的基因。这种新基因将依据其与生存环境的适应性而决定其增殖能力。通常,适应性强的基因会不断增多,而适应性差的基因则会逐渐减少。通过这种自然选择,物种将逐渐向适应生存环境的方向进化,甚至会演变成为另一个新的物种,而那些不适应环境的物种将会逐渐被淘汰。

人们已经提出了不同类型的进化计算(EA),主要有以下几种:

(1)遗传算法:对遗传进化的建模。

(2)遗传编程:基于遗传算法但个体都是程序(用树表示)。

(3)进化规则:来源于对进化中自适应行为的模拟(表现型进化)。

(4)进化策略:侧重于策略参数的建模,这些参数控制了进化的变异,即进化的进化。

(5)差分进化:与遗传算法类似,只是所使用的繁殖方法不同。

其中遗传算法的应用最为广泛和持久,本章将围绕遗传算法的原理及应用展开。

第二节　遗传算法概述

一、遗传算法概念

遗传算法(genetic algorithm,简称 GA)是模拟达尔文生物进化论的自然选择和遗传学机理的生物进化过程的计算模型,是一种通过模拟自然进化过程搜索最优解的方法。美国密歇根大学约翰·霍兰德教授在 1975 年正式提出遗传算法。

遗传算法的主要特点是直接对结构对象进行操作,不存在求导和函数连续性的限定;具有内在的隐并行性和更好的全局寻优能力;采用概率化的寻优方法,不需要确定的规则就能自动获取和指导优化的搜索空间,自适应地调整搜索方向。

遗传算法以一种群体中的所有个体为对象,并利用随机化技术指导对一个被编码的参数空间进行高效搜索。其中,选择、交叉和变异构成了遗传算法的遗传操作;个体编码、初始群体的设定、适应度函数的设计、遗传操作设计、控制参数设定五个要素组成了遗传算法的核心内容。

遗传算法具有以下的优点:

(1)对可行解表示的广泛性。由于遗传算法的处理对象是通过编码得到的基因个体,因而该算法可以直接对结构对象(如集合、序列、矩阵、树、链和表等)进行操作。

(2)群体搜索特性。遗传算法同时处理群体中多个个体,即同时对搜索空间中的多个解进行评估,使其具有较好的全局搜索性能,并易于并行化。

(3)不需要辅助信息。仅用适应度函数来评估基因个体,并在此基础上进行遗传操作。

(4)内在启发式随机搜索特性。遗传算法不采用确定性规则,而是采用概率的变迁规则来指导搜索方向。

(5)在搜索过程中不易陷入局部最优。即使在所定义的适应度函数是不连续的、非规则的或有噪声的情况下。

(6)采用自然进化机制来表现复杂的现象。能够快速准确地解决求解非常困难的问题。

(7)具有一定的并行性和并行计算能力。

(8)具有可扩展性。易于同别的技术混合使用。

因为遗传算法具有很好的优化能力,所以它被用在了很多领域的优化问题中,如生产调度、自动控制、图像处理等,并且作为有效的工具在机器学习结构和参数优化中起到积极的作用。

二、遗传学基本概念与术语

与遗传算法相关的遗传学基本概念与术语如下:

基因型(genotype):性状染色体的内部表现。

表现型(phenotype):染色体决定性状的外部表现,或者说,根据基因型形成的个体。

进化(evolution):逐渐适应生存环境,品质不断得到改良。生物的进化是以种群的形式进行的。

适应度(fitness):度量某个物种对于生存环境的适应程度。

选择(selection):以一定的概率从种群中选择若干个个体。一般,选择过程是一种基于适应度的优胜劣汰的过程。

复制(reproduction):细胞分裂时,遗传物质DNA通过复制而转移到新产生的细胞中,新细胞就继承了旧细胞的基因。

交叉(crossover):两个染色体的某一相同位置处DNA被切断,前后两串分别交叉组合形成两个新的染色体,也称基因重组或杂交。

变异(mutation):复制时可能(很小的概率)产生某些复制差错,变异产生新的染色体,表现出新的性状。

编码(coding):DNA中遗传信息在一个长链上按一定的模式排列,遗传编码可看作从表现型到基因型的映射。

解码(decoding):基因型到表现型的映射。

个体(individual):染色体带有特征的实体。

种群(population):个体的集合,该集合内个体数称为种群的大小。

第三节 基本遗传算法

一、遗传算法运算流程

遗传算法的基本流程如下,流程图如图5-1所示。

(1)选择编码策略,把个体集合 X 和域转换为位串结构空间 S;

(2)定义适应度函数 $f(x)$;

(3)确定遗传策略,包括群体规模、选择、交叉、变异算子及其概率;

(4)生成初始种群 P;

(5)计算群体中各个体的适应度值;

(6)按照遗传策略,将遗传算子作用于种群,产生下一代种群;

(7)迭代终止判定。

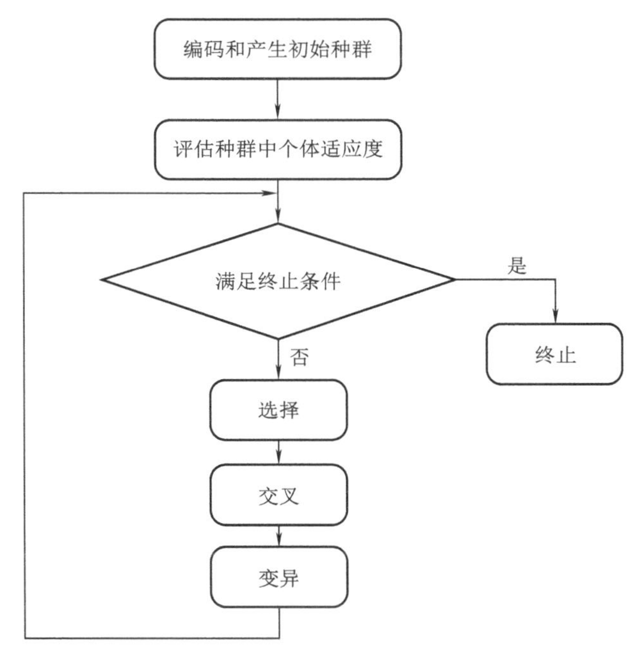

图 5-1　基本遗传算法的算法流程

二、编码

遗传编码算法有霍兰德二进制码、格雷码(Gray code)、实数编码和字符编码等,在此重点讲解常用的二进制编码与实数编码方法。

1. 二进制编码方法(binary encoding)

二进制编码方法是使用二值符号集{0,1},它所构成的个体基因型是一个二进制编码符号串。二进制编码符号串的长度与问题的求解精度有关。

假设用长度为 λ 的二进制编码符号串来表示在 $[U_{\min}, U_{\max}]$ 范围内的参数,则它总共能够产生 2^λ 种不同的编码,参数编码时的对应关系如下:

$$
\begin{aligned}
&00000000\cdots00000000 = 0\\
&00000000\cdots00000001 = 1\\
&00000000\cdots00000010 = 2\\
&\cdots\\
&111111111\cdots11111111 = 2^\lambda - 1
\end{aligned}
$$

δ 为二进制编码精度,计算二进制编码精度的公式为

$$(U_{\max} - U_{\min})/(2^\lambda - 1) \leqslant \delta \leqslant (U_{\max} - U_{\min})/(2^{\lambda-1} - 1) \tag{5-1}$$

编码长度计算公式为

$$2^{\lambda-1} \leqslant \frac{U_{\max} - U_{\min}}{\delta} + 1 \tag{5-2}$$

$$2^\lambda \geqslant \frac{U_{\max} - U_{\min}}{\delta} + 1 \tag{5-3}$$

例 5-1　设 $-3.0 \leqslant x \leqslant 12.1$,其精度控制在 $\delta = 1/10\ 000$,要用多少位编码字符串

表示?

解
$$\frac{U_{max}-U_{min}}{\delta}+1=\frac{(12.1+3.0)}{1/10\ 000}+1=151\ 001$$
$$2^{17}<151\ 001<2^{18}$$

x 需要 18 位 {0/1} 符号表示,如:010001001011010000。

2. 实数编码方法

实数编码是将每个个体的染色体都用某一范围的一个实数(浮点数)来表示,其编码长度等于该问题变量的维度。

这种编码方法是将问题的解空间映射到实数空间上,然后在实数空间上进行遗传操作。由于实数编码使用的是变量的真实值,因此这种编码方法也叫作真值编码方法。

实数编码适应于那种多维、高精度要求的连续函数优化问题。

三、适应度函数

适应度函数是一个用于对个体的适应性进行度量的函数。通常,一个个体的适应度值越大,它被遗传到下一代种群中的概率也就越大。

在遗传算法中,有许多计算适应度的方法,其中最常用的适应度函数有以下两种。

1. 原始适应度函数

原始适应度函数是直接将待求解问题的目标函数 $f(x)$ 定义为遗传算法的适应度函数。例如,在求解极值问题时,$f(x)$ 即为 x 的原始适应度函数。以求函数最大值为优化目标,即

$$\max_{x\in[a,b]} f(x)$$

采用原始适应度函数的优点是能够直接反映出待求解问题的最初求解目标,其缺点是有可能出现适应度值为负的情况。

2. 标准适应度函数

在遗传算法中,一般要求适应度函数非负,并且适应度值越大越好。这就往往需要对原始适应度函数进行某种变换,将其转换为标准的度量方式,以满足进化操作的要求,这样所得到的适应度函数被称为标准适应度函数 $f_{normal}(x)$,例如下面的极小化和极大化问题。

(1)极小化问题

对极小化问题,其标准适应度函数可定义为

$$f_{normal}(x)=\begin{cases}f_{max}(x)-f(x) & f(x)<f_{max}(x)\\ 0 & \text{否则}\end{cases} \tag{5-4}$$

式中 $f_{max}(x)$——原始适应度函数 $f(x)$ 的一个上界。

如果 $f_{max}(x)$ 未知,则可用当前代或到目前为止各演化代中的 $f(x)$ 的最大值来代替。可见,$f_{max}(x)$ 是会随着进化代数的增加而不断变化的。

(2)极大化问题

对极大化问题,其标准适应度函数可定义为

$$f_{normal}(x)=\begin{cases}f(x)-f_{min}(x) & f(x)>f_{min}(x)\\ 0 & \text{否则}\end{cases} \tag{5-5}$$

式中　$f_{\min}(x)$ ——原始适应度函数$f(x)$的一个下界。

如果$f_{\min}(x)$未知,则可用当前代或到目前为止各演化代中的$f(x)$的最小值来代替。

四、选择

选择(selection)操作是指根据选择概率按某种策略从当前种群中挑选出一定数目的个体,使它们能够有更多的机会被遗传到下一代中。常用的选择策略包括轮盘赌选择法与锦标赛选择法。

1.轮盘赌选择法

轮盘赌选择法又被称为轮盘选择法。在这种方法中,个体被选中的概率取决于该个体的相对适应度。而相对适应度的定义为

$$P(x_i)=\frac{f(x_i)}{\sum_{j=1}^{N}f(x_j)} \tag{5-6}$$

式中　$P(x_i)$ ——个体x_i的相对适应度,即个体x_i被选中的概率;

$f(x_i)$ ——个体x_i的适应度。

具体操作步骤如下:

(1)计算出群体中每个个体的适应度$f(x_i)(i=1,2,\cdots,M)$,M为群体大小;

(2)计算出每个个体被遗传到下一代群体中的概率$P(x_i)$,计算方法见式(5-6);

(3)计算出每个个体x_i的累积概率q_i,$q_i=\sum_{j=1}^{i}P(x_j)$;

(4)在$[0,1]$区间内产生一个均匀分布的伪随机数r;

(5)若$r<q_1$,则选择个体1,否则,选择个体k,使得$q_{k-1}<r\leqslant q_k$成立;

(6)重复步骤(4)和步骤(5)共M次。

2.锦标赛选择法

锦标赛方法选择策略每次从种群中取出一定数量个体,然后选择其中最好的一个进入子代种群。重复该操作,直到新的种群规模达到原来的种群规模。具体的操作步骤如下:

(1)确定每次选择的个体数量N(N小于种群个体总数)。

(2)从种群中随机选择N个个体(每个个体入选概率相同)构成组,根据每个个体的适应度值,选择其中适应度值最好的个体进入子代种群。

(3)重复步骤(2),得到的个体构成新一代种群。

需要注意的是,锦标赛选择策略每次是从N个个体中选择最好的个体进入子代种群,因此可以通用于最大化问题和最小化问题,不像轮盘赌选择策略那样,在求解最小化问题的时候还需要将适应度值进行转换。

五、交叉

交叉(crossover)操作是指按照某种方式对选择的父代个体染色体的部分基因进行交配重组,从而形成新的个体。交配重组是自然界中生物遗传进化的一个主要环节,也是遗传算法中产生新个体的最主要方法。遗传算法中二进制交叉主要包括单点交叉、两点交叉、多点

交叉和均匀交叉。

1. 单点交叉

单点交叉也称简单交叉，它是先在两个父代个体的编码串中随机设定一个交叉点，然后对这两个父代个体交叉点前面或后面部分的基因进行交换，并生成子代中的两个新的个体。假设两个父代的个体串分别为

$$X = x_1 x_2 \cdots x_k x_{k+1} \cdots x_n$$

$$Y = y_1 y_2 \cdots y_k y_{k+1} \cdots y_n$$

随机选择第 k 位为交叉点，若采用对交叉点后面的基因进行交换的方法，单点交叉是将 X 中的 x_{k+1} 到 x_n 部分与 Y 中的 y_{k+1} 到 y_n 部分进行交叉，交叉后生成的两个新的个体为

$$X' = x_1 x_2 \cdots x_k y_{k+1} \cdots y_n$$

$$Y' = y_1 y_2 \cdots y_k x_{k+1} \cdots x_n$$

例 5-2 设有两个父代的个体串 $A = 001101$ 和 $B = 110010$ ，若随机交叉点为 3，则交叉后生成的两个新的个体为

$$A' = 001010$$

$$B' = 110101$$

2. 其他交叉方式

两点交叉是指先在两个父代个体的编码串中随机设定两个交叉点，然后再按这两个交叉点进行部分基因交换，生成子代中的两个新的个体。

多点交叉是指先随机生成多个交叉点，然后再按这些交叉点分段地进行部分基因交换，生成子代中的两个新的个体。

均匀交叉（uniform crossover）是先随机生成一个与父串具有相同长度，并被称为交叉模板（或交叉掩码）的二进制串，然后再利用该模板对两个父串进行交叉，即将模板中 1 对应的位进行交换，而 0 对应的位不交换，依此生成子代中的两个新的个体。事实上，这种方法对父串中的每一位都是以相同的概率随机进行交叉的。

六、变异

变异（mutation）是指对选中个体的染色体中的某些基因进行变动，以形成新的个体。变异也是生物遗传和自然进化中的一种基本现象，它可增强种群的多样性。遗传算法中的变异操作增加了算法的局部随机搜索能力，从而可以维持种群的多样性。根据个体编码方式的不同，变异操作可分为二进制变异和实值变异两种类型。

1. 二进制变异

当个体的染色体采用二进制编码表示时，其变异操作应采用二进制变异方法。该变异方法是先随机地产生一个变异位，然后将该变异位置上的基因值由“0”变为“1”，或由“1”变为“0”，产生一个新的个体。

例 5-3 设变异前的个体为 $A = 001101$ ，若随机产生的变异位置是 2，则该个体的第 2 位由“0”变为“1”。

变异后的新的个体是 $A' = 011101$ 。

2. 实值变异

当个体的染色体采用实数编码表示时,其变异操作应采用实值变异方法。该方法是用另外一个在规定范围内的随机实数去替换原变异位置上的基因值,产生一个新的个体。最常用的实值变异操作如下。

(1)基于位置的变异方法

基于位置的变异方法先随机地产生两个变异位置,然后将第二个变异位置上的基因移动到第一个变异位置的前面。

例 5-4　设选中的个体向量 $\boldsymbol{C}=[20\quad 16\quad 19\quad 12\quad 21\quad 30]$,若随机产生的两个变异位置分别是 2 和 4,则变异后的新的个体向量为

$$\boldsymbol{C}'=[20\quad 12\quad 16\quad 19\quad 21\quad 30]$$

(2)基于次序的变异

基于次序的变异先随机地产生两个变异位置,然后交换这两个变异位置上的基因。

例 5-5　设选中的个体向量 $\boldsymbol{D}=[20\quad 12\quad 16\quad 19\quad 21\quad 30]$,若随机产生的两个变异位置分别是 2 和 4,则变异后的新的个体向量为

$$\boldsymbol{D}'=[20\quad 19\quad 16\quad 12\quad 21\quad 30]$$

七、遗传算法算例详解

例 5-6　求式(5-7)所示二元函数的最大值。

$$\begin{aligned} &f(x_1,x_2)=x_1^2+x_2^2-x_1-x_2 \\ &\text{s.t.}\quad x_1\in\{1,2,3,4,5,6,7\} \\ &\qquad\ \ x_2\in\{1,2,3,4,5,6,7\} \end{aligned} \tag{5-7}$$

按照遗传算法,具体求解过程如下。

(1)个体编码

把 x_1,x_2 编码为一种二进制符号,由于 x_1,x_2 为 0 ~ 7 之间(非 0)的整数,所以两个变量表示为 3 位二进制码。组合而成的 6 位二进制符号即为个体基因型。

(2)初始群体的产生

群体规模的大小取为 4,即群体由 4 个个体组成,每个个体可通过随机方法产生。如:011101,101011,011100,111001。

(3)适应度计算

目标函数总取非负值,并且是以求函数最大值为优化目标,故可直接利用目标函数值作为个体的适应度,见表 5-1。

表 5-1　初始种群适应度值

个体编码	初始种群	x_1　x_2	适值
1	011101	3　5	26
2	101011	5　3	26
3	011100	3　4	18
4	111001	7　1	42

(4)选择运算

利用轮盘赌法进行选择,选择步骤如下:

①计算出群体中所有个体适应度的总和 $\sum f_i(i = 1,2,\cdots)$ 。

②计算出每个个体相对适应度的大小 $f_i/\sum f_i$,即个体被遗传到下一代的概率,全部概率值之和为1,计算结果见表5-2。

表5-2 初始种群相对适应度值

个体编码	初始种群	x_1 x_2	适值	占总数百分比
1	011101	3 5	26	0.23
2	101011	5 3	26	0.23
3	011100	3 4	18	0.16
4	111001	7 1	42	0.38
总和			112	1

③按顺序计算4个个体的累计概率,根据个体累计概率将0~1分为4个区域,标定区域的涵盖数值,如图5-2所示。

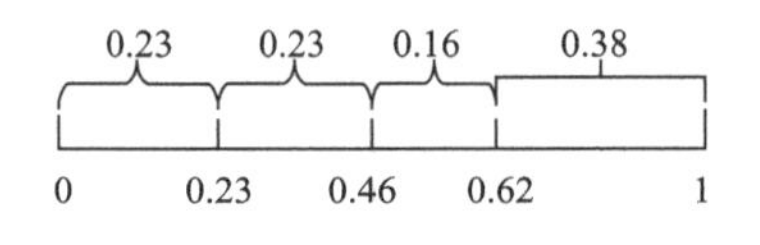

图5-2 概率覆盖区域

④产生一个0到1之间的随机数,依据该随机数出现在上述哪一个区域内来确定哪个个体被选中。

随机产生一组随机数:0.2,0.8,0.4,0.7,被选择的结果见表5-3。

表5-3 初始种群选择结果

个体编码	初始种群	x_1 x_2	适值	占总数百分比	选择次数	选择结果
1	011101	3 5	26	0.23	1	011101
2	101011	5 3	26	0.23	1	111001
3	011100	3 4	18	0.16	0	101011
4	111001	7 1	42	0.38	2	111001
总和			112	1		

(5)交叉运算

本题采用单点交叉,随机产生交叉点,具体过程如下,计算结果见表5-4。

①对群体进行随机配对。

②随机设置交叉点位置。

③相互交换配对染色体之间的部分基因。

表 5-4　交叉过程计算结果

个体编码	选择结果	配对情况	交叉点位置	交叉结果
1	011101	1－2	2	011001
2	111001			111101
3	101011	3－4	4	101001
4	111001			111011

(6)变异运算

本题中采用基本位变异,具体操作过程如下,计算结果见表 5-5。

①产生随机数小于一定概率,则随机确定出各个个体的基因变异位置。

②将变异点的原有基因值取反。

表 5-5　变异过程计算结果

个体编码	交叉结果	变异点	变异结果	子代群体
1	011001	4	011101	011101
2	111101	5	111111	111111
3	101001	2	111001	111001
4	111011	6	111010	111010

对以上步骤总结如下:

(1)个体编码;

(2)初始化种群;

(3)计算适应度和选择概率;

(4)产生随机数,进行选择;

(5)随机配对,随机产生交叉点位,交叉;

(6)产生随机数,确定是否变异;

(7)产生随机数确定变异位置,进行变异;

(8)从(3)~(7)循环直到满足终止条件。

第四节　遗传算法 MATLAB 的实现

一、MATLAB 遗传算法工具箱

Gatbx 工具箱是由英国谢菲尔德(Sheffield)大学自动控制与系统工程学院开发的,旨在使控制工程师们能够在 MATLAB 软件环境中调用 Gatbx 工具箱,利用遗传算法解决工程优化问题。

该工具箱是在英国的 SERC 拨款支持下开发的,于 1994 年完成。最初编写是基于 MATLAB v4.2 开发的,随着 MATLAB 版本的升级,该工具箱不断地改进,后续也成功应用于 MATLAB 的升级版本。

工具箱中的主要函数见表5-6。

表5-6 遗传算法工具箱中的主要函数

函数分类	函数	功能
创建种群	Crtbp	二进制编码种群
	Crtrp	十进制编码种群
适应度计算	Scaling	比率适应度
	Ranking	排序适应度
选择函数	rws	轮盘赌选择
	sus	随机遍历抽样
	select	高级选择函数
交叉算子	xovsp	单点交叉
	xovdp	两点交叉
变异算子	mut	二进制编码的变异
	mutbga	十进制的变异
	mutate	高级变异函数
其他有用函数	reins	重组(有代沟时)
	bs2rv	二进制的解码
	migrate	子种群的支持

二、遗传算法工具箱应用举例

利用遗传算法计算式(5-8)所示函数的最小值。

$$f(x,y) = 21.5 + x\sin(4\pi x) + y\sin(20\pi y), x \in [5,15], y \in [5,6] \tag{5-8}$$

选择二进制编码,遗传算法参数设置见表5-7。

表5-7 遗传算法参数设置

种群大小	最大遗传代数	个体长度	代沟	交叉概率	变异概率
40	500	20	0.95	0.7	0.01

利用遗传算法工具箱实现的核心代码如下:

```
%% 画出函数图
figure(1);
lbx=5;ubx=15; % 函数自变量 x 范围[5,15]
lby=5;uby=6; % 函数自变量 y 范围[5,6]
fmesh(@ (x,y)21.5+x.* sin(4* pi.* x)+y.* sin(20.* pi.* y),[lbx,ubx,lby,uby]);%
画出函数曲线
hold on;
%% 定义遗传算法参数
NIndi=40;          % 个体数目
NIter=500;         % 最大遗传代数
```

```
NCode =20;            % 变量的二进制位数
GGap =0.95;           % 代沟
px =0.7;              % 交叉概率
pm =0.01;             % 变异概率
FieldD = [NCode NCode;lbx lby;ubx uby;1 1;0 0;1 1;1 1]; % 区域描述器
% Field = [b;lowerbound;upperbound;code;scale;lbin;ubin]
% b 代表二进制数串的长度,lowerbound;upperbound 表示下界和上界
% code 代表编码方式,1 表示二进制编码
% scale 表示每个串的刻度,0 代表算数刻度,1 代表对数刻度
% lbin 和 ubin 表示参数的取值是否包括边界,0 表示不包括,1 表示包括
% % 迭代初始化
Chrom = crtbp(NIndi,NCode* 2);                  % 种群初始化
XY = bs2rv(Chrom,FieldD);                       % 计算初始种群的十进制转换
X = XY(:,1);Y = XY(:,2);
ObjV= 21.5 +X.* sin(4* pi.* X) +Y.* sin(20* pi.* Y);  % 计算每个个体的目标函数值
iter =1;                                        % 迭代次数初始化
while iter < =NIter
    FitnV = ranking( - ObjV);                   % 对适应度值进行排序(此函数是从最小化方向
对个体进行排序)
    SelCh = select('rws',Chrom,FitnV,GGap); % 选择 rws 为轮盘赌法
    SelCh = recombin('xovmp',SelCh,px);     % 重组,xovmp 为多点交叉
    SelCh = mut(SelCh,pm);                  % 变异
    XY = bs2rv(SelCh,FieldD);               % 子代个体的十进制转换
    X = XY(:,1);Y = XY(:,2);
    ObjVSel = 21.5 +X.* sin(4* pi* X) +Y.* sin(20* pi* Y);  % 计算子代的目标函数值
    [Chrom,ObjV] = reins(Chrom,SelCh,1,1,ObjV,ObjVSel);   % 重插入子代到父代,得到新
种群
    XY = bs2rv(Chrom,FieldD);
    [BestF,Index] = max(ObjV);              % 获取每代的最优解及其序号,
    iter = iter +1;                         % 迭代计数器增加
end
```

第五节　遗传算法的应用案例

一、TSP 问题

TSP 是典型的 NP 完全问题,即其最坏情况下的时间复杂度随着问题规模的增大按指数方式增长,到目前为止还未找到一个多项式时间的有效方法。

1. 问题描述

以 10 个城市为例,假定 10 个城市的位置坐标见表 5-8。寻找一条最短的遍历 10 个城市的路径。

表 5-8　10 个城市的位置坐标

城市编号	x 坐标	y 坐标	城市编号	x 坐标	y 坐标
1	16.47	96.10	6	17.20	96.29
2	16.47	94.44	7	16.30	97.38
3	20.09	92.54	8	14.05	98.12
4	22.39	93.37	9	22.00	96.05
5	25.23	97.24	10	20.47	97.02

2. 解决思路

(1)编码

采用整数排列编码方法。对于 n 个城市的 TSP 问题,染色体分 n 段,其中每一段为对应城市的编号,如对 10 个城市的 TSP 问题{1,2,3,4,5,6,7,8,9,10},则|1|2|5|3|6|4|8|7|10|9|就是一个合法的染色体。

(2)种群初始化

在完成染色体编码以后,必须产生一个初始种群作为起始解,所以首先需要决定初始化种群的数目。初始化种群的数目一般根据经验得到,一般情况下种群的数量视城市规模的大小而确定,其取值在 50 ~ 200 之间浮动。

(3)适应度函数

设 $|k_1|k_2|\cdots|k_i|\cdots|k_n|$ 为一个采用整数编码的染色体,$D_{k_ik_{i+1}}$ 为城市 k_j 的距离,则个体的适应度为

$$\text{Fitness} = \frac{1}{\sum_{i=1}^{n-1} D_{k_ik_{i+1}} + D_{k_nk_1}} \tag{5-9}$$

即适应度函数为恰好走遍 n 个城市,再回到出发城市的距离的倒数。优化的目标就是选择适应度函数值尽可能大的染色体,适应度函数值越大的染色体越优,反之越劣。

(4)选择操作

选择操作即从旧群体中以一定概率选择个体到新群体中,个体被选中的概率跟适应度值有关,个体适应度值越大,被选中的概率越大。

(5)交叉操作

采用部分映射杂交,确定交叉操作的父代,将父代样本两两分组,每组重复以下过程。

①产生两个[1,10]区间内的随机整数 r_1 和 r_2,如 $r_1 = 4$,$r_2 = 7$,确定两个位置,对两位置的中间数据进行交叉。原数据为

9　5　1　3　7　4　2　10　8　6

10　5　4　6　3　8　7　2　1　9

交叉为

9　5　1　6　3　8　7　10　8　6

10　5　4　3　7　4　2　2　1　9

②交叉后,同一个个体中有重复的城市编号,不重复的数字保留,有冲突的数字采用部分映射的方法消除冲突,即利用中间段的对应关系进行映射。结果为

9 5 1 6 3 8 7 10 4 2

10 5 8 3 7 4 2 6 1 9

(6)变异操作

变异策略采用随机选取两个点,将其对换位置。产生两个[1,10]范围内的随机整数 r_1 和 r_2 ,如 $r_1 = 4$, $r_2 = 7$,确定两个位置,将其对换位置。结果为

9 5 1 6 3 8 7 10 4 2

9 5 1 7 3 8 6 10 4 2

(7)进化逆转操作

为改善遗传算法的局部搜索能力,在选择、交叉、变异之后引进连续多次的进化逆转操作。这里的“进化”是指,只有经逆转后,适应度值有提高的才接受下来,否则逆转无效。

产生两个[1,10]区间内的随机整数 r_1 和 r_2 ,确定两个位置,对两位置的中间数据进行逆转,如 $r_1 = 4$, $r_2 = 7$ 。原数据为

9 5 1 7 3 8 6 10 4 2

进行逆转后为

9 5 1 8 3 7 6 10 4 2

循环操作,判断是否满足设定的最大遗传代数 MAXGEN,不满足则跳入适应度值的计算;否则,结束遗传操作。

3.结果分析

优化前的一个随机路线轨迹 10→4→1→5→9→7→6→2→8→3→10,总距离为 60.584 9。

优化后的线路轨迹为 7→8→9→10→1→2→3→4→5→6→7,总距离为 28.532 4,对应的轨迹如图 5-3 所示。

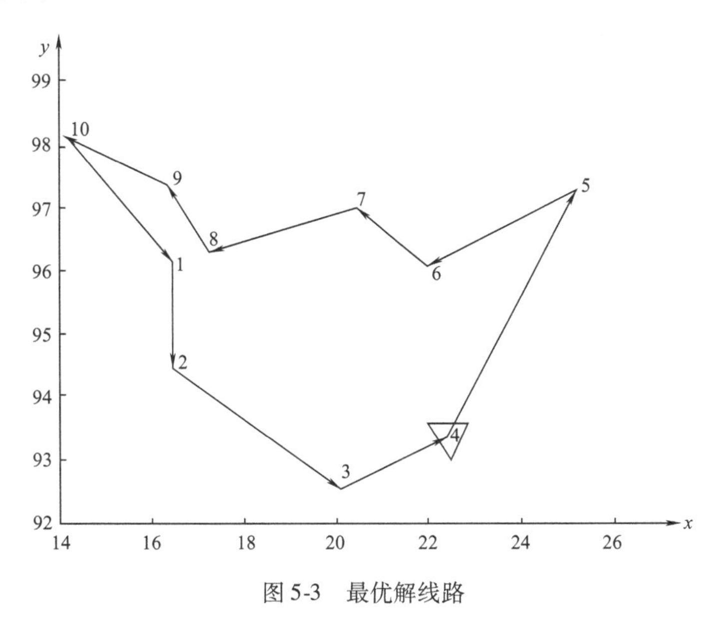

图 5-3 最优解线路

优化迭代如图 5-4 所示,30 代以后路径长度基本保持不变,趋于最优解。

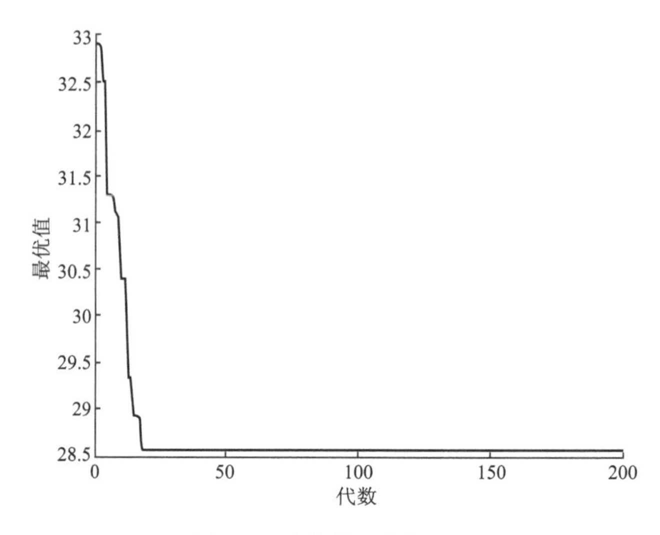

图 5-4 遗传算法进化过程

二、列车时刻表优化

在城市轨道交通(城轨)运营管理中,通常根据小时 OD 客流量或小时断面客流量确定城市轨道交通的发车间隔,由于便于执行与操作,城轨运营中主要采用均衡的开行模式进行行车组织工作。依据城轨系统客流需求具有动态、时变,高峰时期相对集中的特性可以分析出,均等发车间隔对于城轨系统有其局限性。在高峰时期,均衡的发车间隔会使得城轨车站内乘客排队等待时间过长,车站内部聚集乘客过多,引发潜在的安全问题。在非高峰时期,均等的发车间隔会导致列车运输能力虚靡、各次列车载客率不均衡等现象。为解决上述问题,针对单条城市轨道交通线路,提出考虑客流时变特性的列车时刻表优化方法。

1. 问题描述

城市轨道交通单条城轨线路包含 4 个车站,分别为 A,B,C,D 车站。上行方向为 A 车站→D 车站,下行方向为 D 车站→A 车站,如图 5-5 所示。假设上、下行采用的行车间隔范围为 [120 s,240 s],区间运行时间为 120 s,停站时间为 30 s,单方向车底数为 4 列,服务列车数为 12 列,列车最大容量为 450 人,列车折返最小时间为 60 s。

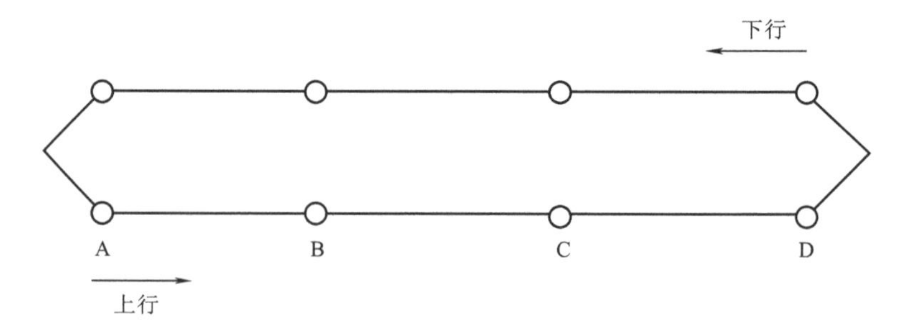

图 5-5 城轨线路示意

研究时段选取某工作日早高峰 7:00—8:00 时段,为了描述客流的动态、时变特性,将研究时段离散化为若干个等分的时间小格,每个时间小格所代表的时间长度为 30 s。在研究时段内,每 30 s 到达线路上、下行各车站的乘客 OD 数量如图 5-6 所示。

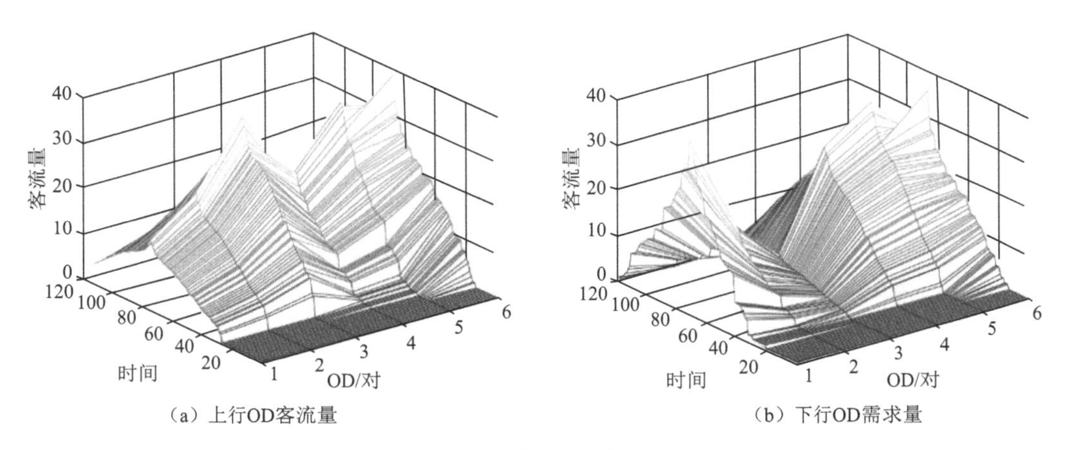

(a) 上行OD客流量　(b) 下行OD需求量

图 5-6　乘客 OD 数量

2. 解决思路

考虑客流时变特性的列车时刻表优化模型,是以乘客总等待时间为目标函数,以反映列车时刻表关系、动态加载乘客过程为约束条件的非线性规划模型。在此,重点讲解利用遗传算法对该类问题求解的思路。

(1) 编码

本算例采用实数编码方式。

对于城市轨道交通单条线路,上、下行方向各有 12 列列车运营,各方向有 11 个行车间隔。对于该问题,染色体分为 22 段,其中 1 ~ 11 段为上行方向的行车间隔,12 ~ 22 段为下行方向的行车间隔。每段染色体都应该满足行车间隔时间长度约束[120 s,240 s]。则 $\boldsymbol{H}_o$ = [218 229 135 230 196 132 153 186 235 236 139 236 235 178 216 137 171 230 215 235 199 124]就是一个满足条件的染色体。

(2) 种群初始化

在完成染色体编码后,产生一个初始种群作为初始解。本算例的种群规模(size pop)为 50,因此,初始化的种群可用 **Pop** = [$\boldsymbol{H}_1$ $\boldsymbol{H}_2 \cdots$ $\boldsymbol{H}_{50}$]表示,初始化的种群可以看成是一个 50 × 22 的矩阵。

(3) 适应度函数

在种群 **Pop** 中,每一行都是一个个体染色体,依据每个个体生成相应的列车时刻表后,即可求出该时刻表下的乘客总的等待时间 WT。则个体的适应度表示为

$$\text{Fitness} = \frac{1}{\text{WT}} \tag{5-10}$$

即适应度函数为乘客等待时间的倒数。优化目标是选择适应度函数值尽可能大的染色体,适应度函数值越大,乘客等待时间越小。

(4) 选择操作

在选择操作过程中,适应度函数值越大的个体,被选中的概率越大。

(5) 交叉、变异操作

本算例中交叉概率、变异概率分别确定为 0.6 和 0.1。

(6)重复循环

重复循环步骤(3) ~ (5),直到循环代数超过预先设定的200代,循环结束。

3. 结果分析

利用遗传算法求解考虑客流时变特性的列车时刻表优化问题,如图5-7所示,乘客总的等待时间随着迭代次数的增加不断地减少,在第133代趋于平稳,获得针对该问题的近似最优解。所求得乘客总等待时间为3 663 363 s,对应的上、下行列车运行间隔的集合分别为**HS** = [223 192 235 169 236 220 197 228 230 213 235] 与 **HX** = [205 198 215 121 168 231 196 232 237 226 238]。

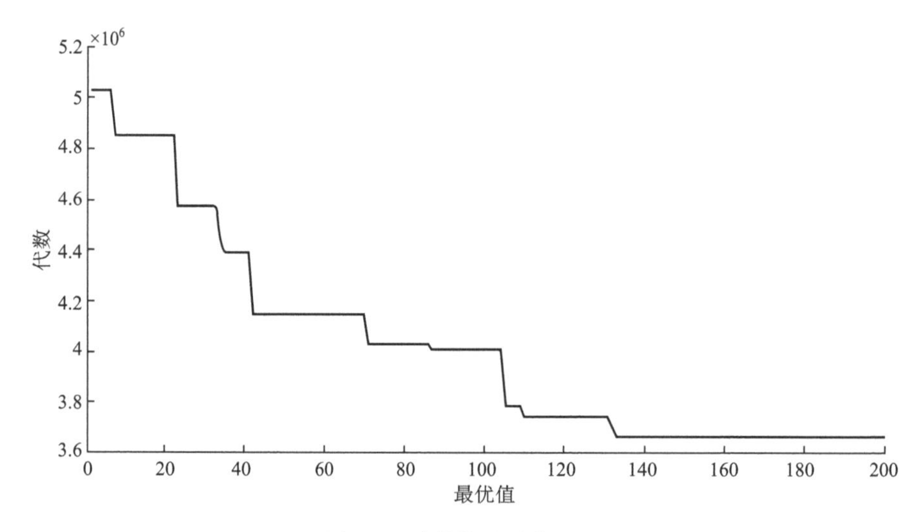

图5-7　遗传算法进化过程

采用均衡时刻表,上、下行行车间隔均为210 s的情况下,计算得到的乘客总等待时间为4 737 303 s。

通过算例结果对比发现,采用考虑客流时变特性的变动时刻表后,乘客总等待时间下降了22.67%。证明了在城轨高峰时期,相比于采用均衡时刻表,考虑客流时变特性的变动时刻表对于缩短乘客等待时间是非常有效的。

第六节　群智能优化方法概述

群体智能(swarm intelligence,简称SI),又叫群集智能、群智能。有一些论著中将遗传算法也归入群智能优化算法中。1975年,美国Michigan大学的John Holland教授对智能系统及自然界中的自适应变化机制进行了详细阐述,并提出了计算机程序的自适应变化机制。

基于对群集智能寻优原理的抽象和概括,现已提出一系列群集智能优化的算法模型,如蚁群算法、粒子群算法、人工蜂群算法等,统称为"群智能算法"。群体智能算法的基本思想是模拟实际生物群体生活中个体与个体之间的相互交流和合作,利用简单、有限的个体行为与智能,通过相互作用形成整个群体巨大的整体能力。以正反馈为主导的正负反馈结合机制乃是实现群体智能寻优的基本原理。

群体智能算法广泛应用在各个领域,主要包括决策优化、数据聚类、模式识别、信号处理、机器人控制等方面。本章主要介绍群体智能优化算法,包括蚁群算法和粒子群算法。在交通领域,蚁群算法常用于资源配置、车辆路径优化和控制等方面,粒子群算法常用于列车运行图规划与调整、运行节能设计、客流控制等方面。

第七节　蚁群算法

一、算法简介

首个被生态学家研究的行为就是蚁群的觅食模型——蚂蚁总能找到巢穴和食物之间的最短路径。受这些研究与观察的启示,Marco Dorigo 于 1992 年首次提出蚂蚁觅食行为的算法模型。

为了进一步明确蚂蚁觅食过程中的群体行为,Deneubourg 等人研究了阿根廷蚁——红蚁的觅食行为来建立一种描述其行为的形式化模型。在该实验中,巢穴和食物之间用等臂长的双分支桥连接(图 5-8)。最初,桥的两个分支都没有任何信息素,过了一段时间后,尽管这两个分支长度相等,还是有一个分支被绝大多数的蚂蚁所选择。造成此现象的原因是随机的路径选择致使所随机选择到的分支上的信息素浓度产生积累,从而后来的蚂蚁逐渐趋于信息素浓度高的路径。

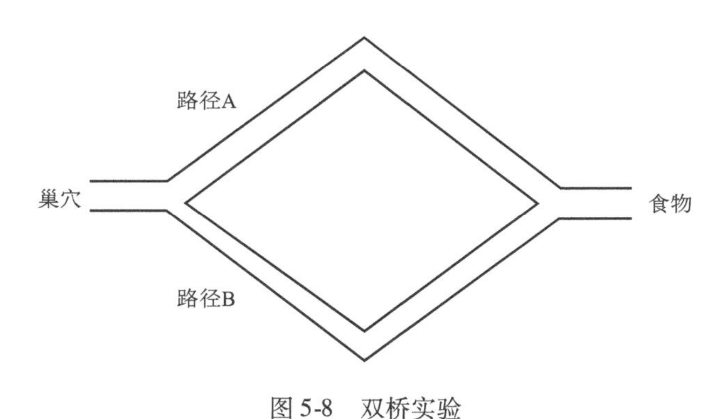

图 5-8　双桥实验

后来,Goss 等人进行了双桥扩展实验——其中一桥的分支比另一分支长。实验初期,蚂蚁以大致相等的概率随机选择任一分支(图 5-9(a)),一段时间后,越来越多的蚂蚁开始选择较短的分支(图 5-9(b))。由于选择短分支的蚂蚁能以较短的时间返回蚁巢,因此短分支上的信息素浓度增强得比长分支要快,从而更多的蚂蚁倾向于选择短分支。

蚂蚁的这种群体协作功能是通过一种遗留在其来往路径上具有挥发性的化学物质——信息素(pheromone)来进行通信和协调的。蚁群通过这种信息素进行相互协作,形成正反馈,从而使多个路径上的蚂蚁都逐渐聚集到最短的那条路径上,这就是蚁群算法(ant colony optimization,简称 ACO)的基本原理。它充分利用了生物蚁群通过个体间的信息传递搜索蚁巢至食物间最短路径的集体寻优特征,该过程与旅行商问题求解具有相似性,得到了旅行商问题的近似最优解答。同时,该算法还被用于求解 Job-Shop 调度问题、二次指派问题以及多维背包问题等,显示了其适用于组合优化类问题求解的优越特征。

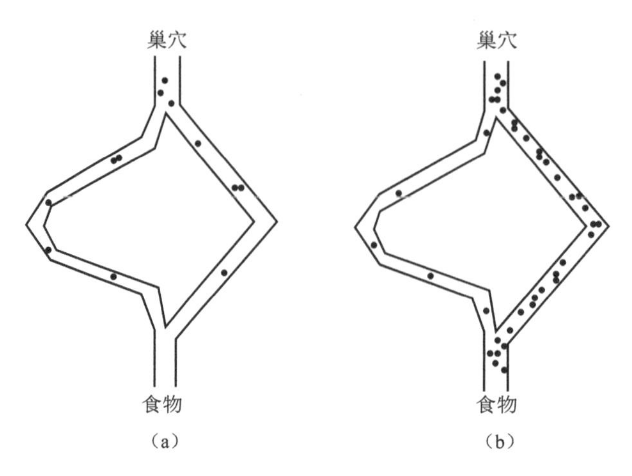

图 5-9　觅食蚂蚁选取最短路径

多年来世界各地研究工作者对蚁群算法进行了精心研究和应用开发,该算法已被大量应用于数据分析、机器人协作、交通、电力、通信、水利、采矿、化工、建筑等领域。

二、基本原理与流程

蚁群算法最经典的应用就是旅行商问题,即 TSP 问题(travelling salesman problem),又译为旅行推销员问题、货郎担问题,是数学领域中著名问题之一。该问题假设有一个旅行商人要拜访 n 个城市,他必须不重复地遍历所有城市,最后回到原来出发的城市。路径的选择目标是要求得的路径路程为所有路径之中的最小值。下面以 TSP 问题为例,说明蚁群算法的基本原理。

利用蚁群算法解决 TSP 问题的算法步骤是:

(1)在算法的初始时刻,将 m 只蚂蚁随机放到 n 座城市;

(2)将每只蚂蚁 k 的禁忌表 $\mathrm{tabu}_k(s)$ 的第一个元素 $\mathrm{tabu}_k(1)$ 设置为它当前所在城市;

(3)设各路径上的信息素 $\tau_{ij}(0) = C$(C 为一较小的常数);

(4)每只蚂蚁根据路径上的信息素和启发式信息(两城市间距离)独立地选择下一座城市。在时刻 t ,蚂蚁 k 从城市 i 转移到城市 j 的概率为

$$P_{ij}^{k}(t) = \begin{cases} \dfrac{[\tau_{ij}(t)]^{\alpha}[\eta_{ij}(t)]^{\beta}}{\sum\limits_{s\in J_k(i)}[\tau_{is}(t)]^{\alpha}[\eta_{is}(t)]^{\beta}} & j \in J_k(i) \\ 0 & j \notin J_k(i) \end{cases} \tag{5-11}$$

$$J_k(i) = \{1,2,\cdots,n\} - \mathrm{tabu}_k, \eta_{ij} = \frac{1}{d_{ij}} \tag{5-12}$$

式中　α , β ——分别为残留信息(信息素)和启发信息(能见度)的重要程度;

η_{ij} ——城市 i 到 j 的启发信息,一般取长度的倒数。

(5)当所有蚂蚁完成一次旅行后,各路径上的信息素将进行更新,表示为

$$\tau_{ij}(t+n) = (1-\rho)\tau_{ij}(t) + \Delta\tau_{ij} \tag{5-13}$$

$$\Delta\tau_{ij} = \sum_{k=1}^{m}\Delta\tau_{ij}^{k}, \Delta\tau_{ij}^{k} = \begin{cases} \dfrac{Q}{L_k} & \text{若蚂蚁 } k \text{ 在本次周游中经过边 } ij \\ 0 & \text{否则} \end{cases} \tag{5-14}$$

式中　ρ——路径上信息素的挥发系数，$0<\rho<1$；

Q——信息素强度，为正常数；

L_k——第 k 只蚂蚁在本次周游中所走过路径的长度。

(6)若满足终止条件，则结束循环。停止规则通常为：①给定一个外循环的最大数目；②当前最优解连续 K 次相同(差值很小)，其中 K 是一个给定的整数，表示算法已经收敛，不再需要继续。

以上算法步骤可以用图 5-10 来表示，NC 表示当前迭代的代数。

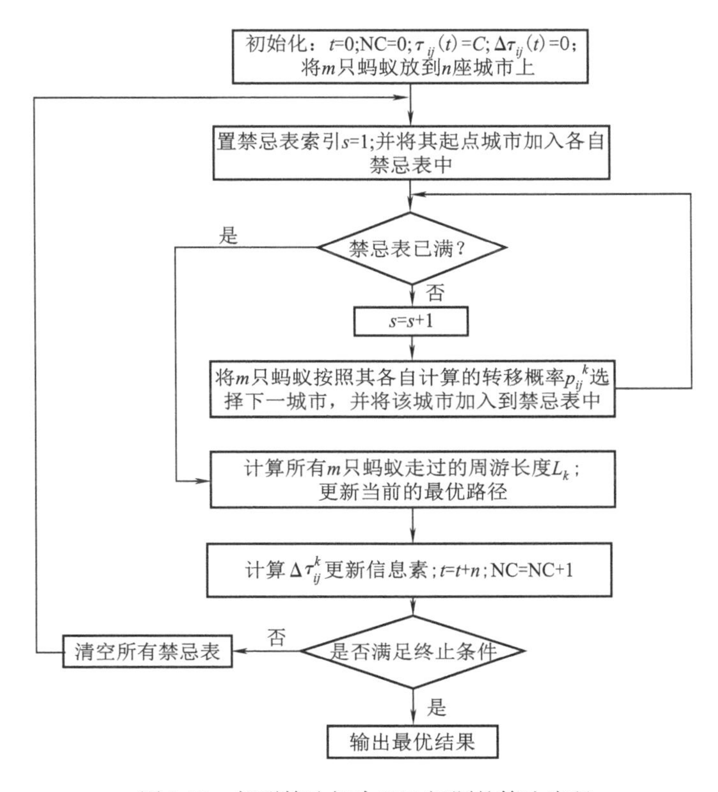

图 5-10　蚁群算法解决 TSP 问题的算法流程

三、TSP 问题的实现

使用 MATLAB 解决 TSP 问题，其核心代码如下：

```
%% 计算城市间相互距离
……
%% 初始化参数
m = 100;                  % 蚂蚁数量
alpha = 1;                % 信息素重要程度因子
beta = 5;                 % 启发函数重要程度因子
rho = 0.1;                % 信息素挥发因子
Q = 1;                    % 常系数
Eta = 1./D;               % 启发函数
Tau = ones(n,n);          % 信息素矩阵
```

```
Table = zeros(m,n);         % 路径记录表(禁忌表)
iter = 1;                   % 迭代次数初值
NIter = 200;                % 最大迭代次数
citys_indexs = 1:n;         % 所有城市的编号
%% 迭代寻找最佳路径
while iter < = NIter
    %% 随机产生各个蚂蚁的起点城市
    for k = 1:m
          temp = randperm(n);
          Table(k,1) = temp(1);
    end
    %% 逐个蚂蚁路径选择
    for k = 1:m
        for i = 2:n         % 循环产生剩余 n-1 个访问城市序列
          routeT = Table(k,1:(i - 1));% 已访问的城市集合
          allow_indexs = ~ismember(citys_indexs,routeT); % 在所有城市编号集合中去除
已访问的城市集合
          allow = citys_indexs(allow_indexs);  % 待访问的城市集合
          Prod = zeros(length(allow),1);
          %% 计算城市间转移概率
          for j = 1:length(allow)
              Prod(j) = Tau(routeT(end),allow(j))^alpha *  Eta(routeT(end),allow
(j))^beta;
          end
          P = Prod/sum(Prod);
          %% 轮盘赌法选择下一个访问城市
          Pc = cumsum(P);
          indexs = find(Pc > = rand); % 累计概率大于等于随机数的所有城市编号
          target = allow(indexs(1)); % 第一个累计概率大于等于随机数的城市编号,作为选中
的下一个访问城市
          Table(k,i) = target;
        end
    end
  %% 计算各个蚂蚁的路径距离
    Length = zeros(m,1);
    for k = 1:m
        for i = 1:(n - 1)
           Length(k) = Length(k) + D(Table(k,i),Table(k,i+1));
        end
        Length(k) = Length(k) + D(Table(k,n),Table(k,1));
    end
    %% 计算最短路径距离及平均距离
    ……
```

```
    % % 更新信息素
    Delta_Tau = zeros(n,n);
    for k = 1:m
        % 沿每个蚂蚁的路径逐个城市计算
        for i = 1:(n - 1)
          Delta_Tau(Table(k,i),Table(k,i +1)) = Delta_Tau(Table(k,i),Table(k,i +
1)) + Q/Length(k);
        end
          Delta_Tau(Table(k,n),Table(k,1)) = Delta_Tau(Table(k,n),Table(k,1)) + Q/
Length(k);
    end
    Tau = (1 - rho)* Tau + Delta_Tau;
    iter = iter + 1;        % 迭代次数加1
    Table = zeros(m,n);     % 清空路径记录表
end
```

四、参数分析

影响蚁群算法最终结果的因素有很多,主要包括蚂蚁数量、初始化信息素浓度、残留信息、启发信息及各自的重要程度 α 和 β 、信息素挥发系数、迭代次数等。

1. 蚂蚁数量

蚂蚁数目越多,蚁群算法的全局搜索能力及算法的稳定性越强,但是蚂蚁数目过多时,会使大量曾被搜索过的路径上的信息素变化趋于平均,信息正反馈作用减弱,虽然全局搜索的随机性加强,但收敛速度变慢;反之,蚂蚁数目过少时,特别是对于规模较大的问题,使得那些从未被搜索到的路径上的信息量减少至0,全局搜索的随机性减弱,虽然收敛速度变快,但是算法稳定性变差,且容易出现过早停滞。

2. 信息素浓度 τ

蚂蚁会根据信息素浓度以一定概率选择路径,信息素浓度越高,路径被选择的概率就越大。在迭代的过程中,较短路径的信息素浓度增强更多。信息素浓度的初始值以及取值范围都会影响寻优的效果。

3. 信息素因子 α

信息素因子 α 反映蚂蚁在运动过程中所积累的信息素在指导蚁群搜索中的相对重要程度,其值越大,蚂蚁选择以前走过路径的可能性就越大,搜索的随机性减弱。α 的取值范围一般是[0,5]。

由状态转移概率可知,当 $\alpha = 0$ 时,只是路径信息起作用,算法相当于最短路径寻优,从而有

$$P_{ij}^{k} = \frac{\eta_{ij}^{\beta}(t)}{\sum \eta_{is}^{\beta}(t)} \tag{5-15}$$

4. 启发因子 β

启发因子 β 反映了启发式信息在指导蚁群搜索过程中的相对重要程度,其大小反映了

蚁群寻优过程中先验性、确定性因素的作用强度。β 越大,则蚂蚁在某个局部点上选择局部最短路径的可能性越大,但蚁群搜索最优路径的随机性减弱,易陷入局部最优。β 的取值范围一般是[0,5]。

当 $\beta = 0$ 时,路径信息的启发作用等于0,此时算法相当于盲目地随机搜索,从而

$$P_{ij}^{k} = \frac{\tau_{ij}^{\alpha}(t)}{\sum \tau_{is}^{\alpha}(t)} \tag{5-16}$$

5. 信息素挥发系数 ρ

信息素挥发系数 ρ 的大小直接影响到蚁群算法的全局搜索能力和收敛过度问题。挥发系数过大时易于陷入局部最优解,降低算法全局搜索能力;挥发系数过小时路径上的残留信息量过多,以前搜索过的路径被再次选择的可能性过大,也会影响到算法的随机性能和全局搜索能力。ρ 的取值范围一般是[0.1,0.99]。

五、算法改进

1. 蚁群算法的局限性

蚁群算法的局限性主要体现在三个方面。

首先,算法需要较长搜索时间并容易陷入局部最优,甚至出现停滞现象。产生这一弊端的根本原因在于蚁群搜索机制的局限性,对于这一问题目前还没有根本性的改善方法。尽管计算机计算水平的提高和蚁群算法的并行性可以在很大程度上弥补这一不足,但是应用该算法求解大规模组合优化问题仍是一个很大的挑战。

另外,蚁群算法求解连续对象优化问题的能力相对较弱。

最后,蚁群算法还没有形成完整的理论体系,对于参数的选择还停留在实验和经验阶段。

2. 改进方法

蚁群算法固然具有采用分布式并行计算机制、易于与其他方法结合、具有较强的鲁棒性等优点,但搜索时间长、易陷于局部最优解是其最为突出的缺点。因此,改进的主要目标是在合理时间复杂度的限制条件下,尽可能提高蚁群算法在一定空间复杂度下的寻优能力,从而改善蚁群算法的全局收敛性,并拓宽蚁群算法的应用领域。

德国学者 Thomas Stützle 和 Holger Hoos 提出一种改进的蚁群算法——最大最小蚂蚁系统(MAX-MIN ant system ,简称 MMAS),MMAS 限定了信息量允许值的上下限,并在算法中采用了轨迹平滑机制(trail smoothing mechanism)。初始时 MMAS 将所有路径弧段上的信息量设为最大值 $\tau_{\max}$,每次迭代后,按挥发系数 ρ 减小信息量,只有最佳路径上的弧段才允许增加其信息量;同时为了避免发生早熟现象,该算法将各条路径可能的信息量限制在区间 $[\tau_{\min},\tau_{\max}]$ 之内,这样可以有效地避免某条路径上的信息量远大于其他路径,使得所有的蚂蚁都集中到同一条路径上,从而使搜索不再扩散。到今天,MMAS 仍然是解决 TSP、QAP 等离散域优化问题最好的蚁群算法模型之一,很多对蚁群算法的改进策略都渗透着 MMAS 的思想。

下面介绍两个蚁群算法的改进策略。

(1)自适应改变信息素挥发系数 ρ

假设信息素挥发系数 ρ 的初始值 $\rho(t_0) = 1$,则当蚁群算法求得的最优值在 N 次循环内没有明显改进时,ρ 进行自适应调整为

$$\rho(t) = \begin{cases} 0.95\rho(t-1) & 0.95\rho(t-1) \geqslant \rho_{\min} \\ \rho_{\min} & \text{否则} \end{cases} \tag{5-17}$$

式中　$\rho_{\min}$ ——ρ 的最小值,可以防止 ρ 过小降低算法的收敛速度。

(2)动态自适应调整信息素 τ

采用时变函数 $Q(t)$ 来代替式(5-14)中为常数项的信息素强度 Q,即

$$\Delta\tau_{ij}^{k}(t) = f(t) = \frac{Q(t)}{L_k} \tag{5-18}$$

选用时变函数代替常数项 Q,在路径上的信息素随搜索过程挥发或增多的情况下,在蚂蚁随机搜索和路径信息的启发作用之间继续保持“探索”和“利用”的平衡点。这里,可以选择阶梯函数

$$Q(t) = \begin{cases} Q_1 & t \leqslant T_1 \\ Q_2 & T_1 < t \leqslant T_2 \\ Q_3 & T_2 < t \leqslant T_3 \end{cases} \tag{5-19}$$

式中　Q_i ——对应阶梯函数的不同取值。

$Q(t)$ ——可选择连续函数,如 $\tanh(t)$。

第八节　粒子群算法

一、算法简介

粒子群优化算法(Particle Swarm Optimization,简称 PSO)由 Russel Eberhart 博士和 James kennedy 博士在 1995 年提出,源于对鸟群捕食行为的研究。该算法模拟鸟群飞行觅食的行为,鸟群之间通过集体的协作使群体达到最优目的。粒子群的概念最初目的是发现统御鸟群同步飞行的模式,以及在最优形式重组时突然改变方向的模式。从这个原始目标开始,这个概念逐渐演化为一个简单有效的最优化方法。

PSO 中,每个优化问题的解都是搜索空间的一只鸟,称为“粒子”。所有的粒子都有一个由被优化函数决定的适应度,每个粒子还有一个速度决定他们飞行的方向和距离,然后各个粒子就追随当前的最优粒子在解空间搜索。

粒子群算法有很多显著的特点,主要包括以下方面:

(1)搜索过程是从一组解迭代到另一组解,采用同时处理群体中多个个体的方法,具有本质的并行性;

(2)采用实数进行编码,直接在问题域上进行处理,无须转换,因此算法简单,易于实现;

(3)各粒子的移动具有随机性,可搜索不确定的复杂区域;

(4)算法具备有效的全局/局部搜索的平衡能力,避免早熟;

(5)在优化过程中,每个粒子通过自身经验与群体经验进行更新,具有学习能力;

(6)算法得到的解的质量不依赖初始点的选取,保证收敛性;

(7)可求解带离散变量的优化问题,但是对离散变量的取整可能导致较大的误差。

二、基本原理与流程

下面对最基本的粒子群算法进行介绍。每个粒子在 n 维空间中，位置用矢量 $\boldsymbol{X}_1=[x_1\ x_2\ \cdots\ x_n]$ 表示，飞行速度用矢量 $\boldsymbol{V}_1=[v_1\ v_2\ \cdots\ v_n]$ 表示。首先，初始化一群随机粒子，在寻找最优解的过程中，每次迭代粒子都跟踪两个极值：某个粒子到现在为止发现的最好位置（**Pbest**）和整个群体到目前为止发现的最好位置（**Gbest**），通过这两个极值来更新自己，最终找到全局最优值。

基本粒子群算法的计算流程为：

（1）初始化，包括一群随机粒子及其随机位置和速度（规模为 m）；

（2）评价每个粒子的适应度（Fitness）；

（3）寻找每个粒子的 **Pbest**；

（4）寻找到目前为止的 **Gbest**；

（5）更新各粒子的位置和速度，表示为

$$\boldsymbol{X}_i(t+1)=\boldsymbol{X}_i(t)+\boldsymbol{V}_i(t+1) \tag{5-20}$$

$$\boldsymbol{V}_i(t+1)=\boldsymbol{V}_i(t)+c_1\times \mathrm{rand}()\times(\mathbf{Gbest}_i-\boldsymbol{X}_i(t))+c_2\times \mathrm{rand}()\times(\mathbf{Pbest}_i-\boldsymbol{X}_i(t)) \tag{5-21}$$

式中　c_1，c_2——学习因子（加速因子），通常情况下，c_1 和 c_2 的取值在 2 左右；

　rand( )——0～1 之间的随机数；

在每一维，粒子都有位置限制（$\boldsymbol{X}_{\min},\boldsymbol{X}_{\max}$）和速度限制（$\boldsymbol{V}_{\min},\boldsymbol{V}_{\max}$），需要将位置和速度限制在各自的范围中。

（6）如未满足迭代终止条件（通常是最大迭代次数或达到精度要求），则返回第 2 步。

1998 年，Shi 和 Eberjart 对公式（5-21）进行了修正，引入了惯性权重因子 ω，该算法被称为标准粒子群算法，表示为

$$\boldsymbol{V}_i(t+1)=\omega\boldsymbol{V}_i(t)+c_1\times \mathrm{rand}()\times(\mathbf{Gbest}_i-\boldsymbol{X}_i(t))+c_2\times \mathrm{rand}()\times(\mathbf{Pbest}_i-\boldsymbol{X}_i(t)) \tag{5-22}$$

惯性权重 ω 表示上一代粒子的速度对当前粒子速度的影响，全局搜索能力随着 ω 的增大而增强，而局部搜索能力随着 ω 的减小而增强。当问题空间较大时，为了在搜索速度和搜索精度之间取得平衡，迭代搜索的前期需要有尽量高的全局搜索能力，以得到合适的粒子，后期则需要有尽量高的局部搜索能力，以提高收敛精度。

影响粒子群算法的参数有很多，主要包括维数、粒子数量、学习因子、惯性权重、最大速度、位置限制、迭代次数等。

1. 粒子数量 m

m 一般取 20～40，对较难或特定类别的问题可取到 100～200。虽然初始种群越大收敛性会更好，不过太大也会影响速度。

2. 迭代次数 n

n 一般取 100～4 000，太少解不稳定，太多会浪费时间。对于复杂问题，进化代数可以相应地提高。

3. 惯性权重 ω

ω 反映了个体历史成绩对现在的影响，一般取 0.5～1。ω 较大适合对解空间进行大范围探查，ω 较小适合对解空间进行小范围开挖。惯性权重 ω 很小时偏重于发挥粒子群算法的局部搜索能力，惯性权重很大时将会偏重于发挥粒子群算法的全局搜索能力。实验发现，动态改变 ω 效果更好。

在基本粒子群算法的基础上，引入动态调整惯性权重的方法，以实现全局性收敛和收敛速度的权衡，即线性自适应粒子群算法，表达式为

$$\omega(t) = \omega_{\text{ini}} - \frac{(\omega_{\text{ini}} - \omega_{\text{end}})G_t}{G_k} \tag{5-23}$$

式中　ω_{ini}——初始惯性权值；

ω_{end}——迭代至最大代数时的惯性权值；

G_k——最大进化代数；

G_t——当前代数。

随着迭代次数的增加，ω 逐渐降低，使粒子群算法在初期拥有可观的全局搜索能力，而后期具有可观的局部搜索能力。

4. 学习因子 c_1、c_2

c_1 和 c_2 一般取 0～4，通常为 2，学习因子分为个体和群体两种。

5. 空间维数 n

粒子搜索的空间维数即为所求解问题的维数。

6. 位置限制 $(X_{\min}, X_{\max})$

位置限制限制粒子搜索的空间，即自变量的取值范围，对于无约束问题此处可以省略。

7. 速度限制 $(V_{\min}, V_{\max})$

速度限制决定粒子在一个循环中最大的移动距离，如果粒子飞行速度过快，很可能直接飞过最优解位置，但是如果飞行速度过慢，会使得收敛速度变慢，因此设置合理的速度限制就很有必要。

三、使用 MATLAB 实现 PSO 算法

适应度函数表达式为

$$f(x,y) = 21.5 + x\sin(4\pi x) + y\sin(20\pi y), x \in [5,6], y \in [5,6] \tag{5-24}$$

使用 PSO 算法求解该函数的最大值，核心 MATLAB 代码如下：

```
%% 参数初始化
c1 = 1.5;               % 学习因子
c2 = 1.5;               % 学习因子
NIter = 300;            % 进化次数
NIndi = 50;             % 种群规模(粒子数量)
Vmax = 0.1;             % 速度上界
Vmin = -0.1;            % 速度下界
```

```
Xmax =6;            % 解上界
Xmin =5;            % 解下界
ws =0.9;            % 惯性系数参数
we =0.4;            % 惯性系数参数
% % 产生初始粒子和速度
for i =1:NIndi
    Indi(i,:) =5.5 +0.5* rands(1,2);              % 初始解
    V(i,:) =0.1* rands(1,2);                      % 初始化速度
    Fitness(i) = FObj(Indi(i,:));                 % 计算个体适应度
end
% % 更新个体最优和群体最优
[bestFitness bestindex] =max(Fitness);
Gbest = Indi(bestindex,:);                        % 群体最优解
Pbest = Indi;                                     % 个体最优解
PbestFit = Fitness;                               % 个体最优适应度值
GbestFit = bestFitness;                           % 全局最优适应度值
% % 迭代寻优
for t =1:NIter
w = ws - (ws - we)* (t/NIter);                    % 惯性系数线性递减
    for i =1:NIndi
      % 速度更新
      V(i,:) =w* V(i,:) + c1* rand* (Gbest - Indi(i,:)) + c2* rand* (Pbest(i,:) - Indi(i,:));
      V(i,find(V(i,:) > Vmax)) = Vmax;
      V(i,find(V(i,:) < Vmin)) = Vmin;
      % 个体更新
      Indi(i,:) = Indi(i,:) + V(i,:);
      Indi(i,find(Indi(i,:) > Xmax)) = Xmax;
      Indi(i,find(Indi(i,:) < Xmin)) = Xmin;
      Fitness(i) = FObj(Indi(i,:));               % 计算适应度值
    end
for i =1:NIndi
      % 更新个体最优
      if Fitness(i) > PbestFit(i)
          Pbest(i,:) = Indi(i,:);
          PbestFit(i) = Fitness(i);
      end
      % 更新群体最优
      if Fitness(i) > GbestFit
          Gbest = Indi(i,:);
          GbestFit = Fitness(i);
      end
    end
    bestfits(t) = GbestFit;                       % 记录每一代的群体最优
```

```
end
```

其中,适应度函数计算如下:

```
function VObj = FObj(x)
    VObj = 21.5 + x(1)* sin(4* pi* x(1)) + x(2)* sin(20* pi* x(2));
```

如果 x 的范围变为[5,15],则适应度计算函数修改为如下形式:

```
function VObj = FObj(x)
    a = (x(1) - 5)* 10 + 5;
    VObj = 21.5 + a* sin(4* pi* a) + x(2)* sin(20* pi* x(2));
```

四、算法改进

1. 基于收敛因子的粒子群算法 CFPSO

1999 年,Maurice Clerc 和 James Kennedy 引入收敛因子 K 以保证 PSO 的收敛性,该方法被称为基于收敛因子的粒子群算法,其速度更新公式为

$$\boldsymbol{V}_i(t+1) = K\times[\boldsymbol{V}_i(t) + c_1\times \mathrm{rand}()\times(\mathbf{Gbest}_i - \boldsymbol{X}_i(t)) + c_2\times \mathrm{rand}()\times(\mathbf{Pbest}_i - \boldsymbol{X}_i(t))] \tag{5-25}$$

式中

$$K = \frac{2}{\left|2 - c - \sqrt{c^2 - 4c}\right|} \quad \text{s.t.} \quad c = c_1 + c_2, \quad c > 4 \tag{5-26}$$

收敛因子 K 即为受 c_1 和 c_2 限制的 ω 。经过实验证明,该算法能够控制系统行为的最终收敛,提高收敛率;为了得到高质量的全局最优解,可以有效搜索不同的区域。

2. 非线性自适应粒子群算法

非线性自适应粒子群算法的速度更新公式结合了线性自适应粒子群算法和基于收敛因子的粒子群算法的思想,公式为

$$\boldsymbol{V}_i(t+1) = K\times[\omega\boldsymbol{V}_i(t) + c_1\times \mathrm{rand}()\times(\mathbf{Gbest}_i - \boldsymbol{X}_i(t)) + c_2\times \mathrm{rand}()\times(\mathbf{Pbest}_i - \boldsymbol{X}_i(t))] \tag{5-27}$$

式中

$$K = \frac{2}{\left|2 - (c_1 + c_2) - \sqrt{\left|(c_1 + c_2)^2 - 4\times(c_1 + c_2)\right|}\right|} \tag{5-28}$$

在此基础上,根据非线性自适应收敛粒子群算法,通过动态调整惯性权重,使惯性因子随粒子的适应度和全局适应度进行变化,来提高求解精度和收敛速度。算法通过非线性自适应的调整惯性权重可以实时平衡局部和全局搜索能力,实现性能的改善。其计算公式为

$$f_{\min}[x(t)] = \min\{f(x_i(x))\} \tag{5-29}$$

$$f_{\max}[x(t)] = \max\{f(x_i(x))\} \tag{5-30}$$

$$S(t) = f_{\min}[x(t)]/f_{\max}[x(t)] \tag{5-31}$$

$$A_i(t) = f[g(t))/f[x_i(t)] \tag{5-32}$$

$$\gamma(t) = [L - S(t)]^{-t} \tag{5-33}$$

$$\omega_i(t) = \gamma(t)(A_i(t) + C) \tag{5-34}$$

3. 动态多种群粒子群算法(DMS-PSO)

通过将全部粒子群分成多个相邻子群(允许部分粒子重叠),使每个粒子调整位置时,依据的是所在子群内的历史最优,每个小种群之间通过整个种群的最优值进行联系和交流,从而使整个种群能够更快速地收敛,达到全局最优。多子群的粒子群算法基于个体的相似度对种群进行划分或动态处理,不同子种群负责搜索不同的区域,通过协同搜索维持了种群的多样性,并且可以增加算法寻优结果的稳定性。

以随机划分为三个种群的粒子群算法为例,其算法思想如图5-11所示。

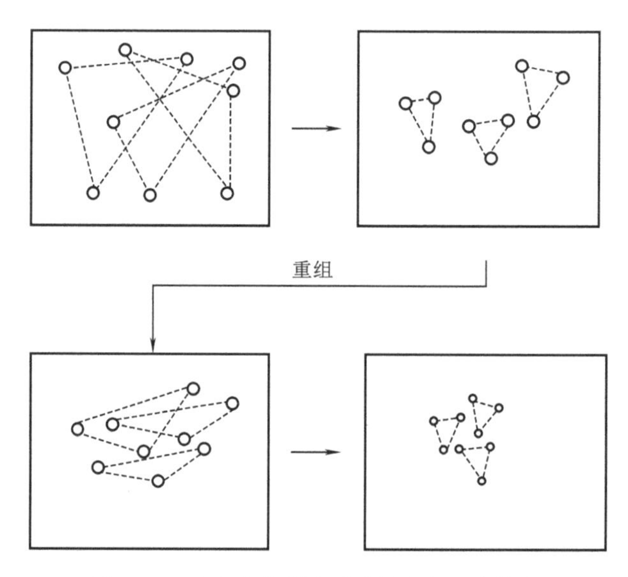

图5-11　动态多种群粒子群算法的寻优策略

动态多种群粒子群算法通过随机重组子群来实现子群间的信息交换,避免各子群的平行进化。每一次的随机重组,使得粒子被组合到新的子群,从而扩大每个子群的搜索空间,有助于搜寻到更优的解。

4. 和其他算法结合

借鉴遗传算法的思想,2008年Kao等将遗传算法与粒子群优化算法结合来求解多峰函数。交叉机制首先以一定的交叉概率从所有粒子中选择待交叉的粒子,然后两两随机组合进行交叉操作产生后代粒子。交叉型PSO与传统PSO模型的唯一区别在于粒子群在进行速度和位置的更新后还要进行交叉操作,并用产生的更优的后代粒子取代双亲粒子。交叉操作使后代粒子继承了双亲粒子的优点,在理论上加强了对粒子间区域的搜索能力。粒子群和遗传算法结合的改进算法,可以帮助粒子群算法跳出局部最优,提高优化能力。其混合模型算法流程如图5-12所示。

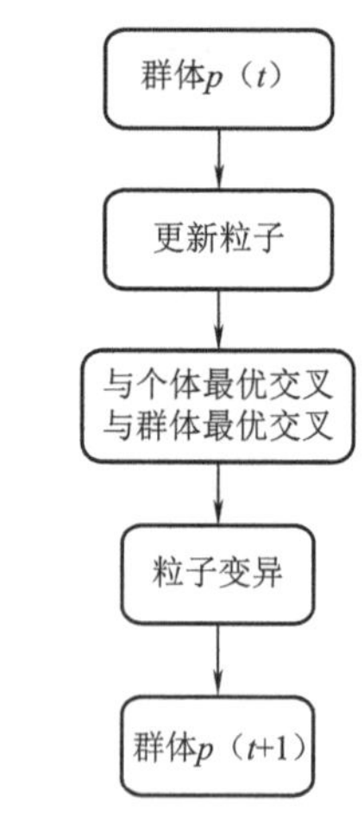

图5-12　遗传算法和粒子群算法混合模型

第九节 其他群智能算法

一、人工鱼群算法

2003 年李晓磊、邵之江等提出人工鱼群算法（atificial fish-swarm algorithm，简称 AFSA），它利用自上而下的寻优模式模仿自然界鱼群觅食行为，即哪里有食物，鱼就会朝哪里聚集，形成鱼群。

该算法主要利用鱼的觅食、聚群和追尾行为，构造个体底层行为。在这种算法中，人工鱼有三种典型行为：

（1）觅食行为：鱼在水中随机游动，当发现附近有食物时，鱼就会向食物的方向快速游去。

（2）追尾行为：当某条或几条鱼发现食物时，其他邻近的鱼会尾随而去。

（3）聚群行为：鱼在游动过程中会自然地聚集成群，聚群时会尽量避免与邻近伙伴过于拥挤。

人工鱼群算法具有良好的全局寻优能力。聚群行为能够很好地跳出局部极值，并尽可能地搜索到其他的极值，最终搜索到全局极值；追尾行为有助于快速地向某个极值方向前进，加快寻优的速度，并防止鱼群在局部振荡而停滞不前；鱼群算法在对以上两种行为进行评价后，自动选择合适的行为，从而形成了一种高效快速的寻优策略。

鱼群算法具有良好的克服局部极值、取得全局极值的能力，并且算法中只使用目标函数的函数值，无须目标函数的梯度值等特殊信息，对搜索空间具有一定的自适应能力。算法对初值无要求，对各参数的选择也不很敏感。缺陷是当问题规模过大时求解困难，求解速度在后期逐渐变慢。在基本运算中引入鱼群的生存机制、竞争机制以及鱼群的协调机制，可以提高算法的有效效率。人工鱼群算法目前已应用于连续性优化问题、组合优化、时变系统的在线辨识、鲁棒 PID 的参数整定、优化前向神经网络、电力系统无功优化、多用户检测器、信息检索和油田多级站定位等方面。

二、人工蜂群算法

人工蜂群算法（artificial bee colony algorithm，简称 ABC）是一个由蜂群行为启发的算法，在 2005 年由 Karaboga 小组为优化代数问题而提出。其基本思想源于蜂群通过个体分工和信息交流（跳“8 字舞”），互相协作完成采蜜。

在人工蜂群算法的模型中，人工蜂群主要由以下三部分组成：引领蜂、跟随蜂和侦察蜂。引领蜂和跟随蜂负责执行开采过程，而侦察蜂执行探索过程。

蜜蜂对食物源的搜索主要由三步组成：

（1）引领蜂发现蜜源并通过“8 字舞”的方式共享蜜源信息；

（2）跟随蜂依据引领蜂所提供的蜜源信息来确定到哪个蜜源采蜜；

（3）引领蜂多次搜索找到的蜜源质量未有改善时，放弃现有的蜜源，转变成侦察蜂在蜂巢附近继续寻找新的蜜源。当搜寻到高质量的蜜源时，其角色又将转变为引领蜂。

ABC 算法是模拟蜜蜂的采蜜过程而提出来的群体智能算法。同遗传算法与其他的群体智能算法不同,角色转换是 ABC 算法特有的机制。蜂群通过引领蜂、跟随蜂和侦察蜂 3 类不同角色的转换,从而共同协作寻找高质量的蜜源。在 ABC 算法搜索寻优的过程中,3 类蜜蜂的作用有所差别:引领蜂用于维持优良解;跟随蜂用于提高收敛速度;侦察蜂用于增强摆脱局部最优的能力。

ABC 算法是为求解函数优化问题而提出来的,较多的研究集中于此。ABC 算法求解函数优化问题具有天然的优势,也是目前应用最为成功的领域。经过学者们的研究,将 ABC 算法的应用领域不断推广,目前已经成功应用于神经网络训练、组合优化、电脑系统优化、系统和工程设计等多个领域。

习　　题

1. 应用遗传算法解决以下问题。

$$\min f(x_1,x_2) = x_1^2 + x_2^2 + 2$$
$$\text{s.t.} \quad x_1 \in \{1,2,3,4,5,6,7,8\}$$
$$x_2 \in \{1,2,3,4,5,6,7,8\}$$

①说明个体编码的位数以及依据；②群体规模大小取4，通过随机方法产生初始种群，计算初始种群中四个个体的适应度值；③应用轮盘赌法进行选择运算（自行设定随机数，说明随机数，以及选择结果）；④采用单点交叉，随机产生交叉点，并进行交叉。

2. 有什么方法可以避免因为信息素浓度过早集中造成的局部最优？

3. 如图5-13所示，有一只蚂蚁从A出发，前往E，期间允许其转移到B、C、D节点。AB、AC、AD的残留信息分别为：2，1，3，$\alpha = 2$，$\beta = 3$。①求A转移到三个节点的转移概率；②如果随机数为0.8，蚂蚁将转移到哪个节点？③当蚂蚁途径$A-D-E-B-C-A$完成一次旅行，$\rho = 0.1$，$Q = 100$，AC、DE、AB的信息素（残留信息）分别为1，2，2，分别计算AC、DE、AB上的信息素更新结果。

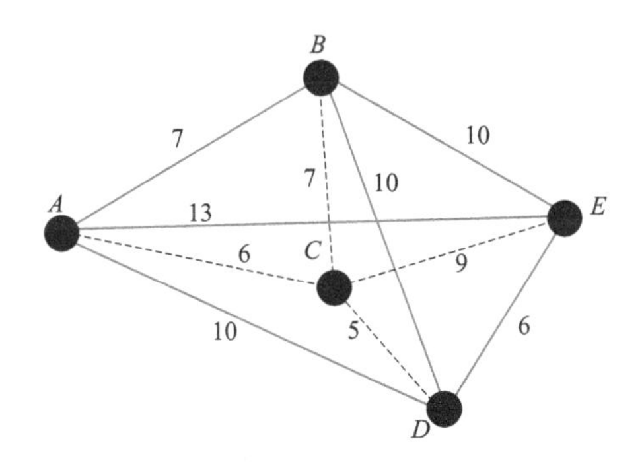

图5-13　人工蚂蚁在TSP中的转移概率计算

4. 已知粒子i在t时刻的位置为$\boldsymbol{X}_i(t) = [2 \quad 3 \quad 4]$，速度为$\boldsymbol{V}_i(t) = [0.4 \quad 0.6 \quad 0.5]$，$\text{Pbest}_i = (5,4,3)$，$\text{Gbest}_i = (6,6,5)$，求粒子$i$在下一时刻的速度$\boldsymbol{V}_i(t+1)$和位置$\boldsymbol{X}_i(t+1)$。

5. 当最大进化代数$G_k = 100$，初始惯性权值$\omega_{\text{ini}} = 0.9$，迭代至最大代数时的惯性权值$\omega_{\text{end}} = 0.4$，求$t = 1$，$t = 10$和$t = 90$时的惯性权重$\omega$。

6. 使用粒子群算法求解以下函数。

$$\min f(x_1,x_2) = x_1 + x_2 + 1$$
$$\text{s.t.} \quad x_1 \in \{-2,2\}$$
$$x_2 \in \{-2,2\}$$

种群规模为4，初始化必要的参数，完成以下内容：①初始化种群中个体位置和速度；②计算适应度、个体最优和全局最优；③计算一轮迭代后的结果。

第六章　决　策　树

决策树是一种基本的分类与回归方法,在科研和工程技术领域均有广泛的应用。本章主要讲述决策树的基本思想,常用的决策树最佳划分的基础:信息熵、信息增益、信息增益率与基尼指数,给出常见的决策树构建算法:ID3、C4.5 与 CART,以及决策树剪枝方法;在此基础上,讲述了弱学习器通过 Boosting、Bagging 进行集成学习的基本特征与流程,以及使用决策树通过集成学习构建随机森林的过程与随机森林的 MATLAB 实现。

第一节　决策树的基本思想

一、决策树的概念

决策树(decision tree)是一种基本的分类与回归方法。决策树通过构建一个树形结构的模型对样本进行分类或回归,通常由一个根节点、多个内部节点和叶节点组成,其中根节点包含样本全集,内部节点为根节点的子集,是基于样本属性进行分类后的分类结果,同时可以被进一步分类,分支表示执行分类的过程,用于连接分类前和分类后的两个节点,叶节点用于表示最终的分类结果或类别,叶节点内的样本均属于同一分类,不可再分,如图 6-1 所示。

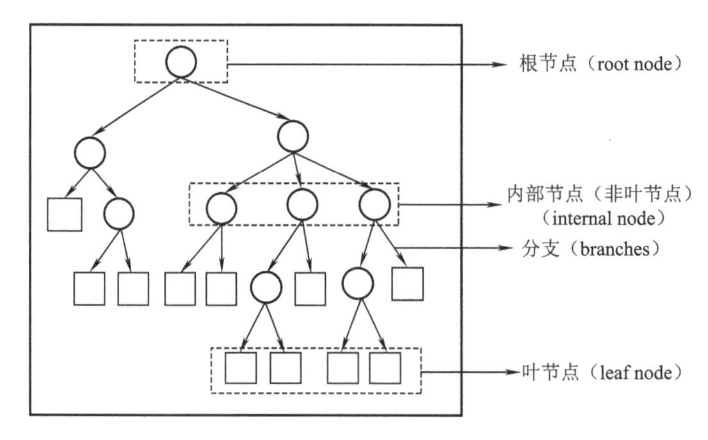

图 6-1　决策树决策过程

举个例子,当地铁车站出现客流拥堵时,可能需要对站内乘客进行控制,是否执行客流控制就是一个决策过程,可以通过构建一个决策树来获得决策结果,这时首先要分析影响决策结果的一系列因素,如站台密度、站厅密度、进站乘客数量等,通过一系列的判断最终得出决策结果“执行客流控制”还是“不执行客流控制”,其决策过程如图 6-2 所示。

这个决策过程就是一个不断对某些特征进行测试的过程,直到获得最终结论,中间对某一特征的判定是在前一判定的基础上进行的，例如在“站台乘客密度＞3”的判定结果之后再进行“站厅乘客密度”的判断，其所有决策都是在站台乘客密度＞3 的基础上进行的。

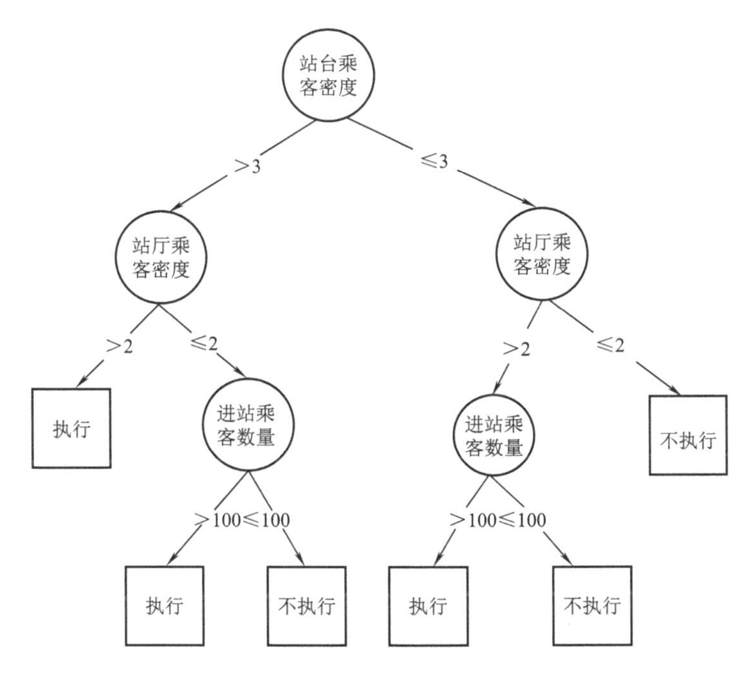

图 6-2　执行客流控制的决策过程

这里简要介绍一下决策树的学习过程，以分类问题为例，决策树的学习主要依靠损失函数，通过最小化损失函数来对决策树进行构建。决策树的损失函数由经验损失函数部分和正则化部分组成，其中经验损失函数部分为所有叶节点熵之和，即决策树分类不确定性之和，正则化部分用于避免决策树过拟合。利用决策树损失函数可以判断选择用来划分样本的特征是否是最优的，即分割出的多个样本子集是否能够产生在当前条件下的最好分类。这是一个递归的过程，直到所有样本都获得了明确的分类，即到达了叶节点，递归会被返回。但是这样的决策树有可能出现过拟合的问题，也就是说虽然其对训练样本具有良好的分类能力，但当出现新样本的时候可能会产生错误的分类结果，因为在决策树的训练过程中为了获得尽可能准确的分类结果，决策树会产生过多的内部节点对样本进行判断，这些内部节点对应的特征包含了部分训练样本自身独有的特征，从而导致训练出的决策树过拟合，为了解决这一问题就需要对其进行剪枝，去掉一些不必要的节点，提高决策树的泛化能力，同时也能够精简模型，降低运行成本，提高运算效率。

总的来说，决策树易于理解和实现，在学习过程中不需要使用者了解很多的背景知识，这同时使它能够直接体现数据的特点，只要通过解释都有能力去理解决策树所表达的意义。对于决策树，数据的准备简单，对数据类型要求低，能够同时处理数值型和非数值型属性，在相对短的时间内能够对大型数据源做出可行且效果良好的结果。同时决策树易于通过静态测试来对模型进行评测，可以测定模型可信度；如果给定一个观察的模型，那么根据所产生的决策树很容易推出相应的逻辑表达式。

决策树的学习过程就是由特征选择、决策树的生成和剪枝三部分组成的，特征选择与决策树的生成构建了一个完整的决策树，而决策树的剪枝使其具有更好的泛化能力，常用的决策树算法有 ID3、C4.5、CART 等几种，会在后面的章节进行详细介绍。

二、决策树的构建

构建一个完整的决策树包括三个主要步骤：特征选择、决策树生成和决策树剪枝。

1. 特征选择

特征选择的意义在于选择对样本具有更好划分能力的特征，使得划分后的样本与随机划分的样本相比样本“纯度”更高，即每一区间的样本都具有尽可能相似的特征，通常使用的方法包括信息增益、信息增益率、基尼指数等，通过这些方法判断不同特征对决策树划分精度提高的程度，并选择能更好提高划分后样本“纯度”的特征，从而提高决策树学习的效率。

通过一个例子来解释特征选择的问题。

一个由 20 个样本组成的训练集见表 6-1，用来做出是否执行客流控制的决策，其中包括了 4 个特征{拥挤原因，进站乘客数量，站厅乘客密度，站台乘客密度}，第 1 个特征是“拥挤原因”，包括 3 个可能值{早晚高峰，节假日，意外事件}，第 2 个特征是“每分钟进站乘客数量”，包括 3 个可能值{进站乘客数量 <50 人/min，50 人/min $\leqslant$ 进站乘客数量 <100 人/min，进站乘客数量 $\geqslant 100$ 人/min }，第 3 个特征是“站厅乘客密度”，包括 2 个可能值{站厅乘客密度 <2 人/m^2，站厅乘客密度 $\geqslant 2$ 人/m^2}，第 4 个特征是“站台乘客密度”，包括 2 个可能值{站台乘客密度 <3 人/m^2，站台乘客密度 $\geqslant 3$ 人/m^2}，最后一列是类别，代表了决策结果{执行，不执行}。

表 6-1　客流控制决策数据集

编号	拥挤原因	进站乘客数量/(人/min)	站厅乘客密度/(人/m^2)	站台乘客密度/(人/m^2)	是否执行客流控制
1	早晚高峰	[50,100)	[2,+)	[0,3)	不执行
2	早晚高峰	[50,100)	[2,+)	[3,+)	执行
3	早晚高峰	[100,+)	[0,2)	[0,3)	执行
4	早晚高峰	[100,+)	[2,+)	[0,3)	执行
5	早晚高峰	[0,50)	[2,+)	[0,3)	不执行
6	早晚高峰	[0,50)	[0,2)	[0,3)	不执行
7	早晚高峰	[100,+)	[2,+)	[3,+)	执行
8	节假日	[0,50)	[0,2)	[0,3)	不执行
9	节假日	[0,50)	[2,+)	[0,3)	不执行
10	节假日	[0,50)	[2,+)	[3,+)	不执行
11	节假日	[50,100)	[2,+)	[3,+)	执行
12	节假日	[50,100)	[0,2)	[3,+)	执行
13	节假日	[100,+)	[2,+)	[0,3)	执行
14	节假日	[100,+)	[0,2)	[3,+)	执行
15	意外事件	[50,100)	[2,+)	[3,+)	执行
16	意外事件	[50,100)	[0,2)	[0,3)	不执行

续上表

编号	拥挤原因	进站乘客数量/(人/min)	站厅乘客密度/(人/m^2)	站台乘客密度/(人/m^2)	是否执行客流控制
17	意外事件	[100,+)	[0,2)	[0,3)	执行
18	意外事件	[100,+)	[2,+)	[3,+)	执行
19	意外事件	[0,50)	[2,+)	[3,+)	执行
20	意外事件	[0,50)	[0,2)	[0,3)	不执行

通过使用这些数据来训练决策树,使其在获得一个新的样本时能够根据这个样本的特征正确判断是否执行客流控制。训练的第一步就是选择某一特征作为判断是否执行客流控制的一个决策基础,表6-1中一共有4类特征可以选择,需要考虑首先选择哪个特征进行判断。如图6-3所示,可以先选择“进站乘客数量”特征进行空间划分,将产生3个互斥的特征空间,也可以选择“站台乘客密度”作为划分标准,将产生2个互斥的特征空间,这两种划分方法都可以继续延伸下去,直到到达叶节点,即获得判断结果,但是这两种划分方法哪一种可以使决策树具有更好的分类能力呢?这需要对比分析。基于这一目标,有多种特征选择方法被提出,包括信息增益、信息增益率、基尼指数等,它们分别对应着不同的决策树构建方法。

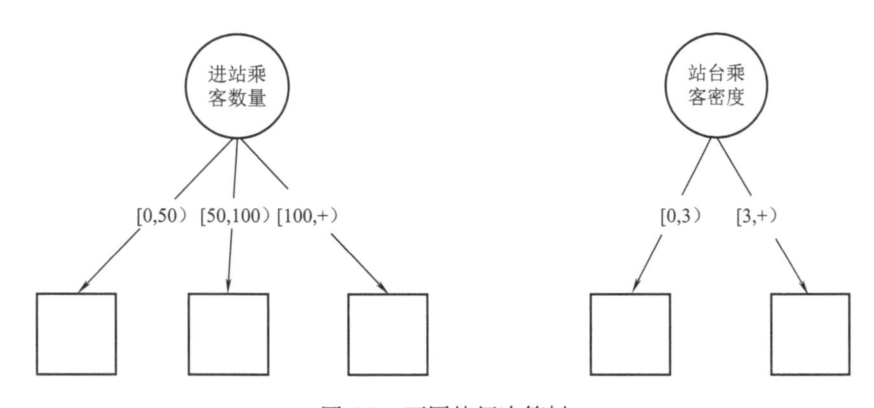

图6-3 不同特征决策树

2. 决策树生成

根据特征选择方法的不同,主要有3种生成决策树的算法,分别是ID3算法、C4.5算法和CART算法。ID3算法使用信息增益准则进行特征选择,C4.5算法使用信息增益率进行特征选择,CART算法使用基尼指数进行特征选择。首先选择某一特征选择算法进行特征选择,将样本划分为不同区间,在此基础上继续选择其他特征进行判断,直到到达停止分裂的条件。

停止分裂的条件主要有4种方法:当节点的数据量小于一个指定的数量时,不继续分裂;熵或者基尼指数小于阈值;决策树的深度达到指定的条件;所有特征已经使用完毕,不能继续进行分裂。

在到达停止分裂的条件后,将最后产生的内部节点设置为叶节点,每个叶节点中占比更大的样本类别即为该叶节点的类别,这样就构建了一个可以对新样本进行判断的决策树。

3. 决策树的剪枝

在训练好一个新的决策树后，需要对其进行剪枝，以避免出现过拟合现象，提高模型的泛化能力，以便对新样本做出更加准确的决策。

剪枝是决策树停止分支的方法之一，剪枝分为预先剪枝和后剪枝两种。预先剪枝是在树的生长过程中设定一个指标，当达到该指标时就停止生长，这样做容易产生“视界局限”，就是一旦停止分支，使得节点 N 成为叶节点，就断绝了其后继节点进行“好”的分支操作的任何可能性。一定程度上这些已停止的分支会误导学习算法。后剪枝中树首先要充分生长，直到叶节点都有最小的不纯度值为止，因而可以克服“视界局限”。然后考虑是否消去所有相邻的成对叶节点，如果消去能产生令人满意的纯度增长，那么执行消去，并令它们的公共父节点成为新的叶节点。这种“合并”叶节点的做法和节点分支的过程恰好相反，经过剪枝后叶节点常常会分布在很宽的层次上，树也变得非平衡。后剪枝技术的优点是克服了“视界局限”效应。但在样本量较大时，后剪枝的计算量要比预剪枝方法大得多，但是，当样本量较少时，后剪枝方法相比于预剪枝方法还是更具有优势的。

第二节　数据划分基础

一、熵与信息增益

在信息论和概率统计中，熵(entropy)是对随机变量不确定性的度量，可以用它来度量决策树分类不确定性的高低。假设 X 是具有有限取值的随机变量，X 的概率分布为

$$P(X = x_i) = p_i \quad i = 1,2,3,\cdots,n \tag{6-1}$$

则 X 的熵可以定义为

$$H(x_i) = -\sum_{i=1}^{n} p_i \log_2 p_i \tag{6-2}$$

通常熵的计算公式中的对数以 2 或 e 为底，单位称为比特(bit)或纳特(nat)，当熵越大，表示信息的不确定性就越大。

在决策树的特征选择中，样本 D 有 n 种特征可以选择，其中第 i 种特征对应的样本有 $|D_i|$ 个，$|D|$ 表示样本总数量，因此第 i 种特征所占比例为 $p_i = \dfrac{|D_i|}{|D|}$，其熵可以写为

$$\mathrm{Ent}(D) = -\sum_{i=1}^{n} p_i \log_2 p_i \tag{6-3}$$

在此基础上提出条件熵(conditional entropy)的概念，条件熵是指在已知随机变量 X 的条件下随机变量 Y 的不确定性，以 $H(Y|X)$ 表示。

$$H(Y|X) = \sum_{i=1}^{n} p_i H(Y|X = x_i) \quad i = 1,2,3,\cdots,n \tag{6-4}$$

式中　$p_i = P(X = x_i)$。

通过熵与条件熵即可得到信息增益，这是进行特征选择的一个重要依据，所谓信息增益表示得知特征 X 的信息而使得类 Y 的信息的不确定性减少的程度，在决策树中，可以表示为使用特征 X 来进行分支时叶节点样本相似性的提升程度，信息增益可以表示为

$$g(Y,X)=H(Y)-H(Y|X) \tag{6-5}$$

在决策树中可以表示为

$$\text{Gain}(D,a)=\text{Ent}(D)-\sum_{v=1}^{V}\frac{|D^v|}{|D|}\text{Ent}(D^v) \tag{6-6}$$

式中 $|D|$——样本集总数量；

$|D^v|$——第 v 类样本集包含的样本数量；

a——某一离散属性，它有 V 种可能的取值。

信息增益越大，表示选择属性 a 对决策树进行划分时，叶节点样本相似性的提升程度越高，因此可以用信息增益来对决策树特征选择进行决策，其中最著名的方法就是 ID3 算法，它使用信息增益最大准则来构建决策树。

使用表 6-1 中数据，可知 a 有 4 个可能的取值，拥挤原因、进站乘客数量、站厅乘客密度、站台乘客密度，以“拥挤原因”为例计算该特征的信息增益，根据样本可知样本总量 $|D|=20$，样本类别 $n=2$，分别表示是否执行客流控制决策中的“不执行”或“执行”，其中“不执行”所占比例为 $p_1=\frac{|D_1|}{|D|}=\frac{8}{20}$，“执行”所占比例为 $p_2=\frac{|D_2|}{|D|}=\frac{12}{20}$。

首先根据式(6-3)计算根节点的熵 Ent (D) 为

$$\text{Ent}(D)=-\sum_{i=1}^{2}p_i\log_2 p_i=-\left(\frac{8}{20}\log_2\frac{8}{20}+\frac{12}{20}\log_2\frac{12}{20}\right)=0.971$$

之后计算 4 种特征的信息增益，以“拥挤原因”为例，它有 3 种可能的取值“早晚高峰，节假日，意外事件”，因此可知 $c=3$。其中 $|D_1|=|$拥挤原因 $=$ 早晚高峰$|=7$，“不执行”所占比例为 $p_1=\frac{3}{7}$，“执行”所占比例为 $p_2=\frac{4}{7}$；$|D_2|=|$拥挤原因 $=$ 节假日$|=7$，“不执行”所占比例为 $p_1=\frac{3}{7}$，“执行”所占比例为 $p_2=\frac{4}{7}$；$|D_3|=|$拥挤原因 $=$ 意外事件$|=6$，“不执行”所占比例为 $p_1=\frac{2}{6}$，“执行”所占比例为 $p_2=\frac{4}{6}$。据此可以根据式(6-3)计算使用特征“拥挤原因”划分产生的 3 个分支节点的熵 Ent (D) 为

$$\text{Ent}(D_1)=-\sum_{i=1}^{2}p_i\log_2 p_i=-\left(\frac{3}{7}\log_2\frac{3}{7}+\frac{4}{7}\log_2\frac{4}{7}\right)=0.985$$

$$\text{Ent}(D_2)=-\sum_{i=1}^{2}p_i\log_2 p_i=-\left(\frac{3}{7}\log_2\frac{3}{7}+\frac{4}{7}\log_2\frac{4}{7}\right)=0.985$$

$$\text{Ent}(D_3)=-\sum_{i=1}^{2}p_i\log_2 p_i=-\left(\frac{2}{6}\log_2\frac{2}{6}+\frac{4}{6}\log_2\frac{4}{6}\right)=0.918$$

然后就可以计算出使用“拥挤原因”进行决策树划分时产生的信息增益 Gain $(D,$拥挤原因$)$ 为

$$\begin{aligned}\text{Gain}(D,\text{拥挤原因})&=\text{Ent}(D)-\sum_{v=1}^{V}\frac{|D^v|}{|D|}\text{Ent}(D^v)\\&=0.971-\left(\frac{7}{20}\times 0.985+\frac{7}{20}\times 0.985+\frac{6}{20}\times 0.918\right)\\&=0.006\ 1\end{aligned}$$

通过类似步骤可以计算出其他3类特征的信息增益值为

$$\text{Gain}(D,\text{进站乘客数量}) = 0.971 - \left(\frac{7}{20}\times 0.592 + \frac{6}{20}\times 0.918 + \frac{7}{20}\times 0\right) = 0.488\,4$$

$$\text{Gain}(D,\text{站厅乘客密度}) = 0.971 - \left(\frac{8}{20}\times 1 + \frac{12}{20}\times 0.918\right) = 0.020\,2$$

$$\text{Gain}(D,\text{站台乘客密度}) = 0.971 - \left(\frac{11}{20}\times 0.946 + \frac{9}{20}\times 0.503\right) = 0.224\,35$$

通过计算可以得知,以“进站乘客数量”对决策树进行分支所获得的信息增益最大,据此可以绘制出第一层决策树,如图6-4所示。

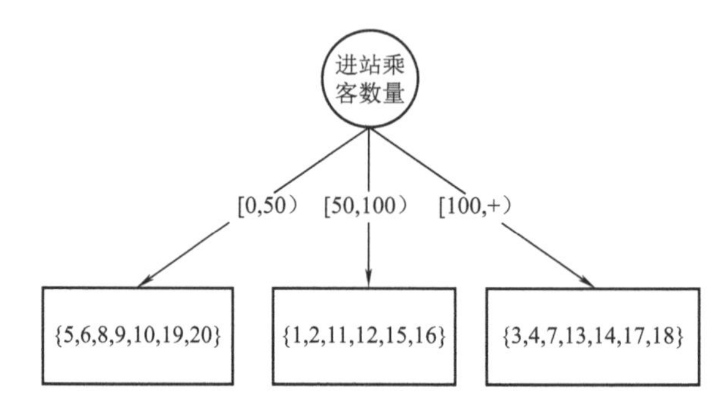

图6-4　基于“进站乘客数量”对决策树进行划分

之后依照信息增益的计算方法对每一分支进行进一步划分,直到所有样本属于同一类别为止。如果出现最大信息增益对应多于两个特征的情况,则可以任选一个特征对决策树进行划分。

二、信息增益率

信息增益可以很好地实现对决策树的分支,但是这一方法更加偏向于选择可选属性数目较多的特征,这是因为当可选属性更多时,每个分支节点包含的样本相对较少,因此能获得更高的分支纯度,但是这样的划分方法泛化能力弱,无法对新样本进行准确分类。可以试想,选择一个对应唯一一个样本的属性进行分类,每一类都是最纯的,对应的信息增益也是最大的,然而这样的划分无疑是不具备泛化能力的。

基于这一问题Ross Quinlan提出了C4.5决策树算法,这一算法使用信息增益利率作为决策树分支划分的基础,其计算方法为

$$\text{Gain\_ratio}(D,a) = \frac{\text{Gain}(D,a)}{\text{IV}(a)} \tag{6-7}$$

其中

$$\text{IV}(a) = -\sum_{v=1}^{V}\frac{|D^v|}{|D|}\log_2\frac{|D^v|}{|D|} \tag{6-8}$$

式中　IV(a)——特征a的固有值(intrinsic value);

V——特征a可取值的数量。

当特征a可取值越多,其固有值通常就会越大,从而使得信息增益率变小,也就是说信息增益率更加偏向于可取值数目较少的特征。以表6-1中的特征“拥挤原因”为例对信息增

益率进行计算。

$$\begin{aligned}\text{IV(拥挤原因)} &= -\left(\frac{7}{20}\log_2\frac{7}{20}+\frac{7}{20}\log_2\frac{7}{20}+\frac{6}{20}\log_2\frac{6}{20}\right)\\ &= 0.53+0.53+0.52\\ &= 1.58\end{aligned}$$

$$\begin{aligned}\text{Gain\_ratio}(D,\text{拥挤原因}) &= \frac{\text{Gain}(D,\text{拥挤原因})}{\text{IV(拥挤原因)}}\\ &= \frac{0.006\,1}{1.58}\approx 0.004\end{aligned}$$

需注意的是,增益率准则对可取值数目较少的属性有所偏好,因此,C4.5 算法并不是直接选择增益率最大的候选划分属性,而是使用了一个启发式方法:先从候选划分属性中找出信息增益高于平均水平的属性,再从中选择增益率最高的。

三、基尼指数

Leo Breiman 在 1984 年提出了一种划分决策树特征的方法——基尼指数,即通过计算基尼值来获得分支的纯度,表示从样本集 D 中随机选择两个样本,其类别不一致的概率,公式为

$$\text{Gini}(D) = \sum_{k=1}^{|K|}\sum_{k'\neq k}p_k p_{k'} = 1-\sum_{k=1}^{|K|}p_k^2 \tag{6-9}$$

详细的推导公式如下

$$\begin{aligned}\sum_{k=1}^{K}\sum_{k'\neq k}p_k p_{k'} &= p_1\cdot(p_2+p_3+\cdots+p_K)+\cdots+p_k\cdot(p_1+p_2+p_3\cdots+p_{K-1})\\ &= p_1\cdot(1-p_1)+p_2\cdot(1-p_2)+\cdots+p_K\cdot(1-p_K)\\ &= (p_1+p_2+\cdots+p_K)-(p_1^2+p_2^2+\cdots+p_K^2)\\ &= 1-\sum_{k=1}^{K}p_k^2\end{aligned}$$

特别地,对于一个二分类问题,基尼指数可以表示为

$$\text{Gini}(D) = 2p(1-p) \tag{6-10}$$

式(6-10)表示给定样本 D 的纯度,当 $\text{Gini}(D)$ 越小,样本集 D 的纯度越高。

针对某一特征 a,它的基尼指数定义为

$$\text{Gini\_index}(D,a) = \sum_{v=1}^{V}\frac{|D^v|}{D}\text{Gini}(D^v) \tag{6-11}$$

式中 V——特征 a 的状态数量;

D^v——在状态 v 下的样本数量。

基尼指数也可以表示样本的纯度,针对某一特征的基尼指数 $\text{Gini\_index}(D,a)$ 表示以特征 a 为分支点进行划分后样本集 D 的纯度,基尼指数越大,样本集合的纯度越低,因此在进行决策树分支时,应选择基尼指数最小的特征作为节点。

依据表 6-1 提供的样本数据计算"拥挤原因"这一特征的基尼指数为

$$\text{Gini\_index}(D,\text{早晚高峰}) = \frac{7}{20} \times \left(2 \times \frac{3}{7} \times \left(1 - \frac{3}{7}\right)\right) + \frac{13}{20} \times \left(2 \times \frac{5}{13} \times \left(1 - \frac{5}{13}\right)\right) \approx 0.479$$

$$\text{Gini\_index}(D,\text{节假日}) = \frac{7}{20} \times \left(2 \times \frac{3}{7} \times \left(1 - \frac{3}{7}\right)\right) + \frac{13}{20} \times \left(2 \times \frac{5}{13} \times \left(1 - \frac{5}{13}\right)\right) \approx 0.479$$

$$\text{Gini\_index}(D,\text{意外事件}) = \frac{6}{20} \times \left(2 \times \frac{2}{6} \times \left(1 - \frac{2}{6}\right)\right) + \frac{14}{20} \times \left(2 \times \frac{6}{14} \times \left(1 - \frac{6}{14}\right)\right) \approx 0.476$$

其中 Gini_index（D,意外事件）为最小,因此“拥挤原因 = 意外事件”可以作为特征“拥挤原因”的最优分割点,即如果选择“拥挤原因”作为分支节点,则可以选择“意外事件”进行分支,生成两个子节点,其中一个为叶节点,另一个依照以上方法继续进行分支。

接着继续计算其他三个特征的基尼指数,特征“进站乘客数量”的基尼指数为

$$\text{Gini\_index}(D,[0,50)) = \frac{7}{20} \times \left(2 \times \frac{6}{7} \times \left(1 - \frac{6}{7}\right)\right) + \frac{13}{20} \times \left(2 \times \frac{2}{13} \times \left(1 - \frac{2}{13}\right)\right) \approx 0.255$$

$$\text{Gini\_index}(D,[50,100)) = \frac{6}{20} \times \left(2 \times \frac{2}{6} \times \left(1 - \frac{2}{6}\right)\right) + \frac{14}{20} \times \left(2 \times \frac{6}{14} \times \left(1 - \frac{6}{14}\right)\right) \approx 0.476$$

$$\text{Gini\_index}(D,[100,+)) = \frac{7}{20} \times \left(2 \times \frac{0}{7} \times \left(1 - \frac{0}{7}\right)\right) + \frac{13}{20} \times \left(2 \times \frac{8}{13} \times \left(1 - \frac{8}{13}\right)\right) \approx 0.308$$

特征“站厅乘客密度”的基尼指数为

$$\text{Gini\_index}(D,[0,2)) = \frac{8}{20} \times \left(2 \times \frac{4}{8} \times \left(1 - \frac{4}{8}\right)\right) + \frac{12}{20} \times \left(2 \times \frac{4}{12} \times \left(1 - \frac{4}{12}\right)\right) \approx 0.467$$

$$\text{Gini\_index}(D,[2,+)) = \frac{12}{20} \times \left(2 \times \frac{4}{12} \times \left(1 - \frac{4}{12}\right)\right) + \frac{8}{20} \times \left(2 \times \frac{4}{8} \times \left(1 - \frac{4}{8}\right)\right) \approx 0.467$$

特征“站台乘客密度”的基尼指数为

$$\text{Gini\_index}(D,[0,3)) = \frac{11}{20} \times \left(2 \times \frac{7}{11} \times \left(1 - \frac{7}{11}\right)\right) + \frac{9}{20} \times \left(2 \times \frac{1}{9} \times \left(1 - \frac{1}{9}\right)\right) \approx 0.343$$

$$\text{Gini\_index}(D,[3,+)) = \frac{9}{20} \times \left(2 \times \frac{1}{9} \times \left(1 - \frac{1}{9}\right)\right) + \frac{11}{20} \times \left(2 \times \frac{7}{11} \times \left(1 - \frac{7}{11}\right)\right) \approx 0.343$$

通过计算可知,在“拥挤原因”“进站乘客数量”“站厅乘客密度”“站台乘客密度”几个特征中,$Gini\_index(D,\text{进站乘客数量} \in [0,50)) \approx 0.255$ 最小,所以选择特征“进站乘客数量”为最优特征,“进站乘客数量 $\in [0,50)$”为最优分割点。于是根节点生成两个子节点,一个是叶节点,对另一个节点继续使用上述方法在特征“拥挤原因”“站厅乘客密度”“站台乘客密度”中选择最优特征阶级最优分割点。

第三节　决策树的构建

这一节将介绍决策树的三种算法,分别是 Ross Quinlan 在 1973 年提出的 ID3 算法和在 1993 年提出的 C4.5 算法,以及由 Leo Breiman 于 1984 年提出的 CART 算法,前两者主要针对离散型数据,后者则可用于处理连续型数据。

一、ID3 算法

ID3 算法是由 Ross Quinlan 于 1975 年提出的一种构建决策树实现分类预测的算法,它

以信息熵为基础,通过计算每个样本特征的信息增益,以尚未被用来划分的具有最高信息增益的特征作为决策树当前层的划分标准,并持续这个划分过程直到生成一个能完美分类训练样本的决策树,其具体的求解方法如下。

输入:训练样本集 D,特征集 A,以及阈值 ε。

过程:

步骤 1:生成节点 node

步骤 2:If　样本集 D 中所有样本均属于同一类 C

then

则将 node 标记为叶节点,类 C 作为叶节点的标记类

return T

步骤 3:If　$A=\phi$,或 D 中样本在 A 中的取值均相同

then

则将 node 标记为叶节点,D 中最多样本对应的类作为叶节点的标记类

return T

步骤 4:for 特征集 A 中的每一个特征 a_i

　　计算 a_i 的信息增益,选择信息增益最大的特征 a_k 作为节点的特征

　　If　特征 a_k 的信息增益小于阈值 ε

　　then

node 标记为叶节点,D 中含有样本数量最多的类作为叶节点的标记类

return T

end for

步骤 5:根据特征 a_k 的不同取值 $\{a_k^1,a_k^2,\cdots,a_k^n\}$,对 D 进行分支,得到对应于特征的非空样本子集 $\{D_k^1,D_k^2,\cdots,D_k^n\}$。对第 i 个子节点,以 D_k^i 作为样本集,$A-a_k$ 为特征集,重复步骤 1 ~ 步骤 5。

输出:决策树 T。

ID3 算法可以实现对样本数据的准确分类,但是 ID3 算法用信息增益选择特征时,由于信息增益自身的特点导致其更偏向于选择分支比较多的特征值,即可选值多的特征。而且 ID3 算法难以处理连续样本,这是该算法的局限性。

下面以表 6-1 中的数据对 ID3 算法构建决策树的流程进行详细解释。

根据第六章第二节的计算结果可知,利用特征为“进站乘客数量”对根节点进行分支所获得的信息增益最大,可以将样本集 D 分为 3 个子集 D_1、D_2、D_3,分别代表“进站乘客数量 $\in[0,50)$”“进站乘客数量 $\in[50,100)$”与“进站乘客数量 $\in[100,+)$”。

然后继续对每个分支节点做进一步划分,以子集 D_2(进站乘客数量 $\in[50,100)$)为例,该子集包含样本{1,2,11,12,15,16},可用的特征集合为{拥堵原因,站厅乘客密度,站台乘客密度},计算各特征的信息增益为

$$\mathrm{Gain}(D_2,\text{拥堵原因})=0.2516$$

$$\mathrm{Gain}(D_2,\text{站厅乘客密度})-0.0441$$

$$\mathrm{Gain}(D_2,\text{站台乘客密度})=0.9183$$

“特征=站台乘客密度”取得了最大的信息增益 0.918 3,因此针对样本子集 D_2,使用“站台乘客密度”作为划分特征,如图 6-5 所示,然后对每一个分支都进行同样的操作,直到分支节点中所有样本均属于同一特征为止,这样就构建了一个完整的决策树。

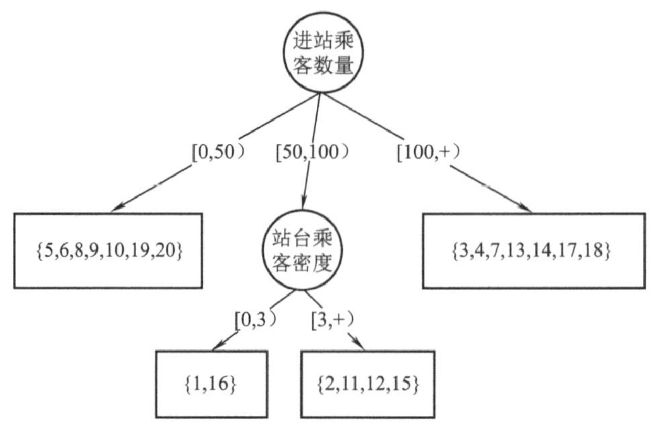

图 6-5　生成的决策树

二、C4.5 算法

信息增益有个缺点就是对可选属性多的特征有偏好，举个例子，利用表 6-1 中的数据，如果把“编号”这一列当作属性也考虑在内，那么可以计算出它的信息增益为 0.998，远远大于其他的候选属性，因为“编号”有 20 个可选的属性，产生 20 个分支，每个分支节点仅包含一个样本，显然这些分支节点的纯度最大。但是，这样的决策树不具有任何泛化能力，其产生的决策树如图 6-6 所示。

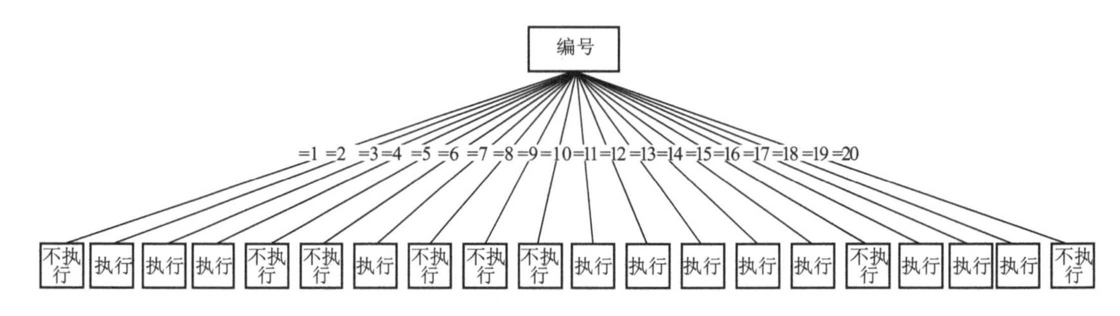

图 6-6　基于“编号”对决策树进行划分

C4.5 由 Ross Quinlan 在 ID3 的基础上提出。为了解决 ID3 算法存在归纳偏置问题，即 ID3 算法会偏向于选择属性较多的特征，Ross Quinlan 提出了 C4.5 算法。这一算法使用信息增益率作为分裂规则，通过选择信息增益率最大的特征作为分裂节点。

C4.5 算法的求解流程是：

输入：训练样本集 D，特征集 A，以及阈值 ε

过程：

步骤 1：生成节点 node

步骤 2：

If　样本集 D 中所有样本均属于同一类 C

then

　　将 node 标记为叶节点，类 C 作为叶节点的标记类，return T

```
步骤3:
If  A=ϕ,或 D 中样本在 A 中的取值均相同
then
    将 node 标记为叶节点,D 中最多样本对应的类作为叶节点的标记类,return T
步骤4:
for  特征集 A 中的每一个特征 a_i
     计算 a_i 的信息增益率
end for
步骤5:
选择信息增益率最大的特征 a_k 作为节点的特征
If  特征 a_k 的信息增益率小于阈值 ε
then
    node 标记为叶节点,D 中含有样本数量最多的类作为叶节点的标记类,return T
else
    根据特征 a_k 的不同取值{a_k^1,a_k^2…,a_k^n},对 D 进行分支,得到对应于特征的非空样本子集{D_k^1,D_k^2
…,D_k^n}。
步骤6:
对第 i 个子节点,以 D_k^i 作为样本集,A-a_k 为特征集,重复上述步骤1~步骤5.
输出:决策树 T
```

三、CART 算法

分类与回归树(classification and regression tree,简称 CART)是一种利用二分递归的方法实现特征划分的决策树构建方法,相比于 ID3 算法和 C4.5 算法,CART 算法通过计算样本的不纯度,即基尼指数选择合适的划分特征。CART 算法不仅可以处理离散变量,还可以处理连续变量,分别构建分类树和回归树,两种决策树的构造方法的区别主要体现在基尼指数的计算方法上,下面将分别针对这两种决策树的构造方法进行介绍。

1. 分类树

分类树的基尼指数计算方法在第六章第二节中有所介绍,通过计算基尼指数可以同时获得最优特征与最优二值分割点,其计算公式见式(6-10)和式(6-11)。

通过对每一个特征 A,对其可能取的每个值 a,根据样本点对 $A = a$ 的测试为“是”或“否”将样本集 D 分割成 D_1 和 D_2 两部分,利用式(6-11)计算 $A = a$ 时的基尼指数,并选择基尼指数最小的特征及对应值作为最优特征及最优分割点,形成两个子节点,将样本集依特征分配到两个子节点中。

具体的计算流程是:

```
输入:训练样本集 D,特征集 A
过程:
for 特征集 A 中的每一个特征 a_i
    for 特征 a_i 中的每一个可能值 a_i^j
        将样本集 D 分割成 D_1 和 D_2 两部分,分别表示特征 A=a_i^j 的样本子集和特征 A=a_i^j 的样本子
集,计算特征 A=a_i^j 的基尼指数
    end for
```

end for

选择基尼指数最小的特征 a_k 作为节点的特征,基尼指数最小的特征对应值 a_k^m 为最优分割点,建立两个分别表示为"$A=a_k^m$"和"$A\neq a_k^m$"的子节点

对生成的两个子节点 D_1 和 D_2,分别作为样本集,以 $A-a_k$ 为特征集,重复上述循环过程

输出:决策树 T

2. 回归树

回归树是可以用于处理连续取值变量的决策树模型,一个回归树对应着输入空间(即特征空间)的一个划分以及在划分单元上的输出值。与分类树不同的是,回归树对输入空间的划分会遍历所有输入变量,找到最优的切分变量 j 和最优的切分点 s,即选择第 j 个特征 X_j 和它的取值 s 将输入空间划分为两部分,然后重复这个操作。

假设 $X=\{X_1,X_2,\cdots,X_n\}$ 和 Y 分别代表特征变量空间和标记类集合,X、Y 为连续变量,样本集表示为

$$D=\{(x_1^1,x_2^1,\cdots,x_n^1,y_1),(x_1^2,x_2^2,\cdots,x_n^2,y_2),\cdots,(x_1^m,x_2^m,\cdots,x_n^m,y_m)\}$$

构建回归树的过程就是寻找最优特征 X_j 和对应分割点 s 的过程,针对某一特征 $X_i=\{x_i^1,\cdots,x_i^m\}$,由于这一特征具有 m 个数据,将它们从小到大依次排序可以得到一个样本范围 $X_i\in\{x_i^{\min},x_i^{\max}\}$,在这个范围内可以选择多个值作为分割点,将样本分割为 J 个互不重叠的区域 $\{R_1,\cdots,R_J\}$,每个区域的值 $\widehat{y}_{R_j}$ 为落入该区域样本的标记类的平均值。那么我们怎样选择特征和分割点呢?这里需要用到残差平方和 RSS,通过使 RSS 最小,来获得最优特征和分割点。RSS 的定义为

$$\text{RSS}=\sum_{j=1}^{J}\sum_{i\in R_j}(y_i-\widehat{y}_{R_j})^2 \tag{6-12}$$

但是,如果要考虑到将样本划分为 J 个空间的所有可能性,在计算上是很复杂的,因此,在决策树构建的过程中选择了一种启发式算法。即遍历所有特征 $X=\{X_1,X_2,\cdots,X_n\}$ 与每个特征对应的所有取值,将节点分成两个分支,其中使 RSS 最小的特征和对应分割点就是最优特征 X_j 和最优分割点 s,也就是说,对于(j,s)将样本分割成两个区域 R_1 和 R_2,即

$$R_1(j,s)=\{x\mid x_j\leqslant s\} \text{ 和 } R_2(j,s)=\{x\mid x_j>s\}$$

并使得式(6-13)最小

$$\min_{c1}\sum_{x_i\in R_{1(j,s)}}(y_i-C_1)^2+\min_{c2}\sum_{x_i\in R_{2(j,s)}}(y_i-C_2)^2 \tag{6-13}$$

最小二乘回归树的生成方法如下:

输入:训练样本集 D,特征集 X

过程:

for 特征集 X 中的每一个特征 X_j

for 特征 X_j 中的每一个可能值 s

将样本集 D 分割成 D_1 和 D_2 两部分,分别表示特征$\{x\mid x_j\leqslant s\}$的样本子集和特征$\{x\mid x_j\leqslant s\}$的样本子集

计算 $\min_{j,s}\left[\min_{c1}\sum_{x_i\in R_{1(j,s)}}(y_i-C_1)^2+\min_{c2}\sum_{x_i\in R_{2(j,s)}}(y_i-C_2)^2\right]$

end for

end for

选择 RSS 最小的特征 X_j 作为节点的特征，对应的值 s 作为最优分割点，划分两个区域，作为子节点。并计算相应输出值 $C_m = \frac{1}{N_m} \sum_{x \in R_m(j,s)} y_i, x \in R_m, m = 1,2$

对生成的两个子节点 D_1 和 D_2，分别作为样本集，以 $X - X_k$ 为特征集，重复上述循环过程

输出：回归树 T

第四节　决策树剪枝

根据上述算法生成决策树后，需要对决策树进行剪枝，这是因为通过不断分支构造的决策树虽然对训练样本具有较好的分类结果，但同时也因为产生分支过多，可能导致对新样本的分类精度下降，即出现“过拟合”问题，这时就需要对决策树进行剪枝，以提高决策树泛化能力。

决策树剪枝的方法主要有两种，分别是预剪枝和后剪枝。预剪枝是在决策树构建过程中进行的，在每产生一个分支节点后即对该节点进行评估，判断对该节点进一步的划分能否带来泛化能力的提升，如果可以则继续划分，如果不能，就将该节点标记为叶节点，停止对其的划分。后剪枝是针对已经构建好的决策树的剪枝方法，需先生成一个完整的决策树，然后自底向上，对非叶节点进行评估，计算将该非叶节点替换为叶节点后是否能够带来泛化能力的提升，如果能则将该非叶节点标记为叶节点。

一、预剪枝

预剪枝过程一般在构造决策树的过程中出现，判断对该节点继续进行划分能否为决策树带来泛化能力的提升，如果不能则提前停止树的剪枝，达到防止过拟合的目的，那么如何对泛化能力进行计算呢？通常可以使用诸如统计显著性、信息增益等度量方法来对泛化能力的优劣进行评估。

简单来说，预剪枝方法就是在对一个节点划分前进行估计，如果不能提升决策树泛化精度，就停止划分，将当前节点设置为叶节点。泛化精度测量，可以采用设置验证集的方式进行，在样本集中留出一部分数据当作验证集，比较划分前后验证集的预测精度来确定泛化程度。这一方法可以有效降低过拟合风险和训练所需的时间。但是预剪枝是一种贪心操作，可能有些划分暂时无法提升精度，但是后续划分可以提升精度，故产生了欠拟合的风险。

首先采用留出法将表 6-1 中的数据划分为训练集和测试集，见表 6-2。

表 6-2　客流控制决策训练集（双线以上）**与验证集**（双线以下）

编号	拥挤原因	进站乘客数量/(人/min)	站厅密度/(人/m^2)	站台密度/(人/m^2)	是否执行客流控制
1	早晚高峰	[50,100)	[2,+)	[0,3)	不执行
2	早晚高峰	[100,+)	[2,+)	[0,3)	执行
3	早晚高峰	[100,+)	[0,2)	[0,3)	执行
4	早晚高峰	[0,50)	[2,+)	[0,3)	不执行

续上表

编号	拥挤原因	进站乘客数量/(人/min)	站厅密度/(人/m^2)	站台密度/(人/m^2)	是否执行客流控制
5	早晚高峰	[100, +)	[2, +)	[3, +)	执行
6	节假日	[0,50)	[0,2)	[0,3)	不执行
7	节假日	[0,50)	[2, +)	[0,3)	不执行
8	节假日	[0,50)	[2, +)	[3, +)	不执行
9	节假日	[100, +)	[0,2)	[3, +)	执行
10	意外事件	[50,100)	[2, +)	[3, +)	执行
11	意外事件	[50,100)	[0,2)	[0,3)	不执行
12	意外事件	[100, +)	[0,2)	[0,3)	执行
13	意外事件	[100, +)	[2, +)	[3, +)	执行
14	早晚高峰	[50,100)	[2, +)	[3, +)	执行
15	早晚高峰	[0,50)	[0,2)	[0,3)	不执行
16	节假日	[100, +)	[2, +)	[0,3)	执行
17	节假日	[50,100)	[2, +)	[3, +)	执行
18	节假日	[0,50)	[0,2)	[3, +)	不执行
19	意外事件	[0,50)	[2, +)	[3, +)	执行
20	意外事件	[0,50)	[0,2)	[0,3)	不执行

以信息增益为分支准则构建决策树，首先选择“拥挤原因”来对训练集进行划分，并产生3个分支，如图6-7所示。然而，是否应该进行这个划分呢？预剪枝要对划分前后的泛化性能进行估计。

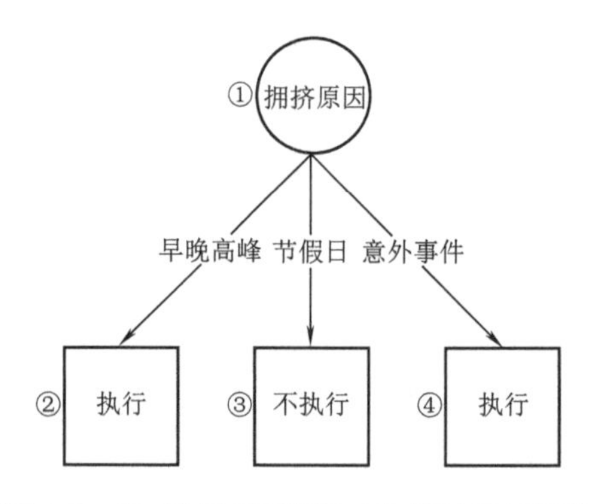

图6-7　基于“拥挤原因”对决策树进行划分

划分之前，所有样本集中在根节点，若不进行划分，则将该节点标记为叶节点，其类别标记为训练样本所占比例最大的类别，在未对拥挤原因进行划分时，标记为“执行”的样本数量为7，“不执行”样本数量为6，因此将“拥挤原因”节点标记为“执行”。用表6-2中的验证集对这个单节点决策树进行评估，则编号{14,16,17,18,19}被分类正确，另外2个样本被分类错误，于是验证集的精度为0.71。

在用特征“拥挤原因”进行分支后,图中节点②、节点③、节点④分别被标记为“执行”“不执行”“执行”。此时,验证集中编号{14,18,19}的样本为分类正确,验证集精度为0.43,对“拥挤原因”进行分支后验证集精度出现下降,因此判断不应对“拥挤原因”特征进行分支。

通过决策树的预剪枝过程可以看出,预剪枝使得决策树的很多分支都没有“展开”,这不仅降低了过拟合的风险,还减少了决策树的训练时间开销和测试时间开销。值得注意的是,有些特征在当前节点进行分支也许不能提升泛化性能,在对该特征进行分支的基础上对后续节点进行分支却有可能带来性能提升,但预剪枝方法在当前节点就停止了对该特征的分支,因此预剪枝决策树有可能带来欠拟合的风险。

二、后剪枝

后剪枝是在决策树生长完成之后,对树进行剪枝,得到简化版的决策树。

剪枝的过程是对拥有同样父节点的一组节点进行检查,判断如果将其合并,熵的增加量是否小于某一阈值。如果确实小,则这一组节点可以合并为一个节点,其中包含了所有可能的结果。后剪枝是目前最普遍的做法。

后剪枝的剪枝过程是删除一些子树,然后用其叶子节点代替,这个叶子节点所标识的类别通过大多数原则(majority class criterion)确定。所谓大多数原则,是指剪枝过程中,将一些子树删除而用叶节点代替,这个叶节点所标识的类别用这棵子树中大多数训练样本所属的类别来标识,所标识的类称为majority class。

后剪枝算法有很多种,最常使用的是错误率降低剪枝(reduced-error pruning,简称REP)方法。该方法首先利用训练集构建一个完整的决策树,再尝试在生成的决策树中把非叶子节点的子树替换成叶子节点,用子树中样本数量最多的类表示这个合并叶节点的结果,比较替换前后两个决策树在验证集上的表现,判断合并分支后决策树的性能是否得到了提升。从下至上,遍历所有可能的子树,直到在验证集上没有提升时,停止。

后剪枝方法的缺点是当数据量较少时,会过度剪枝,从而产生过拟合现象。因为它会把一些少量的,只出现在训练集中的有效的特征剪掉(因为该特征不出现在测试集中)。

还有其他剪枝方法,如悲观剪枝(pessimistic error pruning,简称PEP)、代价复杂度剪枝(cost-complexity pruning,简称CCP)等,在此不一一列举。

“预剪枝”和“后剪枝”两种剪枝方法的优缺点如下。

(1)预剪枝使得决策树的很多分支都没有“展开”,不仅降低过拟合风险,而且显著减少训练/测试时间开销;但有些特征在当前节点进行分支虽不能提升泛化性能,然而在其基础上进行的后续分支却有可能使决策树性能得到提高,可能会给预剪枝决策树带来欠拟合的风险。

(2)后剪枝决策树通常比预剪枝决策树保留了更多的分支。一般情形下,后剪枝决策树的欠拟合风险很小,泛化性能往往优于预剪枝决策树,但后剪枝过程是在生成完全决策树之后进行的,并且要自底向上地对树中的所有非叶节点进行逐一考察,因此其训练时间开销比未剪枝决策树和预剪枝决策树都要大得多。

第五节　集成学习与随机森林

集成学习(ensemble learning)是通过将多个学习器进行结合来完成学习任务的算法。常用的集成学习方法包括 boosting 方法和 bagging 方法等,其中包含的个体学习器可以是同类型,也可以是不同类型。一种典型的集成学习是利用多个决策树通过 bagging 方法构成随机森林。

一、Boosting

提升方法(boosting),也称为增强学习,是一种重要的集成学习技术,能够将预测精度低的弱学习器增强为预测精度高的强学习器,这在直接构造强学习器非常困难的情况下,为学习算法的设计提供了一种有效的新思路和新方法。作为一种元算法框架,Boosting 方法是近年来在机器学习算法中很流行的一种增强学习能力的算法,其中一个经典的 Boosting 方法是 AdaBoost 算法,它是英文 Adaptive Boosting(自适应增强)的缩写,由 Yoav Freund 和 Robert Schapire 在 1995 年提出,是集成学习中一种常用的统计方法。

其算法流程如下。

输入:训练样本集 D,迭代次数 T。

过程:

(1)以相同的初始值来初始化样本的权重 ω,并且样本权重之和为 1,即

$$\sum_{i=1}^{N} \omega_i = 1 \tag{6-14}$$

(2)使用具有权值分布的 n 个训练样本学习得到弱学习机 $G_m(x)$

(3)计算学习机 $G_m(x)$ 在训练集上的错误率

$$e_m = P[G_m(x_i) \neq y] \tag{6-15}$$

(4)计算弱学习机 $G_m(x)$ 的系数

$$\alpha_m = \frac{1}{2}\ln\frac{1-\mathrm{e}_m}{\mathrm{e}_m} \tag{6-16}$$

(5)更新样本集的权重分布

$$\omega_{m+1} = \frac{\omega_{mi}}{Z_m}\exp[-\alpha_m y_i G_m(x_i)] \quad i = 1,2,\cdots,N \tag{6-17}$$

其中规范化因子为 $Z_m = \sum_{i=1}^{N} \omega_{mi}\exp[-\alpha_m y_i G_m(x_i)]$。

返回(2),反复迭代,最终得到经过提升的强分类器。

输出:强分类器 $G(x) = \mathrm{sign}[\sum_{m=1}^{M} \alpha_m G_m(x)]$。

Adaboost 是一种有很高精度的分类器,因为 Adaboost 算法提供的是框架,它可以使用各种方法构建子分类器,适用范围广泛,且由于其原理是利用简单分类器进行组合,因此计算出的结果不易发生过拟合。

二、Bagging

Bagging 法是一种并行式的集成学习方法，它由 Leo Breiman 于 1996 年提出，是一种基于自助采样法增强弱学习机性能的方法，其原理是对于给定的包含 N 个样本的数据集，有放回地随机选择 n 个样本放入采样集中，重复 M 次，用获得的 M 个采样集分别训练弱学习机，并将学习结果使用简单投票法、简单平均法或其他方法进行组合，确定最终结果。对于分类任务使用简单投票法，即每个分类器一票进行投票（也可以进行概率平均），对于回归任务，则采用简单平均获取最终结果，即取所有分类器的平均值。

bagging 方法的计算流程如下。

输入：训练样本集 D，迭代次数 T

过程：

for $t=1,2,\cdots,T$

对训练集 D 进行第 t 次随机采样，共采集 m 次，得到包含 m 个样本的采样集 D_t

用采样集 D_t 训练第 t 个弱学习器 $G_t(x)$

如果是分类算法预测，则 T 个弱学习器投出最多票数的类别或者类别之一为最终类别；如果是回归算法，T 个弱学习器得到的回归结果进行算术平均得到的值为最终的模型输出。

输出：预测结果 $f(x)$

虽然在 Bagging 中引入的随机分割增加了偏差，但是多个模型的集成使得总体上获取了更好的预测效果。

三、随机森林

1. 随机森林的定义

随机森林（random forest，简称 RF）是由美国科学家 Leo Breiman 于 1996 年提出的在决策树基础上发展起来的一种集成学习方法，它基于 Bagging 法的原理将多棵决策树组成一个强分类器以进行分类或回归，从而在运算量没有显著增加的前提下提高了结果精度。作为一种具有高灵活度的新兴机器学习方法，随机森林不仅具有较高的准确率，同时对高维数据、缺省数据也能很好地处理，因此应用领域也更为广泛，包括故障检测、特征识别、目标检测等各个方面，涉及医学、经济学等众多领域。

随机森林顾名思义是用随机的方式建立一个森林，其中“随机”是指决策树生成的随机性，“森林”是指决策树生成的多样性，随机森林的本质即是将大量独立的弱分类器集成为一个强分类器以达到优化输出结果的目的，尤其可以有效避免过拟合问题。随机森林由多个决策树组成，这些决策树之间相互独立，通过有放回的随机抽样为每棵树获得同样大小的样本集，作为决策树输入，分别执行判断过程并获得对应结果，在获得所有决策树的判断结果后，依据简单投票法选择出现次数最多的结果作为最终输出，这就是随机森林的主要工作流程，如图 6-8 所示。随机森林的优势在于集成了多个决策树的分类能力，降低了单棵决策树的偏差，也避免了决策树存在的容易过拟合的问题，省略了决策树剪枝的步骤，同时有放回地随机抽取样本也有助于处理小样本问题。

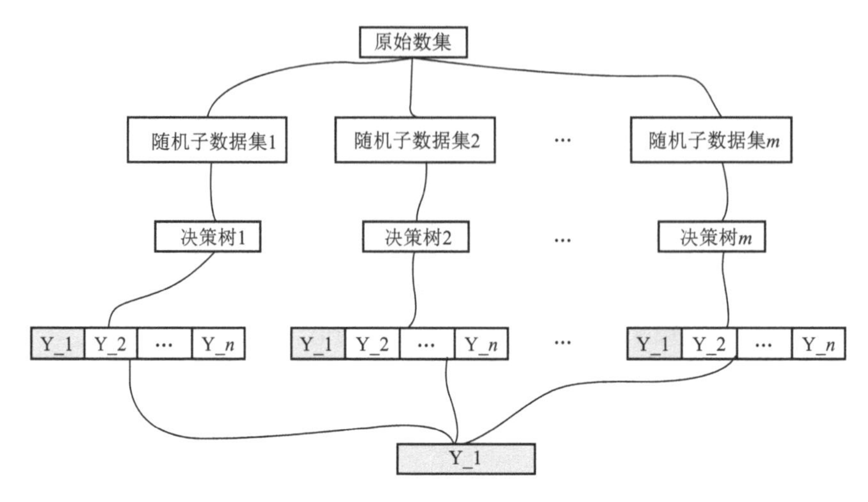

图 6-8　随机森林

随机森林算法相比于传统决策树算法具有更高的准确率,由于随机性的引入,使得随机森林不容易过拟合并有很好的抗噪声能力,能处理高维数据,对离散型数据和连续型数据都能进行很好地处理。但是随机森林也有不可以避免的缺点,如当随机森林中的决策树个数很多时,训练时需要的空间和时间会较大,而且随机森林模型是一个黑箱模型,相比决策树模型可解释性更低。

随机森林的构建过程如下:

(1)假设随机森林中包含 M 个决策树,每棵树训练需要 N 个样本,每个样本包含 C 个特征。

(2)首先需从原始训练样本集中有放回地随机抽取 N 个样本生成一个新的样本集合用于训练决策树。

(3)决策树训练过程中,每个节点进行分裂前,需从 C 个特征随机选取 c 个特征($c << C$),再采用 ID3、C4.5 等方法,从 c 个特征中选择最优分裂特征。

(4)依据第六章第三节介绍决策树构建方法形成 1 棵决策树,该决策树每个节点的分裂过程均依据步骤(3)执行。

(5)重复步骤(2)~(4)共 M 次,即可获得一个包含 M 个决策树的随机森林。

注意,在这个过程中是完全没有剪枝的,因为样本抽取的随机性和分裂属性抽取的随机性极大程度地降低了随机森林陷入过拟合的可能性,同时也提高了随机森林的抗噪声能力,因此可以减少决策树构造的步骤,提高计算效率。

由此可以发现构建随机森林所必需的参数:决策树个数 M 与特征选择个数 c。它们会对随机森林分类结果的准确性产生影响,因此需要对这些参数进行合理设置,这主要依靠袋外错误率 oob error(out-of-bag error)实现。

2. 袋外错误率

随机森林的一个特点在于无须进行交叉验证,在模型的构建过程中即可获得训练集对模型进行评估,这来源于随机森林随机抽取样本的特点,由于样本抽取的随机性,部分样本可能始终无法被抽取到,可以尝试对这个概率进行计算。

假设原始训练集中共包含 N 个样本,需有放回地随机抽取 N 次,那么对于某一个样本,在一次抽取过程中未被抽中的概率为 $\left(1 - \frac{1}{N}\right)$，在整个训练集采集过程中均未被抽中的概率为 $\left(1 - \frac{1}{N}\right)^N$，当 N 足够大时，这个概率将趋向于 $\frac{1}{e} \approx 0.368$，即原始样本集中约有 36.8% 的样本将不会出现在这棵树的训练过程中，这部分样本称为这棵树的袋外数据（Out of Bag，简称 OOB），它可以代替测试集实现随机森林的无偏估计。即：

（1）针对每一个样本，搜索随机森林中袋外数据中包含该样本的决策树；

（2）计算这些决策树对该样本的分类结果，并依据简单投票法选择出现次数最多的结果作为最终输出；

（3）统计被错误分类的样本占总样本的比例作为随机森林的 OOB 误分率。

3. 随机森林算法的 MATLAB 实现

本节使用 MATLAB 对随机森林算法进行实现，案例选择与决策树部分相同，为便于读者阅读，此处重新进行介绍。

本案例针对城市地铁某一车站是否执行客流控制措施进行决策，即决定是否限制进入车站乘客数量，影响控制决策的因素主要包括：拥挤原因，进站乘客数量，站厅乘客密度，站台乘客密度。将这些因素进行量化，分别获得 4 个量化特征：第 1 个特征为“拥挤原因”，包括 3 个可能值{早晚高峰，节假日，意外事件}；第 2 个特征为“每分钟进站乘客数量”，包括 3 个可能值{进站乘客数量 <50 人/min，50 人/min ≤ 进站乘客数量 <100 人/min，进站乘客数量 ≥ 100 人/min}；第 3 个特征为“站厅乘客密度”，包括 2 个可能值{站厅乘客密度 < 2 人/m^2，站厅乘客密度 ≥ 2 人/m^2}；第 4 个特征为“站台乘客密度”，包括 2 个可能值{站台乘客密度 <3 人/m^2，站台乘客密度 ≥ 3 人/m^2}。以这些特征为依据判断控制措施是否可以执行，决策结果包括{执行，不执行}两类。

首先获取用于决策判断的样本数据 5 500 条，其中 5 000 条作为训练集用于随机森林学习，500 条作为测试集，用于评估随机森林模型的性能。样本中每条数据分为 5 个字段，其中前 4 个字段为样本的 4 个特征，根据每个特征对应的可能值数量表示为{0，1，…}，最后一个字段为判断结果，由{0，1}表示，其中 0 表示不执行客流控制，1 表示执行客流控制。

采集到足够数据后即可以构建对应的随机森林模型，使用 Leo Breiman 开发的开源随机森林工具箱“randomforest-matlab”进行随机森林模型的构建，其中主要使用的函数为 classRF_ train（***X***，***Y***，ntree，mtry，extra_options）和 classRF_ predict（***X***，model，extra_options），分别用于模型的训练和预测。

函数 model = classRF_ train（***X***，***Y***，ntree，mtry，extra_options）用于随机森林模型的训练过程，其中，***X*** 为输入特征矩阵，行为训练样本集数量，列为特征数量，本案例中 ***X*** 为 5 000 行 4 列的矩阵；***Y*** 为训练样本集对应的判断结果，本案例中由{0，1}表示，因此 ***Y*** 为 5 000 行 2 列的矩阵；ntree 为森林中决策树的数量，本案例中设定为 500；mtry 为决策树每次分裂随机选择的特征个数，本书设定为 2；extra_options 为可选参数；model 即为构建好的随机森林模型。

函数[**Y_new**，votes，prediction_per_tree] = classRF_predict（***X***，model，extra_options）用于随机森林模型的测试过程，其中，***X*** 为输入特征矩阵，行为测试样本集数量，列为特征数量，本案例中 ***X*** 为 500 行 4 列的矩阵；model 为构建好的随机森林模型；extra_options 为可选参数；**Y_new** 为模型针对测试样本集的判断结果；ntree 为森林中决策树的数量，本案例中设定为 500；votes 测试集输出类别权重，即将训练集中样本预测为各个结果的决策树的个数；prediction_per_tree 为每棵树的判断结果。

实验结果如图 6-9 所示。

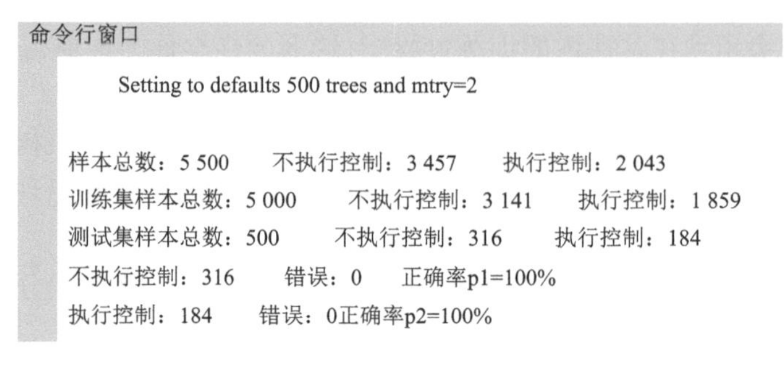

命令行窗口

Setting to defaults 500 trees and mtry=2

样本总数：5 500　不执行控制：3 457　执行控制：2 043
训练集样本总数：5 000　不执行控制：3 141　执行控制：1 859
测试集样本总数：500　不执行控制：316　执行控制：184
不执行控制：316　错误：0　正确率p1=100%
执行控制：184　错误：0正确率p2=100%

图 6-9　随机森林 MATLAB 程序输出结果

可以看出，本案例输入样本共 5 500 条，其中实际判断结果为不执行控制的有 3 457 条，执行控制的有 2 043 条；训练集样本 5 000 条，实际判断结果为不执行控制 3 141 条，执行控制 1 859 条；测试集样本 500 条，实际判断结果为不执行控制 316 条，执行控制 184 条，预测判断结果为不执行控制 316 条，执行控制 184 条，正确率为 100% 。

构建的随机森林模型的性能分析图如图 6-10 所示，其中横轴表示输出为类别 0 的决策树数量，也就是针对测试集中某一样本判断结果为不执行客流控制的决策树数量；纵轴表示输出为类别 1 的决策树数量，也就是针对测试集中某一样本判断结果为执行客流控制的决策树数量，可以看出，图中标记的点，横纵坐标之和为 500。

图 6-10 显示了被正确分类的样本位置，该位置越远离中心点，也就是判断结果为 0 或 1 的决策树个数均为 250 棵的位置，表明能够正确分类样本的树越多，随机森林模型的性能越好。

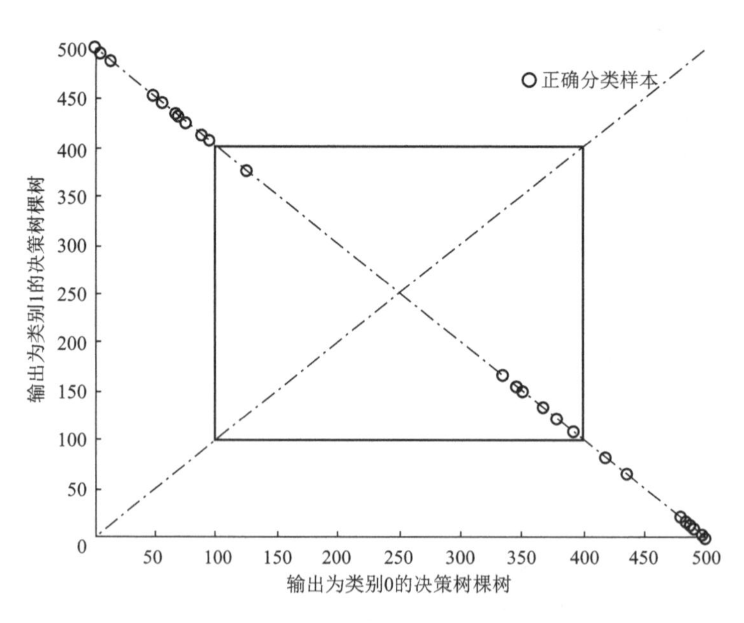

图 6-10　随机森林模型的性能分析

习　题

1. 如果 X 有两种状态，$P_1=P(X=x_1)=0.2$，$P_2=P(X=x_2)=0.8$，计算熵 $H(X)$。

2. 如果 X 有两种状态，$P_1=0.5$，$P_2=0.5$；Y 有两种状态，$P_{11}=P(Y=y_1|X=x_1)=0.2$，$P_{12}=P(Y=y_2|X=x_1)=0.8$，$P_{21}=P(Y=y_1|X=x_2)=0.8$，$P_{22}=P(Y=y_2|X=x_2)=0.2$，求计算条件熵 $H(Y|X)$。

3. 如果 X 有两种状态，$P_1=P(X=x_1)=0.5$，$P_2=P(X=x_2)=0.5$；Y 有两种状态，$P_1=P(Y=y_1)=0.5$，$P_2=P(Y=y_2)=0.5$，条件概率 $P_{11}=P(Y=y_1|X=x_1)=0.2$，$P_{12}=P(Y=y_2|X=x_1)=0.8$，$P_{21}=P(Y=y_1|X=x_2)=0.8$，$P_{22}=P(Y=y_2|X=x_2)=0.2$，求信息增益 $g(Y,X)$。

4. 利用表 6-1 提供的数据，采用 ID3 算法构建一个决策树。

5. 简述 Bagging 的算法过程。

6. 简述 Bagging、Boosting 的主要区别。

7. 简述随机森林的算法过程。

第七章　计算智能在交通运输系统中的应用

本章在前述理论方法的基础上，结合前沿技术发展，将计算智能技术应用到交通运输工程实践中，涉及轨道交通和道路交通领域，包括城市轨道交通的客流预测与组织、道路交通流预测、高速铁路行车调度、车站与列车风险评价、铁路列车装备故障预测与监控管理、轨道交通视频图像分析与处理等方面。

第一节　城轨客流智能预测与调控组织

一、基于SVR-LSTM的轨道交通短时异常大客流预测模型

1. 研究背景

近年来，城市轨道交通系统以其快速、准时、环保的特点，在大城市的公共交通中发挥了关键作用。客流波动是时刻表优化、列车调度和客流控制等运营过程中关注的关键因素。获取客流波动信息是提高城市轨道交通运营效率的必要条件。

轨道交通客流的波动具有周期性和随机性。在本案例中，异常大客流指非常规的、少发的、大量集散客流。异常客流可能是进站客流或出站客流，发生在工作日或假日，高峰时段或平高峰时段，甚至午夜。引起异常客流的原因主要有大型活动的举办、极端天气的发生、节假日等，由于这些因素的低可控性和异常客流发生的低频率性，导致异常客流与日常常规客流情况差异性较大，对运营组织产生了困难，增加的异常客流可能导致乘客的聚集，影响城市轨道交通系统和接驳交通，从而影响旅客出行的效率和安全。因此，异常客流的特征获取和预测具有很高的研究和应用价值。

2. 研究思路

对于城市轨道交通系统，很少会在城市轨道交通网络中的位置发生相同的异常客流，即便发生也很难有相似规模。更重要的是，异常客流的发展是不确定的，这降低了历史数据的参考价值。由于稀少的相似样本和不确定的发展，短时的异常客流预测十分困难。因此，应采用融合利用历史数据和实时数据的新方法，以估计异常客流的发生和发展。

本案例通过自动售检票系统（AFC）的应用，收集进出城市轨道交通系统的乘客记录，并基于SVR和LSTM的优点，提出了SVR和LSTM的融合模型。模型的输入是异常特征，其由最近观察到的实际流量序列和基于周期性特征预测的流量序列组成。本案例设计一种两阶段方法来训练LSTM模型，从而提高对异常流量的敏感性；通过一种基于实时预测误差的组合方法，将SVR和LSTM的输出进行组合作为预测模型的最终输出。模型的基本框架如图7-1所示。

将周期性特征输入到SVR（名为SVR1）中，以计算稳定的流量序列，称为稳定序列。最

近观察到的实际流量用作时间序列。稳定序列和时间序列构成了输入到 SVR(称为 SVR2)和 LSTM 中的异常特征。SVR2 和 LSTM 的输出组合是 SVR-LSTM 模型的最终结果。

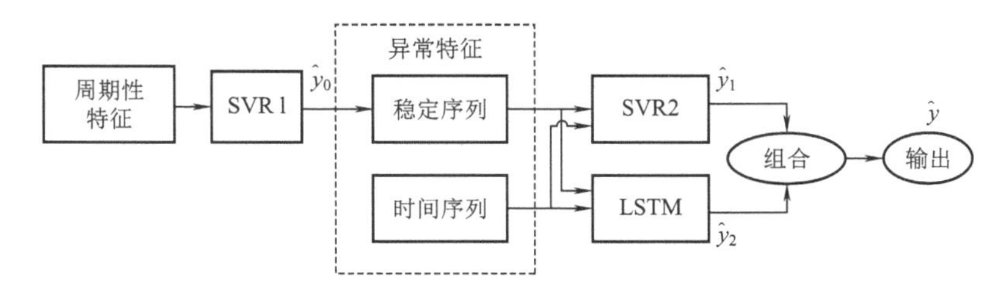

图 7-1　SVR-LSTM 模型的基本框架

3. 模型建立

(1)SVR-LSTM 模型结构

结合 SVR-LSTM 模型的结构(图 7-1)可知,周期性特征输入 SVR(命名为 SVR1),用来计算稳定的客流量序列,称为稳定序列。最近观察到的实际客流量用作时间序列。稳定序列和时间序列构成输入 SVR(命名为 SVR2)和 LSTM 的异常特征。SVR2 和 LSTM 的输出分别为 $\widehat{y_1}$ 和 $\widehat{y_2}$ 。$\widehat{y_1}$ 和 $\widehat{y_2}$ 的组合是 SVR-LSTM 模型的最终输出结果。

LSTM 是长短期记忆网络,是一种时间递归神经网络,适合于处理和预测时间序列中间隔和延迟相对较长的重要事件。参考 Ger 和 Schmidhuber,LSTM 的结构描述如图 7-2 所示。

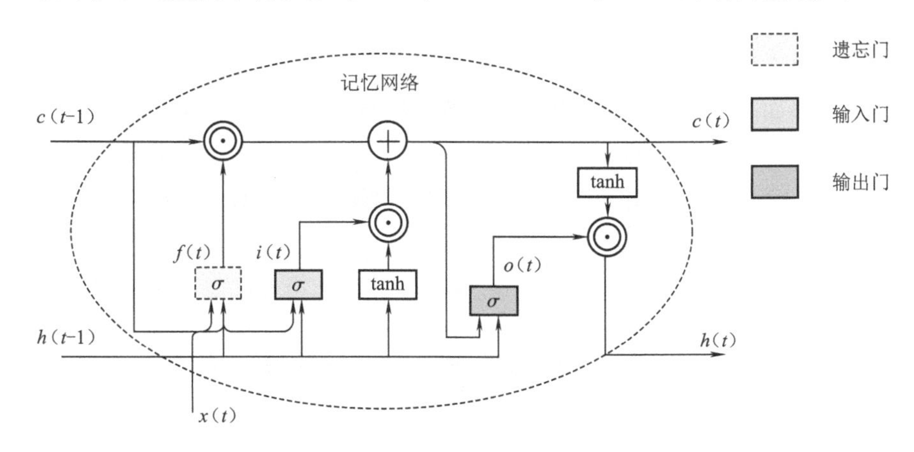

图 7-2　LSTM 结构

LSTM 预测输出可以通过式(7-1)~式(7-6)来计算,其中 W 和 b 是系数。

$$i(t)=\sigma(\boldsymbol{W}_{ih}h(t-1)+\boldsymbol{W}_{ix}x(t)+\boldsymbol{W}_{ix}c(t-1)+b_i) \tag{7-1}$$

$$f(t)=\sigma(\boldsymbol{W}_{fh}h(t-1)+\boldsymbol{W}_{fx}x(t)+\boldsymbol{W}_{fx}c(t-1)+b_f) \tag{7-2}$$

$$c(t)=f(t)\odot c(t-1)+i(t)\odot \tanh(\boldsymbol{W}_{ch}h(t-1)+\boldsymbol{W}_{cx}x(t)+b_c) \tag{7-3}$$

$$o(t)=\sigma(\boldsymbol{W}_{oh}h(t-1)+\boldsymbol{W}_{ox}x(t)+\boldsymbol{W}_{oc}c(t)+b_o) \tag{7-4}$$

$$h(t)=o(t)\odot \tanh(c(t)) \tag{7-5}$$

$$\widehat{y_2}(t)=\boldsymbol{W}_{yh}h(t)+b_y \tag{7-6}$$

式中　　$x(t)$——模型在时刻 t 的输入;

　　$\boldsymbol{W}$——权重矩阵;

b ——偏向量；
$i(t)$,$f(t)$,$o(t)$ ——时刻 t 的输入门、遗忘门和输出门；
$c(t)$ ——时刻 t 的存储单元的状态；
$h(t)$ ——时刻 t 的存储单元的输出；
$\odot$ ——两个向量的标量积；
$\sigma(x)$ 和 tanh 见式(7-7)和式(7-8)。

$$\sigma(x) = \frac{1}{1+\mathrm{e}^{-x}} \tag{7-7}$$

$$\tanh(x) = \frac{\mathrm{e}^{x}-\mathrm{e}^{-x}}{\mathrm{e}^{x}+\mathrm{e}^{-x}} \tag{7-8}$$

目标函数是最小化平方误差的总和。LSTM 的优点在于它使用门控神经元来捕获短期记忆和长期记忆,并避免梯度消失或爆炸问题。

(2)LSTM 的两阶段训练方法

根据城市轨道交通网络中客流的周期性波动特征,将样本划分为不同日期的序列。$\boldsymbol{S}$ 表示包含某些序列的历史样本集,见式(7-9),其中 n 代表天数。对于某一日的序列 $\boldsymbol{s}_i$,存在 m 个样本,见式(7-10)。

$$\boldsymbol{S} = [s_1 \cdots s_i \cdots s_n]^{\mathrm{T}} \tag{7-9}$$

$$\boldsymbol{s}_i = [s_{i1} \cdots s_{ij} \cdots s_{im}] \tag{7-10}$$

将所有样本分为两种类型:离线样本和在线样本。离线样本不包含当天的样本,而在线样本包括最新样本。根据离线样本和在线样本的定义,训练 LSTM 的流程设计如图 7-3 所示。基本训练流程如图 7-3(a)所示,两阶段训练如图 7-3(b)所示。i,j,k 和 $iter$ 是控制迭代的变量和参数,m 和 n 的定义等同于式(7-9)和式(7-10)中的定义。当收集到实时数据时,将实时数据加入在线样本中。当车站在午夜结束运营后,当天的在线样本被加入离线样本中。通常,n 在第二阶段是一个比较小的数值,例如 1。在第二阶段训练后,LSTM 可用于预测短期客流。

(3)SVR 和 LSTM 的结合

如图 7-1 所示,SVR-LSTM 的最终结果是 SVR2 和 LSTM 的输出的组合,组合方法基于实时预测误差设计。该组合由式(7-11)计算,其中 a 是系数($0 \leqslant a \leqslant 1$),$f(\widehat{y}_1(\mathrm{t}))$ 用于计算客流量的异常程度,$f(\widehat{y}_1(\mathrm{t}))$ 大于零表示显著的异常客流。

$$\widehat{y}(t) = \begin{cases} \widehat{y}_1(t) & f(\widehat{y}_1(\mathrm{t})) < 0 \\ (1-a)\widehat{y}_1(t) + a\widehat{y}_2(t) & f(\widehat{y}_1(\mathrm{t})) \geqslant 0 \end{cases} \tag{7-11}$$

$$f(\widehat{y}_1(\mathrm{t})) = \min(e(\widehat{y}_1(t))) - \varepsilon, g(\widehat{y}_(t)) - \delta, \pi(\widehat{y}_1(t)) - \eta \tag{7-12}$$

式中 $e(\widehat{y}_1(\mathrm{t}))$ ——SVR2 的绝对误差程度；
$g(\widehat{y}_1(\mathrm{t}))$ ——SVR2 的相对误差程度；
$\pi(\widehat{y}_1(\mathrm{t}))$ ——SVR2 的近期误差趋势；
ε、δ 和 η ——系数。

$$\alpha = \frac{g(\widehat{y}_1)}{|g(\widehat{y}_1)| + |g(\widehat{y}_2)|} \tag{7-13}$$

$e(\widehat{y_1}(t))$、$g(\widehat{y_1}(t))$ 和 $\pi(\widehat{y_1}(t))$ 可由式(7-14)～式(7-16)计算得到。

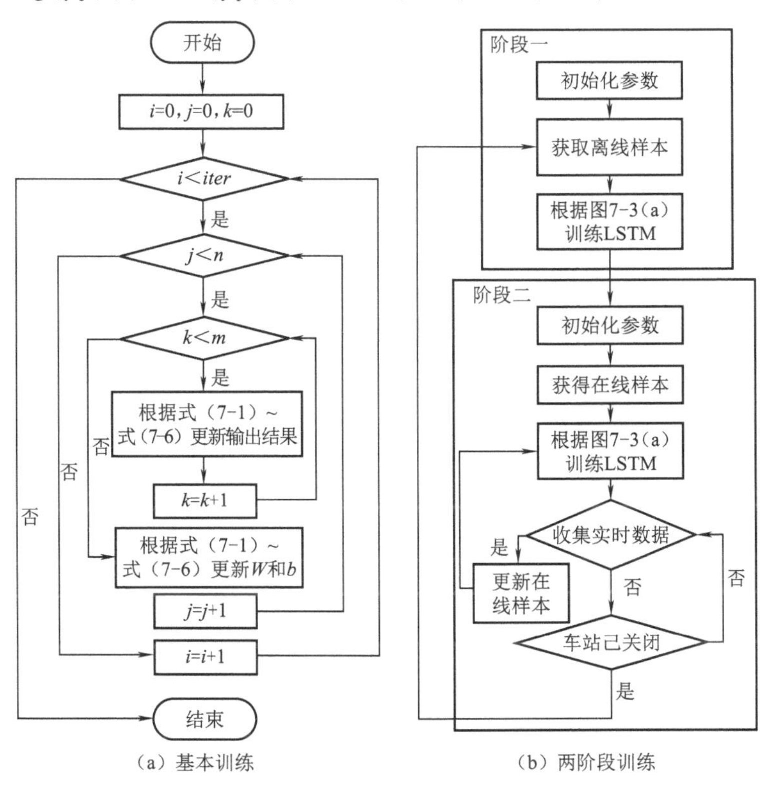

图 7-3　训练 LSTM 的流程设计

$$e(y_1(t)) = \sum_{i=\text{offset}}^{L} \left| y_1(t-i) - \widehat{y_1}(t-i) \right| \tag{7-14}$$

$$g(y_1(t)) = \sum_{i=\text{offset}}^{L} \frac{\left| y_1(t-i) - \widehat{y_1}(t-i) \right|}{y_1(t-i)} \tag{7-15}$$

$$\pi(y_1(t)) = \prod_{i=\text{offset}}^{L} (y_1(t-i) - \widehat{y_1}(t-i)) \tag{7-16}$$

式中　offset——向后预测的步长数量；

L——参数。

(4)评价指标

使用 MAPE、RMSE、MAE 对模型的预测结果进行评估,其中 MAPE 为平均绝对百分比误差,RMSE 为均方根误差,MAE 为平均绝对误差,计算公式为

$$\text{MAPE} = \frac{1}{n}\sum_{i=1}^{n} \left| \frac{y_i - \widehat{y_i}}{y_i} \right| \times 100\% \tag{7-17}$$

$$\text{RMSE} = \sqrt{\frac{\sum_{i=1}^{n} (\widehat{y_i} - y_i)^2}{n}} \tag{7-18}$$

$$\text{MAE} = \frac{1}{n}\sum_{i=1}^{n} \left| y_i - \widehat{y_i} \right| \tag{7-19}$$

4. 实例分析

(1)数据说明

使用某地铁站2017年的进出站数据进行分析，该车站日常多为通勤客流，有时会出现异常突发大客流，考虑三种情形的基本信息见表7-1。

表7-1 三种情形的基本信息

	线路	日期	日期类型	客流类型	客流特征
情形1	5号线	6.2	工作日	出站客流	早高峰大客流
情形2	5号线	8.31	工作日	出站客流	平峰大客流
情形3	1号线	12.31	假期	进站客流	午夜大客流

包括这三种情况在内的客流量波动如图7-4所示，其中6月2日早高峰、8月31日平峰、12月31日午夜出现显著的异常客流量。

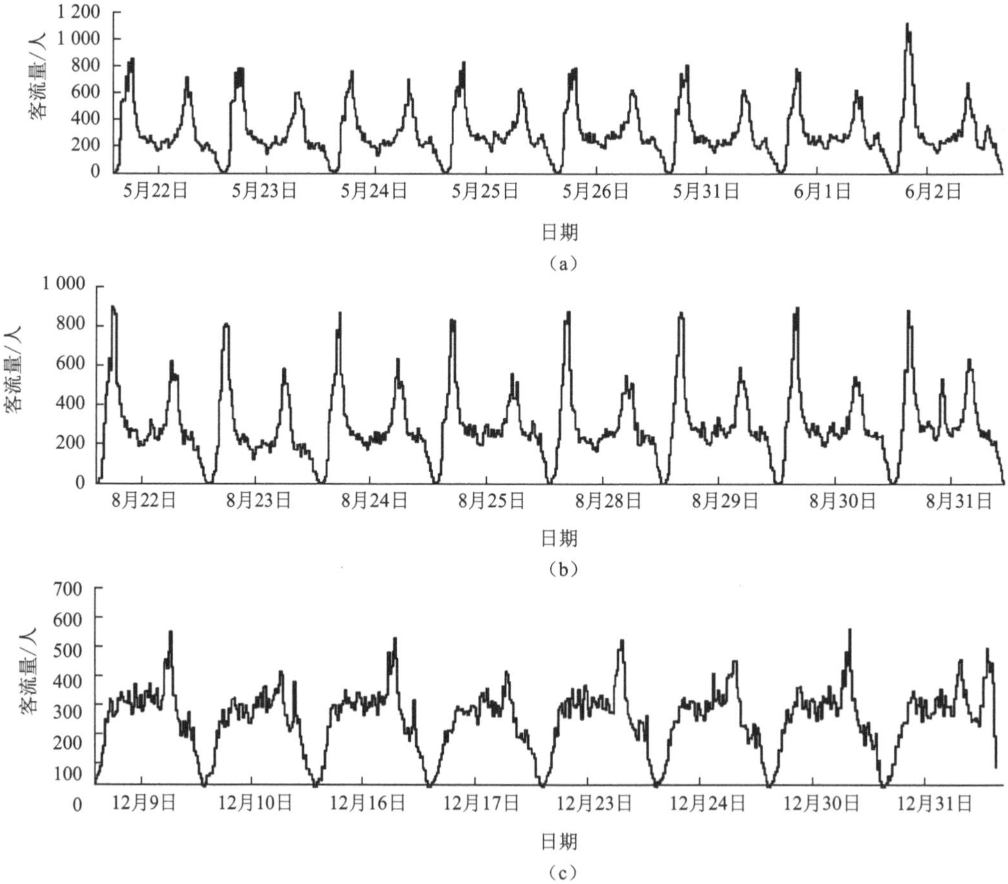

(a)

(b)

(c)

图7-4 三种情形下的客流波动

(2)实验结果

SVR1、SVR2、LSTM和SVR-LSTM的结果比较见表7-2，时间步长为15 min。

表 7-2　不同预测结果比较

		情形 1			情形 2			情形 3		
		MAPE	RMSE	MAE	MAPE	RMSE	MAE	MAPE	RMSE	MAE
一个步长	SVR1	17.53	100.17	57.47	12.98	69.29	42.66	23.22	120.92	66.78
	SVR2	13.67	94.34	50.78	11.03	57.99	36.17	13.03	61.83	39.32
	LSTM	33.87	88.88	57.97	27.59	76.99	50.08	16.46	53.96	38.82
	SVR-LSTM	12.59	68.54	40.06	10.45	49.51	32.58	11.53	43.09	30.48
两个步长	SVR1	17.53	100.17	57.47	12.98	69.29	42.66	23.22	120.92	66.78
	SVR2	15.83	101.68	57.14	12.75	64.25	40.34	16.31	85.78	49.76
	LSTM	31.20	76.55	55.04	23.39	77.86	51.81	16.87	57.46	42.16
	SVR-LSTM	14.84	80.12	47.58	12.75	58.16	39.13	13.95	52.96	34.57

将 SVR1、SVR2、LSTM 和 SVR-LSTM 的一个步长下的预测结果与实际客流量进行比较，得到结果如图 7-5 ~ 图 7-7 所示。

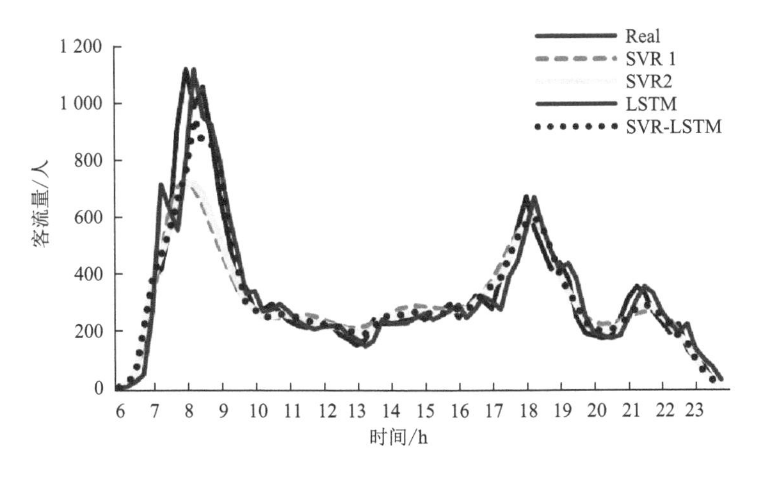

图 7-5　情形 1 的一个步长预测结果

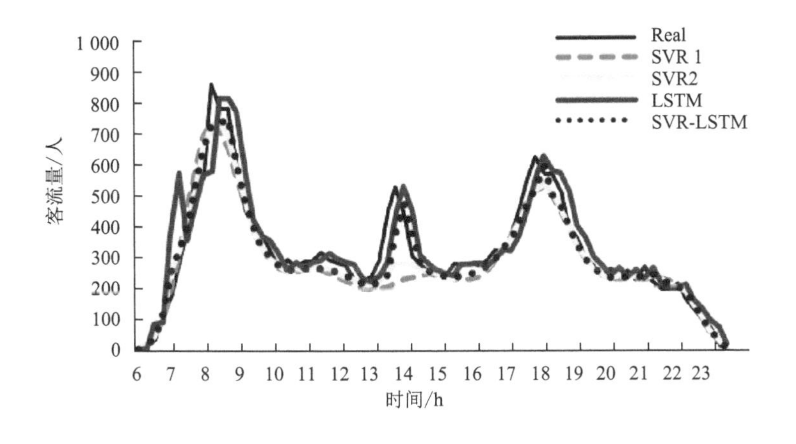

图 7-6　情形 2 的一个步长预测结果

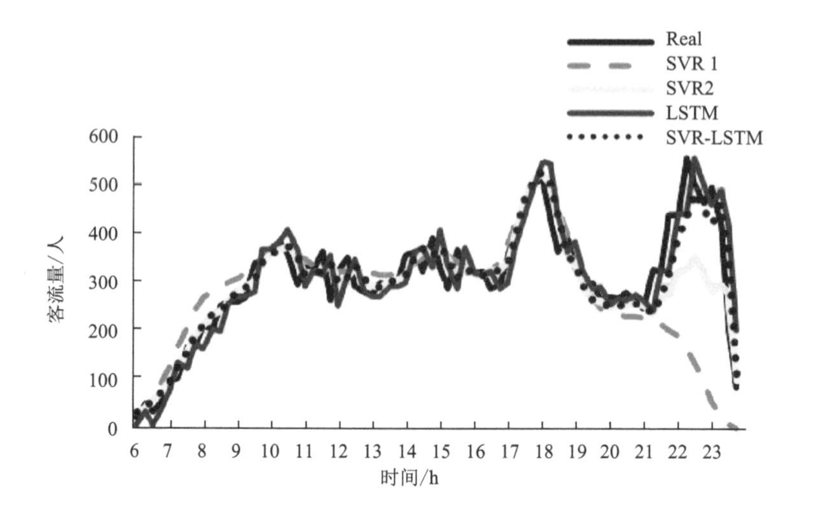

图 7-7　情形 3 的一个步长预测结果

根据图 7-5 和图 7-6 可以看出,SVR1 的趋势是最平滑的,SVR2 反映出比 SVR1 更多的异常波动,而 SVR2 不会对剧烈的异常波动做出反应,可能是因为历史数据样本中不存在类似的波动。LSTM 对异常波动敏感地做出反应。然而,LSTM 的两个缺陷是显著的:LSTM 总是过度响应轻微的波动,并且当异常正在消失时误差很大。SVR-LSTM 结合了 SVR2 和 LSTM 的优点,能够更准确地反映轻微和剧烈的波动。

5. 小结

本案例提出了一种结合 SVR 和 LSTM 的模型来预测城市轨道交通网络站点的异常客流量。稳定序列由 SVR1 计算,稳定序列和时间序列作为异常特征输入 SVR2 和 LSTM,并设计了一种两阶段训练方法来训练 LSTM 模型,该模型利用实时样本和历史样本来及时捕获异常客流。SVR2 和 LSTM 的输出组合是模型的最终结果,其考虑了实时预测误差。结果表明,SVR-LSTM 模型和其他方法相比,能够更准确地预测异常客流。

二、容量约束下的网络流入客流协同控制模型研究

1. 研究背景

随着我国经济快速增长,近年来城市轨道交通建设也得到长足发展,北京、上海、广州、深圳、重庆、南京、武汉、成都等大中城市都建成了网络化的城市轨道交通系统。伴随城市轨道交通路网规模扩大和出行需求增长,供需矛盾也日益凸显,尤其我国城市人口数量多、城市轨道交通处于建设发展阶段,使得供给和需求的矛盾更加严重。我国城市轨道交通在实际运营中,运力增大吸引了更多的客流,在受到线路、列车、车站等客观条件限制下,供给能力无法满足乘客出行的时空需求,尤其高峰期乘客出行的时空分布集中,严重拥挤和多次留乘普遍存在。

针对以上供需矛盾问题,运营企业希望通过运营组织手段调控客流发生与流转,改善客流分布,优化路网内部的供需匹配。传统的运营措施以优化列车运行计划为主,加强线网客流协同运输组织,降低旅客等待时间和换乘聚集。因为客观条件限制,列车的开行密度、交

路、停站变化总是有限，建设中的线路也无法保障一天24小时运营，供给总是无法满足需求。在运能约束下，客流控制受到越来越多的重视。但目前的客流调控措施，多是从路网单点时空出发，控制已发生拥挤车站的客流。这些措施未系统地考虑城市轨道交通路网物理结构、列车运行计划和乘客出行需求之间的关系，没有把握供给和需求的时空差异。因此，目前已采用的措施对矛盾缓解具有很大局限性。

针对以上问题，系统地考虑供给能力与出行需求匹配关系，通过路网层面的供需调节措施，控制客流时空分布，达到供需优化，缓解供需矛盾，是十分必要与亟须的。

2. 模型假设

为了简化研究问题并突出重点，对模型做了如下前提假设：

(1)时间相关的OD出行需求已知，并且能够离散化到各个时段，乘客在一个时段$\triangle ts$内均匀到达；

(2)乘客按照先到先服务的原则排队上车；

(3)所有进入网络的乘客不会中途主动放弃出行；

(4)使用站台允许承载安全人数上限作为车站对候车乘客的安全容量约束；

(5)在换乘站，不同的线路有不同的站台；

(6)网络中的所有列车都受到容量约束，以容量上限决定载客能力，并且严格按照既定的时刻表运行。

3. 模型建立

路网流入客流控制目标应该在满足运营网络约束的条件下，使得乘客平均延误(ATD)和最大延误时间(MTD)最小。据此构建模型如下，其中式(7-20)为目标函数，式(7-21)~式(7-24)为约束条件。

$$\min \mathrm{ATD} \wedge \mathrm{MTD} \tag{7-20}$$

$$\text{s.t.}\quad \mathrm{MIVR} \geqslant 0 \tag{7-21}$$

$$\mathrm{tp}_{\mathrm{tr}} < \mathrm{tc}_{\mathrm{tr}} \tag{7-22}$$

$$\delta w_i(\mathrm{ts}) \leqslant c_i(\mathrm{ts}) \leqslant w_i(\mathrm{ts}) \tag{7-23}$$

$$\mathrm{tp}_{\mathrm{tr}}^{i} - al_{\mathrm{tr}}^{i} + ab_{\mathrm{tr}}^{i} = \mathrm{tp}_{\mathrm{tr}}^{i+1} \tag{7-24}$$

式(7-21)表示网络中最小的候车节点的相对剩余承载能力不小于0，即候车人数不能超过候车节点的容量约束，用以保证容量约束。简称节点最小剩余能力，使用MIVR来表示，其计算如式(7-25)所示。

$$\mathrm{MIVR} = \min(\mathrm{VR}(V_j(s_i),t)) \tag{7-25}$$

式中　$\mathrm{VR}(V_j(s_i),t)$——t时刻车站s_i的候车节点V_j的剩余能力，能力为负时候车人数超过安全容量限制。

式(7-22)表示登上列车tr的乘客数量不能超过列车tr的容量约束，其中$\mathrm{tp}_{\mathrm{tr}}$表示列车tr上的乘客数量，$\mathrm{tc}_{\mathrm{tr}}$是列车tr的容量约束。

式(7-23)中c_i(ts)是在控制下时段ts允许进入车站s_i的乘客数量；δ表示控制下的流入客流占需要进站客流的最小比例，$0 < \delta \leqslant 1$；w_i(ts)是该时段需要进入车站s_i的乘客数量。w_i(ts)可以通过式(7-26)计算，其中a_i(ts)是时段ts内到达车站s_i的乘客数量，ts－1为时段ts之前的时段。

$$\begin{cases} w_i(\text{ts}) = a_i(\text{ts}) + w_i(\text{ts}-1) - c_i(\text{ts}-1) & \text{ts} > 1 \\ w_i(1) = a_i(1) \end{cases} \tag{7-26}$$

式(7-24)对应前提假设式(7-22)。

式中　$\text{tp}_{\text{tr}}^{i}$——列车 tr 到达车站 s_i 时的载客数量；

$\text{al}_{\text{tr}}^{i}$，$\text{ab}_{\text{tr}}^{i}$——分别为在车站 s_i 的下车和上车乘客数量；

$\text{tp}_{\text{tr}}^{i+1}$——乘客到达 s_i 的前方车站 s_{i+1} 时列车 tr 的载客数量。

当控制方式为进站总量控制时，模型解的形式为

$$\boldsymbol{C} = \begin{bmatrix} c_1(1) & \cdots & c_1(\text{tw}) \\ \vdots & & \vdots \\ c_n(1) & \cdots & c_n(\text{tw}) \end{bmatrix} \tag{7-27}$$

式中　n——车站数量；

tw——控制的时段个数。

当控制方式为分方向的候车节点流入客流控制，则控制下的分时进站客流量是分时进入到各个候车节点的客流量集合，某时段的进站量扩展表示为

$$c_i(\text{ts}) = \{c_i^j(\text{ts})\}, i \in [1,\cdots,n], \text{ts} \in [1,\cdots,\text{tw}] \tag{7-28}$$

式中　j——不同的方向。

与之对应的需要进站人数 W_i（ts）也扩充为需要进入候车节点的人数，即

$$w_i(\text{ts}) = \{w_i^j(\text{ts})\} \quad i \in [1,\cdots,n], \text{ts} \in [1,\cdots,\text{tw}] \tag{7-29}$$

4. 求解方法

（1）考虑约束的粒子群求解方法

考虑约束的粒子群算法是为了求得满足约束条件下的最优解，而对基本粒子群算法的改进。这类算法集中于几种方式，比如在适应度函数中增加惩罚系数，通过偏离度来评价不可行解；根据约束的偏离度调整粒子群算法的基本参数，产生新的可行解；调整参数使得不可行解变成可行解等。

本书采用惩罚系数法实现求解时的节点容量约束，即

$$\min f(C) = \lambda(\alpha\text{ATD} + \beta\text{MTD})) + (1-\lambda)\text{DIF} \tag{7-30}$$

式中　DIF——节点容量约束的偏离程度，后续简称偏离度，其计算如式(7-31)所示，在保障安全的前提下，DIF＝0 为可接受的方案。

$$\text{DIF} = \max(0, -\text{MIVR}) \tag{7-31}$$

模型的几个其他约束条件，式(7-22)和式(7-24)适应度仿真计算时通过限制上车人数实现，式(7-23)通过使不可行解回到解边界的方式实现。

为了提高算法的收敛与稳定性，使用两个子群求解，两个子群以概率 ρ 交叉。当两个种群不进行交叉时根据式(7-32)进行速度更新，进行交叉时，粒子的速度更新根据式(7-33)计算，其中，j 是种群的索引，比如 $p_{gd}^{1}(t)$ 是种群 po_1 中的最优解，$p_{gd}^{2}(t)$ 是 po_2 中的最优解。

$$v_{id}(t+1) = k[wv_{id}(t) + c_1r_1 \times (p_{id}(t) - x_{id}(t))] + c_2r_2(p_{gd}(t) - x_{id}(t)) \tag{7-32}$$

$$v_{id}^{i}(t+1) = k[wv_{id}^{j}(t) + c_1r_1 \times (p_{id}^{j}(t) - x_{id}^{j}(t))] + c_2r_2(p_{gd}^{2-j}(t) - x_{id}^{j}(t)), j \in \{1,2\} \tag{7-33}$$

为了避免算法过早陷入局部最优，在求解过程中加入变异操作，并且变异的频率随代数

增大而增加。变异概率可以表示为$\tau \times gt$,gt 为求解的代数,τ为较小参数值。此处变异操作取解空间内的随机变异。

考虑客流超限和超长延误来源,应用粒子群算法对模型求解的流程如图 7-8 所示。网络加载即运营网络的供需加载,包括:线路、车站、区间、换乘关系等构成的供给子网,以及需求子网的分时 OD;通过动态仿真可以得到供需匹配的客流分布,据此计算需疏解区间与时间,以及待控制车站、方向与时间;之后进行速度和位置初始化,并根据适应度更新最优解,之后进入迭代。每轮迭代都需要更新速度,并遵守交叉概率和变异概率,进行交叉和变异,计算位置,遵守最优解的更新规则进行最优解的更新。

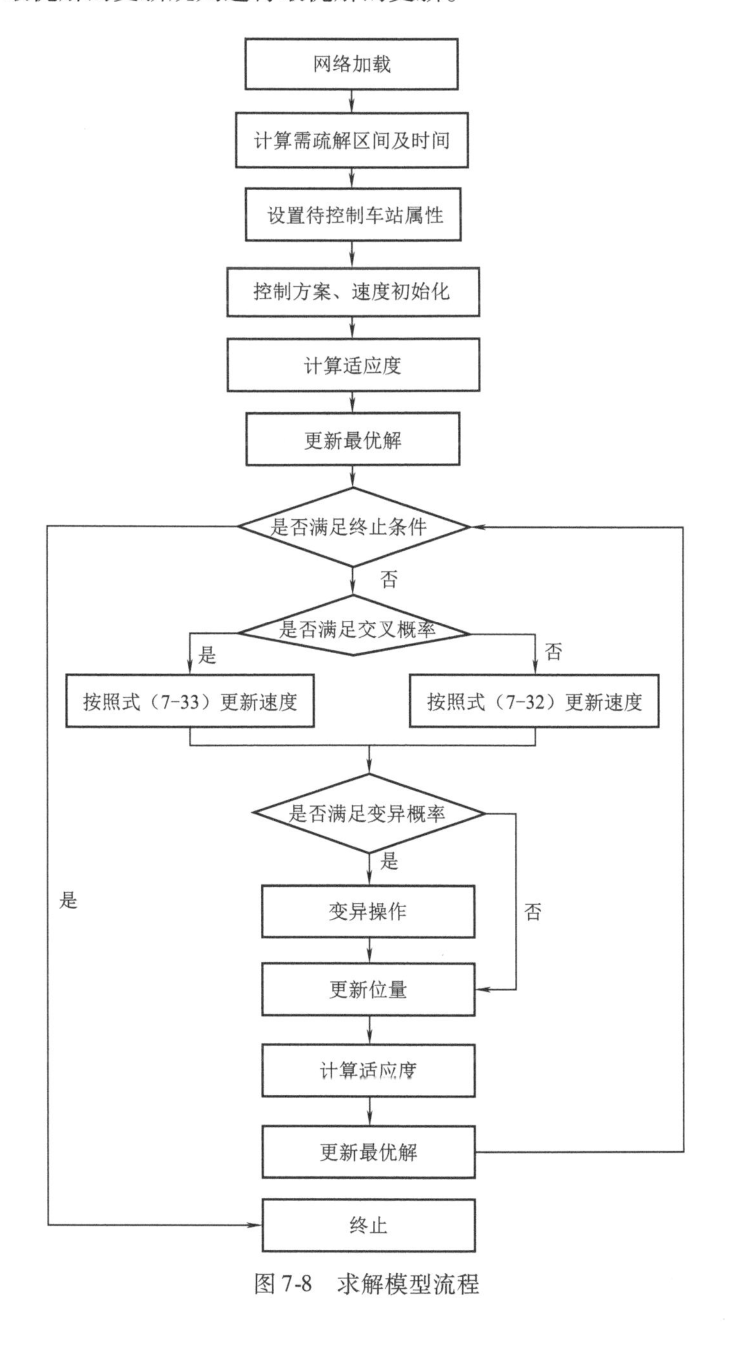

图 7-8　求解模型流程

(2)仿真推演与需求加载

仿真推演与需求加载,即运营网络的供需匹配过程,仿真模型的对象以及属性以运营网络模型的要素及属性为基础,结合面向对象程序设计思想细化实现。因面向对象程序设计属于成熟的开发技术,在此对仿真对象不做详述,仅对仿真主体结构与推演过程,以及需求加载的路径选择相关算法进行论述。

①仿真结构与推演

支持网络加载和适应度求解的仿真结构与推演如图7-9所示。仿真系统以供给网络约束、分时OD需求、配流模型、控制方案为输入条件,在仿真时钟的步进下,以列车到发等离散事件驱动推演。伴随仿真的推演,进行乘客状态更新与统计,并将更新与统计结果反馈给运营网络和均衡配流模块,作为输入条件的更新。

此处的事件列表包括:列车始发、列车出发、列车到达、列车终到和换乘到达。列车始发事件响应,需要完成列车状态初始化,并且驱动乘客进站,进站的乘客在列车容量约束下排队上车;相对列车始发响应,列车出发事件响应没有列车状态初始化的步骤,其他均相同;列车到达事件响应,主要是乘客下车,并且根据乘客出行路径,得到乘客下车后的事件是出站或换乘,对换乘乘客产生换乘到达事件;列车终到响应则在列车到达事件响应的基本步骤之上增加列车清除的操作;换乘到达事件发生时,需要将到达的换乘客流加入对应的候车节点中。

在上述的响应中,都会涉及乘客状态更新与统计,每当有列车出发,即可更新乘客在站外或在候车节点的延误时间,计算适应度函数;每当有候车乘客状态更新,即可计算候车乘客数量和节点剩余承载能力。在列车到达时更新终到乘客的个体延误时间。

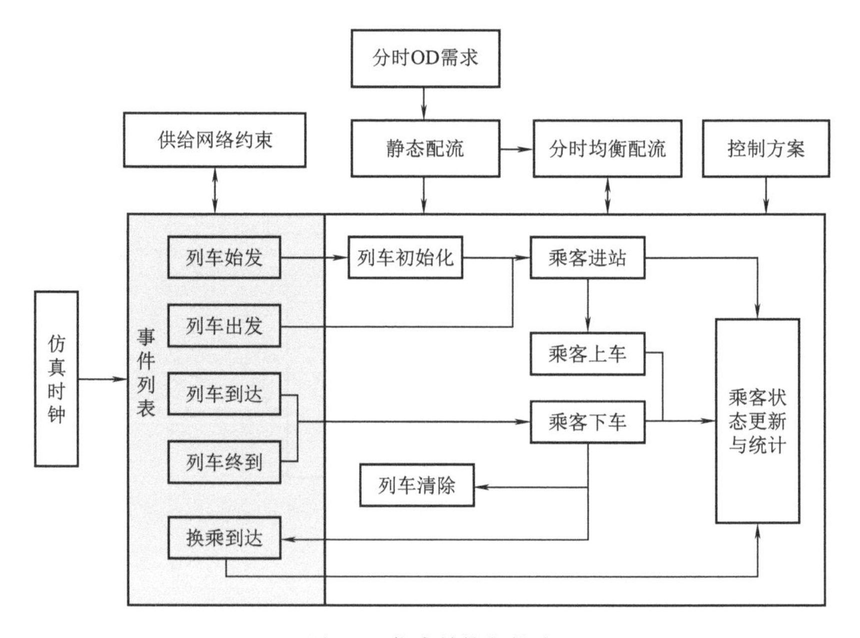

图7-9 仿真结构与推演

②出行需求加载

需求加载的过程是路径选择模型与参数一定的情况下,按照分时OD需求产生到达乘客,再按照路径选择比例,考虑容量约束,伴随列车到发,分布到网络的不同节点与弧段的过程。

根据路径选择模型的不同,需求加载可以分为静态加载和分时均衡加载。静态加载对应静态配流过程,同一 OD 的不同时刻出行的乘客路径选择比例稳定,这类加载适合于非通勤、无诱导的出行乘客。分时均衡加载对应动态的均衡配流过程,因为不同时刻的出行需求不同,多次出行或有诱导出行的乘客为避免共线拥挤而调整出行路径,带来同一 OD 的不同时刻出行的路径比例不同。动态的均衡配流过程相对复杂,下面对其求解展开说明。

相继平均法(Method of Successive Averages,简称 MSA)在求解随机用户均衡配流模型中被广泛使用。其基本思路是在预先给定的迭代步长下,应用随机加载方法,寻找下降方向,更新路段流量。具体步骤为:

步骤 1:初始化,$t_\alpha^0 = t_\alpha(0)$,$\forall\alpha$,进行随机分配,得到路段流量 $\{x_\alpha^1\}$,置迭代计数为 $n=1$;

步骤 2:更新路段阻抗,$t_\alpha^o = t_\alpha(0)$,$\forall\alpha$;

步骤 3:寻找下降方向,按照更新后的 $\{x_\alpha^n\}$,$\forall\alpha$,完成随机加载,得到附加路段流量 $\{y_\alpha^n\}$;

步骤 4:更新路段流量,$x_\alpha^{n+1} = x_\alpha^n + \left(\dfrac{1}{n}\right)(y_\alpha^n - x_\alpha^n)$;

步骤 5:收敛性检验,如果达到预设精度,则停止迭代,$\{x_\alpha^n\}$ 即为所求平衡解,否则令$n=n+1$,返回步骤 2。

因为仿真的方式可以精确计算列车运行计划和容量约束下的客流状态与统计数据,因此本书在 MSA 算法中的每轮迭代计算流量时,采用仿真的方式得到分时客流量数据。同时,借鉴基于 K 短路径的客流均衡分配方法,在之上加入时间属性,并根据 logit 模型计算各路径的初始化比例,形成基于仿真的分时均衡配流算法如下:

步骤 1:初始化,计算各路径分时成本 c_k,根据 logit 模型计算各路径比例,设置 $n=1$;

步骤 2:更新流量,仿真,对于所有 OD 的所有时段,找到任意 OD 对 w 在时段 t 的当前最优路径 kb;

步骤 3:路径比例更新$f_w^k(t) = \dfrac{n-1}{n}f_w^k(t)$,$f_w^{kb}(t) = f_w^{kb}(t) + \dfrac{1}{n}f_w(t)$;

步骤 4:如果 $\sum\limits_{t\in T}\sum\limits_{w\in W}\sum\limits_{k\in K_w}f_w^k(t)[c_k(t) - c_{kb}(t)]/\sum\limits_{t\in T}\sum\limits_{w\in W}q_w(t)c_{kb}(t) \leqslant \varepsilon$,停止,否则 $n=n+1$;返回步骤 2。

步骤 4 中,仿真时段 t 属于仿真的时间范围 T 内,OD 对 w 属于 OD 对集合 W,k 为 OD 对 w 的路径集合 K_w 中的第 k 条路径;$f_w^k(t)$ 为 OD 对 w 对应的路径 k 的流量,$c_k(t)$ 为路径 k 在时段 t 的广义费用成本,$c_{kb}(t)$ 为时段 t 的最优路径的广义费用成本,$q_w(t)$ 为 OD 对 w 在时段 t 进入路网的总流量。

配流过程中的路径成本计算由列车运行时间、站内走行时间、等候时间、拥挤成本和金钱费用等加权求和构成,除金钱费用外的其他各项的计算如下。

a. 列车运行时间

列车运行时间包含区间运行时间和停站时间两部分,即

$$T_{\text{tr}} = \sum_{ij} \text{TR}_{i-j} + \sum_{k} \text{TS}_k \tag{7-34}$$

式中　TR_{i-j}——从车站 i 到车站 j 的区间运行时分；

TS_k——车站 k 的停站时间。

b. 站内走行时间

站内走行时间包括进站、出站时间和换乘时间，即

$$T_{\text{mov}} = \sum_{k} \text{TTR}_k(p,q) + T_{\text{men}} + T_{\text{mqu}} \tag{7-35}$$

式中　$\text{TTR}_k(p,q)$——车站 k 从线路 p 到线路 q 的换乘走行时间；

T_{men}——进站弧段的走行时间；

T_{mqu}——下车后的出站弧段走行时间。

c. 等候时间

等候时间包括等候进站时间 T_{men} 和等候列车时间 $\text{TW}_k(p,q)$，即

$$T_{\text{wai}} = T_{\text{wen}} + \sum_{k} \text{TW}_k(p,q) \tag{7-36}$$

d. 换乘附加成本

除换乘时间外，对乘客的换乘增加额外的惩罚，表示为

$$Z = \eta H \tag{7-37}$$

式中　H——路径的换乘次数；

η——换乘次数惩罚系数。

e. 拥挤成本

列车拥挤成本的计算由列车途经的各个区段拥挤度之和表示，对于某区段 x_a 的计算表达可以参考两种常用方式。

第一种方式为

$$y(x_a) = t_a \times \gamma_1 \times \left(\frac{x_a}{C_a}\right)^{\gamma_2} \tag{7-38}$$

式中　x_a——弧段客流量；

t_a——弧段运行时间；

C_a——列车定员；

γ_1, γ_2——系数。

第二种方式为

$$Q(x_a) = \begin{cases} 0 & x_a \leqslant nZB \\ \gamma_1 \times \dfrac{x_a - nZB}{nYB} & nZB < x_a \leqslant nYB \\ \gamma_1 \times \left(1 - \dfrac{z}{r}\right) + \gamma_2 \times \left(\dfrac{x_a - nYB}{nYB}\right) & x_a > nYB \end{cases} \tag{7-39}$$

式中　$Q(x_a)$——弧段客流量 x_a 的拥挤惩罚系数；

n——单位时间内对应列车开行数；

Y——车辆定员数；

B——列车编组数；

Z——小于 Y 的与拥挤等级相关的常数。

将这两种方式结合得到式(7-40),其中 μ 为系数。

$$y(x_a) = \begin{cases} 0 & x_a < \mu C_a \\ t_a \times \gamma_1 \times \left(\dfrac{x_a}{C_a}\right)^{\gamma_2} & x_a \geqslant \mu C_a \end{cases} \tag{7-40}$$

路径的拥挤成本如式(7-41)所示。

$$C = \sum y(x_a) \tag{7-41}$$

以式(7-40)和式(7-41)作为本案例研究使用的拥挤度成本计算依据。

5. 实证分析

应用北京城市轨道交通路网说明客流超限的存在性,计算常态限流下需进一步疏解的区间,并求解加强控制方案。2013 年 7 月北京城市轨道交通路网如图 7-10 所示,路网共有双向线路 16 条,开通车站 232 个(换乘站不重复计算),其中换乘站 48 个,使用某日实际的乘客刷卡数据和列车运行计划。常态限流车站 41 个,早高峰限流车站 38 个。控制时间单元、配流分时单元以及控制调节参数 σ_1 和 σ_2 均取 30 min。

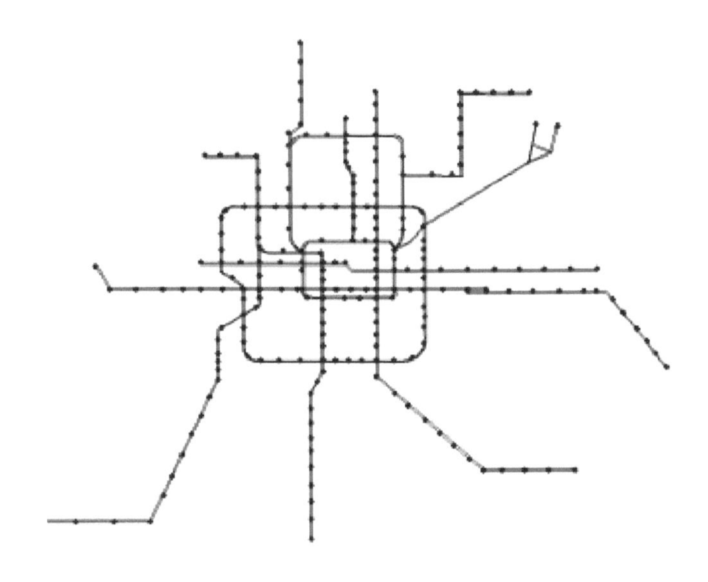

图 7-10 北京城市轨道交通路网

获取的实验数据是在日常早高峰常态限流下的进站客流量,即 AFC 刷卡数据,进站客流的峰值已经过常态限流得到一定削峰,路网的拥挤已经得到一定缓解。因为未获得同期常态限流下各个车站的排队人数,实验以 AFC 数据为基础,得到分时 OD 作为实验的出行需求输入,实验仅对常态限流下仍然存在的局部客流超限和超长延误进行调控和分析。

计算列车最大满载率分别为 130% 和 140% 下的配流与控制,不同情况下的延误时间和聚集人数对比见表 7-3。表中的无控制指在常态限流下,没有增加额外控制;有控制则指在常态限流下增加额外控制。从表中可以看到在没有控制下候车节点的最小剩余承载能力 MIVR 为负值,会发生客流超限,并且最大延误时间较长,在控制下避免了容量超限的发生,并且最大延误时间明显减少。从路网开始运营到上午 10:00 截止,进站客流量约 160 万人,因此平均延误时间较小;此处,为了保证安全容量约束,平均延误相对控制前有所增大。

表 7-3 不同情况下的关键指标对比

列车满载率约束	有无均衡配流	有无控制	ATD/s	MTD/s	MIVR/人	客流超限
130%	无	无	47	3 432	-5 297	是
	有	无	15	2 097	-3 041	是
	有	有	23	1 202	148	否
140%	无	无	27	2 447	-5 148	是
	有	无	8	1 440	-1 628	是
	有	有	11	800	241	否

实验的候车节点最小剩余承载能力发生在西二旗车站 13 号线去往上地方向的候车站台,反映了该站候车客流超限。超长延误发生在上地车站,西二旗至上地区间的列车满载率高,且在上地站的进站量也很大,造成上地站的客流反复留乘产生超长延误。现场调查获得北京路网高峰列车最大满载率在 140% ~150% 之间,所以后续选择 140% 满载率下的实验数据进行分析。

根据客流超限和超长延误计算所得的需疏解区间见表 7-4,根据客流超限和超长延误引发的客流来源计算所得的待控制车站见表 7-5。

表 7-4 需疏解区间

所在线路	区间起始站	区间终到站	区间疏解开始时间	区间疏解结束时间
13 号线	龙泽	西二旗	8:15	8:43
13 号线	西二旗	上地	7:59	8:56

表 7-5 待控制车站

所在线路	被控制车站	控制开始时间	控制结束时间	前方车站
13 号线	西二旗	7:59	8:56	上地
13 号线	龙泽	7:54	8:51	西二旗
13 号线	回龙观	7:52	8:48	龙泽
13 号线	霍营	7:49	8:45	回龙观
13 号线	立水桥	8:04	8:32	霍营
5 号线	天通苑	7:57	8:24	天通苑南
8 号线	回龙观东大街	7:44	8:41	霍营
昌平线	南邵	7:32	8:29	沙河高教园
昌平线	沙河高教园	7:37	8:34	沙河
昌平线	沙河	7:40	8:37	巩华城
昌平线	朱辛庄	7:48	8:45	生命科学园
昌平线	生命科学园	7:51	8:48	西二旗

需疏解区间和待控制车站分布如图 7-11 所示。其中,粗体的区间为待疏解区间,三角形表示的车站为待控制车站。从图中可以看到,需疏解区间的拥挤由局部车站引起,这些待控制车站的流入客流中有较大数量在早高峰通过需疏解区间。

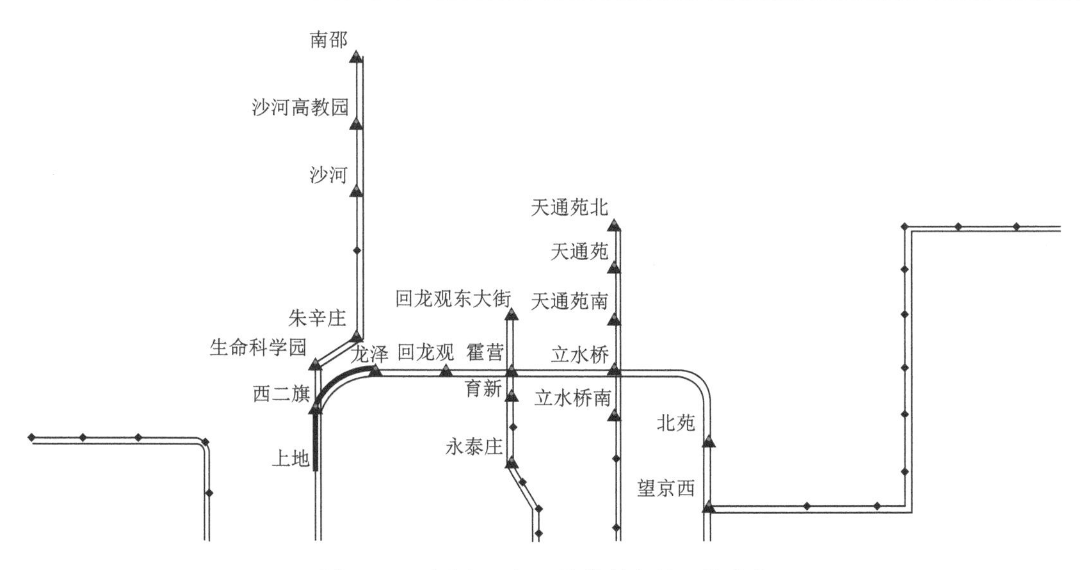

图 7-11　需疏解区间和待控制车站网络分布

以回龙观和龙泽为例，控制前后的进站人数对比如图 7-12 所示，在常态限流下（无控制），回龙观和龙泽的进站客流峰值发生在 7:30 附近，在客流控制实施下，回龙观进站波峰后移至 8:30 附近，龙泽的波峰被削减。需要特别指出图 7-12 是由常态限流下（无控制）的进站 AFC 数据统计所得，已经对乘客到达车站的实际分布有所改变；本案例中的模型加强控制，对常态限流下的进站高峰进一步后移或削减。

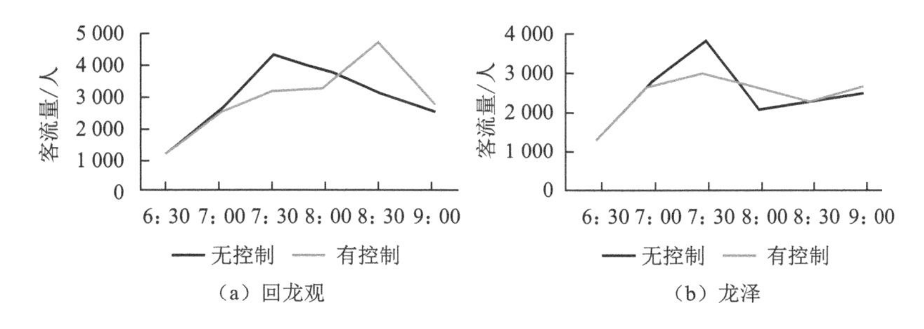

图 7-12　控制前后进站人数对比

将控制前后受延误客流按照延误的时间长度分布进行对比，如图 7-13 所示。通过客流控制，延误时间较长的乘客人数明显变少，延误时间较短的乘客人数变多。虽然控制下的平均延误增加，但增加较多的是短时的延误，结合实际调查，5 min 以下延误对乘客出行感受影响比例很小，则对图 7-13 中延误大于 5 min

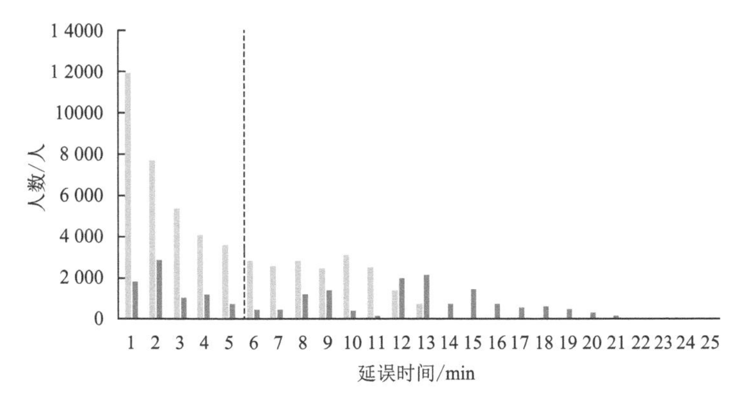

图 7-13　有无控制下不同延误时间的人数对比

的乘客总延误时间进行统计,控制前后分别为166 444 min和161 407 min,可以看到控制后大于5 min的总延误有所下降。

综上,本案例模型和算法在实际的路网中原有常态限流下,加强控制,能够消解极度拥挤区域的客流超限,降低超长延误。

6. 小结

本案例改进已有的客流流入协同控制模型,以安全容量约束下的平均延误时间和最大延误时间最小为目标,进行模型构建。考虑客流超限和超长延误来源,应用带约束的粒子群算法进行求解,使用仿真的方式分别以静态配流和分时均衡配流加载需求并计算适应度函数。根据模型与算法,以北京城市轨道交通路网为背景,在常态限流下,考虑候车容量约束,追加了进一步强化控制方案。实验结果表明,本章的客流控制模型可以将客流控制在安全容量约束限制内,并能够减小超长延误时间,对消解供需典型矛盾有积极的作用。

第二节　城市道路流量与出行需求预测

一、基于CD-LSTM的城市路网多断面交通流短时预测模型

1. 研究背景

准确可靠的交通流短时预测是众多智能交通系统(如路径诱导系统和智能位置服务等)高效服务的必要前提条件。同时,通过交通流短时预测可以实时、准确地获取交通运行态势,有助于实时检测交通事故和预测交通事故风险,从而为制定交通主动安全保障策略提供决策支持。随着先进的信息采集和传输技术的发展,智能交通领域也迎来了大数据时代,很多基于数据驱动的交通流预测模型得以研究。

2. 研究思路

交通流具有明显的空间相关特性,同时交通流相关性空间分布具有异质性,因此在交通流短时预测时除了考虑交通流时间相关性外,还需在路网层面上考虑交通流空间相关性。人工神经网络模型对海量数据具有较强的学习能力,利用人工神经网络对路网层面上的交通流进行短时预测是一个有效可行的手段。关于利用人工神经网络预测交通流的研究成果的发表时间主要集中于近几年,说明深层结构的人工神经网络在交通流预测的应用研究尚处于起步阶段,拥有巨大的研究空间。针对基于人工神经网络的交通流短时预测需主要解决以下两个问题:一为交通流数据具有显著的时空特性,如何构建合适的人工神经网络框架对交通流序列的时空特征进行学习;二为目前针对大范围路网的交通流预测问题的研究,都是以路网内所有传感器(路段)的交通流数据为学习对象,面对超大范围路网时会造成算法的学习负担甚至会降低精度,因此在预测之前,需要针对路段选择合适的区域范围,利用所选择的区域范围内的路段交通流数据进行预测。

3. 数据预处理

为了保证预测结果的有效性和准确性,在进行交通流短时预测之前,有必要对原始数据进行趋势滤波处理,以避免异常数据对预测精度产生影响。常见的交通时间序列趋势滤波

方法有:指数平滑滤波、中值滤波、Hodrick-prescott 滤波以及 L1 趋势滤波等。研究表明,指数平滑滤波对城市主干路上由信号控制引起行车速度发生震荡的情况平滑效果较好,但是对快速路(或高速公路)上行驶速度频繁快速切换的情况平滑效果较差。与指数平滑滤波相反,中值滤波对于快速路上的交通流序列平滑效果较好,而在城市主干道上的交通流序列平滑效果较差。Hodrick-prescott 滤波方法目前已经在多个领域得以应用,L1 趋势滤波是在 Hodrick - prescott 滤波方法基础上发展起来的,L1 趋势滤波的分段线性结构特征能较好地抓住不同时间段内交通流的动态变化特征。

本节采用 L1 趋势滤波对交通流时间序列进行趋势滤波处理,它的主要思想是:设一组原始交通流时间序列 $\boldsymbol{x} = [\ x_1\ x_2\ \cdots\ x_t\ \cdots\ x_T\ ]$ 经过 L1 趋势滤波后得到的序列 $\boldsymbol{y} = [\ y_1\ y_2\ \cdots\ y_t\ \cdots\ y_T\ ]$ 满足

$$\min \frac{1}{2}\sum_{t=1}^{T}(y_t - x_t)^2 + \lambda \sum_{t=2}^{T-1}\left|y_{t-1} - 2y_t + y_{t+1}\right| \tag{7-42}$$

其矩阵形式为

$$\min \|\boldsymbol{x} - \boldsymbol{y}\|_2^2 \|\boldsymbol{D}\boldsymbol{y}\|_1 \tag{7-43}$$

式中　λ ——一个非负参数;

$\|\boldsymbol{x}\|_1$——向量的 1 范数, $\|\boldsymbol{x}\|_1 = \sum_{i=1}^{T}|x_i|$

$\boldsymbol{D}$——一个二阶差分矩阵, $\boldsymbol{D} \in R^{(n-2)\times n}$ 。

$$\boldsymbol{D} = \begin{bmatrix} 1 & -2 & 1 & 0 & \cdots & 0 \\ 0 & 1 & -2 & 1 & \cdots & 0 \\ \vdots & & & & & \vdots \\ 0 & \cdots & 0 & 1 & -2 & 1 \end{bmatrix}$$

目标函数对于 $\boldsymbol{y}$ 来说是一个严格的凸函数,因此会存在一个最小值满足式(7-42)。

4. 模型建立

针对上述问题,本节提出了一种基于社区发现和长短期记忆神经网络(combining community detection and long short-term neuro network,简称 CD-LSTM NN)的交通流短时预测方法。模型首先利用复杂网络的社区结构分析方法将全路网划分为若干个区域,每个区域路网内路段之间的交通流相关性较强;其次,针对每个区域路网,利用 LSTM NN 框架对区域内路段的交通流时空序列构成的二维矩阵序列学习其时空特征,进而完成多断面交通流预测;再次,根据 CD-LSTM NN 模型参数选择问题,提出一种基于自适应正交遗传算法的模型参数选取方法;最后通过对比分析,验证本书提出的基于 CD-LSTM NN 的预测方法的有效性。

本节主要用到了人工神经网络、长短期记忆网络、正交遗传算法等相关理论。结合长短期记忆神经网络处理时间序列的优势,提出基于社区发现和长短期记忆神经网络的交通流短时预测模型,建模过程如图 7-14 所示。

从图 7-14 中可以看出,模型首先利用社区结构分析方法探索交通流空间相关的聚类情况,得到交通流相关性较强的路段集作为交通流预测模型的预测变量,在给定时间延迟 r 和预测时间区间 h 情况下,利用 LSTM NN 框架对所选的预测变量进行学习和预测。LSTM NN 框架对于时间序列具有较好的处理能力,但目前 LSTM 的应用主要是处理一维时间序列数据,即仅考虑序列的时间相关性,对于二维的时空序列数据处理研究较少。而交通流序列具

有明显的时空特性，在预测当前路段的交通流时，有必要考虑其他路段对其影响。本节将强相关的路段集的交通流序列构成一个以二维矩阵为单元的时空序列，利用 LSTM NN 对二维矩阵时空序列进行时空特征提取并完成预测，接下来将对模型建立具体的实现过程进行详细介绍。

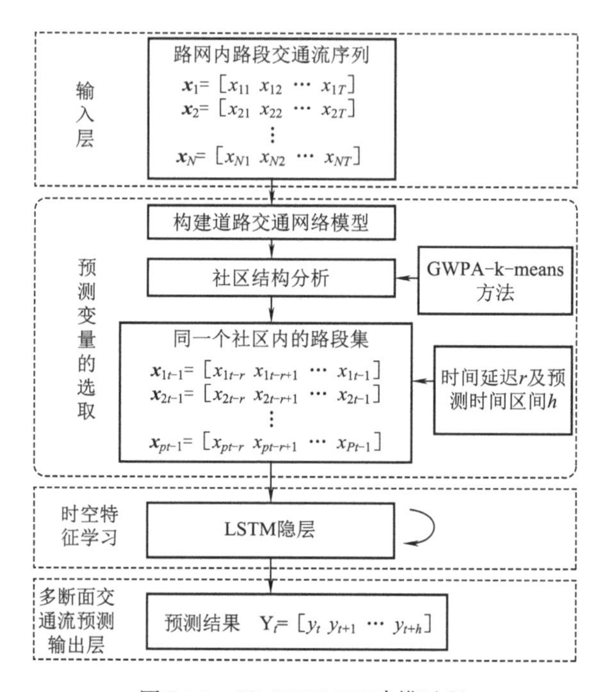

图 7-14　CD-LSTM NN 建模过程

(1)预测变量的选取

设道路交通网络由 N 条路段构成，$\boldsymbol{x}_i=[x_{i1}\ x_{i2}\ \cdots\ x_{it}\ \cdots\ x_{iT}]$ 代表于第 i 个路段上采集到的交通流时间序列，其中 $1\leqslant i\leqslant N$。道路交通流短时预测是指根据 t 时刻前 r 个时间段 $[t-r+1\ t-r+2\ \cdots\ t]$ 的交通流预测 t 时刻后第 h 个时间段的交通流数据，路网中 N 条路段 t 时刻前 r 个时间段的历史数据可构成矩阵为

$$\boldsymbol{X}^t=\begin{bmatrix}\boldsymbol{x}_{t-r+1}\\ \boldsymbol{x}_{t-r+2}\\ \vdots\\ \boldsymbol{x}_t\end{bmatrix}=\begin{bmatrix}x_{1t-r+1} & x_{1t-r+2} & \cdots & x_{1t}\\ x_{2t-r+1} & x_{2t-r+2} & \cdots & x_{2t}\\ \vdots & \vdots & & \vdots\\ x_{Nt-r+1} & x_{Nt-r+2} & \cdots & x_{Nt}\end{bmatrix}\tag{7-44}$$

式中　$\boldsymbol{x}_t$ ——第 t 个时刻路网的交通流数据。

需要预测的交通流数据可用矩阵表示为

$$\boldsymbol{X}_{t+h}^t=\begin{bmatrix}\boldsymbol{x}_{1t+h}\\ \boldsymbol{x}_{2t+h}\\ \vdots\\ \boldsymbol{x}_{Nt+h}\end{bmatrix}\tag{7-45}$$

基于人工神经网络的交通流短时预测模型的通用框架是以 $\boldsymbol{X}^t$ 为输入，$y(x)$ 为输出，通过中间深层的非线性网络结构学习，实现复杂函数的逼近。然而在时间、空间跨度都很大的城市道路交通网络中，过多的输入变量会增加人工神经网络的学习负担，也会影响预测精度。因此需要在输入层对变量进行选取，本节采用城市道路交通网络社区发现方法（即基于GWPA-k-means的交通流空间相关性分析方法）选取交通流短时预测模型的预测变量。

城市道路交通网络社区结构发现的目的是找出交通流空间相关性较强的路段集，这个路段集将作为预测模型的输入变量。设目标路段的交通流时间序列为 x_{target}，经过道路交通网路社区结构分析后，有 $p-1$（$p \leqslant N$）条路段与目标路段位于同一个社区内，则针对目标路段和所在社区内其他路段的交通流短时预测问题，输入矩阵由 $N \times r$ 维降到 $p \times r$ 维，输入矩阵可表示为

$$\boldsymbol{X}^t = \begin{bmatrix} \boldsymbol{x}'_{t-r+1} \\ \boldsymbol{x}'_{t-r+2} \\ \vdots \\ \boldsymbol{x}'_t \end{bmatrix}^{\mathrm{T}} = \begin{bmatrix} x_{1t-r+1} & x_{1t-r+2} & \cdots & x_{1t} \\ x_{2t-r+1} & x_{2t-r+2} & \cdots & x_{2t} \\ \vdots & \vdots & & \vdots \\ x_{pt-r+1} & x_{pt-r+2} & \cdots & x_{pt} \end{bmatrix} \tag{7-46}$$

式中　$\boldsymbol{X}^t$——一个 $p \times r$ 的矩阵，是下层LSTM NN层的输入；

　　$\boldsymbol{x}'_t$——一个 $p \times 1$ 的列向量且 $\boldsymbol{x}'_t = [x_{1t}\ x_{2t} \cdots x_{pt}]^{\mathrm{T}}$。

相应的目标路段和所在社区内其他路段 $t+h$ 时刻的交通路段预测值用 $\boldsymbol{X}^t_{t+h}$ 表示为

$$\boldsymbol{X}^t_{t+h} = [x_{1t+h}\ x_{2t+h} \cdots x_{pt+h}]^{\mathrm{T}} \tag{7-47}$$

（2）时空特征提取及预测

基于LSTM NN的交通流时空序列时空特征提取及短时预测方法的主要流程如图7-15所示。输入矩阵 $\boldsymbol{X}^t = [\boldsymbol{x}'_{t-r+1}\ \boldsymbol{x}'_{t-r+2} \cdots \boldsymbol{x}'_t]$ 先通过一个LSTM隐层，LSTM输出再通过一个Dropout函数后输入到一个稠密层，即全连接网络，最后通过一个激活函数输出预测结果 $\widehat{X}^t_{t+h}$。

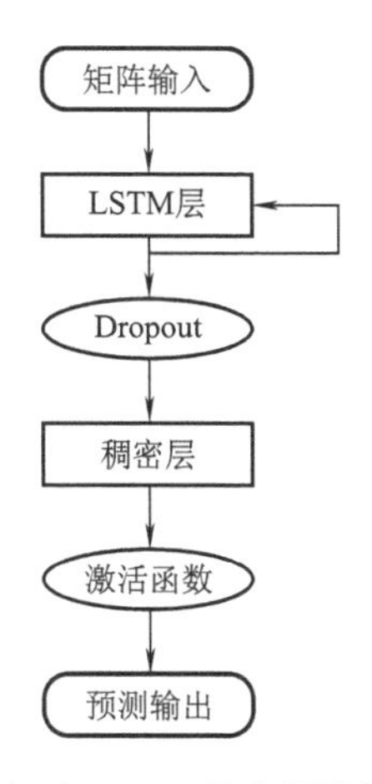

图7-15　基于LSTM NN的交通流短时预测流程

①LSTM隐层

采取两层LSTM叠加的方式，每一层由若干个记忆单元构成。对于 t 时刻第一层记忆单元来说，输入是二维矩阵 $\boldsymbol{X}^t$，上一个时刻第一层记忆单元状态 c^1_{t-1} 和上一时刻输出值 h^1_{t-1}，生成的是 t 时刻记忆单元状态 c^1_t 和经过输出门过滤后的输出值 h^1_t。c^1_t 和 h^1_t 将传输给 $t+1$ 时刻第一层的记忆单元和 t 时刻第二层记忆单元。因此 t 时刻第二层记忆单元的输入是上

一时刻第二层记忆单元状态值 c_{t-1}^2、输出值 h_{t-1}^2 和 t 时刻第一层记忆单元的输出 h_t^1，其输出是 h_t^2，两层记忆单元的输入输出在时间上展开形式如图 7-16 所示。

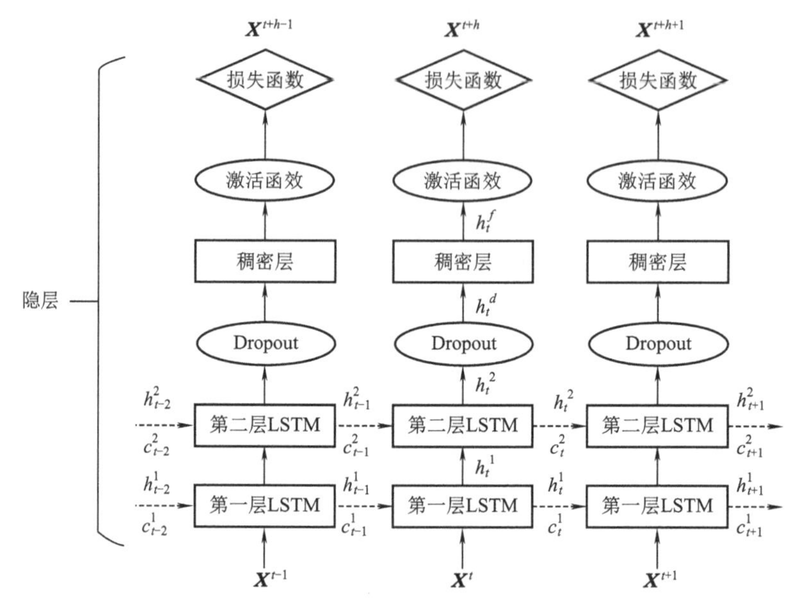

图 7-16　LSTM NN 中记忆单元的输入和输出

如图 7-17 所示，t 时刻记忆单元先学习 $\boldsymbol{x}'_{t-r+1}$ 的数据并将 c_{t-r+1} 和 h_{t-r+1} 反馈至自身，随后该记忆单元以 c_{t-r+1} 和 h_{t-r+1} 为输入学习向量 $\boldsymbol{x}'_{t-r+2}$，之后将 c_{t-r+2} 和 h_{t-r+2} 反馈给自身。如此循环学习 r 步之后，记忆单元完成对二维矩阵 $\boldsymbol{X}^t$ 的学习，输出 h_t^1 和 c_t^1 给 $t+1$ 时刻的记忆单元和第二层的记忆单元。同理，对于 $t+1$ 时刻记忆单元来说，它的 r 步学习过程中的输入输出分别是：（第 1 步：输入为 h_t^1、c_t^1 和 x'_{t-r+2}，输出为 c_{t-r+2} 和 h_{t-r+2}）→（第 2 步：输入为 c_{t-r+2}、h_{t-r+2} 和 x'_{t-r+2}，输出为 c_{t-r+3} 和 h_{t-r+3}）→ … →（第 r 步：输入为 c_t、h_t 和 x'_{t+1}，输出为 c_{t+1}^1 和 h_{t+1}^1）。

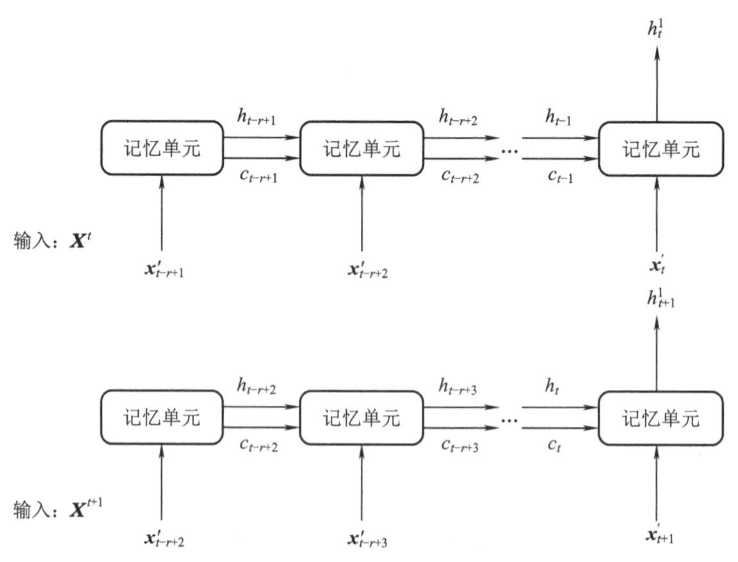

图 7-17　第一层记忆单元对二维矩阵输入处理流程

②Dropout 函数

为防止预测模型出现过拟合的情况,模型在 LSTM 层输出时添加了一个 Dropout 函数。过拟合情况会造成模型对于训练数据集拟合效果很好、对测试数据集的预测效果很差的结果。研究结果证明添加 Dropout 函数可以有效地防止人工神经网络在训练数据时出现过拟合情况。Dropout 函数是指在每次训练时以 β 的概率让 LSTM 层若干个输出节点失效。在本次训练中,被"遗弃"的节点无论输入是何值,输出值都会被设置为 0,但在下一次训练中又会以 $1-\beta$ 的概率保留在网络中。Dropout 函数让模型每次训练都像是在训练一个新的网络,有效地避免了模型在训练过程中产生共适应的情况。Dropout 函数结构如图 7-18 所示,图 7-18(a)为模型没有添加 Dropout 函数的网络结构,图 7-18(b)为网络添加的 Dropout 函数发生作用后产生的网络结构。

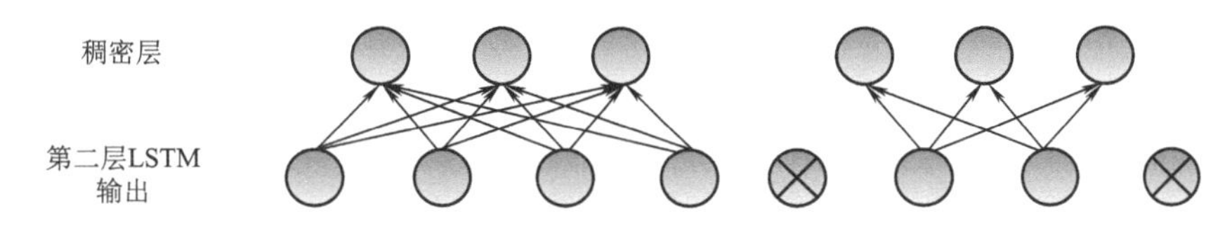

图 7-18 Dropout 函数结构

③稠密层

稠密层是指该层网络上的每个神经元与前一层所有的神经元进行连接,LSTM 层学习的是输入矩阵的时空特征信息,为了将这些时空特征信息与预测向量联系起来,在 LSTM 输出后添加一个稠密层。稠密层可以表示为 LSTM 输出向量乘以一个权重矩阵再加上一个偏置向量得到,即

$$h_t^f = \boldsymbol{W}_d h_t^d + \boldsymbol{b}_f \tag{7-48}$$

式中 $\boldsymbol{W}_d$ ——稠密层的权重矩阵

$\boldsymbol{b}_f$ ——稠密层的偏置向量。

④激活函数和损失函数

通过实验对比,选取线性函数作为激活函数,即

$$f(\boldsymbol{x}) = \boldsymbol{x} \tag{7-49}$$

式中 $\boldsymbol{x}$——稠密层的输出向量。

此外,为了让模型输出更贴近实际数据,需定义损失函数,在模型训练过程中以损失函数最小为优化目标。考虑到交通流数据是连续值,本书选用平方差函数作为损失函数,即

$$L(W,B) = \frac{1}{2}\sum_{t=1}^{T} \| \boldsymbol{X}_{t+h}^{t} - \widehat{\boldsymbol{X}}_{t+h}^{t} \|_2^2 = \frac{1}{2}\sum_{t}^{T}\sum_{i=1}^{p} (\boldsymbol{x}_{it+h} - \widehat{\boldsymbol{x}}_{it+h})^2 \tag{7-50}$$

式中 W ——所有权重的集合;

b ——所有偏置;

T ——训练样本的个数。

模型训练的目标是使 $L(W,b)$ 达到最小,本书选用梯度下降法中最流行的算法之一——自适应矩估计(Adaptive moment estimation,简称 Adam)算法,实现参数的更新和优化。

⑤训练步骤

基于 CD-LSTM NN 框架的交通流短时预测模型训练样本数据的具体过程如下：

输入：$\boldsymbol{X}^t = [\boldsymbol{x}'_{t-r+1}\boldsymbol{x}'_{t-r+2} \cdots \boldsymbol{x}'_t]$ 在样本集内。

a. 输入到第一层 LSTM 层，计算函数 $h_t^1 = o_t^1 \odot g(c_t^1)$ ，其中 $g(\cdot)$ 为 Sigmoid 型函数；

b 传送到第二层 LSTM 层，计算函数 $h_t^2 = o_t^2 \odot g(c_t^2)$ ；

c. 通过 Dropout 函数，得到 h_t^d ；

d. 通过稠密层，计算函数 $h_t^f = W_d h_t^d + b_f$ ；

e. 通过激活函数，并计算损失函数 $L(W,b)$ ；

f. 利用 Adam 算法更新模型内各层的权重矩阵和偏置向量。

5. 基于自适应正交遗传算法的模型参数选取

为了使预测精度达到最优，在数据训练过程中需对模型相关参数进行组合实验，从中选取最优的参数值组合方式。本案例提出了一种基于自适应正交遗传算法（self-adaptive orthogonal genetic algorithm，简称 SOGA）的模型参数选取方法，主要包括参数集合定义、染色体编码与解码、适应度函数的设计、自适应正交交叉算子设计四部分。

（1）参数集合定义

选取隐层节点个数、Dropout 函数遗弃概率和分批训练数据时批尺寸（Batch size）三个方面的四个关键参数作为待设置参数集，其参数名称、最小值和最大值见表 7-6。

表 7-6　选择参数集

参数名称	变量	最小值（l_j）	最大值（u_j）
第一层 LSTM 层节点个数	θ_1	10	250
第二层 LSTM 层节点个数	θ_2	10	250
Dropout 概率	θ_3	0.1	0.9
批尺寸	θ_4	20	180

（2）染色体编码与解码设计

染色体编码采用自然数编码，种群中的第 i 个个体 $\boldsymbol{P}_i$ 包含四个参数，即

$$P_i = P_i(\theta_{i1}, \theta_{i2}, \theta_{i3}, \theta_{i4})$$

P_i 的可行解空间为 $[l,u] = [(l_1,l_2,l_3,l_4),(u_1,u_2,u_3,u_4)]$ 。$[l_j,u_j]$ 代表第 j 个参数的取值范围，见表 7-6。

编码的过程是分别将每个因素的可行解空间 $[l_j,u_j]$ 离散化为 Q 个水平，从而得到一个正交表 $L_M(Q^N) = [a_{ij}]_{M\times N}$ ，其中，$a_{ij} \in \{0,1,\cdots,Q-1\}$ ，a_{ij} 为个体 P_i 的第 j 个因素经编码后得到的水平值；$N=4$；$M = Q^J$ ，Q 为奇数，J 为正整数，编码算法（chromosome encoding algorithm，简称 CE algorithm）如下：

步骤 1　计算正交表的水平组合数 $M=Q^J$，J 为满足不等式 $J \geqslant \dfrac{\ln(N(Q-1)+1)}{\ln Q}$ 的最小正整数；

步骤 2　构造基本列

```
for k=1 to J do
```

```
    j = (Q^(k-1) - 1)/(Q - 1) + 1
    for i = 1 to Q^J do
        a_ij = [ (i-1)/Q^(J-1) ] mod Q
    end for
end for
```

步骤 3 构造非基本列

```
    for k = 2 to J do
    j = (Q^(k-1) - 1)/(Q - 1) + 1
    for s = 1 to j - 1 do
        for t = 1 to Q - 1 do
            a_{j+(s-1)(q-1)+t} = (a_s × t + a_j) mod Q
        end for
    end for
end for
```

步骤 4 选取前 N 列数列组成正交表 $L_M(Q^N)$

染色体的解码过程是将一组水平值组合 $(a_{i1},a_{i2},a_{i3},a_{i4})$ 转化为待选择参数取值范围内的实数值组合 $P_i = P_i(\theta_{i1},\theta_{i2},\theta_{i3},\theta_{i4})$ 的过程,解码过程为

$$\theta_{ij} = \begin{cases} l_j & a_{ij} = 0 \\ l_j + a_{ij} \times \dfrac{u_j - l_j}{Q - 1} & 1 \leqslant a_{ij} \leqslant Q - 2 \\ u_j & a_{ij} = Q - 1 \end{cases} \quad i \in \{1,2,\cdots,M\}, j \in \{1,2,3,4\} \tag{7-51}$$

(3)适应度函数的设计

参数选取的目标是使输出预测值与实际值差异最小或者为零,选用模型定义的损失函数 $L(W,b)$ 构造如下,适应度函数 F_{fit} 用于评价模型的精度。

$$F_{\mathrm{fit}} = \frac{1}{L(W,b)} = \frac{2}{\sum_{t=1}^{T} \| \boldsymbol{X}_{t+h}^{t} - \widehat{\boldsymbol{X}}_{t+h}^{t} \|_2^2} \tag{7-52}$$

式中 F_{fit} ——损失函数构造 $L(W,b)$ 的倒数,因此 F_{fit} 越大说明模型对训练样本集的拟合效果越好。

(4)自适应正交交叉算子设计

对每对满足概率 p_c 的个体对进行自适应正交交叉操作,设 $P_1(\theta_{11},\theta_{12},\theta_{13},\theta_{14})$ 和 $P_2(\theta_{21},\theta_{22},\theta_{23},\theta_{24})$ 是两个父代个体,σ_0 为两个父代个体第 j 维相似度阈值,P_1 和 P_2 的自适应正交交叉算子(self-adaptive orthogonal crossover,简称 SOC)的设计算法如下:

步骤 1 统计父代个体在 4 个维度上相似度低的维度个数 b,b 定义为 $b = \mathrm{Num}(|\theta_{1j} - \theta_{2j}| > \sigma_0)$

步骤 2 运用 CE 算法构造设计因素个数为 b,水平数为 F 的正交数组 $L_E(F^b) = [a_{ts}]_{E\times b}$

步骤3　生成E个子代个体 $p'_t(\theta'_{t1},\theta'_{t2},\theta'_{t3},\theta'_{t4})$

```
for t=1 to E do
    s=1
    for j =1 to 4 do
        if |θ1j − θ2j| ≤σ0
        θ'tj = (θ1j + θ2j)/2
        else if |θ1j − θ2j| >σ0
            θ'tj = min(θ1j,θ2j) + a_ts (max(θ1j,θ2j) − min(θ1j,θ2j))/(F − 1)
            s=s+1
        end if
    end for
end for
```

步骤4　分别计算 E 个新生子代 p' 的适应度函数值，取适应度值最大的个体 p'_{opt} 为父代 P_1 和 P_2 的子代。

*在本书中，σ_0 取0.005，水平数 F 取2。

(5)基于SOGA的模型参数选取算法实现

采用Python语言，在Keras+Tensorflow平台上开发基于SOGA的模型参数选取算法，具体流程如下：

a.种群初始化

构造正交数组 $L_M(Q^N)$，产生 M 个个体，每个个体是一个参数集的取值组合。令水平数 $Q=9$，则 $M=Q^J=9^2=81$。调用LSTM NN模型，将 M 个个体逐个输入到模型中，训练样本数据集并输出损失函数值，计算 M 个个体的适应度。根据适应度值的大小，对 M 个个体进行从大到小的排序，取前 $I=50$ 个个体作为试验的最初种群。为保持个体分布的均匀性，从 I 个个体中随机选取 $D=10$ 个个体生成初始种群 P_0。

b.自适应正交交叉操作

随机配对种群 P_{gen} 中的个体，以概率 $P_c=0.75$ 对每对个体进行自适应正交交叉操作，产生新的子代个体，调用LSTM NN模型，计算子代个体的适应度，挑选子代个体中适应度最大的个体加入种群 C_{gen}。

c.变异操作

以变异概率 $p_m=0.1$ 对种群 P_{gen} 任意一个个体 P_1 进行变异操作：先产生一个随机整数 $j\in[1,N]$ 和一个随机正整数 $z\in[0,Q-1]$；再令个体 P_i 的第 j 个因素值为 $p_{ij}=l_j+z\times\left(\dfrac{u_j-l_j}{0-1}\right)$。将新生成的个体加入种群 G_{gen}，调用LSTM NN模型，计算种群 G_{gen} 中个体的适应度。

d.选择操作

为保持种群的多样性，对种群 $(P_{\mathrm{gen}}+C_{\mathrm{gen}}+G_{\mathrm{gen}})$ 的适应度值进行排序，挑选适应度最大的前 $D\times70\%$ 个个体，放入下一代种群 $P_{\mathrm{gen+1}}$ 中，再从种群 $(P_{\mathrm{gen}}+C_{\mathrm{gen}}+G_{\mathrm{gen}})$ 剩余的个体里，随机选取 $D-(D\times70\%)$ 个个体放入下一代种群 $P_{\mathrm{gen+1}}$。

e. 判断终止条件

设 t 为迭代次数,F_{mean}^{t} 为第 t 次迭代中适应度函数均值。$t = t+1$,判定 t 是否达到预设的最大迭代次数,或者 $|F_{\text{mean}}^{t} - F_{\text{mean}}^{t-1}| \leqslant 0.05$。若满足,则迭代终止,输出标定参数的最优取值,否则返回自适应正文交叉操作。

6. 模型评价指标

采用平均绝对百分误差 MAPE、均方根误差 RMSE 和一致性指数 D 对预测模型的预测精度进行评价,这三类指标的定义如下。

(1)平均绝对百分误差 MAPE

$$\text{MAPE} = \frac{1}{N}\sum_{i=1}^{N}\left|\frac{x_i - \hat{x}_i}{x_i}\right| \times 100\% \tag{7-53}$$

式中 N——需要预测的总的时间长度;

x_i——交通流实际值;

$\hat{x}_i$——交通流预测值。

(2)均方根误差 RMSE

$$\text{RMSE} = \sqrt{\frac{1}{N}\sum_{i=1}^{N}(x_i - \hat{x}_i)^2} \tag{7-54}$$

(3)一致性指数 D

$$D = 1 - \frac{\sum_{i=1}^{N}(x_i - \hat{x}_i)^2}{\sum_{i=1}^{N}(|x_i - \bar{x}| + |\hat{x}_i - \bar{x}|)^2} \tag{7-55}$$

式中 $\bar{x}$——实际交通流序列的平均值;

D——一致性指数,是用来衡量交通流实际值与预测值之间变化是否一致的指标,取值范围为[0,1],取值越接近于1,说明二者之间的拟合度越高。

7. 实例分析

(1)数据准备

将城市道路交通网络中的交通流空间相关路段划分成 13 个社区的基础上,选取第 7 个社区内路段集作为实验对象。路网中共有 186 条路段被划分到第 7 个社区内,本节将对这 186 条路段进行交通流短时预测,并用该社区内 ID 号为 HI9083 路段(该路段位于德胜门外大街上)的预测结果与 LSTM NN 模型和 BP 神经网络预测模型的预测结果作对比分析,用以验证预测模型的有效性和准确性。位于第 7 个社区的路段集及路段 HI9083 在路网中的分布情况如图 7-19 所示。

此外,实验选取行驶速度序列(单位为 km/h)为待训练和预测的交通流序列,并将 2012 年10 月 8 日至 2012 年 10 月 31 日共计 24 天的数据分为两个集合:前 17 天(即 2012 年 10 月 8 日至 2012 年 10 月 24 日)的数据为训练数据集;后 7 天的数据为测试数据集合。实验目的是根据 t 时刻前 r 个时间段 $(t-r+1, t-r+2, \cdots, t)$ 的行驶速度数据预测 t 时刻后第 $h=1$ 个时间段的行驶速度值,即第 $t+1$ 时刻的行驶速度。

在进行模型训练之前采用 l_1 趋势滤波对原始行车速度时间序列进行趋势滤波处理,滤波之后的效果如图 7-20 所示。图 7-20(a)~图 7-20(d)分别为 HI9083 路段周一(2012 年 10 月 8 日)、周三(2012 年 10 月 10 日)、周五(2012 年 10 月 12 日)和周六(2012 年 10 月13 日)共四天的行驶速度时间序列经 l_1 趋势滤波处理前后的数值对比。

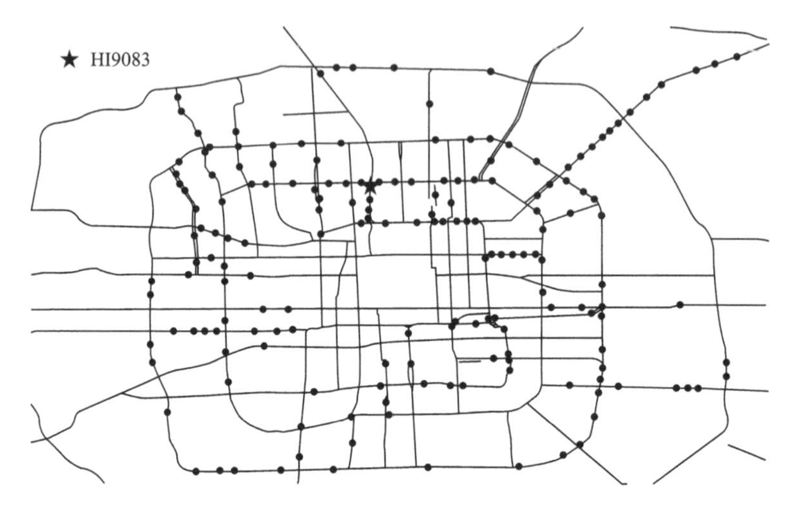

图 7-19　第七类社区内路段集在路网中的分布情况

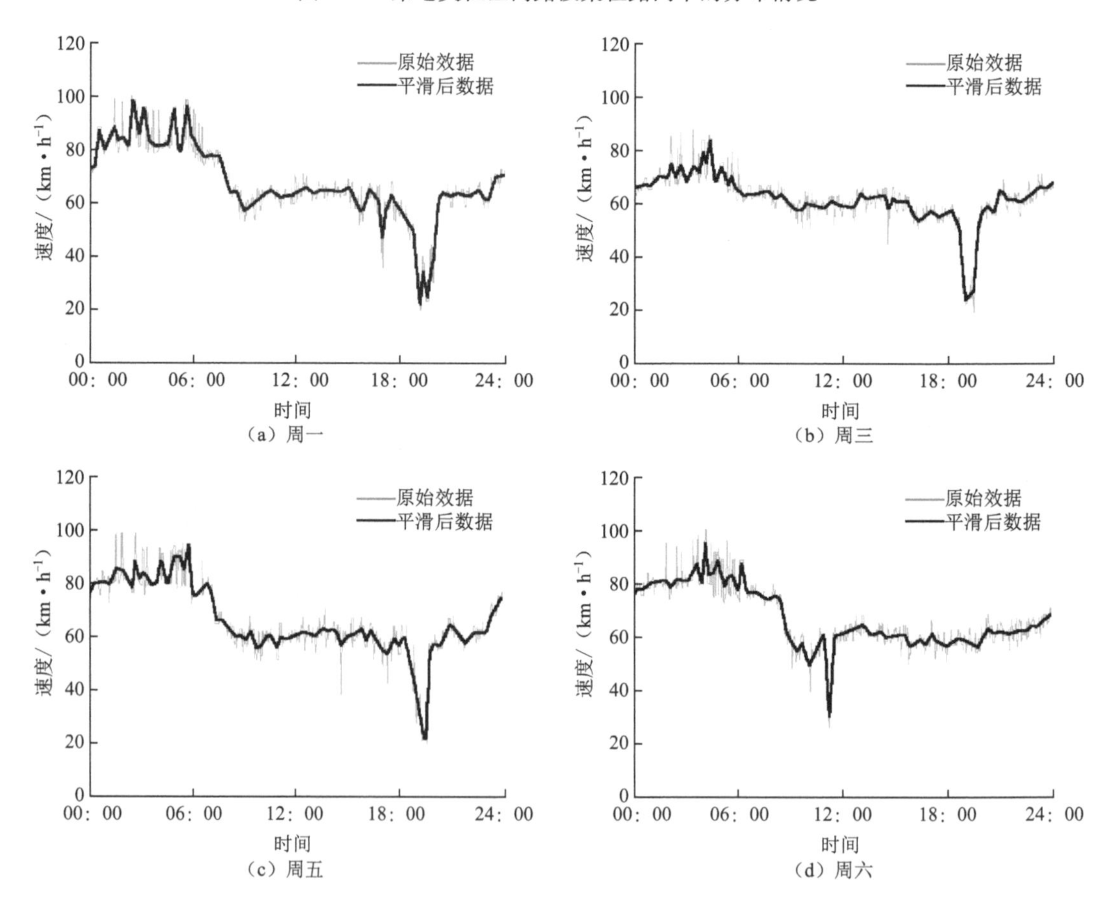

图 7-20　l_1 趋势滤波处理效果

在 Keras + Tensorflow 平台上实现基于 CD-LSTM NN 的交通流短时预测模型的构建。在进行预测实验前，采用基于 SOGA 的模型参数选取算法对预测模型关键参数组合值迭代运算，从中选取最优的关键参数组合值。在给定一个关键参数组合后，模型会对训练数据集合进行参数估计，训练次数为 100 次。

SOGA 迭代收敛过程如图 7-21 所示，从图中可以看出算法在迭代次数达到 12 次时满足收敛条件。从算法实现过程可以看出，该算法的初始种群构成是本算法主要耗时部分，需要运行 $9^2=81$（次）LSTM NN 预测模型，直至算法运行结束，共调用了 $81+253=334$（次）LSTM NN 预测模型，LSTM NN 预测模型平均每次训练耗时 0.5 h，因此 SOGA 算法共耗时约 167 h，得到的预测模型关键参数最优组合为 $(\theta_1,\theta_2,\theta_3,\theta_4)=(100,100,0.2,20)$。

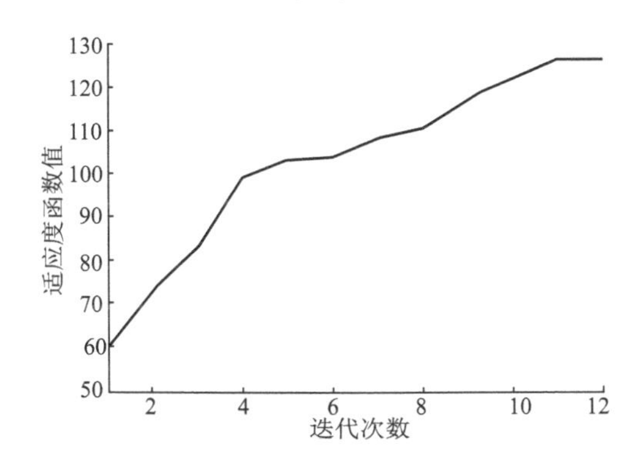

图 7-21　SOGA 算法迭代收敛

（2）结果与分析

本部分将依据参数选取实验得到的最优参数值组合，对测试样本进行预测实验。由于 LSTM NN 模型对交通流的预测结果不受输入数据的时间区间大小影响，本次实验设 $r=5$，即依据 t 时刻前 10 min 内的行驶速度值预测第 $t+1$ 个时刻的行驶速度。186 条路段的预测结果评价指标值的描述性统计见表 7-7，从表中可以看出，186 条路段预测结果的 MAPE 值均小于 9.6%，RMSE 值均小于 5，D 值均大于 0.96。结果表明 CD-LSTM NN 模型对于这 186 条路段的行车速度预测效果较好。

表 7-7　MAPE、RMSE 和 D 的描述性统计值

指标	最小值	最大值	均值	标准差
MAPE(%)	0.280 5	9.575 4	1.299 2	1.170 6
RMSE	0.338 8	4.846 7	1.081 5	0.647 9
D	0.967 3	0.999 4	0.996 6	0.004 3

北京市道路交通网络中位于第 7 类社区的 186 条路段于 2012 年 10 月 25 日至 2012 年 10 月 31 日共 7 天的行车速度的预测结果评价指标取值情况如图 7-22 ~ 图 7-24 所示，其中图 7-22 为平均绝对百分误差 MAPE 的取值情况，均方根误差 RMSE 的取值情况如图 7-23 所示，一致性指数 D 的取值情况如图 7-24 所示。

路段 HI9083 上行驶速度预测值与实际值对比情况如图 7-25 所示，其中第一列为 7 天的数据对比情况，同时分别从 7 天的数据里提出两个时间段的数据进行放大比较：第一个时间段为

2012 年 10 月 25 日 17:00—24:00，该时间段覆盖了晚高峰时间段，行驶速度曲线在晚高峰的时候出现了波谷；第二个时间段为 2012 年 10 月 28 日 00:00—07:00，该时间段处于夜间时段，行驶速度值曲线出现波峰。从两个时间段预测值与实际值的对比可以看出，在波峰、波谷这些行驶速度变换比较剧烈的时间段内，CD-LSTM NN 模型预测的结果都很贴近实际值。

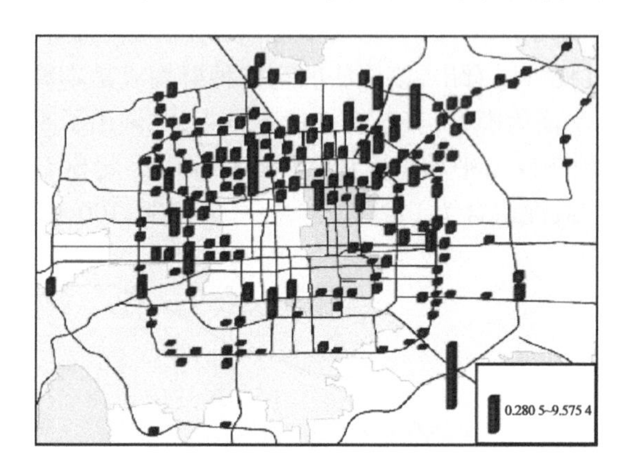

图 7-22　MAPE 值分布情况

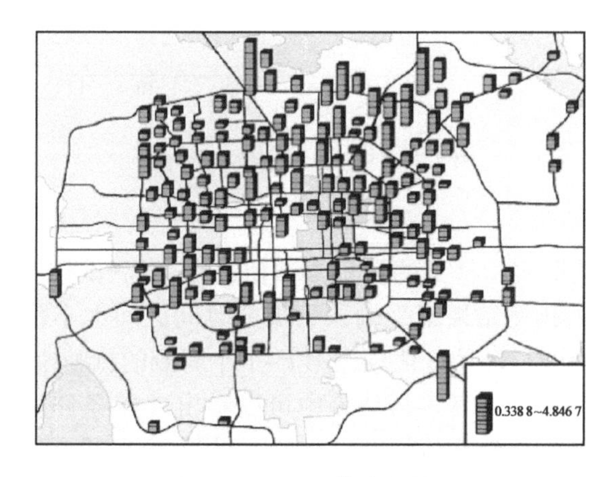

图 7-23　RMSE 值分布情况

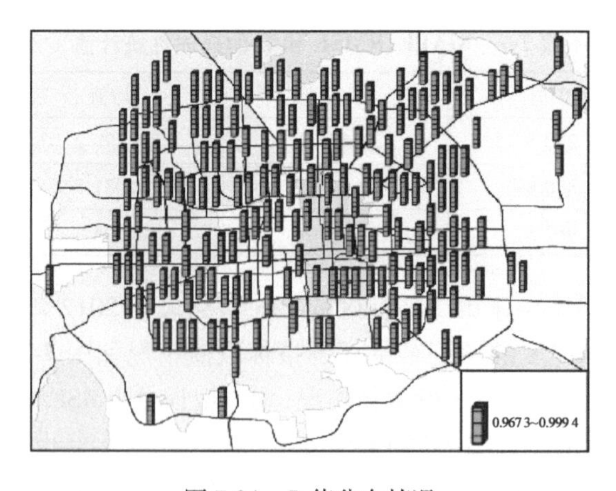

图 7-24　*D* 值分布情况

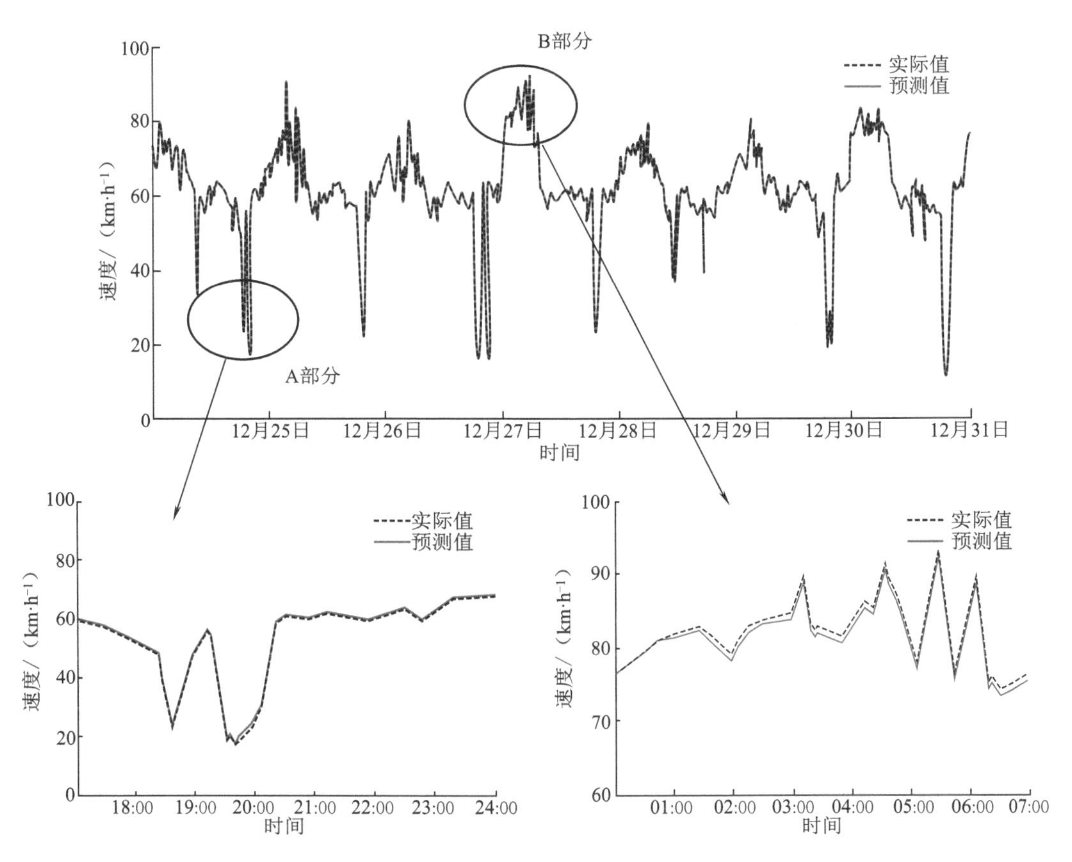

图 7-25 HI9083 的预测结果与实际值对比

为了进一步验证预测模型的有效性和准确性,选取理论较为成熟且应用广泛的 BP 神经网络预测模型和没有经过相关路段集选取的 LSTM NN 模型作为对比模型,用来与本案例提出的预测模型进行实验比较。其中 BP 神经网络预测模型选取激活函数为双曲正切 S 形函数和线性函数,训练函数为 L-M 优化函数,目标误差为 10^{-5},最大迭代次数为 1 000,学习速率为 0.01;LSTM NN 模型的参数设置与 CD-LSTM NN 的参数设置一样。

三类模型 7 天的预测结果对比图和出现波峰、波谷时间段的数据对比放大如图 7-26 所示。从图中可直观看出 CD-LSTM NN 模型预测效果最好,BP NN 模型次之,LSTM NN 模型最差。此外三类模型的 MAPE、RMSE 和 D 指标结果对比见表 7-8。对比结果表明,考虑交通流的空间相关性可以提高交通流短时预测的精度,单纯的 LSTM NN 模型对于单个路段或者小范围路网的交通流短时预测效果较好。随着路网规模的变大,太多无关的路段会影响目标路段的交通流预测的精度,因此,在进行 LSTM NN 模型预测之前,交通流相关性较强路段集选取的工作很有必要。

表 7-8 三类模型的评价指标对比

指标	CD-LSTM NN	BP NN	LSTM NN
MAPE(%)	0.95	1.54	6.83
RMSE	0.831 5	1.308 5	4.504 3
D	0.998 7	0.986 9	0.957 3

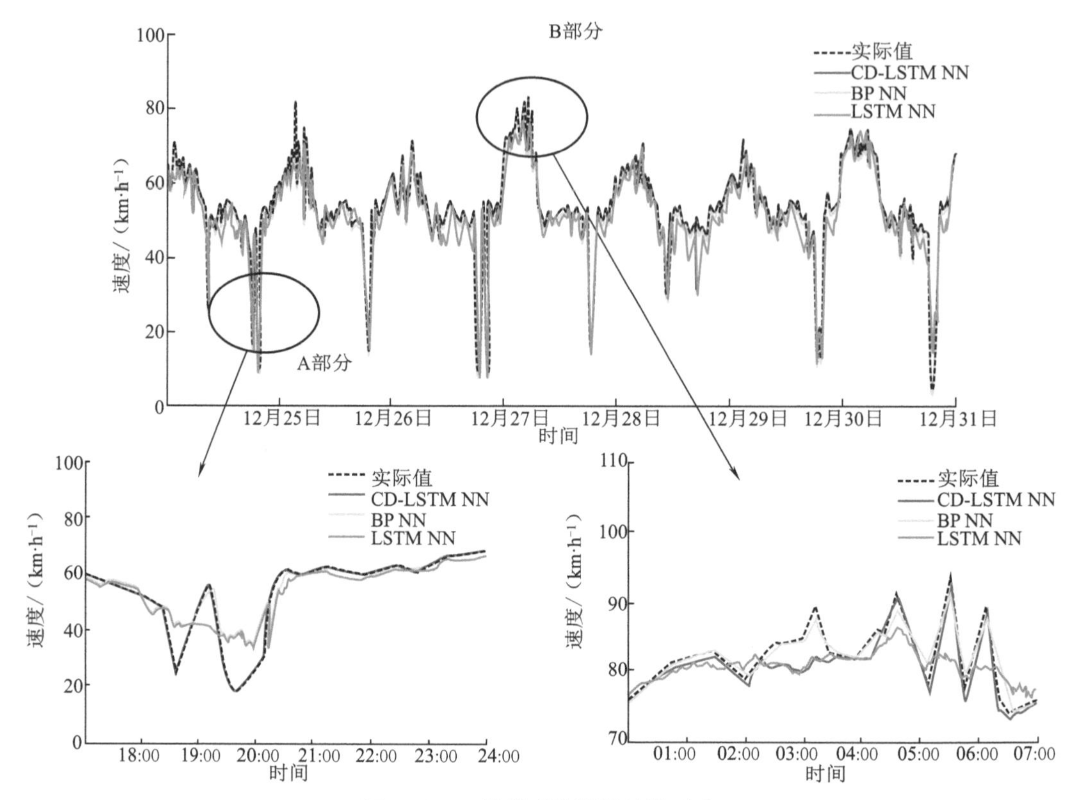

图 7-26　三类模型的预测结果对比

此外,本案例还模拟了路网中传感器失效的情况,分析由于传感器失效造成的数据缺失对 CD-LSTM NN 模型预测结果的影响。模拟实验设计为:场景一,路段 HI9083 自身传感器失效的情况下,CD-LSTM NN 模型的预测结果;场景二,路段 HI9083 及第 7 个社区有部分传感器失效的情况,其中实验分别模拟了第 7 社区内随机选取 10%、20%、30%、50% 和 60% 的传感器失效的情况。第 7 社区内 10% 的传感器失效场景下,失效传感器在路网中的分布情况如图 7-27 所示,其中空心圆圈代表了该处传感器处于失效的状态,实心圆圈代表该处传感器处于正常工作的状态。

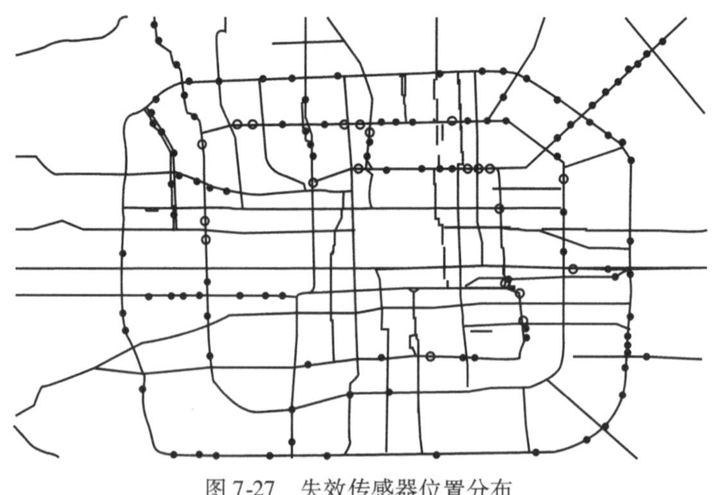

图 7-27　失效传感器位置分布

不同模拟场景下 CD-LSTM NN 模型预测结果的 MAPE、RMSE 和 D 指标结果对比见表 7-9。从表中可以看出,在目标路段 HI9083 传感器失效的情况下,本案例提出的算法预测结果的 MAPE、RMSE 和 D 分别为 1.65,1.535 和 0.981,预测效果良好,结果也证明了 CD-LSTM NN 模型对传感器故障造成交通数据缺失的修复效果较好。同时,随着失效的传感器所占百分比变大,预测结果的误差值有所变大,但预测误差仍在可接受范围之内,且从 D 值可以看出预测结果与实际值之间的变化趋势大体一致。

表 7-9 不同场景下的评价指标

指标	场景一	场景二 失效传感器的比例				
		10%	20%	30%	50%	60%
MAPE(%)	1.65	1.83	1.85	2.71	4.43	4.5
RMSE	1.535	2.105	2.236	2.93	3.32	3.46
D	0.981	0.975	0.971	0.968	0.961	0.961

8. 小结

本案例在基于城市道路交通网络结构特性的基础上,提出了一种应用网络社区探测结合 LSTM 网络的短时交通流预测方法。首先利用社区结构分析方法探索在路网中与目标路段交通状态相关性较强的路段;其次利用 LSTM NN 框架对区域内路段的交通流时空序列构成的二维矩阵序列学习其时空特征,进而完成多断面交通流预测;针对 LSTM NN 参数选择问题,提出了一种基于自适应正交遗传算法的模型参数优选算法。通过对比实验结果验证了提出算法的有效性。结果表明,考虑路段交通流空间相关性可以提升交通流预测精度。

此外,基于 CD-LSTM 的预测模型是多断面输出预测模型,适用于大规模路网的交通流预测。通过模拟不同规模传感器失效的场景,分析比较由于失效传感器造成的数据缺失对提出算法的预测效果的影响,结果表明 CD-LSTM NN 模型在传感器故障造成数据缺失情况下适应性良好,具有较强的鲁棒性。

二、基于 GCN-LSTM 的滴滴快车出行订单需求预测模型

1. 研究背景

城市人口规模的扩大使居民出行需求不断增加,出租车作为居民出行的一个重要交通方式,对城市交通系统发展具有重要意义。然而出租车供给与乘客需求在时空上的不匹配导致了出租车同时具有较高的道路占有率和空载率,直接影响着城市交通网络的畅通。针对出租车需求进行预测能够获取未来一段时间城市各区域间的乘客需求分布,进而判断交通状况变化趋势,实现出租车运力资源在不同区域间的合理分配,预防和缓解城市拥堵。

出租车具有浮动性强、自由度高的特点,给定量分析带来了一定困难,但智能出行平台的发展和普及为获得详细充分的出租车数据提供了可能,通过对打车平台数据进行挖掘可以获得出租车的分布特征和需求变化规律,从而实现对城市内不同区域出租车需求的准确预测,以调度出租车在城市内的分布,降低出租车的空载率和乘客的等待时间。

2. 方法描述

(1)长短期记忆神经网络(LSTM)

LSTM 的基本结构如图 7-28 所示,其中 h_{t-1} 为 $t-1$ 时刻的隐藏状态,x_t 为 t 时刻新的输入信息,C_{t-1} 为 $t-1$ 时刻区块的细胞状态,因此 LSTM 的工作即为通过输入上一时刻的隐藏状态 h_{t-1} 和当前时刻的信息 x_t,更新当前时刻的细胞状态 C_t。通过状态 C_t 的更新实现在记录当前信息的同时,保留有效的历史信息,从而达到捕获时间依赖性的目的。

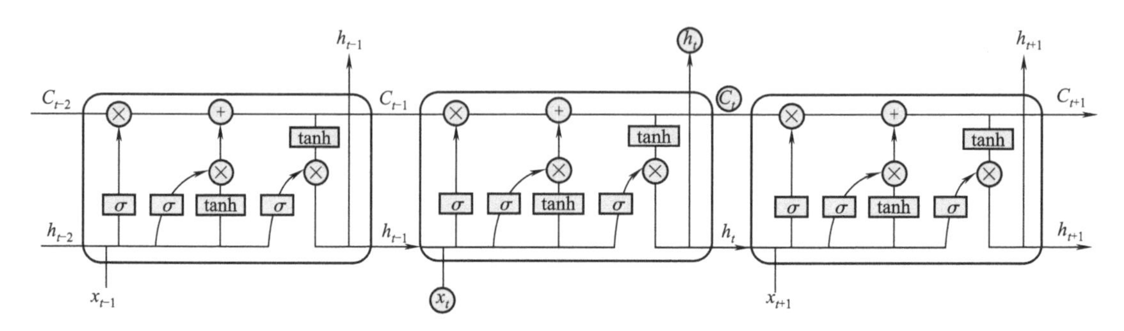

图 7-28 长短期记忆神经网络(LSTM)结构

本案例所使用 LSTM 模型的计算方法为

$$i_t = \sigma(\boldsymbol{W}_{xi}x_t + \boldsymbol{W}_{hi}h_{t-1} + b_i) \tag{7-56}$$

$$f_t = \sigma(\boldsymbol{W}_{xf}x_t + \boldsymbol{W}_{hf}h_{t-1} + b_f) \tag{7-57}$$

$$\widetilde{C}_t = \tanh(\boldsymbol{W}_{xO}x_t + \boldsymbol{W}_{hO}h_{t-1} + b_O) \tag{7-58}$$

$$C_t = f_tC_{t-1} + i_t\widetilde{C}_t \tag{7-59}$$

式中 i,f,o,c——分别为输入门、遗忘门、输出门和细胞状态;

$\boldsymbol{W}_{xj}$, $\boldsymbol{W}_{xf}$, $\boldsymbol{W}_{xo}$, $\boldsymbol{W}_{hi}$, $\boldsymbol{W}_{hf}$, $\boldsymbol{W}_{ho}$——分别为输入和隐藏状态的权重矩阵;

b_i——偏差向量;

σ——激活函数,通常设置为 Sigmoid 型函数;

tanh——双曲正切函数。

(2)图卷积神经网络(GCN)

考虑到车辆是在城市中不断移动的,因此交通数据中的空间依赖性也是进行预测时需要关注的重点问题,本案例使用图卷积神经网络(GCN)对交通数据进行分析处理,以挖掘其中的空间特征。

图卷积神经网络是基于傅里叶变换和拉普拉斯矩阵构建的可应用到任意拓扑结构图的空间特征提取模型,通过将图形空间抽象为点线链接的拓扑结构 $G=(V,E)$,获得表示节点间连接关系的邻接矩阵 $\boldsymbol{A}$ 和度矩阵 $\boldsymbol{D}$,其中 V 表示图中节点的集合,E 表示边的集合,邻接矩阵 $\boldsymbol{A}$ 为 0-1 矩阵,当两个节点间有边连接时为 1,否则为 0,度矩阵用于表示每个节点所连接边的数量。利用邻接矩阵和度矩阵,GCN 可以提取与目标节点相连的其他节点对目标节点的影响,挖掘交通数据中的空间信息。图卷积神经网络(GCN)的结构如图 7-29 所示。

以邻接矩阵 $\boldsymbol{A} \in R^{N\times N}$ 和特征矩阵 $\boldsymbol{X} \in R^{N\times F}$ 作为输入,GCN 模型通过信息在卷积层间的传播学习节点间的空间特征,卷积层间的传播规律可以表示为

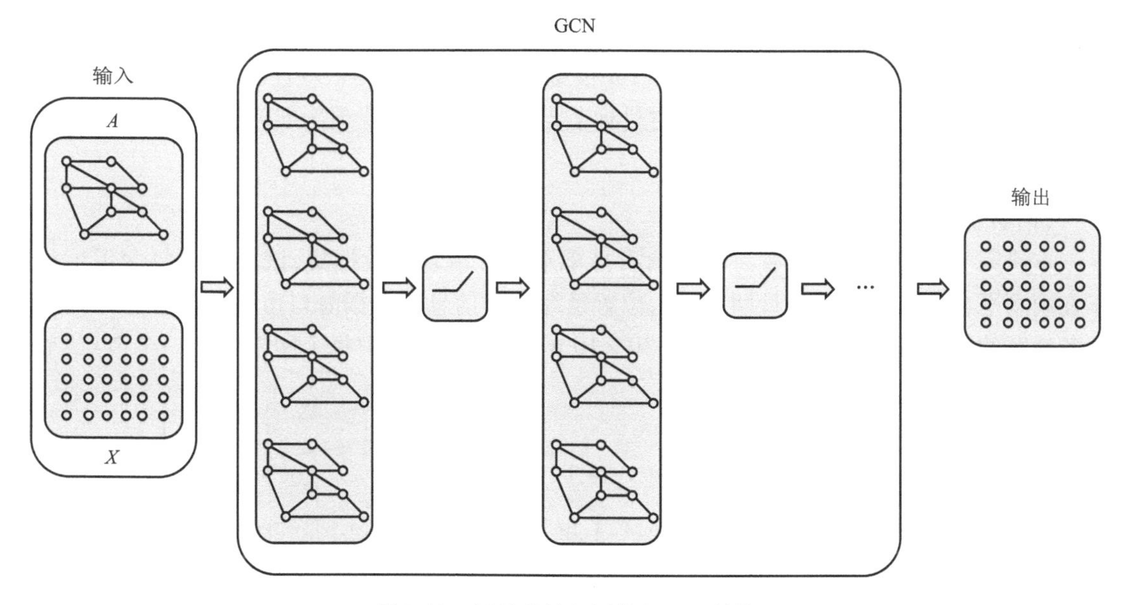

图 7-29　图卷积神经网络(GCN)结构

$$H^{(l+1)} = \sigma(\tilde{\boldsymbol{D}}^{-\frac{1}{2}}\boldsymbol{A}\tilde{\boldsymbol{D}}^{\frac{1}{2}}H^{(l)}W^{(l)}) \tag{7-60}$$

式中　$\tilde{\boldsymbol{A}} = \boldsymbol{A} + \boldsymbol{I}$;

$\boldsymbol{A}$——邻接矩阵;

$\boldsymbol{I}$——单位矩阵;

$\tilde{\boldsymbol{D}}$——$\tilde{\boldsymbol{A}}$ 的度矩阵,$\tilde{\boldsymbol{D}}_{ii} = \sum j\,\tilde{\boldsymbol{A}}_{ij}$;

$H^{(l)}$——第 l 层隐藏层的输出,如果 $l=1$,则 $H^{(l)} = X$;

σ——激活函数,通常设置为 Sigmoid 型函数。

(3)交通需求预测模型

针对交通需求数据中同时具有的时间依赖性和空间依赖性,本案例将长短期记忆神经网络 LSTM 和图卷积神经网络 GCN 相结合,提出了城市车辆需求预测模型,如图 7-30 所示。

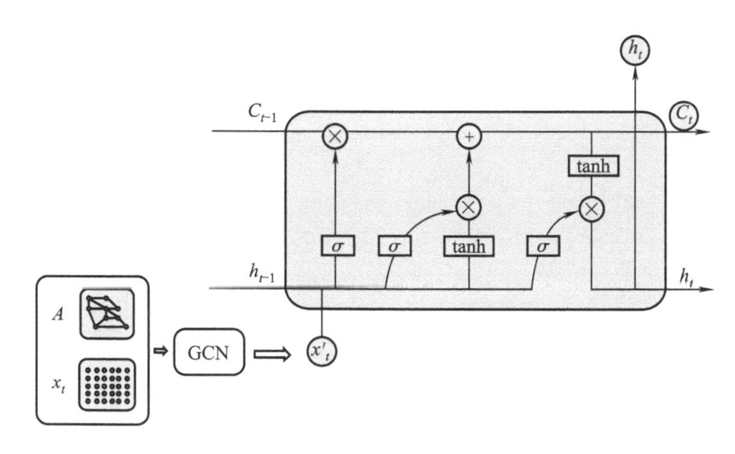

图 7-30　交通需求预测过程

在 LSTM 模型结构的基础上结合 GCN 模型，首先将交通数据输入到 GCN 模型中以分析空间特征，再将 GCN 模型的输出作为 LSTM 模型的输入进行时间依赖性的分析，以在进行时间规律分析预测时同时考虑邻居节点对目标节点的影响，来实现预测准确性的提高。

3. 实验

（1）数据描述

本研究实验使用了海南省海口市滴滴打车平台订单真实数据集，该数据集包含了出租车在滴滴平台下接到订单的日期、时刻、位置经纬度等信息。根据海口市地理位置经纬度以及各地区的经济发展程度，将其划分为 30 × 10 的区域网格，其中每个网格代表一个节点，节点的边表示网格之间是否连通，从而构建了海口市的拓扑结构图。

基于海口市的拓扑结构图对滴滴打车平台订单数据进行处理和筛选，以纬度作为划分依据，根据图 7-31 进一步将城市划分为 30 个区域，并以 5 min为时间粒度统计每个区域的订单数量，结果如图 7-31 所示。

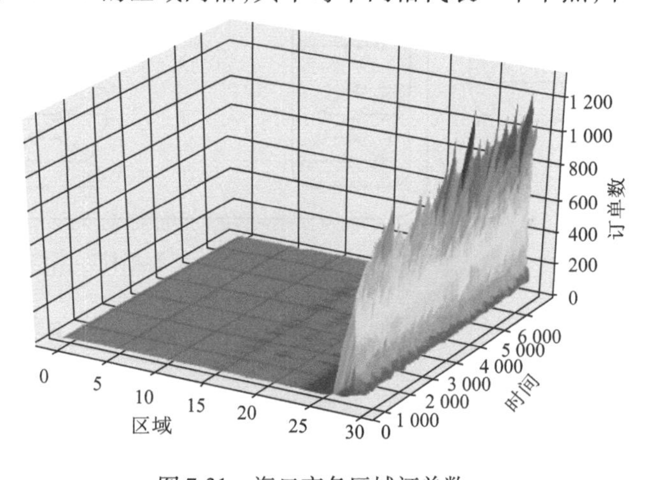

图 7-31　海口市各区域订单数

从图 7-32 可以看出，交通订单集中在纬度 19.92° ~ 20.04°间，该区域位于海口市北部，属于城市中心经济繁华区域，而其他区域交通订单量相对较少。因此，对数据集进行处理，筛除交通订单量较少的部分区域，筛选后的区域如图 7-32 所示。根据筛选结果建立邻接矩阵 $\boldsymbol{A} \in R^{N \times N}$ 和特征矩阵 $\boldsymbol{X} \in R^{N \times F}$，分别表示区域间的连通性和每个区域上的交通订单量随时间的变化。特征矩阵 $\boldsymbol{X} \in R^{N \times F}$ 中每行表示一个区域，每列表示不同区域以 5 min 为粒度统计的交通订单数量。

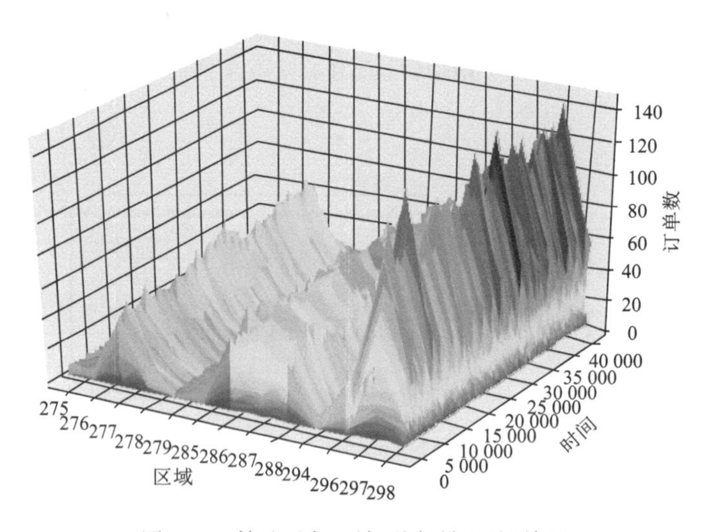

图 7-32　筛选后各区域不同时间下订单量

(2)模型评估和评价指标

为了验证模型结果,本案例将提出的混合模型与LSTM模型、GCN模型两个基准模型的性能进行比较。评价方法使用平均绝对误差(MAE)、均方根误差(RMSE)和平均绝对百分比误差(MAPE)以对比模型的预测性能。

(3)实验结果

本案例提出的模型与基准模型分别对13个筛选后区域订单数量预测的性能见表7-10。可以看出本案例提出的模型在MAE、RMSE和MAPE三个指标下都展现出了更好的预测性能,证明了该模型对交通数据预测任务的有效性。

表7-10　与基准模型实验结果对比

指标	GCN	LSTM	GCN-LSTM
MAE	3.41	1.46	1.76
RMSE	1.77	1.17	1.24
MAPE(%)	37	23	19

以13个区域中交通订单量较大的区域297与298为例,对海口市滴滴打车平台订单数据进行分析,预测结果如图7-33和图7-34所示。

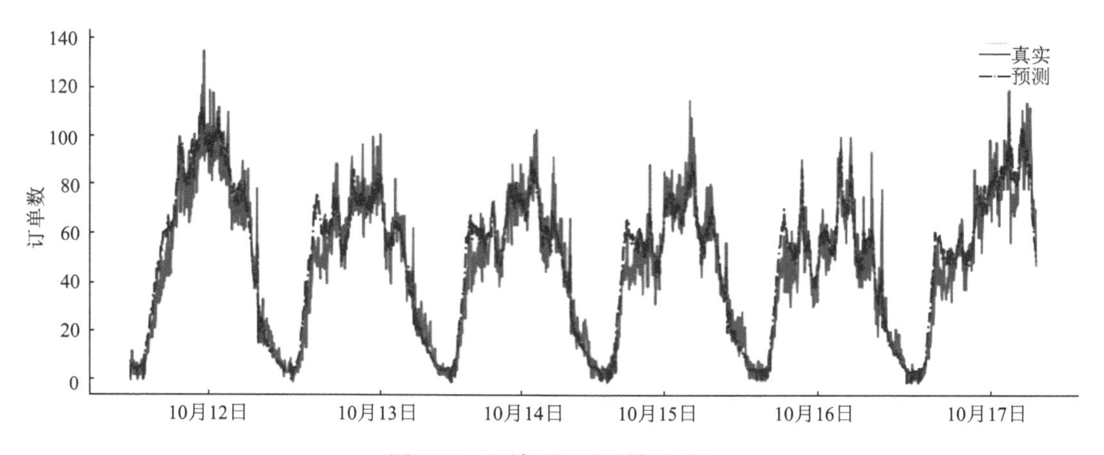

图7-33　区域297预测结果对比

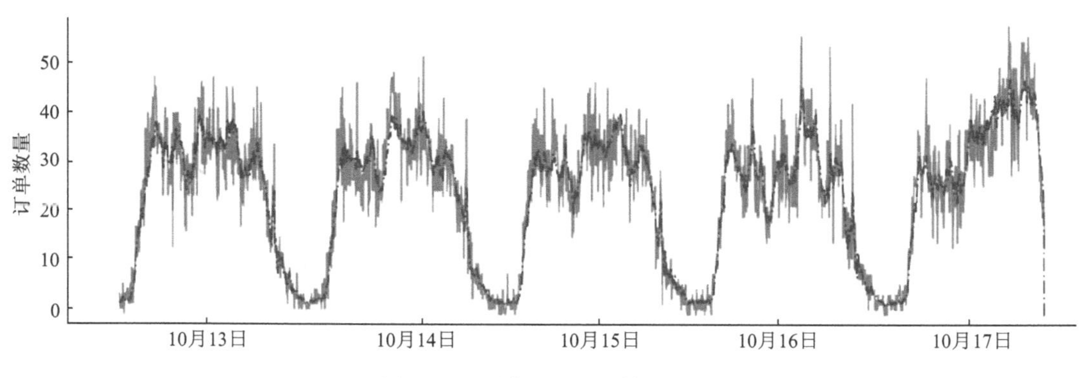

图7-34　区域298预测结果对比

从图中可以看出该区域内交通需求随时间的变化，而预测值与真实值的拟合程度较好，验证了模型具有较高的预测性能。

4. 总结

本研究结合长短期记忆神经网络 LSTM 和图神经网络 GCN 提出了一个新的混合模型以实现对未来交通需求的预测。通过将城市地理经纬度划分为由点线组成的拓扑结构图以实现对交通需求数据空间依赖性的分析，从而在分析交通需求时间变化规律的同时考虑相邻区域在空间上的影响，以实现对未来交通需求的准确预测。为了验证本书提出模型的预测性能，在海口市滴滴平台打车历史订单数据集上进行了实验评估，实验结果表明该模型能够获得更为精准的预测效果。

考虑到道路交通更容易受到天气、节假日、道路拥挤程度等特殊因素的影响，未来会更多将一些外在因素加入交通需求预测的输入中，以使交通需求的预测模型适应更多场景，并通过进一步挖掘交通数据中的空间依赖性，实现城市交通网络中热点区域的识别和预测。

第三节　高速铁路列车运行智能调度指挥

一、研究背景

在运输能力紧张的高速铁路列车运输组织过程中，列车初始晚点是不可避免的，并且极有可能发生列车晚点传播。为减少列车初始晚点传播、保障列车服务质量和乘客满意度，高速铁路列车调度已成为高速列车运输组织领域的关键问题，因此，本节将初始晚点场景下的列车运行调整问题作为研究重点。

现阶段大部分学者通过构建不同的优化模型对列车运行过程进行调整，这些研究的优化目标可分为两类，一类面向列车（列车总晚点最小，停运列车数量最小），另一类面向乘客（乘客总晚点最小）。为了解决列车运行调整问题，调整列车到发时刻、调整列车运行顺序和调整列车运行路径是普遍采用的策略。调整列车到发时刻是根据列车运行过程中的冗余时间重新安排出发和到达时间。当某些股道无法使用时，调整列车运行路径是将重点放在如何在确定时段内避免占用中断股道，确定列车运行路径。此外，在扰动发生时，如果将这些策略组合在一起进行优化，则可以获得更好的列车运行调整方案。在本研究中，采用了调整列车到发时刻、调整列车运行顺序和变更列车停站方式等多种策略，以最大限度地减少总晚点和超过容忍晚点的列车数量。

通常，列车调度问题是一个无固定容量约束的大型车间调度问题，属于 NP 完全问题。因此，传统数学优化方法很难在较短的计算时间内计算获得最优解。例如，D'Ariano 等（2008）提出了一种分支定界算法来解决列车运行调整问题，但是某些实际案例在 2 h 的计算时间内仍未解决。相关研究实例表明在列车运行计划调整范围为 120 min 且列车数量为 20 列的情况下，拉格朗日松弛算法求解列车运行调整模型的计算时间大于 25 min。Louwerse 和 Huisman 于 2014 年提出了用于列车运行计划调整的整数线性规划模型，其中所有实例都由 CPLEX 12.4 在 30 min 内解决。启发式方法提供了在可接受的计算时间内（约3 min）获得最优解或局部最优解的可能性。虽然，粒子群优化（PSO）算法具有搜索效率高，收敛速度快等优点，被广泛用于解决 NP 完全问题。但是，当 PSO 用于解决复杂问题时，可能会陷入局部最优状态。因此,本案例开发了一种 GA-PSO 混合启发式算法来解决传统 PSO 的上述缺点,以解决列车运行计划调整问题。

二、问题描述

初始晚点会对列车运行过程造成严重的影响,包括路径冲突引起的晚点传播现象。如图 7-35 所示,线路中有 4 个车站、3 个区间、2 个班次的列车 t_1 和 t_2 。列车 t_1 和 t_2 在车站 B 停车,占用同一到发线,其中列车 t_1 计划到达车站 B 的 t_1 时刻早于列车 t_2 的计划到达 t_2 时刻。但是,实际运行过程中,列车 t_1 发生初始晚点,到达 B 站晚点,当列车运行顺序未发生变化时,则列车 t_2 到达 B 站晚点。因此,列车 t_1 晚点导致了列车 t_2 的 t_2 晚点。

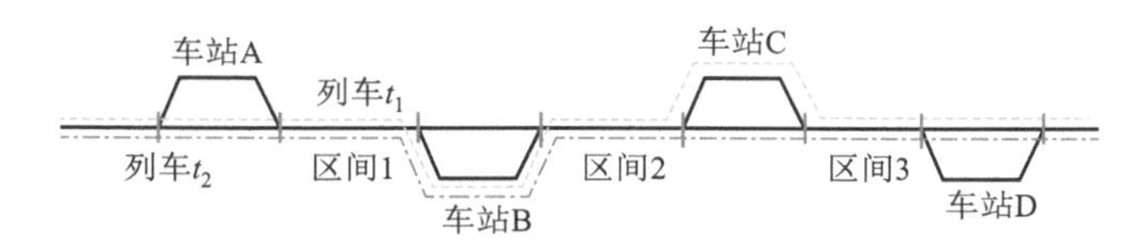

图 7-35　列车运行路径

改变列车运行顺序属于列车运行调整策略之一。例如,在 C 站指定了一个计划停站点,生成相应的列车调整后的运行图如图 7-36 所示。图中列车运行调整前后的列车路径分别用实线和虚线类型的折线表示。

在本研究中,考虑了日常运行中经常发生的列车初始晚点场景。通过调整车站到站时间和发站时间,调整车站停站方式,调整列车服务顺序,解决了列车运行调整问题。

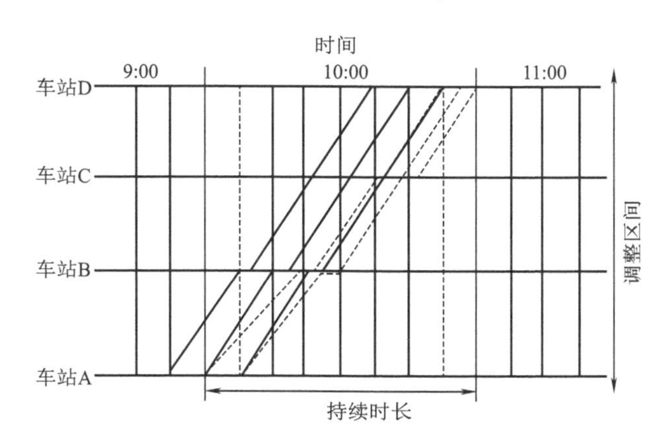

图 7-36　基于多策略的列车运行计划调整方案

三、列车运行调整模型

(1)模型假设

①扰动影响下不能取消列车服务。

②忽略了列车的类型、调度、维修预约和能力等特点。

③忽略列车司机的工作时间,如值班时间、休息和其他规则等。

④车站被视为具有给定能力的点,即车站到发线的数量。

⑤在高速铁路网中考虑具有相同速度等级的列车流。

（2）模型

①模型的目标

$$f = \min\left\{\omega_1 \cdot \sum_{i \in N_{\text{Train}}}\sum_{j \in P_{(i)}} \left|a_j^i - \widehat{a_j^i}\right| + \omega_2 \cdot \sum_{i \in N_{\text{Train}}, D(i) \in S_{\text{station}}} \sigma\left(a_{D(i)}^i, \widehat{a_{D(i)}^i}\right)\right\} \tag{7-61}$$

②列车始发、区间运行、停站和初始晚点的约束

$$d_j^i \geqslant \widehat{d_j^i} + \Delta t_{j,\text{delay}}^i \quad \forall i \in N_{\text{Train}}, j \in P_{(i)} \setminus \{D_{(i)}\} \tag{7-62}$$

$$a_r^i - d_j^i \geqslant \tau_{j,r}^i + y_{i,j} \cdot \Delta t_{\text{start}}^{\text{run}} + y_{i,r} \cdot \Delta t_{\text{stop}}^{\text{run}} \quad \forall i \in N_{\text{Train}}, j, r \in P_{(i)}, r = S_{\text{station}}^{\text{next}}(j) \tag{7-63}$$

$$d_j^i - a_j^i \geqslant y_{i,j} \cdot \xi_j^i \quad \forall i \in N_{\text{Train}}, j \in P_{(i)} \setminus \{O_{(i)}, D_{(i)}\} \tag{7-64}$$

③列车运行间隔约束

$$a_j^i - a_j^k \geqslant \theta - (1 - x_{j,\text{arr}}^{k,i}) \cdot \text{M} \quad i,k \in N_{\text{Train}}, i \neq k, j \in P_{(i)} \cap P_{(k)} \setminus \{O_{(i)}, O_{(k)}\} \tag{7-65}$$

$$a_j^k - a_j^i \geqslant \theta - x_{j,\text{arr}}^{k,i} \cdot \text{M} \quad i,k \in N_{\text{Train}}, i \neq k, j \in P_{(i)} \cap P_{(k)} \setminus \{O_{(i)}, O_{(k)}\} \tag{7-66}$$

$$d_j^i - d_j^k \geqslant \delta - (1 - x_{j,\text{dep}}^{k,i}) \cdot \text{M} \quad i,k \in N_{\text{Train}}, i \neq k, j \in P_{(i)} \cap P_{(k)} \setminus \{O_{(i)}, O_{(k)}\} \tag{7-67}$$

$$d_j^k - d_j^i \geqslant \delta - x_{j,\text{dep}}^{k,i} \cdot \text{M} \quad i,k \in N_{\text{Train}}, i \neq k, j \in P_{(i)} \cap P_{(k)} \setminus \{O_{(i)}, O_{(k)}\} \tag{7-68}$$

④车站能力约束

$$a_j^i - d_j^k \geqslant L_{\text{track}} - (2 - z_j^{i,\kappa} - z_j^{k,\kappa}) \cdot \text{M} \quad i,k \in N_{\text{Train}}, i \neq k, j \in S_{\text{station}}, \kappa \in C_j \tag{7-69}$$

$$\sum_{\kappa \in C_j} z_j^{i,\kappa} = 1 \quad \forall i \in N_{\text{Train}}, j \in S_{\text{station}} \tag{7-70}$$

$$y_{i,j} = \sum_{p \in C_{s,j}} z_j^{i,p} \quad \forall i \in N_{\text{Train}}, j \in S_{\text{station}} \tag{7-71}$$

$$y_{k,j} \geqslant x_{j,arr}^{k,i} - x_{j,dep}^{k,i} \quad i,k \in N_{\text{Train}}, i \neq k, j \in S_{\text{station}} \tag{7-72}$$

$$y_{i,j} \geqslant x_{j,dep}^{k,i} - x_{j,arr}^{k,i} \quad i,k \in N_{\text{Train}}, i \neq k, j \in S_{\text{station}} \tag{7-73}$$

$$x_{S_{\text{station}}^{\text{next}}(j),\text{arr}}^{i,k} = x_{j,\text{dep}}^{i,k} \quad i,k \in N_{\text{Train}}, i \neq k, j \in S_{\text{station}} \tag{7-74}$$

$$a_j^i, d_r^i \in \mathbf{N} \quad i \in N_{\text{Train}}, j \in S_{\text{station}} \setminus \{O_{(i)}\}, r \in S_{\text{station}} \setminus \{D_{(i)}\} \tag{7-75}$$

$$x_{j,\text{arr}}^{k,i}, x_{r,\text{dep}}^{k,i}, \in \{0,1\} \quad i,k \in N_{\text{Train}}, i \neq k, j \in S_{\text{station}} \setminus \{O_{(i)}\}, r \in S_{\text{station}} \setminus \{D_{(i)}\} \tag{7-76}$$

$$y_{i,j} \in \{0,1\} z_j^{i,\kappa} \in \{0,1\}, i \in N_{\text{Train}}, j \in S_{\text{station}}, k \in C_j \tag{7-77}$$

式中 a_j^i，$\widehat{a_j^i}$——调整前后列车 i 到达车站 j 的时间；

d_j^i，$\widehat{d_j^i}$——调整前后列车 i 离开车站 j 的时间；

$\Delta t_{j,\text{delay}}^i$——列车 i 在车站 j 的延误时间；

$\Delta t_{\text{start}}^{\text{run}}$，$\Delta t_{\text{stop}}^{\text{run}}$——列车在车站的启停时间；

$y_{i,j}$——列车 i 在车站 j 是否停靠的 0－1 变量；

ξ_j^i——列车最小停站时间；

δ，θ——列车出发与到达间隔；

C_j——车站 j 的可用轨道数；

L_{track}——列车占用轨道的最小时间间隔；

$z_j^{i,\kappa}$——列车 i 是否占用车站 j 的轨道 k 的 0－1 变量；

$x_{j,\text{arr}}^{k,i}$，$x_{r,\text{dep}}^{k,i}$——列车 i 在车站 j 的到发的进制变量。

N_{Train}——列车集合；

S_{station}——车站集合；

ω_1, ω_2——分别为每个时间单位的延误惩罚和列车延误次数；

$S_{\text{station}}^{\text{next}}(j)$——车站 j 的下一站；

$O_{(i)}, D(j)$——分别为列车的始发站和目的地站；

$P_{(}i)$——列车 i 经过的车站集合，$P_{(}i) \subset S_{\text{station}}$；

τ_j^i, r——列车 i 在区间$[j, r]$的区间运行时间；

M——一个相当大的正数。

四、列车运行调整算法

1. 位置和速度矢量的定义

选取各区段各列车的发车时间和到站时间作为任意粒子（即染色体基因）的位置，是 GA-PSO 中列车运行调整问题的一种可行解。每一个向量 $(d_1^1, a_1^1, \cdots, d_1^n a_1^n; \cdots; d_{m-1}^1, a_{m-1}^1, \cdots, d_{m-1}^n, a_{m-1}^n)$ 构成粒子的位置矢量，如图 7-37 所示。速度矢量与粒子的位置矢量具有相同的维数。速度矢量是在整数范围内随机生成的，整数表示每一列车从每个区间出发和到达的时间变化。

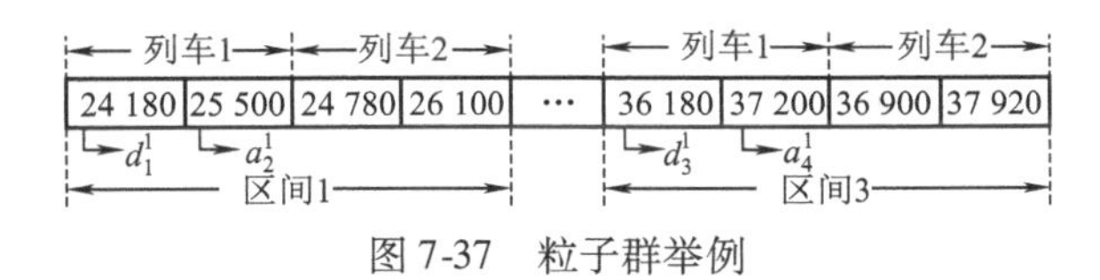

图 7-37　粒子群举例

2. 可行解

根据列车时刻表和晚点情况，在约束条件式（7-69）~式（7-77）下生成各路段列车发车和到站时间。为了获得较好的可行解，考虑以下方法：

（1）相邻列车占据同一区间的顺序由列车按计划顺序的策略确定。

（2）列车占用同一区间的顺序由列车实际到发时间决定。

（3）列车从站点出发和到站的实际发车时间在计划时刻表的邻域内得到，见式（7-78）、式（7-79）。

$$a_j^i = \begin{cases} x & x \in U^+(\widehat{a_j^i} + \Delta t_{j,\text{delay}}^i, \Theta) \quad \text{当产生 } \Delta t_{j,\text{delay}}^i \text{ 延误} \\ y & y \in U^+(\widehat{a_j^i}, \Theta) \quad \text{其他} \end{cases} \tag{7-78}$$

$$d_j^i = \begin{cases} x & x \in U^+(\widehat{d_j^i} + \Delta t_{j,\text{delay}}^i, \Theta) \quad \text{当产生 } \Delta t_{j,\text{delay}}^i \text{ 延误} \\ y & y \in U^+(\widehat{d_j^i}, \Theta) \quad \text{其他} \end{cases} \tag{7-79}$$

式中　$U^+(\widehat{a_j^i}, \Theta)$——$\widehat{a_j^i}$ 的右邻域。

3. 目标函数

根据目标函数（式（7-61））计算每个粒子的适应度值。然后利用式（7-80）、式（7-81）更新个体最优值和全局最优值。

$$p_l^r = \begin{cases} f(X_l^r) & f(X_l^r) \leqslant p_l^{r-1} \\ p_l^{r-1} & \text{其他} \end{cases} \tag{7-80}$$

$$p_g^r = \begin{cases} p_g^{r-1} & p_g^{r-1} \leqslant \min\limits_{l=1,2,\cdots,N}(p_l^r) \\ \min\limits_{l=1,2,\cdots,N}(p_l^r) & \text{其他} \end{cases} \tag{7-81}$$

4. 更新位置和速度矢量

采用遗传算子和粒子群算法更新位置向量。首先,交叉和变异是遗传算法中常用的两种算子。交叉操作就是将一个交叉点的值 ρ_c 替换为具有交叉概率的另一个粒子中同一点的值,如图 7-38 所示。变异操作是根据变异概率 ρ_m 来改变变异点的值。注意,产生的新粒子可能是不可行解,因此必须修改不可行粒子,直到按照规定的方法生成可行解为止。

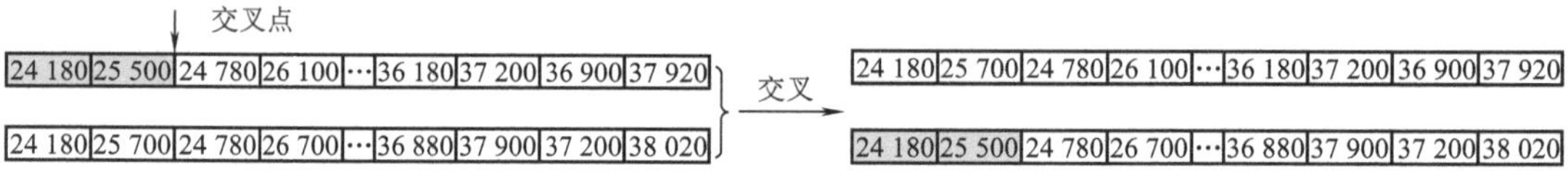

交叉点

24 180	25 500	24 780	26 100	…	36 180	37 200	36 900	37 920
24 180	25 700	24 780	26 700	…	36 880	37 900	37 200	38 020

交叉 →

24 180	25 700	24 780	26 100	…	36 180	37 200	36 900	37 920
24 180	25 500	24 780	26 700	…	36 880	37 900	37 200	38 020

图 7-38　交叉操作

其次,在粒子群优化过程中,速度和位置向量通过式(7-82)和式(7-83)更新。

$$V_l^{r+1} = wV_l^r + c_1\gamma_1(p_l^r - X_l^r) + c_2\gamma_2(p_g^r - X_l^r) \tag{7-82}$$

$$X_l^{r+1} = X_l^r + V_l^r \tag{7-83}$$

5. 算法流程

步骤 1:初始化。w, c_1, c_2, P_c, P_m、最大迭代数 num、精度误差等参数初始化。生成具有位置和速度的粒子集 N,以确保式(7-63)~式(7-77)的约束条件。

步骤 2:根据式(7-61)计算每个粒子的适应度函数,并根据式(7-80)、式(7-81)进行更新。

步骤 3:更新粒子集中粒子的速度和位置。

步骤 4:循环到步骤 2,直到满足 num 或 error,然后输出最好的解决方案。需要注意的是,当迭代达到最大个数或满足精度误差时,就可以得到最优解。

五、实例研究

由于高密度车流,在日常运营中,京沪高速铁路线上的初始晚点会严重影响运营效率。通过京沪高速铁路的实际算例,验证模型和算法的性能。使用 Java 实现 GA-PSO 算法和 PSO 算法,并与不同的调度策略进行比较。

提出的方法适用于从北京到上海最繁忙的高速铁路线路(每天超过 95 趟列车)。京沪高铁线路各站的名称和简名、到 BJN 的距离、车站的能力、各路段的出行时间见表 7-11。列车起停附加时间分别为 2 min 和 1 min,高峰时段最小列车运行间隔时间为 5 min。

表 7-11　基础设施相关参数

车站	缩略名称	与 BJN 的距离/km	轨道数量(车站容量)	从前一站出发的时间/min
北京南	BJN	0	12	0
廊坊	LF	59	2	22
天津南	TJN	131	3	16
沧州西	CZX	219	3	22

续上表

车站	缩略名称	与 BJN 的距离/km	轨道数量(车站容量)	从前一站出发的时间/min
德州东	DZD	327	4	26
济南西	JNX	419	8	23
泰安	TA	462	4	15
曲阜东	QF	533	4	18
滕州东	TZD	589	2	14
枣庄	ZZ	625	4	9
徐州东	XZD	688	7	16
宿州东	SZD	767	3	17
蚌埠南	BBN	844	7	22
定远	DY	897	2	14
滁州	CZ	959	2	16
南京南	NJN	1 018	5	19
镇江南	ZJN	1 087	3	20
丹阳北	DYB	1 112	2	7
常州北	CZB	1 144	3	8
无锡东	WXD	1 201	3	14
苏州北	SZB	1 227	3	7
昆山南	KSN	1 259	9	8
上海虹桥	HQ	1 302	11	17

本案例设计了四种延迟情况,见表 7-12。延误场景由列车名称、车站名称、延误类型和延误时间来识别。在这些实验中,时刻表包含 40 辆列车在时间范围内向下行方向运行,考虑到达延迟、出发延迟和由扰动(例如,列车晚点和路径冲突)引起的非计划停车。此外,假设扰动时长很短。

表 7-12 延迟情况描述

	列车	车站	类型	延误时间/min
场景 1	G109	BBN	非计划停站	20
场景 2	G123	DZD	出发晚点	10
场景 3	G139	NJN	出发晚点	10
场景 4	G155	JNX	出发晚点	15

1. 参数设定

本案例采用全因子法来设计确定 GA-PSO 算法的相关参数(即 w、c_1、c_2、P_c 和 P_m)。为了比较不同参数组合的性能,提出了相对偏差指数(RDI)为

$$\mathrm{RDI}_i = \frac{f_i^{\mathrm{opt}} - f_{\min}}{f_{\max} - f_{\min}} \times 100 \tag{7-84}$$

式中 f_i^{opt}——参数组合的最优目标函数值;

$f_{\max}$, $f_{\min}$——分别为参数组合中最坏和最优目标函数值。

准时是衡量列车日常运行中服务质量的重要指标,同时也影响着动车组运用和乘务员

值乘计划。在该模型中，晚点超过阈值的列车数量这一目标应该得到更多的关注。因此，列车服务总晚点和晚点超过阈值的列车数量的惩罚权重 Q_{delay} 分别为 1 和 10 000。pop 为 20，终止条件最大迭代 num 为 1 000 或精度误差为 0.05。

然后，记录不同参数组合下的最优解 w、c_1、c_2、P_c 和 P_m。不同参数组合的影响结果见表 7-13。

表 7-13　不同参数组合的相互影响

(w,c_1,P_c,P_m)	(0.65,0.5,0.6,0.15)	(0.4,0.5,0.6,0.15)	(0.65,0.5,0.6,0.2)	(0.65,0.6,0.6,0.15)
最佳目标值	52 460	73 000	62 940	74 740
RDI	0	63%	32%	68%

2. 结果分析

首先，通过提出的 GA-PSO 算法得到了最佳的调整后列车运行图，如图 7-39 所示，其中浅色线和深色线分别代表了计划列车运行线和调整后列车运行线。为了减少延误列车的数量和总延误时间，在最优解中改变占用同一区段的相邻列车的运行顺序。例如，改变 G109 和 G111 列车进入 BBN-DY 路段的顺序，保证 G111 按计划时间运行（见图 7-39 左圈），减少晚点列车数。此外，增加列车停站时间可以避免路径冲突。例如，由于名为 G147 的列车在 ZJN 站的停留时间增加，即列车间的冲突消失（见图 7-39 中右圈）。

实际案例结果见表 7-14，如主要延误、连带延误、连带延误列车、目标函数值、计算时间等。所有场景 1、2、3、4 都可以在 1 min 内解决。从延误场景 1 到延误场景 4，相邻列车的运行间隔时间分别为 10 min、5 min、8 min 和 7 min。当目标函数值越大，连带延误和连带延误列车数对列车运行的影响就越大。例如，延迟场景 3（目标值为 180）的影响较小，而延迟场景 1 和延迟场景 2（目标值分别为 20 600 和 21 080）的影响较强。各列车延误分布如图 7-40 所示。根据所得结果，可以得出两个一般结论：

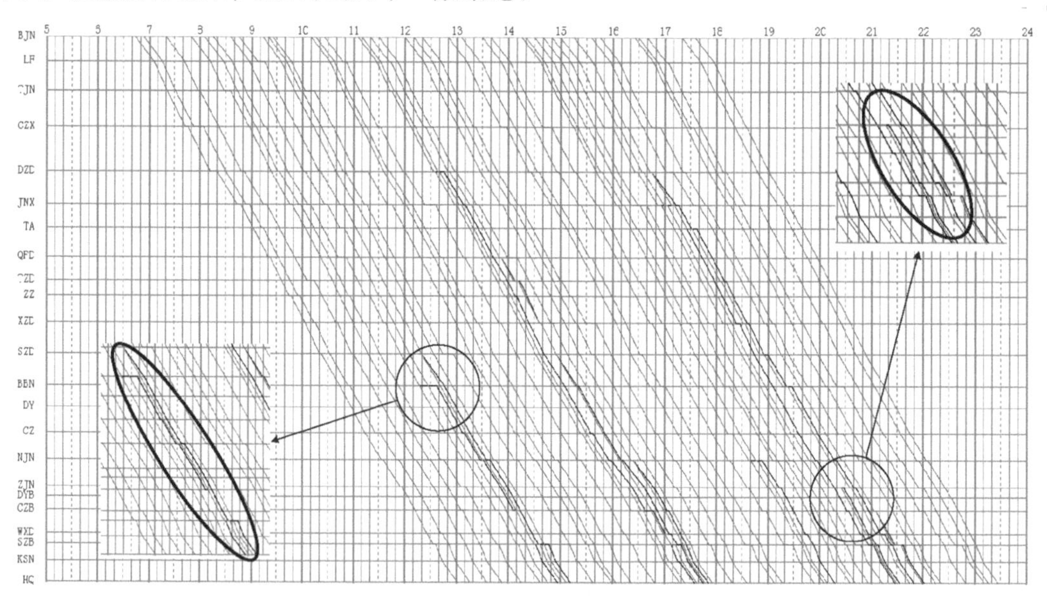

图 7-39　基于 GA-PSO 的最佳运行调整时距

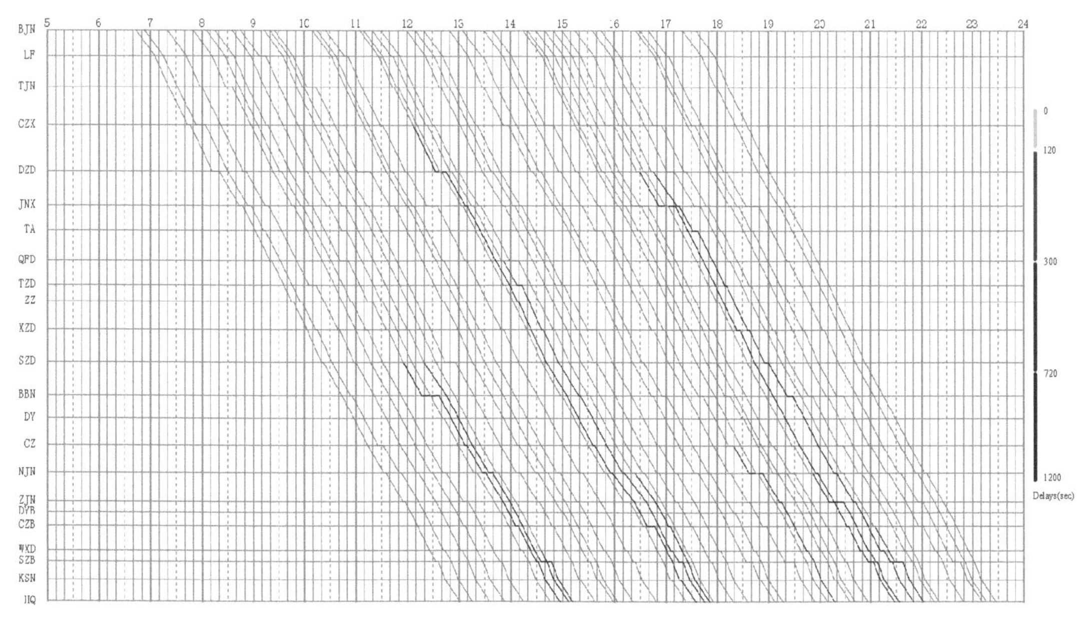

图 7-40　列车晚点分布

①当考虑与最小列车运行间隔时间大致相同的列车运行间隔时间时,较大的初始延误对计划时刻表的影响更大。

②当发生相同的初始延误时,具有高密度列车流的铁路网上的延误传播较强。

表 7-14　延迟情况的结果

	延误		连带延误列车	最优目标值	计算时间/s
	主要延误/s	连带延误/s			
场景 1	1 200	600	G113,G1	20 600	42
场景 2	600	1 080	G411,G127	21 080	56
场景 3	600	180	—	180	31
场景 4	900	600	G149	10 600	40

3. 不同方法的比较

FSFS 和 FCFS 列车运行调整策略和 PSO 算法来研究延迟情况。以 FSFS、FCFS 调度策略和 CPLEX 求解器所得到的目标作为基准解。注意 GA-PSO 和 PSO 算法的初始解(值为 105 880)的设置考虑了 FSFS 策略。FSFS 策略的目标是上界,CPLEX 求解器计算的最优目标是下界。

结果表明,GA-PSO 算法得到的目标值(52 460)优于 FCFS 策略。具体而言,GA-PSO 与 FCFS 策略、FSFS 策略和 PSO 策略的目标值分别降低了 15.6%、48.8% 和 25.7%。下界(最优解 42 194)指 CPLEX 求解器与所提方法之间的差距,在这种情况下约为 19.6%。而 GA-PSO 算法在 1.5 min 内解决了延误场景,小于 CPLEX 求解器的计算时间(超过 10 min)。因此,实验结果表明,GA-PSO 算法与其他算法相比,能够更有效地在可接受的时间内找到最优解。

六、研究结论

本案例提出了考虑初始晚点情况下的铁路列车调度问题的MIP模型和GA-PSO方法。提出的列车运行调整模型的两个目标是最小化总延误和延误超过阈值的列车数量。约束包括原计划的时刻表约束和资源能力约束。该算法融合了遗传算法和粒子群算法的优点,并将被推广到京沪高速铁路的实际工程中。与FCFS策略、FSFS策略和PSO相比,改进GA-PSO计算的目标值分别降低了15.6%、48.8%和25.7%。通过实例验证了该方法的有效性。此外,该案例研究还揭示了晚点传播与列车运行间隔时间的关系。初始延误发生在高密度时段(计划列车运行间隔时间接近最小列车运行间隔时间),造成了较大的晚点传播。

目前,由于本研究未考虑更长的中断长度和中断的不确定性,所提出的模型不适用于解决严重中断(例如完全中断)问题。为了进一步论证所提出的调度措施的安全性和可行性,未来可建立一个考虑车站内部布局的微观调度模型。随着近年来数据驱动方法在交通领域的应用趋势和大量的列车实际运行数据,利用数据学习方法挖掘列车运行的特征和调度策略也是未来有价值的研究方向之一。

第四节　轨道交通系统风险不确定性评价

一、基于区间二型模糊集和TOPSIS方法的地铁车站动态风险评估

1. 研究背景

轨道交通系统目前已经成为城市公共交通体系的骨干,能够有效地减缓城市交通的压力,利于居民的日常出行。轨道交通系统客流量大,因其一般在地下或者高架等封闭环境中运行,一旦发生事故,将会对生命和财产造成不可估量的损失。所以在轨道交通路网规模网络化的同时,提高轨道交通安全风险管理水平,对保障轨道交通系统安全可靠运行具有非常重要的意义。

安全状态评估作为安全系统工程的一个重要组成部分,是保障轨道交通网络安全运营的基础,是运营部门实现系统化、科学化安全管理的重要手段。轨道交通网络化运营的特点主要有:运量与运力矛盾日益突出,车站间具有较强的关联性,路网局部一旦发生故障将会对整个路网系统运营安全带来较大的影响。目前对于轨道交通系统安全状态评估的研究大多只是针对关键设备、部分车站等局部区域进行定性分析,缺乏轨道交通网络化运营背景下较为全面的安全状态评估理论与体系。定量研究中,有利用故障树分析、概率风险评价、故障模式分析等传统安全和可靠性方法对静态的、单个设备的安全状态进行评估,这根本无法满足轨道交通路网这一复杂大系统的安全状态评估需求。

因此,城市轨道交通路网安全状态评估对轨道交通网络化运营的本质特性认知,对安全状态系统、准确的动态评估,对路网安全状态的趋势具有重要意义,加强对城市轨道交通路网安全状态的评估与预测,为提高网络化运营风险管控能力和安全性提供可靠的参照依据,实现由“被动安全”向“主动安全”的转变,对提高轨道交通风险管理控制水平,保障轨道交通路网高效、可靠、安全运行具有非常重要的实际意义。

2. 研究思路

风险评价研究大多采用静态指标，没有考虑时间、环境和其他因素对评价的影响，不能很好地反映实时的风险状况，因此动态风险评估方法受到了广泛的关注。影响城市轨道交通安全运行的因素复杂，其中一些因素难以用准确的值表达决策者的偏好信息，因此通常使用模糊集表示决策者给出的主观评价信息的不确定性。模糊 TOPSIS 方法是一种逼近理想解的排序方法，比其他方法更适合于描述地铁车站的风险状况。在现有的模糊 TOPSIS 方法中，大多数都以一型模糊集为基础，但由于地铁系统是由电力、电气、监视、控制等多个子系统集合而成的，因此一型模糊集不如二型模糊集更适合解决地铁系统的不确定性和复杂性问题。二型模糊集合是由一型模糊集合拓展而成，由一型模糊集合的二维空间延伸到三维空 间，这表明二型模糊集合在处理不确定性的自由度方面优于一型模糊集合，而准确的模糊估计更适合于地铁车站的动态风险评估。

因此，针对目前轨道交通路网安全状态评估问题，基于现有安全域空间理论的研究，提出一种新的二型模糊方法来实时监测和评价北京地铁车站的风险状态。地铁车站的实时风险状况通过地铁车站的动态评估指标系统进行评估，该系统是在考虑人员、设备、环境、管理和事故的基础上建立的。为了进一步完善地铁车站的风险评估理论，提出了一种将 IT2FCM 与 TOPSIS 相结合的地铁车站风险评估方法，这对提高决策质量具有重要的现实意义。

3. 模型建立

(1) 二型模糊集

当普通集合{0,1}无法满足描述某件事物的要求时，Zedeh 教授引入模糊集合的概念对事物进行描述，随着事物模糊不确定性的增大，传统一型模糊集合{0,1}也无法满足模糊性描述的要求。在 1975 年，Zedeh 教授首先提出用“高阶”模糊集的概念来解决不确定、不断增大的问题，二型及多型模糊集合理论由此产生。二型模糊集合是由一型模糊集合拓展而成，由一型模糊集合的二维空间延伸到三维空间，这表明二型模糊集合在处理不确定性的自由度方面优于一型模糊集合。同理，多型模糊集合是在二型模糊集合基础上，通过不断增大空间维度来提高模糊系统的复杂度，现有研究的重点主要是二型模糊集合。

直观地说，二型模糊集合是在一型模糊隶属度函数基础上，对其取值的模糊化，是一型模糊集的拓展，如图 7-41 所示。

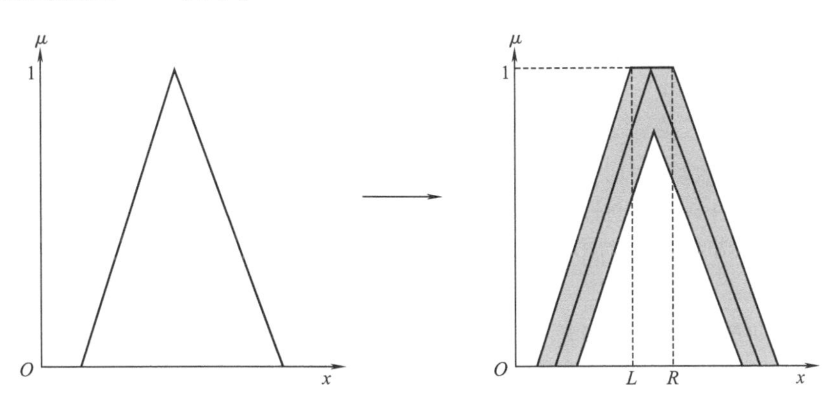

图 7-41　一型模糊集合隶属度函数的“模糊化”

给定论域 X 上的二型模糊集 $\tilde{\tilde{A}}$，可以表示为

$$\tilde{\tilde{A}} = \int_{x\in X}\int_{\mu\in Jx}\mu_{\tilde{A}}(x,u)/(x,u) = \int_{x\in X}\left[\iint_{\mu\in Jx}f_x(\mu)\Big/\mu\right]\Big/x \tag{7-85}$$

式中　$\mu \in J_x \in [0,1]$；

J_x——主隶属度函数；

$f_x(u)$——次隶属度，次隶属度函数 $\mu_{\tilde{A}} = \int_{\mu\in Jx}f_x(u)/u$；

J_x 的并集称为不确定轨迹 FOU；

FOU 的上、下限为二型模糊集的上、下限隶属度函数；

$f_x(u)/u$——隶属度 $f_x(u)$ 与元素 μ 之间的关系；

$\iint$——x 与 μ 的并集。

$$\mathrm{FOU}(\tilde{\tilde{A}}) = U_{x\in X}J_x = \{(x,y):y\in J_x = [\tilde{A}^U(x),\tilde{A}^L(x)]\} \tag{7-86}$$

二型模糊集合的隶属度函数是三维的，对于集合中任一元素，其隶属度不再是一个确切值，而是一个区间，值域为 $[0,1]$。二型模糊集合的 FOU 如图 7-42 所示。

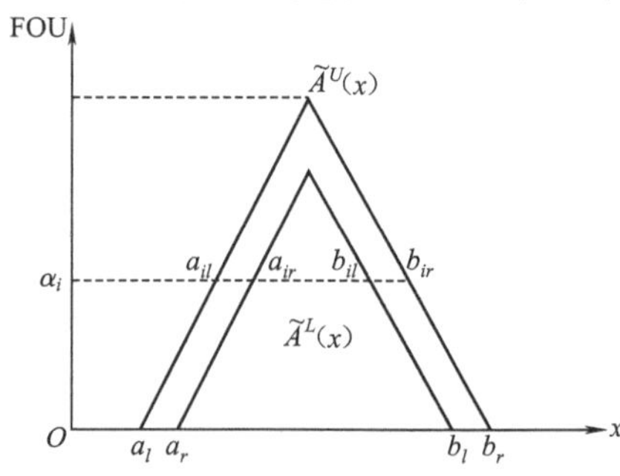

图 7-42　二型模糊集的 FOU

(2)区间二型模糊集

虽然二型模糊集在描述多重模糊不确定性方面拥有优势，但是二型模糊集的计算复杂度相当高，很难应用于工程现场。针对这一问题，美国南加州大学 Mendel 把二型模糊集的二阶隶属函数定义为隶属度为 1 的区间模糊集合，并提出区间二型模糊集合的概念，这一理论的提出简化了运算过程，促进了二型模糊集理论在通信、自动化、生物等领域的广泛应用。

当 $f_x(u) = 1(\forall u \in J_x \subseteq [0,1])$ 时，则次隶属函数是区间集，如果对 $\forall x \in X$ 都是这样，则称 $\tilde{\tilde{A}}$ 为区间二型模糊集合，可以表示为

$$\tilde{\tilde{A}} = \int_{x\in X}\int_{\mu\in Jx}1/(x,u) = \int_{x\in X}\left[\iint_{\mu\in Jx}1\Big/u\right]\Big/x \tag{7-87}$$

由式(7-87)可知区间二型模糊集是二型模糊集的一个特例。区间二型模糊集比区间一型模糊集更能描述不确定性，区间二型模糊集的二次隶属度函数均为 1，避免了二次隶属度函数的选择，简化了集的计算。因此，对于不确定信息的决策问题，区间二型模糊集比其他方法更适合。

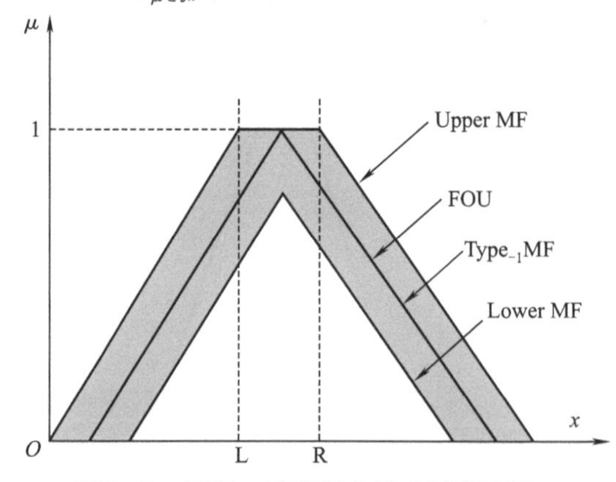

图 7-43　区间二型模糊集的隶属度函数

区间二型模糊集的隶属度函数如图 7-43 所示，其中，Upper MF、Lower MF 分别表示二型模糊集的上、下隶属度函数，由于次隶属度为 1，大大简化了计算过程，所以求取隶属度

函数是区间二型模糊计算中的最关键的步骤。另外图中阴影部分为 FOU,描述了区间二型模糊集的隶属度函数,即当 FOU 确定时,其对应的区间二型模糊隶属度函数也随之确定。

(3)二型模糊集的运算

二型模糊集有与一型模糊集类似的并集和交集运算,但由于二型模糊集具有主和次两个隶属度,因此运算方式有别于一型模糊集,需要对每个元素的次隶属度进行运算。假设论域 X 上有两个二型模糊集 $\tilde{\tilde{A}}$ 和 $\tilde{\tilde{B}}$,有以下运算。

①并运算

两个二型模糊集的并集仍是二型模糊集,对 $\forall x \in X$ 其模糊隶属度函数为

$$\tilde{\tilde{A}} \cup \tilde{\tilde{B}} = \int_{x \in X} \mu_{\tilde{A}}(x) \cup \mu_{\tilde{B}}(x) = \int_{x \in X} \left[\int_{\mu \in [J_{\tilde{\tilde{x}}}(A) \vee J_{\tilde{\tilde{x}}}(B), J_{\underset{\sim}{x}}(A) \vee J_{\underset{\sim}{x}}(B)]} \frac{1}{\mu} \right] \Big/ x \tag{7-88}$$

②交运算

两个二型模糊集的交集仍是二型模糊集,对 $\forall x \in X$ 其模糊隶属度函数为

$$\tilde{\tilde{A}} \cap \tilde{\tilde{B}} = \int_{x \in X} \mu_{\tilde{A}}(x) \cap \mu_{\tilde{B}}(x) = \int_{x \in X} \left[\int_{\mu \in [J_{\tilde{\tilde{x}}}(A) \wedge J_{\tilde{\tilde{x}}}(B), J_{\underset{\sim}{x}}(A) \wedge J_{\underset{\sim}{x}}(B)]} \frac{1}{\mu} \right] \Big/ x \tag{7-89}$$

③余运算

二型模糊集的余集仍是二型模糊集,对 $\forall x \in X$ 其模糊隶属度函数为

$$\overline{\tilde{\tilde{A}}} = \int_{x \in X} \left[\int_{\mu \in [1-\bar{J}_x, [1-J_x]} 1 \Big/ u \right] \Big/ x \tag{7-90}$$

(4)基于显著性水平集合的模糊 TOPSIS 方法

TOPSIS 方法是一种逼近理想解的排序方法,其主要思想是:首先建立初始决策矩阵,然后在矩阵中找出正理想解和负理想解,再根据各备选方案与正、负理想解的距离,从而计算出各备选方案与最优方案的相对接近程度,最后根据计算的相似度作为评价方案优劣的标准,如果方案越接近正理想解、远离负理想解,则该方案是最优的。利用 TOPSIS 方法来解决多属性问题较为简单,只需要在属性空间定义适当的距离测度就能够计算备选方案与理想解之间的距离,而且 TOPSIS 方法中的相似度具有较强的适用性,因此 TOPSIS 方法在求解多准则决策问题中得到了广泛的应用。

在求解模糊多准则决策问题时,准则值和相对权重通常用模糊数表示,特别是三角模糊数。以一型三角模糊数为例,其隶属度函数为

$$\mu_{\tilde{A}}(x) = \begin{cases} (x-a)/(b-a) & a \leqslant x \leqslant b \\ (d-x)/(d-b) & b \leqslant x \leqslant d \\ 0 & \text{否则} \end{cases} \tag{7-91}$$

式中　a,b,d——通常表示一型三角模糊数。

根据 Zedeh 的扩展原理,区间可以用来描述模糊集 $\tilde{A}$,即

$$\tilde{A} = \underset{\alpha}{\cup} \alpha A_\alpha, 0 < \alpha \leqslant 1 \tag{7-92}$$

$$A_\alpha = \{x \in X | \mu_{\tilde{A}}(x) > \alpha\} = [\min\{x \in X | \mu_{\tilde{A}}(x) > \alpha\}, \max\{x \in X | \mu_{\tilde{A}}(x) > \alpha\}] \tag{7-93}$$

为了使 TOPSIS 方法也能用于处理模糊多准则决策问题,采用基于显著性水平的拓展

TOPSIS 方法实现模型的求解,方法如下。

①确定准则和模糊决策矩阵的相对权重

决策矩阵 $\tilde{\boldsymbol{V}}=(\tilde{v}_{ij})_{n\times m}$ 由 n 个方案 $A_1,\cdots,A_n$ 和 m 个决策准则 $C_1,\cdots,C_n$ 组成,即

$$\tilde{\boldsymbol{V}}=\begin{bmatrix}\tilde{v}_{11} & \tilde{v}_{12} & \cdots & \tilde{v}_{1m}\\ \tilde{v}_{21} & \tilde{v}_{22} & \cdots & \tilde{v}_{2m}\\ \vdots & \vdots & & \vdots\\ \tilde{v}_{n1} & \tilde{v}_{n2} & \cdots & \tilde{v}_{nm}\end{bmatrix} \tag{7-94}$$

$$\tilde{\boldsymbol{Y}}=[\tilde{y}_1 \quad \tilde{y}_2 \quad \cdots \quad \tilde{y}_n]^{\mathrm{T}} \tag{7-95}$$

式中 $\tilde{\boldsymbol{Y}}$ ——准则的相对权重,满足 $\tilde{y}_i\geqslant 0$ 。

②归一化准则和模糊决策矩阵的相对权重

模糊决策矩阵 $\tilde{\boldsymbol{V}}$ 通过以下方式实现归一化,即

$$\tilde{v}_{ij}=\left(\frac{a_{ij}}{c_j^*},\frac{b_{ij}}{c_j^*},\frac{c_{ij}}{c_j^*}\right)\quad i=1,2,\cdots,n,j\in\Omega_b \tag{7-96}$$

$$\text{s.t.}\quad c_j^*=\max_i c_{ij},j\in\Omega_b$$

$$\tilde{v}_{ij}=\left(\frac{\bar{a}_j}{c_{ij}},\frac{\bar{a}_j}{b_{ij}},\frac{\bar{a}_j}{a_{ij}}\right)\quad i=1,2,\cdots,n,j\in\Omega_c \tag{7-97}$$

$$\text{s.t.}\quad \bar{a}_j=\min_i a_{ij},j\in\Omega_c$$

式(7-96)适用于收益准则,而式(7-97)适用于成本准则。归一化后,模糊决策矩阵 $\tilde{\boldsymbol{V}}$ 仍然是一型三角模糊数。如果使用相同的模糊语言变量集评估 $C_1,\cdots,C_n$,则无需对模糊决策矩阵 $\tilde{\boldsymbol{V}}$ 进行归一化。

③确定归一化决策矩阵的正理想解和负理想解

归一化决策矩阵的正理想解和负理想解定义为

$$G^+=\{v_1^+,\cdots,v_m^+\}=\{(\max_j c_{ij}\,|j\in\Omega_c),(\min_j a_{ij}\,|j\in\Omega_c)\} \tag{7-98}$$

$$G^-=\{v_1^-,\cdots,v_m^-\}=\{(\min_j a_{ij}\,|j\in\Omega_c),(\max_j c_{ij}\,|j\in\Omega_c)\} \tag{7-99}$$

显然,模糊决策矩阵的取值范围在 0 到 1 之间。

④计算各方案与理想解的相对贴近度

每个方案 A_i 的相对贴近度的计算方法为

$$\mathrm{RC}_i=\frac{\sqrt{\sum_{j=1}^{m}[y_j(v_{ij}-v_j^-)]^2}}{\sqrt{\sum_{j=1}^{m}[y_j(v_{ij}-v_j^-)]^2+\sum_{j=1}^{m}[y_j(v_{ij}-v_j^+)]^2}} \tag{7-100}$$

$$\text{s.t.}\quad (y_j^L)_\alpha\leqslant y_j\leqslant(y_j^U)_\alpha\quad j=1,2,\cdots,m$$

$$(v_{ij}^L)_\alpha\leqslant v_{ij}\leqslant(v_{ij}^U)_\alpha\quad j=1,2,\cdots,m$$

式中 $(v_{ij})_\alpha=[v_{ij}^L,v_{ij}^U]$,并且 $(y_i)_\alpha=[(y_j^L)_\alpha,(y_j^U)_\alpha]$ 分别是 $\tilde{v}_{ij}$ 和 $\tilde{y}_j$ 的显著性水平。相

对贴近度的上界和下界定义为

$$(\mathrm{RC}_i^U)_\alpha = \max \frac{\sqrt{\sum_{j=1}^{m}\{y_j[(v_{ij}^U)_\alpha - v_j^-]\}^2}}{\sqrt{\sum_{j=1}^{m}\{y_j[(v_{ij}^U)_\alpha - v_j^-]\}^2 + \sum_{j=1}^{m}\{y_j[(v_{ij}^U)_\alpha - v_j^+]\}^2}}$$

$$\text{s.t.}\quad (y_j^L)_\alpha \leqslant y_j \leqslant (y_j^U)_\alpha \quad j = 1,2,\cdots,m \tag{7-101}$$

$$(\mathrm{RC}_i^L)_\alpha = \min \frac{\sqrt{\sum_{j=1}^{m}\{y_j[(v_{ij}^U)_\alpha - v_j^-]\}^2}}{\sqrt{\sum_{j=1}^{m}\{y_j[(v_{ij}^L)_\alpha - v_j^-]\}^2 + \sum_{j=1}^{m}\{y_j[(v_{ij}^L)_\alpha - v_j^+]\}^2}}$$

$$\text{s.t.}\quad (y_j^L)_\alpha \leqslant y_j \leqslant (y_j^U)_\alpha \quad j = 1,2,\cdots,m \tag{7-102}$$

每个方案的相对贴近度 $(\mathrm{RC}_i)_\alpha = [(\mathrm{RC}_i^L)_\alpha,(\mathrm{RC}_i^U)_\alpha]$ 可以在不同显著性水平集中通过式(7-101)和式(7-102)计算获得。根据扩展原理,最终将每个方案的相对贴近度 RC_i 定义为

$$\mathrm{RC}_i = \bigcup_\alpha \alpha[(\mathrm{RC}_i^L)_\alpha,(\mathrm{RC}_i^U)_\alpha],0 < \alpha \leqslant 1 \tag{7-103}$$

⑤每个方案的相对贴近度去模糊化

相对贴近度去模糊化后的值定义为

$$\mathrm{RC}_i^* = \frac{1}{N}\sum_{j=1}^{n}\left[\frac{(\mathrm{RC}_i^L)_{\alpha j} + (\mathrm{RC}_i^U)_{\alpha j}}{2}\right],j = 1,2,\cdots,n \tag{7-104}$$

4.地铁车站风险评价指标体系分析

地铁车站是一个庞大而复杂的系统。地铁车站风险的变化是由人、设备、环境和管理四个要素相互依存、相互影响而引起的。在对地铁车站进行调查的过程中,会发现事故、人员伤亡和经济损失或多或少地影响着地铁车站的风险。综上所述,影响地铁车站风险的主要因素有客流、设备、环境、管理和事故。

人是系统中最关键、最灵活的要素,人的工作绩效直接影响着地铁站的运行。地铁车站在运营过程中,早晚高峰期往往面临着较大的客流,大量乘客进入平台,使得站台、等候区和公共区域的客流密度大大增加,在某些特殊时间,甚至可能会超出限制数量,如此庞大的客流很容易导致意外情况的发生。为了反映地铁站的风险状况,关于风险评估的研究集中在一些事故易发区,例如闸机、站台、楼梯和通道等。进出口闸机的负荷程度反映了闸机的使用情况,负荷程度的值越高,乘客的速度越慢,这导致乘客聚集并且有踩踏危险;站台、楼梯和通道的拥挤程度反映了它们的使用强度;但对自动扶梯拥堵程度的研究还不够全面。事实上,一些事故经常发生在自动扶梯上。拥塞程度是实际客流与通行能力之比,其值越高表示客流量越大,越容易发生拥挤和踩踏事件。

其中,设备是地铁车站安全运行的基础。一个小小的错误就可能导致车站变得不安全,甚至会发生大的延误或人员伤亡。设备的不安全状态可能直接或间接刺激危险源。在进行风险评估时,必须高度关注设备的运行状况。

环境对地铁车站的安全运行有着重要的影响,它以一种微妙的方式影响着安全。它的影响可能是积极的,但有时也会是消极的。恶劣的环境不仅使工作人员和乘客感到不舒服,而且使电气设备和线路的绝缘性能下降,可能导致电气设备短路,甚至发生火灾事故。之前

的研究很少考虑环境因素,或主观地给环境打分,因此这里对温度、湿度、$PM_{2.5}$、PM_{10}和 CO_2 进行量化并加以考虑。

管理在地铁系统中起着核心作用。管理是通过计划、组织、领导和控制等手段来达到预期目标的活动过程。它渗透到各个方面,促使各个要素结合成一个整体。良好的管理可以增强积极作用,减少不利影响,为地铁站的安全运营提供良好条件。在以往的研究中,地铁车站的管理侧重于日常安全管理。日常安全管理是指管理人员如何使地铁车站安全、高效地运行。但从安全运营的角度出发,应考虑应急管理,包括切实可行的、完整的应急预案、安全运营管理规范和应急演练。

另外,还应考虑事故的数量、人员伤亡情况和事故期间的经济损失。

综上所述,地铁车站风险评估指标体系由客流、设备、环境、管理和事故五个指标组成,如图 7-44 所示。

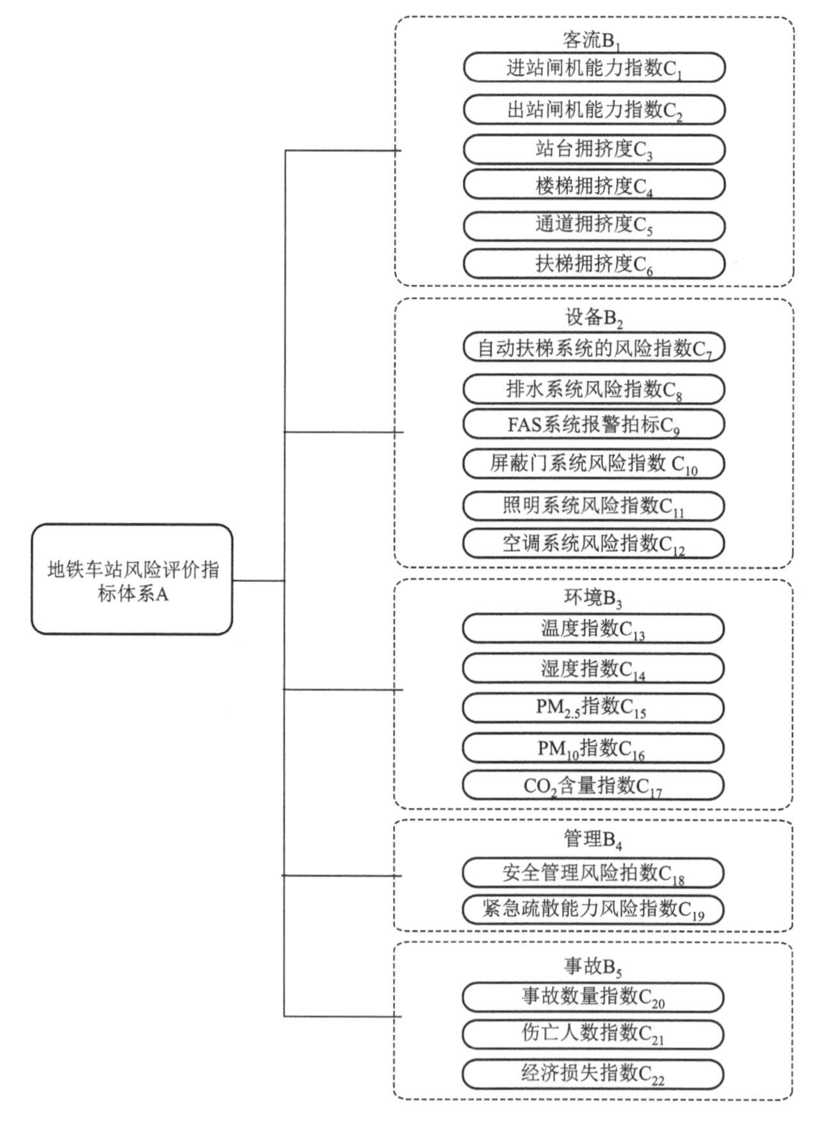

图 7-44　地铁车站风险评价指标体系

在调查的基础上，对影响地铁车站风险状况的指标进行了分析。借鉴前人的研究思路，提出了计算公式来量化新的指标，例如自动扶梯的拥挤程度。每个指标的计算公式见表7-15。车站的风险状态将通过计算得出的每个指标的定量值来客观反映，从而确保地铁站风险评估结果的准确性。

表7-15　指标的解释和计算方法

指标的说明	计算公式及参数
C_1、C_2、C_4、C_5、C_6为进出AFC、楼梯、通道、自动扶梯在一个高峰期的负载程度	$C = \sum_{i=1}^{n} \lambda_i S_i$ $S_i = \frac{Q_i}{C_i}$ S_i——第i个进站AFC、出站AFC、楼梯、通道、自动扶梯的负载程度； λ_i——第i个进站AFC、出站AFC、楼梯、通道、自动扶梯的权重； Q_i——第i个进站AFC、出站AFC、楼梯、通道、自动扶梯上的乘客数量； C_i——第i个进站AFC、出站AFC、楼梯、通道、自动扶梯的容量； n——进站AFC、出站AFC、楼梯、通道、自动扶梯的数量
C_3是在一个高峰时段乘客人数与站台上等候区面积的比率	$C_3 = \frac{(Q_1 T_1 + Q_2 T_2)}{S}\Phi$ Q_1——进入车站的乘客数量，人/s； Q_2——离开车站的乘客数量，人/s； S——站台上等候区面积，m^2； T_1——列车到站的间隔时间，s； T_2——站台与站厅之间的最长步行时间，s； Φ——站台上客流密度的不均匀系数
C_7、C_8、C_9、C_{10}、C_{11}、C_{12}是一个周期中自动扶梯、排水、屏蔽门、FAS、照明、空调系统故障数量与自动扶梯、排水、FAS、照明、空调系统总数量之比	$C = \frac{M}{N}$ M——自动扶梯、排水、屏蔽门、FAS、照明、空调系统故障数量； N——自动扶梯、排水、屏蔽门、FAS、照明、空调系统总数量
C_{13}、C_{14}、C_{15}、C_{16}、C_{17}是温度、湿度、小于2.5 μm（$PM_{2.5}$）的颗粒、小于10 μm（PM_{10}）的颗粒、CO_2的测量值与标准值之比	$C = \frac{c}{S}$ c——测量值； S——标准值
C_{18}是一个周期内对安全管理的综合评估结果	$C_{18} = 1 - \frac{c}{1\ 000}$ c——专家给出的分数
C_{19}是站台层在高峰时间的事故疏散时间	$C_{19} = \left[\frac{Q_1 + Q_2}{0.9[A_1(N-1) + A_2 B]} + 1\right]/6$ Q_1——列车上的乘客数量； Q_2——站台上等候车的乘客数量； A_1——自动扶梯容量，人/(min·m)； A_2——楼梯容量，人/(min·m)； N——自动扶梯数量； B——楼梯宽度，m； 0.9——换算系数

续上表

指标的说明	计算公式及参数
C_{20}是一个周期中的事故数	$$C_{20}=\sum_{i=1}^{5}\omega_i s_i$$ ω_i——第 i 次事故的权重； S_i——第 i 次事故的数量
C_{21}是一个周期的人员伤亡率	$$C_{21}=\frac{n}{N}$$ n——统计期间的伤亡人数； N——车站内的乘客数量
C_{22}是在一个周期内因事故造成的经济损失	$$C_{22}=\sum_{i=1}^{5}\omega_i s_i$$ ω_i——第 i 次事故的权重； S_i——第 i 次事故的经济损失

5. 基于区间二型模糊集和 TOPSIS 方法的地铁车站风险评估

(1)区间二型模糊集决策模型在地铁车站风险评估中的应用

基于区间二型模糊集决策模型的地铁车站风险评估模型可以用于评估地铁车站的实时状态。该模型的基本思想为：首先，计算每个指标的值并确定相对权重。其次，基于标准化初始决策矩阵，在有限的选择中确定理想解和负理想解。第三，通过计算每个方案与正、负理想解之间的距离来获得相对贴近度。最后，将相对贴近度去模糊化来评估每个方案。

模糊决策矩阵 $\tilde{\tilde{\boldsymbol{X}}}=(\tilde{\tilde{x}}_{ij})_{n\times m}$ 可以表示为

$$\tilde{\tilde{\boldsymbol{X}}}=\begin{bmatrix}\tilde{\tilde{x}}_{11} & \tilde{\tilde{x}}_{12} & \cdots & \tilde{\tilde{\mathrm{x}}}_{1m}\\ \tilde{\tilde{\mathrm{x}}}_{21} & \tilde{\tilde{\mathrm{x}}}_{22} & \cdots & \tilde{\tilde{x}}_{2m}\\ \vdots & \vdots & & \vdots\\ \tilde{\tilde{x}}_{n1} & \tilde{\tilde{x}}_{n2} & \cdots & \tilde{\tilde{\mathrm{x}}}_{nm}\end{bmatrix} \tag{7-105}$$

$$\tilde{\tilde{\boldsymbol{W}}}=[\tilde{\tilde{\omega}}_1 \quad \tilde{\tilde{\omega}}_2 \quad \cdots \quad \tilde{\tilde{\omega}}_n]^{\mathrm{T}} \tag{7-106}$$

式中　$\tilde{\tilde{\boldsymbol{W}}}$——准则的相对权重矩阵。

模糊决策矩阵 $\tilde{\tilde{X}}$ 归一化，表示为

$$\tilde{\tilde{x}}_{ij}=\left[\left(\frac{a_{ij}^L}{c_j^*},\frac{b_{ij}^L}{c_j^*},\frac{c_{ij}^L}{c_j^*}\right),\left(\frac{a_{ij}^U}{c_j^*},\frac{b_{ij}^U}{c_j^*},\frac{c_{ij}^U}{c_j^*}\right)\right] \quad i=1,2,\cdots,n,j\in\Omega_b \tag{7-107}$$

$$\text{s. t.}\quad c_j^*=\max_i c_{ij} \quad j\in\Omega_b$$

$$\tilde{\tilde{x}}_{ij}=\left[\left(\frac{\bar{a}_j}{c_{ij}^U},\frac{\bar{a}_j}{b_{ij}^U},\frac{\bar{a}_j}{a_{ij}^U}\right),\left(\frac{\bar{a}_j}{c_{ij}^L},\frac{\bar{a}_j}{b_{ij}^L},\frac{\bar{a}_j}{a_{ij}^L}\right)\right] \quad i=1,2,\cdots,n,j\in\Omega_c \tag{7-108}$$

$$\text{s. t.}\quad \bar{a}_j=\min_i a_{ij} \quad j\in\Omega_c$$

式(7-107)适用于收益准则,等式(7-108)适用于成本准则。为了准确反映准则的实时状态,使用了大量的数据采集设备对所选取的准则进行量化。因此,决策矩阵 X 是一个清晰的数字集,不需要对其进行归一化,但是相对权重矩阵 $\widetilde{\widetilde{W}}$ 应进行归一化。

决策矩阵的正、负理想解定义为

$$A^+ = \{x_1^+,\cdots,x_m^+\} = \{(\max_j c_{ij}\,|\,j\in\Omega_b),(\min_j a_{ij}\,|\,j\in\Omega_c\} \tag{7-109}$$

$$A^- = \{x_1^-,\cdots,x_m^-\} = \{(\min_j a_{ij}\,|\,j\in\Omega_b),(\max_j c_{ij}\,|\,j\in\Omega_c\} \tag{7-110}$$

然后计算相对贴近度。在上下隶属度函数中 $[(\omega_j)^U]_\alpha = \{[(\omega_j)^U]_\alpha^L,[(\omega_j)^U]_\alpha^U\}$ 和 $[(\omega_j)^L]_\alpha = \{[(\omega_j)^L]_\alpha^L,[(\omega_j)^L]_\alpha^U\}$ 为 $\widetilde{\widetilde{w}}_j$ 的显著性水平集。相对贴近度的上界和下界可简化为

$$[(\mathrm{RC}_i^U)^U]_\alpha = \max\frac{\sqrt{\sum_{j=1}^m\{\omega_j[(x_{ij}^U)_\alpha - x_j^-]\}^2}}{\sqrt{\sum_{j=1}^m\{\omega_j[(x_{ij}^U)_\alpha - x_j^-]\}^2+\sum_{j=1}^m\{\omega_j[(x_{ij}^U)_\alpha - x_j^+]\}^2}}$$
$$\text{s.t.}\quad [(\omega_j)^U]_\alpha^L \leqslant \omega_j \leqslant [(\omega_j)^U]_\alpha^U \quad j=1,2,\cdots,m \tag{7-111}$$

$$[(\mathrm{RC}_i^U)^L]_\alpha = \min\frac{\sqrt{\sum_{j=1}^m\{\omega_j[(x_{ij}^L)_\alpha - x_j^-]\}^2}}{\sqrt{\sum_{j=1}^m\{\omega_j[(x_{ij}^L)_\alpha - x_j^-]\}^2+\sum_{j=1}^m\{\omega_j[(x_{ij}^L)_\alpha - x_j^+]\}^2}}$$
$$\text{s.t.}\quad [(\omega_j)^U]_\alpha^L \leqslant \omega_j \leqslant [(\omega_j)^U]_\alpha^U \quad j=1,2,\cdots,m \tag{7-112}$$

$$[(\mathrm{RC}_i^U)^L]_\alpha = \max\frac{\sqrt{\sum_{j=1}^m\{\omega_j[(x_{ij}^U)_\alpha - x_j^-]\}^2}}{\sqrt{\sum_{j=1}^m\{\omega_j[(x_{ij}^U)_\alpha - x_j^-]\}^2+\sum_{j=1}^m\{\omega_j[(x_{ij}^U)_\alpha - x_j^+]\}^2}}$$
$$\text{s.t.}\ [(\omega_j)^L]_\alpha^L \leqslant \omega_j \leqslant [(\omega_j)^L]_\alpha^U \quad j=1,2,\cdots,m \tag{7-113}$$

$$[(\mathrm{RC}_i^U)^L]_\alpha = \min\frac{\sqrt{\sum_{j=1}^m\{\omega_j[(x_{ij}^L)_\alpha - x_j^-]\}^2}}{\sqrt{\sum_{j=1}^m\{\omega_j[(x_{ij}^L)_\alpha - x_j^-]\}^2}+\sqrt{\sum_{j=1}^m\{\omega_j[(x_{ij}^L)_\alpha - x_j^+]\}^2}}$$
$$\text{s.t.}\quad [(\omega_j)^L]_\alpha^L \leqslant \omega_j \leqslant [(\omega_j)^L]_\alpha^U \quad j=1,2,\cdots,m \tag{7-114}$$

如果决策矩阵 $\boldsymbol{X}$ 是实数集,则 x_{ij}^U 和 x_{ij}^L 是精确值,并且 $x_{ij}^U = x_{ij}^L$ 。

每个方案的相对贴近度 $(\mathrm{RC}_i)_\alpha = [(\mathrm{RC}_i^L)_\alpha,(\mathrm{RC}_i^U)_\alpha]$ 可以在不同显著性水平集中通过式(7-111)~式(7-114)计算获得。

为了对地铁风险进行评估,需要对各方案的模糊相对贴近度进行去模糊化。根据 Dubios 和 Parade 的理论,相对贴近度去模糊化最简单的方法是平均水平截集。因此,模糊相对贴近度 RC_i 的去模糊化值可由式(7-104)计算,以反映实时的地铁车站风险状况。

根据指标体系和算法,地铁车站风险等级通常分为三个层次,见表 7-16。

表 7-16　地铁车站的风险等级

风险等级	去模糊值	说明
3 级	[0.8,1)	非常安全
	[0.6,0.8)	安全
2 级	[0.4,0.6)	中等
	[0.2,0.4)	不安全
1 级	[0,0.2)	非常不安全

(2)基于区间二型模糊集的地铁风险评估方法

基于区间二型模糊集的地铁风险评估步骤如下:

①计算各指标的值(根据表 7-15),并确定相对权重;

②确定正负理想解;

③设置不同显著性水平并建立相应的决策矩阵 $\widetilde{\widetilde{x}}_{ij}(i = 1,2,\cdots,n;j = 1,2,\cdots,m)$ 和相对权重 $\widetilde{\widetilde{\omega}}_{ij}(i = 1,2,\cdots,n;j = 1,2,\cdots,m)$;

④根据式(7-100) ~ 式(7-102)计算各方案在每个显著性水平下的模糊相对贴近度;

⑤模糊相对贴近度去模糊化;

⑥根据去模糊化的相对贴近度来评估地铁站的风险,RC_i^* 的值越大,地铁站越安全。

区间二型模糊集决策模型不仅丰富了风险评估的方法,提高了模糊评估问题的实用性和灵活性,而且可以应用于地铁车站的风险评估,其结果准确有效地反映了地铁站实时风险状态。客观选择的准则可以被量化,从而准确反映各准则的实时状态,因此利用区间二型模糊集可以客观表达各准则权重的不确定性信息。基于显著性水平的 TOPSIS 方法的计算结果为决策提供了技术支持,对提高决策质量具有非常重要的现实意义。

6. 实验

选择对北京宋家庄地铁站进行评价,从乘客、设备、环境、管理和事故几个方面建立风险评价指标体系,如图 7-45 所示。

为了获取宋家庄站的实时风险状态,采用大量数据,以 1 h 为一个统计周期,根据表 7 – 15中各项指标的计算公式进行计算,各项指标的计算值见表 7-17。

表 7-17　t_1 时段每个指标的计算值

指标	值	指标	值	指标	值
C1	1.00	C9	0.64	C17	0.72
C2	0.80	C10	0.65	C18	0.78
C3	0.98	C11	0.69	C19	0.70
C4	0.95	C12	0.63	C20	0.80
C5	0.94	C13	0.75	C21	0.00
C6	0.87	C14	0.65	C22	0.60
C7	0.73	C15	0.57		
C8	0.70	C16	0.64		

准则的相对权重由语言变量表示。语言变量“非常不重要”(VU)、“不重要”(U)、“中等”(M)、“重要”(I)、“非常重要”(VI)及其相应的区间二型模糊集见表7-18。

表7-18　各指标的权重及其对应区间二型模糊集的语言变量

语言变量	二型模糊集
非常不重要(VU)	((0,0,1.15)(0,0,4.61);0.7,1)
不重要(U)	((2.79,2.31,3.71)(0.42,3.13,5.41);0.7,1)
中等(M)	((2.79,3.34,3.67)(1.59,3.55,6.26);0.7,1)
重要(I)	((6.29,6.67,7.17)(4.59,6.58,9.5);0.7,1)
非常重要(VI)	((9.3,10,10)(6.37,10,10);0.7,1)

首先,以客流指标为例来展示该方法的运算过程。关于这六个标准相对权重的不确定性信息由三个决策者给出:DM1、DM2 和 DM3。由三位决策者所确定的客流指标的评价信息以及通过 $\tilde{\omega}_j = (\tilde{\omega}_j^1 + \tilde{\omega}_j^2 + \tilde{\omega}_j^3)/3$ 获得各准则的聚类模糊数见表7-19,其中,$\tilde{\omega}_j^k$ 为根据第 k 个决策者给出的信息对应的区间二型模糊集。

表7-19　t_1 时段每个指标的计算值

指标	DM1	DM2	DM3	聚类模糊数
C1	VI	I	VI	((0.83,0.89,0.91)(0.58,0.89,0.98);0.7,1)
C2	I	I	I	((0.63,0.67,0.72)(0.46,0.66,0.95);0.7,1)
C3	VI	VI	VI	((0.93,1,1)(0.64,1,1);0.7,1)
C4	VI	VI	I	((0.83,0.89,0.91)(0.58,0.89,0.98);0.7,1)
C5	I	VI	I	((0.73,0.78,0.81)(0.52,0.77,0.97);0.7,1)
C6	VI	I	VI	((0.83,0.89,0.91)(0.58,0.89,0.98);0.7,1)

根据式(7-109)和式(7-110),显然,正理想解为$A^+ = \{0,\cdots,0\}$,负理想解为 $A^- = \{1,\cdots,1\}$。就模糊相对贴近度的准确性而言,每个方案的相对贴近度用11个显著性水平表示,$\alpha = 0,0.1,0.2,0.3,0.4,0.5,0.6,0.7,0.8,0.9,1.0$。相对贴近度不同的显著性水平集合通过式(7-100)~式(7-102)计算获得。结果如表7-20和图7-45所示。客流的去模糊值约为0.09,说明宋家庄地铁站此时客流量较大。大流量可能会带来巨大的安全问题,地铁站的管理人员应更加注意客流的变化,并及时疏散乘客。

表7-20　不同显著性水平下客流指标的模糊相对贴近度

α	A^U	A^L
0	[0.066 5,0.126 8]	[0.083 6,0.094 3]
0.1	[0.068 6,0.122 5]	[0.084 5,0.092 8]
0.2	[0.070 7,0.118 2]	[0.085 0,0.092 0]
0.3	[0.072 7,0.114 0]	[0.085 5,0.091 2]

续上表

α	A^U	A^L
0.4	[0.074 8,0.109 8]	[0.086 1,0.089 9]
0.5	[0.076 8,0.105 7]	[0.086 6,0.089 2]
0.6	[0.078 9,0.101 7]	[0.087 1,0.088 4]
0.7	[0.081 1,0.097 8]	[0.087 6,0.087 6]
0.8	[0.083 1,0.094 0]	
0.9	[0.085 3,0.090 3]	
1.0	[0.087 2,0.087 2]	

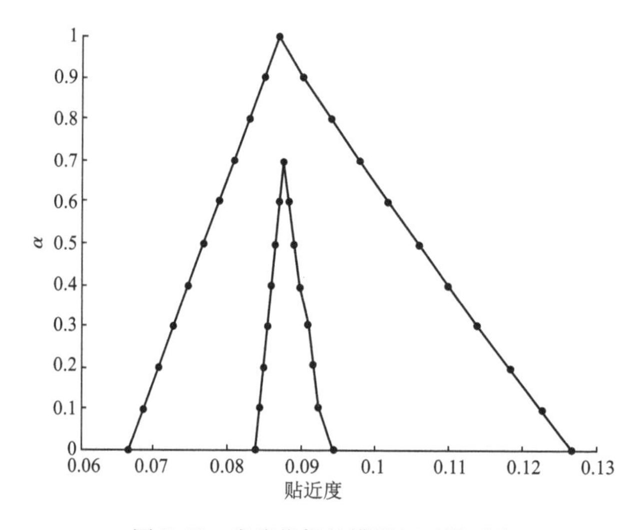

图 7-45　客流指标的模糊相对贴近度

同样，设备、环境、管理和事故的模糊相对贴近度如图 7-46～图 7-49 所示。设备、环境、管理指标的去模糊值在 0.2～0.4 之间，说明该地铁站的运行状况非常糟糕。管理者必须立即消除相关隐患，遵守地铁安全运行规范，改善地铁环境。与其他指标相比，事故指数的去模糊值较大，说明它带来的风险更小。

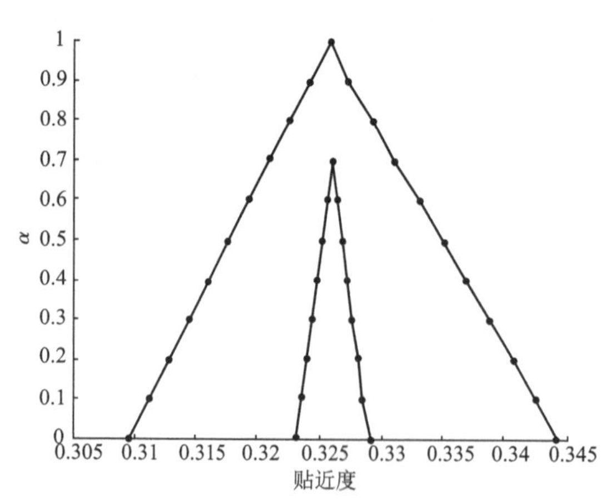

图 7-46　设备指标的模糊相对贴近度

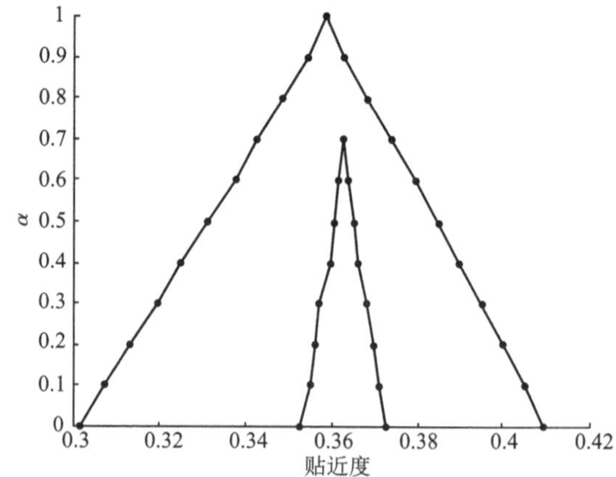

图 7-47　环境指标的模糊相对贴近度

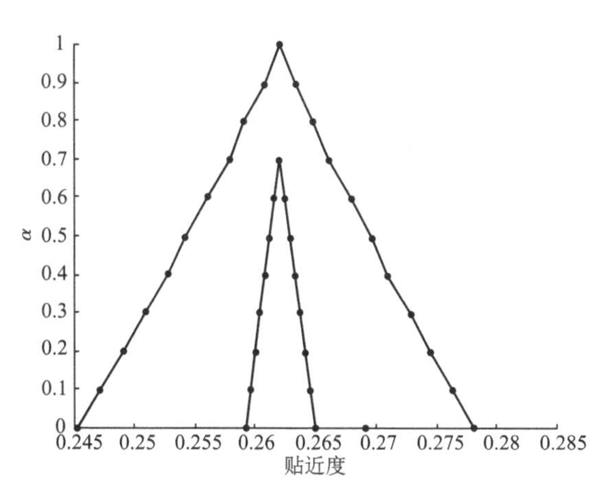

图 7-48　管理指标的模糊相对贴近度

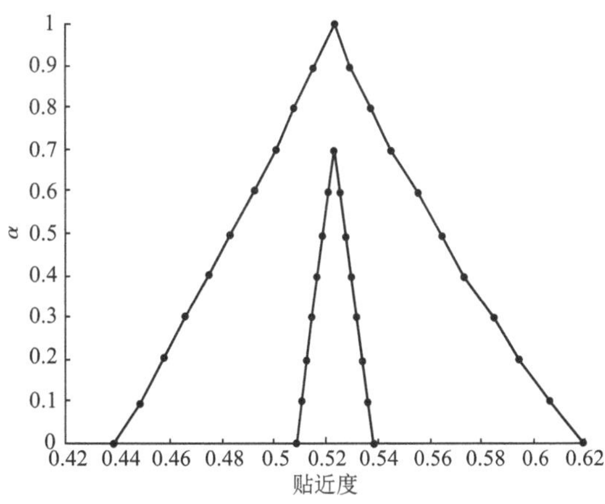

图 7-49　事故指标的模糊相对贴近度

地铁车站决策矩阵由管理指标、设备指标、客流指标、环境指标和事故统计值的模糊相对接近度组成。管理、设备、客流、环境和事故的相对重要度权重见表 7-21。

表 7-21　五个准则的相对重要性权重

准则	DM1	DM2	DM3	聚类模糊数
B1	Ⅰ	Ⅰ	Ⅵ	((0.63,0.67,0.72)(0.46,0.66,0.95);0.7,1)
B2	Ⅵ	Ⅵ	Ⅵ	((0.93,1,1)(0.64,1,1);0.7,1)
B3	M	U	Ⅰ	((0.4,0.44,0.49)(0.22,0.44,0.71);0.7,1)
B4	Ⅵ	Ⅰ	Ⅰ	((0.73,0.78,0.81)(0.52,0.77,0.97);0.7,1)
B5	Ⅰ	Ⅰ	Ⅰ	((0.63,0.67,0.72)(0.46,0.66,0.95);0.7,1)

根据式(7-111)～式(7-114)获得的计算结果如表 7-22 和图 7-50 所示根据式(7-104)，去模糊值 $RC^{*}=0.350\ 6$，更接近负理想解。根据对地铁站的风险评级(表 7-22)，管理者必须从客流、设备、环境、管理、事故等五个方面采取有效措施提高宋家庄站安全水平。

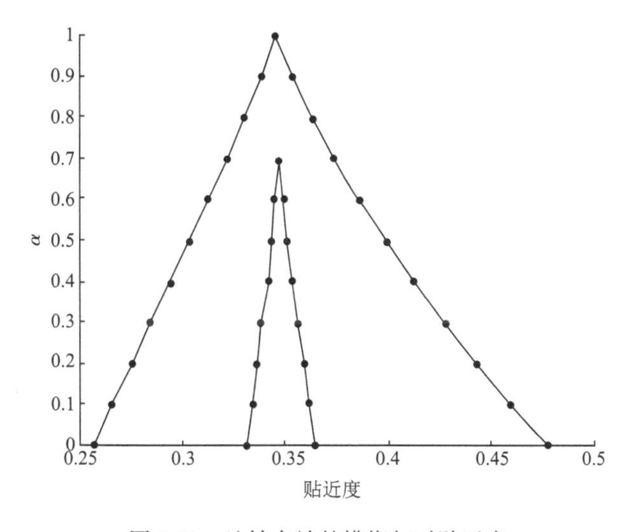

图 7-50　地铁车站的模糊相对贴近度

表 7-22　不同显著性水平下客流指标的模糊相对贴近度

α	A^U	A^L
0	[0.256 8,0.477 2]	[0.331 0,0.365 0]
0.1	[0.266 0,0.459 0]	[0.334 3,0.361 3]
0.2	[0.275 4,0.442 0]	[0.336 2,0.358 9]
0.3	[0.284 5,0.426 9]	[0.338 0,0.356 7]
0.4	[0.293 9,0.411 9]	[0.341 3,0.353 2]
0.5	[0.303 0,0.398 8]	[0.343 1,0.351 1]
0.6	[0.312 5,0.385 8]	[0.345 0,0.348 9]
0.7	[0.321 4,0.373 7]	[0.346 9,0.346 9]
0.8	[0.329 7,0.363 5]	
0.9	[0.338 4,0.353 2]	
1.0	[0.345 3,0.345 3]	
去模糊值	0.350 6	

通过实时采集数据,不断更新风险评估结果,实现对地铁车站的动态风险评估。为了验证这个模型的有效性,选择三个具有代表性的统计周期:一个有设备故障的早高峰时段、一个正常的早高峰时段和一个平峰时段作为该方法的输入。

表 7-23　t_2 时段每个指标的计算值

指标	值	指标	值	指标	值
C1	0.68	C9	0.26	C17	0.39
C2	0.78	C10	0.44	C18	0.14
C3	0.59	C11	0.34	C19	0.08
C4	0.70	C12	0.23	C20	0.00
C5	0.61	C13	0.41	C21	0.00
C6	0.74	C14	0.33	C22	0.00
C7	0.36	C15	0.26		
C8	0.32	C16	0.32		

表 7-24　t_3 时段每个指标的计算值

指标	值	指标	值	指标	值
C1	0.15	C2	0.17	C3	0.16

续上表

指标	值	指标	值	指标	值
C4	0.20	C11	0.22	C18	0.09
C5	0.12	C12	0.15	C19	0.06
C6	0.16	C13	0.19	C20	0.00
C7	0.20	C14	0.14	C21	0.00
C8	0.19	C15	0.07	C22	0.00
C9	0.10	C16	0.08		
C10	0.18	C17	0.11		

根据表 7-23 和表 7-24，宋家庄地铁站在动态风险评估过程中的模糊相对贴近度如图 7-51所示。根据风险等级，动态风险评估结果如图 7-52 所示。从时段 t_1 至时段 t_3，地铁车站风险状况逐渐变好。t_1 时段是早高峰并且供电设备突然出现故障，这导致了一系列问题，包括大量设备不能正常工作，大约 40 列车不能准时到站，大量乘客滞留在站台、楼梯和通道上。此时地铁站存在着大量的安全隐患，相应的去模糊化值为 0.350 6，也说明了此时车站处于不安全状态，决策者应及时采取有效措施，防止事故的发生。t_2 时段为早高峰时段，去模糊值为 0.665 9，说明宋家庄地铁站是安全的，但员工仍需注意日常监控。t_3 时段为平峰时段，地铁站客流量最小，此时，地铁站是最安全的，t_3 时段的去模糊值为 0.804 2，也说明了该地铁站此时非常安全。

该结果客观地反映了宋家庄地铁站的风险状况，与实际情况相吻合。相对于一型模糊集的模糊 TOPSIS，该方法将区间二型模糊集与 TOPSIS 相结合，在不确定信息的不确定性方面具有更准确的表达。与其他的二型模糊 TOPSIS 方法相比，提出的二型模糊 TOPSIS 方法得到的是准确的模糊估计，而不是相对贴近度的清晰点估计或夸张的模糊估计。应用区间二型模糊集和 TOPSIS 对宋家庄地铁站进行动态风险评价，结果表明了该方法的优越性、合理性和可靠性。

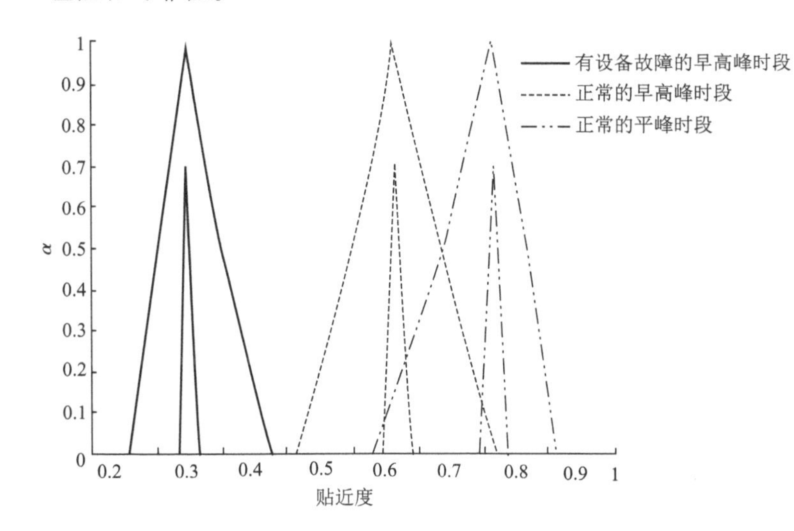

图 7-51　地铁车站动态风险评估过程中的模糊相对接近度

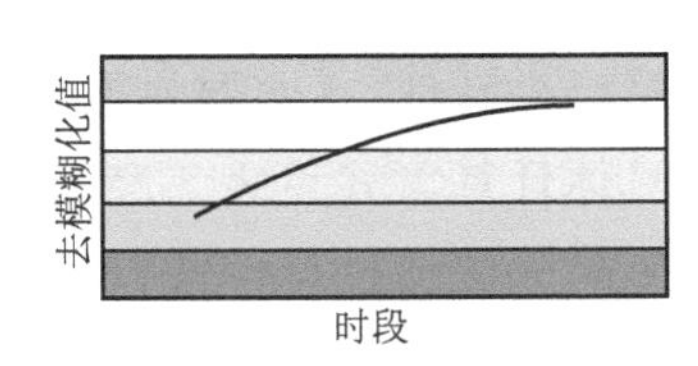

图 7-52　动态风险评估的结果

7. 小结

以数据采集设备采集的实时数据为基础，结合地铁车站风险评估研究，从人、设备、环境、管理和事故等方面建立了地铁车站风险评估的动态指标体系。考虑评价过程中的模糊不确定性，将区间二型模糊数和 TOPSIS 方法引入地铁车站动态风险评价中。最后，对北京宋家庄地铁站进行了评估。该结果能够客观地反映地铁车站的风险状况，与实际情况一致。区间二型模糊数与 TOPSIS 相结合的方法具有较强的可行性和合理性，可以为决策者提供有效的决策支持。

二、基于二型直觉模糊集与动态 VIKOR 的列车运行风险分析及关键部件辨识方法

1. 研究背景

轨道列车作为一种部件众多、关联关系复杂的机电大系统，其运行风险主要受到包括设备构成、健康状态、运行工况等内因以及自然灾害、人为失误等外因的多重复杂不确定性因素作用影响。

2. 要素分析

影响轨道列车运行的因素多种多样，本案例大致将影响列车运行的因素分为列车系统内部因素与列车运行外界因素。

(1)列车系统内部因素

考虑列车系统部件风险状态与工况条件的时变特点，轨道列车系统内部影响因素包括：平均故障间隔时间（mean time between failure，简称 MTBF）或平均故障间隔公里（mean distance between failure，简称 MDBF）、平均修复时间（mean time to repair，简称 MTTR）、维修费用、故障监控度、相关性风险以及故障系统、人身和环境安全的影响等六个方面的因素。

(2)列车运行外界因素

考虑轨道列车运行环境因素和人为操作因素等，其中列车运行环境包括自然环境和设备设施环境等，轨道列车系统外界影响因素包括：人员操作技能、人员精神状态、自然环境风险以及基础设施风险等四个方面的因素。

由此得到如图 7-53 所示的轨道列车系统运行风险分析及关键部件辨识指标体系，包含平均故障间隔公里、平均修复时间、平均维修费用、故障监控度、故障对系统人身和环境安全的影响、相关性风险、人员操作技能、人员精神状态、自然环境风险以及 TQI 等十项风险因素指标。其中，平均故障间隔公里、平均修复时间、平均维修费用、相关性风险、人员操作技能、人员精神状态及 TQI 等七项指标可以通过具体的计算公式得到风险结果。具体计算方式见表 7-25；而故障监控度、故障对系统人身和环境安全的影响及自然环境风险无法通过具体的数值公式得到精确的风险结果，因此需要通过模糊理论来描述和表征。

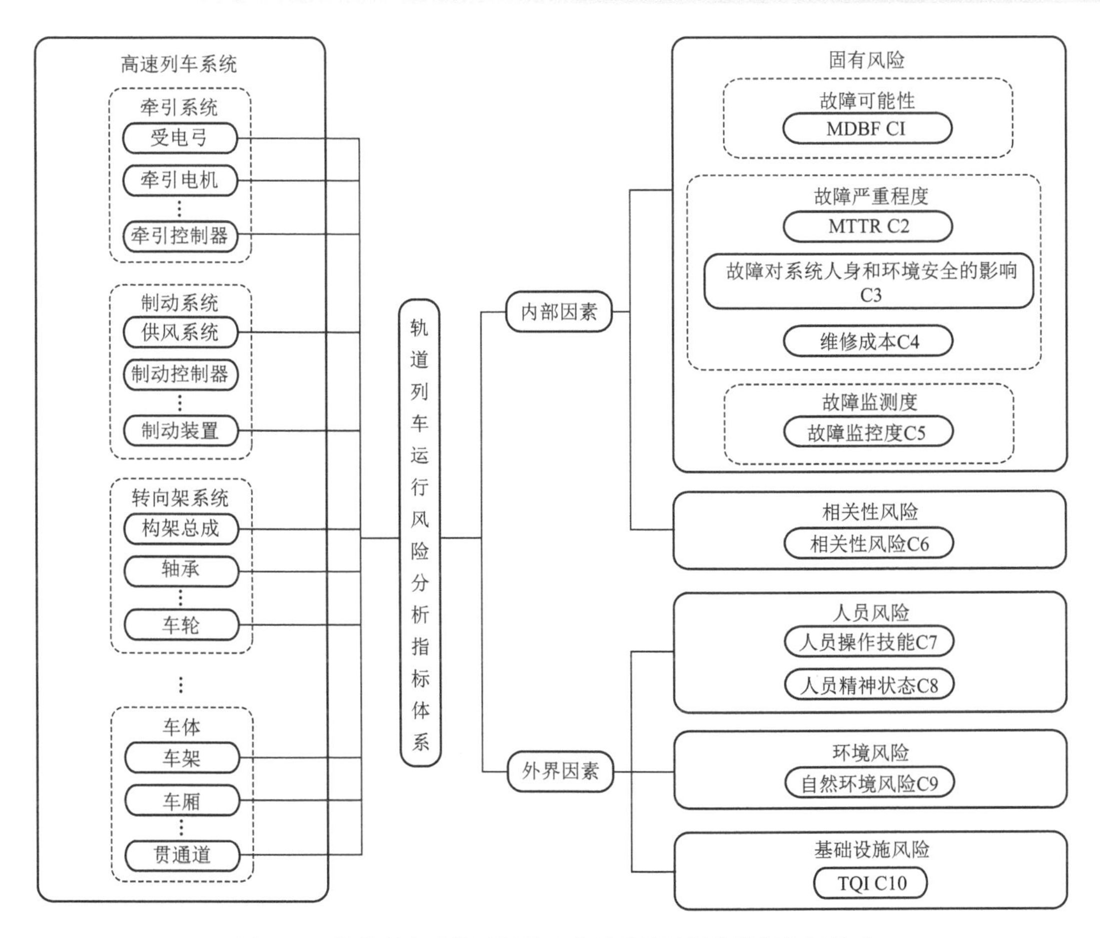

图 7-53　轨道列车系统运行风险分析及关键部件辨识指标体系

表 7-25　轨道列车系统运行风险分析及关键部件辨识指标汇总

序号	指标名称	数据类型	指标类型	计算公式
C1	MDBF	数值	效益型	$\text{MDBF} = \sum \frac{L}{N_f}$
C2	MTTR	数值	成本型	$\text{MTTR} = \sum_{i=1}^{n} \frac{t_i}{n}$
C3	故障对系统人身和环境安全的影响	模糊	成本型	—
C4	平均维修费用	区间数值	成本型	$R_c = \overline{C}/T$
C5	故障监控度	模糊	效益型	—
C6	相关性风险	数值	成本型	$\text{CR} = \sum_{j=1}^{5} \omega_j C_j$
C7	人员操作技能	数值	效益型	$S_{rc} = \sum_{i=1}^{3} \frac{n_{1i}\varepsilon_i}{N} + \sum_{i=1}^{5} \frac{n_{2i}\lambda_i}{N} + \sum_{i=1}^{5} \frac{n_{3i}\eta_i}{N}$
C8	人员精神状态	数值	效益型	$Y_i = 1 + \sin(2\pi X/23)$

续上表

序号	指标名称	数据类型	指标类型	计算公式
C9	自然环境风险	模糊	成本型	—
C10	TQI	数值	成本型	$TQI = \sum_{i=1}^{n}\sqrt{\sum_{j=1}^{n}\frac{(x_{ij}-\bar{x}_i)^2}{n}}$

3. 研究思路

进行轨道列车系统运行风险分析与关键部件辨识的目的是：基于既有的维修计划，对列车所有部件进行多阶段的风险分析和风险排序。

由于轨道列车运行受到多种因素的影响，故轨道列车系统运行风险分析与关键部件辨识可以通过构建轨道列车系统运行风险分析及关键部件辨识指标体系，并通过基于动态VIKOR理论和三角模糊数直觉模糊集的方法，对列车每一部件进行综合风险排序，辨识出关键部件。其研究思路如图7-54所示。

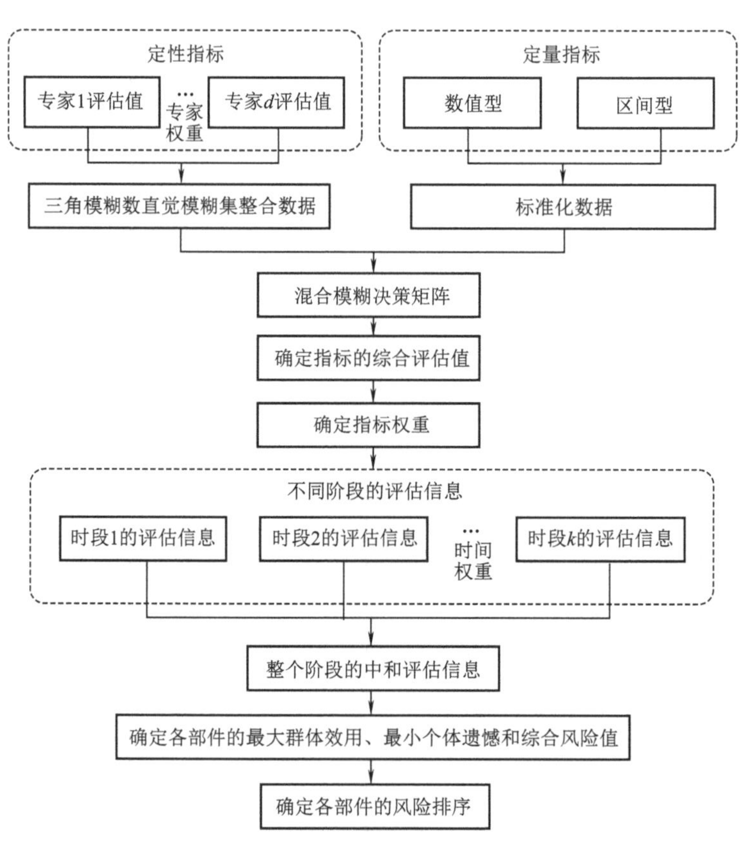

图7-54　轨道列车系统运行风险分析及关键部件辨识方法流程

由图7-54可知，轨道列车系统运行风险分析及关键部件辨识方法的基本框架主要分为两部分：一部分为混合模糊决策矩阵的构建过程；另一部分为动态VIKOR方法的具体分析流程。

4.列车系统运行风险分析及关键部件辨识方法

在轨道列车系统运行风险分析及关键部件辨识指标体系中,同时存在定量分析的指标和定性分析指标。对于故障监控度、故障对系统人身和环境安全的影响及自然环境风险这三个分析指标,无法通过具体的数值公式得到精确的风险结果,因此需要通过模糊理论来描述和表征。

故障监控度描述的是轨道列车部件的故障监控程度。为了及时发现部件的异常状态,一般都会通过一些监测手段对其进行检测,但是,由于故障的发生机理不同以及技术手段的限制,并不是所有故障都有可能在第一时间发现,而部件的检测能够及时反映部件的状态。

故障对系统、人身和环境安全的影响可以根据国际标准 IEC 62278—2002(国家标准 GB/T 21562—2008)中对轨道交通产品事故的严重等级及其后果的划分打分。

自然环境风险指标需要根据不同车型进行评价,考虑温度、湿度和天气情况等。相关天气情况可以考虑风、雨、雪、沙尘等状况,根据气象部门的分级,可以获得各种天气的等级,为专家的综合评价提供参考和依据。

本案例将采用三角模糊数直觉模糊集处理轨道列车系统运行风险分析及关键部件辨识过程中涉及的不确定性指标问题。三角模糊数直觉模糊数的隶属度函数和非隶属度函数本身是三角模糊数,能够很好地适应轨道列车系统运行风险分析及关键部件辨识过程中的双重不确定性问题,能够最大限度地减少专家们主观判断的缺陷和误差。一般来说,TFNIFS 可以表示为

$$\vec{A} = \{ < x, \mu_{\vec{A}}(x), \nu_{\vec{A}}(x) > | x \in X \} \tag{7-115}$$

式中　$\mu_{\vec{A}}(x)$——$\vec{A}$ 的隶属度函数,$\mu_{\vec{A}}(x) = (\mu_{\vec{A}}^1(x), \mu_{\vec{A}}^2(x), \mu_{\vec{A}}^3(x))$,$\mu_{\vec{A}}(x): X \to [0,1]$;

$v_{\vec{A}}(x)$——$\vec{A}$ 的非隶属度函数,$v_{\vec{A}}(x) = (v_{\vec{A}}^1(x), v_{\vec{A}}^2(x), v_{\vec{A}}^3(x))$,$v_{\vec{A}}(x): X \to [0,1]$。

在整个分析过程中,专家在每个阶段对定性指标进行评分估值并转化为三角模糊数直觉模糊数。定义三角模糊数直觉模糊数 $\vec{A}$ 的形式为((al1,am1,ar1),(bl1,bm1,br1)),(al1,am1,ar1)和(bl1,bm1,br1)分别是 $\vec{A}$ 的隶属度和非隶属度,表示专家对该项指标的肯定程度和否定程度。

针对故障监控度、故障对系统人身和环境安全的影响及自然环境风险这三个定性分析指标,分别以三角模糊数直觉模糊数的形式进行标定,具体的语义转化见表 7-26 ~ 表 7-28。部件故障对系统、人身和环境安全的影响依据标准 IEC 62278 对地铁列车事故严重等级及其后果划分;部件故障监控程度可用部件故障监控性评价表进行评价;环境影响综合温湿度与极端天气指标在风力、降雨降雪及沙尘暴等级评价表下分五个等级进行计算。

表 7-26　部件故障监控程度评估转化

三角模糊数直觉模糊集	语义标量
((0.0,0.0,0.3),(0.6,0.8,1.0))	非常容易(VE)
((0.1,0.3,0.5),(0.4,0.6,0.8))	容易(E)
((0.3,0.5,0.7),(0.2,0.4,0.6))	一般(SU)
((0.5,0.7,0.9),(0.0,0.2,0.4))	困难(D)
((0.7,1.0,1.0),(0.0,0.0,0.2))	非常困难(VD)

表 7-27　部件故障对系统、人身和环境安全的影响评估转化

三角模糊数直觉模糊集	语义标量
((0.0,0.0,0.3),(0.6,0.8,1.0))	非常轻微(S)
((0.1,0.3,0.5),(0.4,0.6,0.8))	轻微(L)
((0.3,0.5,0.7),(0.2,0.4,0.6))	一般(SU)
((0.5,0.7,0.9),(0.0,0.2,0.4))	严重(F)
((0.7,1.0,1.0),(0.0,0.0,0.2))	非常严重(D)

表 7-28　环境影响评估转化

三角模糊数直觉模糊集	语义标量
((0.0,0.0,0.3),(0.6,0.8,1.0))	非常安全(VS)
((0.1,0.3,0.5),(0.4,0.6,0.8))	安全(S)
((0.3,0.5,0.7),(0.2,0.4,0.6))	一般(SU)
((0.5,0.7,0.9),(0.0,0.2,0.4))	严重(H)
((0.7,1.0,1.0),(0.0,0.0,0.2))	非常严重(VH)

例如,定义“非常安全(VS)”—((0.0,0.0,0.1),(0.8,0.8,0.9))、“安全(S)”—((0.1,0.2,0.3),(0.6,0.7,0.8))、“一般(SU)”—((0.3,0.4,0.5),(0.4,0.5,0.6))、“危险(H)”—((0.5,0.6,0.7),(0.2,0.3,0.4))以及“非常严重(VH)”—((0.7,0.8,0.9),(0.0,0.1,0.2))来对自然环境风险进行评分和估值。自然环境风险指标的评分标准如图 7-55所示,分别定义非常安全、安全、一般、危险和非常危险等五个等级,其中实线描述的是该指标的隶属度,虚线描述的是非隶属度。

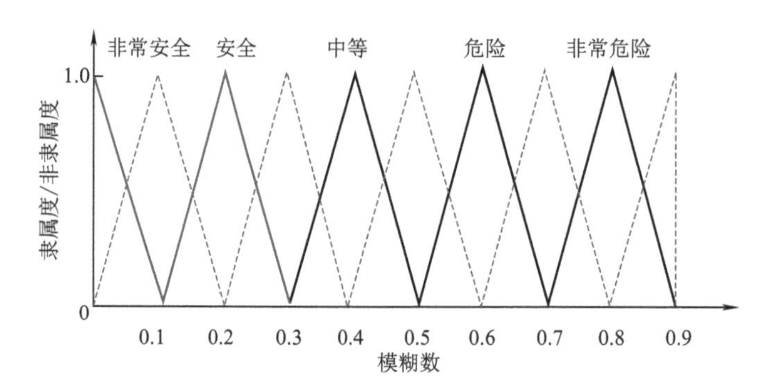

图 7-55　自然环境风险指标的评分标准

每个专家对同一指标进行评分估值,专家的权重可以通过专家信用度计算。

$$B_s^k(\pi) = -\left[\left(\sum_{i=1}^{n}\sum_{j=1}^{m}\pi_{sij}^k\right)\ln\left(\sum_{i=1}^{n}\sum_{j=1}^{m}\pi_{sij}^k\right)\right]^{-1} \tag{7-116}$$

$$\lambda_s^k = \frac{B_s^k(\pi)}{\sum_{s=1}^{d} B_s^k(\pi)} \tag{7-117}$$

式中　λ_s^k——阶段 k 的专家权重；

$B_s^k(\pi)$——阶段 k 的专家信任度；

π_{sij}^k——阶段 k 的评价信息中的犹豫度，它与专家评价信息的不确定性程度成反比。

$$\pi_{sij}^k = 1 - \mu_{sij}^k - \nu_{sij}^k \tag{7-118}$$

表 7-25 所示的轨道列车系统运行风险分析及关键部件辨识指标中，指标 4（平均维修费用）是一种区间数值，可以表示为 $[a_1^L, a_1^U]$。其中，a_1^L 和 a_1^U 分别表示数据范围的上限值和下限值。通常，在数据整理过程中，定量型的指标值需要进行数据的归一化，变换成 0 至 1 的数值。式(7-119)和式(7-120)分别展示了效益型指标和成本型指标的数据归一化方式。

$$r_{ij}^k = u_{ij}^k/\max u_{ij}^k \quad 或 \quad r_{ij}^k = \left[u_{ij}^{kL}/\max u_{ij}^{kL}\ u_{ij}^{kU}/\max u_{ij}^{kU}\right] \tag{7-119}$$

$$r_{ij}^k = u_{ij}^k/\min u_{ij}^k \quad 或 \quad r_{ij}^k = \left[u_{ij}^{kL}/\min u_{ij}^{kL}\ u_{ij}^{kU}/\min u_{ij}^{kU}\right] \tag{7-120}$$

式中　r_{ij}^k——归一化后的定量评价值；

u_{ij}^k——归一化前的定量评价值；

u_{ij}^{kL}，u_{ij}^{kU}——归一化前的评价值的上下限值。

此时，可以将这些不同指标下的评价值构建成指标评估矩阵。每一评估阶段最终的混合评估矩阵 $\boldsymbol{R}^k$ 由评价对象、评价标准、评价值（包括定性和定量信息）组成。

$$\boldsymbol{R}^k = \begin{array}{c} \\ A_1 \\ A_2 \\ \vdots \\ A_n \end{array} \begin{array}{c} \begin{array}{cccc} C_1 & C_2 & \cdots & C_m \end{array} \\ \begin{bmatrix} r_{11}^k & r_{12}^k & \cdots & r_{1m}^k \\ r_{21}^k & r_{22}^k & \cdots & r_{2m}^k \\ \vdots & \vdots & & \vdots \\ r_{n1}^k & r_{n2}^k & \cdots & r_{nm}^k \end{bmatrix} \end{array} \tag{7-121}$$

$$\begin{aligned} \boldsymbol{W}_j^k &= [\omega_1^k\ \omega_2^k \cdots \omega_m^k] \\ \boldsymbol{D}_s &= [D_1\ D_2 \cdots D_d] \end{aligned} \tag{7-122}$$

式中　$A_i(A=\{A_1, A_2, \cdots, A_n\})$——评估对象；

$C_j(C=\{C_1, C_2, \cdots, C_m\})$——评估指标准则；

$D_s(D=\{D_1, D_2, \cdots, D_d\})$——评估专家；

r_{ij}^k——在时段 $K_k(K=\{K_1, K_2, \cdots, K_v\})$下的综合评估值；

W_j^k——相应评估指标 C_j 的权重。

5. 动态 VIKOR 方法

VIKOR 方法通过最大群体效用、最小个体遗憾计算各个部件的妥协解。然而，通常 VIKOR 方法是在静态的环境中对评估对象进行分析和处理，并不能满足轨道列车系统风险分析和关键部件辨识的内在需求，因此，在最终的混合模糊决策矩阵 R^k 的基础上，本案例提出一种基于多阶段的动态 VIKOR 方法分析轨道列车系统风险并进行关键部件的辨识。这里简要介绍其分析流程。

（1）确定评估指标的正理想解和负理想解

针对效益型评估指标和成本型评估指标分别计算出各评估指标的正理想解和负理想解，以此作为评估的中间参数。

（2）确定不同评估阶段下的指标权重

针对最终的混合模糊决策矩阵 R^k，每个评估指标需要基于指标权重进行折中排序，本案例采用熵权法对提出的10个评估指标的权重进行求解。求解思路为：针对不同数据类型的指标，计算不同评估阶段下的指标 C_j 的集结因子，$\tilde{r}_j^k$，$\tilde{r}_{Nj}^k$，$\tilde{r}_{Ij}^k$，$\tilde{r}_{Tj}^k$ 分别是精确数型、区间数值型及三角模糊数、直觉模糊数型指标的集结因子；通过集结因子计算不同评估阶段下每个指标 C_j 的熵 e_j^k；由此得到不同评估阶段下的评估指标的权重 ω_j^k。

（3）计算不同评估阶段的阶段权重

针对整个分析评估过程，每一评估阶段下的混合模糊矩阵 $\boldsymbol{R}^k$ 需要通过阶段权重进行整合。同样采用熵权法，依据不同阶段的指标集结因子和不同阶段的熵值，计算不同评估阶段的阶段权重。

（4）辨识列车系统关键部件

基于整个评估过程的风险信息，计算每个部件的最大群体效用 S_i、最小个体遗憾 R_i 以及综合风险值 Q_i。按照通常的VIKOR方法，需要对计算得到的 Q_i 值进行从小到大的排序。然而，本案例的评估指标同时存在效益型指标和成本型指标，计算结果会与效益型的指标需求一致，即得到的是风险最小的部件。然而，本案例需要辨识轨道列车系统风险最大的部件，因此本案例将按照计算得到的 Q_i 值进行从大到小的排序，辨识列车系统风险高的关键部件。

6. 实例分析

（1）数据说明

采用现场某一型号高速列车转向架系统为实例，提取转向架系统35个部件，针对维修的三个阶段，结合现场专家组（列车的设计制造组、司机及列车乘务组、检修组）给出的评价意见，分析该型号转向架系统并辨识转向架系统关键部件。转向架系统各部件的编号见表7-29。

表7-29　地铁列车转向架系统部件编号

编号	部件名称	编号	部件名称
1	构架	13	联轴节
2	制动夹钳	14	齿轮箱
3	闸片	15	接地装置
4	制动盘	16	牵引电机
5	增压缸	17	位置调整装置
6	弹簧总成	18	减振器3
7	轴箱	19	空气弹簧
8	减振器1	20	中心牵引销
9	轴承	21	牵引拉杆
10	车轮	22	减振器4
11	车轴	23	止挡装置
12	减振器2	24	抗侧滚扭力杆

续上表

编号	部件名称	编号	部件名称
25	电磁阀	31	接线盒
26	传感器1	32	传感器5
27	传感器2	33	传感器6
28	传感器3	34	传感器7
29	踏面清扫装置	35	传感器8
30	传感器4		

(2)实验结果

基于转向架系统多重网络模型,计算系统中各个部件的相关性风险指标。整个评估阶段中各个部件的相关性风险指标值如图7-56所示。

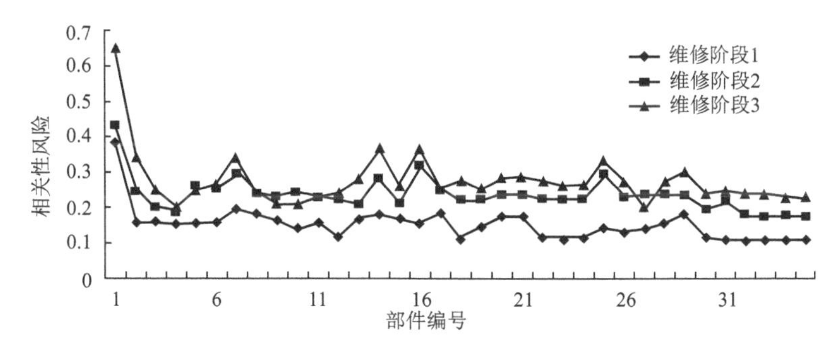

图7-56 整个评估阶段中相关性风险指标结果

如图7-56所示,各部件的相关风险指数在0.1和0.7之间,其中最大相关风险指数的部件为构架总成。

以部件"部件7"(轴箱体)为例,阶段2中,检修专家组针对部件故障对系统、人身和环境安全的影响指标评分值为[(0.5,0.6,0.7),(0.2,0.3,0.4)]。其中,该评分值的隶属度函数为三角模糊数(0.5,0.6,0.7),表示了该检修组专家针对部件故障对系统、人身和环境安全的影响指标的风险肯定程度为(0.5,0.6,0.7),该评分值的非隶属度函数为三角模糊数(0.2,0.3,0.4),表示了该检修组专家针对部件故障对系统、人身和环境安全的影响指标的风险否定程度为(0.2,0.3,0.4)。显而易见,肯定的程度大于否定的程度,表示该检修组专家认为在部件故障对系统、人身和环境安全的影响指标下,"部件7"(轴箱体)的风险程度较高。同样地,列车的设计制造组和司机及列车乘务组专家在该指标下对"部件7"(轴箱体)的评分值为((0.5,0.6,0.7),(0.2,0.3,0.4))。

在3个评估阶段下,检修组专家给予部件故障对系统、人身和环境安全的影响指标下轴箱体评分值的变化情况如图7-57所示,每阶段分别勾画了((0.3,0.4,0.5),(0.4,0.5,0.6))、[(0.5,0.6,0.7),(0.2,0.3,0.4)]及[(0.7,0.8,0.9),(0.0,0.1,0.2)]的具体分值,反映了该部件的风险发生和增长与时间几乎呈线性关系,意味着显示了随着时间推移,该组专家认为"部件7"(轴箱体)的风险程度在部件故障对系统、人身和环境安全的影响指标下越来越高。

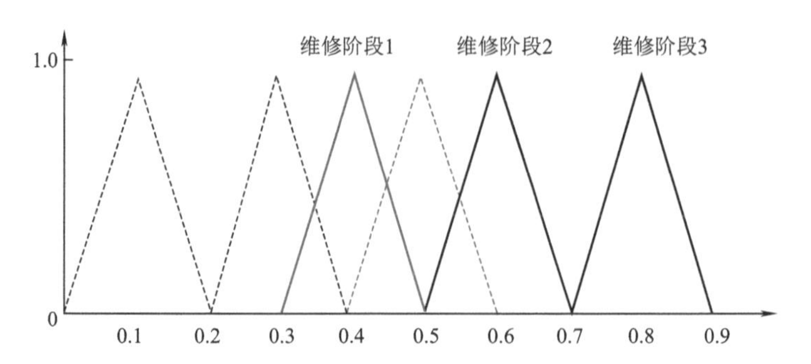

图 7-57　部件故障对系统、人身和环境安全的影响指标下轴箱体评分值变化情况

在指标 4(平均维修费用)下 3 个专家组对于编号前 10 部件的风险程度的综合值见表 7-30。

表 7-30　指标 4 下 3 个专家组对于编号前 10 部件的风险程度的综合值

序号	状态 1	状态 2	状态 3
1	[(0.7,0.8,0.9),(0.0,0.1,0.2)]	[(0.5,0.6,0.7),(0.2,0.3,0.4)]	[(0.7,0.8,0.9),(0.0,0.1,0.2)]
2	[(0.7,0.8,0.9),(0.0,0.1,0.2)]	[(0.5,0.6,0.7),(0.2,0.3,0.4)]	[(0.7,0.8,0.9),(0.0,0.1,0.2)]
3	[(0.5,0.6,0.7),(0.2,0.3,0.4)]	[(0.5,0.6,0.7),(0.2,0.3,0.4)]	[(0.3,0.4,0.5),(0.4,0.5,0.6)]
4	[(0.3,0.4,0.5),(0.4,0.5,0.6)]	[(0.1,0.2,0.3),(0.6,0.7,0.8)]	[(0.5,0.6,0.7),(0.2,0.3,0.4)]
5	[(0.3,0.4,0.5),(0.4,0.5,0.6)]	[(0.1,0.2,0.3),(0.6,0.7,0.8)]	[(0.3,0.4,0.5),(0.4,0.5,0.6)]
6	[(0.3,0.4,0.5),(0.4,0.5,0.6)]	[(0.5,0.6,0.7),(0.2,0.3,0.4)]	[(0.3,0.5,0.7),(0.1,0.3,0.5)]
7	[(0.3,0.4,0.5),(0.4,0.5,0.6)]	[(0.5,0.6,0.7),(0.2,0.3,0.4)]	[(0.7,0.8,0.9),(0.0,0.1,0.2)]
8	[(0.1,0.2,0.3),(0.6,0.7,0.8)]	[(0.1,0.2,0.3),(0.6,0.7,0.8)]	[(0.0,0.0,0.1),(0.8,0.9,0.9)]
9	[(0.1,0.2,0.3),(0.6,0.7,0.8)]	[(0.3,0.4,0.5),(0.4,0.5,0.6)]	[(0.5,0.6,0.7),(0.2,0.3,0.4)]
10	[(0.5,0.6,0.7),(0.2,0.3,0.4)]	[(0.5,0.6,0.7),(0.2,0.3,0.4)]	[(0.7,0.8,0.9),(0.0,0.1,0.2)]

3 个专家组在不同评估阶段下的权重为

$$\lambda_1^1 = 0.43, \lambda_2^1 = 0.36, \lambda_3^1 = 0.21$$

$$\lambda_1^2 = 0.33, \lambda_2^2 = 0.35, \lambda_3^2 = 0.32$$

$$\lambda_1^3 = 0.34, \lambda_2^3 = 0.32, \lambda_3^3 = 0.34$$

各组专家在不同评估阶段的权重不同是因为随着时间的推移,他们在不同运行情况下对风险认知和偏好会发生很大的变化,并且前一阶段获得的信息对后一阶段的评估也有很大影响,从不同阶段获得的信息也会有很大的差异。因此,每组专家在不同评估阶段的权重会有差异。阶段 2 下的混合模糊决策矩阵的编号前 10 的评估信息见表 7-31。

表 7-31　阶段 2 下的混合模糊决策矩阵的编号前 10 的评估信息汇总

序号	C1	C2	C3	C4	C5	C6	C7	C8	C9	C10
1	0.25	0.3	[(0.7,0.8,0.9),(0.0,0.1,0.2)]	[0.5,0.5]	[(0.5,0.6,0.7),(0.2,0.3,0.4)]	0.6	1.0	1.0	[(0.5,0.6,0.7),(0.2,0.3,0.4)]	1.0

续上表

序号	C1	C2	C3	C4	C5	C6	C7	C8	C9	C10
2	0.11	0.5	[(0.5,0.6,0.7),(0.2,0.3,0.4)]	[1.0,1.0]	[(0.5,0.6,0.7),(0.2,0.3,0.4)]	0.3	1.0	1.0	[(0.3,0.4,0.5),(0.6,0.7,0.8)]	1.0
3	0.61	0.4	[(0.5,0.6,0.8),(0.2,0.3,0.4)]	[1.0,1.0]	[(0.3,0.4,0.5),(0.6,0.7,0.8)]	0.3	1.0	1.0	[(0.5,0.6,0.8),(0.2,0.3,0.4)]	1.0
4	0.08	0.5	[(0.0,0.0,0.1),(0.8,0.9,0.9)]	[0.71,0.8]	[(0.5,0.6,0.8),(0.2,0.3,0.4)]	0.2	1.0	1.0	[(0.3,0.4,0.5),(0.4,0.5,0.6)]	1.0
5	0.23	0.3	[(0.1,0.2,0.3),(0.6,0.7,0.8)]	[1.0,1.0]	[(0.3,0.4,0.5),(0.6,0.7,0.8)]	0.3	1.0	1.0	[(0.3,0.4,0.5),(0.6,0.7,0.8)]	1.0
6	0.35	0.5	[(0.3,0.4,0.5),(0.6,0.7,0.8)]	[0.8,0.83]	[(0.1,0.2,0.3),(0.6,0.7,0.8)]	0.3	1.0	1.0	[(0.5,0.6,0.8),(0.2,0.3,0.4)]	1.0
7	0.14	0.5	[(0.5,0.7,0.9),(0.1,0.3,0.5)]	[0.8,0.83]	[(0.5,0.6,0.8),(0.2,0.3,0.4)]	0.3	1.0	1.0	[(0.3,0.4,0.5),(0.6,0.7,0.8)]	1.0
8	1.0	0.5	[(0.1,0.2,0.3),(0.6,0.7,0.8)]	[0.8,0.83]	[(0.3,0.4,0.5),(0.6,0.7,0.8)]	0.2	1.0	1.0	[(0.7,0.8,0.9),(0.0,0.1,0.2)]	1.0
9	0.38	1.0	[(0.3,0.4,0.5),(0.6,0.7,0.8)]	[1.0,1.0]	[(0.7,0.8,0.9),(0.0,0.1,0.2)]	0.3	1.0	1.0	[(0.3,0.4,0.5),(0.6,0.7,0.8)]	1.0
10	0.25	0.4	[(0.5,0.6,0.8),(0.2,0.3,0.4)]	[0.71,0.8]	[(0.7,0.8,0.9),(0.0,0.1,0.2)]	0.3	1.0	1.0	[(0.5,0.6,0.8),(0.2,0.3,0.4)]	1.0

在动态VIKOR分析过程中，通过计算混合模糊决策矩阵的 r_j^{k*} 和 r_j^{k-}，得到不同评估阶段下的指标权重为

$$\boldsymbol{\omega}_1 = [0.03\ 0.05\ 0.05\ 0.02\ 0.04\ 0.03\ 0.25\ 0.25\ 0.03\ 0.25]$$

$$\boldsymbol{\omega}_2 = [0.03\ 0.02\ 0.04\ 0.03\ 0.02\ 0.03\ 0.27\ 0.27\ 0.02\ 0.27]$$

$$\boldsymbol{\omega}_3 = [0.03\ 0.04\ 0.04\ 0.03\ 0.02\ 0.03\ 0.26\ 0.26\ 0.03\ 0.26]$$

根据各评估阶段的权重对综合数据进行集成，计算各个评估阶段的时间权重为

$$\eta_1 = 0.24$$

$$\eta_2 = 0.37$$

$$\eta_3 = 0.39$$

最后，计算每个部件的最大群体效用 S_i、最小个体遗憾 R_i 以及综合风险值 Q_i。动态分析和静态分析结果对比情况如图7-58所示。

从对比结果可以看出，构架总成仍为风险最高部件，动态评估中制动钳夹、车轮和轴箱体的风险程度超过静态评估值。此外，两者清楚地表明，转向架系统部件的风险信息和专家认知随着时间的推移发生连续的变化。

另外，本案例的动态风险分析和评估是根据系统和部件的维护情况分多个阶段进行的，部件的风险信息和专家评分可以得到更新，使轨道列车的风险分析和关键部件辨识更加可靠和有效。

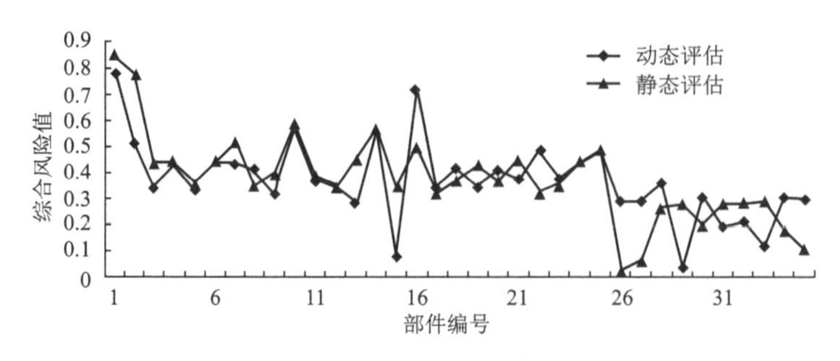

图 7-58 动态分析和静态分析结果对比

7. 小结

本案例通过构建轨道列车系统运行风险分析及关键部件辨识指标体系，基于三角模糊数直觉模糊集的方法和动态 VIKOR 理论，将难以量化的故障监控度、故障对系统人身和环境安全的影响及自然环境风险三项指标进行描述和表征；基于既有的维修计划，对轨道列车的所有部件进行多阶段的综合风险分析和风险排序，从而辨识出关键部件。该基于二型直觉模糊集和动态 VIKOR 方法的轨道列车系统运行风险分析和关键部件辨识体系能够为轨道列车安全运营提供可靠和有效的技术支持。

第五节　列车关键装备智能故障预测与健康管理

一、基于智能比例风险模型的城轨列车滚动轴承可靠性预测

1. 研究背景

随着我国城市轨道交通向着高速度、高密度、技术系统构成复杂、业务系统联动性高等方面发展，行车设备的安全保障以及维护工作面临着异常严峻的挑战。滚动轴承是城轨车辆设备中应用最广泛的通用部件。滚动轴承在走行部中起着承受载荷、传递载荷的作用，其运行状态直接影响车辆性能。一旦滚动轴承产生故障，轻则影响城轨车辆设备的正常运行，重则带来乘客生命和财产的巨大损失。

运行可靠性是评价设备和机械零件运行质量的重要指标之一，通常，可靠性模型基于统计学和概率理论，在强度和载荷概率分布已知的前提下，直接运用应力强度干涉理论进行积分运算，或通过计算可靠性指标求得设备的可靠度，最终得到设备的总体可靠性。然而，目前对于单一部件的运行可靠性研究较少，特别是理论应用局限在某些特定领域。

精确计算城轨列车滚动轴承的运行可靠性，有利于做到针对性的预防性维修，避免维修计划的盲目性。然而，城轨车辆滚动轴承运行可靠性受到很多因素的影响，并且各因素之间存在很多错综复杂、关联耦合的相互关系，同时存在大量的不确定因素及不确定信息，使得滚动轴承运行可靠性的评估较为困难。

因此，探究城轨列车走行部滚动轴承运行振动状态特征与运行可靠性之间准确的关系模型，并配合滚动轴承的在线状态监测技术，实时评估滚动轴承的运行可靠性，为走行部滚动轴承的维修决策提供科学依据是本案例研究的出发点。

2. 研究思路

本案例以城轨列车走行部滚动轴承为研究对象,通过引入比例风险模型,建立基于振动状态的城轨列车走行部滚动轴承运行可靠性比例故障率模型,以极大似然参数估计理论为基础,研究基于粒子群优化(PSO)算法的多参数比例故障率模型的参数估计方法。为计算滚动轴承故障率和可靠度,得到合理的维修策略,实现状态监测、运行可靠性分析与维修决策支持的有机结合,为解决城轨列车走行部滚动轴承维修中存在的问题奠定实践基础。其研究流程如图 7-59 所示。

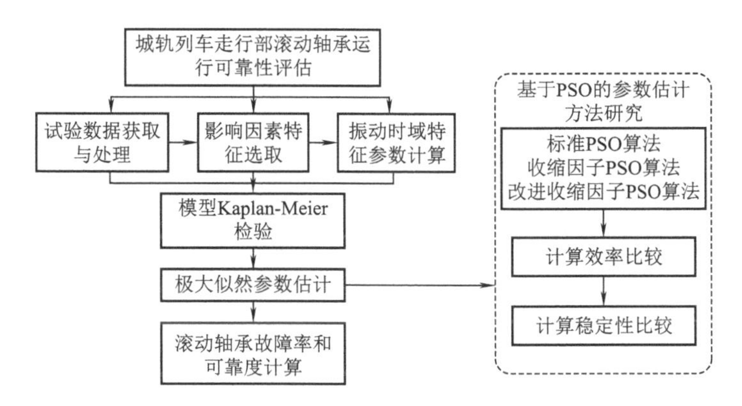

图 7-59 基于 PSO 算法的城轨列车走行部滚动轴承运行可靠性研究流程

3. 模型建立

(1)比例故障率模型

根据 Cox 比例风险模型理论,考虑到设备运行过程中各种应力如温度、压力等的影响,建立设备运行状态参数与故障率之间的关系,适合设备运行可靠性参数的估计。该模型的形式定义为

$$h(t,X) = h_o(t)\mathrm{e}^{\gamma X} \tag{7-124}$$

式中 $h(t,X)$——失效率;

$h_0(t)$——仅与时间 t 有关的基本失效率;

X——协变量,反映设备运行状态;

γ——回归参数,表示协变量 X 对设备失效率的影响。

根据可靠度与失效率之间的关系,相应的基于状态的历史衰退特征到时间 t 时的比例的可靠度函数 $R(t;X)$ 表示为

$$R(t;X) = \mathrm{e}^{-\int_o^t h(t,X)\mathrm{d}t} \tag{7-125}$$

比例故障率模型认为状态变量对失效率函数具有乘法效应,式(7-124)中的 γX 表示伴随变量的线性组合。它能够综合考虑设备处于运行时的各种状态信息,能够有效地将状态信息用于可靠性评估中,从而获得设备的可靠度指标并为预防性维修决策提供依据。比例故障率模型的优点在于它融合了依赖时间的状态协变量,John D Kalbfleisch 等将依赖时间变化的状态协变量分为两大类:一类是外部协变量;另一类是内部协变量。外部协变量是影响设备的外部因素产生的输出,如温度、振动等,内部协变量是设备内部随机过程产生的输出。这一综合变量因素的影响可用于具有衰退特征的设备可靠性评估中。在轴承运行可靠性分

析中,重点考虑运行过程中影响轴承的外部协变量。

选取峭度和方均根作为比例故障率模型中的协变量。

方均根值(root - mean - square value)为

$$x_{\mathrm{rms}} = \sqrt{\sum_{i=1}^{n} \frac{x_i^2}{n}} \tag{7-126}$$

峭度指标(kurtosis value)为

$$K_{\mathrm{v}} = \sum_{i=1}^{n} \frac{x_i^4}{n x_{\mathrm{rms}}^4} \tag{7-127}$$

式中 x_i——轴承第 i 时刻的振幅。

(2)模型 PH 假定性检验

一个比例风险模型具有不同个体有成比例的风险函数的性质,即对于两个协变量 Z_i 和 Z_j 的故障率之比为

$$RR = \frac{h_1(t,Z_i)}{h_2(t,Z_j)} = \frac{h_0(t)\exp(\gamma_1 Z_{i1} + \gamma_2 Z_{i2} + \cdots + \gamma_p Z_{ip})}{h_0(t)\exp(\gamma_1 Z_{j1} + \gamma_2 Z_{j2} + \cdots + \gamma_p Z_{jp})} \tag{7-128}$$

该比值与 $h_0(t)$ 无关,在时间 t 上为常数,即模型中协变量的效应不随时间而变化,称为比例风险假定(assumption of proportional hazard),简称 PH 假定,比例风险模型由此得名。如违反此假定,Cox 模型是无效的,需要更复杂的分析方法。

又可表示为

$$\ln h_i(t) - \ln h_j(t) = \gamma_1(Z_{i1} - Z_{j1}) + \gamma_2(Z_{i2} - Z_{j2}) + \cdots + \gamma_p(Z_{ip} - Z_{jp}) \tag{7-129}$$

两组协变量的故障率函数的对数应严格平行。

目前 Cox 模型的应用很普遍,但很少进行 PH 假定检验,直接影响到该模型的实际解释。有关 PH 假定的检查方法可大致分为图示法和正规的分析方法。本案例将采用比较 Kaplan-Meier 估计的生存曲线进行检验,该方法最早由 Cox 在 1972 年“回归分析与寿命表”中提出,如两条曲线趋势基本一致,且无交叉,表明满足 PH 假定。该法可用于连续变量、二值变量(即 0 - 1 变量)、等级变量。对于二值变量和等级变量生存资料可分别比较各组的 Kaplan-Meier 法生存曲线。对连续变量将该变量离散化后,比较各组的 Kaplan-Meier 法生存曲线。

(3)滚动轴承威布尔比例故障率模型

设 $Z = (Z_1,\cdots,Z_p)$ 表示轴承运行状态协变量,$h_o(t)$ 表示威布尔故障率函数,根据威布尔分布函数可知

$$h_0(t) = \frac{m}{\eta}\left(\frac{t}{\eta}\right)^{m-1} \tag{7-130}$$

式中 m ——形状参数;

η ——尺度参数,或特征寿命(达到该寿命的概率为 63.2%)。

则滚动轴承运行可靠性比例故障率模型(WPHM)可以表示为

$$h(t,Z) = \frac{m}{\eta}\left(\frac{t}{\eta}\right)^{m-1}\exp(\gamma Z) \tag{7-131}$$

相应地基于状态的历史衰退特征到时间 t 时的滚动轴承运行可靠度可以表示为

$$R(t;Z) = \exp\left[-\int_0^t \frac{m}{\eta}\left(\frac{t}{\eta}\right)^{m-1}\exp(\gamma Z)\,\mathrm{d}t\right] \tag{7-132}$$

使用反映列车滚动轴承运行状态的峭度和方均根值作为协变量,则城轨列车滚动轴承威布尔比例故障率模型(WPHM)的表达式为

$$h(t;Z) = \beta/\eta\ (t/\eta)^{\beta-1}\exp(\gamma_1 Z_1 + \gamma_2 Z_2) \tag{7-133}$$

式中 Z_1 ——峭度;

Z_2 ——方均根;

γ_1, γ_2 ——协变量系数,表示峭度和方均根对滚动轴承故障率的影响。

4. 参数估计

(1)基于最大似然估计的参数估计方法

如何从轴承历史寿命数据和状态信息数据中估计出模型中的未知参数,通常使用的方法有最好无偏估计、最小二乘估计和极大似然估计等。大量工程实践表明,极大似然估计方法计算精度较高,而且该方法能够充分利用样本中所有信息以及整体分布表达式所提供的关于变量的信息,因此具有许多优良的性质。而且当寿命数据样本容量充分大时,它也有优良的大样本性质。通常情况下,极大似然参数估计既是相合估计,又是渐近正态估计。

由于比例风险模型比较适合于样本量较大的情况,且极大似然估计具有优良的统计性质和较好的近似分布,因而在考虑样本中含有截尾数据的情况下,采用极大似然方法来估计模型中的各有关参数。

为了对比例故障率模型中的参数进行准确、有效的评估,需要收集特定运行状态下滚动轴承样本的特征数据。这些数据包括一定的轴承寿命时间、是否截尾、特征失效数据的个数等,设 $(t_1,t_2,\cdots,t_n)$ 为时间数据,令 $\theta(m,\eta,\gamma)$ 为待评估的参数集,则可以得到似然函数为

$$L(\theta) = \prod_{i\in N} f(t_i,\theta)^{\delta_i} R(t_i,\theta)^{1-\delta_i} = \prod_{i=1}^{D} h(t_i,\theta)\prod_{j=1}^{N} R(t_j,\theta) \tag{7-134}$$

式中 $f(t_i,\theta)$ ——故障概率密度函数;

$R(t_i,\theta)$ ——可靠度函数;

$h(t_i,\theta)$ ——故障率函数;

D,N——失效集和样本集;

δ_i ——表示是否失效,取值 1 表示失效,取值 0 表示截尾。

通过解下面的方程能够得到参数估 θ。

$$\frac{\partial}{\partial\theta}L(\theta) = 0 \tag{7-135}$$

或

$$\frac{\partial}{\partial\theta}\ln[L(\theta)] = 0 \tag{7-136}$$

将滚动轴承两参数的威布尔比例故障率函数和可靠度函数代入式(7-134)得到威布尔分布的似然函数为

$$L(\eta,m,\gamma) = \left\{\prod_{i=1}^{n_f}\frac{m}{\eta}\left(\frac{t_i}{\eta}\right)^{m-1}\exp(\gamma\cdot Z(t_j))\right\}\cdot\left\{\prod_{j=1}^{N}\exp\left[-\int_0^{t_j}\exp(\gamma\cdot Z(t_j))\,\mathrm{d}\left(\frac{t}{\eta}\right)^m\right]\right\} \tag{7-137}$$

对式(7-137)两边取对数得

$$\ln L(\eta,m,\gamma) = n_f\ln\frac{m}{\eta} + \sum_{i=1}^{n_f}\left[(m-1)ln\left(\frac{t_i}{\eta}\right)+\gamma Z(t_j)\right] - \sum_{j=1}^{N}\left[\int_0^{t_j}\exp(\gamma Z(t_j))\frac{m}{\eta}\left(\frac{t}{\eta}\right)^{m-1}\mathrm{d}t\right] \tag{7-138}$$

式中 n_f——n 个样本中的失效个数。

使得式(7-138)取得最大值的 η, m, γ，即为所求估计值。根据构建的滚动轴承运行可靠性比例故障率模型，主要有4个未知参数，此时最大似然公式变为

$$\ln L(\beta,\eta,\gamma_1,\gamma_2) = \sum_{i=1}^{N}\sigma_i\left[\ln\frac{\beta}{\eta} + (\beta-1)\ln\left(\frac{t_i}{\eta}\right) + \gamma_1 Z_1(t) + \gamma_2 Z_2(t) - \right]$$
$$\sum_{j=1}^{N}\left\{\int_0^{Ti}\frac{\beta}{\eta}\left(\frac{t}{\eta}\right)^{\beta-1}\exp\left[\gamma_1 Z_1(t) + \gamma_2 Z_2(t)\right]\mathrm{d}t\right\} \tag{7-139}$$

然而要想直接求出4个参数的解析解是比较困难的，所以首先采用MATLAB中Nelder-Mead simplex算法来求解威布尔比例风险的参数估计。

(2)基于粒子群优化算法的比例故障率模型参数估计

用极大似然估计法进行参数估计时，一般要求解联立的超越方程组相当复杂，如上文中的极大似然公式含有4个未知数，其中包含了多个幂指数和对数表达式。虽然本案例已经使用Nelder-Mead simplex算法进行求解，但是求解过程迭代次数多，计算速度较慢，尤其对于比例风险模型一般参数数量较多的情况下，常规迭代算法存在不易求解、收敛性较差等问题。

考虑到作为一种全局优化搜索算法，粒子群适用于处理传统迭代方法难于解决的复杂和非线性问题，并且具有简单通用、收敛性强的特点，因此，采用三种粒子群算法，标准粒子群算法(SPSO)、收缩因子粒子群算法(CFPSO)、改进收缩因子粒子群算法(MCFPSO)，以比例故障率模型的似然公式最大化为目标进行优化求解，并与使用最大似然估计方法的参数估计结果进行对比。

SPSO和CFPSO已经在第五章中进行介绍，下面介绍改进收缩因子粒子群算法(MCFPSO)。

如图7-61所示，由于SPSO和CFPSO的速度更新公式均考虑粒子自身Common的速度、粒子向部分最优解Pbest和群体最优解Gbest方向的递进速度，即图中的 v_1、v_2 和 v_3，从而实现群体收敛。基于CFPSO算法，考虑Common、Pbest和Gbest三者的关系，在速度更新公式中加入部分最优解Pbest向群体最优解方向的递进速度，如图7-60加入的虚线方向的随机递进速度 v_4，将使得粒子向群体最优解Gbest更快递进，从而实现算法更快收敛。

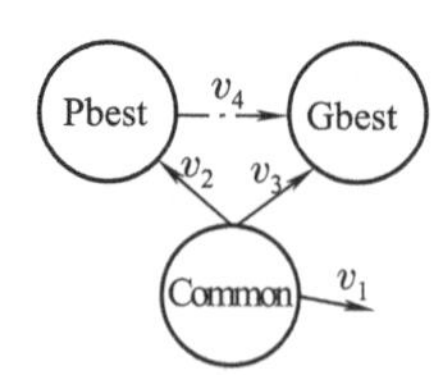

图7-60 MCFPSO算法粒子速度更新

其速度更新公式为

$$v_{in}(k+1) = K\{v_{in}(k) + c_1\text{rand}_1[\text{Pbest}(k) - x_{in}(k)] +$$
$$c_2\text{rand}_2[\text{Gbest}(k) - x_{in}(k)] + \text{rand}_3[\text{Gbest}(k) - \text{Pbest}(k)]\} \tag{7-140}$$

式中 rand_3——[0,1]内均匀分布的随机数。

由于滚动轴承全寿命数据采集困难，且数量有限，不宜采用拟合函数与真实值之间的差距作为目标函数，适合采用极大似然函数作为目标函数。用三种 PSO 算法求解比例故障率模型参数时，可以归结为以下优化问题，即

$$\min \quad f(\beta,\eta,\gamma_1,\gamma_2) = -\ln L(t,z,\beta,\eta,\gamma_1,\gamma_2)$$
$$\text{s.t.} \quad \begin{cases}\beta > 0 \\ \eta > o\end{cases} \tag{7-141}$$

令初始粒子位置为

$$X^1 = [\boldsymbol{\beta}^{\mathrm{T}}\ \boldsymbol{\eta}^{\mathrm{T}}\ \boldsymbol{\gamma}_1^{\mathrm{T}}\ \boldsymbol{\gamma}_2^{\mathrm{T}}]$$

其中

$$\boldsymbol{\beta} = [\beta_1\ \beta_2\ \beta_3\ \cdots\ \beta_N],\boldsymbol{\eta} = [\eta_1\ \eta_2\ \eta_3\ \cdots\ \eta_N],$$
$$\boldsymbol{\gamma}_1 = [\gamma_{11}\ \gamma_{12}\ \gamma_{13}\ \cdots\ \gamma_{1N}],\boldsymbol{\gamma}_2 = [\gamma_{21}\ \gamma_{22}\ \gamma_{23}\ \cdots\ \gamma_{2N}]$$

式中　N——粒子个数。

定义初始粒子的速度为

$$\boldsymbol{V}^1 = [V_\beta^{\mathrm{T}}\ V_\eta^{\mathrm{T}}\ V_{r_1}^{\mathrm{T}}\ V_{r_2}^{\mathrm{T}}]$$

①$k=1$：将随机生成的初始位置 X^1 带入目标函数 $f(\beta,\eta,\gamma_1,\gamma_2)$，得到 $\boldsymbol{f}_1 = [f_1^1\ f_1^2\ \cdots\ f_1^N]^{\mathrm{T}}$。令 $\mathrm{Pbest}^1 = X^1$，寻找满足 $f_j^1 = \min(f_1^1,f_2^1,\cdots,f_N^1)$ 的部分最优解对应的 Pbest_j^1，则此局部最优 Pbest_j^1 即为第 1 代的全局最优 Gbest_j^1。

②$k=2$：分别按照三种速度更新公式。

$$\begin{cases}v_j^{k+1} = wv_j^k + c_1\mathrm{rand}_1(\mathrm{Pbest}_j^k - x_j^k)) + c_2\mathrm{rand}_2(\mathrm{Gbest}_j^k - x_j^k)) \\ v_j^{k+1} = \chi v_j^k + c_1\mathrm{rand}_1(\mathrm{pbest}_j^k - x_j^k)) + c_2\mathrm{rand}_2(\mathrm{Gbest}_j^k - x_j^k)) \\ v_j^{k+1} = \chi(v_j^k + c_1\mathrm{rand}_1(\mathrm{Pbest}_j^k - x_j^k)) + c_2\mathrm{rand}_2(\mathrm{Gbest}_j^k - x_j^k) + \mathrm{rand}_3(\mathrm{Gbest}_j^k - \mathrm{Pbest}_j^k)\end{cases} \tag{7-142}$$

更新粒子速度，计算 V^2，按照 $x_j^{k+1} = x_j^k + v_j^{k+1}$ 更新粒子位置，得到 X^2，检验是否满足 $\sum (f^k - f^{k-1})^2 < \varepsilon$ 且迭代检验次数 Count（$\sum (f^k - f^{k-1})^2 < \varepsilon$）$\geqslant N_c$（$\varepsilon$ 为收敛精度；N_c 为最小检验迭代次数）或者 $k \geqslant N_{\max}$。

若满足则找到最优解 Gbest_j^1，即为 4 个参数 $\beta,\eta,\gamma_1,\gamma_2$ 的估计值。

③若不满足 $k=k+1$，按照粒子速度和位置更新公式进行迭代，见式(7-143)。

$$\mathrm{Pbest}_j^k = \begin{cases}\mathrm{Pbest}_j^{k-1} & f(\mathrm{Pbest}_j^{k-1}) < f(X_j^k) \\ X_j^k & f(\mathrm{Pbest}_j^{k-1}) \geqslant f(X_j^k)\end{cases} \tag{7-143}$$

寻找第 j 个粒子的第 k 代部分最优解 Pbest_j^k，计算

$$\mathrm{Gbest}^k = \{\mathrm{Pbest}_j^k \mid f(\mathrm{Pbest}_j^k) = \min[f(\mathrm{Pbest}_j^k)]\} \tag{7-144}$$

Gbest^k 即为第 k 代全局最优，直到第 k 代全局最优 Gbest^k 满足 $\sum (f^k - f^{k-1})^2 < \varepsilon$ 且 $\mathrm{Count}\left(\sum (f^k - f^{k-1}) < \varepsilon\right) \geqslant N_c$ 或者 $k \geqslant N_{\max}$。则停止迭代，并输出 $\beta,\eta,\gamma_1,\gamma_2$ 的估计值，此时的估计值即为所求的比例故障率模型的 4 个参数。具体流程如图 7-61 所示。

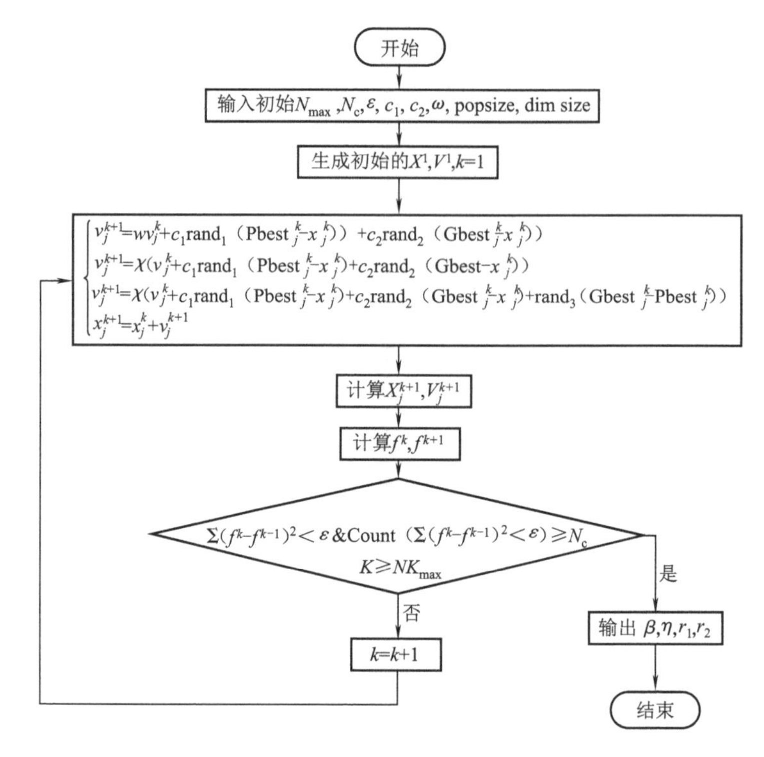

图 7-61　基于 PSO 算法的参数估计计算流程

5. 实例分析

(1)数据说明

为了建立某轴承的故障率模型和估计模型的参数,需收集有关失效寿命数据及相应的振动信号数据。本案例共收集到 19 个同型轴承的失效寿命数据及截尾数据,并在每个滚动轴承样本失效或观察期结束时对其进行振动测试。19 个轴承的寿命数据和截尾情况见表 7-32(0:截尾;1:失效)。

表 7-32　轴承寿命数据

轴承编号	寿命/d	截尾
1	50	0
2	60	1
3	68	0
4	71	0
5	81	0
6	86	0
7	98	0
8	101	1
9	102	1
10	111	1
11	114	1

续上表

轴承编号	寿命/d	截尾
12	115	1
13	117	1
14	119	1
15	154	1
16	206	1
17	196	1
18	178	1
19	213	1

为了验证模型的有效性和方便可靠性，对分析结果进行展示，并对样本中的 16 号轴承进行连续周期性振动测试，每日通过振动测试取得 2 000 个振动数据，并对振动信号进行小波消噪处理。16 号轴承在轴承运行期间的原始振动信号和经小波变换处理的振动信号波形如图 7-62 所示。

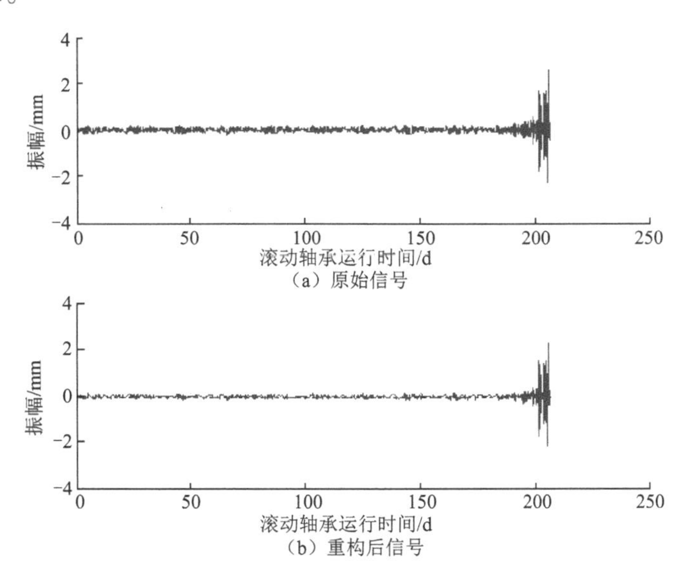

图 7-62　16 号滚动轴承全寿命振动波形

根据图 7-62 中 16 号滚动轴承在运行期间的振动监测数据，可以得出以下结论：在 200 日之前，轴承振动幅度小且较平稳，轴承在运行到 200 日左右时，16 号滚动轴承振动波形出现巨大变化，振幅剧增，可以判断 16 号滚动轴承出现故障或磨损。

对已选取的比例故障率模型协变量峭度和方均根进行 PH 假定检验（这里省略检验步骤），可得协变量峭度和方均根满足 PH 假定，即协变量峭度和方均根的效应不随时间而改变，两指标的差异具有统计学意义，故可将峭度和方均根作为滚动轴承比例故障率模型的协变量，进而建立滚动轴承威布尔比例故障率模型。

（2）实验结果

①计算效率比较

本案例所指算法计算效率为通过比较少的迭代次数得到满足要求的解。根据所采集的数据,采用 SPSO、CFPSO 和 MCFPSO 三种算法进行参数估计。参数设置见表 7-33。

表 7-33　三种 PSO 算法参数设置

参数	$N_{\max}$	N_c	ε	c_1	c_2	ω	popsize	dimsize
设置	5 000	200	1×10^{-10}	2.05	2.05	0.1	20	4

其中 $N_{\max}$ 为最大迭代次数; N_c 为最小检验迭代次数; ε 为收敛精度; c_1, c_2, w 为速度更新公式系数; *popsize* 为种群大小; *dimsize* 为维数,即自变量的个数。

为了评估三种方法的优越性,公平起见,选取相同的初始种群位置和速度,参数估计结果见表 7-34。

表 7-34　三种 PSO 算法参数估计结果、最优值和迭代次数

参数	β	η	γ_1	γ_2	最优值	迭代次数
SPSO	1.82	65.3	-0.09	-3.37	76.64	515
CFPSO	3.699	221.87	0.062	3.8	67.749 7	968
MCFPSO	3.699	221.87	0.062	3.8	67.749 7	156
Nelder-Mead simplex	3.699	221.87	0.062	3.8	67.749 7	446

由表 7-34 可知,在解的优劣方面,MCFPSO、CFPSO 以及 Nelder - Mead simplex 算法均可以得到最优解,优于 SPSO 算法的迭代结果;在迭代次数方面,MCFPSO 优于其他三种算法,迭代次数分别为其他三种算法的 30.3%、16.12%、34.98%,其中 CFPSO 算法迭代次数最高,接近 SPSO 算法的两倍,原因为 CFPSO 算法是针对 SPSO 算法收敛性差的问题,增加其迭代次数以寻求全局最优解。

三种 PSO 算法及 Nelder-Mead simplex 算法寻优性能比较如图 7-63 所示。

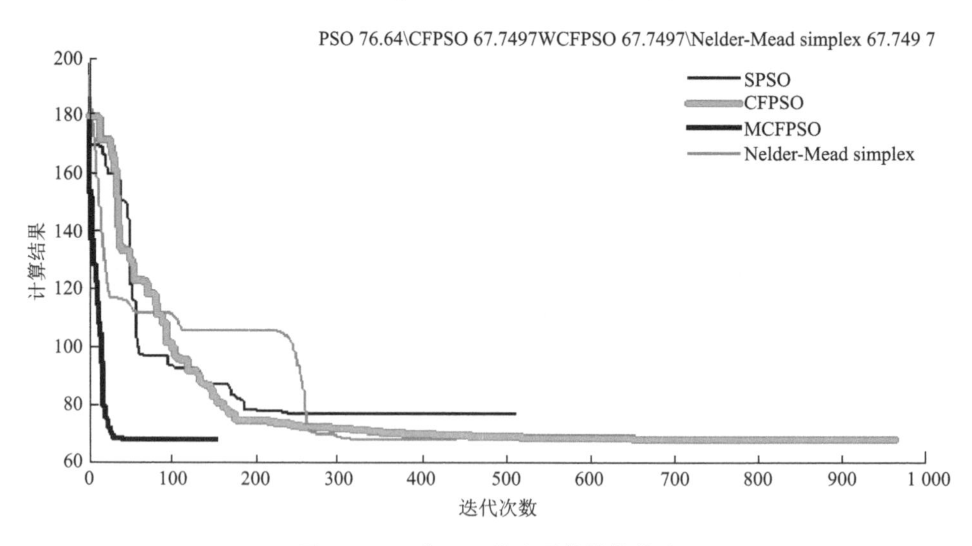

图 7-63　三种 PSO 算法寻优性能轨迹

从图 7-63 可知，MCFPSO 比其他三种算法迭代次数少，收敛速度最快，计算准确率最高。

②初值选取对算法的影响力比较

本案例采取多次随机选取初始粒子群位置和速度的策略，通过计算三种粒子群算法的平均迭代次数、平均最优值、最优值的离散度以及迭代次数离散度四个指标评估初始值对算法结果影响力的大小。其中离散度为最大值和最小值的差除以平均数。

随机选取初始值共进行 10 次实验，三种粒子群算法运行迭代次数和最优值见表 7-35。

表 7-35 三种 PSO 算法运行迭代次数和最优值

SPSO		CFPSO		MCFPSO	
迭代次数	最优值	迭代次数	最优值	迭代次数	最优值
400	95.1	869	67.749 699 263 416 4	151	67.749 699 263 416 2
445	69.39	677	67.749 699 263 416 2	136	67.749 699 263 416 2
338	70.75	890	67.749 699 263 417 8	150	67.749 699 263 416 2
491	68.02	897	67.749 699 263 454 9	124	67.749 699 263 416 2
356	73.78	676	67.749 699 263 417 7	169	67.749 699 263 416 3
484	70.25	620	67.749 699 263 416 3	150	67.749 699 263 416 2
368	68.73	765	67.749 699 263 416 5	187	67.749 699 263 416 2
750	68.69	823	67.749 699 263 416 4	130	67.749 699 263 416 3
245	75.41	636	67.749 699 263 416 3	144	67.749 699 263 416 2
466	68.47	661	67.749 699 263 416 2	164	67.749 699 263 416 3

为了评估初始值选取对算法的影响力，比较 10 次计算的迭代次数和最优值的平均值以及两者的离散度，见表 7-36。

表 7-36 初值选取对三种 PSO 算法的影响力评估指标

算法类型	平均迭代次数	平均最优值	迭代次数离散度	最优值离散度
SPSO	434.3	72.859	1.16	0.35
CFPSO	751.4	67.749 699 263 420 5	0.37	$2.349\ 26 \times 10^{-14}$
MCFPSO	150.5	67.749 699 263 416 2	0.42	0

从表 7-36 可知，MCFPSO 比其他三种算法平均迭代次数少，平均最优值最小，最优值的离散度最小，迭代次数离散度仅比 CFPSO 算法高 0.05。因此，MCFPSO 算法的计算所受初始值选取的影响小，适合比例故障率模型的参数估计。

6. 小结

本案例从轴承振动信号中选取时域特征参数方均根和峭度作为运行可靠性评估的状态变量，采用调研和实验平台获得的全寿命数据，运用 Cox 比例风险模型构建了城轨列车走行部滚动轴承运行可靠性模型。采用最大似然估计和标准粒子群、收缩因子粒子群和改进收缩因子粒子群三种粒子群算法，以比例故障率模型的似然公式最大化为目标进行模型的参数估计。实验结果的比较表明，改进收缩因子粒子群算法，即 MCFPSO，在参数估计方面具有求解精度高、收敛速度快、计算稳定性好的优势，不再需要估计优化变量的初始值即可获得全局近似最优解。由此可获得滚动轴承的故障率和可靠度,为下一步的视情维修决策提供科学的依据。

二、基于张量分析与深度学习的轨道交通列车机械部件故障辨识

1. 研究背景

伴随着世界范围内高速铁路技术的快速发展,轨道交通列车的技术构成复杂度愈来愈高,其不同子系统、零部件多达四万多个且具有较强的相互依赖作用,是典型的复杂机械电子信息大系统。日常运行在高速、高密度、重载荷、强冲击的恶劣工况下,设备服役性能变化快速且具有随机非线性,还经常面临着自然灾害、人为失误等外部环境因素的影响,因此给列车的安全运行带来了巨大不确定性风险,甚至造成了灾难性的后果。

轨道交通列车的运行安全可靠性同时受包括设备构成、健康状态、运行工况等内因以及人为失误等外因的多重复杂不确定性因素作用影响,主要体现在关键零部件和列车整体系统两个层面并具有不同演变规律。其中关键零部件主要来源于设备健康状态的劣化与演变。如图7-64所示,轨道列车的安全检测系统监测传感器类型多样且采样频率较高,监测数据庞大。需要高效处理产生的海量多源异质数据,利用信息融合理论将多源异质信号加以融合,建立不同失效模式的辨识模型,实现对关键部件状态的自动辨识,并为关键部件性能退化定量分析提供技术支撑,是需要解决的问题。

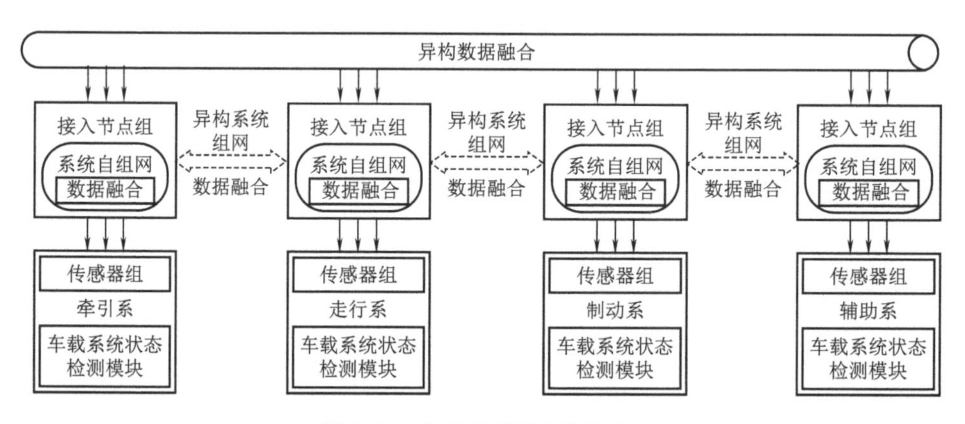

图7-64　车载传感网整体架构

2. 研究思路

列车机械部件在使用过程中,必然会产生不同程度的磨损、疲劳、变形或其他损伤;随着时间的延长,它们的技术状态会逐渐变差,导致使用性能下降。一旦发生故障,将造成人员伤亡、财产损失并极大影响轨道交通系统正常运营。因此,部件的状态评估是保障轨道交通安全运行的基础;除此之外,部件预测性维修策略的实现也离不开准确高效的部件状态评估。列车智能感知网络的构建为部件状态监测提供了极为便利的条件。

传统的部件状态识别算法更多依赖于工程师的个人经验,且受工况(如转速)影响,其质量难以保证,对于多传感器提供的多源信息难以有效融合利用。卷积神经网络是处理图像和其他多维数据最常用的深度学习结构。CNN的特征表示层可以堆叠起来创建深度网络,这可以使其更有能力对数据中的复杂结构建模。此外,它将为算法提供更多的

数据调整空间，有助于提高方法与数据的适应度。端对端指的就是从原始信息到状态辨识结果，全部采用机械学习方法进行自动处理，完全避免人工干预，实现了全自动化的状态辨识方法。

受此启发，可以通过对多个信息源获取的数据和信息进行关联和综合，全面及时评估部件状态信息，采用无须人工干预的端对端深度学习方法，建立一个基于 CNN 的机械设备故障诊断端到端模型。该模型可以从原始数据中学习特征并处理高维数据，可有效避免人工设计特征的缺陷，确定列车机械部件服役性能状态分类面，以实现基于多源信息的机械部件服役状态的全自动辨识。如图 7-65 所示，整个方法的研究思路可用框架图表示，要解决的主要问题为各张量子域分类面的确定。首先通过对多源信号进行初步归一化处理，以减少噪声干扰，加快程序收敛速度；再采用张量表达，在数据层对多源信号进行融合；最后采用监督式学习方法，应用卷积神经网络，对样本数据进行训练，得到最佳张量子域分类面，并将待测样本映射到张量子域内，实现部件的全自动辨识。

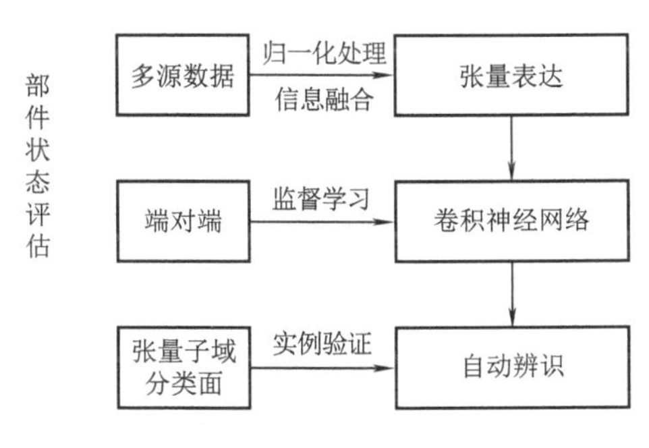

图 7-65　研究思路框架

3. 模型建立

(1)数据层融合和损失函数改进

由于传感技术的快速发展，越来越多的设备监测样本含有多个传感器数据或含有多方向传感器数据，如对轴承进行监测时，通常会采用两向或三向的振动加速度信号，有时还会同时监测其温度数据。因此，在数据层充分融合利用所有的监测数据，最有可能发现新的规律特征。因此，选用张量表达来进行数据层融合。

在此之前，由于数据可能存在量纲不同，需进行归一化，消除不同数据量级的负面影响，表达式为

$$x_i' = \frac{x_i - \min(x)}{\max(x) - \min(x)} \tag{7-145}$$

式中　$x=(x_1,x_2,\cdots,x_n)$，x_i'——第 i 个监测数据的归一化结果。

设有 N 组监测数据 $s_1(t),s_2(t),\cdots,s_N(t)$，其中 $t=(t_1,t_2,\cdots,t_n)$。$s_1(t_i),s_2(t_i),\cdots,s_N(t_i)$ 为在时间点 t_i 的值，按式(7-145)归一化后，记为 $S_1(t_i),S_2(t_i),\cdots,S_N(t_i)$。

数据在时间点 t_i 的张量表达为 $T(t_i)=[S_1(t_i),S_2(t_i),\cdots,S_N(t_i)]$，用于后续算法训练的张量表达样本为 $T(t)=[T(t_i)]$，$t=(t_1,t_2,\cdots,t_n)$。为了便于卷积神经网络，张量表达样本将从单一时间维转换为平面维度，如图 7-66 所示。

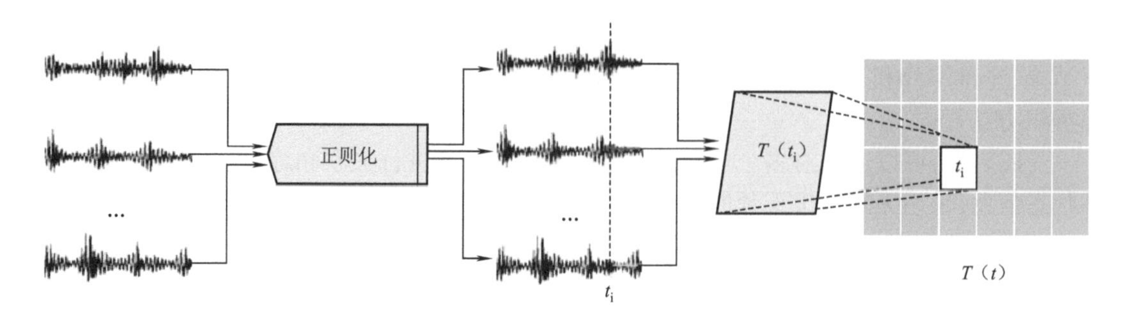

图 7-66 样本归一化及张量表达

在研究中发现,使用复合损失函数较单一损失函数,卷积神经网络收敛性更快,因此,采用了对数似然损失和交叉熵误差损失的均值作为卷积神经网络的损失函数。

(2)算法流程

整体算法流程如图 7-67 所示,本案例使用了 11 层结构的卷积神经网络,结构见图 7-67 右侧。主要的模型参数见表 7-37,模型输入大小取决于传感器数据的数量及其变形后平面大小。

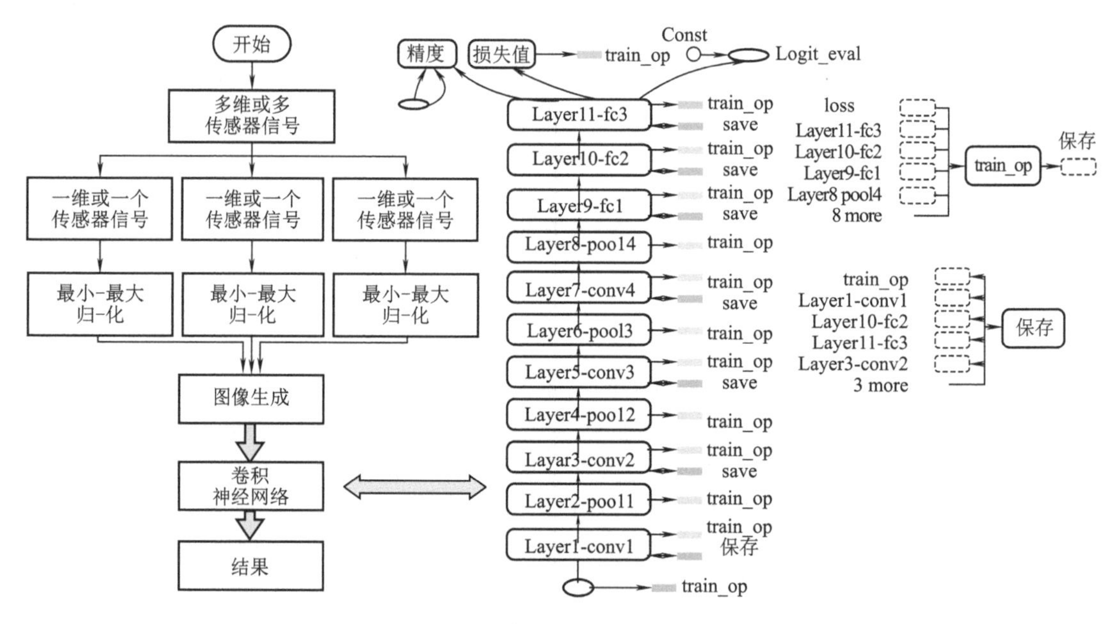

图 7-67 多维端对端卷积神经网络模型

表 7-37 CNN 模型参数

层(type)	大小
Input	(None,?,?,?)
layer1 - conv1	[5,5,?,32]
layer2 - pool1	[1,2,2,1]
layer3 - conv2	[5,5,32,64]
layer4 - pool2	[1,2,2,1]

续上表

层(type)	大小
layer5 - conv3	[3,3,64,128]
layer6 - pool3	[1,2,2,1]
layer7 - conv4	[3,3,128,128]
layer8 - pool4	[1,2,2,1]
layer9 - fc1	[6 * 6 * 128,1024]
layer10 - fc2	[1024,512]
layer11 - fc3	[512,4]

4. 算法有效性检验

本次实验采用凯斯西储大学轴承数据中心提供的6205-2RS JEM SKF 轴承振动加速度数据,其实验及采集装置如图7-68所示。主要实验设备包含2 HP电机,扭矩编码器和功率计。试验数据包含正常、外圈故障、内圈故障、滚动体故障4种轴承状态的振动加速度数据,采样频率为12 kHz。

实验分别对算法的有效性和多工况不同故障程度下的鲁棒性进行了测试。

图7-68 轴承实验台

(1)实验数据描述及预处理

实验选用的故障程度为0.007英寸的轴承数据见表7-38。

表7-38 数据描述

数据集	电机负载(HP)	电机转速(rpm)	内圈(IR)	滚动体(B)	外圈(OR)	正常(N)
W_D_0	0	1 797	IR007_0	B007_0	OR007@6_0	Normal_0
W_D_1	1	1 772	IR007_1	B007_1	OR007@6_1	Normal_1
MIXED	W_D_0 + W_D_1					

表7-38中分别包含驱动端、负载端和基准振动加速度三组数据。

本次实验分别对数据集W_D_0和W_D_1进行测试。多源信息较单一数据能够提供更多的有用信息,并显著提升算法的准确性。为验证此结论,分别将驱动端,驱动端加负载端,驱动端、负载端加基准振动加速度数据进行测试,并分别命名为One_test、Two_test、Three_test实验数据。将数据进行分段,每段1 024点,在将数据进行归一化处理后,表达为三维张量 128 ×8 ×3,每个维度为轴承状态在不同位置上的信息表示。每个数据集及不同故障模式样本数量见表 7-39。

表 7-39　数据集样本量

		IR	B	OR	N	总量
W_D_0	One_test	118	119	119	238	594
	Two_test					
	Three_test					
W_D_1	One_test	119	118	119	472	828
	Two_test					
	Three_test					
MIXED	One_test	237	237	238	710	1422
	Two_test					
	Three_test					
Label		0	1	2	3	—

为了更直观地展示不同样本数据之间的差异,由于本实验采用了 3 维的样本数据,因此可采用图像形式进行表征,即将不同维度上的信息与图像的 RGB 值一一对应,维度缺失时,用 0 代替。内圈故障、滚动体故障、外圈故障及正常状态轴承的图像表达如图 7-69 所示。由于正常状态故障数据缺少基准振动加速度数据,故而图 7-69 右下角两张子图(N_Two_test 和 N_Three_test)相同。

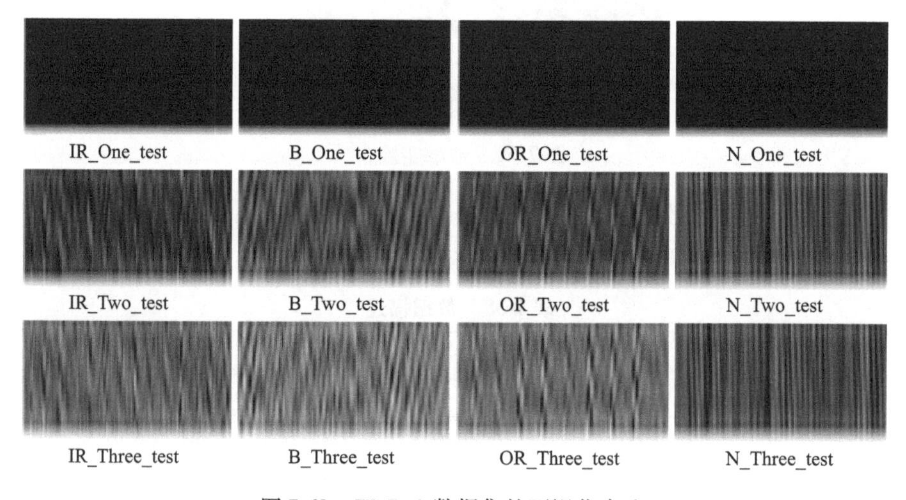

图 7-69　W_D_0 数据集的可视化表达

(2)相同故障程度不同工况准确率对比

实验分别对 W_D_0 和 W_D_1 两组数据集的一维至三维张量样本进行了准确率测试。实验采用 5 折交叉法取准确率平均值,最大迭代次数为 100,学习速率为 0.001。结果如图 7-70所示,其中粗线、浅色线和深色线分别代表三维样本数据、二维样本数据和一维样本数据,实线和虚线分别代表训练阶段和测试阶段算法准确率变化情况。

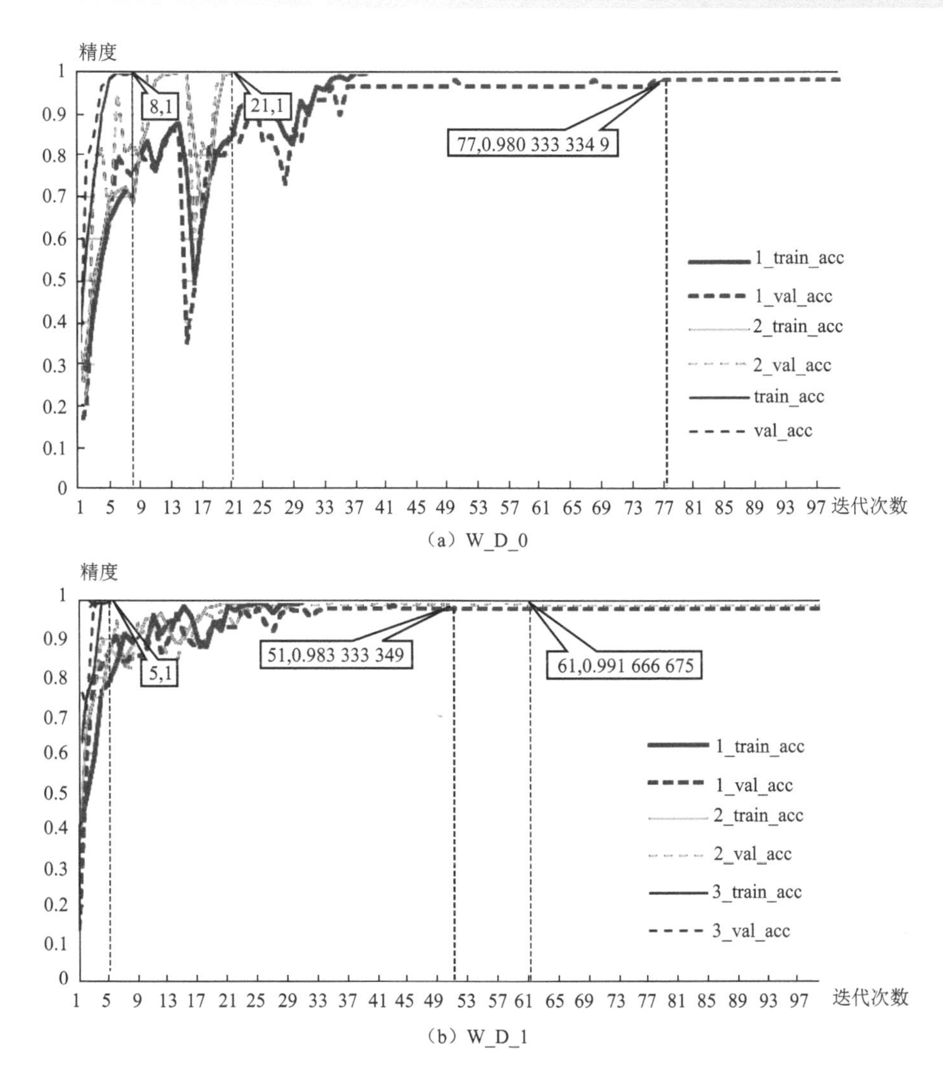

图 7-70 算法准确率结果对比

由图 7-70 可知,该方法在不同工况和样本集下的准确率均高于 98%,有效验证了本研究方法的有效性。除此之外,图 7-70 在三个数据源的情况下取得了 100% 的精确率。更重要的是,三源信号数据在训练和测试过程中,以最高的精度和最少的迭代数量达到稳定状态,实现了轴承状态的有效辨识,这充分说明了所提出的基于 CNN 的多源端对端状态辨识算法能够充分利用多传感器信息,高精度、高效率实现轴承状态辨识。即使在图 7-70(b),使用二维张量数据样本较一维张量样本多 10 次迭代,但在准确率方面从 98.33% 上升到 99.16%,提升了近 1 个百分点。在计算能力发展极为快速的今天,对迭代次数增加所耗时间而言,此种情况下准确率的提升显得更有意义。

(3)相同故障程度混合工况准确率对比

在轨道交通列车,尤其是城市轨道交通列车中,受频繁加减速和上下车乘客影响,其轴承旋转速度和载荷经常变化。传统轴承状态辨识方法通常将不同工况(速度、载荷等)下的轴承状态在训练和测试过程中作为新类别,但实际情况工况随时变化,难以一一列举,因此,急需提出一种能够应对多工况条件下轴承状态辨识的有效方法。将上一实验的 W_D_0 和

W_D_1 数据混合形成包含两种速度和载荷情况的混合数据(MIXED dataset,见表 7-38),以验证所提方法的准确性。

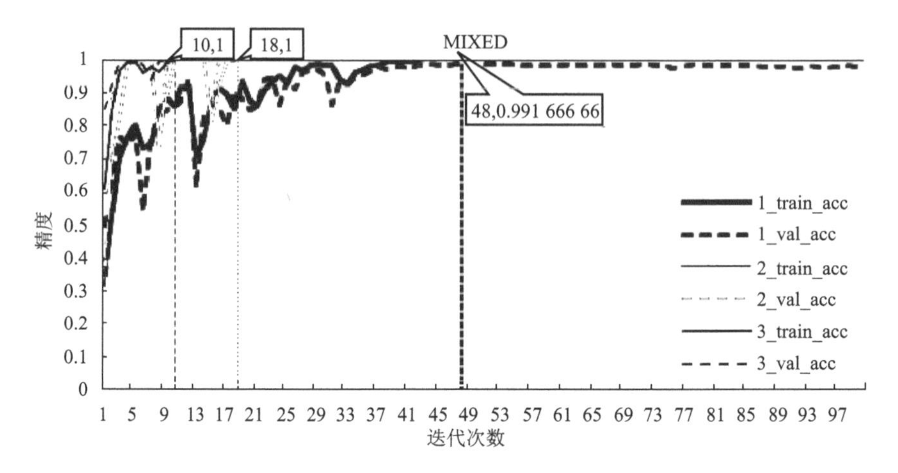

图 7-71 MIXED 数据结果

如图 7-71 所示,在混合工况下,本研究所提模型在轴承故障状态辨识方面仍然表现出了极高的准确性:在三种传感器信息综合应用下,所提模型的准确率达到了 100%,并在第十次迭代收敛;在信息量略少的情况下(两个传感器数据),在算法精度不受影响的情况下,迭代次数仅增加了 8 次;即使只应用单传感器信息,本研究所提模型仍然获得了超过 99% 的分类精度,充分验证了基于 CNN 的多源端对端状态辨识模型在相同故障程度、混合工况下的优异性能。

(4)算法效率分析

本案例对多源端对端状态辨识算法效率进行了实验,在信号处理和 CNN 结构及其他参数保持不变的情况下,算法停止条件设置为损失值达到 1.0×10^{-4} 或者迭代次数达到 100 次。W_D_0、W_D_1 和 MIXED 数据集样本量分别设置为 594、596 和 597。

算法测试环境为 Intel(R) Core(TM) i7 – 4790 CPU @ 3.6Hz,内存 8.00 GB,三星固态硬盘 850 PRO 128GB with WDC WD10EZEX-08M2NA0 和英伟达 GPU NVIDIA GeForce GTX 750。

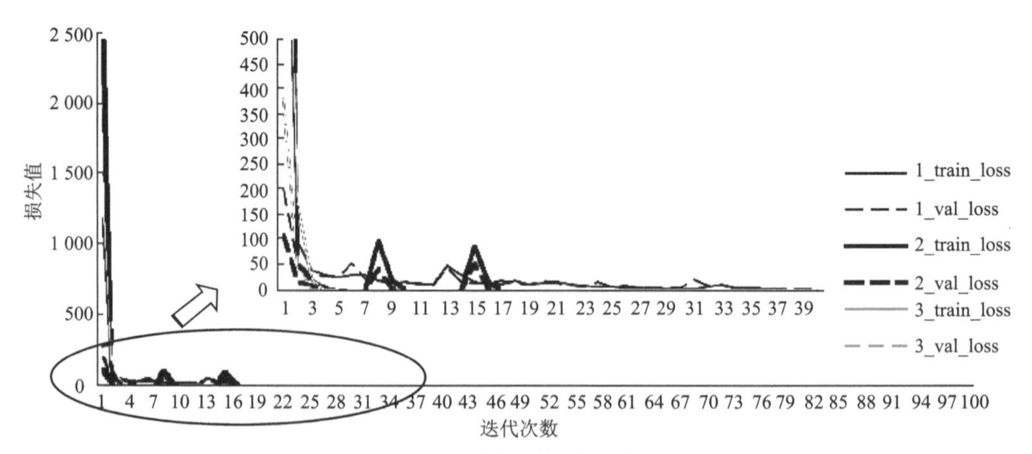

图 7-72 MIXED 数据集下算法收敛性对比

以 MIXED 数据集为例，所提算法在训练和测试过程中迭代次数与目标损失之间的关系如图 7-72 所示，并对比了算法在信息量不同情况下的收敛性。如图 7-72 中浅色实线和虚线所示，当算法迭代次数超过 5 次时，所提基于 CNN 的多源端对端状态辨识模型的目标损失趋于稳定并降至最低；然而黑色粗线和黑色细线分别在迭代次数为 19 和 38 次之后逐渐稳定。因此，所提算法在多源信息处理方面表现出了优异的性能，可用信息量越多，模型收敛速度越快。

三个数据集在三种信息量情况下，所提算法的最小损失和消耗时间结果见表 7-40。本模型在信息量最多的情况下以最小的损失和最短的时间达到了最高精度。数据信息越多，算法精确度越高，且耗时越短。针对单源和二源传感器数据，需考虑消耗时间和准确性之间的平衡关系。

表 7-40　算法效率对比

		数据集大小	迭代次数	目标损失		精　度		时　间
				训练集	测试集	训练集	测试集	
W_D_0	One_test	594	100	0.000 8	6.587 1	1	0.983 3	136.076 5
	Two_test		100	0.000 5	0.000 7	1	1	199.284 7
	Three_test		56	1.05×10^{-5}	9.5×10^{-5}	1	1	75.014 4
W_D_1	One_test	596	100	0.000 2	2.475 2	1	0.983 3	137.874 7
	Two_test		100	0.000 1	0.744 9	1	0.991 7	138.061 5
	Three_test		22	5.63×10^{-5}	8.9×10^{-5}	1	1	31.871 5
Mixed	One_test	597	100	0.000 1	1.985 4	1	0.979 2	139.517 5
	Two_test		91	$1.67\text{E}\times10^{-5}$	$9.4\text{E}\times10^{-5}$	1	1	126.280 3
	Three_test		41	6.43×10^{-6}	8.9×10^{-5}	1	1	57.940 6

(5)数据量对算法的影响

数据量是影响现代非线性机器学习方法性能，尤其是深度学习方法性能的关键要素之一。Jason 提出的数据量和算法性能之间的关系如图 7-73 所示。因此，本案例进行了另一项实验，以探讨数据量对基于 CNN 的多源端对端模型性能的影响。

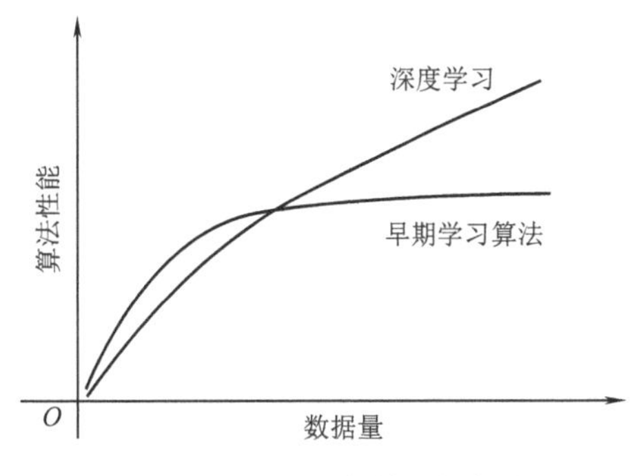

图 7-73　样本数据量与算法性能关系

本实验在 MIXED 数据集上分别选择 100%、50%、25% 和 10% 比例的数据量，标记为 Full、Half、Quarter 和 10%，并在三维样本和一维样本情况下分别进行了测试，四组数据量见表 7-41。

表 7-41　测试数据集样本量

比　例		100%	50%	25%	10%
MIXED	One_test	1 422	711	355	142
	Three_test				

结果如图 7-74 所示。图 7-74(a)表明，算法准确性在数据量最大时达到最高，并随着数

据量的减少而降低，验证了 Jason 的结论；图 7-74(b)表明，在信息较多的情况下，数据量越大，算法收敛得越快，且在收敛过程中波动性越小。因此，在数据量较小的情况下，可采用多种手段获取多源信息，提高算法准确性；当然，若多源数据难以获取，适当地增加数据量是提高算法性能的必要方法。

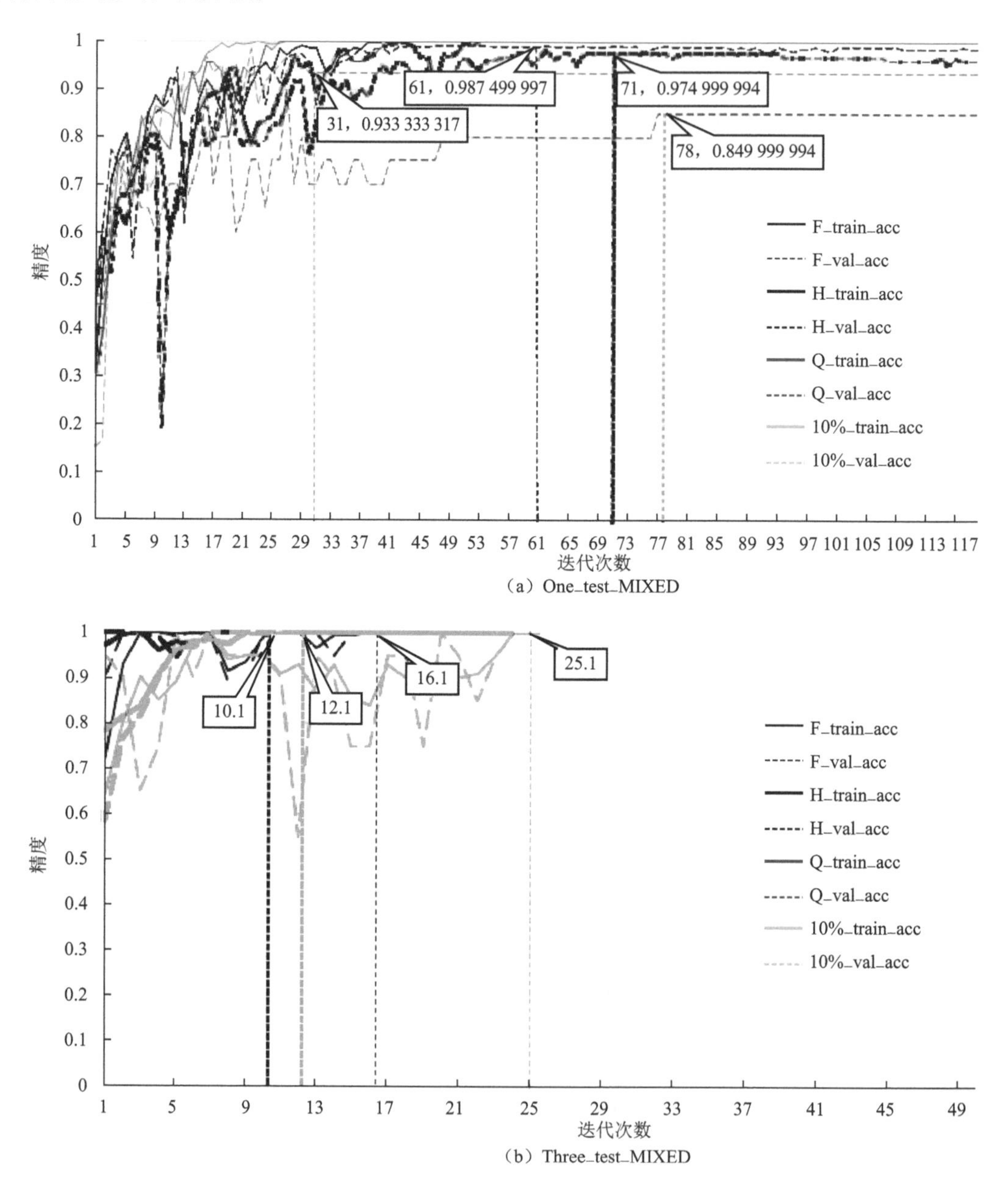

(a) One_test_MIXED

(b) Three_test_MIXED

图 7-74　数据量对模型的性能影响

上述实验验证了基于 CNN 的多源端对端状态辨识算法在故障程度相同、两种相近及其混合工况条件下轴承状态辨识的有效性。在信息量和数据量方面进行了分析，得出结论：所提算法在轴承状态辨识正确率方面表现优异，且在有效信息越多、可用数据量越大的情况下模型准确性越高、收敛越快。

5. 小结

本案例提供了一种基于 CNN 的端对端部件状态辨识方法，采用深度卷积神经网络确定张量域的分类面。该方法有效避免了人工设计特征的缺陷，能够充分利用多源传感器信息，利用带标签样本数据，通过监督式学习方法，实现了机械部件服役状态张量子域的界定，完成了部件服役状态自动辨识。通过单一工况和混合工况、不同及混合故障程度下的实验验证，该方法在准确率和收敛效率方面表现优秀，为实际应用提供了极大的可能。

三、基于特征安全域划分的列车关键设备故障诊断

1. 研究背景

轨道交通列车是一个由机械、电气、电子等各种设备耦合而成的复杂动态大系统，近年来，随着列车运行速度的不断提高和运行间隔的不断缩小，列车的组成结构、功能和运行工况越来越复杂，设备使用的频次和强度越来越高，一旦某些运行安全关键装备存在隐患或出现故障将导致其他设备或部件的工况恶化、功能失效，将严重影响整车的正常工作进而导致十分严重的后果，带来巨大的经济损失和消极的社会影响。

由于现有轨道列车服役状态的监控和检修是以离线和定期检测方式为主，其诸多关键部件的服役状态监测方法仍采用传统的离线检查方式，仅能在列车停运入库做日常巡检时才可能发现异常的服役状态。这样的状态监控方法仅能做到事故后处理和分析，无法对列车运行安全关键设备实时服役状态进行定量化辨识和准确预测，不能提前做到故障预测预警，事故无法从本质上避免，必须建立在线监控预警系统以及与之相匹配的状态修模式。

2. 研究思路

本研究提出了一种面向实时状态特征的安全域状态辨识方法，大致分为两个主要的实施阶段：第一阶段是状态特征提取阶段，主要完成正常及故障状态下信号的变换和分解，并计算分解后各个分量的状态特征指标，获得状态特征向量；第二阶段是安全域边界划分阶段，主要依据获得的正常及故障状态下的状态特征向量，利用 SVM 完成正常及故障特征点的分类，获取最佳分类面，即安全域边界。针对多状态辨识的情况，利用多分类 SVM 进行不同故障类型的辨识，即进行正常状态和多种故障状态的辨识，以细化运行状态辨识的结果。总的来说，该方法是离线训练完成边界估计，在线使用边界及实时状态点获得状态辨识结果。研究思路如图 7-75 所示。

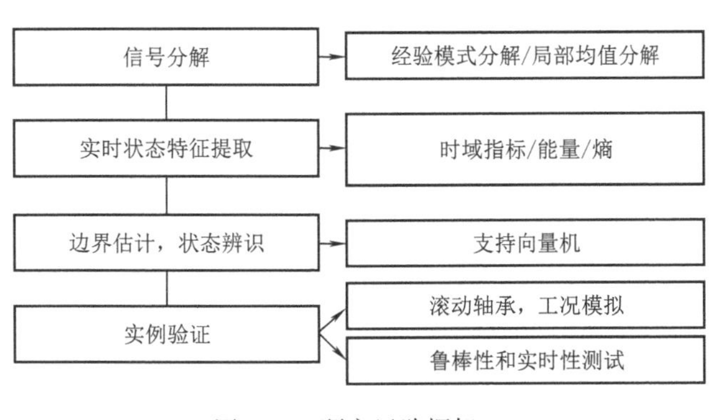

图 7-75　研究思路框架

3. 方法描述

(1)信号分解

目前，国内外学者研究较多的是将信号分解为多个分量并对各个分量分别计算其某一特征值，以提取原始信号特征。其中信号的分解算法多种多样，已有的信号特征提取方法有

傅里叶变换、小波分解等较传统的算法,以及经验模式分解、局部均值分解等较新颖的算法。

局部均值分解(local mean decomposition,简称 LMD)是一种新颖的自适应非平稳信号的处理方法。LMD 方法的本质是通过迭代从原始信号中分离出纯调频信号和包络信号,然后将纯调频信号和包络信号相乘便可以得到一个瞬时频率具有物理意义的乘积函数(product function,简称 PF)分量,循环处理直至所有的 PF 分量分离出来,便可以得到原始信号的时频分布。LMD 不受傅里叶变换的限制,可根据振动信号自身的特点,自适应地选择频带,确定信号在不同频带的分辨率,优化信号分析过程,提高有效信息提取的准确性,适合分析旋转机械故障引起的多分量的非线性、非平稳信号。本研究考虑分解速度和分解结果准确性,采用基于三次样条函数的 LMD 方法。

(2)实时状态特征提取

对象状态特征的提取是进行状态辨识的首要步骤。从已有研究来看,常用的特征参数除了直接的时域指标之外,还有基于能量和熵的特征指标。

设采集到原始的离散信号为 $x=\{x_1,x_2,\cdots,x_N\}=\{x_i\}$, $i=1,2,\cdots,N$, N 为样本点个数,本研究主要涉及的直接时域特征指标包括均方根(root mean square,简称 RMS)值、峰值(peak)、峰值因子(crest factor)、方根幅值(x_R)、绝对平均值($|\bar{x}|$)、偏度(skewness)、偏度因子(skewness factor)、峭度(kurtosis)、峭度因子(kurtosis factor)、波形因子(shape factor)、脉冲因子(impulse factor)和 K 因子(K factor),主要涉及的基于能量和熵的特征指标包括能量(energy)、能量矩(energy moment)、shanon 熵(shanon entropy)、Renyi 熵(renyi entropy)。

(3)多分类决策导向无环图支持向量机

SVM 方法最初是为二分类问题设计的,但现实中面临的往往是多分类问题。为使 SVM 这一有效的工具能够处理多分类问题,诸多学者进行了大量研究。在处理多分类问题时,需要在标准 SVM 的基础上构造合适的多类分类器。目前,构造 SVM 多类分类器多用间接法,通过将多分类问题转化为多个二分类问题来求解,即通过组合多个二分类器来实现多分类器的构造,常见的方法有一对一、一对多和决策导向无环图等方法,本研究采用决策导向无环图(directed acyclic graph)SVM 方法,简称 DAGSVM 法,以下对其进行简要介绍。

DAGSVM 针对一对一 SVM 存在误分、拒分现象而提出,将图论中的有向无环图的思想引入到一对一方法中,实现了一对一方法的简化。对于一个有 M 类的数据样本分类问题,DAGSVM 需要构造每两类间的分类面,即 $M(M-1)/2$ 个完成二分类的子分类器,并将所有子分类器构成一个两向有向无环图,包括 $M(M-1)/2$ 个节点和 M 个叶。其中每个节点为一个子分类器,并与下一层的两个节点(或叶)相连,其中自上向下,第 i 层将有 i 个节点,即顶层有一个节点,第 M 层有 M 个节点。当对一个未知样本进行分类时,首先从顶部的根节点(包含两类)开始,根据节点的分类结果用下一层的左节点或右节点继续分类,直到达到底层某个叶为止,该叶所表示类别即为未知样本的类别。以类别数等于 4 为例,DAGSVM 基本原理图如图 7-76 所示。

DAGSVM 方法的优点是泛化误差与输入空间的维数无关,仅取决于类别数和节点上的类间隔,因此在满足一定程度的分类精度时其计算效率较高,因此本书中解决多分类问题时采用 DAGSVM 方法。

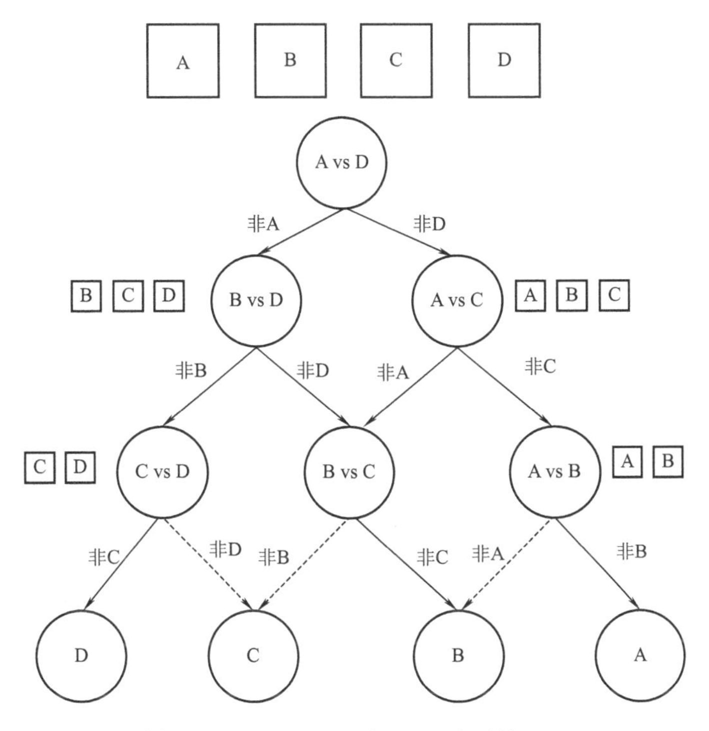

图 7-76 DAGSVM 基本原理(类别数 =4)

4. 实例验证及结果分析

为验证本节提出的基于实时状态特征提取和 SVM 的安全域估计方法在状态辨识中的有效性,选择非常具有代表性的列车走行系运行安全关键设备——滚动轴承为具体对象,对上述方法进行实例验证。

(1)数据获取

①实验室数据采集

振动数据由西储大学轴承数据中心的 Dr. Kenneth A Loparo 提供。整套实验数据包含了正常、滚动体故障、内圈故障、外圈故障 4 种轴承状态的振动数据,其中后三种故障状态的数据中还分别包括了不同故障程度下的数据。故障轴承包括 SFK 和 NTN 两种类型,轴承的各种故障均采用电火花加工,故障直径从 0. 177 8 mm 至 0. 533 4 mm 不等,故障深度从 0. 279 4 mm到 1. 270 mm 不等。驱动电机采用 2 HP 的 Reliance 电机。传感器安装在驱动端和负载端的 12 点位置,并考虑到外圈故障是静止故障,因此外圈故障数据采集时还在 3 点、6 点位置分别加装了传感器。采用 16 通道数据采集设备,采样频率有 12 kHz 和 48 kHz 两种,采样时间 10 s,所采集数据均保存为. mat 格式。本研究中所用的振动数据来自 205 - 2RS JEM SKF 型的深沟球轴承,电机负载 3 HP,电机转速约 1 730 rpm(约 28. 8 r/s)。

②实际工况模拟

在此主要分析城轨列车滚动轴承工作中的噪声信号。为模拟尽量贴近实际工况的噪声干扰环境,将白噪声信号和冲击噪声信号进行叠加以得到复合噪声信号,使用实验室环境下的原始信号与复合噪声信号相叠加后的信号来模拟实际工况环境下所采集到的振动数据。实验室环境下的原始振动数据和叠加了复合噪声后的实际工况数据如图 7-77 所示。

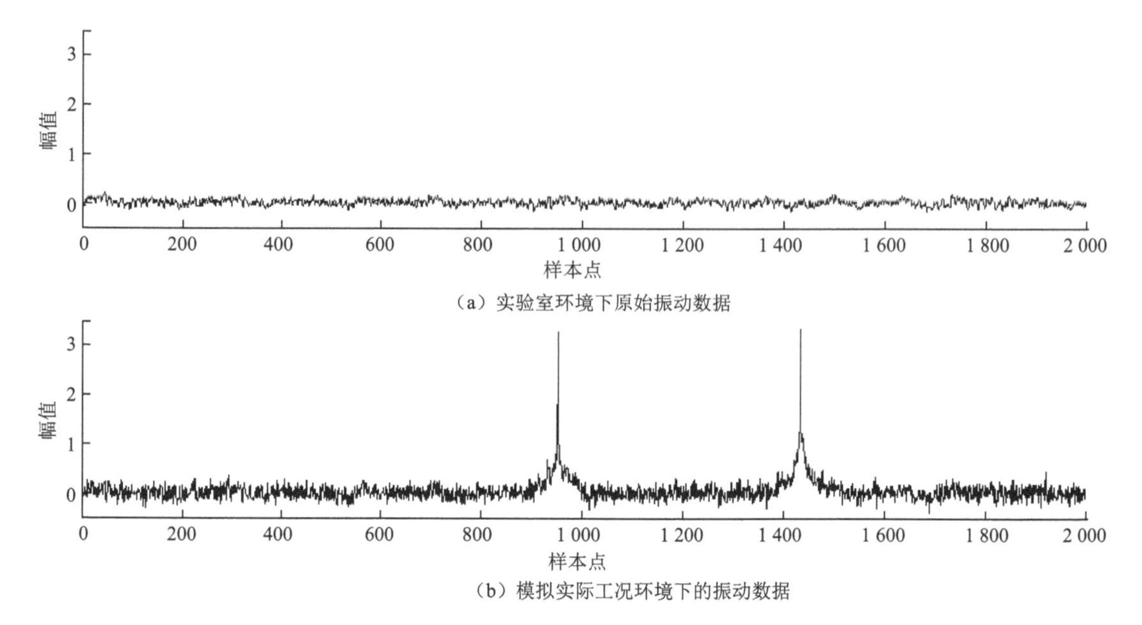

图 7-77　不同工况环境下的振动数据

(2)实验分组和参数确定

①实验分组

为方便比较验证本研究提出方法的有效性和优劣程度,本研究分别在实验室和模拟的实际工况两种不同环境下,利用不同采样位置不同采样频率的数据,全面衡量算法的性能。将两种不同环境下的实验分为 Group 3.1 和 Group 3.2 两大组,每一组中按不同振动数据集进一步细分不同的 Test,如下所示。

Group 3.1:实验室环境下

Test 3.1.1:采样频率 12 kHz,负载端数据,正常和故障状态的安全域估计;

Test 3.1.2:采样频率 48 kHz,驱动端数据,正常和故障状态的安全域估计;

Test 3.1.3:采样频率 12 kHz,负载端数据,正常和滚动体故障、内圈故障、外圈故障的多状态辨识;

Test 3.1.4:采样频率 48 kHz,驱动端数据,正常和滚动体故障、内圈故障、外圈故障的多状态辨识。

Group 3.2:模拟实际工况环境下

Test 3.2.1:采样频率 12 kHz,负载端数据,正常和故障状态的安全域估计;

Test 3.2.2:采样频率 12 kHz,负载端数据,正常和滚动体故障、内圈故障、外圈故障的多状态辨识。

②参数确定

实验中所涉及的算法参数主要包括以下几个。

a. 振动数据分段间隔:将轴承每转一圈所采集的数据点分为一段,即依据轴承转速、采样频率、采样时间确定分段间隔,采样时间内轴承共旋转约 288 转,即振动数据被分为 288 段,采样频率为 12 kHz 时每段数据包含约 416 个数据点,采样频率为 48 kHz 时每段数据包含约 1 666 个数据点;

b. 实时状态特征提取中的特征指标：选择 RMS、能量、Shanon 熵、能量矩共 4 个指标进行仿真实验；

c. LSSVM 核函数：高斯径向基核函数，其中径向基函数宽度 $\sigma=0.5$；

d. DAGSVM 多分类规则：DAGSVM 需完成正常、滚动体故障、内圈故障、外圈故障共 4 种状态的分类，其使用规则如图 7-78 所示。

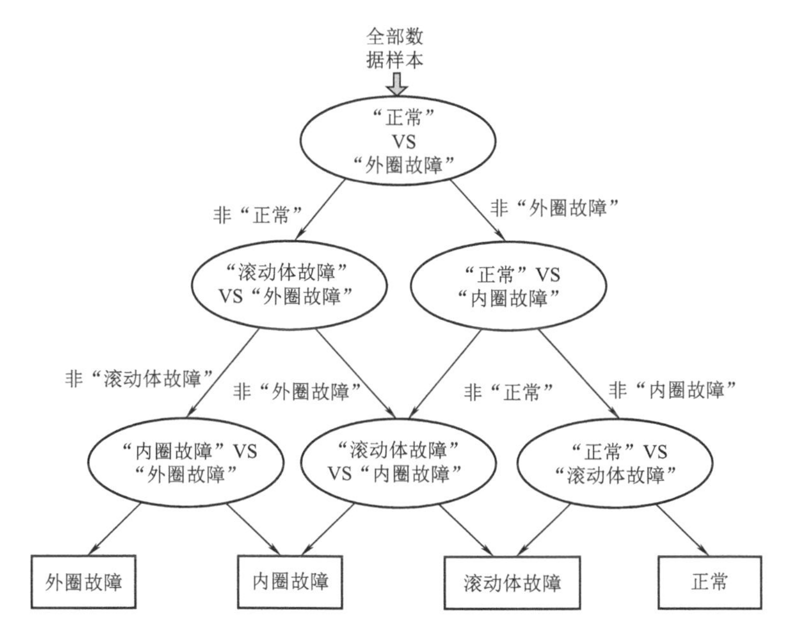

图 7-78 DAGSVM 多分类规则

e. 所有输入分类器的数据均按 6∶4 的比例分为训练数据和测试数据。

(3) 评价指标

本研究采用了检出率、误报率、分类正确率、Fleiss Kappa 统计量 4 个评价指标。

①检出率(detection rate，简称 DR)

DR 用于衡量某一类样本的分类准确性，表示一类样本中被正确检出的样本个数与该类样本总个数的比值，计算为

$$DR=\frac{\text{某类中被检出为该类的样本个数}}{\text{实际的该类的样本个数}} \tag{7-146}$$

②误报率(false alarm rate，简称 FAR)

FAR 用于衡量某一类样本的错误分类程度，表示被错误地认定为某一类的样本个数与所有非该类样本个数的比值，计算为

$$FAR=\frac{\text{非该类样本中被检出为该类的样本个数}}{\text{实际的非该类的样本个数}} \tag{7-147}$$

③分类正确率(classification rate，简称 CR)

CR 用于衡量所有类别样本的分类准确程度，表示所有被正确分类的样本个数与总样本个数的比值，计算为

$$CR=\frac{\text{所有被正确分类的样本个数}}{\text{样本总个数}} \tag{7-148}$$

④Fleiss Kappa 统计量(fleiss kappa statistic,简称 FK)

FK 用于定量评价状态辨识目标和分类器输出间的一致性,当其值大于 0.8 时可认为两组分类数据几乎完全吻合。

此外,为比较实验室环境下和模拟实际工况下的实验结果,充分体现算法鲁棒性优劣,本研究还采用了上述 DR、CR、FK 三个指标的浮动百分比,其计算公式为

$$I_{浮动百分比} = \frac{I_{加噪数据} - I_{原始数据}}{I_{实验室数据}} \times 100\% \tag{7-149}$$

式中 $I_{浮动百分比}$——某一指标的浮动百分比;

$I_{原始数据}$——实验室环境下原始数据所得到的评价指标值;

$I_{加噪数据}$——叠加复合噪声后的数据所得到的评价指标值。

当浮动百分比大于零时,表示评价指标值增大;当浮动百分比小于零时,表示评价指标值减小。需要说明的是,由于 FAR 的变化可通过相应的 DR 变化间接表现,且由于 FAR 值普遍较小(甚至为 0),计算浮动百分比时可能由于分母较小造成计算结果过大,不宜直接用于衡量加噪前后的算法性能变化,因此本研究对 FAR 指标未计算其浮动百分比。

此外,需要说明的是,在之后的结果分析中的各评价指标值均为测试数据的指标值。

(4)结果分析

根据前文中的实验分组,分别给出各组实验的结果分析。

①实验室环境下的结果

数据集 Test 3.1.1 和 Test 3.1.2 安全域估计的两状态辨识结果见表 7-42。

表 7-42 实验室环境下正常和故障两状态的数据分类结果

指标	12 kHz 负载端数据				48 kHz 驱动端数据			
	RMS	能量	Shanon 熵	能量矩	RMS	能量	Shanon 熵	能量矩
$DR_{正常}$	0.911 3	0.961 0	0.910 3	0.961 5	0.896 5	0.943 9	0.920 1	0.958 9
$DR_{故障}$	0.943 1	0.949 9	0.950 1	0.948 7	0.938 5	0.940 5	0.965 1	0.945 9
CR	0.939 9	0.950 8	0.940 0	0.950 2	0.939 8	0.940 1	0.949 9	0.948 9
FK	0.885 8	0.896 9	0.889 8	0.895 0	0.886 1	0.880 1	0.899 7	0.898 7

由表 7-42 可见,无论是何种采样频率的数据,在各个指标的绝对数值上,四种实时状态特征所获得的分类效果相差较小。12 kHz 负载端数据的分类正确率的最大值和最小值之差仅为 0.010 3,FK 值的最大值和最小值之差仅为 0.011 1;48 kHz 驱动端数据的分类正确率的最大值和最小值之差仅为 0.010 1,FK 值的最大值和最小值之差为 0.019 6,四种实时状态特征提取方法的分类性能相差不大。

整体来看,12 kHz 负载端数据的四种实时状态特征的分类正确率的均值为 0.945 2,而 48 kHz 驱动端数据的四种实时状态特征的分类正确率的均值为 0.944 7,二者相差无几,可见数据采样频率对算法性能的影响较小。

Test 3.1.3 的多状态辨识结果见表 7-43 和表 7-44。

表 7-43　Test 3.1.3 中 DAGSVM 的各子分类器的分类结果

状态	指标	RMS	能量	Shanon 熵	能量矩
正常 VS 外圈故障	CR	0.914 0	0.926 0	0.925 8	0.926 0
	FK	0.898 1	0.922 0	0.921 5	0.922 0
滚动体故障 VS 外圈故障	CR	0.790 3	0.810 3	0.750 4	0.814 2
	FK	0.649 9	0.690 3	0.569 5	0.698 4
内圈故障 VS 外圈故障	CR	0.838 2	0.858 2	0.786 3	0.834 2
	FK	0.745 9	0.785 5	0.642 0	0.736 5
正常 VS 滚动体故障	CR	0.905 9	0.905 9	0.918 0	0.905 9
	FK	0.881 9	0.881 9	0.905 9	0.881 9
正常 VS 内圈故障	CR	0.936 0	0.926 0	0.922 0	0.926 0
	FK	0.916 0	0.922 0	0.914 0	0.922 0
滚动体故障 VS 内圈故障	CR	0.873 9	0.893 9	0.853 8	0.857 8
	FK	0.817 5	0.857 7	0.777 6	0.785 4

由表 7-43 可见，在各个子分类器中，正常与其他三种故障的三个子分类器的分类效果较好，无论是哪种特征提取方法，CR 值均高于 0.9，FK 值也均十分接近 0.9；子分类器中效果最差的仍然是“滚动体故障 VS 外圈故障”子分类器。

横向对比表 7-43 中基于各特征的分类效果，可见基于能量和能量矩特征的子分类器性能的 CR 值和 FK 值优于基于 RMS 和 Shanon 熵特征的子分类器，其中基于能量特征的各子分类性能指标最优。

表 7-44　Test 3.1.3 的正常、滚动体故障、内圈故障、外圈故障四种状态的分类结果

指标	RMS	能量	Shanon 熵	能量矩
$DR_{正常}$	0.920 0	0.920 0	0.902 8	0.899 3
$FAR_{正常}$	0.085 7	0.084 6	0.080 1	0.080 2
$DR_{滚动体故障}$	0.820 3	0.851 3	0.851 3	0.861 6
$FAR_{滚动体故障}$	0.104 0	0.096 0	0.124 6	0.117 7
$DR_{内圈故障}$	0.892 6	0.916 6	0.854 9	0.875 5
$FAR_{内圈故障}$	0.110 9	0.107 5	0.117 8	0.112 0
$DR_{外圈故障}$	0.783 5	0.800 5	0.745 9	0.800 5
$FAR_{外圈故障}$	0.107 5	0.096 0	0.106 3	0.091 5
CR	0.854 0	0.862 0	0.838 5	0.859 1
FK	0.831 9	0.845 9	0.811 3	0.838 8

由表 7-44 可见，无论是哪种特征提取方法，“正常”状态的 DR 值均为四种状态中最高的，之后依次为“内圈故障”和“滚动体故障”，与 Test 3.2.1 同样，“外圈故障”状态的 DR 值最低，说明“外圈故障”中的样本点未被正确分类到该类的样本点个数最多。从 FAR 指标值看，4 种类别中“滚动体故障”和“内圈故障”的 FAR 值相对较大，说明其他状态的样本点被误分到“滚动体故障”和“内圈故障”两种状态的个数最多。关注四种状态的整体性能指标

CR 和 FK 值可见，基于 4 种不同特征的分类结果中，整体分类准确率均未超过 0.9。

横向对比表 7-44 中基于不同特征的分类效果，可见基于能量特征所获得的 CR 值最高，FK 值亦最高，基于 Shanon 熵特征的分类效果最差。

Test 3.1.4 的多状态辨识结果见表 7-45 和表 7-46。Test 3.1.4 的 48 kHz 驱动端数据的 DAGSVM 中各子分类器的分类正确率和 FK 值见表 7-45。可见在 6 个子分类器中，无论是何种特征提取方法，各子分类器的 CR 值基本分布在 0.86 至 0.90 之间，说明 6 个子分类器的性能良好且较均衡，为后续的多分类奠定了较好的基础。

表 7-45　Test 3.1.4 中 DAGSVM 的各子分类器的分类结果

状态	指标	RMS	能量	Shanon 熵	能量矩
正常 VS 外圈故障	CR	0.853 6	0.861 0	0.861 0	0.880 0
	FK	0.849 2	0.842 1	0.842 1	0.874 1
滚动体故障 VS 外圈故障	CR	0.868 6	0.868 6	0.872 4	0.864 8
	FK	0.857 2	0.857 2	0.864 8	0.849 6
内圈故障 VS 外圈故障	CR	0.864 8	0.872 4	0.876 2	0.872 4
	FK	0.849 6	0.864 8	0.872 4	0.864 8
正常 VS 滚动体故障	CR	0.848 6	0.868 6	0.857 2	0.864 8
	FK	0.840 2	0.857 2	0.834 5	0.849 6
正常 VS 内圈故障	CR	0.872 4	0.880 1	0.864 8	0.880 1
	FK	0.864 8	0.874 0	0.849 6	0.873 6
滚动体故障 VS 内圈故障	CR	0.876 2	0.876 0	0.876 2	0.872 4
	FK	0.872 4	0.871 4	0.872 4	0.864 8

由表 7-45 可见，无论是哪种特征提取方法，“内圈故障”状态的 DR 值均为四种状态中最高的。“内圈故障”和“外圈故障”的 FAR 值相对稍大，说明其他状态的样本点被误分到“内圈故障”和“外圈故障”两种状态的个数较多。尽管有所区别，但 4 种状态点的分类效果相差很小，分类精度较高。

表 7-46　Test 3.1.4 的正常、滚动体故障、内圈故障、外圈故障四种状态的分类结果

指标	RMS	能量	Shanon 熵	能量矩
$DR_{正常}$	0.854 3	0.850 9	0.843 1	0.861 2
$FAR_{正常}$	0.062 9	0.059 9	0.062 4	0.059 9
$DR_{滚动体故障}$	0.861 3	0.868 2	0.868 2	0.864 7
$FAR_{滚动体故障}$	0.063 3	0.061 3	0.061 9	0.060 6
$DR_{内圈故障}$	0.875 0	0.874 8	0.871 6	0.874 0
$FAR_{内圈故障}$	0.068 7	0.065 3	0.065 0	0.070 7
$DR_{外圈故障}$	0.861 3	0.868 1	0.875 0	0.868 1
$FAR_{外圈故障}$	0.064 8	0.061 5	0.059 2	0.059 3
CR	0.873 0	0.875 5	0.873 5	0.877 3
FK	0.859 9	0.865 4	0.865 3	0.869 7

横向对比表7-46中基于不同特征的分类效果，可见基于能量矩特征所获得的CR值最高，FK值亦最高，而基于RMS特征的分类效果最差。

综合上述实验结果分析，针对实验室环境下较纯净的振动数据，可得如下结论：

无论是针对安全域估计的两状态辨识还是针对多种故障类型的多状态辨识，基于实时状态特征的辨识方法均具有高于0.85的辨识精度，能够有效地完成辨识工作；

数据采样频率的大小对基于实时状态特征的辨识方法的精度影响较小，该方法能够适应不同采样频率的数据；

在两状态辨识中，基于能量、Shanon熵、能量矩三种特征提取方法的辨识精度相差不大，基于RMS特征提取方法的辨识精度最低，而基于能量、能量矩的特征提取方法具有较好的克服类别数据不均衡的能力；

在多状态辨识中，基于能量和能量矩的实时状态特征更能够区分对象状态，有利于状态辨识精度的提高，而基于RMS和Shanon熵的实时状态特征在子分类器训练和多状态辨识时表现不佳；

综合考虑分类精度和适应性，可按优劣给出四种特征提取方法的排序为能量矩—能量—Shanon熵—RMS。

②模拟实际工况环境下的结果

由已有实验结果可知，四种实时状态特征的辨识精度相差并不很大，为在保证实验效果的基础上简化繁复的实验过程，在此选择辨识精度较高且具有代表性的能量特征，进行模拟实际工况环境下的实验。其结果能够代表基于实时状态特征的辨识方法在模拟实际工况环境下的性能。

Test 3.2.1 安全域估计的两状态辨识结果见表7-47。

表7-47　模拟实际工况环境下正常和故障两状态的安全域估计结果

指标	指标值	浮动百分比
$DR_{正常}$	0.778 7	-18.97
$DR_{故障}$	0.943 3	-0.69
CR	0.909 5	-4.34
FK	0.782 6	-12.74

为了与实验室环境下的实验结果进行比较，表7-47同步给出了$DR_{正常}$、$DR_{故障}$、CR、FK指标的浮动百分比。由表7-47可见，模拟实际工况环境下，实时状态特征提取方法的正常状态的检出率远低于故障状态，但分类正确率仍高于90%。由浮动百分比可分析算法的性能下降情况，两状态样本点检出率的CR和FK的值分别下降了4.34%和12.74%，正常状态样本点的检出率下降幅度大，故障状态的检出率变化很小，整体分类正确率浮动程度较小。

Test 3.2.2 的多状态辨识结果见表7-48和表7-49。

表7-48　模拟实际工况环境下DAGSVM的各子分类器的分类结果

状态	指标	指标值
正常 VS 外圈故障	CR	0.886 1
	FK	0.842 1

续上表

状态	指标	指标值
滚动体故障 VS 外圈故障	CR	0.590 8
	FK	0.250 6
内圈故障 VS 外圈故障	CR	0.594 8
	FK	0.258 8
正常 VS 滚动体故障	CR	0.881 9
	FK	0.833 6
正常 VS 内圈故障	CR	0.893 9
	FK	0.857 7
滚动体故障 VS 内圈故障	CR	0.749 6
	FK	0.568 7

由表 7-48 可见,模拟实际工况环境下,与“外圈故障”相关的“滚动体故障 VS 外圈故障”和“内圈故障 VS 外圈故障”2 个子分类器效果较差,CR 值均低于 0.6,另外 3 个子分类器的分类效果相对较好,CR 值均大于 0.8。

表 7-49　模拟实际工况环境下正常、滚动体故障、内圈故障、外圈故障四种状态的分类结果

指标	指标值	浮动百分比
$\mathrm{DR}_{正常}$	0.843 9	-8.28
$\mathrm{FAR}_{正常}$	0.127 2	—
$\mathrm{DR}_{滚动体故障}$	0.684 8	-19.56
$\mathrm{FAR}_{滚动体故障}$	0.455 4	—
$\mathrm{DR}_{内圈故障}$	0.765 4	-16.15
$\mathrm{FAR}_{内圈故障}$	0.380 2	—
$\mathrm{DR}_{外圈故障}$	0.623 7	-22.09
$\mathrm{FAR}_{外圈故障}$	0.481 1	—
CR	0.720 6	-16.40
FK	0.657 7	-22.25

由表 7-49 可见,模拟实际工况环境下,正常和内圈故障状态的分类效果较好,外圈故障状态的样本点的检出率最低。整体的多状态辨识精度方面,分类正确率稍高于 70% 。从各指标值的变化情况上来看:外圈故障状态样本点的检出率锐减,下降了 22.09% ,而滚动体故障和内墙故障状态检出率的浮动百分比下降幅度均超过 15% ,正常状态的检出率浮动程度也近 10% 。从整体辨识精度看来,该方法的 CR 浮动百分比较大,为 -16.40,相应 FK 值的浮动百分比为 -22.25,性能下降较为严重。

综合上述实验结果分析,针对模拟实际工况环境下含复合噪声的振动数据,可得如下结论:

在两状态辨识中,基于实时状态特征的状态辨识方法仍具有高于 90% 的辨识精度,鲁棒性表现较好,能够满足实际工程需求;

在多状态辨识中，基于实时状态特征的状态辨识方法受噪声影响严重，辨识精度下降幅度较大，鲁棒性一般。

③算法实时性验证

为考察算法的运算效率和执行速度，在此对算法执行时间进行了测试。本研究算法实时性验证试验的计算机硬件环境为 Intel(R) Core(TM)2 Duo CPU E7500@2.93GHz;2G RAM。所有涉及的算法均在 MATLAB 环境下执行。仍采用采样频率为 12 kHz 的负载端数据进行试验，选取能量状态特征指标作为代表，用于算法的实时性分析和比较。

在正常和故障两状态的安全域估计中以及正常及滚动体故障、内圈故障、外圈故障的多状态辨识中，算法的执行时间是指利用离线训练完成的边界进行在线运行状态辨识所需的时间，包括从原始数据读取到状态辨识结果给出的整个过程。

进行两状态辨识和多状态辨识时的算法执行时间见表 7-50。整体看，基于实时状态特征的状态辨识方法，无论是处理高采样频率的数据还是处理低采样频率的数据，其算法执行时间均低于 0.05 s，算法效率很高。且随着数据采样频率的增大，算法耗时有所增长但增长幅度不大，说明基于状态特征的状态辨识方法能够较好地适应大规模数据的处理。因此，基于实时状态特征的状态辨识方法具有很高的计算效率，应该能够满足高实时性的现场应用要求。

表 7-50　基于实时状态特征的状态辨识算法执行时间

	12 kHz 采样数据		48 kHz 采样数据	
	安全域估计（两状态辨识）	多状态辨识	安全域估计（两状态辨识）	多状态辨识
算法执行时间/s	0.020 6	0.036 6	0.039 8	0.049 1

第六节　轨道交通监控视频图像智能分析与增强

一、基于无人机图像的钢轨表面缺陷检测分析方法

1. 研究背景

目前我国对钢轨表面缺陷的检测主要是基于人工检测和钢轨检查车，但人工检测效率低，主观性和漏检率高。检查车检测项目完整，但其检测位置、观测角度有限，检测周期长、成本高、难度大，特别是对于山区和过江铁路线的检验更为困难。因此，本案例提出了基于无人机的检测方法。无人机图像是由高清摄像机采集的高清图像，在无人机图像采集和实时传输过程中，由于外部因素（天气等）原因，更容易受到诸如高斯噪声之类的噪声的影响，导致无人机图像中包含更多的噪声。但是采用结合传统的 Sobel 边缘检测算法的单一去噪方法，获得的边缘效果还不够好。边缘是图像灰度最显著的区域，边缘检测可以确定和提取这些边界信息，这为后续分析和处理提供重要依据。

对于无人机图像，图像去噪算法最困难的问题是对图像进行平滑处理和保存图像边缘。已经有学者提出了将双树离散小波变换与小波包相结合的自适应双树离散小波包图像去噪算法。为了得到自适应的小波包分解结构，利用信噪比估计去噪的分布，寻找去噪较多的子

带对小波包进行二次分解。该算法具有较低的计算复杂度。但对于近距离拍摄的无人机航拍图像,去噪效果并不理想。

经典的 Sobel 算法对噪声有平滑效果,但仍存在边缘定位不准确、提取边缘粗糙、噪声抑制能力差等问题。无人机航拍图像由高清摄像机采集。轨道上的杂质复杂多样,航拍过程中图像质量易受外部因素(天气等)影响,因此无人机图像中含有较多的噪声,一般的边缘算法的效果还不够好。在此基础上,本案例提出一种基于 WTCMF(小波变换与中值滤波相结合)的去噪方法,并采用基于霍夫变换的像素列累积灰度(HPCG)的方法提取轨道区域,利用最大熵(ME)算法对轨道表面缺陷进行检测。

2. 研究思路

针对轨道表面缺陷检测效率低、成本高的问题,提出一种无人机检测方案。无人机数字图像在动态采集和传输过程中经常受到噪声的严重影响,小波阈值和中值滤波是主要的噪声图像去噪方法,但小波阈值去噪方法在无人机数字图像去噪中存在不足,因此提出了利用小波变换与中值滤波相结合的图像去噪方法。在此基础上,提出一种 HPCG 的轨道区域提取方法,并利用 ME 算法对钢轨表面缺陷进行检测。之后对不同的去噪方法进行峰值信噪比实验,并利用该方法进行钢轨表面缺陷提取实验。实验表明,该方法能有效地消除噪声的影响,具有较好的边缘检测能力,能有效地利用无人机图像检测出钢轨表面缺陷。

3. 方法描述

(1)基于无人机的轨道图像采集方案

无人机航拍技术是利用配备航拍相机的无人机获取遥感影像或视频信息的,通过无人机的高清摄像头可以获取高分辨率的图像。本案例使用无人机航拍技术捕捉轨道图像,数据采集方案如图 7-79 所示,并提出采用具有图像处理算法的高级计算机处理系统来检测钢轨缺陷,如图 7-80 所示。

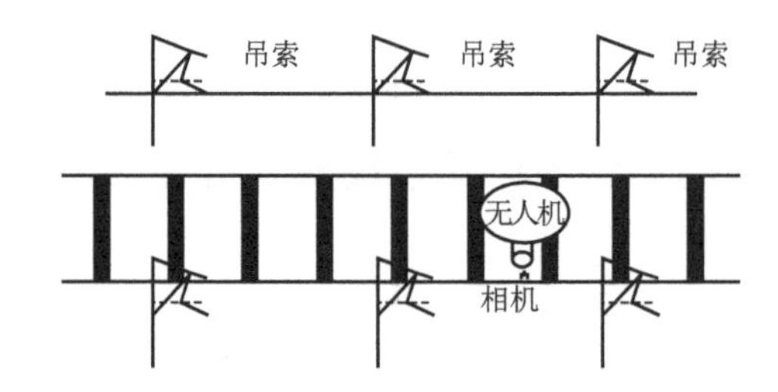

图 7-79　基于无人机航拍的轨道图像数据采集方案

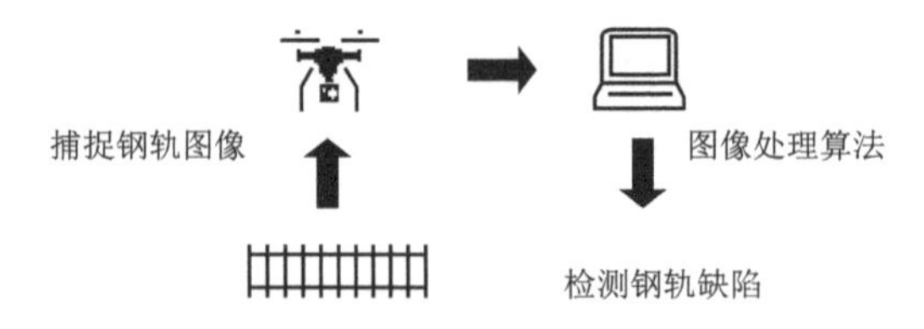

图 7-80　具有图像处理算法的高级计算机处理系统钢轨缺陷检测

(2)无人机数字图像的特点

无人机图像具有以下特点:①易受环境干扰;②噪声和斑点较多;③包含较低的边缘对

比度。因此,传统的 Sobel 边缘检测对于图像的边缘分析效果较差。为了提高图像的质量,去除噪声是必要的。案例提出了小波变换与中值滤波相结合的降低图像噪声的方法,以及一种利用 ME 方法对提取后的轨道区域进行缺陷检测的方法。

(3)基于小波变换和中值滤波的图像预处理

Sobel 算子是图像处理中常用的边缘检测算子,它在算法复杂度、边缘连续性和处理速度方面优于其他检测算子。Sobel 算子是一种梯度检测算子,数字图像的一阶导数是图像的梯度,二维函数表示连续的数字图像函数,$f(x,y)$ 在 (x,y) 处的梯度定义为矢量

$$\nabla f = \begin{bmatrix} g_x \\ g_y \end{bmatrix} = \begin{bmatrix} \frac{\partial f}{\partial x} \\ \frac{\partial f}{\partial y} \end{bmatrix}$$

这个矢量的大小和方向为

$$\nabla f = \text{mag}(\nabla f) = [g_x^2 + g_y^2]^{\frac{1}{2}} = \left[\left(\frac{\partial f}{\partial x}\right)^2 + \left(\frac{\partial f}{\partial y}\right)^2\right]^{\frac{1}{2}} \tag{7-150}$$

$$a(x,y) = \tan^{-1}(g_x, g_y) \tag{7-151}$$

上述偏导数是通过每个像素的位置计算的,通常使用小面积模板进行卷积运算以获得近似值。g_x 和 g_y 是方向模板,它构成了 Sobel 边缘检测算子,如 $\boldsymbol{A}$ 为 0°方向模板,$\boldsymbol{B}$ 为 90°方面模板。式(7-150)是图像梯度(∇f)的计算公式,方向角由式(7-151)计算得出。

$$\overset{\boldsymbol{A}}{\begin{bmatrix} -1 & -2 & -1 \\ 0 & 0 & 0 \\ 1 & 2 & 1 \end{bmatrix}} \overset{\boldsymbol{B}}{\begin{bmatrix} -1 & 0 & 1 \\ -2 & 0 & 2 \\ -1 & 0 & 1 \end{bmatrix}}$$

Sobel 算子由两组 3×3 矩阵(水平和垂直)组成,其中每行和每列的中心像素均进行加权,以实现平滑。使用算子对图像进行卷积,可以分别绘制水平和垂直亮度差近似。z_n 为一个 3×3 图像场的图像亮度,结合 $\boldsymbol{A}$ 和 $\boldsymbol{B}$, ∇f、g_x 和 g_y 的表示见式(7-152)~式(7-154)。如果在 (x,y) 处 $\nabla f \geqslant T$,则该像素为边缘像素,其中 T 为指定的阈值。

$$\overset{\boldsymbol{z_n}}{\begin{bmatrix} z_1 & z_2 & z_3 \\ z_4 & z_5 & z_6 \\ z_7 & z_8 & z_9 \end{bmatrix}}$$

$$g_x = (z_7 + 2z_8 + z_9) - (z_1 + 2z_2 + z_3) \tag{7-152}$$

$$g_y = (z_3 + 2z_6 + z_9) - (z_1 + 2z_4 + z_7) \tag{7-153}$$

$$\nabla f = [g_x^2 + g_y^2]^{\frac{1}{2}} = \{[(z_7 + 2z_8 + z_9) - (z_1 + 2z_2 + z_3)]^2 + [(z_3 + 2z_6 + z_9) - (z_1 + 2z_4 + z_7)]^2\}^{\frac{1}{2}} \tag{7-154}$$

4. 模型介绍

本案例提出了一种新的钢轨表面缺陷检测方法,其主要思想是在小波变换和中值滤波相结合的基础上利用 Sobel 算法实现去噪,使用 HPCG 算法提取轨道区域,利用 ME 算法对钢轨表面缺陷进行检测。算法流程如图 7-81 所示。

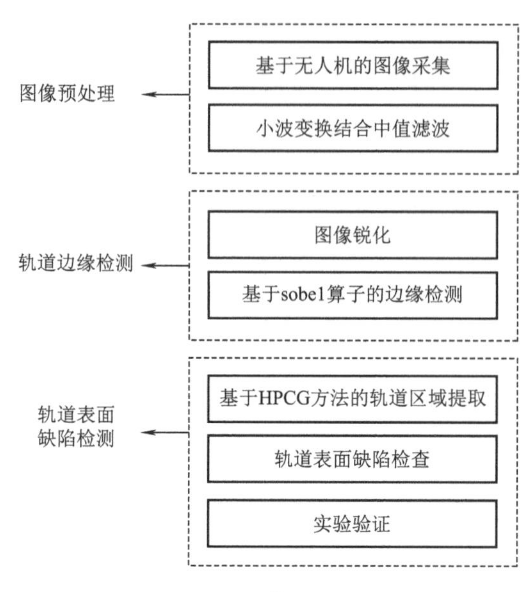

图 7-81　算法流程

(1)基于小波变换和中值滤波的图像预处理

传统边缘检测算法通常使用中值或高斯滤波器进行过滤、去噪。虽然它有利于去除高斯噪声,但去噪效果并不理想,已有学者利用小波去噪方法来改善高斯函数去噪图像的过度平滑问题。本案例采用更好的小波阈值去噪和中值滤波相结合的方法实现图像去噪。

常用阈值处理函数如下。

软阈值函数

$$\boldsymbol{W}_s(i,j)=\begin{cases}\operatorname{sgn}(\boldsymbol{W}(i,j))(|\boldsymbol{W}(i,j)|-T_0) & |\boldsymbol{W}(i,j)|\geqslant T_0\\ 0 & |\boldsymbol{W}(i,j)|<T_0\end{cases}\tag{7-155}$$

硬阈值函数

$$\boldsymbol{W}_s(i,j)=\begin{cases}\boldsymbol{W}(i,j) & |\boldsymbol{W}(i,j)|\geqslant T_0\\ 0 & |\boldsymbol{W}(i,j)|<T_0\end{cases}\tag{7-156}$$

式中　T_0——阈值;

$\boldsymbol{W}(i,j)$——图像二维小波变换后的系数矩阵;

sgn——激活函数。

本案例采用小波阈值收缩法确定分解后的小波系数,阈值 T_0 的计算公式为

$$T_0=k\sigma\sqrt{2\ln(N)}\tag{7-157}$$

$$\sigma=\frac{\operatorname{Median}(|\boldsymbol{W}(i,j)|)}{0.6745}\tag{7-158}$$

式中　k——权重;

N——图像的像素;

σ——噪声标准偏差。

由于软阈值估计得到的信号与原始信号一样平滑,所以选用软阈值进行本次实验。

对于图像,经过小波分解后,其能量主要分布在低频区域,在高频区域,噪声能量占比较

大,因此重点研究高频区域的去噪能力。使用中值滤波器可以更好地去除图像中的噪声,同时保留图像的边缘特征。图像每次小波变换后的频率分布如图 7-82 所示。

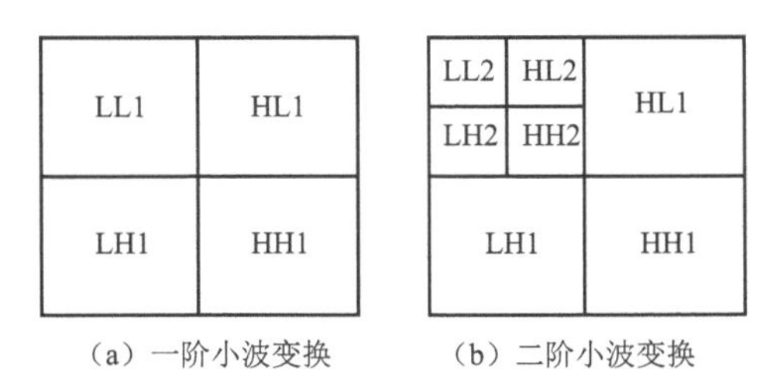

(a) 一阶小波变换　　(b) 二阶小波变换

图 7-82　频率分布

HL 波段是经过行低通滤波和列高通滤波的图像的子图像,它包含图像信号水平方向的高频信息和垂直方向的低频信息,因此本案例采用水平方向的线性邻域中值滤波,该方法不仅消除了水平方向的噪声,而且更好地保留了垂直方向的低频信息。同样,对于 LH 波段,使用垂直方向的线性邻域中值滤波来过滤垂直方向的噪声。对于 HH 波段,使用对角方向的线性邻域中值滤波来过滤对角方向的噪声。最后,通过小波变换将过滤后的频带重建为图像。

该方法的整体过程为:①对噪声图像进行小波分解。②利用式(7-157)计算去噪阈值 T_0。③对图像分解后的 HL、LH、HH 子波段进行软阈值去噪。④对软阈值处理后的三个子波段分别进行中值滤波处理,然后重建得到去噪图像。

(2)基于 Hough 变换的像素列累积灰度的轨道提取

无人机捕获的轨道图像包括冗余区域,如图 7-83 所示,除了铁轨区域,其余区域均不进行下一步操作。因此,采用 Hough 变换和像素列累积灰度值的方法从轨道图像中提取轨道区域。Hough 变换是一种基于点线对偶性的图形检测算法,可用于轨道的提取。

将图像视为一个 $M \times N$ 矩阵,将图像矩阵的每个像素列的累积灰度值组成的 N 维矩阵 $\boldsymbol{Cg}$ 确定为

$$\boldsymbol{Cg} = \left[\sum_{i=0}^{M-1} D_{i0} \sum_{i=0}^{M-1} D_{i1} \cdots \sum_{i=0}^{M-1} D_{i(N-1)} \right] \tag{7-159}$$

$$\boldsymbol{Cg}(n) = \sum_{i=0}^{M-1} D_{in} \quad n \in [0, N-1] \tag{7-160}$$

其中 D_{xy} 为坐标(x,y)的像素值,轨道图像($M = 550$, $N = 350$)的矩阵 $\boldsymbol{Cg}$ 如图 7-83 所示。值得注意的是 $\boldsymbol{Cg}(n)$ 被映射到一个较小的范围。从图 7-83 可以看出,轨道区域的 $\boldsymbol{Cg}(n)$ 值高于其余区域。该方法基于两个因素:①轨道面积具有较高的 $\boldsymbol{Cg}(n)$ 值;②轨道宽度 w_d 在轨道图像中是固定的。

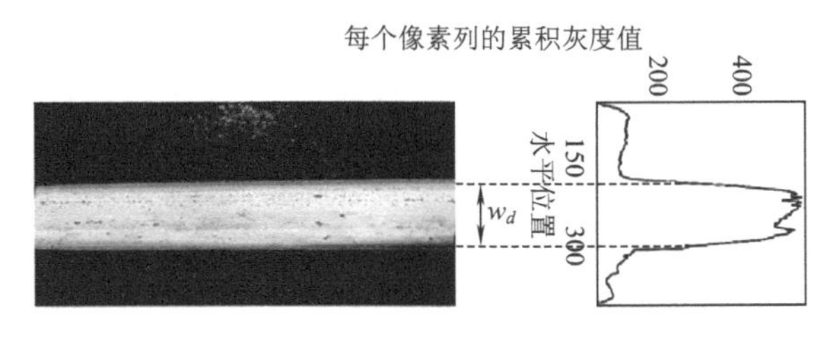

图 7-83　轨道图像中每个像素列的累积灰度(水平位置为像素列坐标)

综上所述，为了降低计算量，将彩色图像转换为灰度图像，实例如图 7-84 所示。轨道区域图像提取方法如下：首先，通过 Hough 变换检测出轨道边缘的最长线，如图 7-84(b)所示；然后将图像在线与水平方向之间旋转 θ 度，以使轨道平行于垂直方向，如图 7-84(c)所示；最后通过式(7-159)获得矩阵 $\boldsymbol{Cg}(n)$ 之后，使用 HPCG 算法找到轨道的最左侧位置。算法语句如下。

```
procedure  Algorithm HPCG(Cg(n),Wd)
2    for  m ← 1,M - Wd + 1 do
3        for  n ← m,Wd do      /* Wd is the width of the rail track.* /
4            Cg(n) ← Cg(n) + Cg(n + 1)
5        CumCg(m) ← Cg(n)
6    end for
7    maxCumCg ← - 1
8    p_left ← 0
9    for  m ← 1,M - Wd + 1   do
10       p_CumCg ← CumCg(m)
11       if  p_CumCg  > maxCumCg then
12          maxCumCg ← p_CumCg
13          p_left ← m
14       end if
15   end for
16   return p_left        /*  The most left position of a rail track(p_left)* /
17   end procedure
```

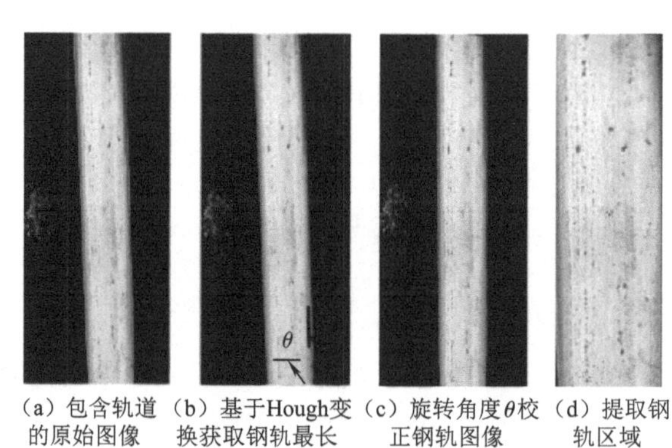

(a) 包含轨道的原始图像 (b) 基于Hough变换获取钢轨最长的线和倾斜角θ (c) 旋转角度θ校正钢轨图像 (d) 提取钢轨区域

图 7-84 基于 HPCG 方法的轨道提取实例

(3)钢轨表面缺陷检测

提取出钢轨区域后，采用最大熵(ME)算法对钢轨表面缺陷进行检测。ME 方法可以确定一个能使累积目标概率分布 ϕ_o 和累积背景概率分布 ϕ_b 提供的总信息量最大的阈值，表示为

$$P_n = \frac{f_n}{M} \quad n \in [0,255] \tag{7-161}$$

$$\phi_o = \sum_{n=0}^{T-1} p_n \tag{7-162}$$

$$\phi_b = 1 - \phi_o \tag{7-163}$$

式中　P_n——图像中灰度值 n 的概率,给定一个归一化为 256 灰度级的轨道图像 I,并将 ϕ_o 和 ϕ_b 的熵定义为

$$H_o(T) = -\sum_{n=0}^{T-1}\left(\frac{P_n}{\phi_o(T)}\ln\frac{P_n}{\phi_o(T)}\right) \tag{7-164}$$

$$H_b(T) = -\sum_{n=T}^{255}\left(\frac{P_n}{\phi_b(T)}\ln\frac{P_n}{\phi_b(T)}\right) \tag{7-165}$$

式中　M——图像 I 的总像素数;

f_n——图像 I 中灰度值 n 的频率。

最优阈值 $T*$ 可以表示为

$$T^* = \arg\max(H_o(T) + H_b(T)) \quad T \in [0,255] \tag{7-166}$$

5.实例分析

实验 1 在不同噪声方差 $u=0.05,0.1,0.2$ 的无人机轨道视觉图像上进行。为了评估本案例提出方法的效果,将其与小波软阈值去噪方法进行比较。评价指标 PSNR 计算方法为

$$\text{PSNR} = 10\log_{10}\frac{255^2}{\text{MSE}} \tag{7-167}$$

$$\text{MSE} = \frac{1}{MN}\sum_{i=1}^{M}\sum_{j=1}^{N}[f(i,j) - f'(i,j)]^2 \tag{7-168}$$

式中　$f(i,j)$,$f'(i,j)$——分别是无噪声的原始图像和去噪后的图像;

M,N——分别是图像的宽度和高度。

用不同方法计算获得的 PSNR 见表 7-51。可以看出,使用本案例提出的算法的实验 1 可以更好地去除噪声,说明了本算法的优越性。

表 7-51　不同去噪方法的 PSNR 结果

噪声方差	噪声	小波软阈值去噪	小波变换与中值滤波结合去噪
0.05	63.652 6	66.892 7	67.566 2
0.1	61.638 3	63.635 7	64.676 4
0.2	57.766 7	58.332 8	58.918 7

实验 2 如图 7-85 所示,对实验 2 的简要描述见表 7-52。

表 7-52　基于本书提出方法的钢轨缺陷检测

测试目标	运算环境	算法	图
钢轨表面缺陷	MATLAB	基于 HPCG 的钢轨区域提取	图 7-85(c)
		基于 ME 方法的钢轨缺陷检测	图 7-85(d)

采用 HPCG 方法提取钢轨区域,检测钢轨边缘最长线,如图 7-85(b)所示,轨道区域提取结果如图 7-85(c)所示,最后,利用 ME 方法检测钢轨表面缺陷,如图 7-85(d)所示。

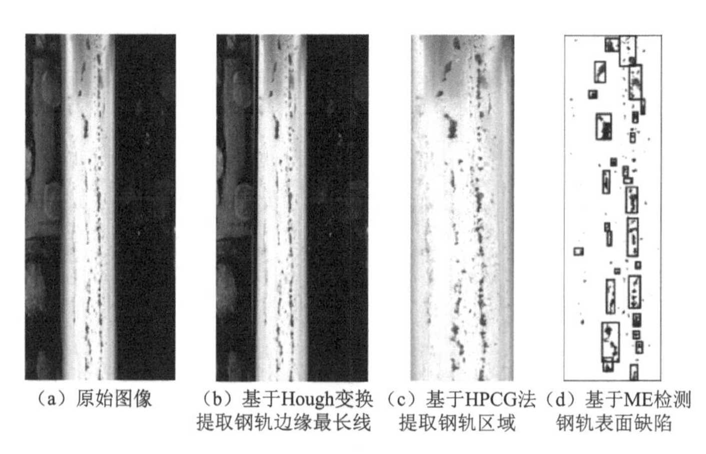

（a）原始图像　（b）基于Hough变换提取钢轨边缘最长线　（c）基于HPCG法提取钢轨区域　（d）基于ME检测钢轨表面缺陷

图 7-85　钢轨表面缺陷检测实例

6. 小结

针对无人机图像的特点，提出了一种小波阈值去噪与中值滤波相结合的方法和一种基于无人机航拍图像的钢轨缺陷检测方案。实验结果表明，该算法能够保留去噪图像的详细信息，并能有效地检测出轨道表面缺陷；同时实验结果验证了针对无人机航拍噪声轨道图像，该算法是有效可行的。

二、基于多尺度残差网络的铁路监控图像去雾

1. 研究背景

雾霾是一种恶劣的天气现象，不仅会危害人们的健康，而且还会影响光学成像。在雾霾天气中，光线会被空气中的粒子折射或散射，从而使相机捕捉到的图像变得模糊。雾霾会使图像质量下降，给进一步的图像处理带来困难。目标检测和语义分割等算法对图像质量有很高的要求。雾霾图像会降低这些算法的精度，并会影响机器视觉的工业应用。

雾霾会严重影响运输系统。在铁路上，雾霾会干扰驾驶员的视线和监视。随着列车自动驾驶的发展，铁路对周边安全性的要求越来越高，视频监控逐渐作为检测入侵物体的重要手段。铁路上有数以万计的监控摄像机，模糊的铁路监控图像可能会影响工作人员的判断，从而对铁路安全构成潜在威胁。此外，随着人工智能的发展，视频监控中的目标检测算法正逐渐取代人工。然而，雾霾天气严重影响了目标检测算法的精度，因此建立图像去雾算法对于铁路周边入侵检测具有重要意义。图像去雾算法可以从雾霾图像中恢复出清晰的图像，从而方便工作人员观看视频，提高铁路周边入侵检测的精度。因为场景范围狭窄和天空场景少可以达到很好的去雾效果，所以室内场景和城市场景都采用常规的去雾方法。因为大多数铁路监控的场景都比较远，而且经常可以看到天空，远景和广角场景以及天空分别会产生雾霾残留和图像失真，对铁路监控图像去雾是一个很大的挑战。

2. 研究思路

图像去雾算法可以分为多图像去雾和单图像去雾。尽管多图像去雾可以达到很好的去雾效果，但由于它需要不同角度或不同时间的图像，所以它不适用于铁路。单图像去雾是一个经典的不适定问题，更加实际和困难。单图像去雾主要有两种解决方案：人工构建的基于

先验的方法以及基于数据驱动的方法。在对铁路监控图像进行除雾时，存在两个问题：图像失真和雾霾残留。为了解决这两个问题，本案例提出了一种基于多尺度残差网络的去雾算法。在残差网络的基础上增加了多尺度卷积核，通过融合三组卷积核的特征，可以提取出更多有用的信息。此外，优化了 MSRN 中的残差块、瓶颈层和损失函数，以提高性能。除了网络优化之外，还合成了铁路场景的训练数据集。使用多尺度残差网络的铁路监控图像去雾的总体方案如图 7-86 所示。

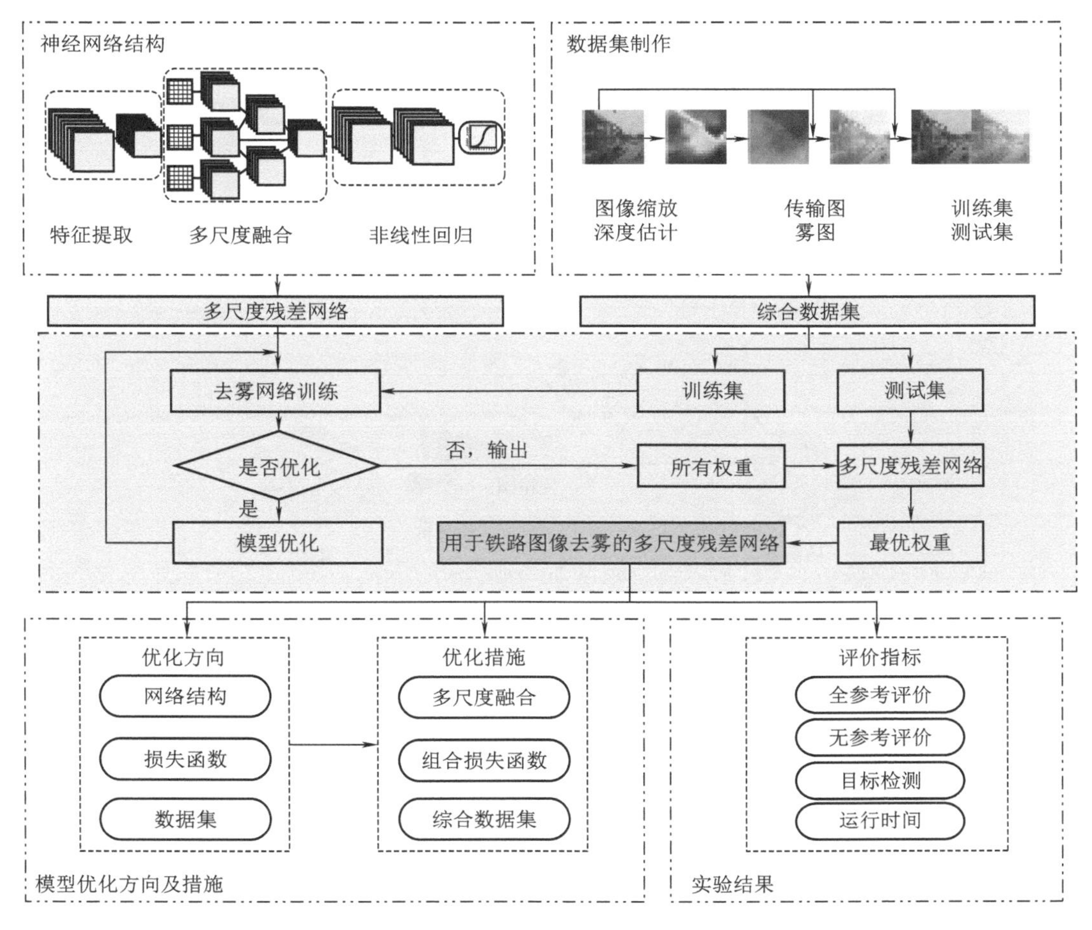

图 7-86　基于多尺度残差网络的铁路监测图像去雾总体方案

这项工作的贡献如下。

首先，为了解决铁路图像去雾后产生的失真和雾霾残留问题，提出了一种端到端深度多尺度残差网络，该网络可以有效地从铁路场景中的雾霾图像中恢复出清晰的图像。该算法在全参考图像质量评估、无参考图像质量评估和目标检测等评价指标上与最新算法相比具有优势。

第二，多尺度残差网络合理地结合了三组卷积核，以通过不同的感受野提取图像信息，并对残差块进行了优化。此外，瓶颈层被用来使网络获得更大的深度，从而在残差网络中获得更有效的信息。

第三，提出了一种组合损失函数，可以平衡训练时间、训练计算和精度。通过理论分析和大量实验证明了其在提高网络性能方面的有效性。

最后,由于现有数据集与铁路场景之间的差异,在制作数据集时,充分考虑了天空和光照对图像的影响,从而合成出更加真实有效的数据集。

3. 相关工作

在深度学习中,数据集和网络设计至关重要。在本节中,将介绍一个用于合成雾霾图像的大气散射模型和一个称为残差网络的高效卷积神经网络。

(1)大气散射模型

人们提出了许多模型来描述雾霾的形成机理,此处采用 Nayar 和 Narasimhan 提出的大气散射模型,这是合成雾霾图像的基础。雾霾天气中成像的详细过程如图 7-87 所示。

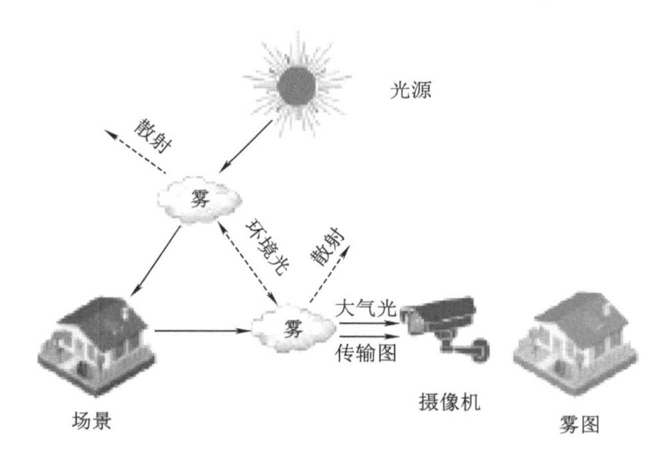

图 7-87　雾霾天气中的成像过程

大气散射模型可以表示为

$$I(x) = J(x)t(x) + A(1 - t(x)) \tag{7-169}$$

式中　$I(x)$, $J(x)$ ——雾霾图像和相应的清晰图像;

A ——全局大气光;

$t(x)$ ——传输图。

在式(7-169)中,仅给出雾霾图像 $I(x)$,并且需要估计传输图 $t(x)$ 和全局大气光以恢复清晰图像 $J(x)$ 。

当雾度均匀时,传输图公式为

$$t(x) = e^{-\beta d(x)} \tag{7-170}$$

式中　β ——介质消光系数;

$d(x)$ ——场景深度;

x ——图像中的像素。

尽管在实际成像中 $d(x)$ 不可能是无限的,但它可以是得到非常低的传输 t_0 的长距离。根据式(7-170)可以估计大气光 A 为

$$A = \max_{y \in \{x \mid t(x) \leqslant t_0\}} I(y) \tag{7-171}$$

在一些人工构建的基于先验的方法中,通过估计传输图 $t(x)$ 和大气光 A ,可以用式(7-172)恢复清晰的图像。

$$J(x) = \frac{I(x) - A}{t(x)} + A \tag{7-172}$$

在人工构建的基于先验的方法中,大气散射模型用于通过估计大气光和传输图来去雾。同时估计大气光和传输图是一个不适定的问题,所以很难找到最优解解决方案。随着深度学习算法的发展,大气散射模型被用于合成雾霾数据集。大气光和传输图的值可以广泛选择,因此很容易合成各种浓度的雾。

(2)残差网络

卷积神经网络是一种以卷积运算为主要特征的前馈神经网络。卷积运算是一种特殊的线性运算,可以有效地提取图像特征。输入数据经过卷积、池化、卷积神经网络非线性激活函数等一系列操作来提取高级语义信息。然后,卷积神经网络将目标任务转换为损失函数。损失函数计算预测值和实际值之间的误差,通过反向传播算法将误差前馈,更新神经网络各层的参数,并在更新参数后再次前馈。经过多次反向传播后,模型收敛以满足模型训练的目的。2012 年,Alex-Net 在 ImageNet 分类竞赛中获得了第一名,这为卷积神经网络在计算机视觉中的主导地位拉开了帷幕。目前,卷积神经网络在图像增强、图像分类、目标检测、语义分割等计算机视觉方面已经取得了巨大的成功。

He 等人提出的残差网络是解决图像识别问题的一种有效的卷积神经网络。更深层次的神经网络可以提取更多的信息,但收敛性会带来退化问题:随着网络深度的增加,精度趋于饱和,然后迅速下降。He 等提出了一个深度残差学习框架来解决由于深度增加而导致的性能下降。形式上,期望的底层映射是 $H(x)$,让叠加的非线性层拟合 $F(x)$ 的另一个映射 $H(x) - x$,则原始映射为 $F(x) + x$。在这里,他们假设优化残差映射 $F(x)$ 比优化原始映射 $H(x)$ 更容易。$F(x) + x$ 的公式化可以通过具有“捷径连接”的前馈神经网络来实现。捷径连接如图 7-88 所示。

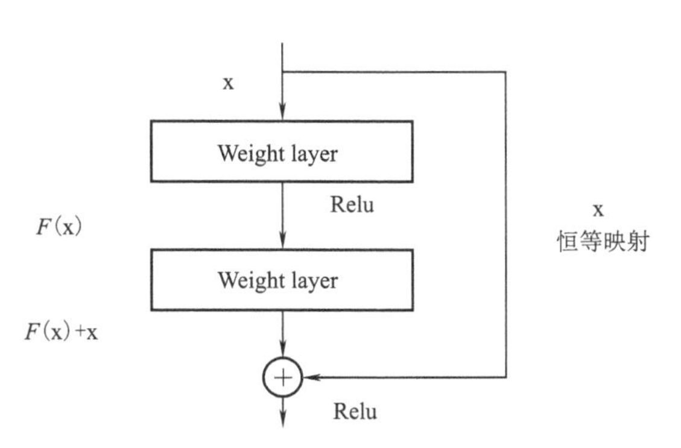

图 7-88 残差网络的捷径连接

深度残差网络的结果在 ImageNet 检测、ImageNet 定位、COCO 检测和 COCO 分割等任务中获得第一名。此后,残差网络被应用于图像处理的各个领域,并取得了显著的效果。另外,诸如 DenseNet、Inception V4、ResNeXt 和 Mask R-CNN 之类的网络学习了残差网络的思想,改善了这些网络的效果。

多尺度卷积核融合是一种有效的特征融合方法。不同的卷积核具有不同大小的感受野,对卷积结果进行拼接意味着不同尺度特征的融合。经典的多尺度融合网络是 GoogLeNet,由于融合了不同尺度的卷积核,因此表现出优异的性能。

4. 模型建立

在本节中,将介绍网络体系结构、损失函数、雾霾数据集和训练细节。MSRN 是该方法的重要组成部分,因此从三个方面进行介绍:特征提取、多尺度上下文聚合和非线性回归。此外,优化了损失函数、雾霾数据集和训练细节,并对优化方案进行了详细描述。

(1) MSRN

多尺度残差网络包括特征提取、多尺度上下文聚合和非线性回归,如图 7-89 所示。使用卷积运算和平均池化来提取浅层特征;多尺度上下文聚合包括三组深度残差网络,通过改变卷积核的大小可以获得不同尺度的特征;融合了在不同尺度下获得的特征,并在多尺度融合方面获得了更有效的信息;非线性回归主要包括上采样操作和激活函数。网络结构的参数见表 7-53。

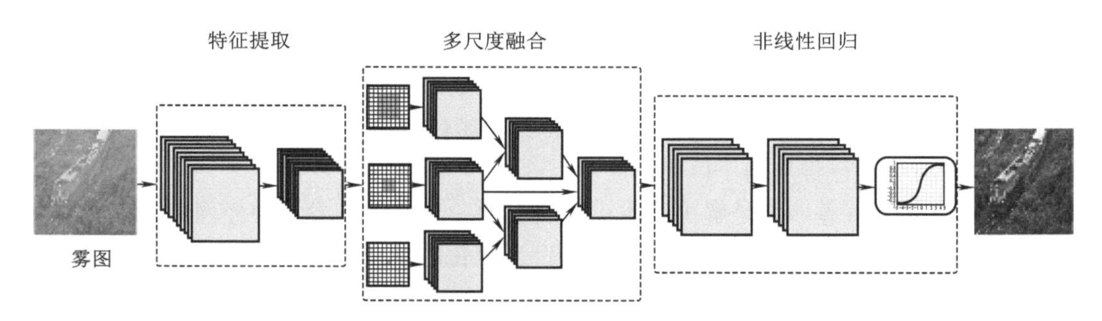

图 7-89　多尺度残差网络的结构

表 7-53　多尺度残差网络结构参数

方法	类型	数量	输入通道数	输出通道数	卷积核	零填充
特征提取	卷积 平均池化	1 1	3 3	3 3	7×7 2×2	3 0
多尺度上下文聚合	卷积	1	3	64	1×1	0
	卷积	24 24 24	64	64	1×1 3×3 5×5	0 1 2
	卷积	1 1	128	64	1×1 1×1	0 0
	卷积	1	192	64	1×1	0
非线性回归	上采样 卷积 tanh	1 1 1	64 64 —	64 3 —	2×2 7×7 —	0 3 —

①特征提取:无论是传统的去雾算法还是深度学习的去雾方法,特征提取都是一项至关重要的操作。传统的去雾算法通过观察、预处理和统计来提出各种先验或假设。基于这些先验或假设,提取与雾相关的特征,然后从雾图中获得清晰图像。众所周知,卷积运算可以提取图像特征。由于大的卷积核具有较大的感受野,因此使用 7×7 卷积核来提取雾霾图像的浅层特征。表达式为

$$F_1^1 = \boldsymbol{W}_0^T * I + B_0 \tag{7-173}$$

式中　$\boldsymbol{W}_O^T$——权重向量；

I——输入图像；

$*$——卷积运算；

B_0——偏置项。

最大池化通常用于目标检测算法中，该算法可以消除特征图中的无用信息并突出显示纹理特征；平均池化可以保留更多的图像背景信息，因为它强调对整体特征信息进行下采样。然而，在图像去雾的问题中，由于雾霾分布在整个特征图上，因此特征图中的所有信息都是有用的。同时，根据实验，平均池化略优于最大池化，因此，选择平均池化用于下采样特征图。在提出的算法中，平均池化不仅减少了参数，而且促进了将信息传递到下一个模块进行特征提取。平均池化表示为

$$F_1^2(x) = \underset{y \in \Omega(x)}{\operatorname{avg}} F_1^1(y) \tag{7-174}$$

式中　$\Omega(x)$——一个以 x 为中心的 2×2 邻域。

②多尺度上下文聚合：多尺度上下文聚合包括三组深度残差网络（RNet）。受 Inception V1 的启发，本书使用 1×1 、3×3 和 5×5 卷积核。SRNet、MRNet 和 LRNet 相应的残差块卷积核大小为 1×1 、3×3 和 5×5 。与大多数使用大卷积核的卷积神经网络不同，此处采用点式（1×1）。由于打乱后的图像中的像素是独立同分布的，因此可以使用点式代替大卷积核。MRNet 的结构如图 7-90 所示。多尺度残差块由两个卷积（Conv）、两个批标准化（BN）和参数修正线性单元（PReLU）组成。

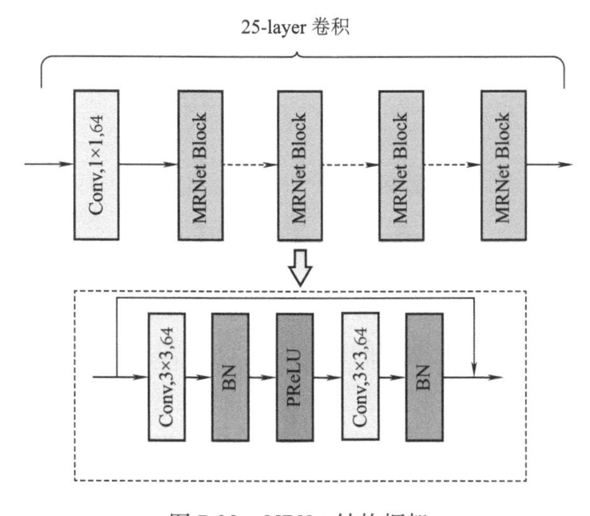

图 7-90　MRNet 结构框架

本案例提出了一种新的高效残差块，如图 7-91 所示。Gross 和 Wilber 在每个残差块的末端去除修正线性单元（ReLU）层时，与原始残差网络相比，测试性能有了小的改善。PyramidNet 通过添加批标准化层来提高性能，但是批标准化将大大增加计算量。为了防止当 ReLU 小于 0 时梯度为 0，使用 PReLU 代替 ReLU。PReLU 只添加了一些参数，就比 ReLU 获得更好的效果。

多尺度卷积融合将增加计算量以限制网络深度，但残差网络越深，效果越好。通过向神

经网络添加 1 × 1 卷积核来加入瓶颈层，事实证明，该操作大大降低了计算成本，并确保 MSRN 能够保证更深的网络。三组深度残差网络的输出写为

$$F_2^i = \boldsymbol{W}_i^T * F_1^2 + B_i \tag{7-175}$$

式中　$i \in [1,3]$——三组深度残差网络。

充分利用 MRNet 的卷积特性进行多尺度融合。3 ×3 卷积核得到了广泛的应用，取得了较好的效果。根据实验，在网络中对 MRNet 进行了三次融合。具体过程如图 7-91 和式(7-176) ~式(7-178)所示。

$$F_3^3 = \mathrm{cat}((F_3^1, F_3^2, F_2^2), 1) \tag{7-176}$$

$$F_3^1 = \mathrm{cat}((F_2^1, F_2^2), 1) \tag{7-177}$$

$$F_3^2 = \mathrm{cat}((F_2^2, F_2^3), 1) \tag{7-178}$$

式中　cat(·)——串联操作；

F_2^1 , F_2^2 , F_2^3 ——分别是 SRNet、MRNet 和 LRNet 的输出。

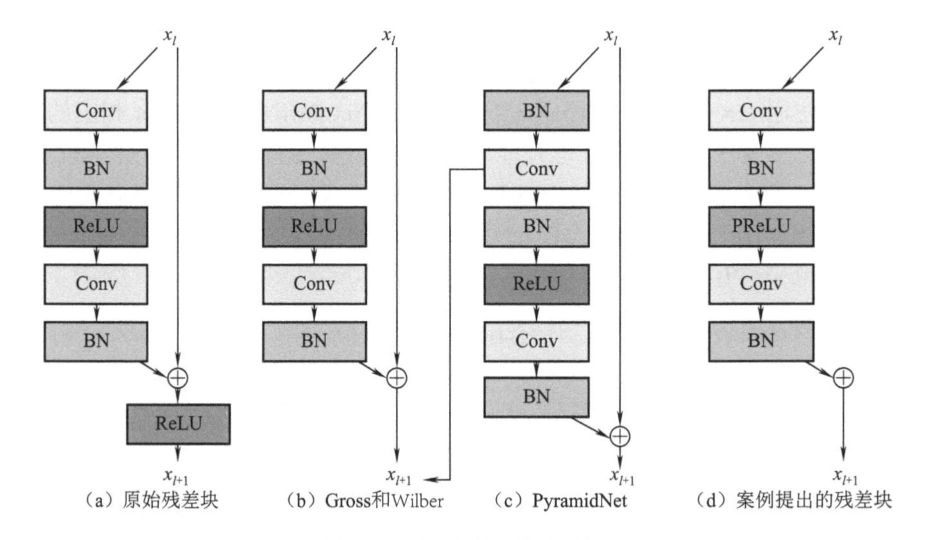

图 7-91　各种类型的残差块

③非线性回归：非线性回归主要包括上采样操作和激活函数。使用下采样操作获取更多背景信息并减少计算量。要恢复图像的原始大小，应用上采样操作。接下来，执行卷积运算以调整上采样操作的效果，即

$$F_4 = \boldsymbol{W}_4^T * \mathrm{upsample}(F_3^3) + B_4 \tag{7-179}$$

式中　upsample(·)——反卷积运算。

最后，激活函数将线性回归转换为非线性映射。公式为 $y = f(F_4)$ ，其中 y 为 MSRN 的输出，而 $f(\cdot)$ 代表 tanh 激活函数。

(2)损失函数

在深度学习中，学者们通常更加关注网络架构，而忽略了损失函数的重要作用。对于图像去雾问题，均方误差(L_2 损失)被广泛应用于各种经典方法。值得注意的是，平均绝对误差(L_1 损失)或结构相似性指数(SSIM)比 L_2 损失具有更好的效果。因为 L_2 损失会忽略小错误，仅以 L_2 损失估计经过去雾处理的图像可能会导致细节损失。当 L_1 损失为损失函数时，

与 SSIM 相比，性能会有所改善。SSIM 需要更多的计算，并且计算时间是 L_1 损失的 5 倍。因此，本书设计了由 L_1 损失和 L_2 损失组成的损失函数，以平衡训练时间、训练计算和精度。

I 和 J 表示雾图和相应的清晰图像，而 i 表示像素的索引。L_1 损失函数和 L_2 损失函数可以写成

$$L_1 = \frac{1}{N}\sum_{i=1}^{N} |I_i - J_i| \tag{7-180}$$

$$L_2 = \frac{1}{N}\sum_{i=1}^{N} (I_i - J_i)^2 \tag{7-181}$$

在训练过程中，将损失函数设置为

$$L = \alpha L_1 + \lambda L_2 \tag{7-182}$$

式中　L_1 ——平均绝对误差；

L_2 ——均方误差；

α,λ——根据实验结果，值均为 1.8。

(3)合成数据集

数据驱动方法需要一对雾霾图像和清晰图像作为训练数据集。尽管实验有可用的现场数据集，但缺少成对的图像，因此，通常采用的方法是用一幅清晰的图像和一幅深度图合成一幅雾霾图像，并构造一个训练集。此外，由于大多数铁路监控都有复杂的场景，包括广阔的场景和天空，所以很难去雾。综上所述，为了提高雾天铁路监控图像的质量，必须合成合适的室外数据集。

在图像去雾研究中，NYU 数据集被广泛采用，但它是一个室内数据集。Make3D 数据集包含大量的天空场景、不同的光强度和相应的真实深度图，这是合成数据集的理想来源。

从 Make3D 数据集中随机选择 800 张训练图像，并从铁路监控中随机选择 90 张测试图像。铁路图像没有深度信息，因此采用了 Liu 等人提出的方法来估计深度。在合成之前，将清晰图像和相应的景深调整为 512×512 像素的规格尺寸。根据铁路场景的状况，选择四个大气光 A，其中 $A \in [0.8,1]$ 以及散射系数 $\beta \in [0.7,1.6]$ 都是随机采样。通过给出的清晰图像 $J(x)$ 和相应的深度 $d(x)$，合成了雾霾图像 $I(x)$。雾霾图像的合成过程如图 7-92 所示。总共合成 3 200 张训练图像和 360 张测试图像，并确保训练集中没有测试图像。

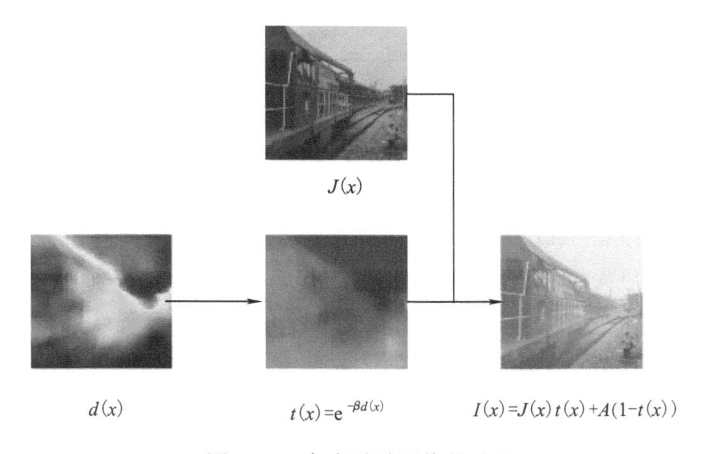

图 7-92　合成雾霾图像的过程

(4)训练细节

用 Adam 优化算法训练网络,并将学习率设置为 0.000 1,批量大小设置为 1。使用 PyTorch 实现所提出的方法,并使用 NVIDIA Titan Xp GPU 将网络训练了 300 次。训练中多尺度残差网络的参数见表 7-54。

表 7-54 训练中多尺度残差网络的参数

参数	描述	值
A	大气光	[0.8,1]
B	散射系数	[0.7,1.6]
L_1	平均绝对误差	1.8
L_2	均方误差	1.8
S	图像尺寸大小	512×512
R	学习率	0.000 1
B	批量大小	1
I	训练轮次	300

5. 实验结果

为了证明提出的算法在定量指标和视觉效果方面的优越性,将所提出的方法与基于合成数据集和真实图像的最新方法进行了比较。此外,去雾后图像的平均精度(mAP)超过了雾霾图像,表明提出的算法有效地提高了目标检测的效果。最后,比较了现有算法的运行时间。

(1)全参考图像质量评估

采用使用峰值信噪比(PSNR)和结构相似性指数(SSIM)的最新算法来评估所提出的算法。基于合成测试数据集,所提出的算法的 PSNR 和 SSIM 的平均值均高于其他算法。结果见表 7-55。

表 7-55 合成测试数据集的全面评估

	DCP	NLD	MSCNN	DehazeNet	AOD	GCANet	MSRN
PSNR	20.64	18.12	15.68	19.62	17.67	21.11	23.18
SSIM	0.908 0	0.845 9	0.809 5	0.864 1	0.820 5	0.886 7	0.929 7

从测试图像中选择三张图像,去雾结果如图 7-93 所示。具体来说,以场景距离不同的图片为例。DCP 的方法去除了雾,特别是在没有天空场景的情况下,但是在天空场景中存在严重的颜色失真和伪影。DCP 的结果表明,在处理天空场景时会出现明显的伪影,这是由于无法准确估计传输图所致。NLD 方法的结果存在颜色失真,尤其是在远距离场景中。MSCNN 的去雾结果存在颜色失真和许多模糊残差。DehazeNet 提出的基于卷积神经网络的方法效果不佳,原因是传输图不准确会导致去雾结果中存在更多的雾霾残留。AOD 的结果是暗的,并留下了一些雾霾残留。AOD 是一个轻量级的卷积神经网络,可能无法提取更多有效信息。GCANet 在铁路场景中得到了较高的 PSNR 和 SSIM 值,但是去雾后的图像仍然存在明显的颜色失真。显然,基于卷积神经网络的算法在铁路图像上没有取得比传统算法更好的结果。然而,该方法在 PSNR 和 SSIM 中均取得了最佳的去雾效果,视觉效果也很好。在

图 7-93 的第一行中,案例所用方法的去雾效果已很好地恢复到地面和天空中的细节,在第三行中的雾霾残留比其他去雾结果要少得多。

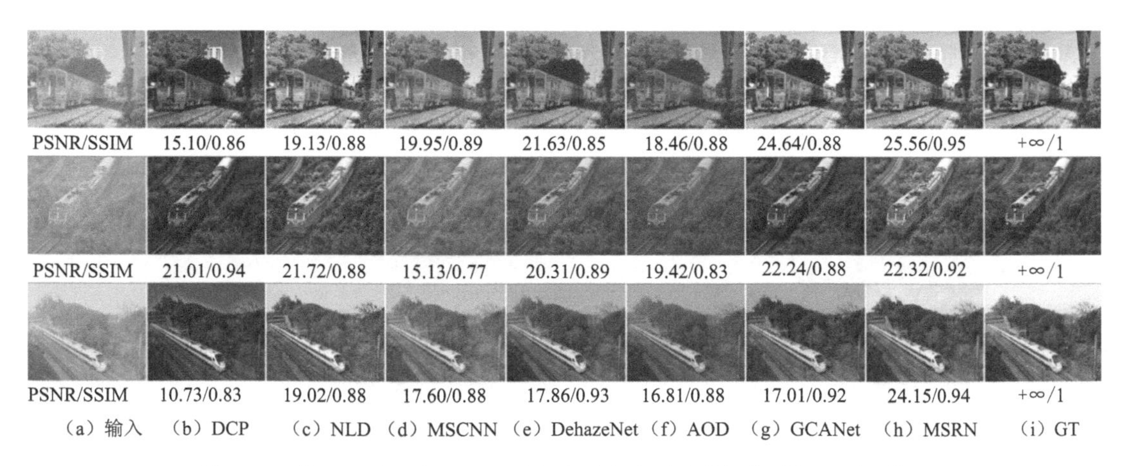

图 7-93　使用几种最先进的去雾方法对合成测试数据集进行去雾的结果

最近,有人提出了单图像去雾的基准,它使用了一个名为 RESIDE 的大型数据集。SOTS 是 RESIDE 的测试数据集,包括 500 张图像。为了进一步验证案例所提的方法,对 RESIDE 的 SOTS 进行的评估见表 7-56。所提出的算法在 RESIDE 的 SOTS 上仍然具有最佳结果。

表 7-56　在 RESIDE 的 SOTS 上的全参考评估

	DCP	NLD	MSCNN	DehazeNet	AOD	GCANet	MSRN
PSNR	16.62	17.29	17.57	21.14	19.06	22.30	23.05
SSIM	0.82	0.75	0.81	0.85	0.85	0.88	0.92

(2)无参考图像质量评估

为了验证所提出算法的去雾效果,在铁路监控的一些真实模糊图像上评估了该算法的去雾效果。PSNR 和 SSIM 被广泛用于图像质量评估(IQA),但是它们都依赖于参考图像,并且不能在没有参考的情况下对真实图像进行评估。为了弥补 PSNR 和 SSIM,使用两种无参考 IQA 方法:基于空间频谱和熵的质量评价(SSEQ)和基于 DCT 统计特性的盲图像完整性测度(BLIINDS-II)。SSEQ 和 BLIINDS-II 的值范围是 0 到 100,其中 100 是最好的。对来自铁路的真实雾霾图像的无参考评估的结果见表 7-57,显然,所提出的算法达到了最佳结果。

表 7-57　来自铁路的真实模糊图像的无参考评估

	DCP	NLD	MSCNN	DehazeNet	AOD	GCANet	MSRN
SSEQ	30.39	27.27	28.06	28.18	25.32	27.96	32.12
BLIINDS-II	24.50	29.65	23.30	25.80	21.10	29.75	31.75

采用最新的方法和案例提出的方法对 4 幅现实世界中的雾霾图像进行了去雾处理,得到了相应的去雾结果,如图 7-94 所示。DCP 提出的暗通道去雾方法可以去除自然雾霾图像的雾,但是存在明显的伪影。用 NLD 的方法去除真实雾霾图像的雾之后,会产生一定的伪影和颜色失真。MSCNN 和 DehazeNet 的方法依赖于卷积神经网络模型来估计大气光和传输

图以进行去雾,但是存在雾霾残留。AOD 通过轻量级的卷积神经网络直接生成清晰的图像,但去雾结果存在更多的雾霾残留。虽然 GCANet 在全面参考评估中取得了很好的效果,但它在真实的铁路图像上效果不佳,不仅存在大量的雾霾残留,还存在色彩失真。与其他方法相比,案例所提出的方法获得了更好的去雾效果,没有伪影和颜色失真,并且雾霾残留更少。

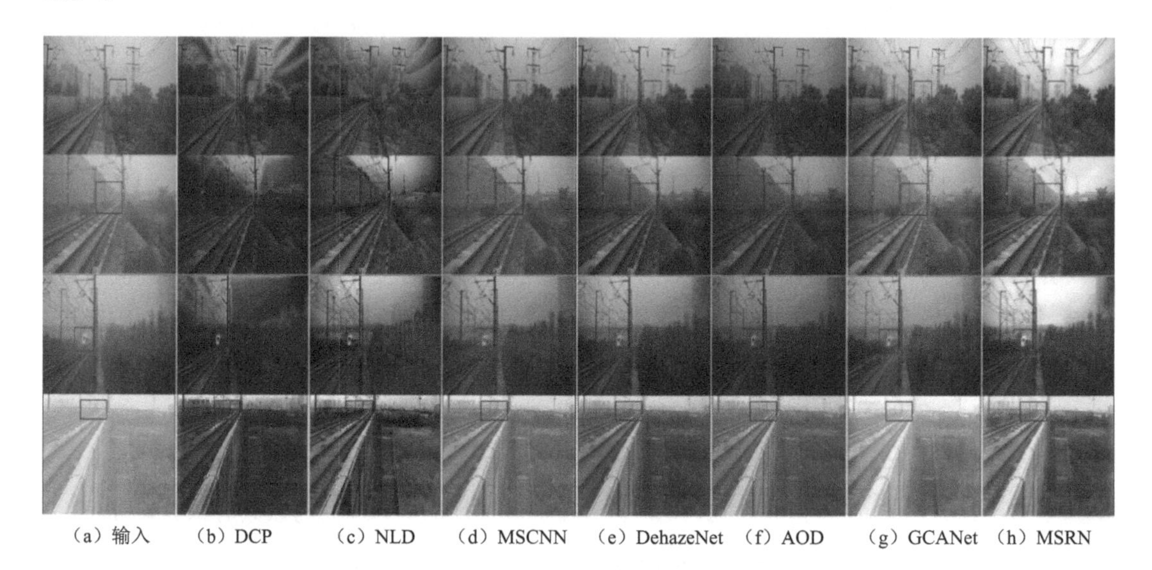

(a) 输入 (b) DCP (c) NLD (d) MSCNN (e) DehazeNet (f) AOD (g) GCANet (h) MSRN

图 7-94 使用几种最先进的去雾方法对铁路上的真实雾霾图像进行去雾的结果

(3)去雾后目标检测

雾霾天气对铁路监控,特别是对当前的目标检测算法产生了很大的影响,阿尼提出的去雾算法可以有效去除铁路监控图像的雾,大大提高了目标检测算法的精度。Canny 可以用于发现铁路监控中是否存在雾,当存在雾时,就将所提出的算法应用于铁路监测。最后,用目标检测算法对去雾后的铁路监控图像进行检测。雾天和去雾后铁路周边入侵的目标检测如图 7-95 所示。

(a) 模糊图像 (b) 模糊图像+YOLOv3 (c) 去雾图像 (d) 去雾图像+YOLOv3

图 7-95 铁路模糊图像和去雾图像的目标检测结果

为了进行评估，使用目标检测器 YOLOv3 对测试集进行目标检测。YOLOv3 是一种经典的目标检测算法，具有检测速度快、精度高的特点，因此被选为铁路监控图像的目标检测算法。将 100 幅铁路监控图像标记为该物体检测的测试集。mAP 作为性能的度量，是使用标记数据计算的。模糊图像的 mAP 为 0.48，而去雾后图像的 mAP 为 0.56，比前者提高了 16.67%。显然，去雾后的铁路监控图像检测到了更多的目标，图 7-95 中的人和汽车的检测精度都有所提高。图像去雾后的目标检测取得了显著的效果，可以有效弥补雾天铁路周边入侵检测的漏报问题。

(4)运行时间

去雾算法在铁路监控视频中的应用，对其运行速度提出了更高的要求。在 CPU(Intel(R)Core(TM)i7－7820x CPU@3.40GHz ×16)上评估了案例提出的算法和最新的算法。特别地，案例的算法，AOD 和 GCANet 都使用 NVIDIA Titan Xp GPU 进行了加速。各种算法在图像尺寸大小为 512×512 的合成测试数据集上的平均运行时间见表 7-58。案例所提出的算法能以很高的速度运行，仅次于 AOD，接近实时速度。

表 7-58　在合成测试集上的平均运行时间

	DCP	NLD	MSCNN	DehazeNet	AOD	GCANet	MSRN
平台	MATLAB	MATLAB	MATLAB	MATLAB	Pycaffe	Pytorch	Pytorch
时间/s	1.21	6.42	1.65	2.34	0.02	0.17	0.05

6.讨论

案例通过设置比较实验来讨论多尺度上下文聚合，组合损失函数和训练数据集的效果，并对实验结果进行理论分析。

(1)多尺度上下文聚合的效果

该算法由三组残差网络组成，分别为 SRNet、MRNet 和 LRNet。为了评估多尺度上下文聚合的效果，结合不同的 RNet 设计了七个模型。所有模型仅更改多尺度上下文聚合的 25 层残差网络，并且卷积层数和其他超参数不变。这七个模型的 PSNR 和 SSIM 见表 7-59。这些模型可以分为三类：单残差网络、双残差网络融合和三残差网络融合。第一种是单残差网络，包括模型 A、模型 B 和模型 C，它们分别只使用一个残差网络；双残差网络融合有模型 D 和模型 E 两种；模型 F 和模型 G 结合了三种残差网络。本书所提出的方法称为模型 G，√×3 表示 MRNet 融合了 3 次。

表 7-59　不同残差网络融合的效果

	A	B	C	D	E	F	G
SRNet	√			√		√	√
MRNet		√		√	√	√	√×3
LRNet			√		√	√	√
PSNR	21.32	22.40	22.52	22.58	22.55	22.83	23.18
SSIM	0.900 6	0.913 2	0.915 3	0.919 6	0.915 7	0.921 3	0.929 7

模型 C 在单残差网络中效果最好。大卷积核具有较大的感受野，因此模型 C 的结果比

模型 A 好得多。但是,模型 C 的结果略好于模型 B。采用 3 ×3 卷积核代替大卷积核,可以有效减少参数和计算量。在双残差网络融合中,模型 E 的结果优于所有单残差网络,但模型 D 的效果优于模型 E。1 ×1 卷积核提取的有效信息较少,但可能会增加决策函数的非线性。模型 F 在直接将三个残差网络融合后,取得了良好的结果,但与模型 D 和模型 E 相比并没有太大的改进。与模型 F 不同,模型 G 将 MRNet 聚合了三次,并获得了最好的效果。原因是 MRNet 被用作主要输入,在有限的计算能力下尽可能多地利用所有提取的信息。

(2)损失函数的效果

本案例使用组合损失函数来获得高质量的铁路监控去雾图像,为了评估损失函数的效果,所提出的算法使用了三种损失函数。该算法仅改变损失函数,不改变网络架构和其他参数。结果如图 7-96 所示,其中 L_1 代表 L_1 损失,L_2 代表 L_2 损失,$L_1 + L_2$ 代表 L_1 损失 + L_2 损失。

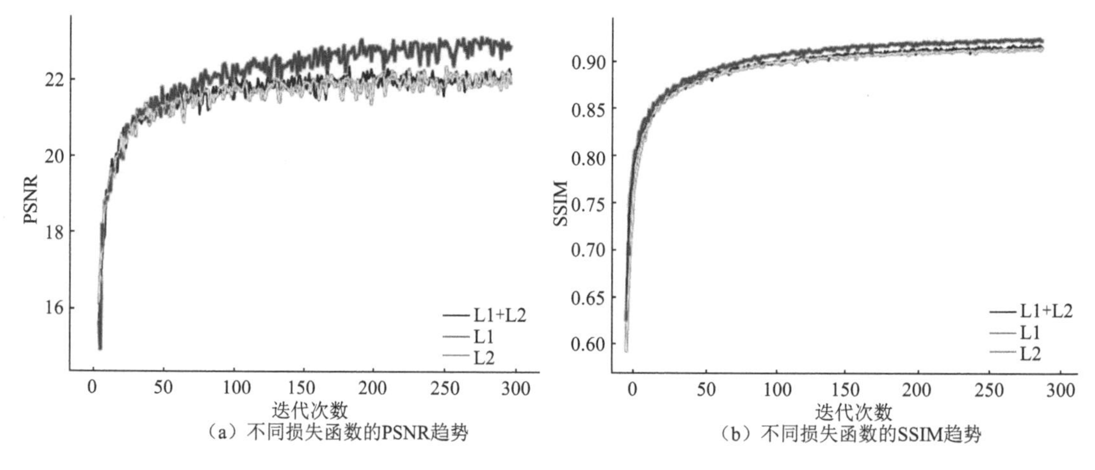

(a)不同损失函数的PSNR趋势　(b)不同损失函数的SSIM趋势

图 7-96　损失函数的效果

L_2 损失函数在当前的图像恢复任务中得到了广泛的应用。L_2 损失函数有很多优点。例如,它是可微分的凸函数,并且可以有针对性地提高 PSNR。然而,L_2 损失与人类视觉系统有很大不同,并且难以消除那些细微的噪声。L_1 损失函数与 L_2 损失函数有显著差异。它们可能具有不同的收敛曲线,并且 L_1 损失不会过度惩罚大误差。在某些情况下,使用 L_1 损失函数可以获得更高质量的图像。

在图 7-96 中,经过 L_1 损失训练的网络比经过 L_2 损失训练的网络要好一些,这是设置等于 L_1 损失和 L_2 损失的原因。根据实验,不同的 L_1 损失和 L_2 损失的值可能会导致 PSNR 和 SSIM 降低。用 L_1 损失和 L_2 损失训练的网络比单独使用 L_1 损失或 L_2 损失训练的网络要好,因为它们可能具有不同的收敛间隔。例如,L_2 损失可能有许多局部极小值,阻止其进一步下降,但平滑的 L_1 损失更容易得到更好的局部最小值。

(3)合成数据集的效果

在本案例中,提出了一个基于 Make3D 数据集的训练数据集,为了验证数据集的有效性,设计了三组对比实验。基于合成雾霾图像原理,分别基于 NYU 数据集和 RESIDE 数据集合成了两个训练数据集。不同数据集的 PSNR 和 SSIM 的最优值和趋势如图 7-97 所示,其中 NYU 是 NYU 数据集,RESIDE 是 RESIDE 数据集,Make3D 是 Make3D 数据集。

图 7-97 证明了 Make3D 数据集和 RESIDE 数据集比 NYU 数据集具有更好的结果。原因

是 NYU 数据集包含大量室内图像,但有趣的是它仍然工作得很好,可能是因为它的真实深度图。Make3D 数据集的 PSNR 明显优于 RESIDE 数据集,但在 SSIM 上仅取得了很小的提升。尽管 RESIDE 数据集的深度可能不是很准确,但是由于室外图像的优势,该数据集仍然有效。

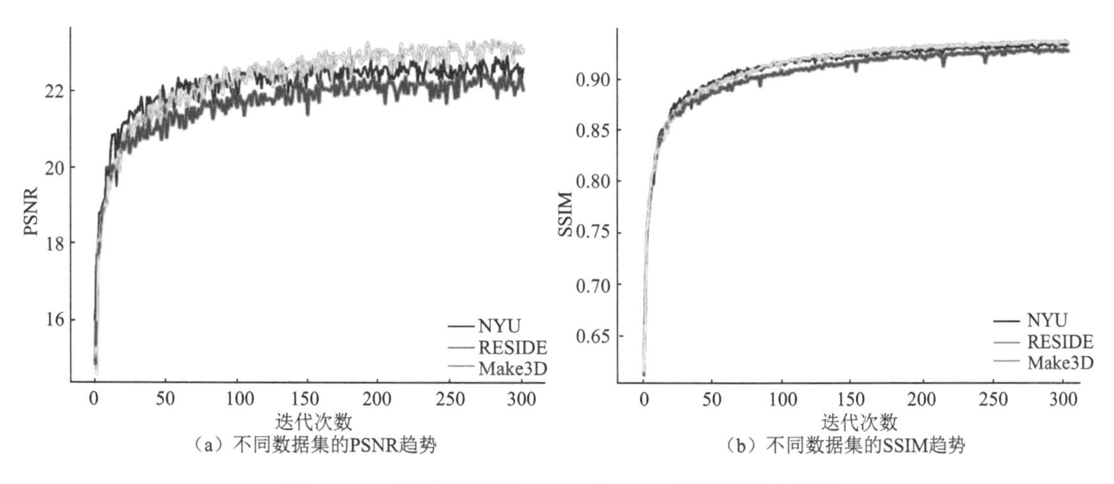

（a）不同数据集的PSNR趋势　（b）不同数据集的SSIM趋势

图 7-97　不同数据集的 PSNR 和 SSIM 的最优值和趋势

7. 小结

本案例重点研究铁路监控图像的单图像去雾,并基于残差网络和训练数据集设计了一种去雾模型。提出了一种强大的去雾网络,以通过融合多尺度卷积信息来有效去除铁路监控图像的雾;在理论研究和实验研究的基础上,设计了组合损失函数,获得了令人满意的结果,而且计算量小;在建立数据集时,应充分考虑天空和光照对图像的影响,这样合成的数据集更加真实有效。

案例所提出的算法不限于铁路监视图像和图像去雾,优化方法做相应修改后,也可以用于与类似室外场景的道路监控图像。此外,模型可以用于图像去雨水和图像去雪。未来也可以尝试设计一个通用模型来处理铁路监控、道路监控或其他运输方式中的图像退化问题,从而提高智能交通系统中图像增强的可用性。

参考文献

[1] HAUGELAND J. ArEPSicial Intelligence: The Very Idea[J]. Philosophical Reviews,1985,7:3-11.

[2] 蔡自兴,刘雨珏,蔡竞峰,等. 人工智能及其应用[M].5 版. 北京:清华大学出版社,2016.

[3] STUART J. RUSSELL,PETER NORVIG. 人工智能——一种现代的方法[M]. 殷建平,祝恩,刘越,等译. 3 版. 北京:清华大学出版社,2013.

[4] 刘白林. 人工智能与专家系统[M]. 西安:西安交通大学出版社,2012.

[5] 约翰·布鲁德斯·华生. 行为主义[M]. 李维,译. 杭州:浙江教育出版社,1998.

[6] 史天运,贾利民. 计算智能理论及其在 RITS 中的应用[J]. 交通运输系统工程与信息,2002,2(1):10-15.

[7] 冉斌,张健. 交通运输前沿技术导论[M]. 北京:科学出版社,2017.

[8] SIMON HAYKIN. 神经网络与机器学习[M]. 申富饶,徐烨,郑俊,等译. 3 版. 北京:机械工业出版社,2011.

[9] KOHONEN T. Self-organization and associative memory [M]. BerLin: Springer Science & Business Media,2012.

[10] 王万森. 人工智能原理及其应用[M].4 版. 北京:电子工业出版社,2016.

[11] 黄竞伟,朱福喜,康立山. 计算智能[M]. 北京: 科学出版社,2010.

[12] Phil Kim. MATLAB Deep Learning:With Machine Learning,Neural Networks and Artificial Intelligence[M]. Berkeley:Apress,2017.

[13] 史蒂芬·卢奇,丹尼·科佩克. 人工智能[M]. 林赐,译. 2 版. 北京:人民邮电出版社,2018.

[14] HAGAN M T ,DEMUTH H B,BEALE M H. 神经网络设计[M]. 戴葵,等译. 北京:机械工业出版社,2002.

[15] 魏秀参. 解析深度学习:卷积神经网络原理与视觉实践[M]. 北京:电子工业出版社,2018.

[16] 齐敏,李大健,郝重阳. 模式识别导论[M]. 北京:清华大学出版社,2009.

[17] 马锐. 人工神经网络原理[M]. 北京:机械工业出版社,2010.

[18] 周志华. 机器学习[J]. 中国民商,2016(3):93.

[19] 鲍军鹏,张选平,吕园园,等. 人工智能导论[M]. 北京:机械工业出版社,2011.

[20] 李国永. 智能预测控制及其 MATLAB 实现[M].2 版. 北京:电子工业出版社,2010.

[21] 李航. 统计学习方法[M]. 北京: 清华大学出版社,2012.

[22] 于世飞. 高级人工智能[M].2 版. 北京:清华大学出版社,2015.

[23] 张德丰. MATLAB 神经网络编程[M]. 北京:化学工业出版社,2011.

[24] 杨淑莹,张桦. 模式识别与智能计算:MATLAB 技术实现[M].3 版. 北京:电子工业出版社,2015.

[25] 王燕军,梁治安. 最优化基础理论与方法[M]. 上海:复旦大学出版社,2011.

[26] 郁磊,史峰,王辉,等. MATLAB 智能算法 30 个案例分析[M].2 版. 北京:北京航空航天大学出版社,2015.

[27] 张汝波,刘冠群,吴俊伟. 计算智能基础[M]. 哈尔滨:哈尔滨工程大学出版社,2013.

[28] 杉山将. 统计机器学习导论[M]. 谢宁,李柏杨,肖竹,等译. 北京:机械工业出版社,2018.

[29] 邱锡鹏. 神经网络与深度学习[M]. 北京:机械工业出版社,2020.

[30] Engelbrecht A P. 计算智能导论[M]. 谭营,等译. 2 版. 北京:清华大学出版社,2010.

[31] 梁艳春,吴春国,时小虎,等. 群智能优化算法理论与应用[M]. 北京:科学出版社,2009.

[32] GUO J,XIE Z,QIN Y,et al. Short-Term Abnormal Passenger Flow Prediction Based on the Fusion of SVR and LSTM[J]. IEEE Access,2019,PP:1-1.

[33] GERS F A,SCHMIDHUBER J. Recurrent Nets that Time and Count[C]. LEEE-INNS-ENNS International Joint Conference on Neural Networks. IEEE Computer Society,2000.

[34] 郭建媛. 城市轨道交通网络客流调控方法[D]. 北京:北京交通大学,2016.

[35] 杨艳芳. 城市路网交通流分析预测及事故预警方法研究[D]. 北京:北京交通大学,2017.

[36] 云婷. 城轨列车走行部滚动轴承运行可靠性分析方法的研究[D]. 北京:北京交通大学,2014.

[37] 寇淋淋. 基于状态信息和张量域评估理论的轨道交通列车服役状态及系统可靠性评估[D]. 北京:北京交通大学,2019.

[38] 马川. 滚动轴承故障特征提取与应用研究[D]. 大连:大连理工大学,2009.

[39] 杨江天,赵明元. 基于车辆总线和 Laplace 小波的机车轴承诊断系统[J]. 铁道学报,2011,33(8):23-27.

[40] 张媛. 基于安全域的列车关键设备服役状态辨识与预测方法研究[D]. 北京:北京交通大学,2014.

[41] JYH-SHING ROGER JANG. ANFIS:Adaptive-Ne twork-Based Fuzzy Inference System[J]. IEEE TRANSACTIONS ON Systems,Man,and Cybernetics,1993,23(3):665-685.

[42] CAO Z , QIN Y , JIA L , et al. Haze Removal of Railway Monitoring Images Using Multi – Scale Residual Network[J]. IEEE Transactions on Intelligent Transportation Systems, 2020:1-14.

[43] 付勇. 复杂耦合作用下轨道交通列车系统可靠性评估及维修策略优化方法[D]. 北京:北京交通大学,2021.

[44] WANG M , WANG L , XU X , et al. Genetic Algorithm – based Particle Swarm Optimization Approach to Reschedule High – speed Railway Timetables: A Case Study in China[J]. Journal of Advanced Transportation, 2019:1-12.

参 考 答 案

第一章

1. 包含符号主义(Symbolism)、连接主义(Connectionism)、行为主义(Evolutionism)三种主流学派。符号主义(Symbolism)又称为逻辑主义(Logicism)、心理学派(Psychlogism)或计算机学派(Computerism),是一种主张用数理逻辑来研究人工智能,即用形式化的方法描述客观世界的方法。连接主义(Connectionism)又称为仿生学派(Bionicsism)或生理学派(Physiologism),是一种基于神经网络及网络间的连接机制与学习算法的智能模拟方法。行为主义(Evolutionism)又称进化主义,或控制论(Cybernetics)学派,是一种基于"感知-行动"的行为智能模拟方法。
2. 计算智能的研究内容和方法包括人工神经网络(包含典型神经网络和先进神经网络)、模糊计算、进化计算与群智能、决策树等。
3. 计算智能研究的问题包括学习、自适应、自组织、优化、搜索、推理等。
4. 需求预测、交通管控、运输优化、状态监测、需求响应、智能城市移动。

第二章

1. 不可以。因为假设初始参数都设为相同的数值,在第一次前向计算的过程中所有的隐藏层神经元的激活函数值都相同。在反向传播时,所有权重更新值也都相同,导致激活函数对各个参数的偏导数也相同,这样会导致隐藏层神经元没有区分性,同样也会有相同的误差值,这就会造成参数对称问题。最好的解决办法是随机初始化参数。
2. 权重、阈值、学习率、隐含层的层数、隐含层节点数量、初始化参数。
3. $\text{net}_1 = 0.4 \times 0.3 + 0.5 \times 0.6 = 0.42$

   $\text{net}_2 = 0.4 \times 0.2 + 0.5 \times 0.1 = 0.13$

   $O_1 = 0.42$

   $O_2 = 0.13$

   $\text{net}_3 = 0.42 \times 0.1 + 0.13 \times 0.9 = 0.159$

   $O_3 = 0.159$

   $\text{net}_1 = 0.7 \times 0.3 + 0.8 \times 0.6 = 0.21 + 0.48 = 0.69$

   $\text{net}_2 = 0.7 \times 0.2 + 0.8 \times 0.1 = 0.14 + 0.08 = 0.22$

   $O_1 = 0.69$

   $O_2 = 0.22$

   $\text{net}_3 = 0.69 \times 0.1 + 0.22 \times 0.9 = 0.069 + 0.198 = 0.267$

$O_3=0.267$

误差为 $\frac{1}{2}\sum_{p=1}^{N}\sum_{k=1}^{L}[t_k^p-o_k^p]^2=0.5\times[(0.6-0.159)^2+(0.8-0.267)^2]\approx0.239$

4. 根据所有的输入样本决定隐层各节点的高斯核函数的中心向量 c_i 和标准化常数 i。可使用 K 均值聚类的方法。

5. 输入样本集使其从坐标系 (x_1,x_2) 经过空间转换映射到坐标系 (φ_1,φ_2) 上。其计算过程如下所示。

对于样本 $[0\quad 0]^{\mathrm{T}}$,

有 $\boldsymbol{x}-\boldsymbol{c}_1=[0\quad 0]^{\mathrm{T}}-[1\quad 1]^{\mathrm{T}}=[-1\quad -1]^{\mathrm{T}}$,

则 $\|\boldsymbol{x}-\boldsymbol{c}_1\|=\sqrt{(-1)^2+(-1)^2}=\sqrt{2}$, $\varphi_1(\boldsymbol{x})=\mathrm{e}^{-2}\approx0.1353$,

有 $\boldsymbol{x}-\boldsymbol{c}_2=[0\quad 0]^{\mathrm{T}}-[0\quad 0]^{\mathrm{T}}=[0\quad 0]^{\mathrm{T}}$,

则 $\|\boldsymbol{x}-\boldsymbol{c}_2\|=0$, $\varphi_2(x)=\mathrm{e}^{-0}=1$

样本 $[0\quad 1]^{\mathrm{T}}$、$[1\quad 0]^{\mathrm{T}}$、$[1\quad 1]^{\mathrm{T}}$ 利用同样计算方法求解,其结果总结见表1。

表1 计算结果

X_1	X_2	y XOR	$\varphi_1(x)$	$\varphi_2(x)$
0	0	0	0.135 3	1
0	1	0	0.367 8	0.367 8
1	0	1	0.367 8	0.367 8
1	1	0	1	0.135 3

因此,在坐标系 (φ_1,φ_2) 上 XOR 问题变成了线性可分问题,如图 1 所示,将 $\varphi_1(\boldsymbol{x})$、$\varphi_2(\boldsymbol{x})$ 作为输入向量,作为分类模型的输入即可。

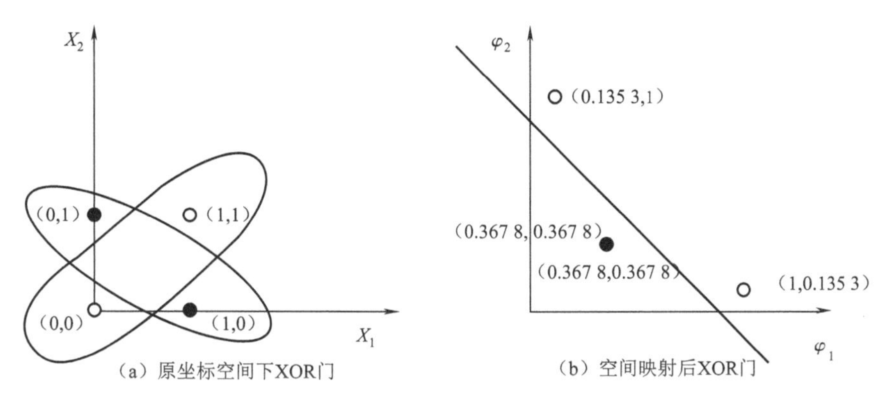

图1 XOR 门示意

第三章

1. SVR 回归与 SVM 分类的最大区别在于 SVR 的样本点最终只有一类,SVM 所寻求的超平面是使两类或多类样本点分开的最大间隔超平面，而 SVR 寻求的是使所有的样本点离超平面总偏差最小的超平面，也就是说，SVM 是要最大化离超平面最近的样本点与超平面间的“距离”；SVR 则是要最小化离超平面最远的样本点与超平面间的“距离”。

2. 特征图输出如图 2 所示。

5	6	4
2	−2	−2
1	−2	3

（a）

2	−5	−8
1	−4	−4
0	−5	−5

（b）

图 2　3×3×2 输出

3. 卷积：局部连接，权重共享；池化：下采样，以减少参数并体现局部不变性。

4. (1) 从结构上来说，GRU 只有两个门（GRU 网络结构中不引入单元状态 $c^{(t)}$，而仅引入两个门结构，即更新门 $u^{(t)}$ 和重置门 $r^{(t)}$），LSTM 有三个门（即遗忘门 $f^{(t)}$、输入门 $i^{(t)}$ 和输出门 $o^{(t)}$）。

(2) 与 LSTM 相比，GRU 更加简洁，直接用更新门来控制输入信息与剔除信息之间的平衡关系，它的张量操作较少，参数更少，因此更容易收敛，训练它比 LSTM 更快一点。但是数据集很大的情况下，LSTM 表达性能更好。

5. 略。

第四章

1. $A_{0.8} = \{u_2, u_3, u_4\}$，$A_{0.4} = \{u_1, u_2, u_3, u_4\}$。

2. 隶属函数曲线如图 3 所示。

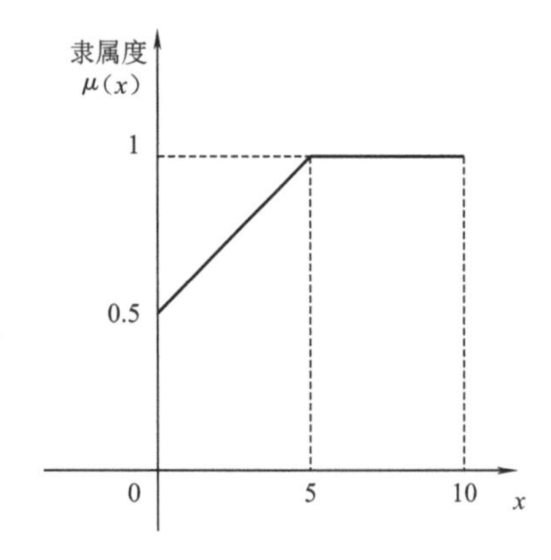

图 3　隶属函数曲线

3. 交集：$\mu_C(x) = \mu_A(x) \vee \mu_B(x) = \frac{0.1}{u_1} + \frac{0.6}{u_2} + \frac{0.5}{u_3} + \frac{0.3}{u_4} + \frac{0.1}{u_5}$

并集：$\mu_C(x) = \mu_A(x) \wedge \mu_B(x) = \frac{0.5}{u_1} + \frac{0.9}{u_2} + \frac{1}{u_3} + \frac{0.7}{u_4} + \frac{0.3}{u_5}$

补集：$\mu_A(x) = [0.5\ 0.4\ 0\ 0.3\ 0.7]$

4. $\mu_{A\times B}(x,y) =$

$$\begin{bmatrix} 0.1 & 0.5 & 0.5 & 0.3 \\ 0.1 & 0.6 & 0.5 & 0.3 \\ 0.1 & 0.9 & 0.5 & 0.3 \\ 0.1 & 0.7 & 0.5 & 0.3 \\ 0.1 & 0.3 & 0.3 & 0.3 \end{bmatrix}$$

5. $\begin{bmatrix} (0.8 \wedge 0.3) \vee (0.4 \wedge 0.1) & (0.8 \wedge 0.6) \vee (0.4 \wedge 0.3) \\ (0.4 \wedge 0.3) \vee (0.7 \wedge 0.1) & (0.4 \wedge 0.6) \vee (0.7 \wedge 0.3) \end{bmatrix} = \begin{matrix} \\ 子 \\ 女 \end{matrix} \begin{matrix} \text{祖父} & \text{祖母} \\ \begin{bmatrix} 0.3 & 0.6 \\ 0.3 & 0.34 \end{bmatrix} \end{matrix}$

6. $(0.5\times2+0.7\times3+0.8\times4+0.5\times5)/(0.5+0.7+0.8+0.5)=3.52$

7. 略。

第五章

1. 略

2. 初始的信息素设为最大值，每次迭代后挥发，最佳路径上增加信息素，对信息量限制[min, max]，避免早熟。

3. ①0.461 097，0.183 051，0.355 852；②转移到 D 节点；③行程长度为：10+6+10+7+6=39，信息素更新结果分别为$(1-0.1)\times1+100/39\approx3.46$，$(1-0.1)\times2+100/39\approx4.36$，$(1-0.1)\times2=1.8$。

4. rand( )取 1 时，$V_i(t+1) = (14.4, 8.6, 0.5)$；$X_i(t+1) = (16.4, 11.6, 4.5)$。

5. 根据公式 $\omega(t) = \omega_{\text{ini}} - \frac{(\omega_{\text{ini}} - \omega_{\text{end}})G_t}{G_k}$ 计算得 0.895，0.85，0.45。

6. 略。

第六章

1. $H(x_i) = -\sum_{i=1}^{n} p_i \log_2 p_i = 0.72$

2. $H(Y|X) = \sum_{i=1}^{n} p_i H(Y|X = x_i) = 0.72$

3. $g(Y,X) = H(Y) - H(Y|X) = 1 - 0.72 = 0.28$

4. 决策树如图 4 所示。

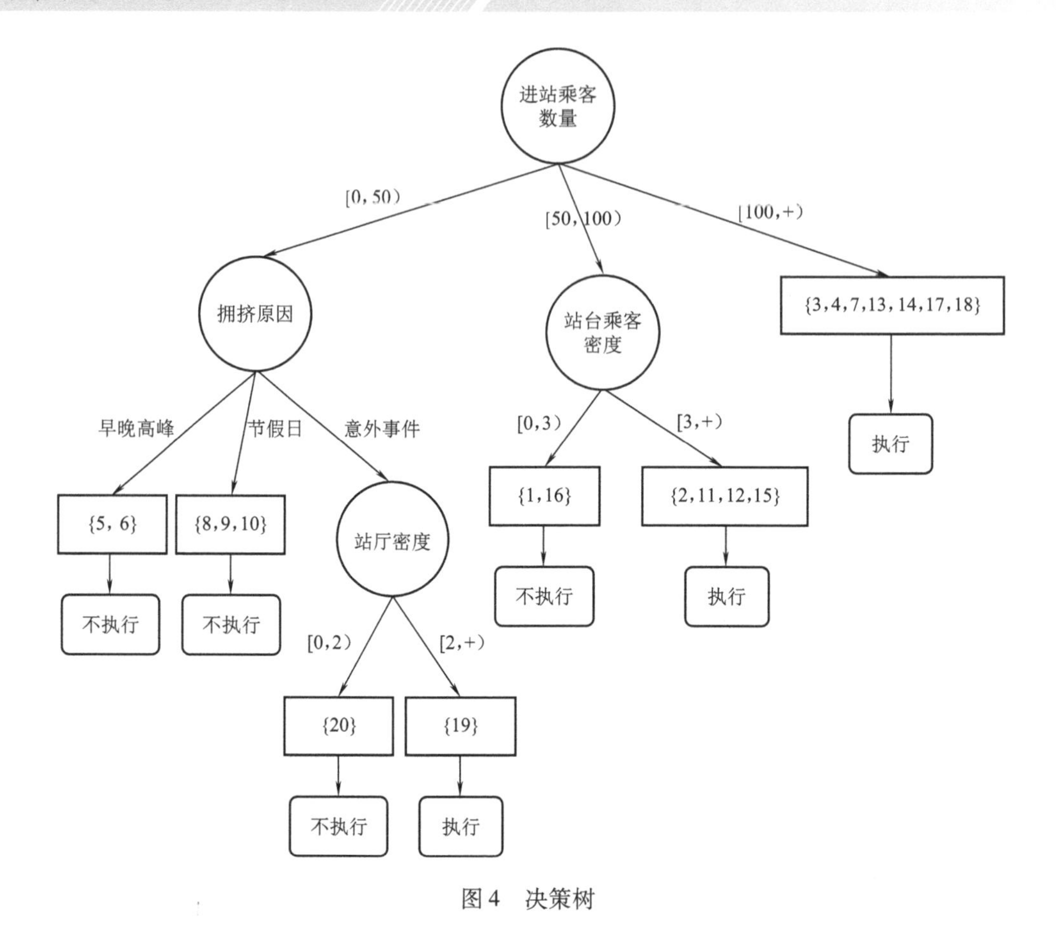

图4 决策树

5. 从原始样本集中使用 Bootstraping 方法随机抽取 n 个训练样本,共进行 k 轮抽取,得到 k 个训练集。对于 k 个训练集,训练 k 个模型,对于分类问题:由投票表决产生分类结果;对于回归问题:由 k 个模型预测结果的均值作为最后预测结果。
6. 样本选择上:Bagging 采用的是 Bootstrap 随机有放回抽样;而 Boosting 每一轮的训练集是不变的,改变的只是每一个样本的权重。
   样本权重:Bagging 使用的是均匀取样,每个样本权重相等;Boosting 根据错误率调整样本权重,错误率越大的样本权重越大。
   预测函数:Bagging 所有的预测函数的权重相等;Boosting 中误差越小的预测函数其权重越大。
   并行计算:Bagging 各个预测函数可以并行生成;Boosting 各个预测函数必须按顺序迭代生成。
7. ①从样本集中用 Bootstrap 随机选取 n 个样本;
   ②从所有属性中随机选取 K 个属性,选择最佳分割属性作为节点建立决策树(泛化的理解,这里面也可以是其他类型的分类器,比如 SVM、Logistics);
   ③重复以上两步 m 次,即建立了 m 棵决策树;
   ④这 m 个决策树形成随机森林,通过投票表决结果,决定数据属于哪一类(投票机制有一票否决制、少数服从多数制、加权多数制)。